边用边学

Pro/ENGINEER机械设计

李彪 王政 编著 全国信息技术应用培训教育工程工作组 审定

人民邮电出版社

北京

图书在版编目（CIP）数据

边用边学Pro/ENGINEER机械设计 / 李彪，王政编著
. -- 北京 : 人民邮电出版社，2010.4
（教育部实用型信息技术人才培养系列教材）
ISBN 978-7-115-22166-7

Ⅰ. ①边… Ⅱ. ①李… ②王… Ⅲ. ①机械设计：计算机辅助设计－应用软件，Pro/ENGINEER－教材 Ⅳ. ①TH122

中国版本图书馆CIP数据核字(2010)第003803号

内 容 提 要

本书以最新的 Pro/ENGINEER 4.0 为蓝本，以软件基础操作为基石，以实际应用实例为重点，采用边学边练的教学模式，详细介绍了 Pro/ENGINEER 在机械设计中的应用。

本书从实际应用出发，内容详实、结构清晰、实例丰富。全书按照“必备基础”+“应用实例”+“归纳总结”+“自我检测”这一科学结构组织编写内容，共分为 9 章，主要内容包括：Pro/ENGINEER 4.0 的工作环境、平面草图的绘制方法与技巧、基准特征的创建方法与技巧、基础特征详解、工程特征的创建方法与技巧、常用特征的编辑与应用、曲面建模特征的创建方法与编辑技巧、零件装配的制作以及工程图的绘制方法等核心技术。

本书语言通俗易懂，结构科学，基础与实例完美结合，适合初、中级读者自学，可供培训学校及大中专院校相关专业作为教材使用。

教育部实用型信息技术人才培养系列教材

边用边学 Pro/ENGINEER 机械设计

◆ 编　　著　李　彪　王　政
　审　　定　全国信息技术应用培训教育工程工作组
　责任编辑　李　莎
◆ 人民邮电出版社出版发行　北京市崇文区夕照寺街 14 号
　邮编　100061　电子函件　315@ptpress.com.cn
　网址　http://www.ptpress.com.cn
　三河市潮河印业有限公司印刷
◆ 开本：787×1092　1/16
　印张：20.5
　字数：537 千字　2010 年 4 月第 1 版
　印数：1 – 4 000 册　2010 年 4 月河北第 1 次印刷

ISBN 978-7-115-22166-7

定价：35.00 元

读者服务热线：(010)67132692　印装质量热线：(010)67129223
反盗版热线：(010)67171154

教育部实用型信息技术人才培养系列教材编辑委员会

（暨全国信息技术应用培训教育工程专家组）

出 版 说 明

信息化是当今世界经济和社会发展的大趋势，也是我国产业优化升级和实现工业化、现代化的关键环节。信息产业作为一个新兴的高科技产业，需要大量高素质复合型技术人才。目前，我国信息技术人才的数量和质量远远不能满足经济建设和信息产业发展的需要，人才的缺乏已经成为制约我国信息产业发展和国民经济建设的重要瓶颈。信息技术培训是解决这一问题的有效途径，如何利用现代化教育手段让更多的人接受到信息技术培训是摆在我们面前的一项重大课题。

教育部非常重视我国信息技术人才的培养工作，通过对现有教育体制和课程进行信息化改造、支持高校创办示范性软件学院、推广信息技术培训和认证考试等方式，促进信息技术人才的培养工作。经过多年的努力，培养了一批又一批合格的实用型信息技术人才。

全国信息技术应用培训教育工程（简称 ITAT 教育工程）是教育部于 2000 年 5 月启动的一项面向全社会进行实用型信息技术人才培养的教育工程。ITAT 教育工程得到了教育部有关领导的肯定，也得到了社会各界人士的关心和支持。通过遍布全国各地的培训基地，ITAT 教育工程建立了覆盖全国的教育培训网络，对我国的信息技术人才培养事业起到了极大的推动作用。

ITAT 教育工程被专家誉为“有教无类”的平民学校，以就业为导向，以大、中专院校学生为主要培训目标，也可以满足职业培训、社区教育的需要。培训课程能够满足广大公众对信息技术应用技能的需求，对普及信息技术应用起到了积极的作用。据不完全统计，在过去 8 年中共有 150 余万人次参加了 ITAT 教育工程提供的各类信息技术培训，其中有近 60 万人次获得了教育部教育管理信息中心颁发的认证证书。工程为普及信息技术、缓解信息化建设中面临的人才短缺问题做出了一定的贡献。

ITAT 教育工程聘请来自清华大学、北京大学、中国人民大学、中央美术学院、北京电影学院以及中国传媒大学等单位的信息技术领域的专家组成专家组，规划教学大纲，制订实施方案，指导工程健康、快速地发展。ITAT 教育工程以实用型信息技术培训为主要内容，课程实用性强，覆盖面广，更新速度快。目前工程已开设培训课程 20 余类，共计 50 余门，并将根据信息技术的发展继续开设新的课程。

本套教材由清华大学出版社、人民邮电出版社、机械工业出版社以及北京希望电子出版社等出版发行。根据教材出版计划，全套教材共计 60 余种，内容将汇集信息技术应用各方面的知识。今后将根据信息技术的发展不断修改、完善、扩充，始终保持追踪信息技术发展的前沿。

ITAT 教育工程的宗旨是：树立民族 IT 培训品牌，努力使之成为全国规模最大、系统性最强、质量最好，而且最经济实用的国家级信息技术培训工程，培养出千千万万个实用型信息技术人才，为实现我国信息产业的跨越式发展做出贡献。

全国信息技术应用培训教育工程负责人
系列教材执行主编　**薛玉梅**

前　言

Pro/ENGINEER（以下简称 Pro/E）是当今最为普及的 CAD/CAE/CAM 软件之一，其具有零件设计、产品装配、工程图绘制、模具设计、钣金设计、NC 开发、产品造型以及机构仿真等强大功能。Pro/E 在航天航空、机械、电子、汽车以及家电等工程设计领域担负着大多数的设计任务，参数化设计、全关联性数据库已经使其成为工程设计人员必须掌握的一门知识，谁能熟练地运用它，谁就拥有了强大的竞争力。

本书通过精选案例详细讲解了使用 Pro/E 实现机械零部件的建模、装配和工程图设计的方法和技巧，既能使具有一定机械设计经验的读者迅速熟悉 Pro/E 机械设计，也能使具有一定 Pro/E 设计能力的读者加强机械设计的理论知识，同时还能使完全没有用过 Pro/E 的读者能够从零件设计中体会 Pro/E 特征造型的精髓。

本书特点

- 完善的知识体系

本书的知识点涵盖了 Pro/E 在绝大多数机械设计中常用的工具，是介绍在机械设计中运用软件的初、中级教程。

- 通俗易懂，易于入手

本书在介绍使用 Pro/E 进行机械设计时，先通过小的实例操作演示相关工具的操作步骤，在读者熟悉操作步骤后，再更加深入地对相关工具的相关知识进行讲解。通过这样的学习步骤，读者可以很容易理解各种特征工具在实际机械设计中的作用。对于初学者以及具有一定基础的中级读者来说，只要按照书中的指导一步步学习，就能够在较短的时间内掌握 Pro/E 机械设计的精髓。

- 注重实践，强调应用

本书的知识点按照循序渐进、由浅入深的规律依次展开，每个知识点都安排了相关的实例供读者进行操作练习。另外，书中主要章节都精选了一到两个工程实例，旨在通过实际的工程实例操作来帮助读者理解和体会 Pro/E 在机械设计中的应用。

- 专业性强，锻造机械设计高手

本书由从事机械设计的资深工程师精心编著，融会了多年实战经验和设计技巧，同时书中的所有实例均来自实际的工程模型，阅读本书相当于在工作一线实习。

本书知识结构

本书每一章的基本结构为“学习目标+基础知识+应用实践+自我检测”。

学习目标：简要介绍本章将要介绍的知识点，明确本章要学习的内容，便于读者学习时分清主次、重点、难点。

基础知识：以理论辅以实例的方式帮助读者理解各个知识点。

应用实践：结合基础知识制作两个综合实例，练习已学知识点的综合应用。

自我检测：紧密联系本章内容，提供一些与基础知识相关的问题，读者可通过这些问题来检测自己对本章知识的掌握程度。

适用读者群

- 工业和机械设计相关专业的大中院校师生；
- 曲面造型相关行业的工程技术人员；
- 想自学成才的、对机械设计有浓厚兴趣的读者；
- 所有想快速掌握 Pro/E 软件基础知识并用于实际机械设计的读者。

编辑团队

本书由蒋平执笔编写，参与本书编辑的人员还有李彪、李勇、牟正春、鲁海燕、杨仁毅、邓春华、唐蓉、王金全、朱世波、刘亚利、胡小春、陈冬、许志兵、余家春、成斌、李晓辉、陈茂生、尹新梅、刘传梁、马秋云、彭中林、毕涛、戴礼荣、康昱、李波、刘晓忠、何峰、冉红梅、黄小燕等。

目　录

第 1 章 初识 Pro/ENGINEER Wildfire 4.0

📖 本章要点

- Pro/ENGINEER Wildfire 4.0 界面介绍
- 文件操作
- 定制工作环境
- 视图管理
- 鼠标的使用方法
- 录制映射键
- Pro/ENGINEER 的 Config.pro 配置文件

在本章中将通过介绍 Pro/ENGINEER Wildfire 4.0 界面的相关知识，使读者了解软件基本的文件操作方法以及如何定制工作环境，如何录制映射键以及 Config.pro 配置文件等知识。

1.1 Pro/ENGINEER 界面介绍

双击桌面上的图标，开启 Pro/ENGINEER Wildfire 4.0进入初始界面，如图1-1所示。

图 1-1

提示：用户还可以在安装目录下的 bin 文件夹中双击 proe.exe 文件来启动 Pro/ENGINEER（以下简称 Pro/E）。

在初始界面中有左、右两大窗格，左边是“文件夹导航器”窗格，右边是“Web 浏览器”窗格。选择“文件夹导航器”窗格中的文件夹，可在“Web 浏览器”窗格中浏览其中相应的文件或数据。

在初始界面中有许多基本界面元素为不可用状态，为了便于对基本界面元素进行说明，下面以常用的零件作业环境下的工作环境为例介绍各个基本界面元素，如图 1-2 所示。

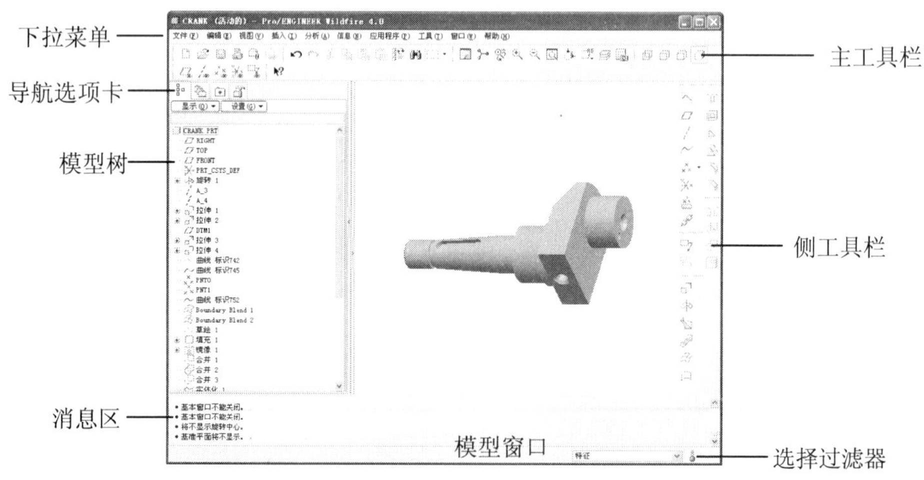

图 1-2

此工作环境包括下拉菜单、主（侧）工具栏、消息区、模型窗口、导航选项卡、模型树以及选择过滤器等几个主要区域。下面对这几个区域进行简单介绍。

1.1.1　下拉菜单

下拉菜单位于窗口上方，包括系统操作的所有命令。在 Pro/ENGINEER（以下简称 pro/E）中下拉菜单由 10 个命令集组成，每个命令集又由多个命令选项组成，如图 1-3 所示。

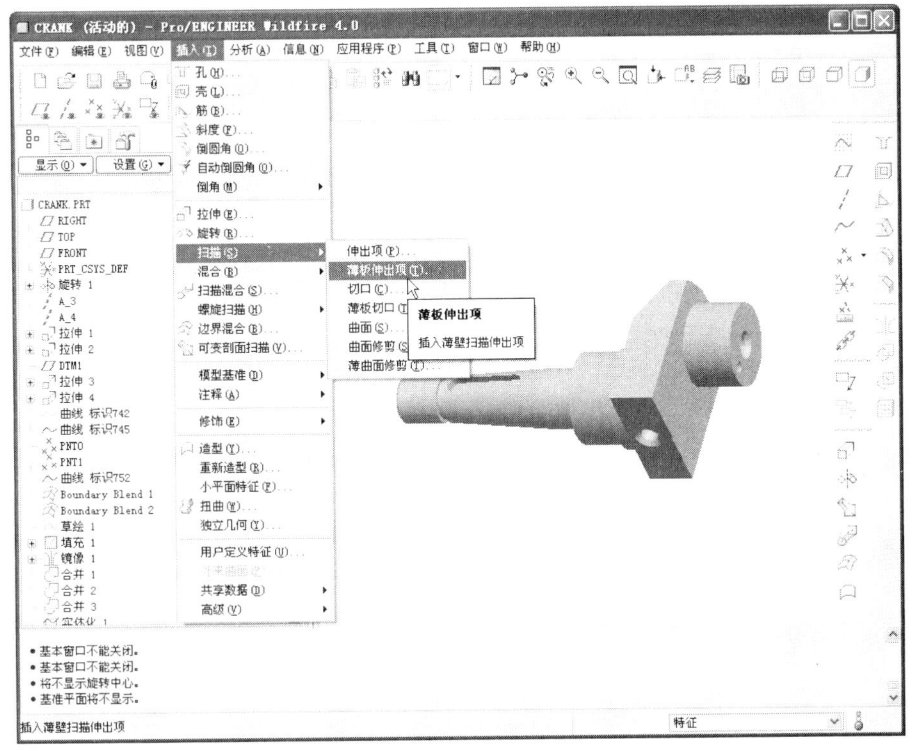

图 1-3

在不同的工作环境中一些下拉菜单有可能会发生变化，这在以后的学习中可以体会到。现将各下拉菜单的作用简单说明如下。

- “文件”下拉菜单：该下拉菜单主要由文件操作命令组成，例如文件的新建、打开、关闭和保存等，用于管理设计文件。
- “编辑”下拉菜单：该下拉菜单主要包括对创建的特征进行编辑管理的命令，用于对特征进行编辑管理。
- “视图”下拉菜单：该下拉菜单主要包括改变模型和主窗口显示状态的命令，用来控制系统和设计模型的显示模式，这些功能基本上不随特征操作的变化而变化。
- “插入”下拉菜单：该下拉菜单汇集了几乎所有的模型特征命令，用于在设计模型中插入所需的单元或特征。
- “分析”下拉菜单：该下拉菜单包括对所建立的草图、工程图和 3D 模型等进行工程分析的命令，用于设计和分析模型，如模型的表面、曲线等。
- “信息”下拉菜单：该下拉菜单用于查阅有关模型设计技术方面的信息，可使用户获得一些已经建立好的模型关系信息并列出报告。

- “应用程序”下拉菜单：提供了不同的处理模块。通过该下拉菜单用户可以切换标准模块与其他应用模块之间的输入方式，同时可以选择自己所需要的功能，包括标准零件、钣金件的设计、确定扫描刀具、进行模具/铸造件设计等，另外，还可进行 NC 后处理并输出到数控机床上。
- “工具”下拉菜单：用于对 Pro/E 的工作环境进行设置，例如设置快捷键等功能。
- “窗口”下拉菜单：该下拉菜单包含一些对工作窗口进行管理的命令，用于管理 Pro/E 系统下的多个窗口。
- “帮助”下拉菜单：该下拉菜单可以为用户提供各种常见帮助信息。

1.1.2 工具栏

工具栏可以位于 Pro/E 工作环境的上方、右侧和左侧 3 个工具箱内，使用工具栏上的命令按钮执行命令要比使用下拉菜单更加方便、快捷，可以提高工作效率。下面对一些主要的工具栏进行简单介绍。

- “文件”工具栏：该工具栏中的命令按钮可以进行文件的新建、打开、关闭和保存等操作，如图 1-4 所示。
- “编辑”工具栏：该工具栏中的命令按钮可以对建立的特征进行编辑管理，如图 1-5 所示。
- “视图”工具栏：该工具栏中的命令按钮可以改变模型和主窗口显示状态，如图 1-6 所示。

图 1-4 　图 1-5 　图 1-6

- “模型显示”工具栏：该工具栏中的命令按钮用于控制模型的显示状态，如图 1-7 所示。
- “基准显示”工具栏：该工具栏中的命令按钮用于显示和隐藏模型窗口中的基准平面、基准轴、基准点、坐标系以及注释元素，如图 1-8 所示。
- “基准”工具栏：该工具栏中的命令按钮用于创建基准特征，包括草绘曲线、基准平面、基准轴、基准曲线、基准点、坐标系、分析特征以及参照特征，如图 1-9 所示。

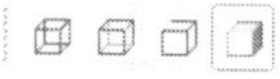

图 1-7 　图 1-8 　图 1-9

- “基础特征”工具栏：该工具栏的命令按钮用于创建拉伸、旋转、可变剖面扫描、边界混合以及造型特征，如图 1-10 所示。
- “工程特征”工具栏：该工具栏的命令按钮可用于创建孔、壳、筋、拔模、倒圆角以及倒角这一类的工程特征，如图 1-11 所示。
- “编辑工具”工具栏：该工具栏的命令按钮可以用于对现有的特征进行编辑，包括镜像、合并、修剪以及阵列，其中合并和修剪只对曲面特征有用，如图 1-12 所示。

图 1-10 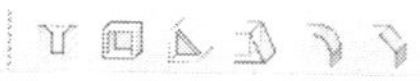　图 1-11 　图 1-12

- “草绘器工具”工具栏：该工具栏只有在草绘模式下才会出现，它包含了所有的草图绘制命令按钮，如图 1-13 所示。
- “草绘器”工具栏：该工具栏同样也只能在草绘模式下出现，其中的命令按钮主要用于在绘制草图工程中对模型窗口中的对象进行控制，以便能够更好地绘制草图，如图 1-14 所示。

用户可以按照自己的习惯和意愿，对工具栏的位置以及工具栏中的命令按钮进行设置。如果用户要改变工具栏的位置，可以用鼠标左键按住图 1-15 中箭头所指的部位对工具栏进行拖动，然后拖动到指定的位置后松开鼠标左键即可。

图 1-13 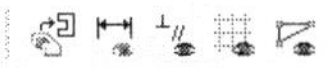　　图 1-14 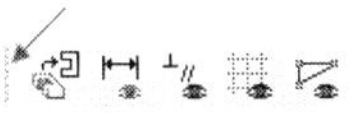　　图 1-15

如果要向工具栏中添加命令按钮，可以在任意一个工具栏上单击鼠标右键，在弹出的快捷菜单中执行“命令”命令，开启如图 1-16 所示的“定制”对话框。

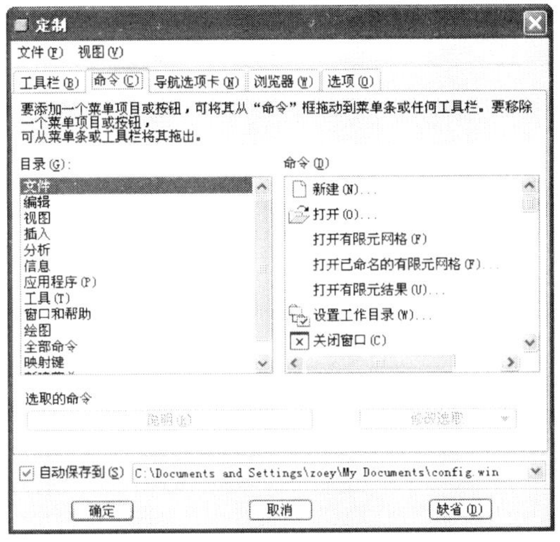

图 1-16

在此对话框中找到想要添加到工具栏中的命令按钮，然后用鼠标左键将其按住并进行拖动，如图 1-17 所示。将其拖动到任意一个工具栏中后松开鼠标左键即可，如图 1-18 所示。

刚刚放置完成的命令按钮有一个外框，这表示该按钮处于编辑状态，此时需要在“定制”对话框中单击“确定”按钮才能最终完成对命令按钮的添加，如图 1-19 所示。

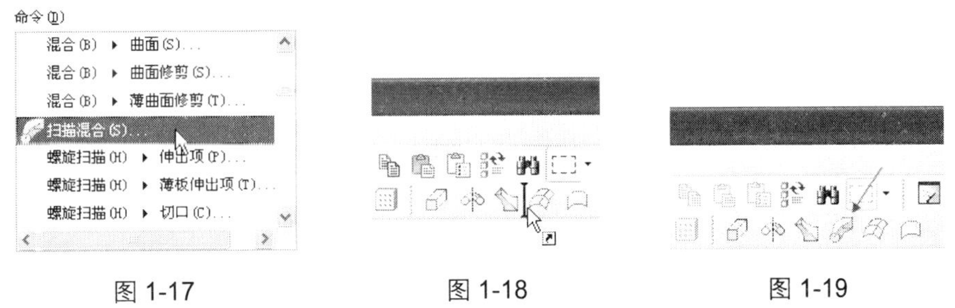

图 1-17　　图 1-18　　图 1-19

另外，如果要从工具栏中移除某个命令按钮，可以在“定制”对话框开启的情况下，用鼠标左键按住该命令按钮，将其拖离工具栏即可。

1.1.3　消息区

消息区位于窗口底部，它的作用是对当前模型窗口中的操作做出简要的说明和提示。当需要进行数据输入操作时，消息区中会出现一个输入框，用户可以在此输入框中输入数据，如图 1-20 所示。

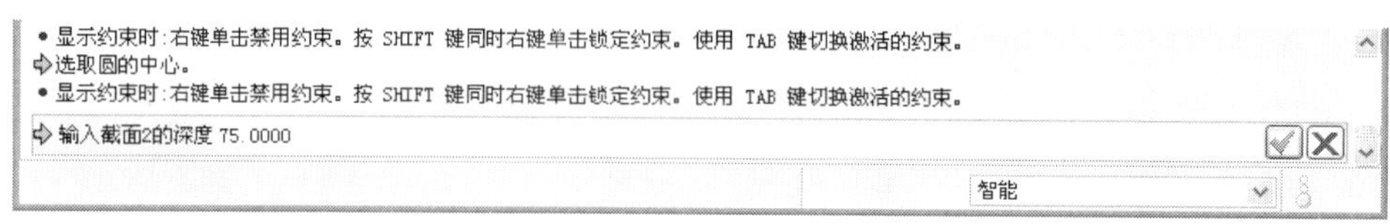

图 1-20

1.1.4 选择过滤器

选择过滤器位于窗口的右下角，它的作用是为用户提供多种类型的过滤选项，从而使用户可以方便、准确地从众多的对象中选中需要的对象，如图 1-21 所示。

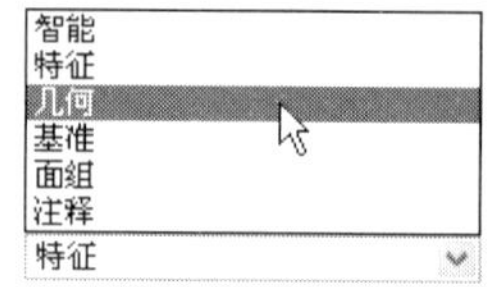

图 1-21

当用户在选中了一种类型的过滤选项后，除了该类型的对象外，其他所有的对象都不能被选取，这样就降低了选择对象时的复杂程度，这在对象比较复杂的情况下非常有用。系统默认的过滤选项类型为“智能”，在此类型过滤选项下用户可以选择任意对象。

1.1.5 模型树

模型树位于窗口左边，它的作用是显示目前零件模型的创建过程，相当于一个零件模型的特征清单。在特征名称上单击鼠标右键，系统会弹出如图 1-22 所示的快捷菜单，通过执行快捷菜单中的相关命令，用户可以对这些特征进行重新定义、删除，另外，拖动这些特征还可以进行排序。

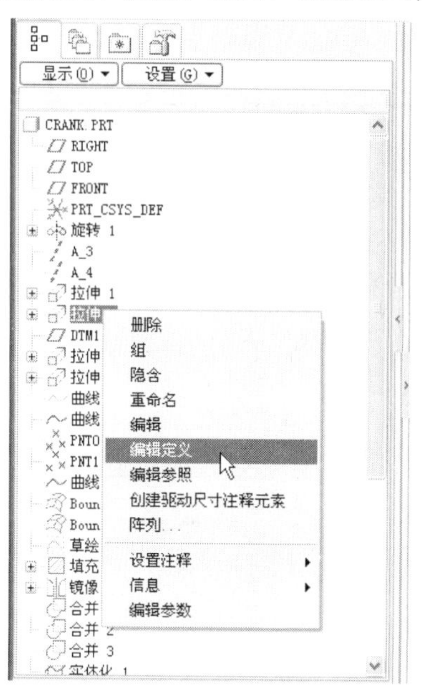

图 1-22

1.2 文件操作

由于 Pro/E 是从 UNIX 平台移植到 Windows 平台上来的，所以在文件操作习惯上它和传统的

Windows 平台上的软件存在一些不同。下面就对 Pro/E 的相关文件操作进行简单介绍。

1.2.1 新建文件

单击“文件”工具栏中的“新建”按钮，系统将开启如图 1-23 所示的“新建”对话框。

在此对话框中用户可以选择不同类型的文件进行新建操作，新建不同类型的文件系统将进入不同的工作环境。对于从事机械设计的人员来说，用的较多的文件类型有“零件”、“组件”以及“绘图”3 种，如果要创建单个的零件就选择文件类型为“零件”；如果要进行零件装配就选择文件类型为“组件”；如果要绘制工程图就选择文件类型为“绘图”。

下面以新建一个“零件”类型的文件为例向大家介绍在 Pro/E 中新建文件的方法，如何新建“组件”和“绘图”类型的文件将在后面章节中进行介绍。新建“零件”类型文件的具体操作方法如下。

Step 1 单击“文件”工具栏中的“新建”按钮，开启“新建”对话框，接受系统默认的“零件”类型和“实体”子类型。

Step 2 在“名称”栏中输入文件名称，也可以接受系统默认的文件名称“prt0001”，这里接受系统默认的名称。在“公用名称”栏中输入对文件的描述，一般情况下无须输入对文件的描述，此处也不例外。

> 提示：Pro/E 中的文件名只能包含英文字母和数字，而不能含有中文或符号。

Step 3 取消“使用缺省模板”复选框的选取，单击“确定”按钮，然后在打开的“新文件选项”对话框中选择“mmns_part_solid”模板，如图 1-24 所示。

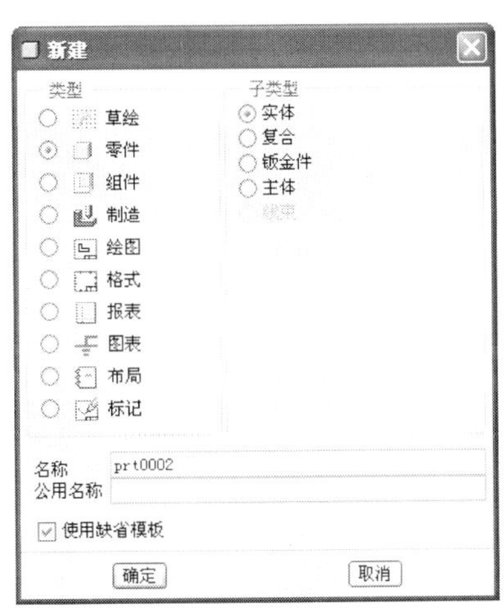

图 1-23

图 1-24

> 提示：如果不取消“使用缺省模板”复选框的选取，则系统将使用默认的英制单位的模板。当取消“使用缺省模板”复选框的选取后，用户可以在“新文件选项”对话框中选择公制单位的模板“mmns_part_solid”。

Step 4 单击“确定”按钮进入零件建模工作环境，如图 1-25 所示。

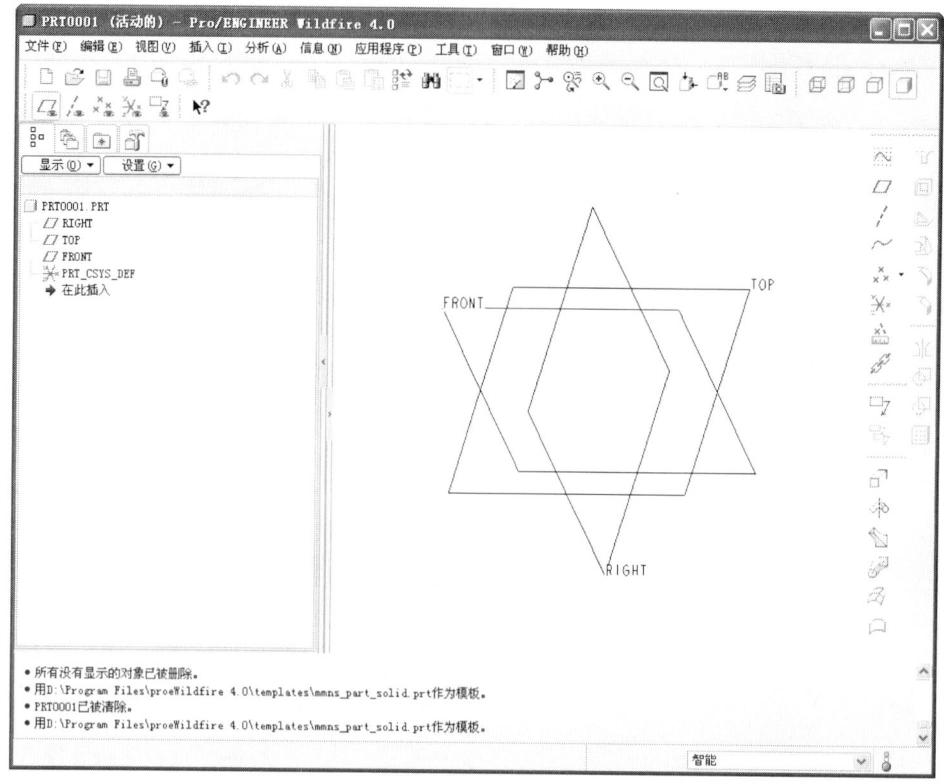

图 1-25

1.2.2 打开文件

单击“文件”工具栏中的“打开”按钮，开启“文件打开”对话框，在此对话框中选择要打开的文件，同时也可以对文件进行预览，如图 1-26 所示。选定文件后，单击“打开”按钮即可打开被选中的文件。

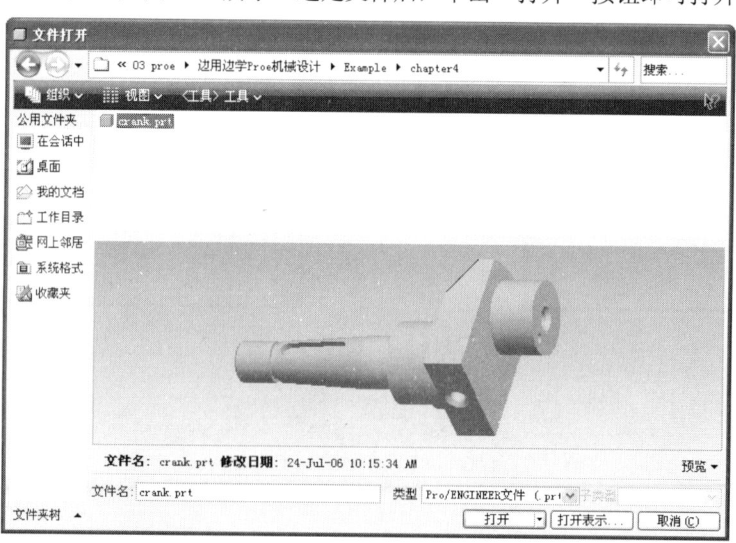

图 1-26

1.2.3 保存文件

单击“文件”工具栏中的“保存”按钮，开启如图 1-27 所示的“保存对象”对话框。在该对话框的导航栏和“保存到”栏中都可以指定要保存文件的目录，保存目录指定完成后单击“确定”按钮即可完成对文件的保存。而在“模型名称”栏中显示的是新建文件时输入的文件名称，其在保存时不能被修改，这与传统的 Windows 软件不同。如果要修改文件的名称，则可以执行“文件 | 重命名”下拉菜单命令，开启如图 1-28 所示的“重命名”对话框，在该对话框的“新名称”栏中输入新的文件名称，单击“确定”按钮即可。

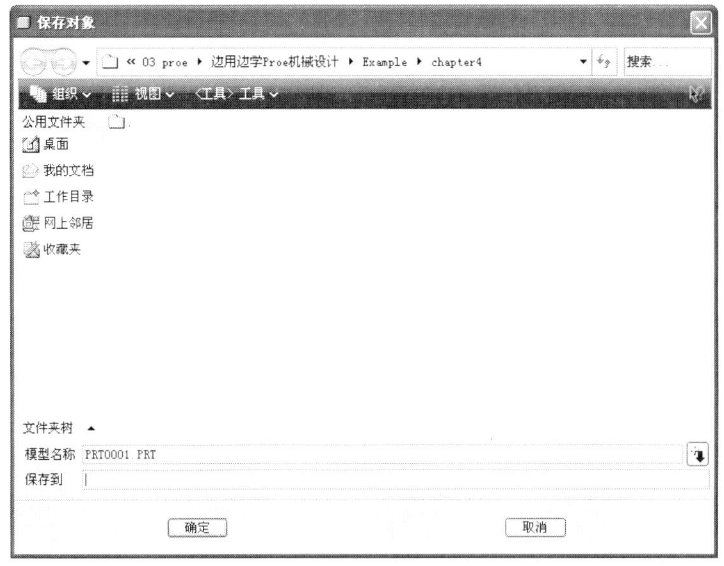

图 1-27

另外，如果需要保存的文件已经被保存过，则在以后保存时，导航栏和“保存到”栏都将变成不可用状态，如图 1-29 所示。

图 1-28

图 1-29

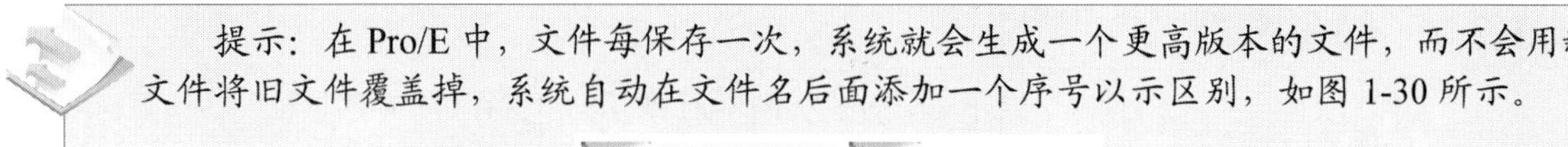

提示：在 Pro/E 中，文件每保存一次，系统就会生成一个更高版本的文件，而不会用新文件将旧文件覆盖掉，系统自动在文件名后面添加一个序号以示区别，如图 1-30 所示。

图 1-30

如果要将当前文件保存其他名称的文件，可以执行“文件 | 保存副本”下拉菜单命令，系统将开启如图 1-31 所示的“保存副本”对话框。

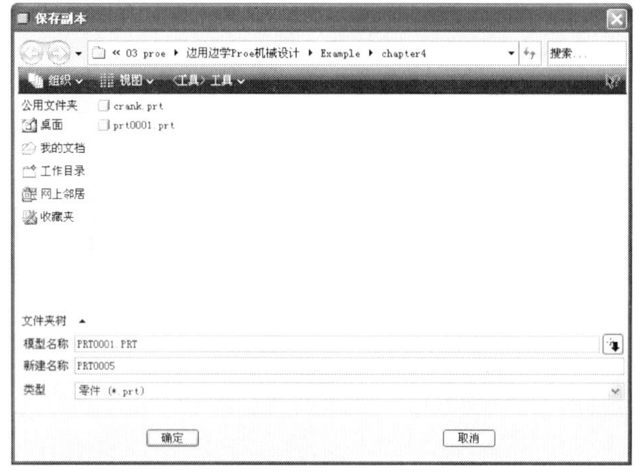

图 1-31

用户直接在“保存副本”对话框的“新建名称”栏中输入新的文件名称，同时可以设置文件要保存的类型，设置完成后单击“确定”按钮即可保存当前文件的副本文件。

1.2.4 拭除文件

与传统的 Windows 软件不同，Pro/E 在文件执行过程中会将文件暂时保存在内存中，即使关闭文件窗口，内存中的文件信息依然存在，一旦内存中的文件信息过多，系统的执行效率就会降低。此时为了保证系统的执行效率，就需要对内存中的文件信息进行清理。

执行“文件 | 拭除 | 不显示”下拉菜单命令，系统将开启如图 1-32 所示的“拭除未显示”的对话框。在该对话框中列出了要从内存中拭除的文件的名称，此时只需单击“确定”按钮即可将这些文件从内存中清除。

如果要关闭当前的文件窗口同时清除该文件在内存中的信息，则可以执行“文件 | 拭除 | 当前”下拉菜单命令，系统将弹出如图 1-33 所示的“拭除确认”提示框，单击“是”按钮即可关闭当前文件窗口并将其文件信息从内存中清除。

图 1-32

图 1-33

1.2.5 删除文件

通过前面的学习知道，Pro/E 会在每次保存文件时产生一个更高的版本，久而久之，文件夹中就会产生许多旧版本文件，使文件夹变得很杂乱。这时就需要对这些旧版本的文件进行删除。

执行“文件 | 删除 | 旧版本”下拉菜单命令，消息区将弹出如图 1-34 所示的输入框。

图 1-34

在输入框中输入其旧版本要被删除的对象的文件名，然后按<Enter>键或单击按钮即可将其旧版本删除。但执行上述操作只能一次删除一个文件的旧版本，如果要同时删除同一个文件夹下所有文件的旧版本，则可以执行如下操作。

（1）执行“窗口 | 打开系统窗口”下拉菜单命令，系统将开启如图 1-35 所示的系统窗口。

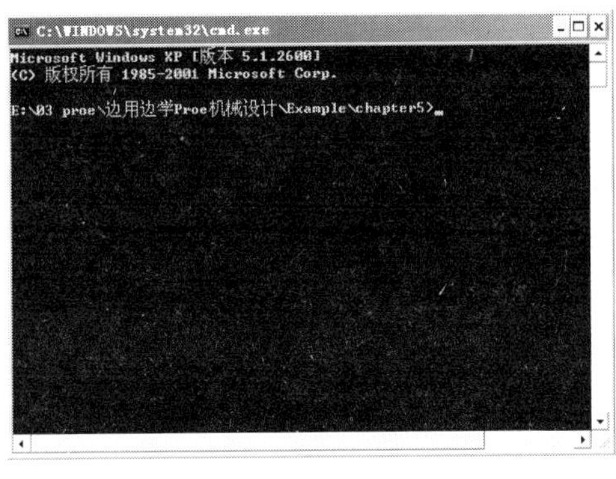

图 1-35

（2）在系统窗口中指定文件所在的目录，然后输入 purge，按<Enter>键确定即可删除该目录下所有文件的旧版本。

（3）删除完成后单击×按钮关闭系统窗口。

如果要删除文件的所有版本，则可以执行“文件 | 删除 | 所有版本”下拉菜单命令，系统将会从硬盘上删除该文件的所有版本。

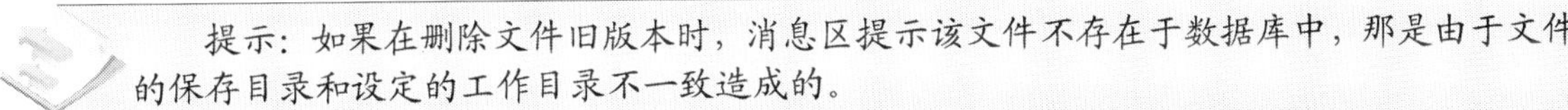

1.2.6 设置工作目录

设置工作目录是 Pro/E 特有的概念，工作目录的主要作用就是方便用户进行文件操作，在用户打开文件或保存文件副本时，系统将自动将用户设定的工作目录指定为打开目录或保存副本目录。系统默认的工作目录就是 Pro/E 安装时设定的启动目录，如果要设定新的工作目录，则可以执行“文件 | 设置工作目录”下拉菜单命令，开启“选取工作目录”对话框，在导航栏中找到要设置为新工作目录的文件夹，指定工作目录的位置，如图 1-36 所示。

当位置指定完成后，单击“确定”按钮即可完成新工作目录的设置。但需要注意的是，使用这种方法设置的工作目录在退出 Pro/E 时无法进行保存，也就是说使用这种方法设定的工作目录是一种临时性的工作目录。

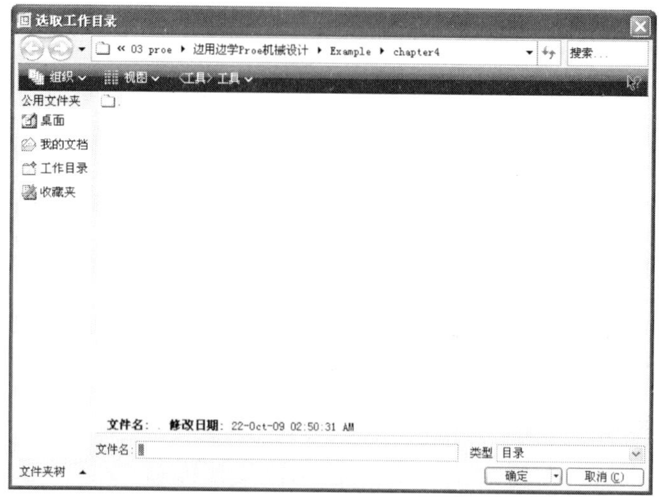

图 1-36

如果要设置永久性的工作目录，可以执行以下操作。

（1）在 Pro/E 的快捷方式上单击鼠标右键，然后在弹出的快捷菜单中执行“属性”命令，开启如图 1-37 所示的“Pro ENGINEER 属性”对话框。

（2）将该对话框的“起始位置”栏中的目录修改为用户设定的工作目录，如图 1-38 所示。

图 1-37

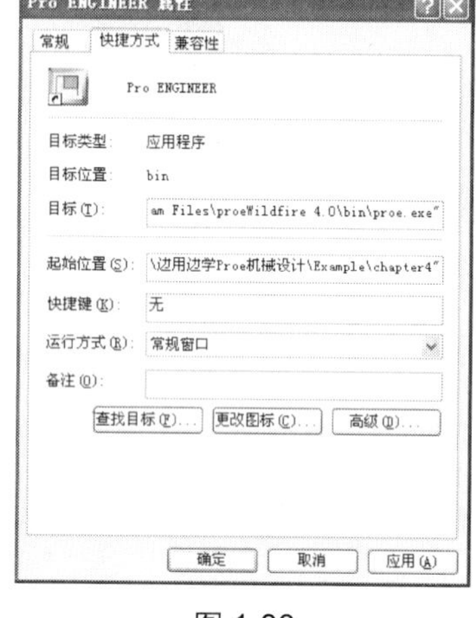

图 1-38

（3）单击“确定”按钮即可完成永久性工作目录的设定。

1.3 定制工作环境

用户可以根据自己的习惯和喜好自由定义 Pro/E 的工作环境，执行“工具 | 定制屏幕”下拉菜单命令，系统将开启如图 1-39 所示的“定制”对话框。

此对话框中包含有“工具栏”、“命令”、“导航选项卡”、“浏览器”以及“选项”5 个选项卡，用户可以通过这 5 个选项卡来定制工作环境，下面对它们进行简单介绍。

图 1-39

1.3.1　定制工具栏和命令按钮

在前面介绍工具栏时讲过，窗口中只显示了一些基本的、常用的工具栏，还有很多工具栏是未显示的。如果要将这些未显示的工具栏显示在窗口中，可以在“工具栏”选项卡中勾选要显示的工具栏，并指定工具栏在窗口中的位置，如图 1-40 所示。设定完成后单击“确定”按钮即可完成工具栏的定制。

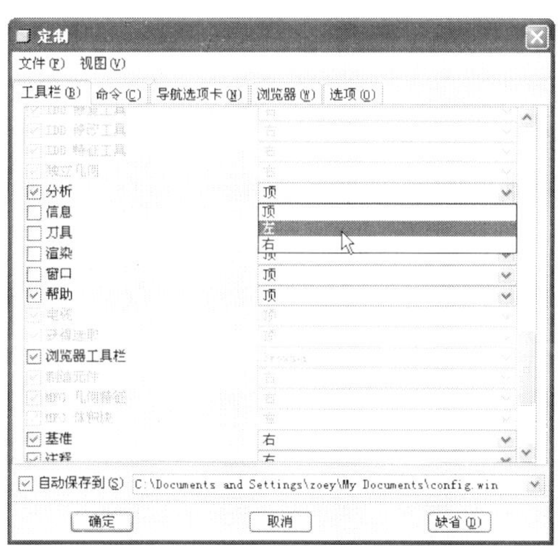

图 1-40

这里需要注意的是，如果要想定制完成的工具栏状态在 Pro/E 系统重新启动后仍然保持不变，则需要在“定制”对话框中执行“文件 | 保存设置”下拉菜单命令。

在前面内容中已经介绍过如何在工具栏上添加和删除命令按钮的方法，这里就不再赘述。

1.3.2　定制导航选项卡和模型树

在“导航选项卡”选项卡中可以对导航选项卡和模型树的位置和宽度进行定制，如图 1-41 所示。

此选项卡中的参数一般都不进行修改，只需按系统默认即可。

图 1-41

1.3.3 定制浏览器

在“浏览器”选项卡中可以对浏览器窗口的宽度进行设置，如图 1-42 所示。此选项卡中的参数一般也不进行修改，只需按系统默认即可。

图 1-42

1.3.4 选项

在“选项”选项卡中可以对消息区的位置、次窗口的开启方式以及是否在下拉菜单中显示图标进行设置，如图 1-43 所示。此选项卡中的参数一般也不进行修改，只需按系统默认即可。

图 1-43

1.4 视图管理

Pro/E 提供了一系列功能齐全的视图管理工具，用户可以使用这些视图管理工具对模型空间进行管理，这在大型组件的工作中非常有用。这些视图工具都集中在如图 1-44 所示的“视图”工具栏中。

图 1-44

下面就对这些视图管理工具进行简单介绍。

1.4.1 重画当前视图

在建模过程中，由于显示的原因，视图中会不可避免地留下一些残影，如图 1-45 所示。这些残影在模型比较复杂的情况下很容易影响用户的观察。

单击“视图”工具栏中的“重画”按钮，可以消除视图中的残影，结果如图 1-46 所示。

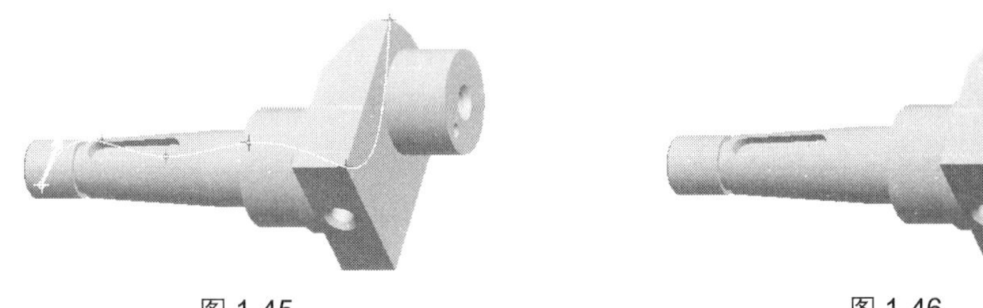

图 1-45 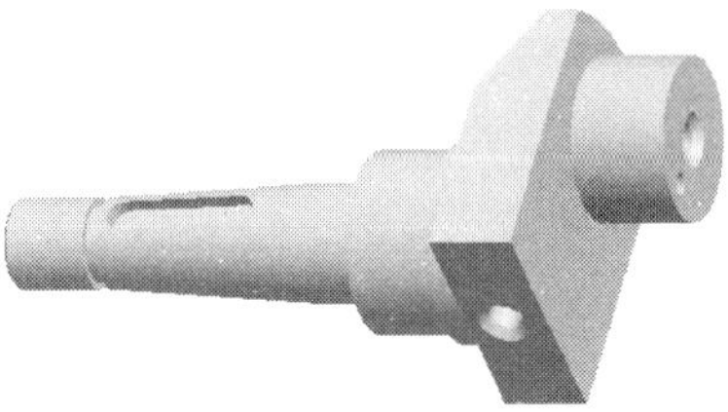　　图 1-46

1.4.2 设定旋转中心

“视图”工具栏中的“旋转中心”按钮用于开启或关闭模型窗口中的旋转中心，单击此按钮后模型窗口中将开启旋转中心，此时模型就只能围绕旋转中心进行旋转，如图 1-47 所示。如果关闭旋转中心，则用户就能以任意一点为旋转中心旋转模型。

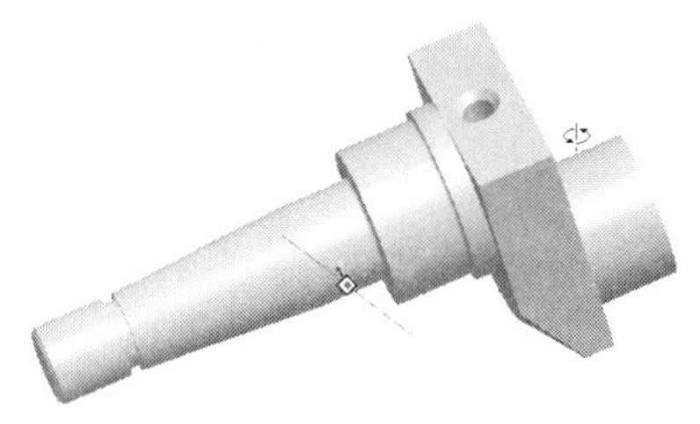

图 1-47

1.4.3 使用定向模式观察模型

“视图”工具栏中的“定向模式”按钮用于开启或关闭定向模式。在开启定向模式后系统将提供可以提供除标准的旋转、平移及缩放之外的更多查看功能，同时光标将变成状，另外在模型窗口中将出现一个方向中心，如图 1-48 所示。

在模型窗口中单击鼠标右键，系统会弹出如图 1-49 所示的视图类型菜单。

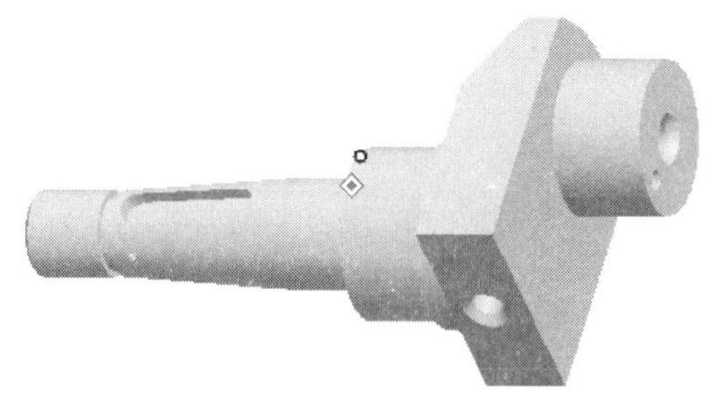

图 1-48

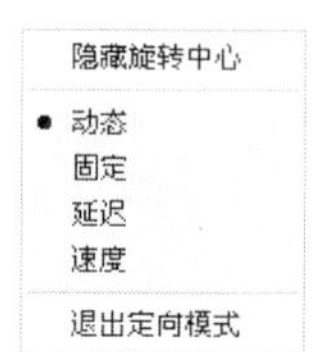

图 1-49

在此菜单中，系统提供了 4 种查看功能选项，其含义介绍如下。

- 动态：选择此选项，方向中心将显示为。按住鼠标中键移动光标时方向更新，模型绕着方向中心自由旋转。
- 固定：选择此选项，方向中心将显示为。按住鼠标中键移动光标时方向更新。模型的旋转由指针相对于其初始位置移动的方向和距离控制。方向中心每转 90° 改变一种颜色。当光标返回到按下鼠标中键的起始位置时，视图也将回复到起始的位置。
- 延迟：选择此选项，方向中心将显示为。按住鼠标中键移动光标时方向不更新，释放鼠标中键时模型方向更新。
- 速度：选择此选项，方向中心将显示为。按住鼠标中键移动光标时方向更新，方向更新的速度将会受到光标从起始位置所移动距离的影响。

1.4.4 缩放视图

单击“视图”工具栏中的“放大”按钮，光标将变成状，此时单击鼠标左键指定一点，然后拖动方框来定义放大的区域，如图 1-50 所示。

当放大区域确定后单击鼠标左键，框选的区域即被放大显示，如图 1-51 所示。

单击“视图”工具栏中的“缩小”按钮，可以将视图进行缩小，单击一次该按钮即缩小一定的比例。

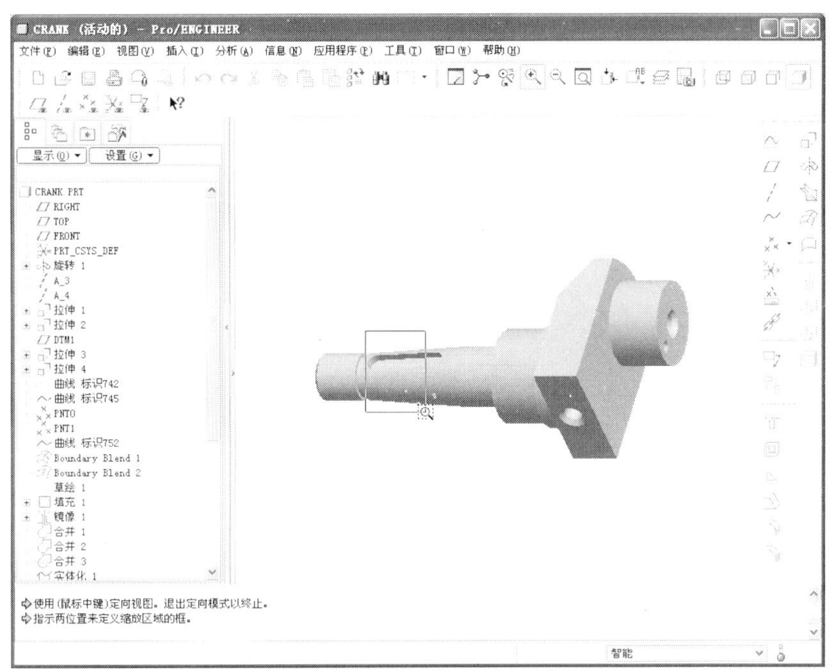

图 1-50

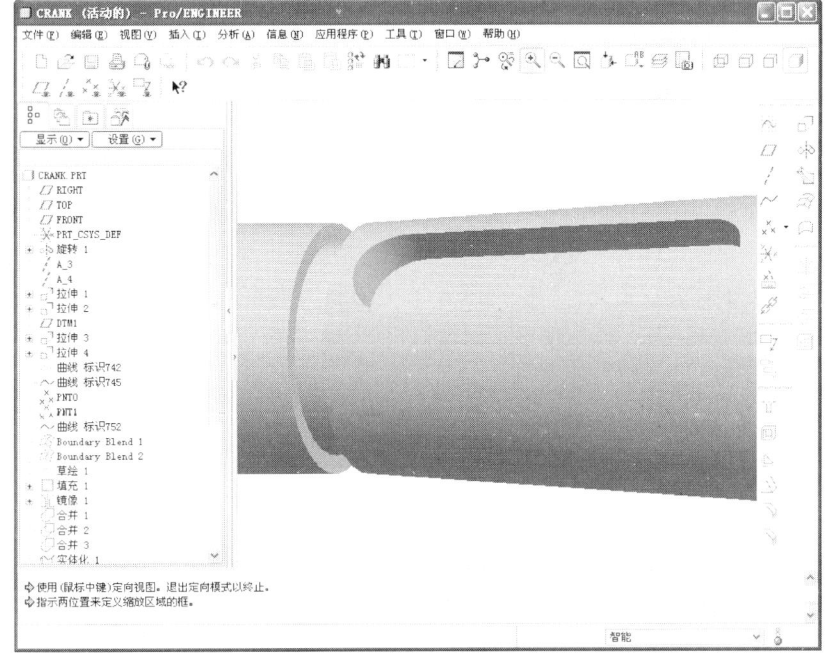

图 1-51

1.4.5　重新调整视图

如果想要将视图中所有的对象以最合适的大小全部显示在模型窗口中，可以单击“视图”工具栏中的“重新调整”按钮，此按钮对于查看大型复杂对象十分有用。

1.4.6 模型视图列表

单击“视图”工具栏中的“已命名的视图列表”按钮，系统将弹出一个如图 1-52 所示的视图列表，用户可以通过选择列表中的 8 个选项来查看模型。其中，“标准方向”和“缺省方向”是两个相同的视图状态，不同的是，“标准方向”不允许用户修改，而其他的视图选项状态均可以修改。

图 1-53 所示为同一模型在不同视图选项下的视图状态。

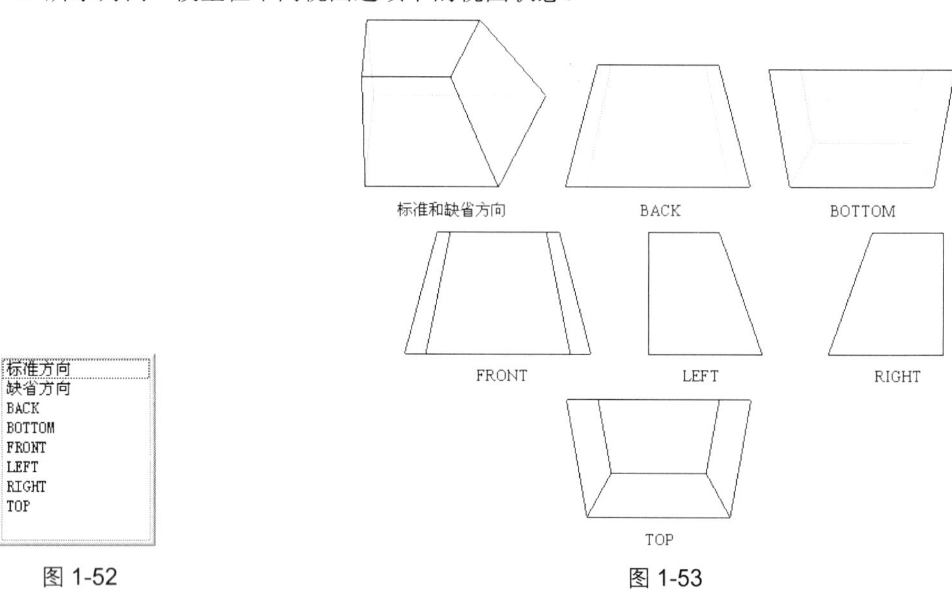

图 1-52　　图 1-53

1.4.7 重新定向视图

单击“视图”工具栏中的“重定向”按钮，系统将开启如图 1-54 所示的“方向”对话框。在此对话框中提供了“按照参照定向”、“动态定向”、“优先选项”3 种类型的视图自定义方式供用户使用，此时用户可以根据自己的需要自定义模型的视图方向。当视图方向定义完成后在如图 1-55 所示的“名称”栏中输入自定义视图方向的名称，然后单击“保存”和“确定”按钮即可完成模型视图的自定义。

当模型视图自定义完成后，用户就可以在如图 1-56 所示的模型视图列表中选取自定义的视图方向来查看模型。

图 1-54

图 1-55

图 1-56

1.4.8 设置图层

单击“视图”工具栏中的“层”按钮，系统会将模型树切换到如图 1-57 所示的层树中。系统将模型窗口中的对象分类归纳于不同的层中。选中层树中的层，然后单击鼠标右键，将弹出如图 1-58 所示的快捷菜单，在此菜单中用户可以对选中的层进行重命名、剪切、复制、粘贴、隐藏以及设置层属性等操作。

如果在快捷菜单中执行“新建层”命令，系统将开启如图 1-59 所示的“层属性”对话框。在此对话框中设定层的名称，然后在模型窗口中选择新建层所包含的对象即可创建新的图层。当然，此时也可以创建一个不包含任何对象的图层。

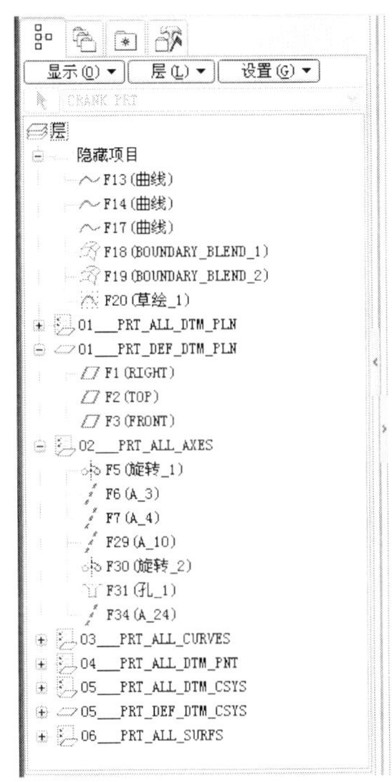

图 1-57

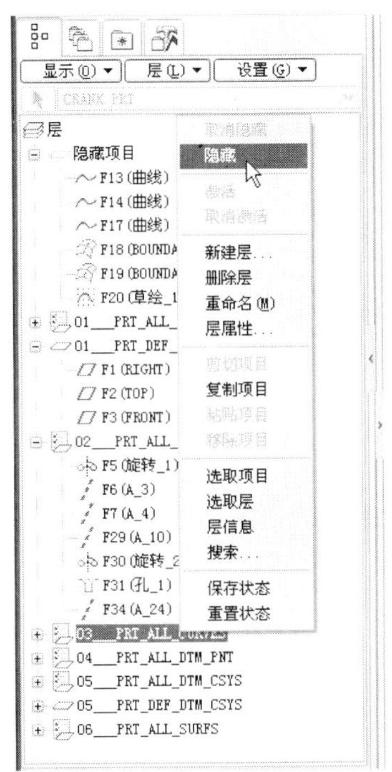

图 1-58

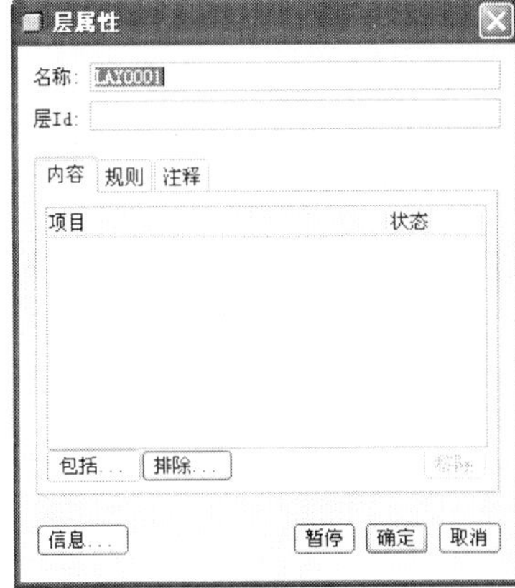

图 1-59

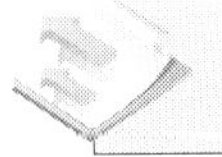

提示：如果要将层树切换为模型树，只需取消“层”按钮即可。

1.4.9 视图管理器

单击“视图”工具栏中的“视图管理器”按钮，开启如图 1-60 所示的“视图管理器”对话框。在该对话框中包含“简化表示”、“X 截面”、“定向”以及“全部”4 个选项卡。

其中，“简化表示”选项卡用于控制系统检索和显示组件的部分成员，明显简化模型窗口，使模型窗口只包含当前关注的信息，从而加快组件的再生、检索和显示的速度。

“X 截面”选项卡用于创建模型的横截面，本例中创建完成的模型横截面如图 1-61 所示。

“定向”选项卡中包含有标准方向、缺省方向、BACK、BOTTOM、FRONT、LEFT、RIGHT 以及 TOP 这 8 个系统预设的视图方向。在此对话框中可以对除标准方向以外的所有视图进行编辑，并且可以创建新的视图方向，如图 1-62 所示。

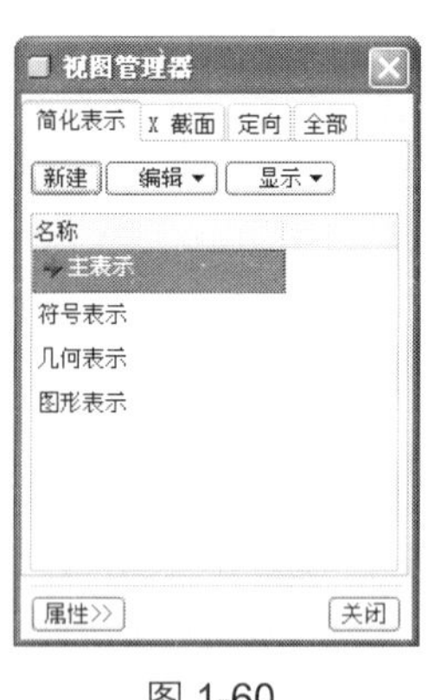

图 1-60

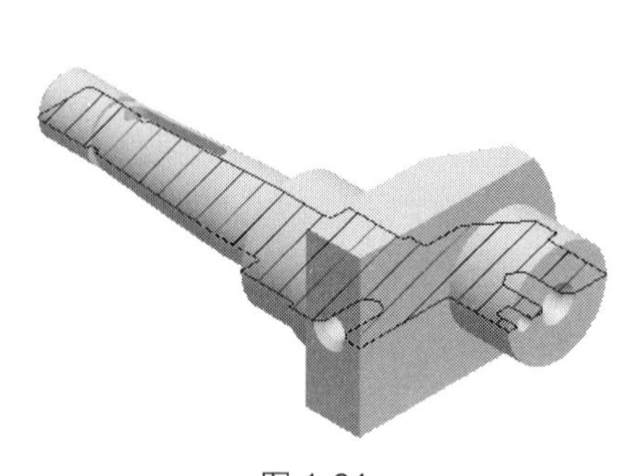

图 1-61

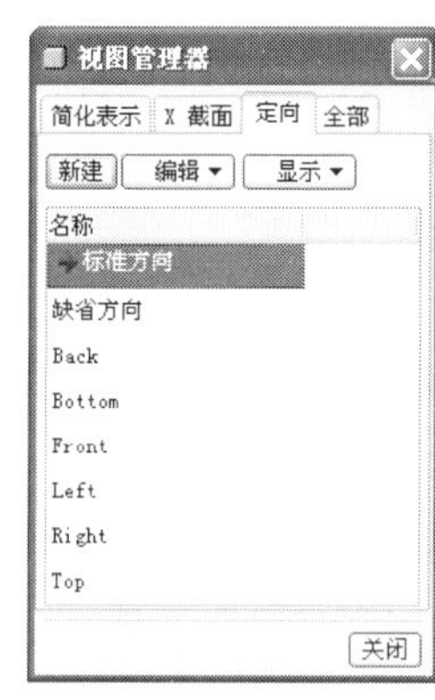

图 1-62

1.5 鼠标的使用方法

在 Pro/E 中操作时一般都是用三键滚轮鼠标，否则许多操作就会变得很麻烦。下面就对三键滚轮鼠标的左、中、右键的功能进行详细介绍。

- 鼠标左键：用于执行下拉菜单命令，单击工具栏按钮；用于选择对象，在选择时与<Ctrl>键结合使用可以多选；在草图绘制环境中绘制图元等。
- 鼠标中键：单击鼠标中键可以结束或完成目前的操作，相当于单击“确定”按钮；按住鼠标中键拖动可以旋转视图，与<Ctrl>键结合上下拖动可以缩放视图，与<Ctrl>键结合左右拖动可以定向旋转视图；滚动鼠标中键可以缩放视图；与<Shift>键结合拖动可以平移视图。
- 鼠标右键：用于弹出快捷菜单，在模型树中单击鼠标右键可以弹出快捷菜单，在模型窗口中则要按住鼠标右键等待约一秒钟后才能弹出快捷菜单。

1.6 录制映射键

在 Pro/E 中录制映射键其实就是将一些常用的、程序性的操作步骤，通过录制映射到特定的按键，当录制完成后用户只需直接按特定的按键即可完成相应的操作，这样可以大大提高工作效率。

下面将新建零件文件的操作过程录制成一个映射键，以此为例介绍录制映射键的操作方法。

Step 1 执行“工具 | 映射键”下拉菜单命令，开启如图 1-63 所示的“映射键”对话框。

Step 2 单击“新建”按钮，开启如图 1-64 所示的“录制映射键”对话框，在“键序列”栏中设定映射键的键序列为“$F3”，设定名称为“新建零件”，输入键序列的说明为“新建一个零件文件”。

> 提示：在设定键序列时，如果使用的是功能键 F1~F12，则必须在前面加上符号“$”；如果是其他字母则不需要添加符号“$”。

Step 3 单击“录制”按钮开始录制新建零件文件的操作过程。

Step 4 单击“文件”工具栏中的“新建”按钮 ，开启“新建”对话框，接受系统默认的“零件”类型和“实体”子类型。

Step 5 接受系统默认的文件名称“prt0001”，并取消“使用缺省模板”复选框的选取。单击“确定”按钮，然后在打开的“新文件选项”对话框中选择“mmns_part_solid”模板，如图 1-65 所示。

图 1-63

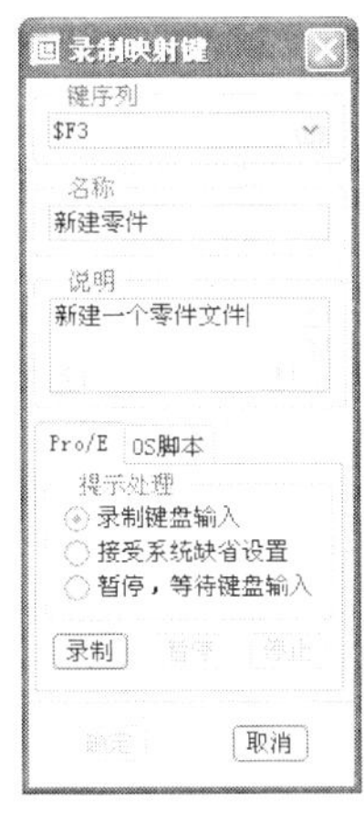

图 1-64

图 1-65

Step 6 单击“确定”按钮进入零件建模工作环境，如图 1-66 所示。

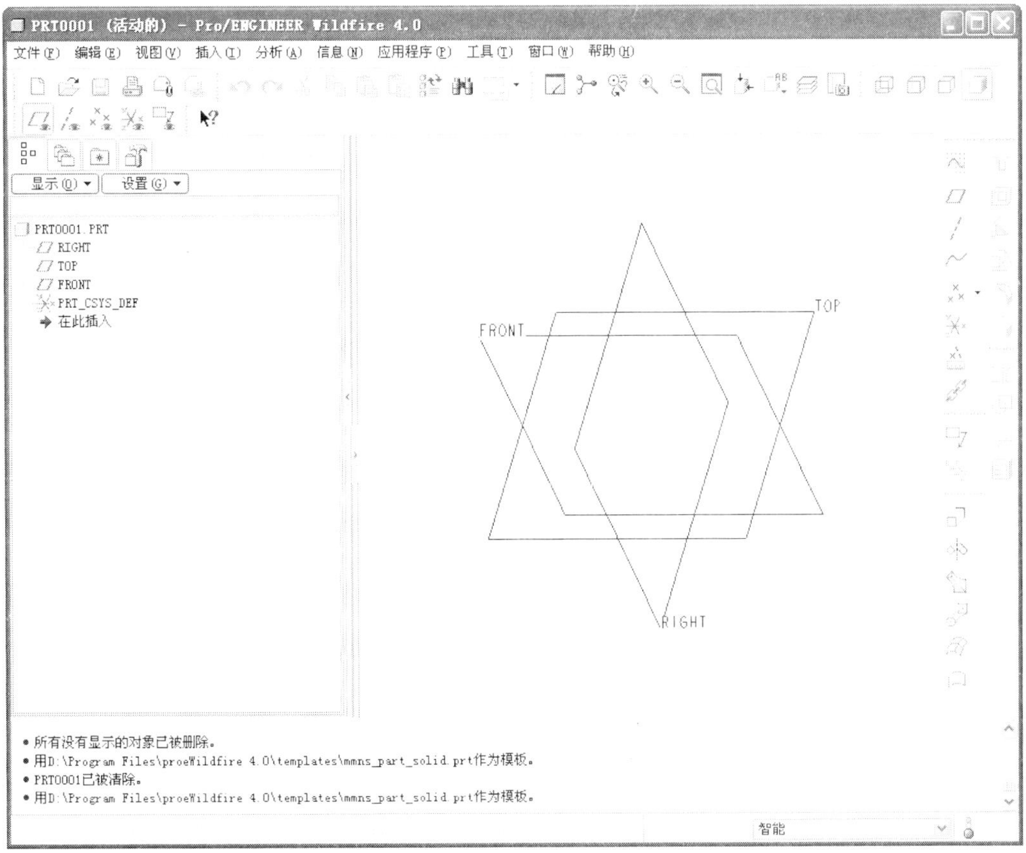

图 1-66

Step 7 在“录制映射键”对话框中单击“停止”按钮停止录制，然后单击“确定”按钮关闭“录制映射键”对话框，此时“映射键”对话框中显示出刚刚新建的映射键，如图 1-67 所示。

Step 8 单击“关闭”按钮关闭“映射键”对话框，完成映射键的录制。当录制完成后，只需按<F3>键即可直接新建一个文件名称为系统默认的零件文件。

提示：在映射键录制完成后，系统会在如图 1-68 所示的“定制”对话框中生成一个映射键命令按钮，如果用户记不住映射键对应的按键，则可以将该映射键命令按钮拖到工具栏，单击命令按钮可执行相同的操作。

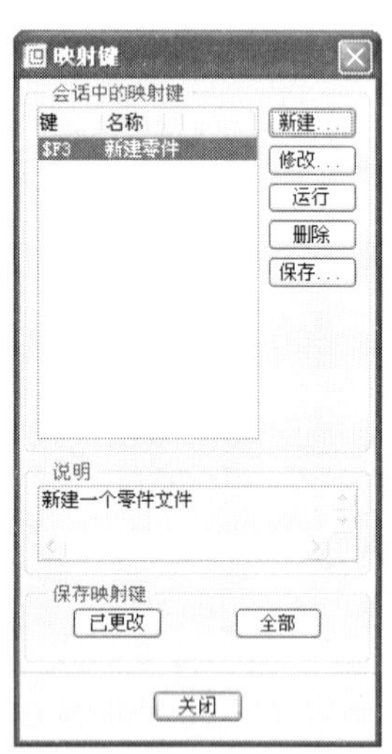

图 1-67

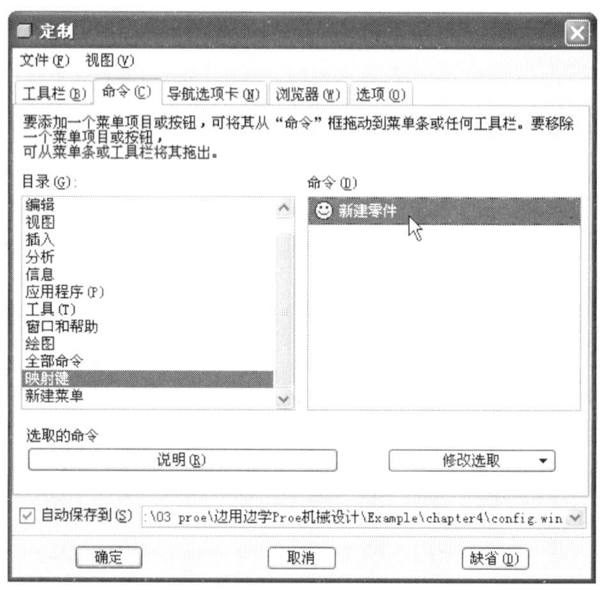

图 1-68

1.7 Pro/E 的 Config.pro 配置文件

Config.pro 文件是 Pro/E 的系统配置文件，用户可以使用该配置文件预设 Pro/E 软件的工作环境和进行全局设定，它几乎可以满足用户对 Pro/E 的所有要求。其中包括系统的精度、显示设置、单位、打印机的设置、快捷键的设置以及输入输出设置等。

通过相关设置，用户可以把 Pro/E 定制为自己需要的工作环境。在实际工作中，一般应由经验丰富的工程师针对本公司的需要进行设置，然后将其复制到每台工作站上作为公司的标准执行，这样有利于公司产品数据的交换和统一管理。

1.7.1 修改配置文件 Config.pro 中选项的参数

下面介绍如何修改配置文件 Config.pro 中选项的参数。在系统默认情况下，下拉菜单中有一些下拉菜单命令未被显示出来，例如在图 1-69 中弹出的下拉菜单中就有“耳”、“唇”、“开槽”及“凸缘”等下拉菜单命令未被显示出来。

下面将通过设置 Config.pro 配置文件中的参数将这些下拉菜单命令显示出来，具体操作步骤如下。

Step 1 执行“工具 | 选项”下拉菜单命令，开启如图 1-70 所示的“选项”对话框。

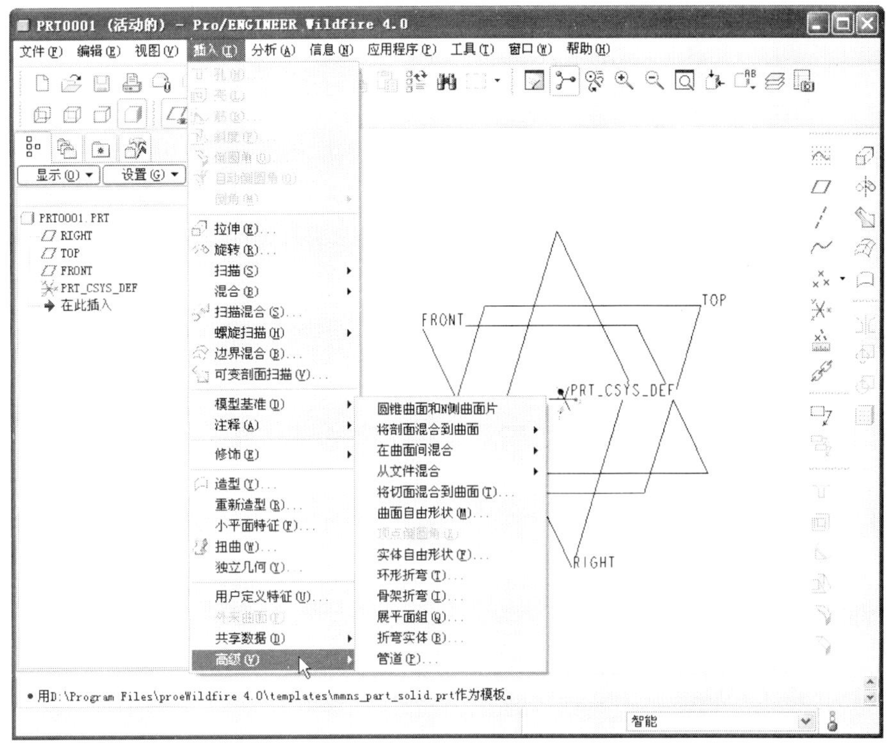

图 1-69

Step 2 取消“仅显示从文件加载的选项”复选框的选取，然后选择配置文件选项 allow_anatomic_features，在“设置值”文本框中选择配置文件选项参数值为“yes”，如图 1-71 所示。

图 1-70

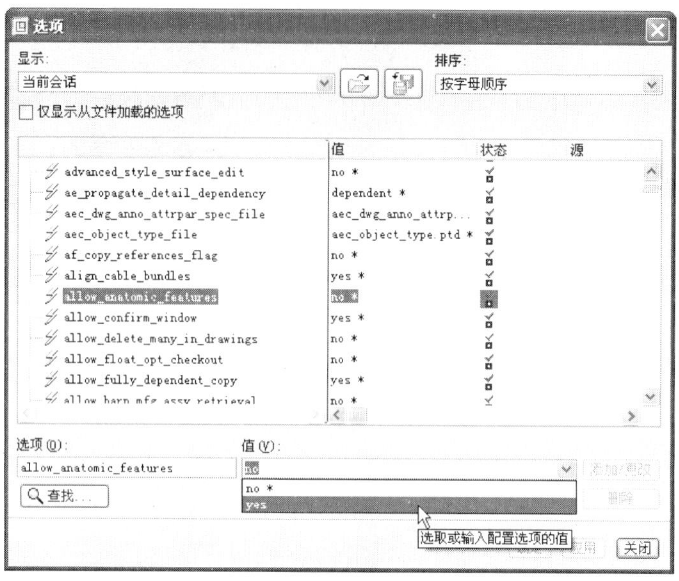

图 1-71

Step 3 依次单击“添加/更改”和“确定”按钮完成配置文件选项参数的设置。当配置文件设置完成后，下拉菜单中将显示出隐藏的下拉菜单命令，结果如图 1-72 所示。

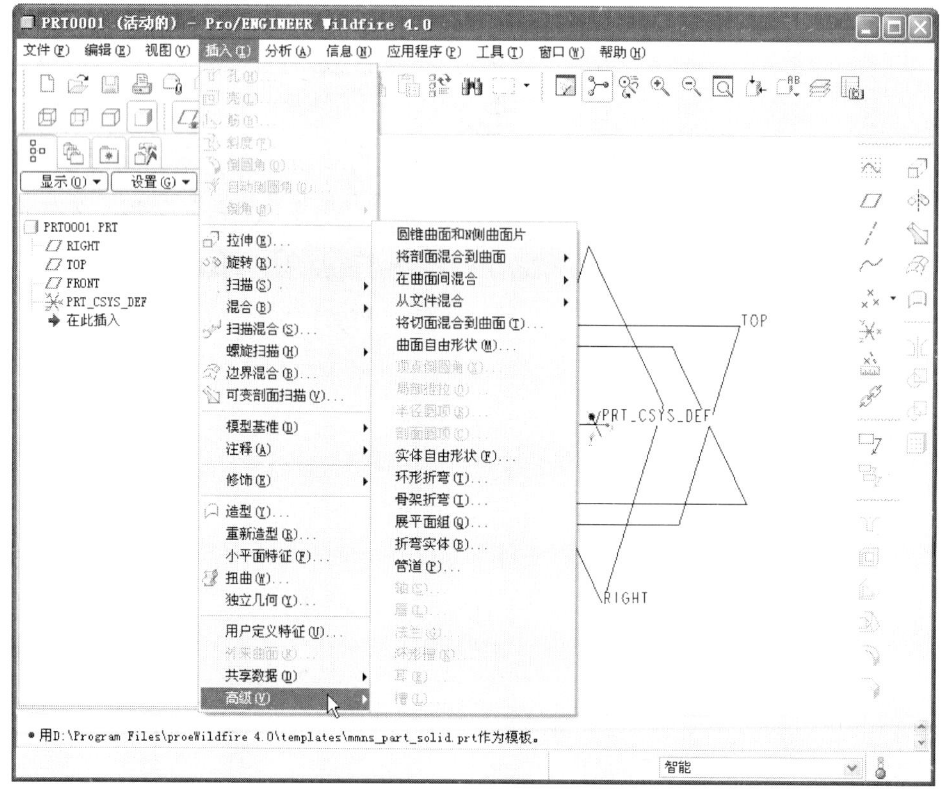

图 1-72

提示：Pro/E 中还提供了查找功能，用户可以通过关键字方便地查找 Config.pro 配置文件中的选项。单击“选项”对话框中的“查找”按钮，开启“查找选项”对话框，在“查找选项”对话框中的“选项”输入框中输入想要查找的选项的关键字（例如选项“allow_anatomic_features”中的关键字“all”），单击“立即查找”按钮，对话框中将列出所有包含关键字的选项，通过关键字缩小查找范围后，用户就能够较为方便地查找到想要的选项，如图 1-73 所示。

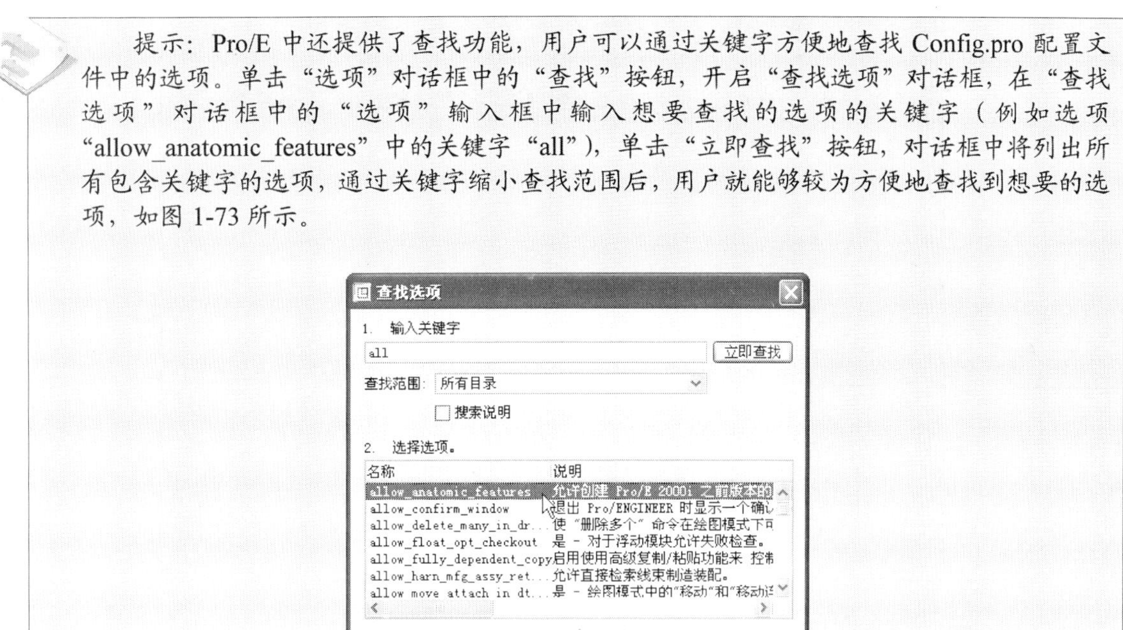

图 1-73

1.7.2 保存配置文件 Config.pro

在修改了配置文件 Config.pro 中选项的参数后，如果不将其保存到启动目录中，则在下次启动时，配置文件 Config.pro 选项的参数将还原为系统默认的状态。

要保存设置完成后的配置文件 Config.pro，可以在“选项”对话框中单击“保存”按钮，开启如图 1-74 所示的“另存为”对话框。此时找到 Pro/E 的启动目录，并将系统默认的文件名“current_session.pro”修改为“Config.pro”，然后单击“OK”按钮即可将用户设置的配置文件 Config.pro 保存到启动目录中。在下次启动后，系统将自动调用配置文件 Config.pro 的参数设置。

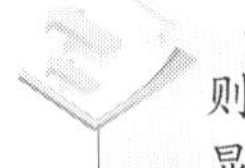

提示：Pro/E 的启动目录是在安装时设定的，如果用户忘记了安装时设定的启动目录，则可以在 Pro/E 启动后单击“文件”工具栏中的“打开”按钮，开启“文件打开”对话框显示的目录就是 Pro/E 的启动目录。另外，current_session.pro 也是配置文件，只不过它是一个临时配置文件，当工作目录中没有配置文件 Config.pro 且更改系统环境参数时系统就会自动产生这个文件，当用户关闭 Pro/E 时，系统将自动将其从工作目录中删除。

配置文件 Config.pro 除了可以保存到启动目录中之外，还可以保存到其他任意的文件夹中，只不过 Pro/E 在启动时不会自动调用保存在其他文件夹中的配置文件 Config.pro。此时用户可以通过单击“选项”对话框中的“打开配置文件”按钮来手动调用保存在其他文件夹中的配置文件 Config.pro。

下面介绍一些常用的配置文件设置。

图 1-74

- menu_translation　　　　yes, no,both

在运行 Pro/E 的非英语版本时，指定菜单显示的语种。设置为“yes”为显示本地语言；“no”为显示英语；“both”为同时显示本地语言和英语。

- template_solidpart　　　　inlbs_part_solid.prt

Pro/E 的系统默认模板是英制的，而国内用户一般使用的都是公制的，为了避免每次新建文件时都要选择模板，可以将配置文件选项参数值“inlbs_part_solid.prt”修改为“mmns_part_solid.prt”。如果将参数值设置为 empty，则不使用模板。

- display_planes　　　　yes, no

控制基准平面的显示。设置参数值为“yes”将显示基准平面；“no”为不显示基准平面。

- display_planes_tags　　　　yes, no

控制基准平面标签的显示。设置参数值为“yes”将显示基准平面标签；“no”为不显示基准平面标签。

- display_point　　　　yes, no

控制基准点的显示。设置参数值为“yes”将显示基准点；“no”为不显示基准点。

- display_point_tags　　　　yes, no

控制基准点标签的显示。设置参数值为“yes”将显示基准点标签；“no”为不显示基准点标签。

1.8 自我检测

（1）在使用 Pro/E 之前为什么需要设置工作目录？

（2）Pro/E 的配置文件 Config.pro 有什么作用？

（3）为什么在删除文件旧版本时，消息区提示该文件不存在数据库中？如何解决？

（4）在 pro/E 中拭除文件和删除文件有什么区别？

第2章 平面草图绘制基础

本章要点

- 平面草图的类型
- 绘制基本几何图元
- 编辑几何图元
- 添加几何约束
- 尺寸标注
- 尺寸、约束发生冲突时的解决方法
- 草绘辅助工具
- 草绘器诊断工具
- 绘制纺锤形垫片
- 绘制渐开线齿轮

在本章中将主要介绍 Pro/E 中平面草图绘制的相关知识，包括平面草图的类型、绘制基本几何图元、编辑几何图元、为图元添加几何约束以及为图元标注尺寸等。草图绘制在零件建模中的主要作用就是确定模型的截面形状，这相当于实际生产过程的下料环节。

2.1 平面草图的类型

在 Pro/E 中有 3 种类型的平面草图：文件类型、特征类型和从属特征类型。下面就分别举例说明这 3 种类型平面草图的绘制方法。

2.1.1 绘制文件类型的平面草图

文件类型平面草图是指新建一个草绘文件来绘制平面草图，绘制完成的草图将以文件的形式保存在硬盘上。草绘文件在机械零件设计中很少用到，这里只对进入草图绘制环境的步骤进行简单介绍，具体步骤如下。

Step 1 单击“文件”工具栏中的“新建”按钮，开启“新建”对话框，选择文件类型为“草绘”，如图 2-1 所示。

Step 2 输入文件名称或接受系统默认的文件名称，单击“确定”按钮进入文件模式下的草图绘制环境，如图 2-2 所示。

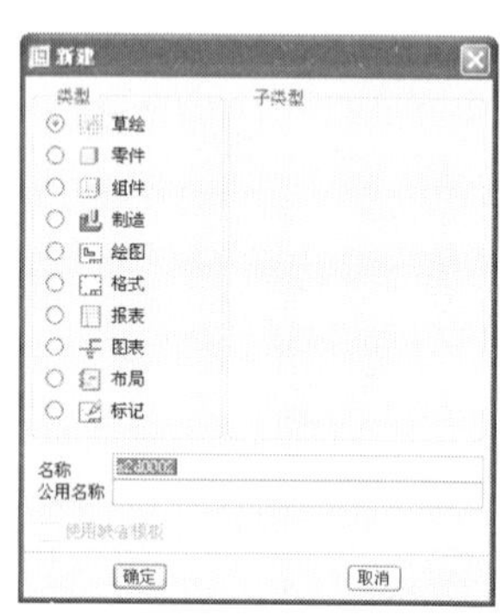

图 2-1

图 2-2

当草图绘制完成后，单击“文件”工具栏中的“保存”按钮，可以将其保存为一个草图文件。

2.1.2 特征类型的平面草图

特征类型的平面草图是指在零件建模环境下以特征形式存在的平面草图，绘制完成的草图是一个独立的特征，作为一个独立的特征，它可以同时被多个实体模型选作截面草图。下面以绘制圆为例介绍特征类型的平面草图的基本绘制方法，具体操作步骤如下。

Step 1 单击“文件”工具栏中的“新建”按钮，开启“新建”对话框，选择文件类型为“零件”，并取消“使用缺省模板”复选框的选取，如图 2-3 所示。

Step 2　单击“确定”按钮，在开启的“新文件选项”对话框中选择模板为“mmns_part_solid”，如图 2-4 所示，然后单击“确定”按钮进入零件建模环境。

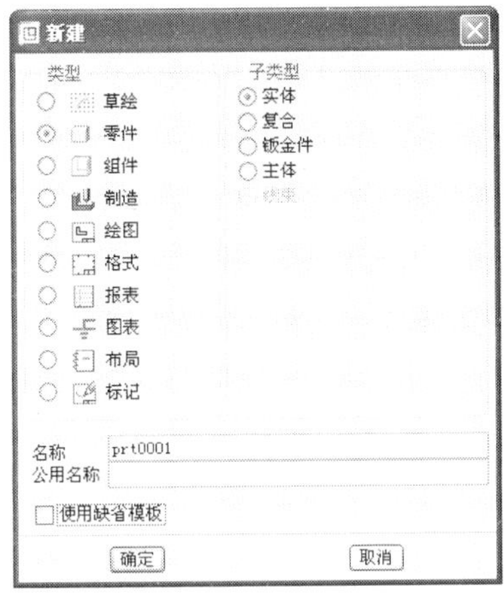

图 2-3

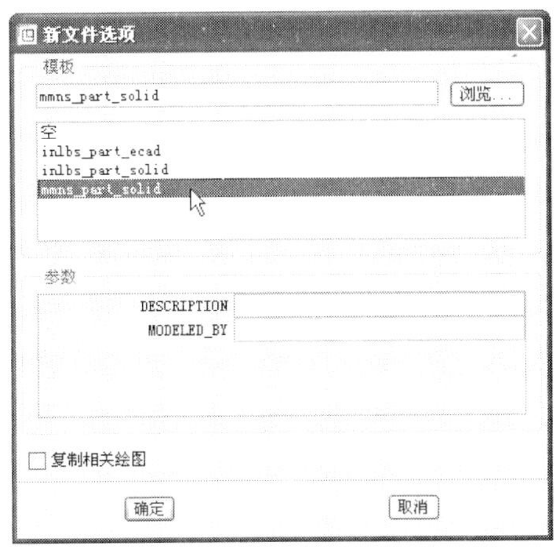

图 2-4

Step 3　单击“基准”工具栏中的“草绘”按钮，开启如图 2-5 所示的“草绘”对话框。然后在模型窗口中选择如图 2-6 所示的 TOP 基准平面为草绘平面。

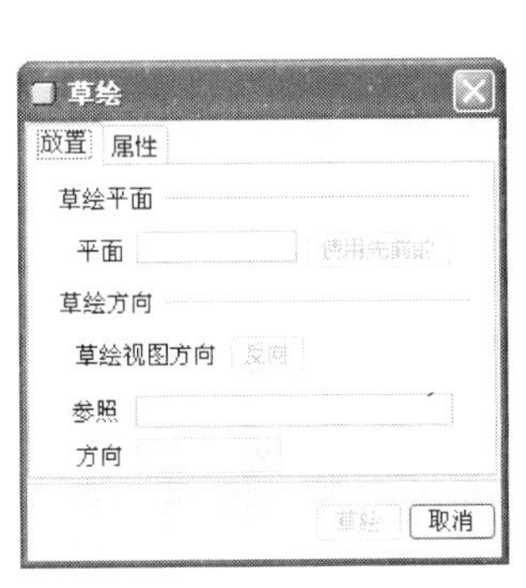

图 2-5

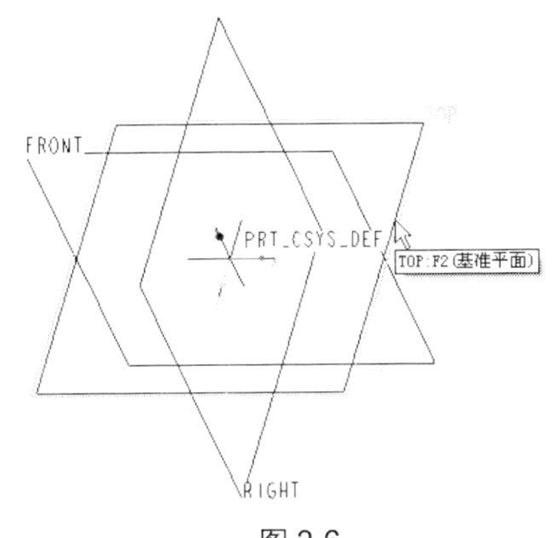

图 2-6

> 提示：当用户选择草绘平面后，还需要选择确定草绘方向的参照，不过一般情况下都是接受系统自动选定的草绘方向参照。选择 TOP 基准平面为草绘平面后，系统将自动选择 RIGHT 基准平面为草绘平面的右侧参照平面。

Step 4　单击“确定”按钮进入草图绘制环境，如图 2-7 所示。

Step 5　单击“草绘器工具”工具栏中的“圆”按钮○，捕捉模型窗口中两参照的交点为圆心，如图 2-8 所示。

Step 6　在任意位置指定一点作为圆上的通过点，单击鼠标中键确定，绘制结果如图 2-9 所示。

> 提示：为了便于观察，在绘制平面草图时一般都关闭基准平面、基准轴、基准点以及坐标系的显示。

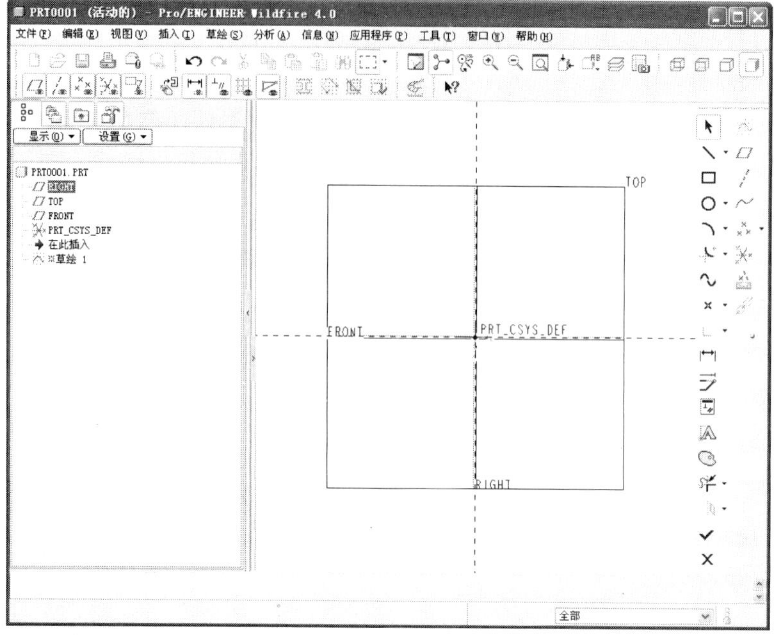

图 2-7

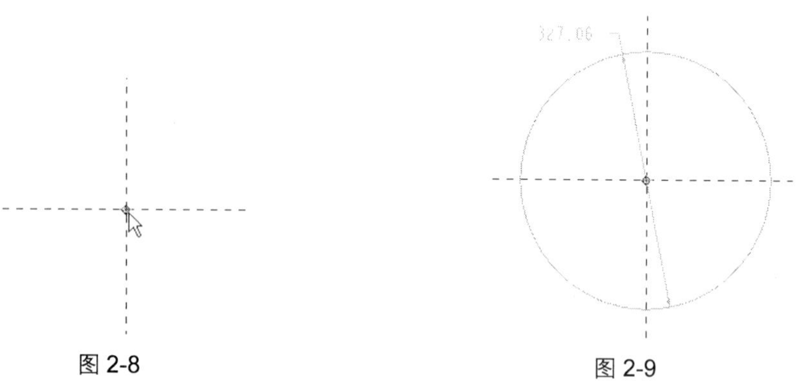

图 2-8

图 2-9

Step 7 单击✓按钮退出草图绘制环境，平面草图圆绘制结果如图 2-10 所示。同时模型树中出现一个名为“草绘 1”的特征标示，如图 2-11 所示。

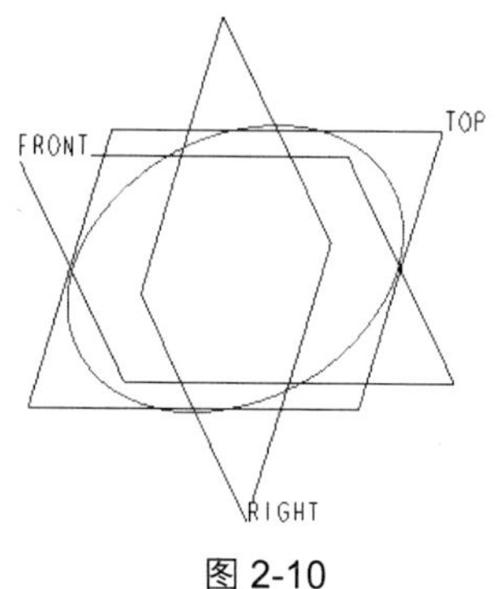

图 2-10

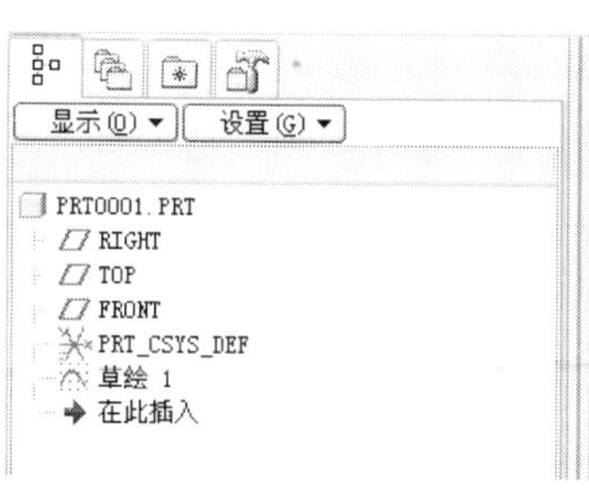

图 2-11

2.1.3　从属特征类型的平面草图

从属特征类型的平面草图是指在特征创建过程中绘制的平面草图。它是包含在某一个特征内部的平面草图，是该特征的一部分，需要注意的是，它只从属于该特征，而不能用于创建其他特征。下面以创建一个拉伸伸出项特征为例介绍从属特征类型的平面草图的基本绘制方法，具体操作步骤如下。

Step 1　单击“文件”工具栏中的“新建”按钮，新建一个零件文件。

Step 2　单击“特征”工具栏中的“拉伸”按钮，开启如图 2-12 所示的“拉伸”命令控制面板。

图 2-12

Step 3　单击“放置”按钮，弹出如图 2-13 所示的“放置”面板，然后单击“定义”按钮，开启“草绘”对话框，选择 TOP 基准平面为草绘平面，系统自动选择 RIGHT 基准平面为草绘平面的右侧参照平面，如图 2-14 所示。

图 2-13

图 2-14

Step 4　单击“草绘”按钮进入草图绘制环境，然后单击“草绘器工具”工具栏中的“圆”按钮○，绘制一个任意半径的圆，如图 2-15 所示。

Step 5　单击✔按钮退出草图绘制环境，返回到“拉伸”命令控制面板中，接受系统默认的拉伸深度值。拉伸特征预览如图 2-16 所示。

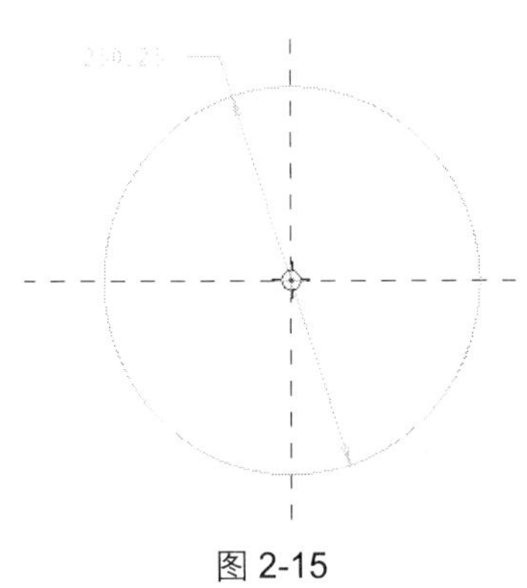

图 2-15

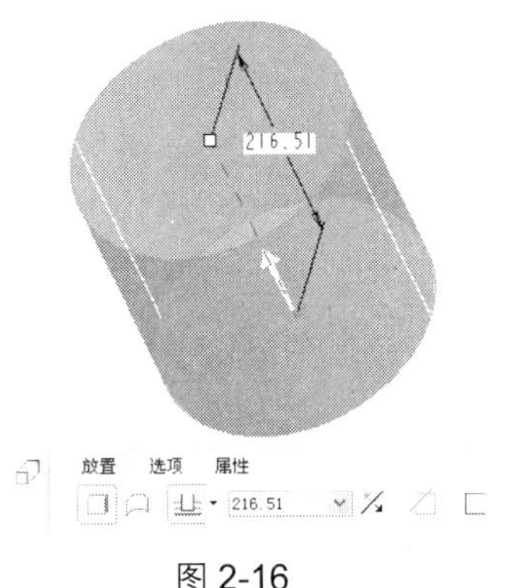

图 2-16

Step 6 单击✓按钮完成拉伸特征的创建，结果如图 2-17 所示。同时模型树中会出现一个名为“拉伸 1”的特征标示，展开“拉伸 1”特征标示将会看到一个名为“S2D0002”的标示，该标示代表的就是从属于拉伸特征的平面草图。

图 2-17

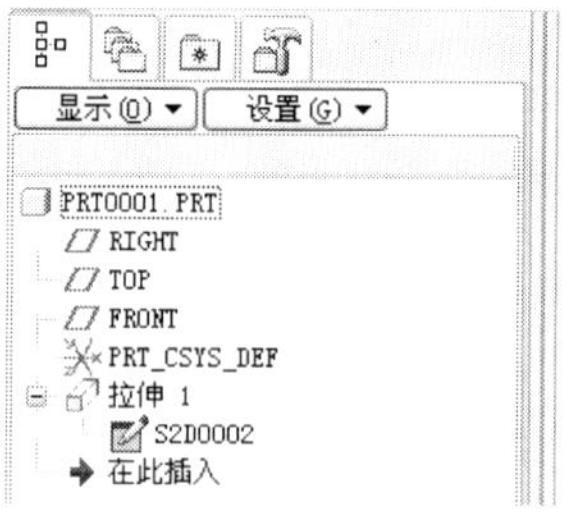

图 2-18

2.2 绘制基本几何图元

平面草图中的最基本几何图元包括直线、矩形、圆、圆弧、文本以及样条曲线等，它们是一个平面草图最基本的组成部分。本节将详细介绍这些基本几何图元的绘制方法，熟练地掌握这些方法后将可以极大地提高绘图效率。

2.2.1 绘制线

在 Pro/E 中，系统提供了直线、相切直线和中心线的绘制工具，如图 2-19 所示。

下面将分别介绍上述 3 种线的绘制方法。

1. 绘制一般直线

单击“草绘器工具”工具栏中的“线”按钮╲，在草绘平面中单击鼠标左键指定一点，然后移动光标到合适的位置再单击鼠标左键指定第二点，最后单击鼠标中键结束绘制，如图 2-20 所示。

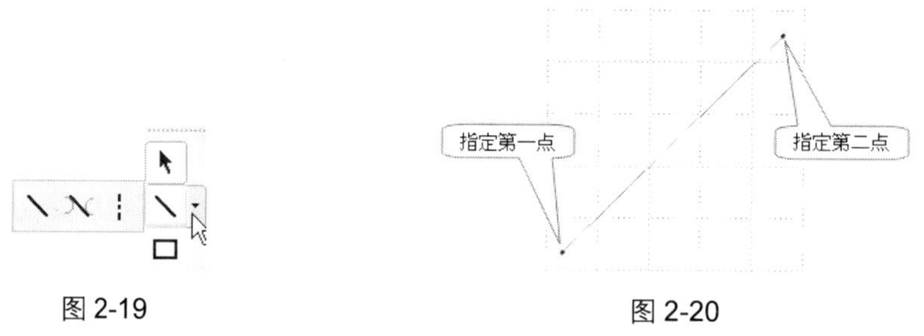

图 2-19

图 2-20

提示：如果不单击鼠标中键结束绘制，前一条直线的第二点就将成为下一条直线的起点。另外，单击一次鼠标中键是结束当前直线的绘制，但还可以继续绘制其他直线；如果连续单击两次鼠标中键，则即会结束当前直线绘制命令。

2. 绘制相切直线

单击“草绘器工具”工具栏中的“直线相切”按钮，选择一个要与直线相切的图元，然后将光标移动到第二个要与直线相切的图元上，系统会自动将锁定直线在第二个图元上的相切点，单击鼠标中键完成相切直线的绘制，结果如图 2-21 所示。

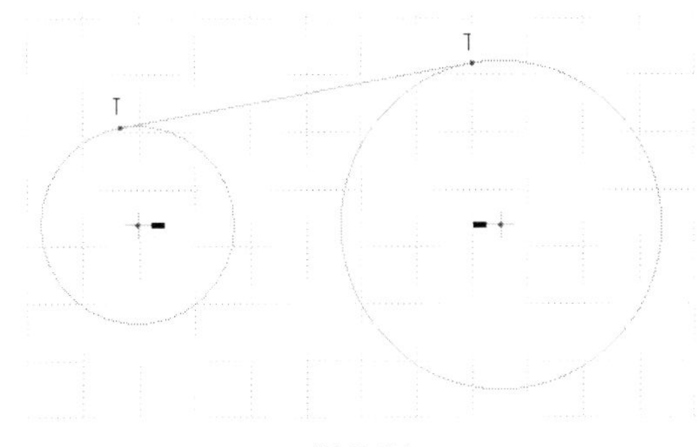

图 2-21

3. 绘制中心线

中心线的绘制方法和直线的绘制方法类似，只是其中心线是无限延长的。单击“草绘器工具”工具栏中的“中心线”按钮，在草绘平面中单击鼠标左键指定一点，然后移动光标到合适的位置再单击鼠标左键指定第二点即可完成一条中心线的绘制。中心线主要有两个作用，一是作为镜像几何图元的对称轴，二是作为旋转特征的旋转轴。

2.2.2　绘制矩形

单击“草绘器工具”工具栏中的“矩形”按钮，在草绘平面中单击鼠标左键指定矩形对角线的起点，然后移动光标到适当的位置单击鼠标左键指定矩形对角线的终点即可完成矩形的绘制，如图 2-22 所示。

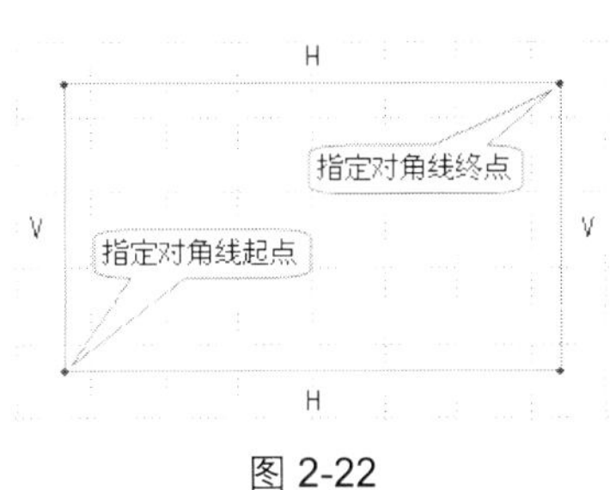

图 2-22

2.2.3　绘制圆和椭圆

在 Pro/E 中，系统提供了多种圆和椭圆的绘制工具，如图 2-23 所示。

下面将分别介绍各种圆和椭圆的绘制方法。

1. 通过圆心和圆上一点绘制圆

单击“草绘器工具”工具栏中的“圆心和点”按钮，在草绘平面上单击鼠标左键指定一点为圆心，然后移动光标到适当的位置，单击鼠标左键指定此点为圆上的点即可完成圆的绘制，如图 2-24 所示。

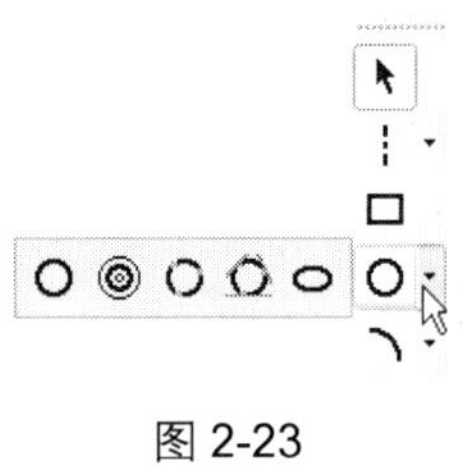

图 2-23

2. 绘制同心圆

单击“草绘器工具”工具栏中的“同心”按钮◎，在草绘平面中选择已有的圆或圆弧确定圆心，然后移动光标到适当的位置单击鼠标左键指定一点为圆上的点即可完成圆的绘制，如图 2-25 所示。

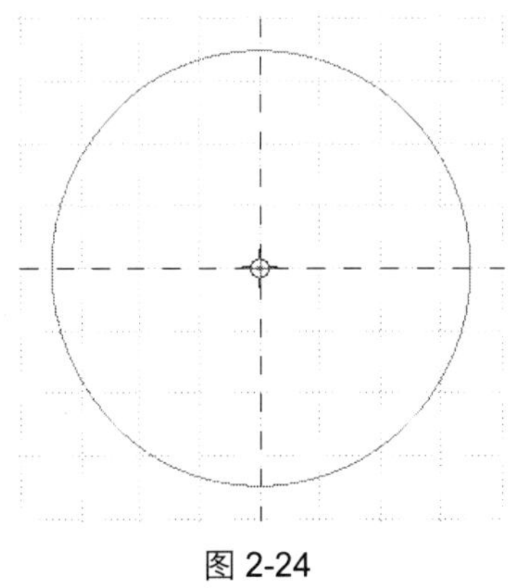

图 2-24

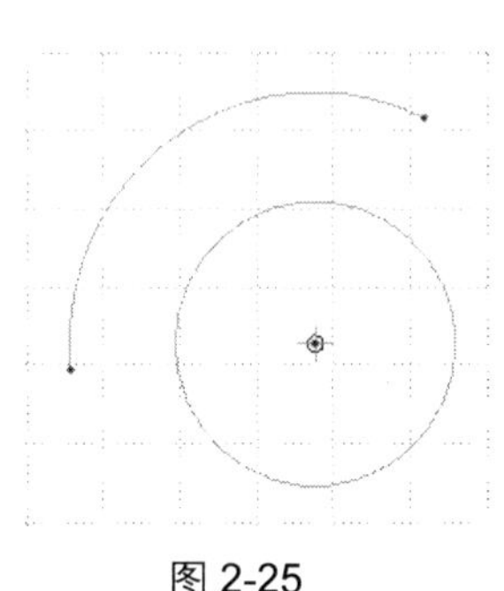

图 2-25

> 提示：其实在实际工作中一般都不用“同心”按钮◎来绘制同心圆，因为使用“圆心和点”按钮○同样可以选择已有圆或圆弧的圆心来绘制同心圆。

3. 通过指定 3 点绘制圆

单击“草绘器工具”工具栏中的“3 点”按钮○，在草绘平面中指定圆上的 3 个点即可完成圆的绘制，如图 2-26 所示。

4. 通过指定 3 切点绘制圆

单击“草绘器工具”工具栏中的“3 相切”按钮○，在草绘平面中选择 3 个已有的图元作为与圆相切的对象即可完成圆的绘制，如图 2-27 所示。

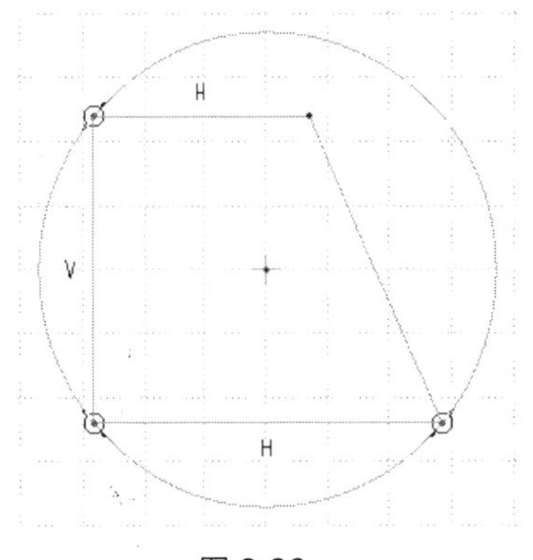

图 2-26

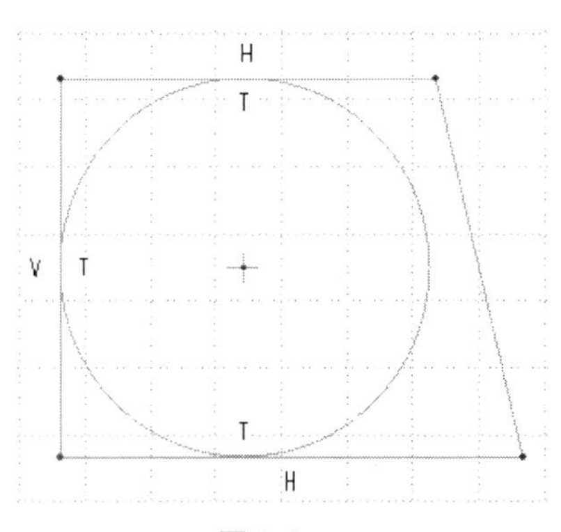

图 2-27

5. 椭圆

单击“草绘器工具”工具栏中的“椭圆”按钮，在草绘平面中单击鼠标左键指定一点为椭圆圆心，然后移动光标到适当位置再单击鼠标左键指定一点为椭圆上的一点即可完成椭圆的绘制，如图 2-28 所示。

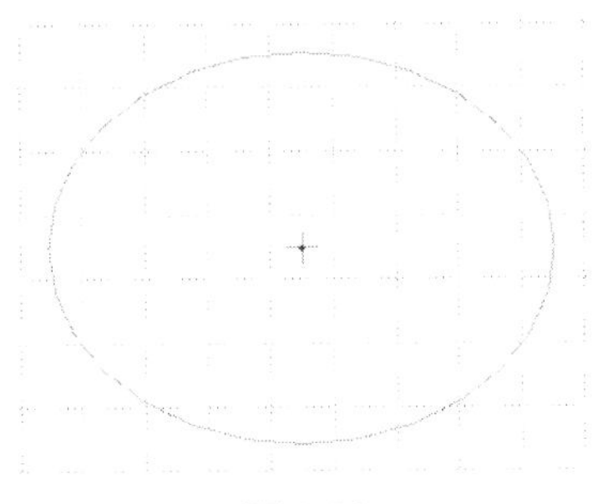

图 2-28

2.2.4　绘制圆弧和圆锥弧

在 Pro/E 中，系统提供了多种圆弧和圆锥弧的绘制工具，如图 2-29 所示。

下面将分别介绍各种圆弧和圆锥弧的绘制方法。

1. 通过指定 3 点绘制圆弧

单击“草绘器工具”工具栏中的“3 点/相切端”按钮，在草绘平面中首先指定圆弧的起点和终点，然后指定圆弧上的一点即可绘制圆弧，如图 2-30 所示。

如果捕捉现有图元的端点为圆弧起点，则端点上将会出现一个如图 2-31 所示的目标符号。

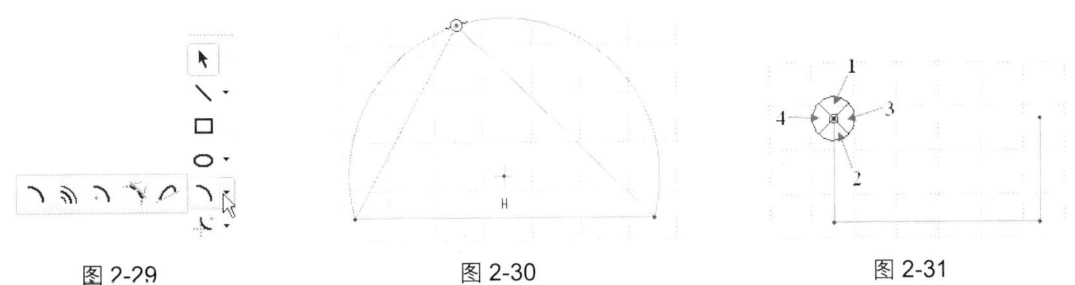

图 2-29　　图 2-30　　图 2-31

目标符号分为箭头所指的 4 个象限，要创建一般的 3 点圆弧，将光标从箭头 3、4 所指的象限拖出。要创建相切端圆弧，将光标从箭头 1、2 所示的象限拖出，如图 2-32 所示。

2. 同心弧

单击“草绘器工具”工具栏中的“同心”按钮，在草绘平面中选择已有的圆或圆弧确定圆心，然后移动光标指定圆弧的起点和终点，单击鼠标中键确定即可完成绘制，如图 2-33 所示。

3. 圆心和端点弧

单击“草绘器工具”工具栏中的“圆心和端点”按钮，首先在草绘平面中指定圆弧的圆心，然后移动光标指定圆弧的起点和终点，单击鼠标中键确定即可完成绘制，如图 2-34 所示。

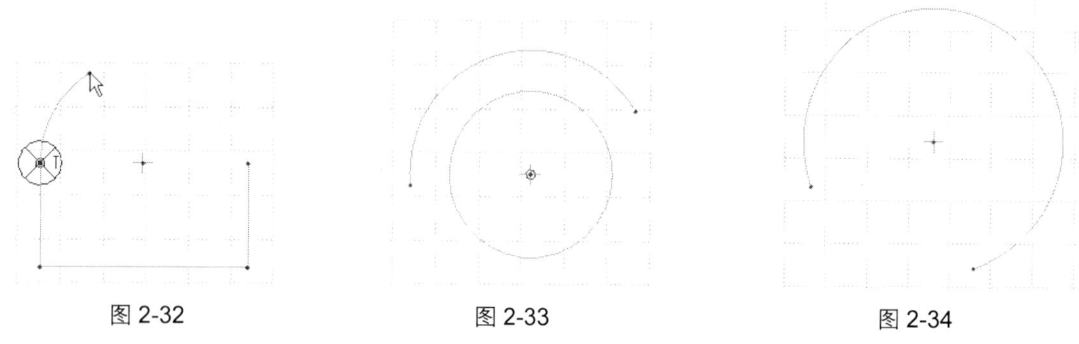

图 2-32　　图 2-33　　图 2-34

4. 通过指定三切点绘制圆弧

单击“草绘器工具”工具栏中的“3 相切”按钮，在草绘平面中选择 3 个与之相切的图元即可完成圆弧的绘制，结果如图 2-35 所示。

5. 锥形弧

单击“草绘器工具”工具栏中的“锥形”按钮，在草绘平面中单击鼠标左键指定锥形弧的两个端点，系统会用一条中心线将这两个端点连接起来，最后单击鼠标左键指定锥形弧的肩点即可完成锥形弧的绘制，如图 2-36 所示。

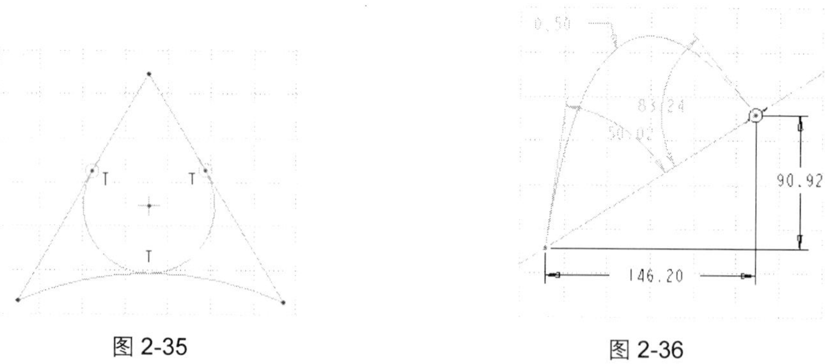

图 2-35　　图 2-36

2.2.5 绘制圆角和椭圆圆角

在 Pro/E 中，系统提供了圆角和椭圆圆角的绘制工具，如图 2-37 所示。

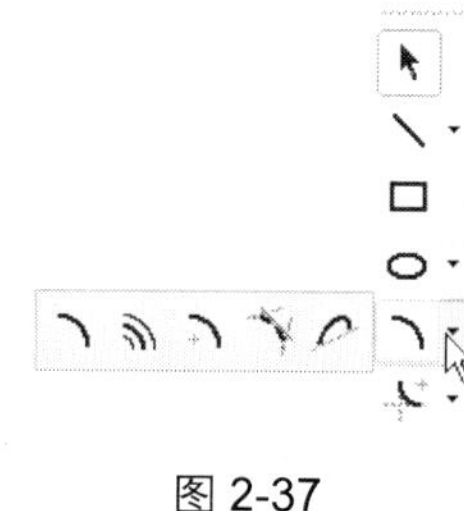

图 2-37

下面将分别介绍圆角和椭圆圆角的绘制方法。

1. 绘制圆角

单击“草绘器工具”工具栏中的“圆角”按钮，在草绘平面中选择两个已有的图元，系统将自动在两个图元之间绘制一个与两个图元相切的圆弧，并对选择的两个图元进行修剪，如图2-38所示。

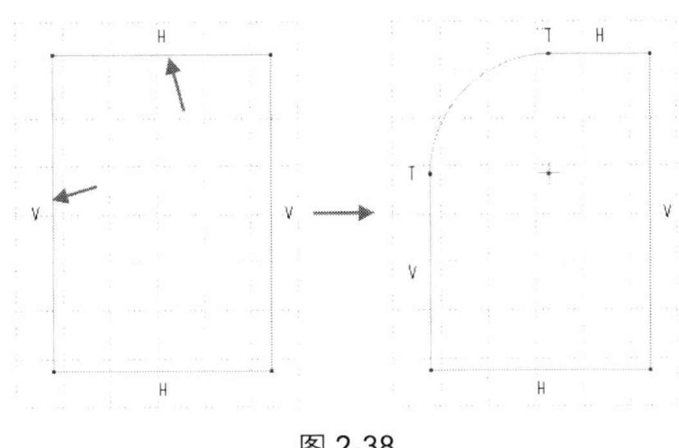

图2-38

提示：绘制圆角后产生的圆弧与圆角对象图元的相切点位置取决于用户在选择第一个圆角对象图元时光标在图元上的位置。

2. 绘制椭圆圆角

单击“草绘器工具”工具栏中的“椭圆角”按钮，在草绘平面中选择两个已有的图元，系统将自动在两个图元之间绘制一个与两个图元相切的椭圆弧，并对选择的两个图元进行修剪，如图2-39所示。

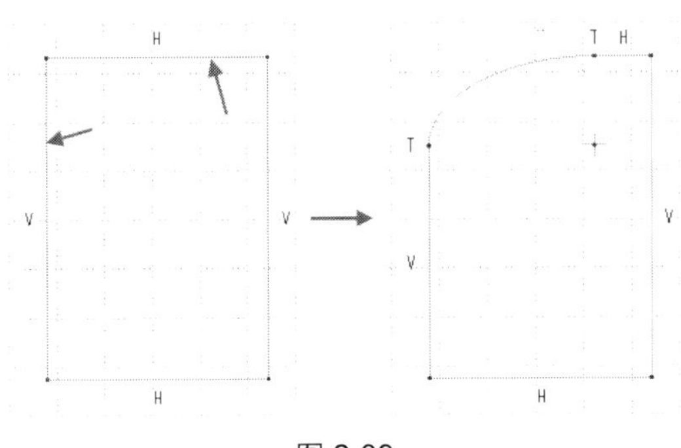

图2-39

提示：绘制椭圆圆角后产生的椭圆弧与圆角对象图元的相切点位置取决于用户在选择两个圆角对象图元时光标在图元上的位置。

2.2.6 绘制样条曲线

单击“草绘器工具”工具栏中的“样条”按钮∿，在草绘平面中单击鼠标左键指定一系列的点来绘制一个样条曲线，如图2-40所示。

使用鼠标左键双击绘制完成的样条曲线，可以开启如图2-41所示的“样条”命令控制面板。用户可通过该控制面板中的命令对绘制的样条进行进一步编辑，使之达到最佳效果。

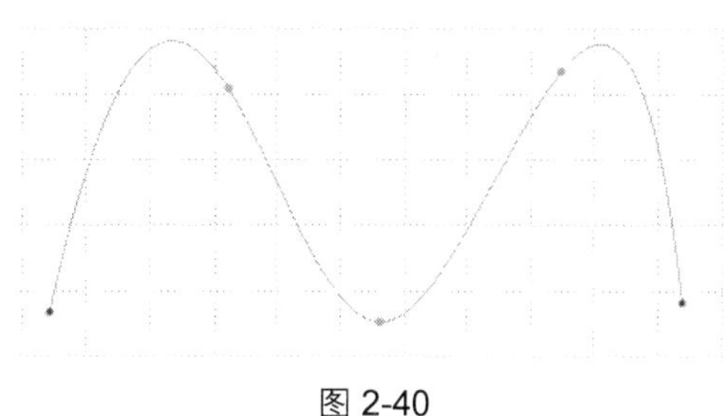

图 2-40

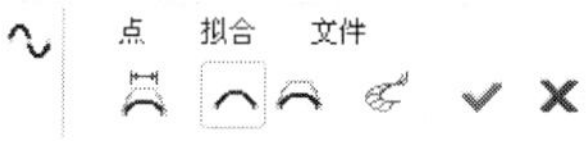

图 2-41

2.2.7 通过投影边绘制图元和偏移图元

在 Pro/E 中，系统提供了一种通过投影模型边来绘制图元和投影模型边并偏移来绘制图元的工具，如图 2-42 所示。

下面将分别介绍图元和偏移图元的绘制方法。

1. 通过投影边绘制图元

Step 1 单击“文件”工具栏中的“打开”按钮，开启范例文件中的 Example\chap02\prt0001.prt，如图 2-43 所示。

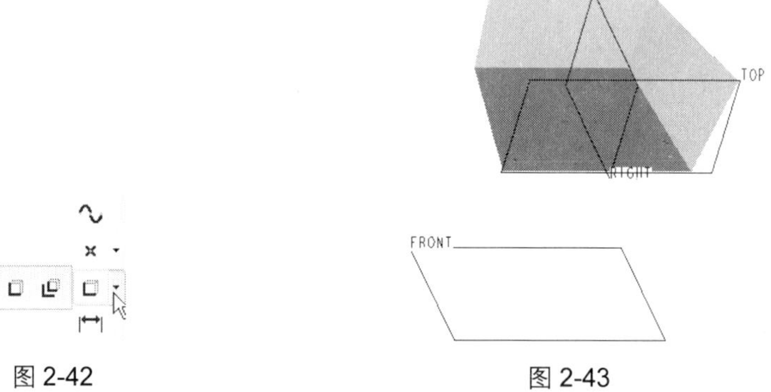

图 2-42　　图 2-43

Step 2 单击“基准”工具栏中的“基准平面”按钮，开启“绘图”对话框，选择 FRONT 基准平面为草绘平面，系统自动选取 RIGHT 基准平面为草绘方向的右侧参照平面，如图 2-44 所示。

Step 3 单击“确定”按钮进入草图绘制环境，然后单击“草绘器工具”工具栏中的“使用”按钮，弹出如图 2-45 所示的“类型”对话框。

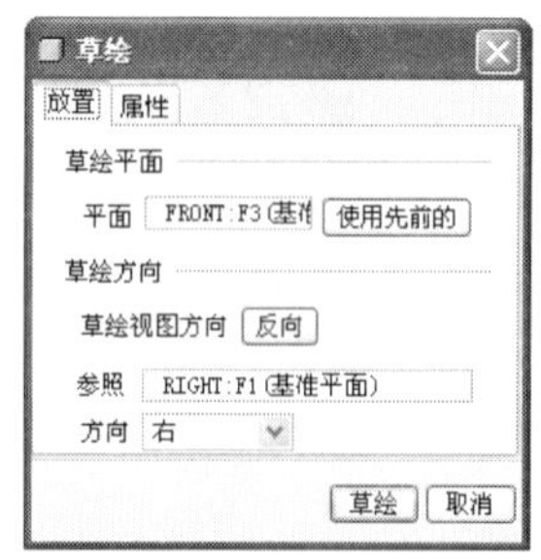

图 2-44

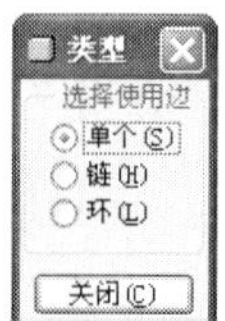

图 2-45

Step 4 在“类型”对话框中选择“环”选项，然后选择图 2-46 中箭头所指的模型平面，系统将以所选平面的边缘作为要投影的边缘。

> 提示：在“类型”对话框中，如果选择“单个”选项，则用户将只能选择单个的模型边缘进行投影；如果选择“链”选项，则用户将可以选择一个模型边链进行投影。

Step 5　单击“完成”按钮✓退出草图绘制环境。平面草图绘制结果如图 2-47 所示。

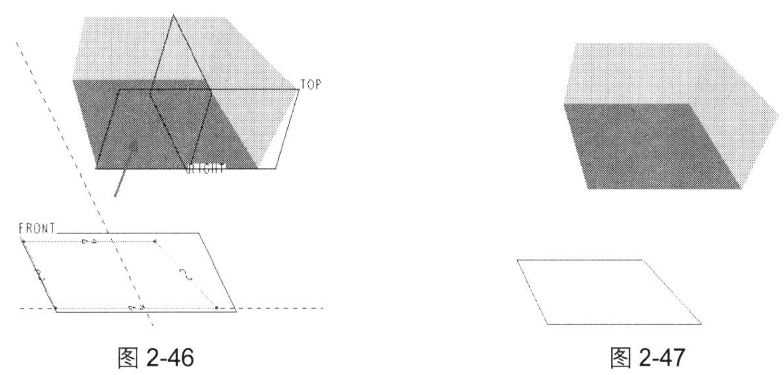

图 2-46　　　　图 2-47

2. 通过投影边并偏移绘制图元

通过投影边并偏移绘制图元的步骤和通过投影边绘制图元的步骤类似，只不过在选择投影边后需要指定偏移距离。单击“草绘器工具”工具栏中的“偏移”按钮，系统同样会弹出“类型”对话框，在选择要投影的边后，草绘平面上将会出现一个偏移的方向箭头，同时在消息区中将会出现如图 2-48 所示的输入框。

图 2-48

在输入框中输入要偏移的距离值，如果与系统默认的偏移方向相反，则只需输入负值即可，输入完成后单击按钮确定。图元绘制结果如图 2-49 所示。

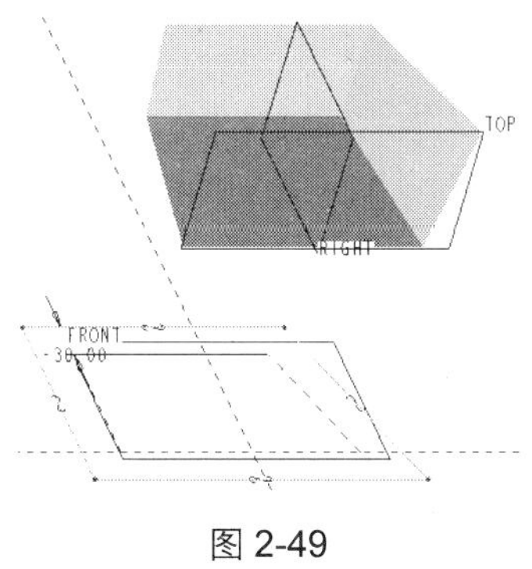

图 2-49

2.2.8　创建文本

单击“草绘器工具”工具栏中的“文本”按钮，在草绘平面中单击鼠标左键指定文本的起点，然后移动光标指定文本的终止点，系统在两点之间创建了一条构建线。构建线的长度决定文本的高度，而该线的角度决定文本的方向。

当终点指定后，系统将开启“文本”对话框，在该对话框中输入文本内容为“Pro/E4.0”，字体和位置参数按系统默认，设定长宽比为 0.75，如图 2-50 所示。

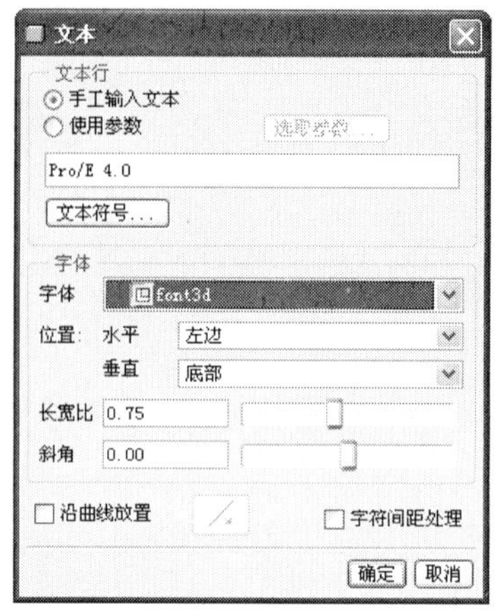

图 2-50

单击“确定”按钮完成文本的创建，结果如图 2-51 所示。

如果要修改已经创建的文本，只需要双击文本即可重新开启“文本”对话框，重新开始文本的编辑。另外，如果要插入特殊的符号，则可以单击“文本”对话框中的“文本符号”按钮，开启如图 2-52 所示的“文本符号”对话框。单击此对话框中的符号按钮，即可将相关的符号插入到文本框中。

图 2-51

图 2-52

2.2.9 草绘器调色板

Pro/E 中的草绘器调色板为用户提供了一个可以选择预定义图形的数据库，用户可以方便地将这些预定义图形载入到草绘平面中。单击“草绘器工具”工具栏中的“调色板”按钮，开启“草绘器调色板”对话框，如图 2-53 所示。

选择“草绘器调色板”对话框中的图形可显示该图形的预览，另外，如果在某个图形上双击鼠标左键则可以选取该图形，选取后光标变为状，此时在草绘平面中单击鼠标左键即可指定图形的放置位置。刚刚放置的图形处于可编辑状态，如图 2-54 所示。

另外，也可以在系统弹出的如图 2-55 所示的“缩放旋转”对话框中设定图形的比例和旋转参数，从而对图形进行编辑。编辑完成后单击鼠标中键确定完成图形的绘制。

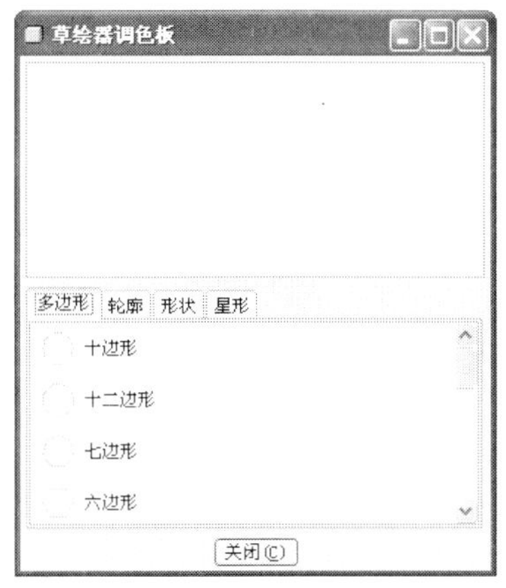

图 2-53

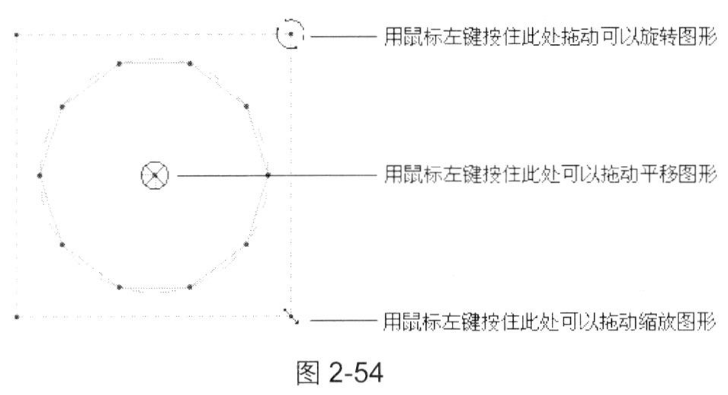

图 2-54

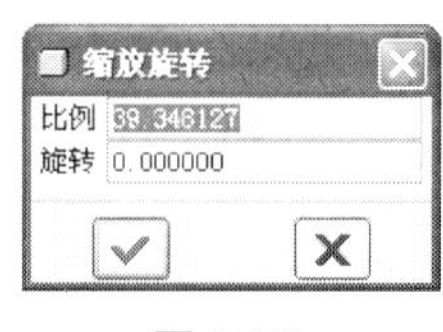

图 2-55

2.3 编辑几何图元

第 2.2 节中介绍了 Pro/E 中基本几何图元的绘制方法，但仅仅能够绘制这些基本的几何图元是远远不够的，接下来将介绍 Pro/E 中几何图元的编辑方法。

2.3.1 修剪图元

修剪图元是平面草图绘制过程中非常重要的环节，系统提供了 3 种修剪图元的工具，如图 2-56 所示。

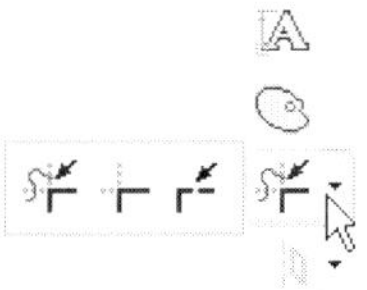

下面对这 3 种修剪工具进行简单介绍。

图 2-56

1. 选择性删除图元片段

单击“草绘器工具”工具栏中的“删除段”按钮，将光标移动到要删除的图元片段上（见图 2-57），然后单击鼠标左键即可将其删除，如图 2-58 所示。

当删除一个图元片段后，还可以继续删除其他的图元片段，单击鼠标中键则结束删除。另外，如果要一次性删除多个图元片段，则可以按住鼠标左键画出一点轨迹（见图 2-59），当松开鼠标左键后，凡是与轨迹相交的图元片段都将被删除，如图 2-60 所示。

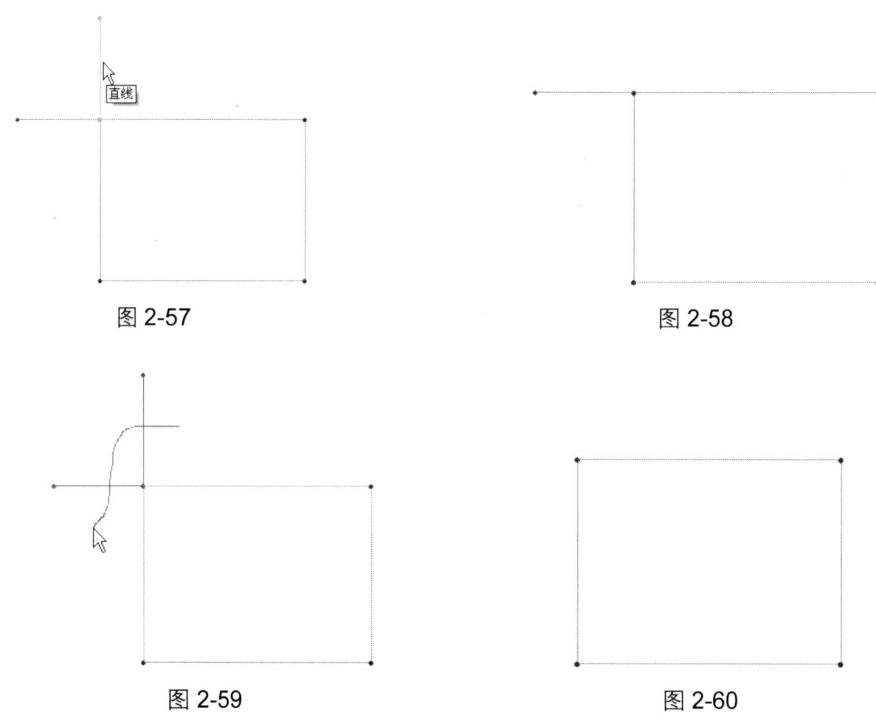

图 2-57　　图 2-58

图 2-59　　图 2-60

2. 在图元相交处删除图元片段

单击“草绘器工具”工具栏中的“拐角”按钮，选择要修剪的两个图元，注意选择图元时光标所在的位置，如图 2-61 所示。当选择完成后系统在两个图元的相交处创建一个拐角，并删除未选择的图元部分，如图 2-62 所示。

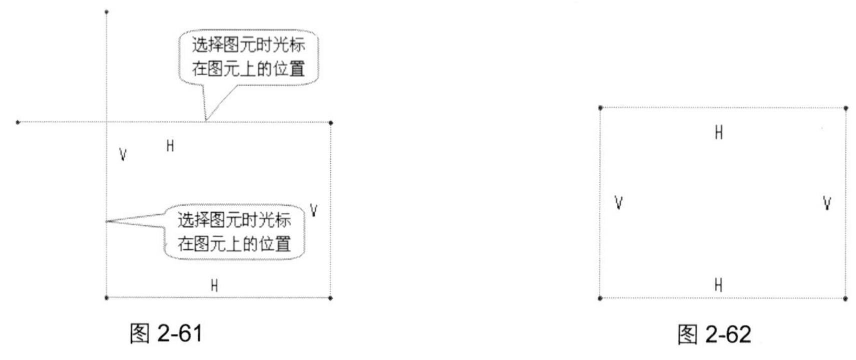

图 2-61　　图 2-62

如果选择的两个图元不相交且不平行（见图 2-63），则系统会将选择的两个图元进行延伸使其相交，如图 2-64 所示。

3. 分割图元

单击“草绘器工具”工具栏中的“分割”按钮，移动光标到要分割的图元上单击鼠标左键指定分割点，如图 2-65 所示。指定完成后，图元将被分割成两个部分，如图 2-66 所示。

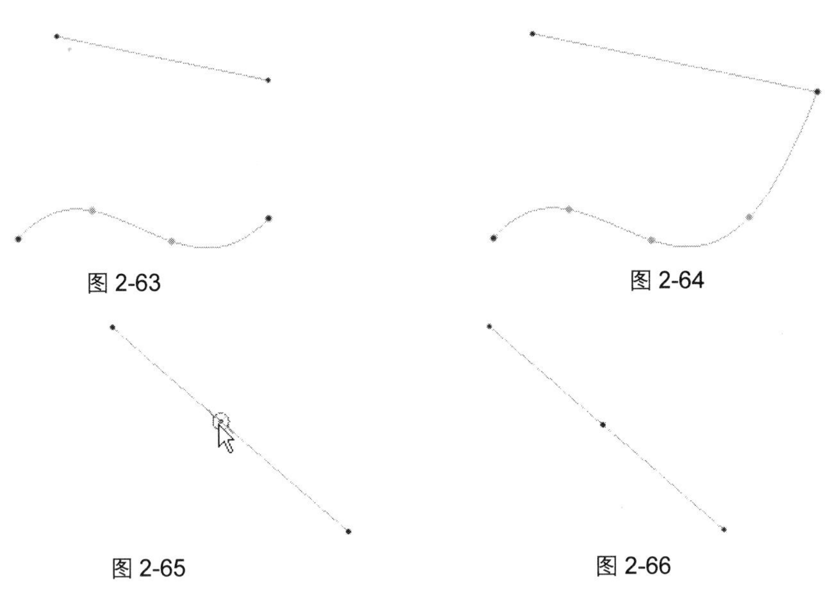

图 2-63　　图 2-64

图 2-65　　图 2-66

提示：如果要将圆分割成两个圆弧，则需要指定两个分割点。

2.3.2　镜像图元

在绘制对称类型的平面草图时为了提高工作效率，一般都是先绘制平面草图的一半，然后再使用镜像图元功能绘制出另一半。首先选择要镜像的图元，如图 2-67 所示。然后单击“草绘器工具”工具栏中的“镜像”按钮并选择中心线为镜像图元的对称中心，镜像结果如图 2-68 所示。

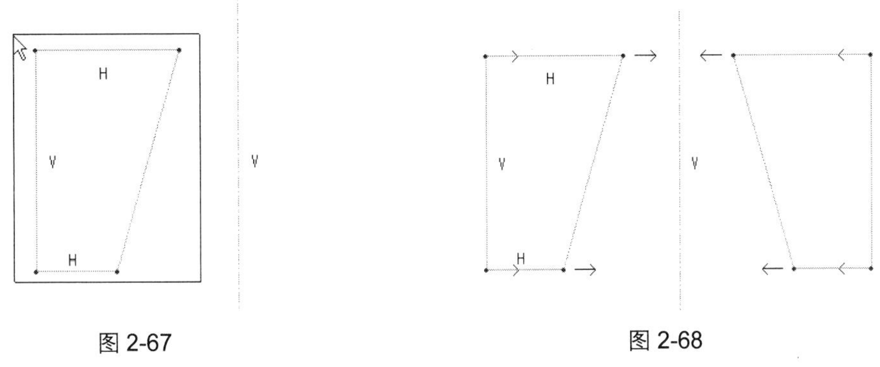

图 2-67　　图 2-68

提示：镜像图元的对称中心必须是中心线，并且只有在选择了要镜像的图元后，“镜像”按钮才可用。

2.3.3　缩放旋转图元

要缩放或旋转已绘制的图元，应该选择要编辑的图元，然后单击“草绘器工具”工具栏中的“缩放和旋转”按钮，开启如图 2-69 所示的“缩放旋转”对话框。同时，被选择的图元上将出现如图 2-70

所示的缩放旋转控制手柄，这与从草绘器调色板中插入图形的情形相同。用户既可以在“缩放旋转”对话框中设定相关参数来编辑图元，也可以使用缩放旋转控制手柄动态地编辑图元。

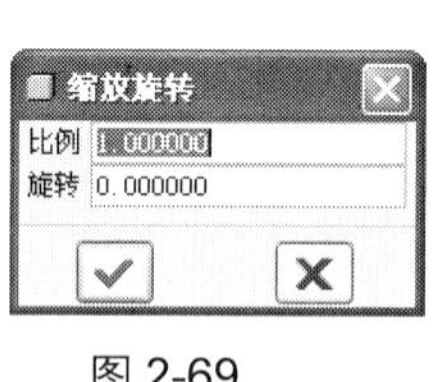

图 2-69

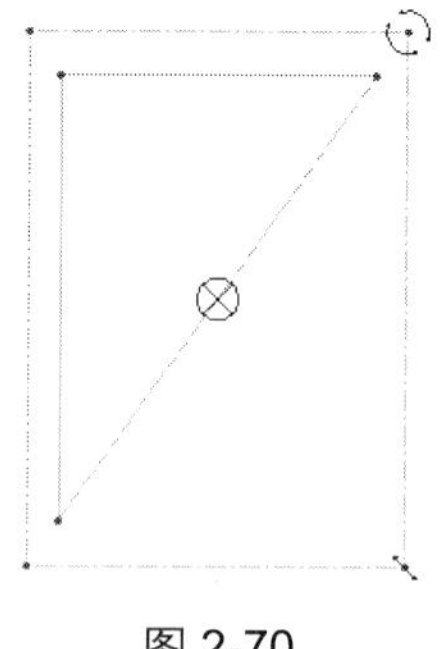

图 2-70

提示：在旋转椭圆时，旋转角度只能是 90° 或其倍数。

2.4 添加几何约束

在 Pro/E 中绘制的图元可以存在一定的约束关系，如水平、垂直和平行等。在绘制图元时，系统绘制自动为图元添加约束关系，如图 2-71 所示。如果不接受系统自动提供的约束关系，在相关的约束符号出现后，单击鼠标右键对其进行否定，在约束符号上将出现一个红色的斜杠，如图 2-72 所示。

提示：此时单击鼠标右键可以否定当前系统提供的几何约束，如果再单击鼠标右键，则又可以重新接受系统提供的几何约束。

虽然系统能自动为图元添加几何约束，但是为了弥补自动约束的不足，系统允许用户手动添加几何约束。单击“草绘器工具”工具栏中的“约束”按钮，开启如图 2-73 所示的“约束”对话框。

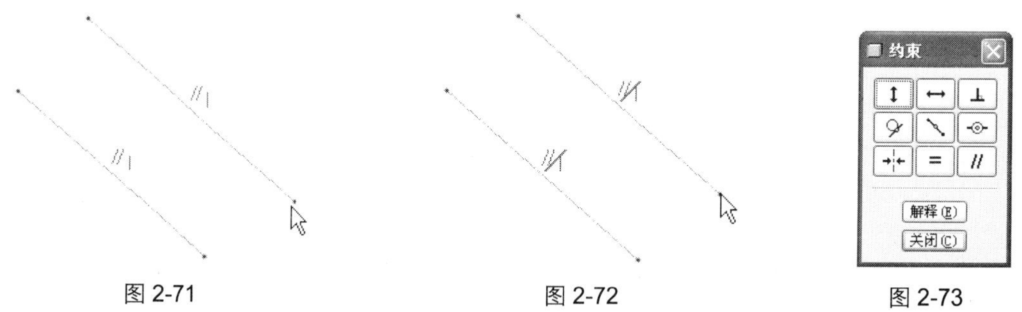

图 2-71　　图 2-72　　图 2-73

“约束”对话框中提供了所有的手动约束工具，下面将详细介绍这些手动约束工具的使用方法。

2.4.1 使直线或两点垂直

单击“约束”对话框中的按钮，然后选择如图 2-74 所示的倾斜直线，系统将为所选直线添加垂直的几何约束，如图 2-75 所示。

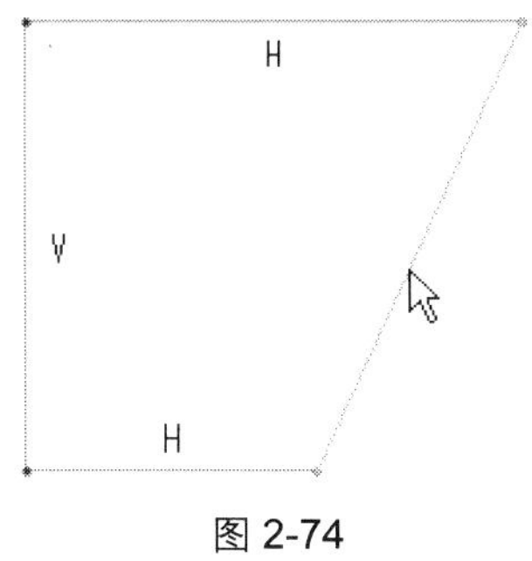

图 2-74

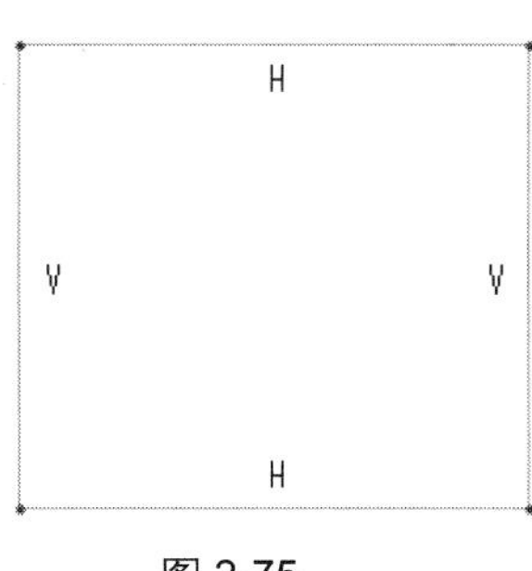

图 2-75

如果添加几何约束的对象是两个点，例如图 2-76 中箭头所指的两个直线端点，则系统将会把选择的两个点定位到同一条垂直直线上，如图 2-77 所示。

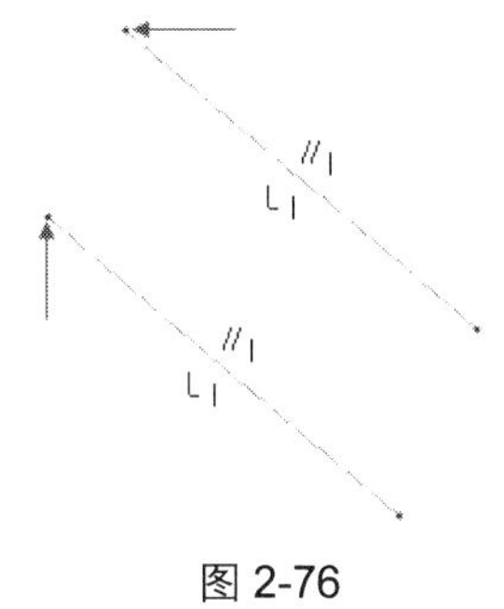

图 2-76

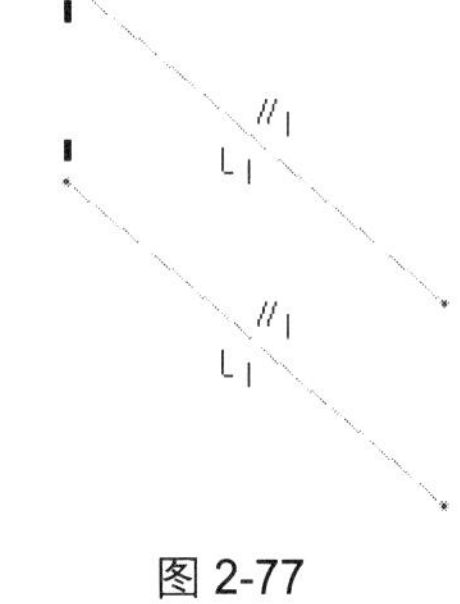

图 2-77

2.4.2　使直线或两点水平

单击“约束”对话框中的[↔]按钮，然后选择如图 2-78 所示的倾斜直线，系统将为所选直线添加水平的几何约束，如图 2-79 所示。

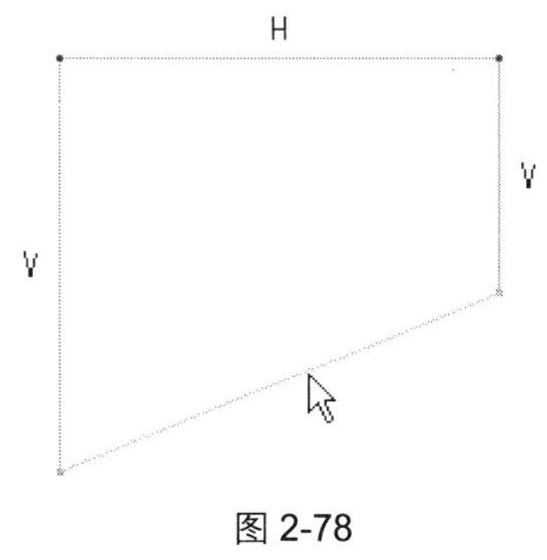

图 2-78

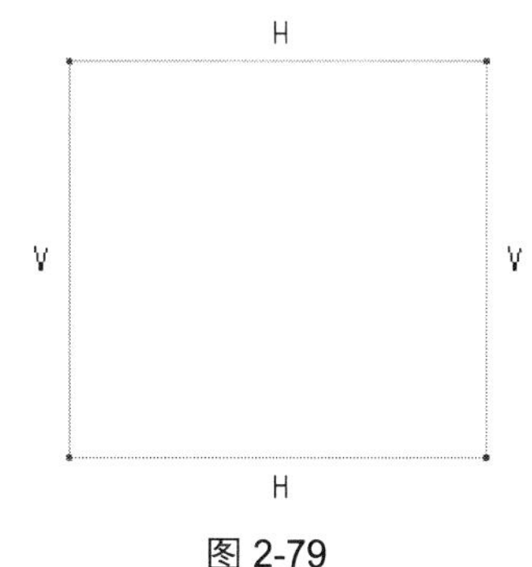

图 2-79

同样，如果添加几何约束的对象是两个点，则系统将会把选择的两个点定位到同一条水平直线上，如图 2-80 所示。

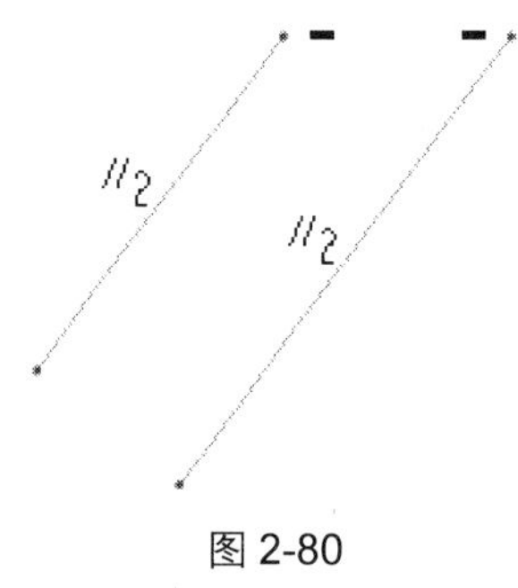

图 2-80

2.4.3 使两图元正交

单击“约束”工具栏中的[⊥]按钮，然后选择如图 2-81 所示的两条直线，系统将为所选直线添加正交的几何约束，如图 2-82 所示。

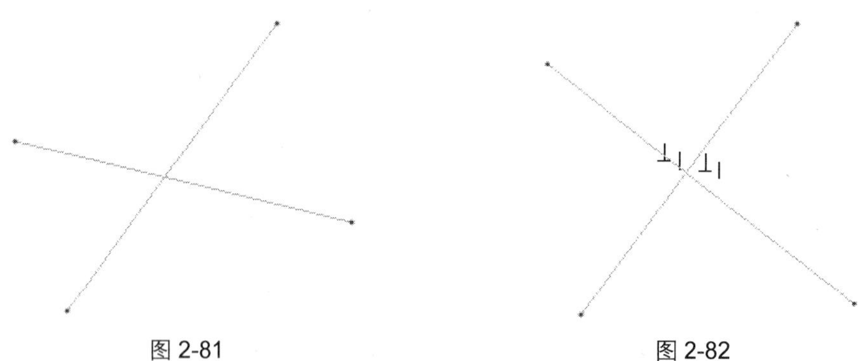

图 2-81　　图 2-82

2.4.4 使两图元相切

单击“约束”对话框中的[9]按钮，然后选择如图 2-83 所示的直线和圆，系统将为所选的直线和圆添加相切的几何约束，如图 2-84 所示。

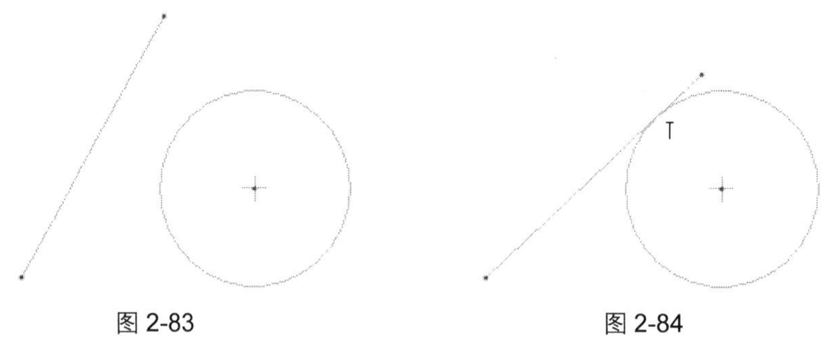

图 2-83　　图 2-84

2.4.5 将点放在线或弧的中间

单击“约束”对话框中的[↘]按钮，然后选择如图 2-85 所示的圆心和圆弧，系统自动将所选的圆心放置到圆弧的中点上，如图 2-86 所示。

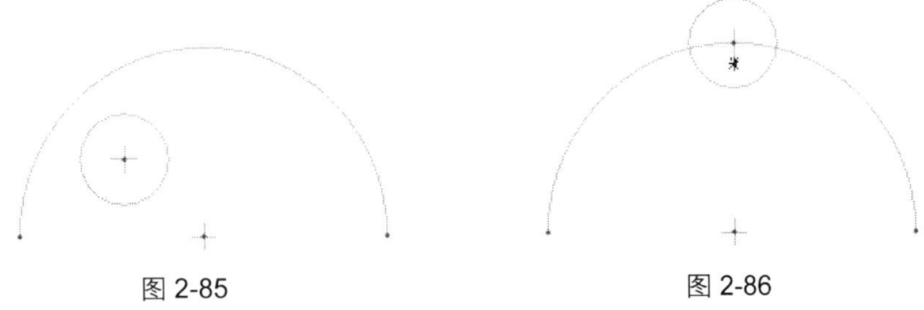

图 2-85　　　　图 2-86

2.4.6　创建相同点、图元上的点或共线约束

单击“约束”对话框中的[按钮图标]按钮，然后选择如图 2-87 所示的两个圆的圆心，系统将为两个圆的圆心添加共点约束，如图 2-88 所示。

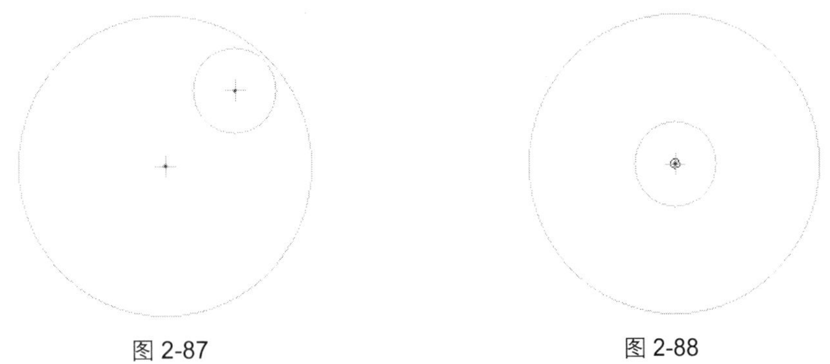

图 2-87　　　　图 2-88

如果选择的是如图 2-89 所示的两条直线，则系统将为两条直线添加共线约束，如图 2-90 所示。

图 2-89　　　　图 2-90

2.4.7　使两点或顶点关于中心线对称

单击“约束”对话框中的[按钮图标]按钮，然后选择如图 2-91 所示的两个圆的圆心和中心线，系统自动将选择的两个圆心关于中心线对称，如图 2-92 所示。

> 提示：在选择两点和中心线时没有顺序要求，可以先选择两点后再选取中心线，也可以先选择中心线后再选择两点。

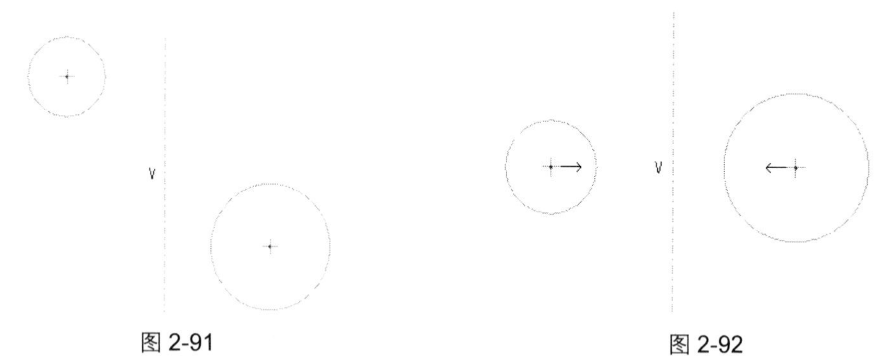

图 2-91　　　　图 2-92

2.4.8　创建等长、等半径或者相同曲率的约束

单击“约束”对话框中的 = 按钮，然后选择如图 2-93 所示的两个圆，系统自动使选择的两个圆的半径相等，如图 2-94 所示。

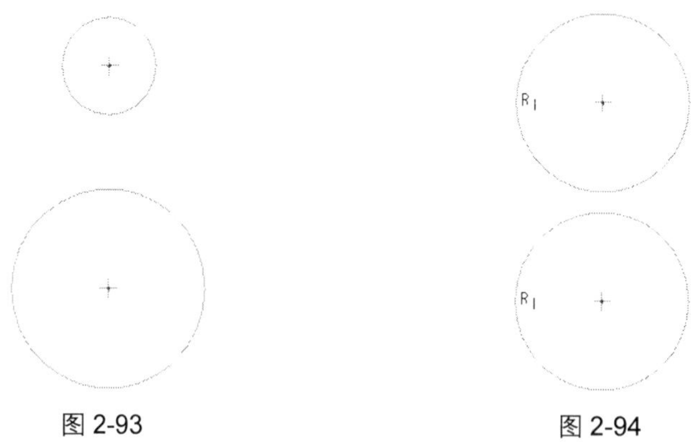

图 2-93　　　　图 2-94

2.4.9　使两线平行

单击“约束”对话框中的 // 按钮，然后选择如图 2-95 所示的两条直线，系统将自动为两条直线添加平行几何约束，如图 2-96 所示。

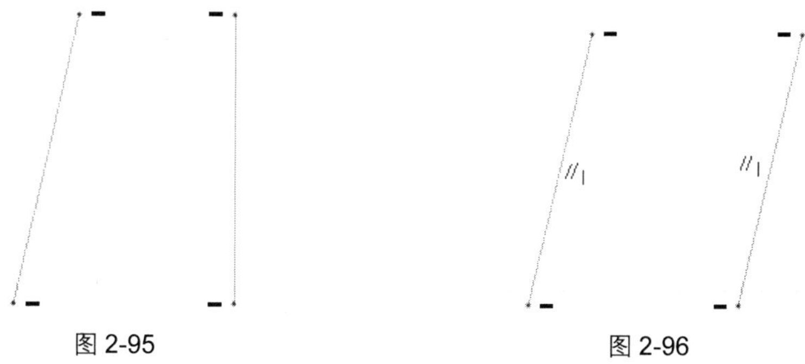

图 2-95　　　　图 2-96

2.5 尺寸标注

在绘制几何图元时，系统将自动为图元添加尺寸标注，如图 2-97 所示。这些尺寸标注以灰色显示，这些灰色显示的尺寸被称为弱尺寸。这些弱尺寸只是为图元在当前草绘平面中的位置、大小状态提供了一个参考，它对图元不具有约束能力，系统会根据实际情况对其进行增加和删除，但用户不能手动删除这些弱尺寸。

对图元的位置、大小状态有约束能力的尺寸是强尺寸，该尺寸以黄色显示。用户可以手动删除强尺寸，但系统不能自动删除强尺寸。

用户手动标注的尺寸一定是强尺寸，而修改后的弱尺寸将会转换为强尺寸。双击要修改的尺寸，系统将开启如图 2-98 所示的尺寸输入框，输入新的尺寸值，然后按<Enter>键确定即可完成对尺寸的修改，如图 2-99 所示。

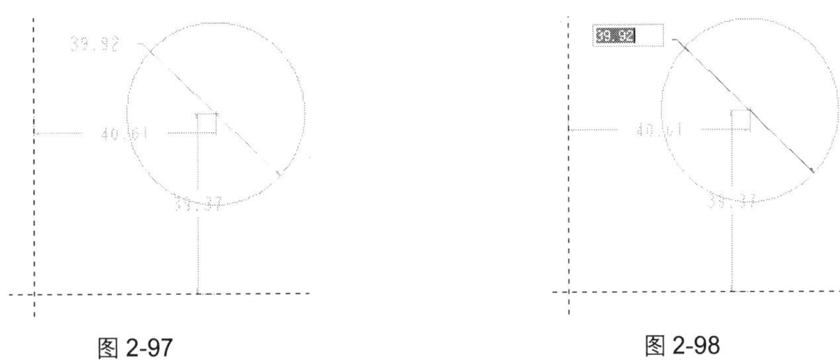

图 2-97　　图 2-98

如果要将弱尺寸转换为强尺寸而不进行修改，则可以先选择弱尺寸，然后单击鼠标右键，弹出如图 2-100 所示的快捷菜单。此时执行快捷菜单中的“强”命令，即可将选择的弱尺寸转换为强尺寸。

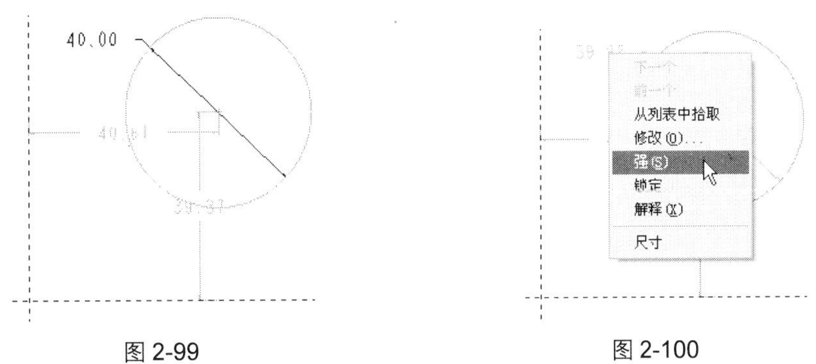

图 2-99　　图 2-100

了解了弱尺寸和强尺寸的关系后，接下来介绍几种常用的尺寸标注方法。

2.5.1 标注两点间的距离

单击“草绘器工具”工具栏中的“尺寸”按钮，选择图 2-101 中箭头所指的两个直线端点为标注对象，然后移动光标到适当位置单击鼠标左键放置尺寸。两点间距离标注结果如图 2-102 所示。

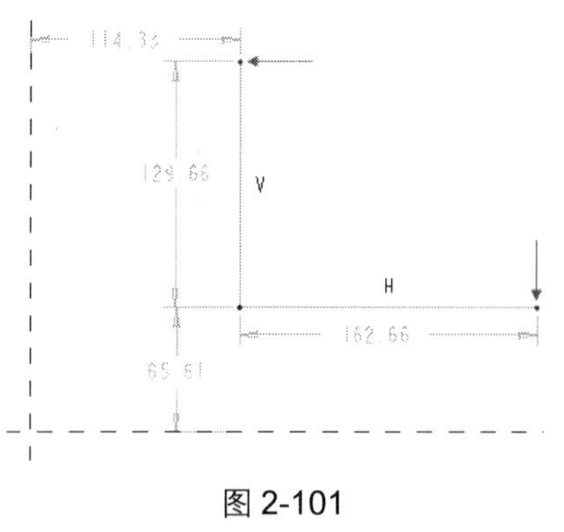

图 2-101

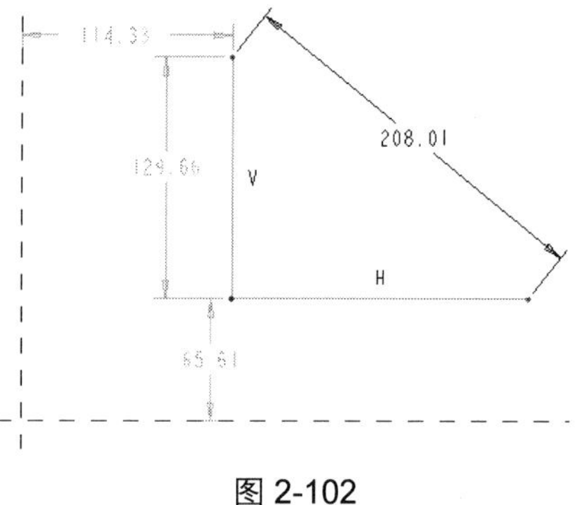

图 2-102

2.5.2 标注线段的长度

单击“草绘器工具”工具栏中的“尺寸”按钮，选择如图 2-103 所示的倾斜直线为标注对象，然后移动光标到适当位置单击鼠标左键放置尺寸。线段长度标注结果如图 2-104 所示。

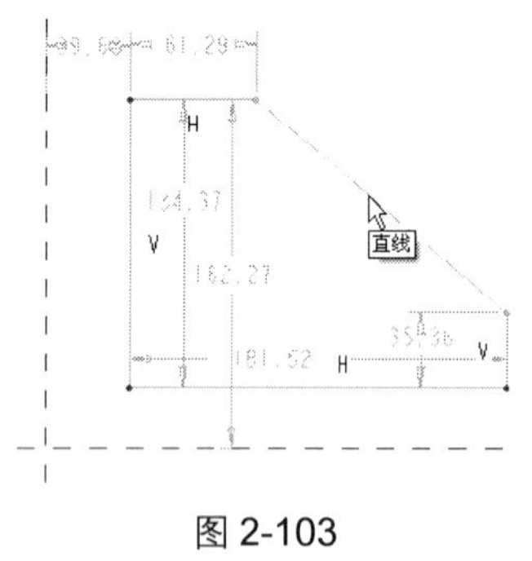

图 2-103

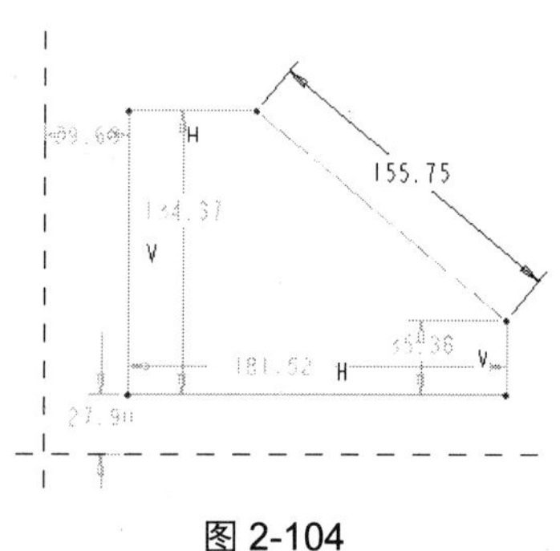

图 2-104

2.5.3 标注角度

单击“草绘器工具”工具栏中的“尺寸”按钮，选择如图 2-105 所示的两条直线为标注对象，然后移动光标到适当位置单击鼠标左键放置尺寸。角度标注结果如图 2-106 所示。

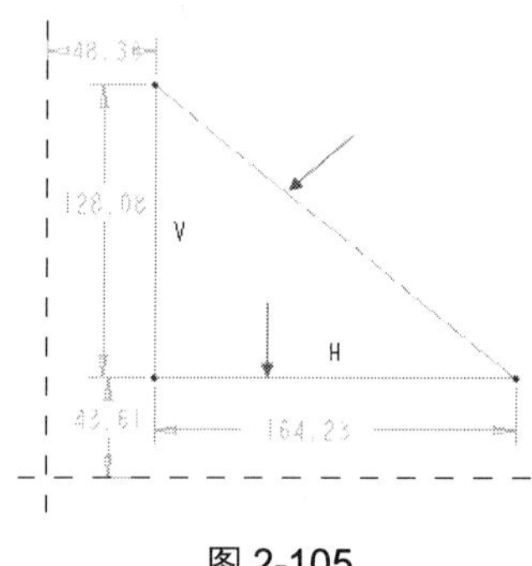

图 2-105

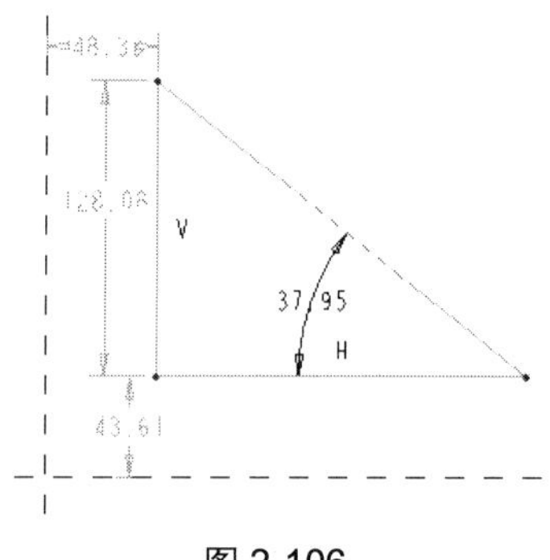

图 2-106

如果标注角度的对象是如图 2-107 所示的圆弧，则可以先选择圆弧的两个端点，然后选择圆弧，最后移动光标到适当位置单击鼠标左键放置尺寸。圆弧的角度标注结果如图 2-108 所示。

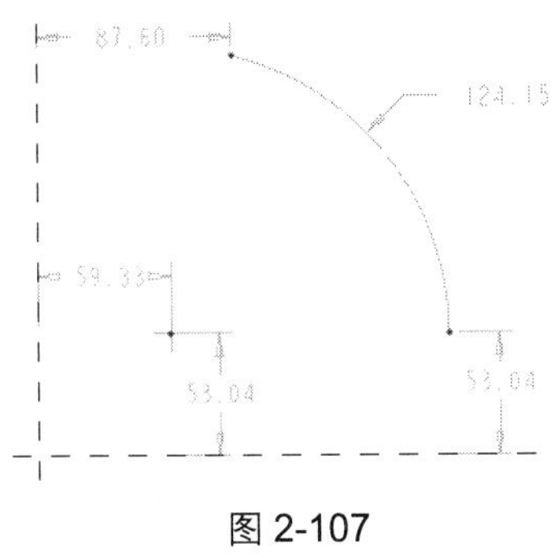

图 2-107

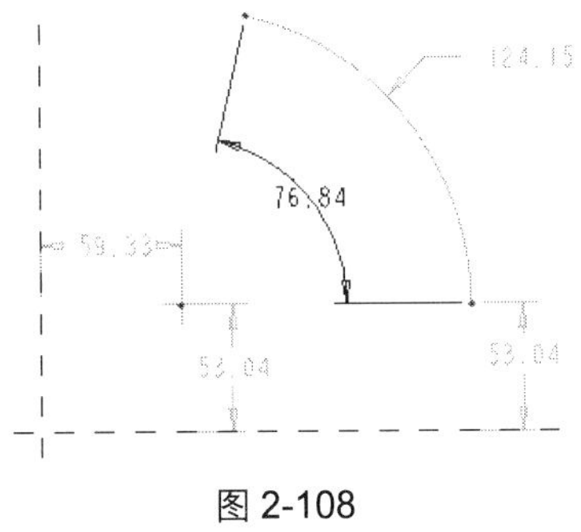

图 2-108

2.5.4　标注半径和直径

标注半径和直径尺寸主要是针对圆或圆弧的，单击“草绘器工具”工具栏中的“尺寸”按钮，选择要标注的圆弧或圆，然后移动光标到适当位置单击鼠标左键放置尺寸即可。半径标注结果如图 2-109 所示。

如果要标注直径尺寸，则需要用鼠标左键双击要标注的圆弧或圆，然后移动光标到适当位置单击鼠标左键放置尺寸即可。直径标注结果如图 2-110 所示。

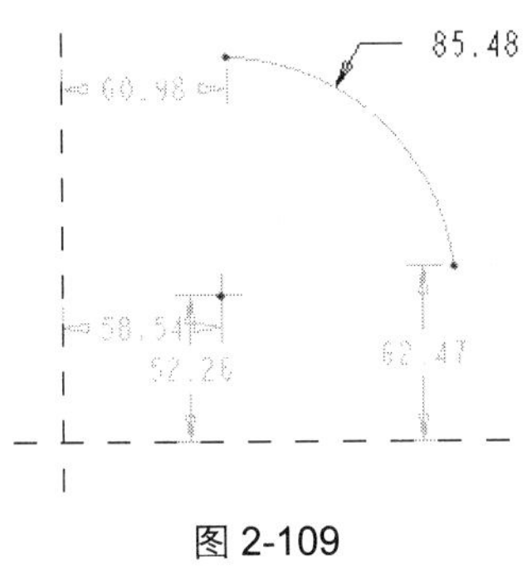

图 2-109

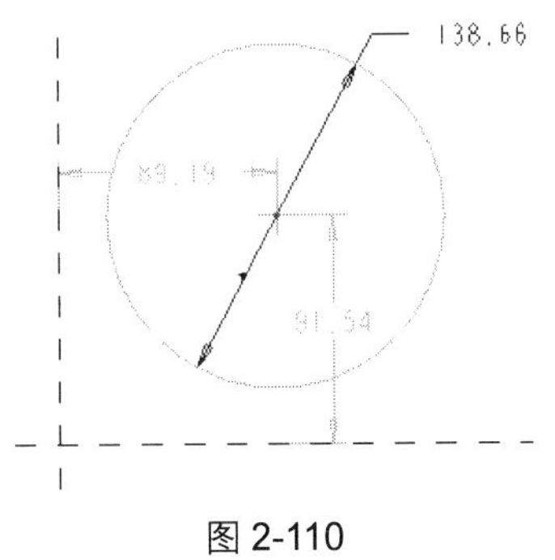

图 2-110

2.5.5　标注样条曲线

标注样条曲线主要是控制样条曲线上的内插点斜率，单击“草绘器工具”工具栏中的“尺寸”按钮，然后选择图 2-111 中箭头 1 所指的样条曲线、箭头 2 所指的草绘参照以及箭头 3 所指的内插点，最后移动光标到适当位置单击鼠标左键放置尺寸即可。样条曲线标注结果如图 2-112 所示。

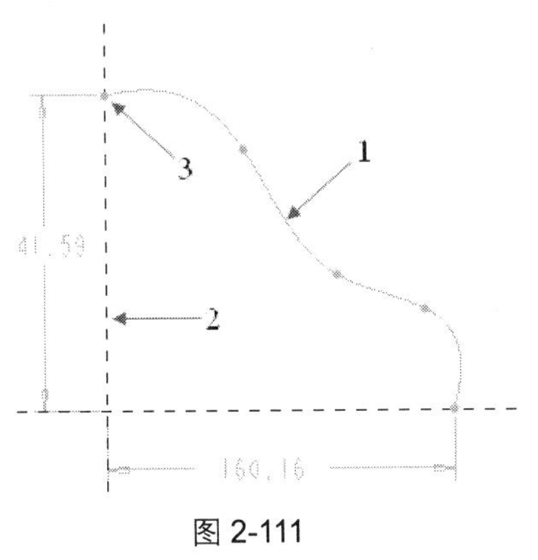

图 2-111

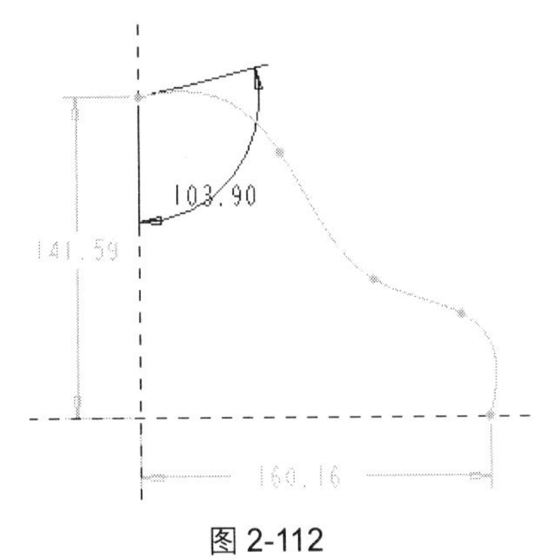

图 2-112

2.6 尺寸、约束发生冲突时的解决方法

当强尺寸与强尺寸、强尺寸与约束发生冲突时，系统会弹出如图 2-113 所示的“解决草绘”对话框。在此对话框中，系统列出了所有发生冲突的强尺寸和约束。

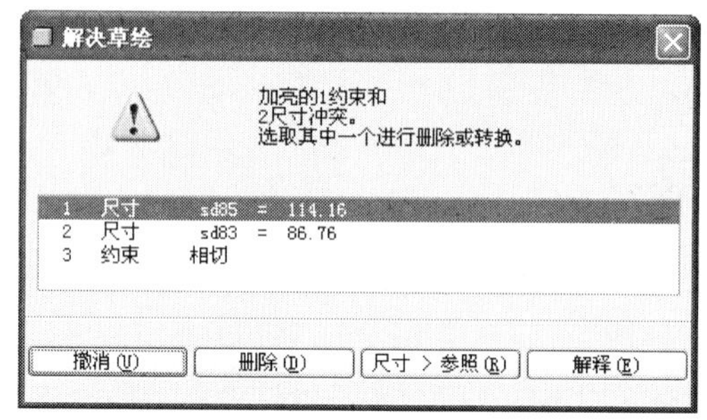

图 2-113

用户既可以单击“撤销”按钮取消最近标注的强尺寸或添加的几何约束，也可以在“解决草绘”对话框中选择发生冲突的强尺寸或几何约束，然后单击“删除”按钮将其删除。如果不想删除任何强尺寸或几何约束，则可以单击“尺寸>参照”按钮将发生冲突的强尺寸转换为参照类型的尺寸。

2.7 草绘辅助工具

在实际绘图过程中，常常会根据实际的情况对草绘平面进行调整，此时就需要用到相关的一些草绘辅助工具。例如，当草绘平面不与屏幕平行时，使用相关的草绘辅助工具可以重新使草绘平面平行于屏幕。草绘辅助工具均集中在如图 2-114 所示的“草绘器”工具栏中。

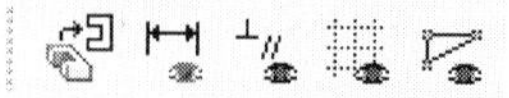

图 2-114

“草绘器”工具栏中的各个工具按钮的功能说明如下。

- “草绘方向”按钮：此按钮用于将草绘平面重新平行于屏幕，但它只在零件模式下的草绘环境中才会出现。
- “显示尺寸”按钮：此按钮是切换草绘平面中尺寸显示的开关，用于显示或隐藏尺寸。
- “显示约束”按钮：此按钮是切换草绘平面中几何约束显示的开关，用于显示或隐藏几何约束。
- “显示栅格”按钮：此按钮是切换草绘平面中栅格显示的开关，用于显示或隐藏栅格。
- “显示顶点”按钮：此按钮是切换草绘平面中图元顶点显示的开关，用于显示或隐藏图元的顶点。

2.8 草绘器诊断工具

草绘器诊断是 Pro/E 的一个新增功能，它用于查看平面草绘中的图形是否符合要求。在以前的

版本中，如果要检查图形是否封闭以及图元是否重叠，都需要通过肉眼来观察，如果遇到比较复杂的图形就往往比较麻烦，而使用新增的草绘器诊断工具就可以轻松地解决这些问题。所有的诊断工具都集中在如图 2-115 所示的“草绘器诊断工具”工具栏中。

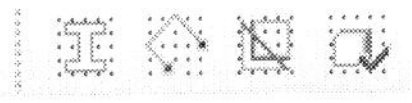

图 2-115

“草绘器诊断工具”工具栏中各个工具按钮的功能说明如下。

- “着色的封闭环”按钮：此按钮用于检查草绘平面中的图形是否封闭，按下此按钮后，封闭的图形将被着色显示，如图 2-116 所示。
- “加亮开放点”按钮：此按钮用于对开放图形的端点进行加亮显示，从而使用户可以快速地找出图形开放的位置，如图 2-117 所示。

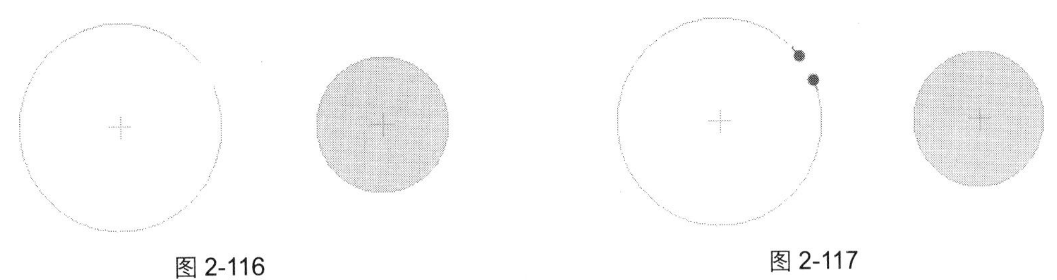

图 2-116　　图 2-117

- “重叠几何”按钮：此按钮用于加亮显示草绘平面中重叠的几何图元，从而使用户可以快速地找出哪些图元重叠在一起，如图 2-118 所示。
- “特征要求”按钮：此按钮用于检查平面草图是否符合当前特征的要求。例如在创建拉伸伸出项特征时，其截面草图是一个未封闭的圆，如图 2-119 所示。单击此按钮，系统将弹出如图 2-120 所示的“特征要求”对话框。在该对话框中列出了当创建拉伸伸出项特征时其截面草图需要满足的要求，满足要求的状态显示为✔，未满足要求的状态显示为❶。

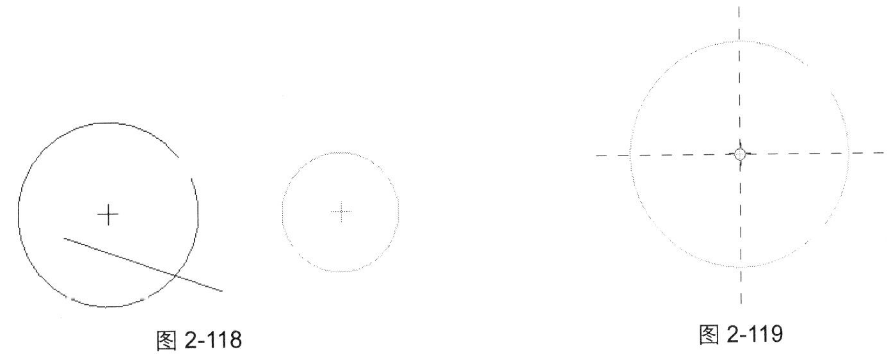

图 2-118　　图 2-119

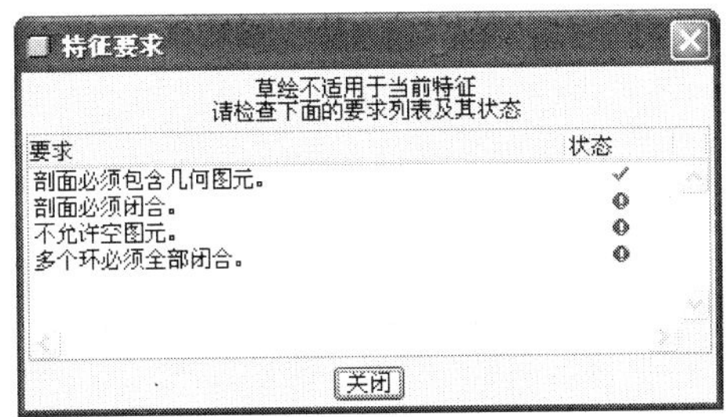

图 2-120

2.9 应用实践

前面介绍了在 Pro/E 中绘制平面草图的相关知识，下面通过两个具体实例将所学知识应用到实践中，以巩固前面所学的知识。

2.9.1 绘制纺锤形垫片

任务要求

下面将绘制纺锤形垫片，绘制完成的结果如图 2-121 所示。

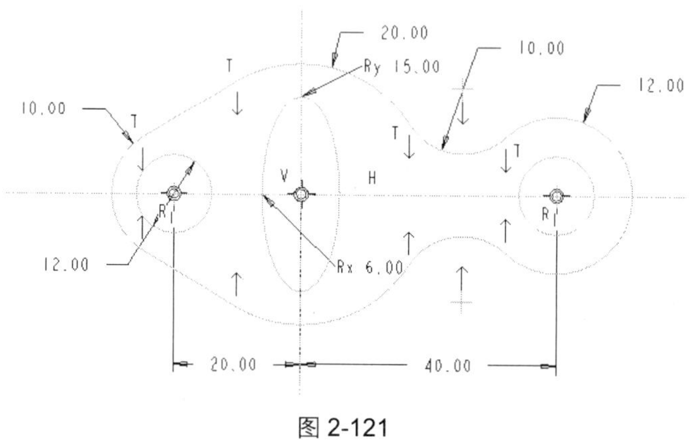

图 2-121

任务分析

从图 2-121 中可以看出纺锤形垫片可以分为外部轮廓和内部轮廓两个部分，并且具有对称性。首先使用“圆”、“直线”、“圆角”及“修剪”等工具绘制出半个纺锤形垫片的外部轮廓，然后使用“中心线”和“镜像”工具绘制出另一半纺锤形垫片的外部轮廓，最后用“圆”和“椭圆”工具绘制出纺锤形垫片的内部轮廓。

任务设计

纺锤形垫片的绘制流程如图 2-122～图 2-126 所示。

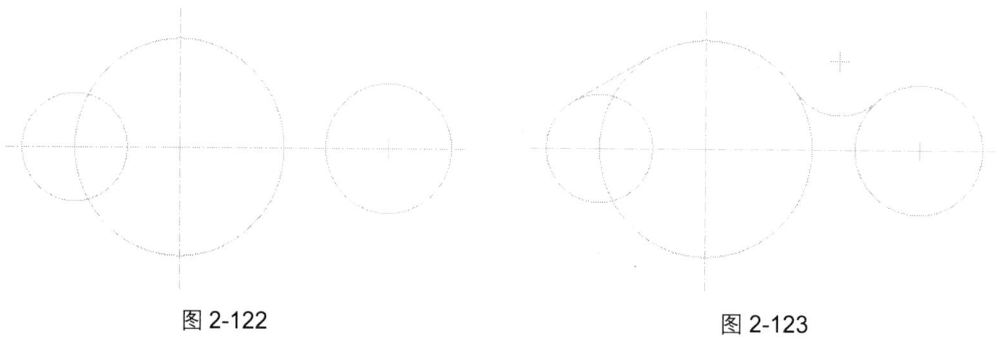

图 2-122　　图 2-123

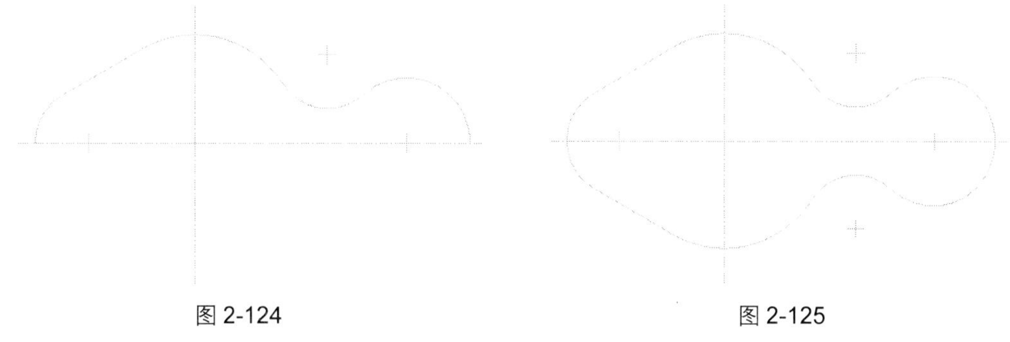

图 2-124　　图 2-125

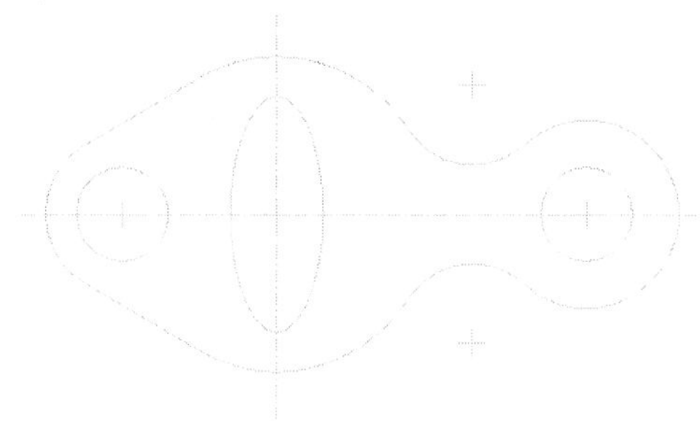

图 2-126

任务完成

1. 新建一个草绘文件

Step 1　单击“文件”工具栏中的“新建”按钮，开启“新建”对话框，选择文件类型为“草绘”，并设定文件名称为“gasket”，如图 2-127 所示。

Step 2　单击“确定”按钮进入草图绘制环境。

2. 绘制纺锤形垫片外部轮廓

Step 1　单击“草绘器工具”工具栏中的“中心线”按钮，绘制一条垂直中心线和一条水平中心线，如图 2-128 所示。

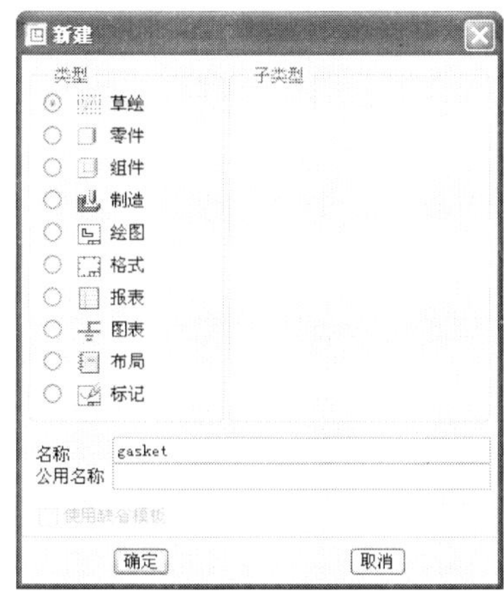

图 2-127

图 2-128

Step 2 单击“草绘器工具”工具栏中的“圆”按钮○，绘制如图 2-129 所示的 3 个圆。

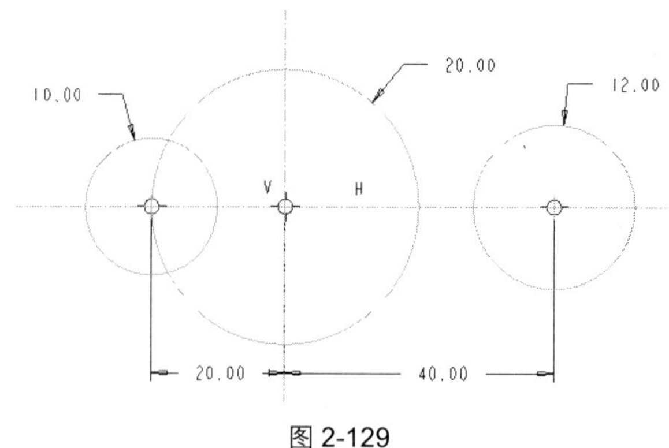

图 2-129

Step 3 单击“草绘器工具”工具栏中的“直线相切”按钮╲，绘制如图 2-130 所示的相切直线。

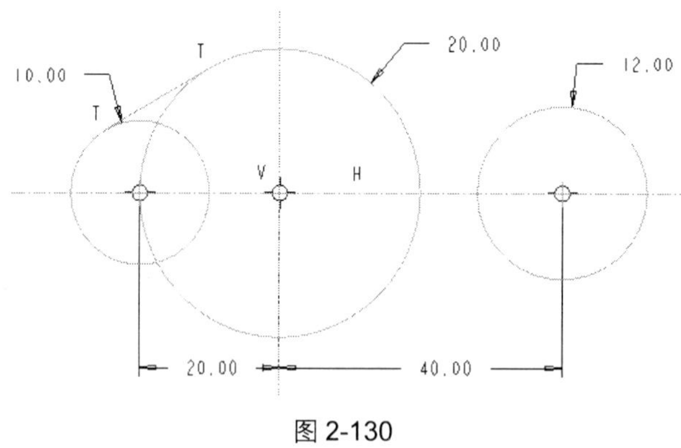

图 2-130

Step 4 单击“草绘器工具”工具栏中的“圆角”按钮，选择半径为 20 和 12 的两个圆进行倒圆角，完成修改圆角半径为 10，如图 2-131 所示。

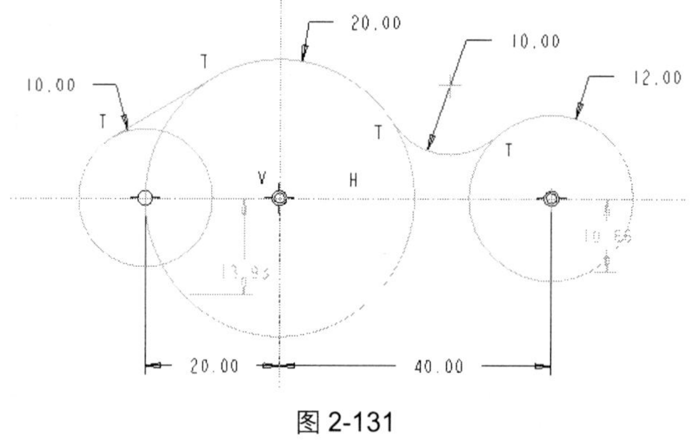

图 2-131

Step 5 单击“草绘器工具”工具栏中的“删除段”按钮，删除不需要的图元线段，结果如

图 2-132 所示。

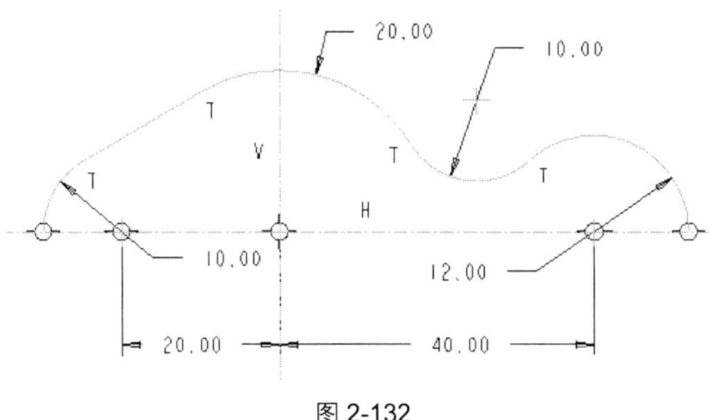

图 2-132

Step 6　按住<Ctrl>键选择修剪后的直线和圆弧为镜像对象，然后单击“草绘器工具”工具栏中的“镜像”按钮，并选择水平中心线为镜像中心，镜像结果如图 2-133 所示。

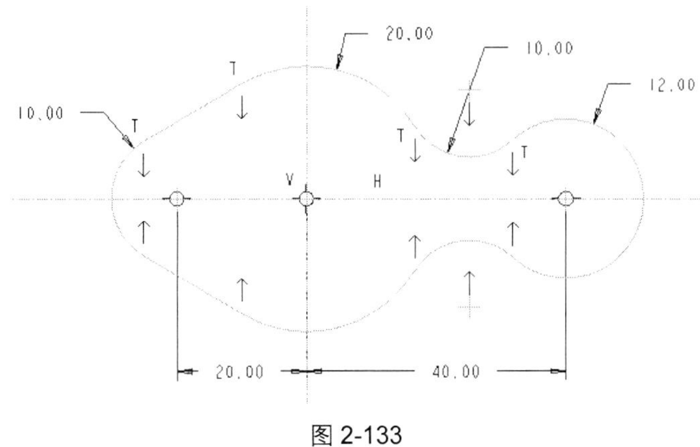

图 2-133

3. 绘制纺锤形垫片内部轮廓

Step 1　单击“草绘器工具”工具栏中的“圆”按钮○，绘制如图 2-134 所示的两个半径均为 12 的圆。

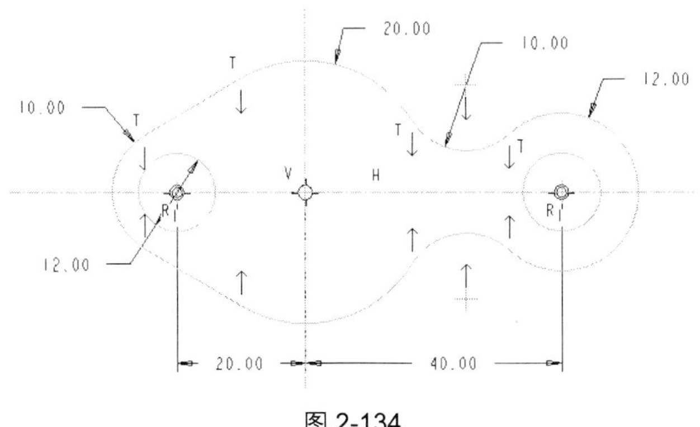

图 2-134

Step 2 单击“草绘器工具”工具栏中的“椭圆”按钮○，捕捉中心线的交点为圆心绘制一个长半径为 15、短半径为 6 的椭圆，如图 2-121 所示。

Step 3 单击“文件”工具栏中的“保存”按钮将其保存。

2.9.2 绘制渐开线齿轮

任务要求

下面将绘制渐开线齿轮，绘制完成的结果如图 2-135 所示。

任务分析

绘制渐开线齿轮最重要的就是绘制轮齿，轮齿的轮廓是采用近似渐开线来绘制的。首先用“圆”工具绘制出轮齿的齿根圆、分度圆和齿顶圆，然后用“中心线”、“样条”、“修剪”及“镜像”等工具绘制一个轮齿，接下来用“中心线”和“镜像”工具绘制其他轮齿，最后用“圆”、“直线”及“修剪”等工具绘制渐开线齿轮的轴孔和键槽。

任务设计

渐开线齿轮的绘制流程如图 2-136～图 2-140 所示。

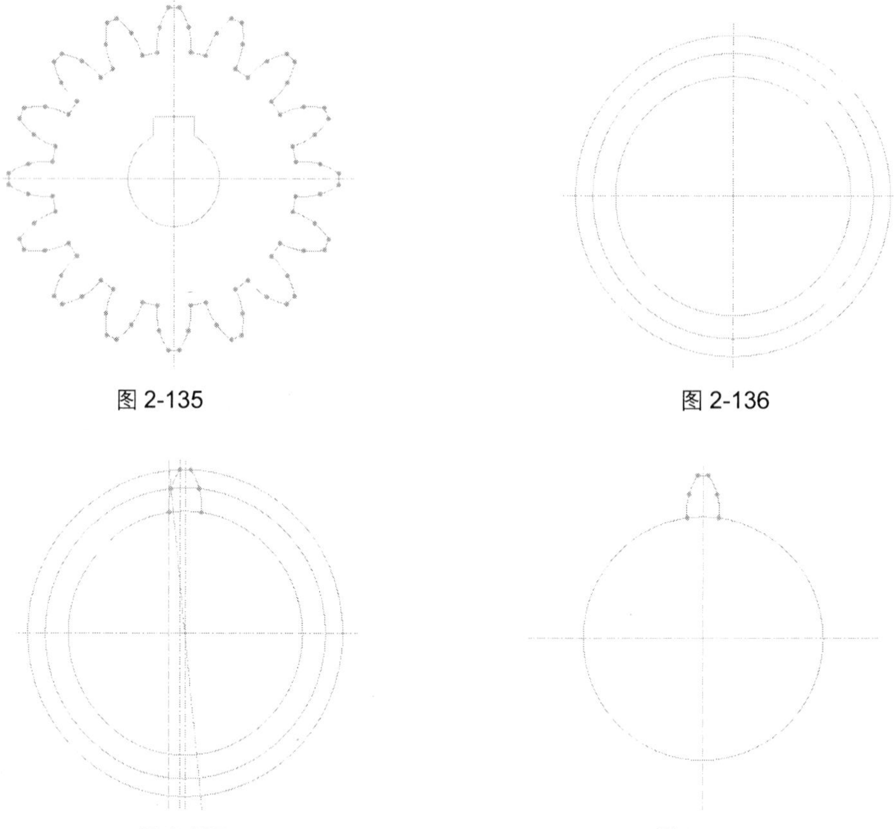

图 2-135

图 2-136

图 2-137

图 2-138

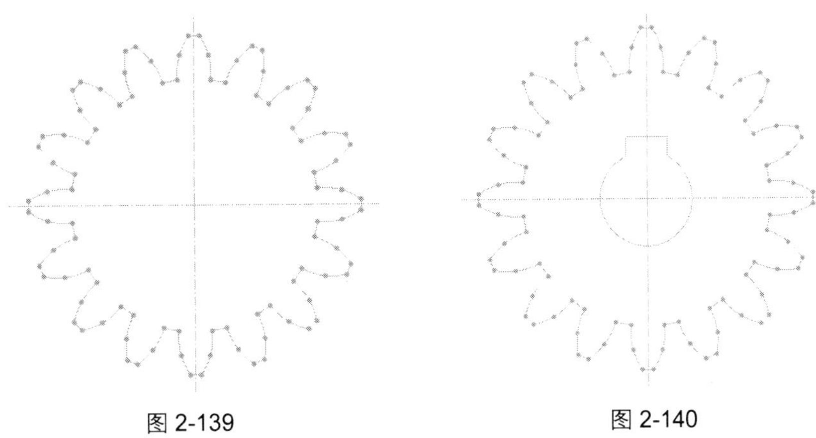

图 2-139　　　　图 2-140

任务完成

1. 新建一个草绘文件

Step 1　单击“文件”工具栏中的“新建”按钮，开启“新建”对话框，选择文件类型为“草绘”，并设定文件名称为“Involute-gear”，如图 2-141 所示。

Step 2　单击“确定”按钮进入草图绘制环境。

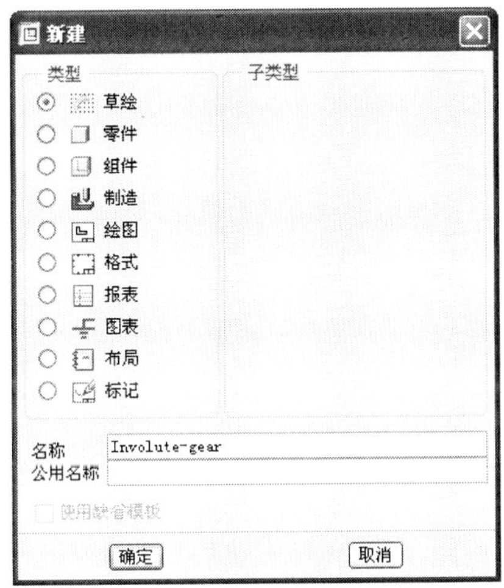

图 2-141

2. 绘制单个轮齿

Step 1　单击“草绘器工具”工具栏中的“中心线”按钮，绘制一条垂直中心线和一条水平中心线，如图 2-142 所示。

Step 2　单击“草绘器工具”工具栏中的“圆”按钮，捕捉中心线交点为圆心绘制如图 2-143 所示的 3 个圆。

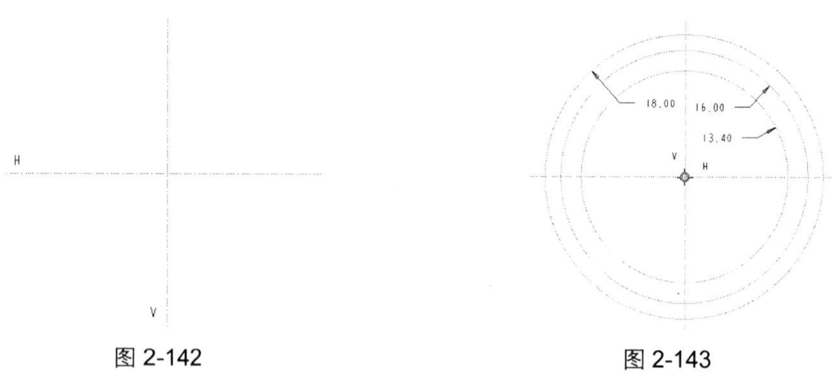

图 2-142　　图 2-143

提示：在图 2-143 中，半径为 18 的圆是齿轮的齿顶圆，半径为 16 的圆是齿轮的分度圆，半径为 13.4 的圆是齿轮的齿根圆。

Step 3 单击“草绘器工具”工具栏中的“中心线”按钮┆，过中心线交点绘制一条与垂直中心线成 5.625°的中心线，如图 2-144 所示。

Step 4 再单击“草绘器工具”工具栏中的“中心线”按钮┆，绘制两条垂直中心线，如图 2-145 所示。

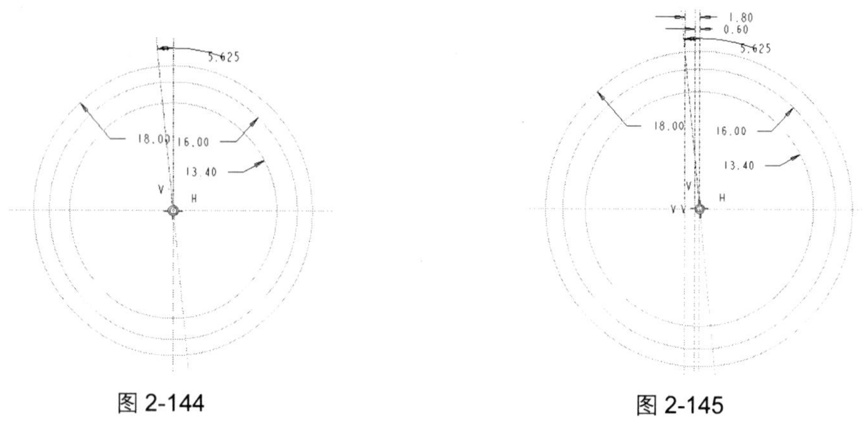

图 2-144　　图 2-145

提示：Step 3 中绘制的中心线角度是根据齿轮的齿数得到的，即 5.625° =360° ÷（齿数 16×4）。

Step 5 单击“草绘器工具”工具栏中的“样条”按钮∿，捕捉中心线与圆的交点绘制如图 2-146 所示的样条曲线。

Step 6 选择上一步绘制的样条曲线，然后单击“草绘器工具”工具栏中的“镜像”按钮，选择前面绘制的第一条垂直中心线为镜像中心，镜像结果如图 2-147 所示。

Step 7 将最先绘制两条中心线以外的所有中心线和半径为 16 的圆删除，然后单击“草绘器工具”工具栏中的“修剪”按钮，对最大的圆进行修剪，结果如图 2-148 所示。

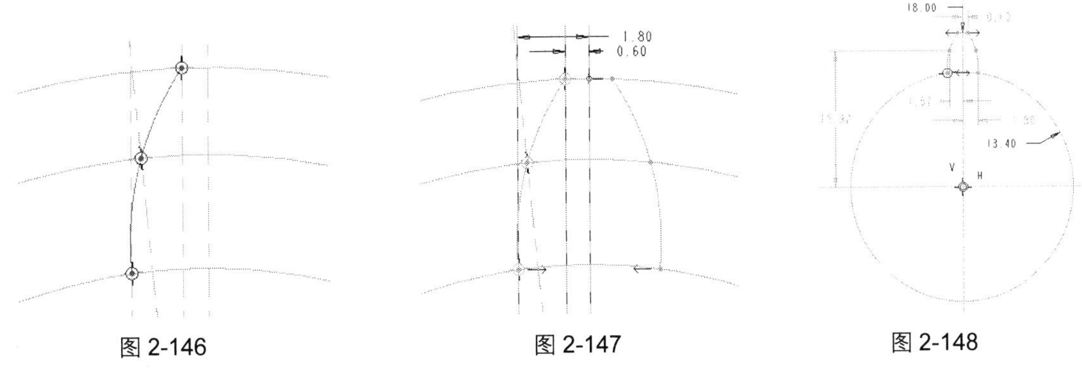

图 2-146　　图 2-147　　图 2-148

3. 绘制其他轮齿

Step 1　单击“草绘器工具”工具栏中的“中心线”按钮┆，过中心线交点绘制一条与垂直中心线成 11.25°的中心线，如图 2-149 所示。

Step 2　选择半径为 18 的圆弧和两条样条曲线，然后单击“草绘器工具”工具栏中的“镜像”按钮，选择刚刚绘制的中心线为镜像中心，镜像结果如图 2-150 所示。

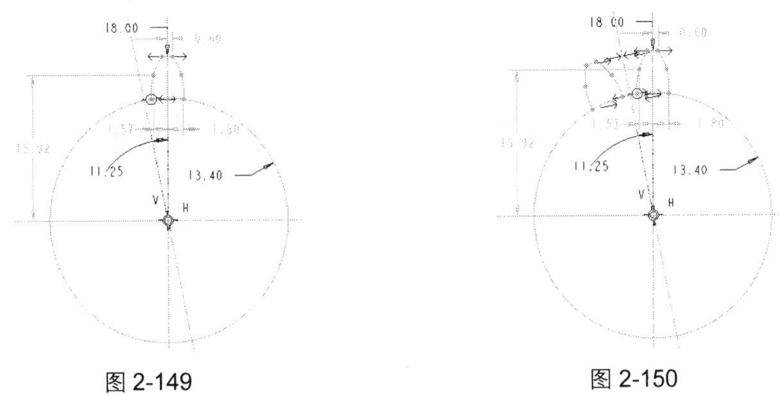

图 2-149　　图 2-150

Step 3　单击“草绘器工具”工具栏中的“中心线”按钮┆，过中心线交点绘制一个与垂直中心线成 33.75°的中心线，如图 2-151 所示。

Step 4　选择半径为 18 的圆弧和 4 条样条曲线，然后单击“草绘器工具”工具栏中的“镜像”按钮，选择刚刚绘制的中心线为镜像中心，镜像结果如图 2-152 所示。

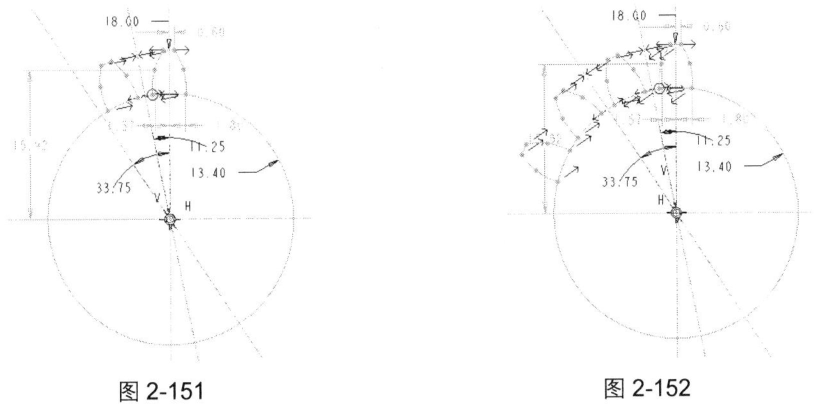

图 2-151　　图 2-152

Step 5 单击“草绘器工具”工具栏中的“中心线”按钮，过中心线交点绘制一条与垂直中心线成45°的中心线，如图2-153所示。

Step 6 选择半径为18的圆弧和最先绘制的两条样条曲线，然后单击“草绘器工具”工具栏中的“镜像”按钮，选择刚刚绘制的中心线为镜像中心，镜像结果如图2-154所示。

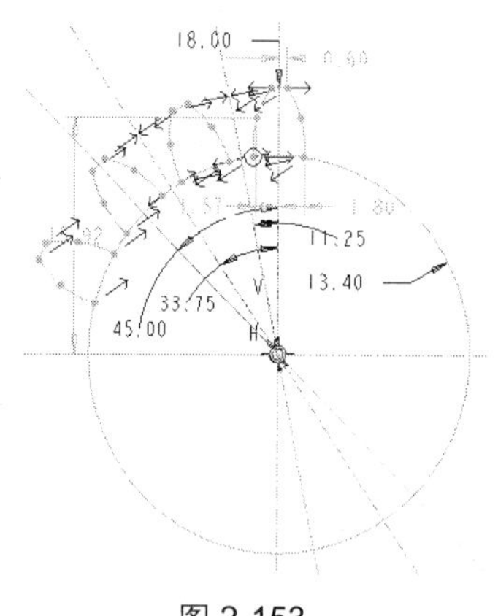

图2-153

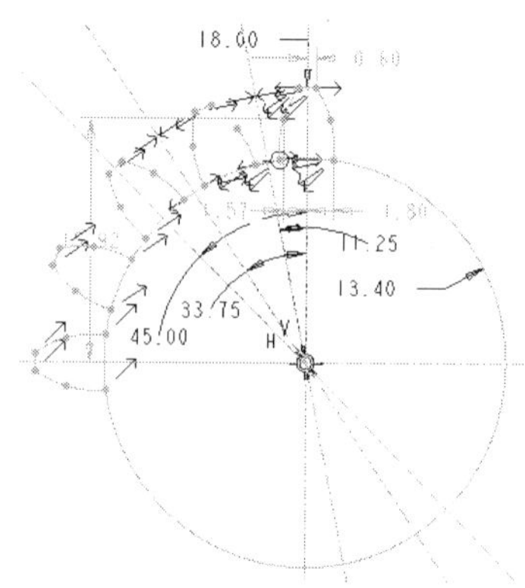

图2-154

Step 7 使用同样的方法选择半径为18的圆弧和样条曲线，然后沿垂直中心线和水平中心线进行镜像，最终结果如图2-155所示。

Step 8 删除所有的倾斜中心线，并单击“草绘器工具”工具栏中的“修剪”按钮，对半径为13.4的圆进行修剪，结果如图2-156所示。

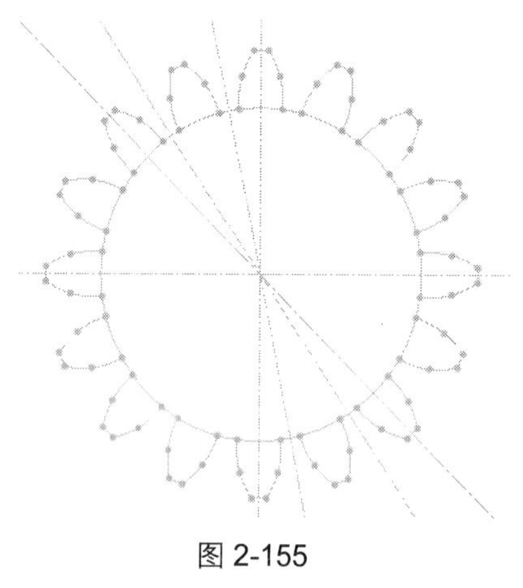

图2-155

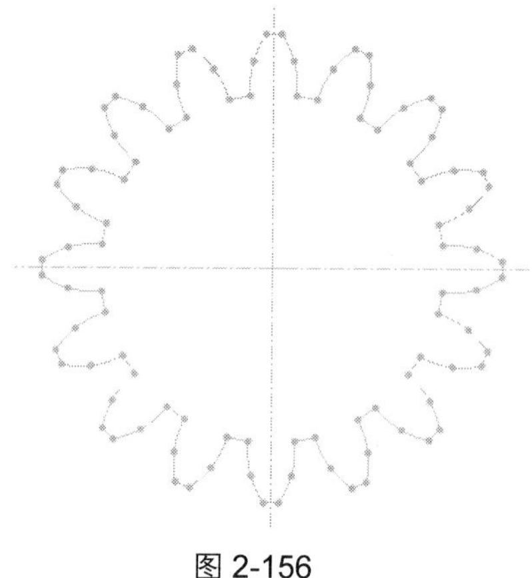

图2-156

4. 绘制轴孔和键槽

Step 1 单击“草绘器工具”工具栏中的“圆”按钮，捕捉中心线交点为圆心绘制一个直径为10的圆，如图2-157所示。

Step 2 单击“草绘器工具”工具栏中的“直线”按钮，绘制如图2-158所示的直线。

Step 3 单击“草绘器工具”工具栏中的“修剪”按钮，对直径为10的圆进行修剪，结果如图2-135所示。

Step 4 单击“文件”工具栏中的“保存”按钮将其保存。

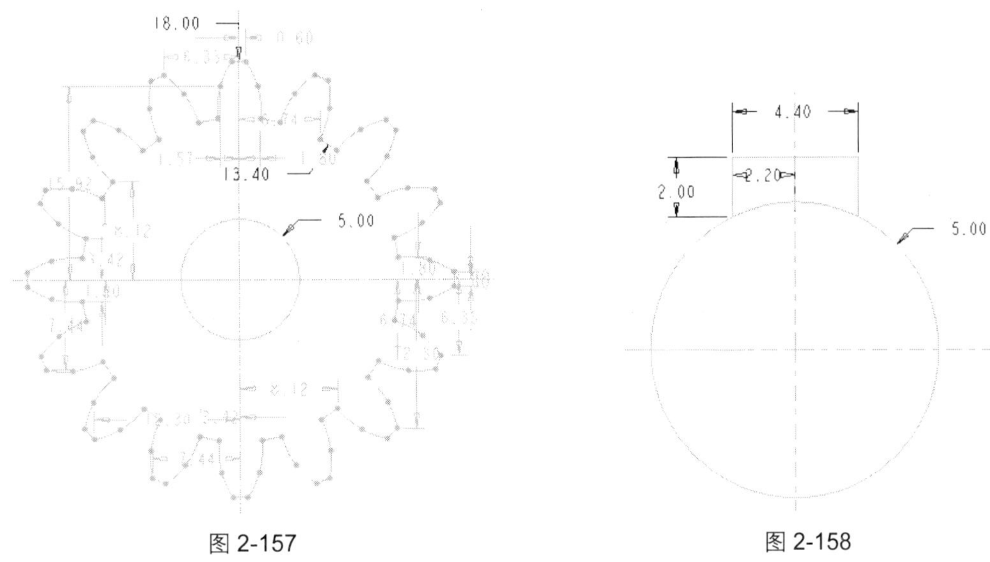

图 2-157　　　　图 2-158

2.10 自我检测

（1）在平面草图中，中心线的主要作用是什么？

（2）当强尺寸和约束发生冲突时，有哪些解决方法？

（3）特征类型的平面草图和从属特征类型的平面草图的区别是什么？

（4）绘制如图 2-159 所示的平面草图。

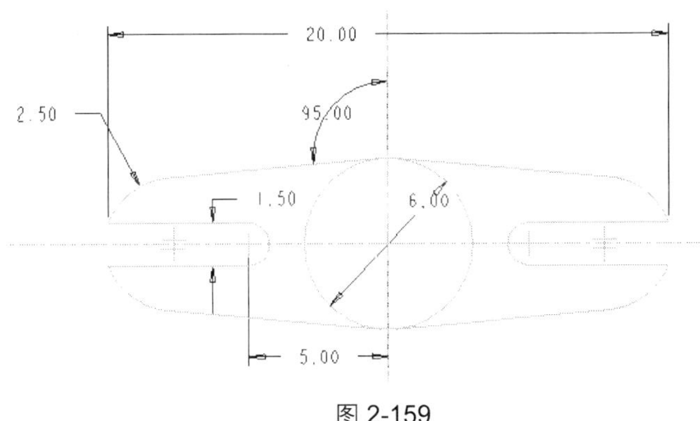

图 2-159

第 3 章
创建基准特征

📖 本章要点

- 基准平面
- 基准轴
- 基准曲线
- 基准点
- 基准坐标系
- 创建滑块零件模型的基准平面并定义三视图
- 创建塔形弹簧零件模型的扫描轨迹

基准特征在零件建模中的主要作用就是为建模提供参考，例如基准平面可以作为平面草图的草绘平面、三维建模定位的参考平面以及零件装配的参考平面。在本章中将主要介绍 Pro/E 中基准特征的相关知识，包括基准平面、基准轴、基准点、基准曲线以及基准坐标系等。

3.1 基准平面

在本节中将向大家介绍基准平面的相关知识，主要内容包括基准平面的用途和常用的创建方法。

3.1.1 基准平面的用途

在 Pro/E 中基准平面主要有以下几种用途。

1. 特征截面草图的草绘平面

在零件建模环境下的模型空间中，系统提供了 3 个预设的基准平面，即 TOP、FRONT、RIGHT，这 3 个基准平面都可以作为特征截面草图的草绘平面，但如果这 3 个基准平面都不合适，则用户就需要新创建一个基准平面来作为草绘平面了。例如要想用拉伸切口特征在圆球上挖出一个如图 3-1 所示的方形凹槽，就必须借助模型空间中的 DTM1 基准平面作为草绘平面来绘制拉伸切口特征的截面草图，如图 3-2 所示。

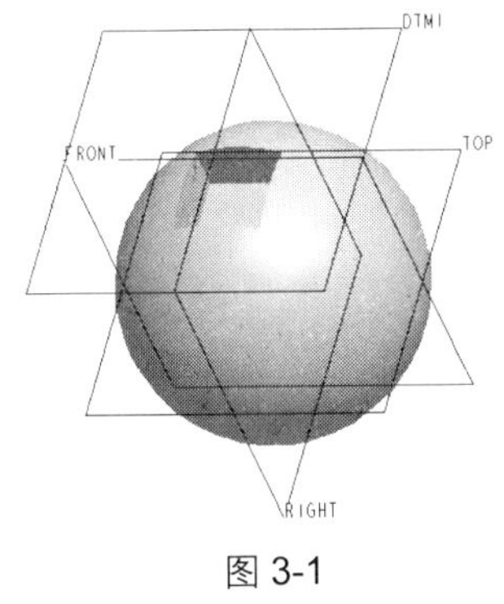

图 3-1

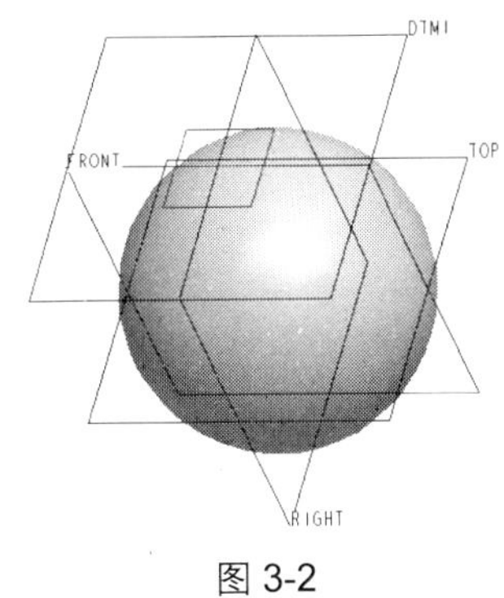

图 3-2

2. 确定工程视图方向

如果要将三维零件转换为二维工程视图，则需要两个相互垂直的平面作为定义视图方向的几何参照。如果三维零件模型上有两个相互垂直的平面，则可以选择这两个平面作为定义视图方向的几何参照。如果没有两个相互垂直的平面，而只有如图 3-3 所示的圆锥体，则可以选择相互垂直的基准平面 FRONT 和 TOP 为定义视图方向的几何参照，如图 3-4 所示。

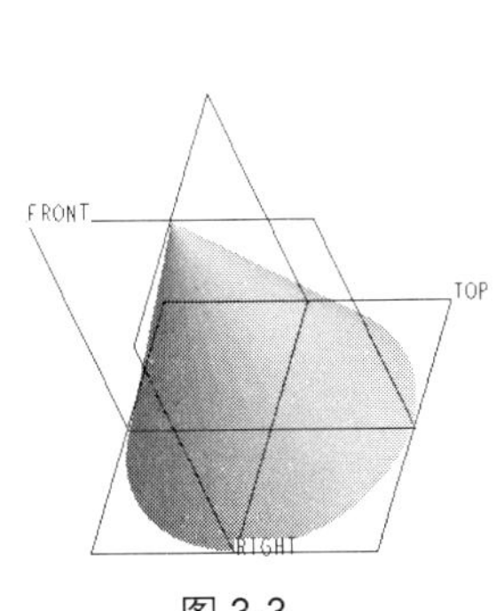

图 3-3

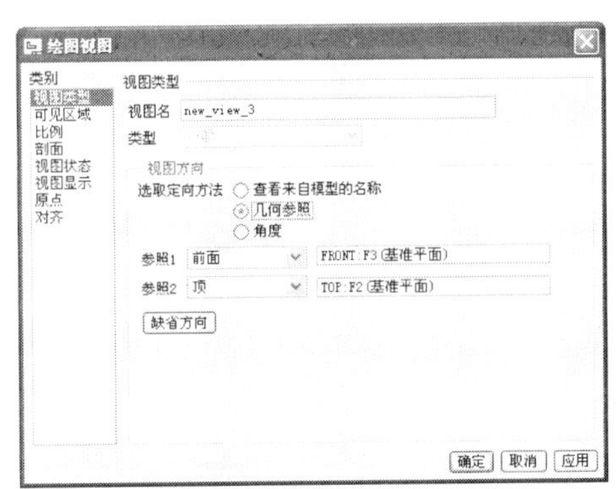

图 3-4

3. 作为尺寸定位的参照

基准平面可以作为一些特征创建时的尺寸定位参照，例如图 3-5 中箭头所指的孔特征，其在模型空间中的定位就是选取 FRONT 和 RIGHT 基准平面作为参照来确定的，如图 3-6 所示。

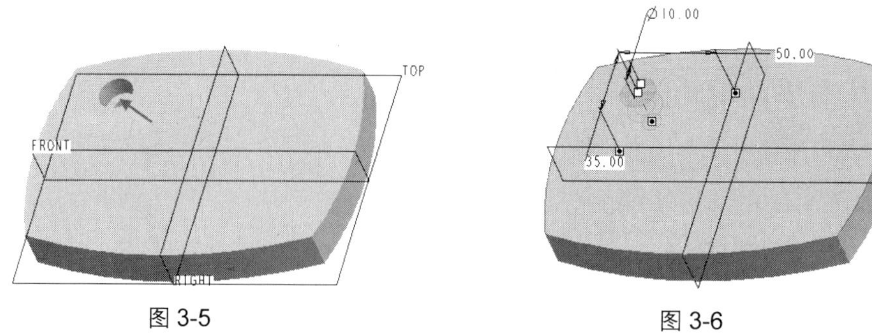

图 3-5　　图 3-6

4. 作为镜像平面

基准平面可以作为镜像操作的参照平面，例如要创建图 3-7 中的 4 个相同的孔特征，只需要先创建其中一个，然后将其沿 FRONT 和 RIGHT 基准平面进行镜像即可。

5. 作为零件装配的参照平面

在装配零件时经常需要选择平面来进行匹配和对齐操作，如果零件模型本身的平面不能满足进行匹配和对齐操作的要求，则可以选择基准平面来作为零件装配的参照平面。

6. 作为创建剖视图的剖切平面

基准平面可以作为创建剖视图的剖切平面，例如要观察图 3-8 中零件模型的内部结构，则可以选择 FRONT 基准平面作为剖切平面创建一个剖视图。

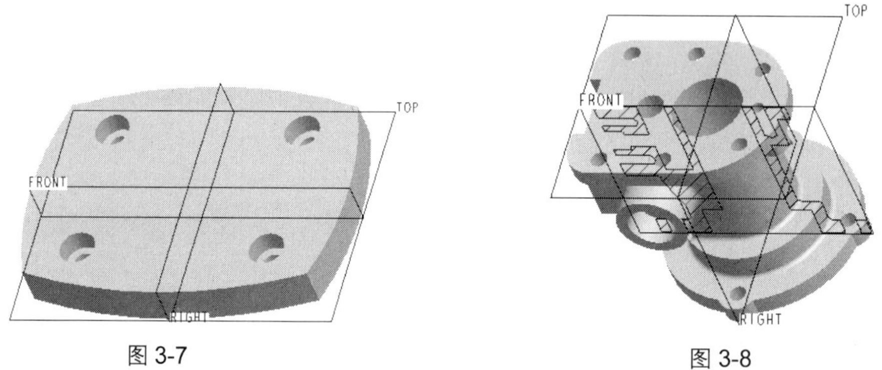

图 3-7　　图 3-8

3.1.2　创建基准平面的常用方法

单击“基准”工具栏中的“基准平面”按钮，将开启如图 3-9 所示的“基准平面”对话框。在此对话框中，用户可以选择不同的参照来创建基准平面，包括现有平面、曲面、边、基准点、轴和顶点等。另外还可以为选择的参照设定不同约束条件，如图 3-10 所示。

下面详细介绍几种常用的创建基准平面的方法。

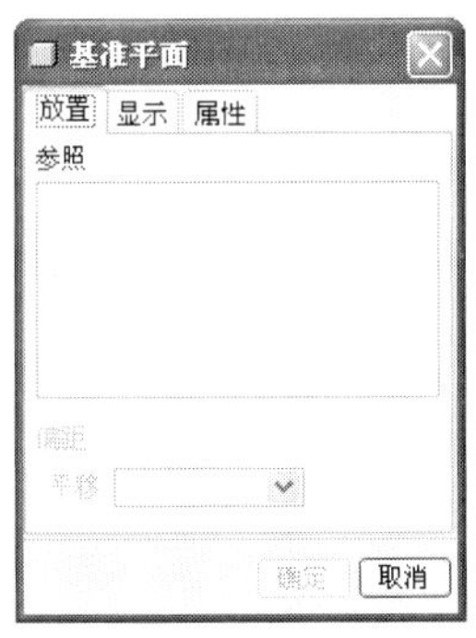

图 3-9

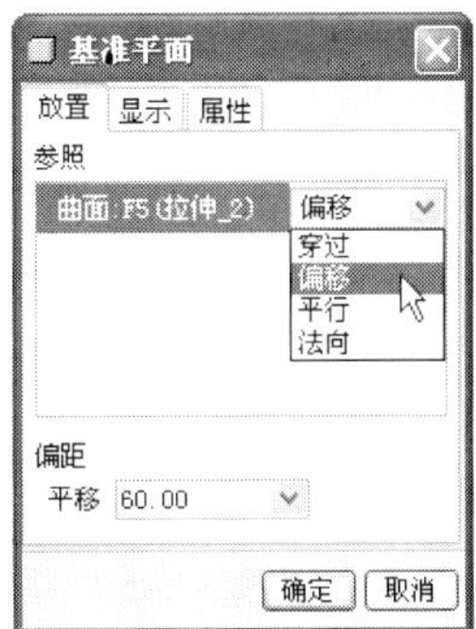

图 3-10

1. 通过三点

单击“基准”工具栏中的“基准平面”按钮▱，开启“基准平面”对话框，按住<Ctrl>键选择3个点作为参照可确定一个基准平面，如图3-11所示，单击“确定”按钮完成基准平面的创建，结果如图3-12所示。

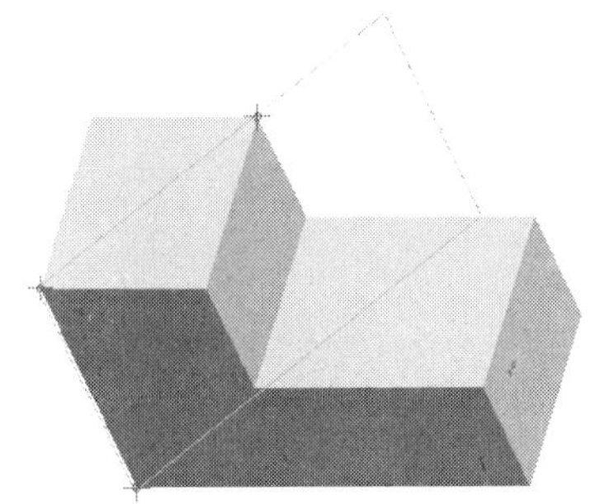
图 3-11

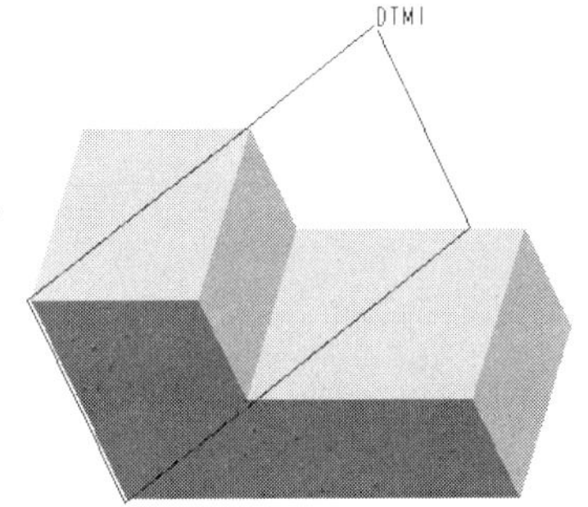

图 3-12

提示：可以作为创建基准平面的参照点包括基准点、顶点和线端点。

2. 通过偏移平面一定距离

单击“基准”工具栏中的“基准平面”按钮▱，开启“基准平面”对话框，选择一个平面作为参照，设定参照平面的约束条件为“偏移”，并设定偏移距离，如图3-13所示。单击“确定”按钮完成基准平面的创建，结果如图3-14所示。

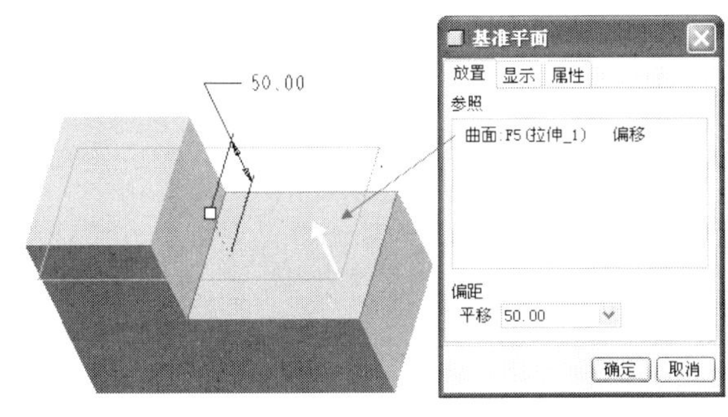

图 3-13

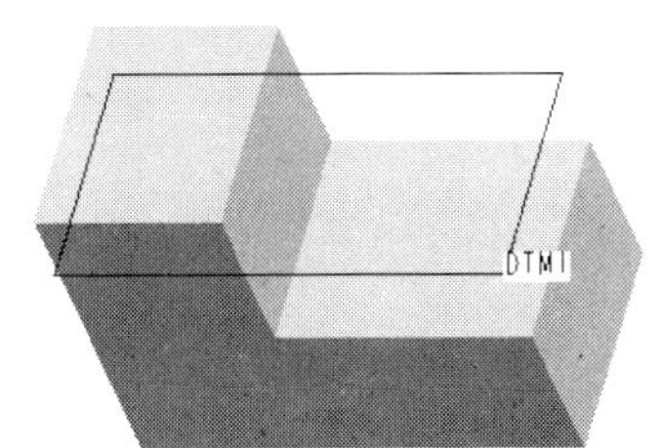

图 3-14

3. 通过偏移平面一定角度

单击“基准”工具栏中的“基准平面”按钮▱，开启“基准平面”对话框，按住<Ctrl>键选择一条直边和一个平面作为参照，设定参照直线的约束条件为“穿过”，参照平面的约束条件为“偏移”，并设定旋转角度，如图 3-15 所示。单击“确定”按钮完成基准平面的创建，结果如图 3-16 所示。

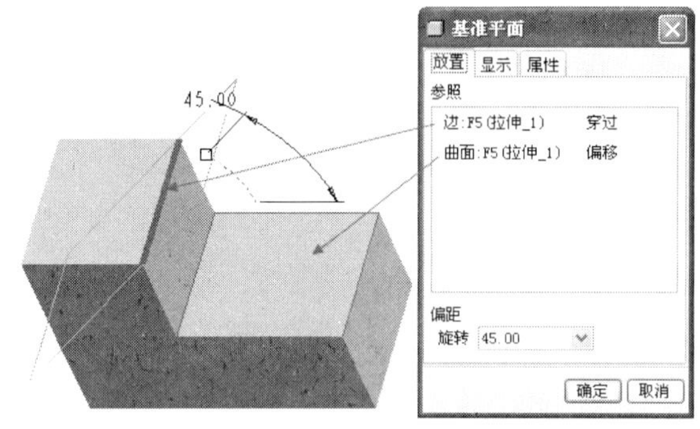

图 3-15

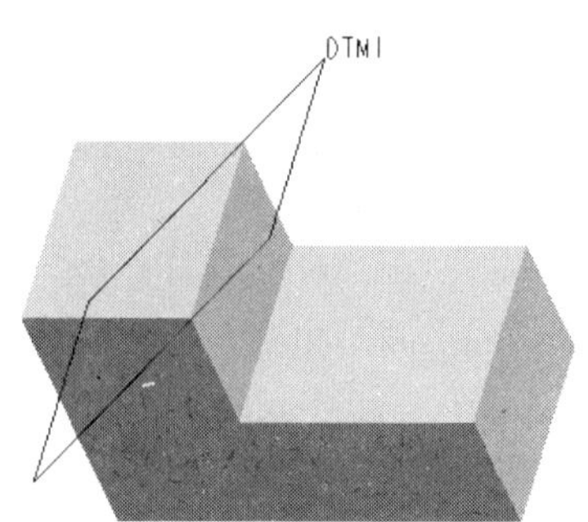

图 3-16

提示：除了直边以外，还可以选择轴、直线作为创建基准平面的参照。

4. 通过点且平行于平面

单击“基准”工具栏中的“基准平面”按钮▱，开启“基准平面”对话框，按住<Ctrl>键选择一个点和一个平面作为参照，并设定参照平面的约束条件为“平行”，如图 3-17 所示。单击“确定”按钮完成基准平面的创建，结果如图 3-18 所示。

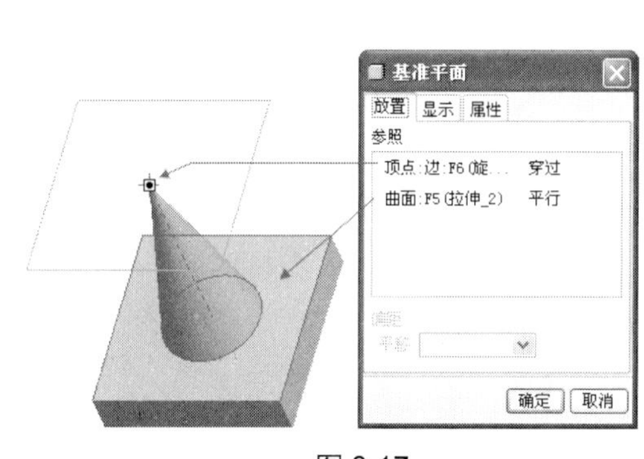

图 3-17

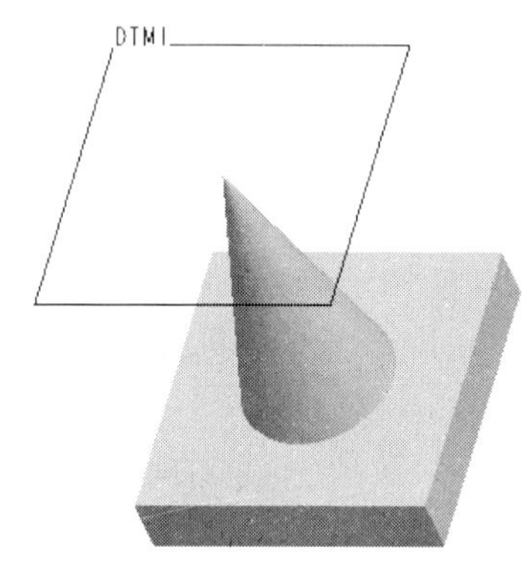

图 3-18

5. 通过曲线上的点且垂直于曲线

单击“基准”工具栏中的“基准平面”按钮▱，开启“基准平面”对话框，按住<Ctrl>键选择一个曲线和曲线上一点作为参照，并设定参照点的约束条件为“穿过”，参照曲线的约束条件为“法向”，如图 3-19 所示。单击“确定”按钮完成基准平面的创建，结果如图 3-20 所示。

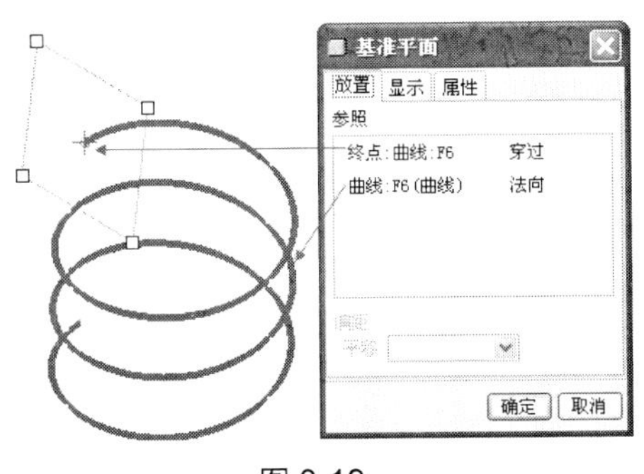

图 3-19

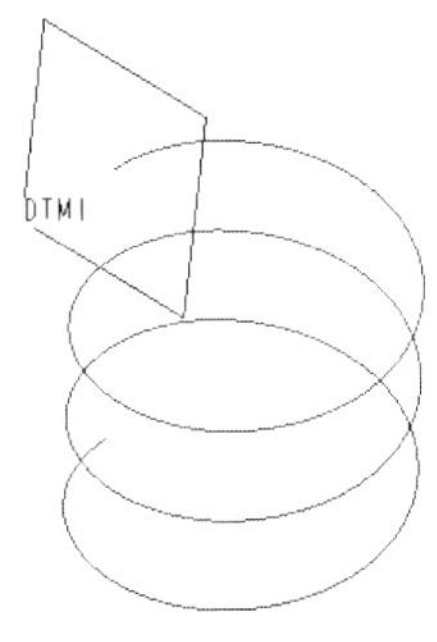

图 3-20

以上介绍的创建基准平面的方法是几种常用的方法，创建基准平面的方法有很多，这里就不一一介绍了。另外，在“基准平面”对话框中的“显示”选项卡中用户可以对基准平面的法向和轮廓进行调整，如图 3-21 所示。在“属性”选项卡中可以设定基准平面的名称，一般情况下接受系统默认的名称即可，如图 3-22 所示。

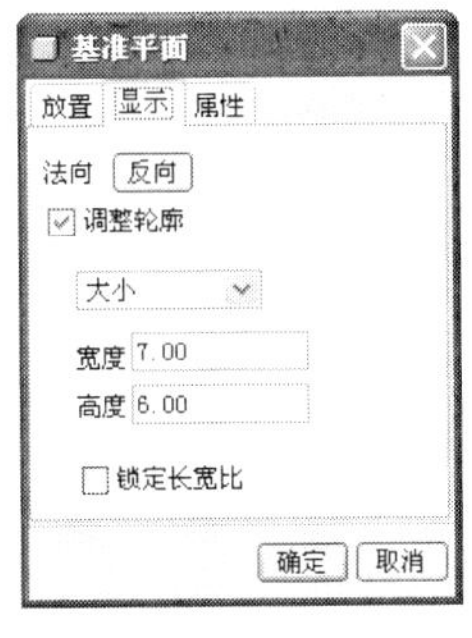

图 3-21

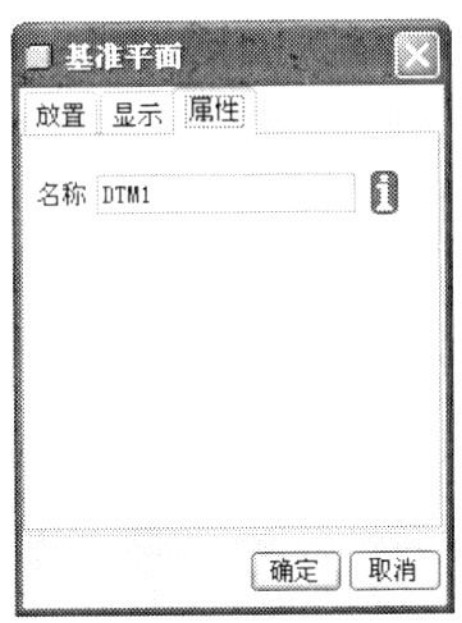

图 3-22

提示：基准平面的法向就是基准平面创建过程中黄色箭头所指的方向。

3.1.3　为皮带轮零件模型创建基准平面

下面将根据一个现有的皮带轮零件模型创建 3 个基准平面，如图 3-23 所示。

结合前面所学的知识，选择零件上的点、线、面为参照创建 3 个基准平面，具体操作步骤如下。

Step 1　单击“文件”工具栏中的“打开”按钮，打开范例文件 Example\chap03\ base-plane.prt，如图 3-24 所示。

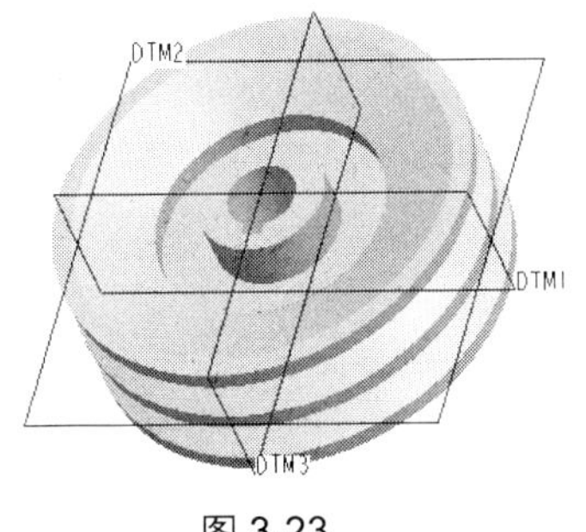

图 3-23

图 3-24

Step 2 单击“基准”工具栏中的“基准平面”按钮，开启“基准平面”对话框，选择如图 3-25 所示的 3 个模型边缘顶点为参照。

Step 3 接受系统默认的约束条件，单击“确定”按钮完成第一个基准平面的创建，如图 3-26 所示。

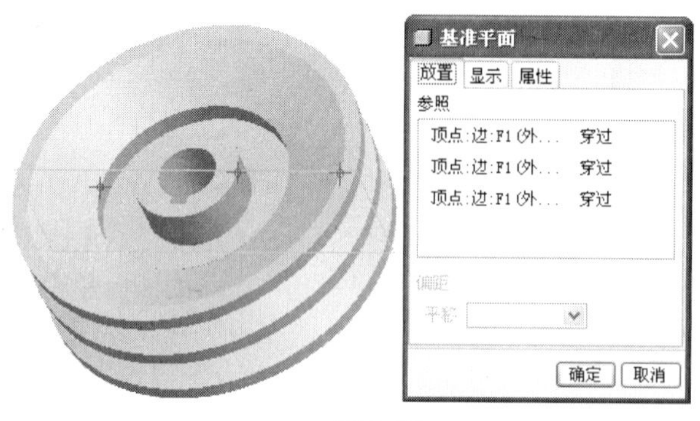

图 3-25

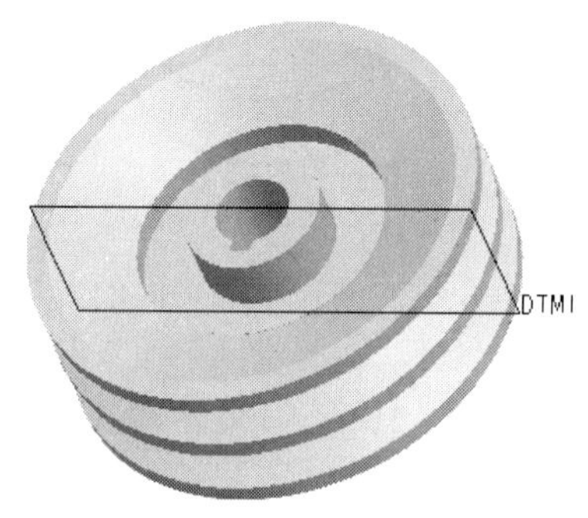

图 3-26

Step 4 单击“分析”工具栏中的“距离”按钮，开启“距离”对话框，选择如图 3-27 所示的两个模型边顶点为分析对象。此时在“距离”对话框中随即显示出两个顶点之间的距离为 50，如图 3-28 所示。

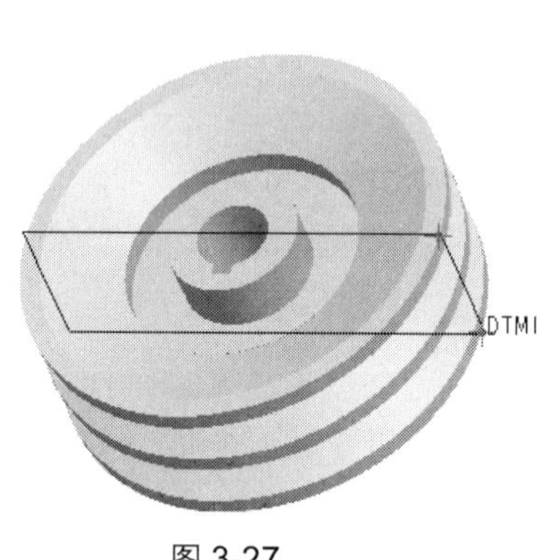

图 3-27

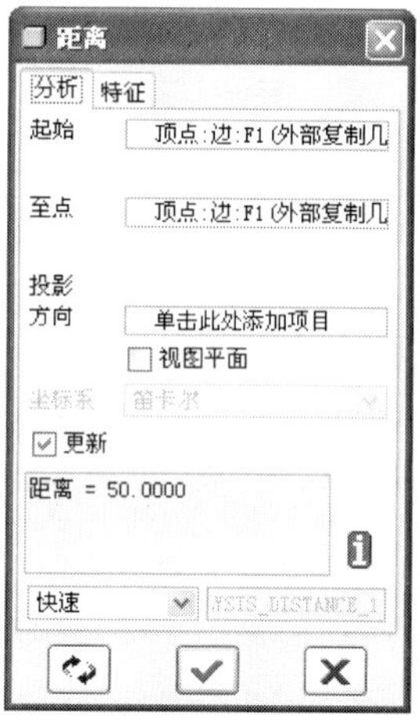

距离
分析 特征
起始 顶点:边:F1(外部复制几
至点 顶点:边:F1(外部复制几
投影方向 单击此处添加项目
视图平面
坐标系 笛卡尔
更新
距离 = 50.0000
快速

图 3-28

Step 5 单击按钮完成分析并关闭“距离”对话框。

Step 6 单击“基准”工具栏中的“基准平面”按钮，开启“基准平面”对话框，选择如图 3-29 所示的模型平面为参照。

Step 7 接受参照平面的约束条件为“偏移”，然后在“基准平面”对话框中输入偏移距离为−25，按<Enter>键确定，基准平面创建预览如图 3-30 所示。

> 提示：若输入正的偏移距离，则基准平面将沿系统预设的法向方向移动，即黄色箭头所指的方向；若输入负的偏移距离，则基准平面沿相反的方向移动。

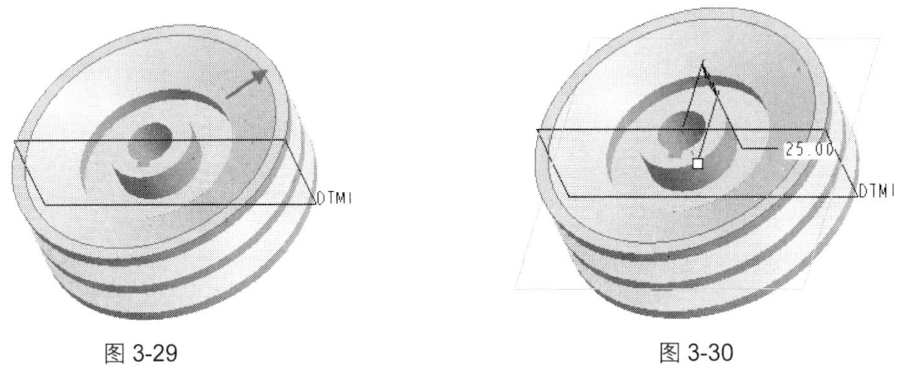

图 3-29　　图 3-30

Step 8 单击“确定”按钮完成第二个基准平面的创建，如图 3-31 所示。

Step 9 单击“基准”工具栏中的“基准平面”按钮，开启“基准平面”对话框，选择如图 3-32 所示的圆柱面和基准平面 DTM1 为参照。

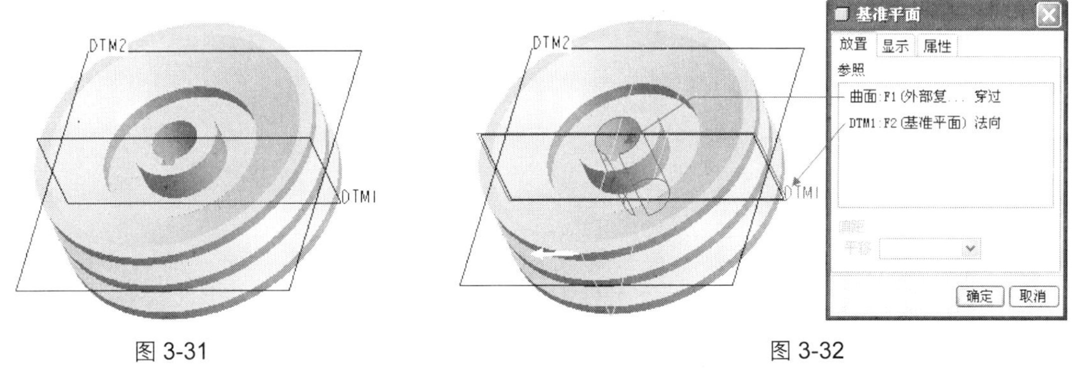

图 3-31　　图 3-32

Step 10 接受系统默认的约束条件，并在“显示”选项卡中单击“反向”按钮调整基准平面的法向，然后单击“确定”按钮完成第三个基准平面的创建，结果如图 3-23 所示。

3.2 基准轴

在本节中将介绍基准平面的相关知识，主要内容包括基准轴的用途和常用的创建方法。

3.2.1 基准轴的用途

在 Pro/E 中基准轴主要有以下几种用途。

1. 作为创建基准平面的参照

基准轴常用作创建基准平面的参照，选择一个基准轴和一个平面作为参照可创建一个穿过轴并与平面成一定角度的平面，如图 3-33 所示。若选择两个基准轴作为参照，则可以完全定位一个基准平面，如图 3-34 所示。

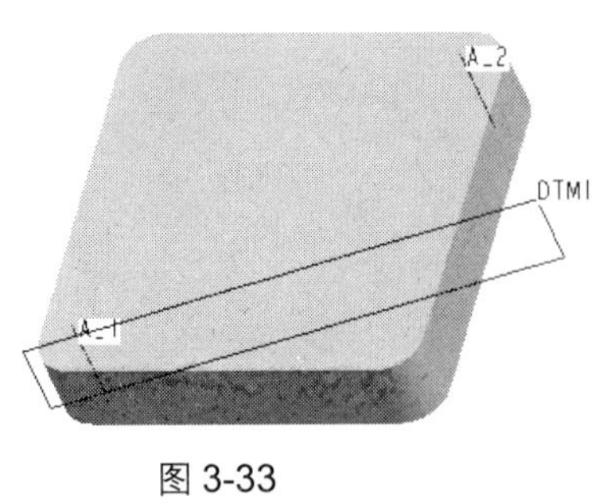

图 3-33

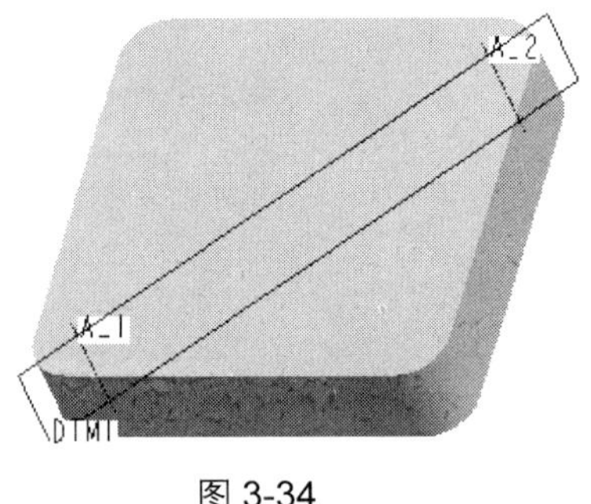

图 3-34

2. 作为创建孔特征的参照

基准轴可以用作为创建孔特征的定位参照，按住<Ctrl>键选择如图 3-35 所示的平面和基准轴，即可对孔特征进行完全定位，结果如图 3-36 所示。

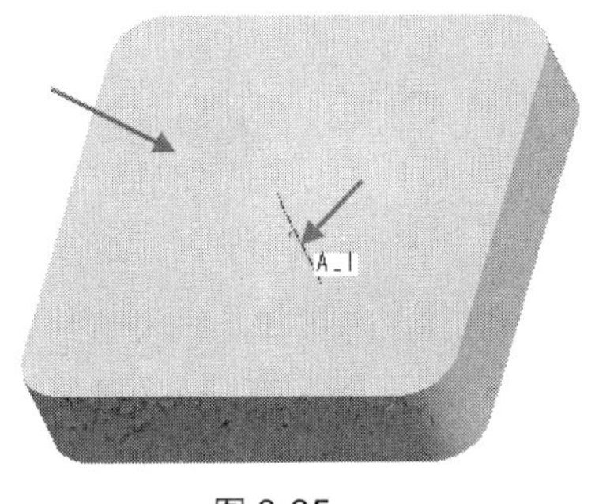

图 3-35

图 3-36

3. 作为创建旋转特征的旋转轴

基准轴可以用作为创建旋转特征的旋转轴，选择如图 3-37 所示的基准轴和截面草绘，可以创建出如图 3-38 所示的旋转切口特征。基准轴与中心线不同之处在于基准轴是独立的特征，它可以被重新定义、调整和删除。

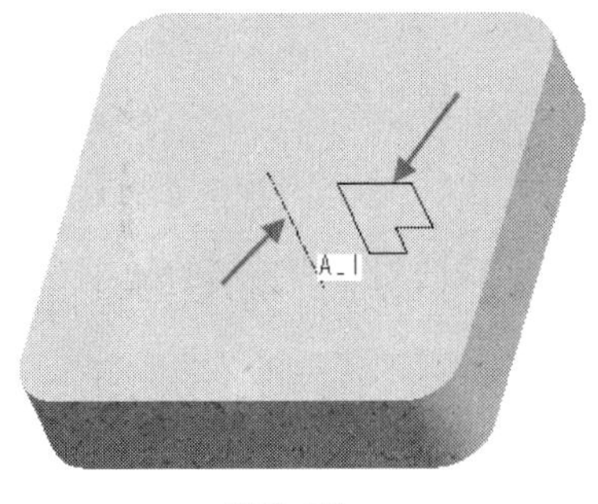

图 3-37

图 3-38

4. 用于装配中的对齐操作

基准轴可以用作零件装配时进行对齐操作的约束参照，选择图 3-39 中箭头所指的两个零件模型中的基准轴为约束参照，装配完成的结果如图 3-40 所示。

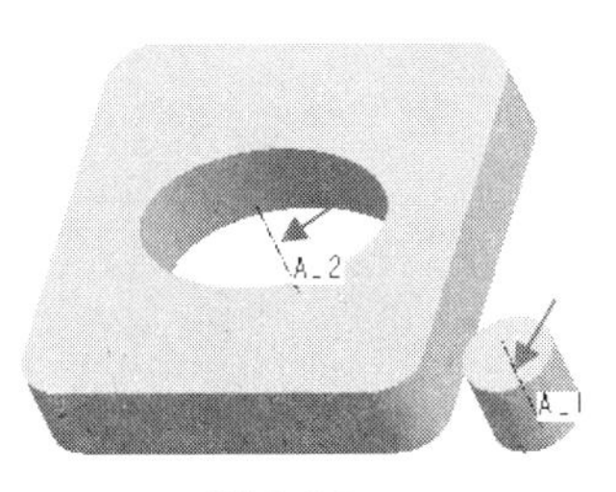

图 3-39

图 3-40

5. 用于创建阵列

基准轴可以用作为旋转阵列的阵列中心，例如选择图 3-41 中箭头所指的基准轴为阵列中心，将孔特征绕轴进行旋转阵列，结果如图 3-42 所示。

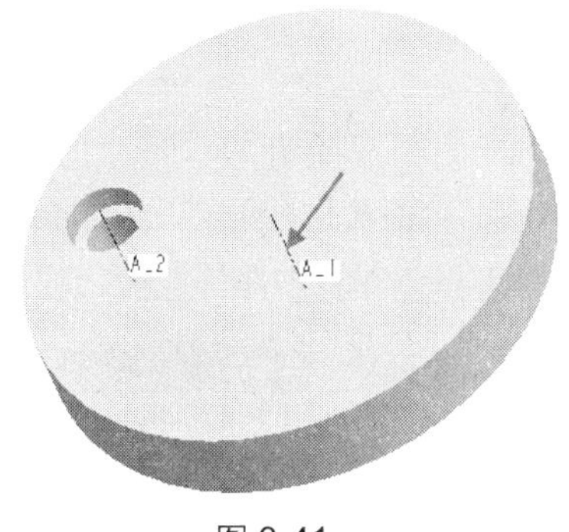

图 3-41

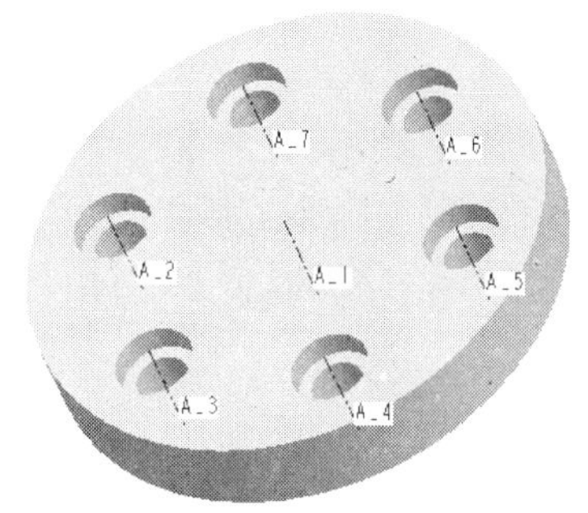

图 3-42

3.2.2　创建基准轴的常用方法

单击“基准”工具栏中的“基准轴”按钮 ，将开启如图 3-43 所示的“基准轴”对话框。在此对话框中，用户可以选择不同的参照来创建基准轴，包括现有平面、曲面、边、基准点、轴和顶点等。另外还可以为选择的参照设定不同约束条件，如图 3-44 所示。

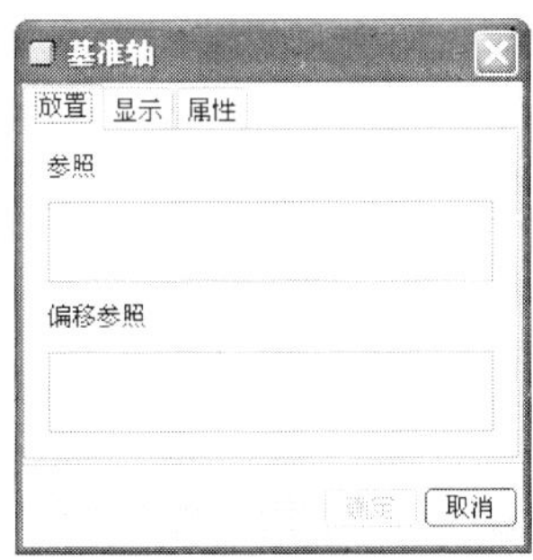

图 3-43

图 3-44

下面将详细介绍几种常用的创建基准平面的方法。

1. 穿过点

单击“基准”工具栏中的“基准轴”按钮 ，开启“基准轴”对话框，按住<Ctrl>键选择如图 3-45

所示的模型边顶点为参照，并设定参照边的约束条件为“穿过”，单击“确定”按钮完成基准轴的创建，结果如图 3-46 所示。

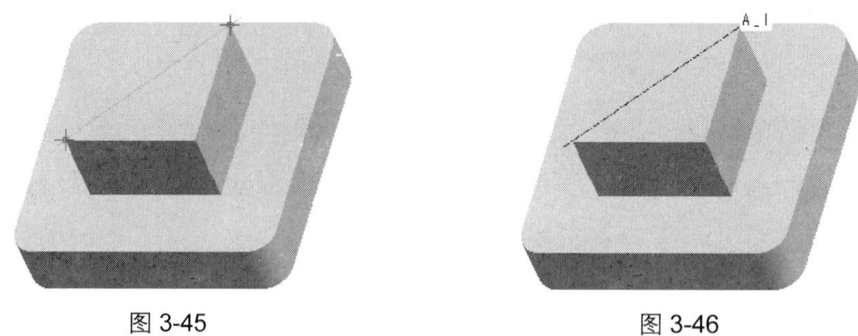

图 3-45　　图 3-46

2. 法向平面

单击“基准”工具栏中的“基准轴”按钮 ，开启“基准轴”对话框，选择一个模型面为创建基准轴的参照，并设定参照面的约束条件为“法向”，则基准轴上将出现如图 3-47 所示的 3 个控制方块。

按住白色的控制方块进行拖动可以自由地指定基准轴在选定参照上的位置。按住绿色的控制方块拖动并放置到其他几何参照上，用户便可以设定基准轴相对于这些偏置参照的距离，如图 3-48 所示。

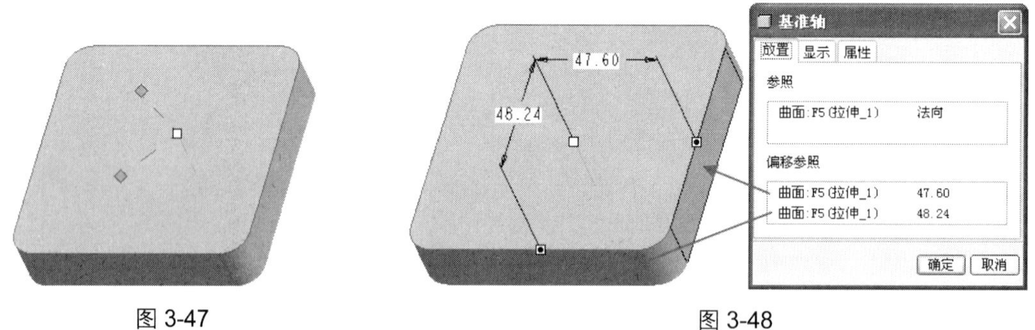

图 3-47　　图 3-48

单击“确定”按钮完成基准轴的创建，结果如图 3-49 所示。

3. 通过圆柱面

单击“基准”工具栏中的“基准轴”按钮 ，开启“基准轴”对话框，选择图 3-50 中箭头所指的圆角曲面，并设定参照面的约束条件为“穿过”，单击“确定”按钮完成基准轴的创建，结果如图 3-51 所示。

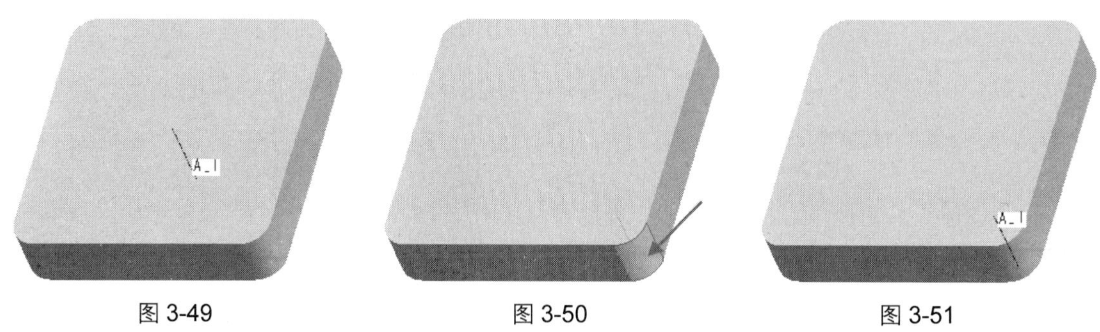

图 3-49　　图 3-50　　图 3-51

提示：当用户拉伸一个圆创建圆柱体或旋转一个二维截面做旋转体时，系统会自动生成轴线，这些轴线被称为特征轴。

4. 两平面相交

单击“基准”工具栏中的“基准轴”按钮 ，开启“基准轴”对话框，按住<Ctrl>键选择图 3-52 中箭头所指的两个模型平面，并设定参照面的约束条件为“穿过”，单击“确定”按钮完成基准轴的创建，结果如图 3-53 所示。

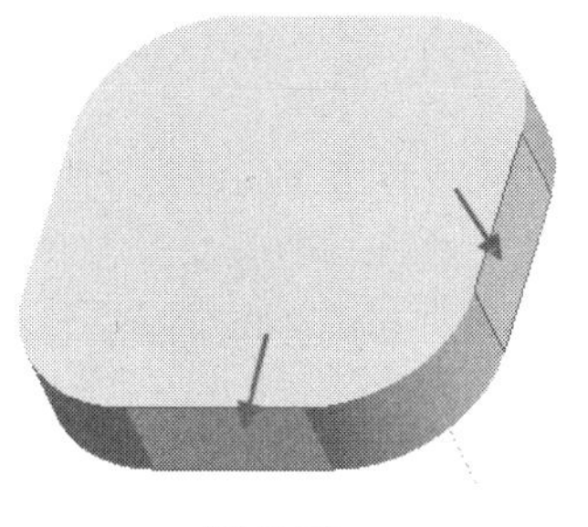

图 3-52

图 3-53

5. 与曲线相切

单击“基准”工具栏中的“基准轴”按钮 ，开启“基准轴”对话框，按住<Ctrl>键选择如图 3-54 所示的曲线和上端点为参照，并设定参照曲线的约束条件为“相切”，参照点的约束条件为“穿过”，单击“确定”按钮完成基准轴的创建，结果如图 3-55 所示。

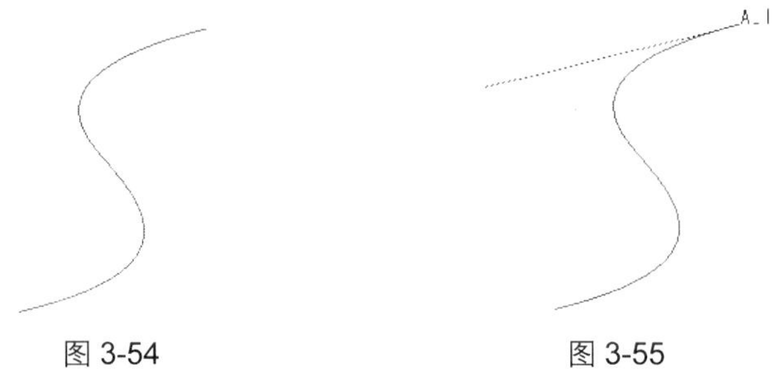

图 3-54　　　图 3-55

3.2.3　为弯管零件模型创建基准轴

下面将根据一个现有的弯管零件模型创建 5 个基准轴，如图 3-56 所示。

结合前面所学的知识，选择弯管零件模型上的点、线、面为参照创建 5 个基准轴。具体操作步骤如下。

Step 1　单击“文件”工具栏中的“打开”按钮 ，打开范例文件 Example\chap03\reference-axis.prt，如图 3-57 所示。

Step 2　单击“基准”工具栏中的“基准轴”按钮 ，开启“基准轴”对话框，按住<Ctrl>键选择如图 3-58 所示的两个模型边缘顶点为参照。

Step 3　接受系统默认的参照点的约束条件为“穿过”，单击“确定”按钮完成第一个基准轴的创建，结果如图 3-59 所示。

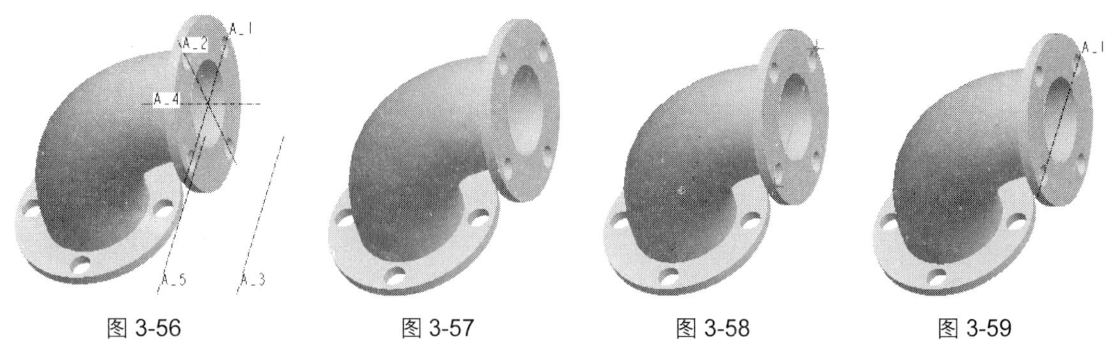

图 3-56　　图 3-57　　图 3-58　　图 3-59

Step 4　单击“基准”工具栏中的“基准轴”按钮，开启“基准轴”对话框，按住<Ctrl>键选择如图 3-60 所示的两个模型边缘顶点为参照，并接受系统默认的参照点的约束条件为“穿过”。

Step 5　在“基准轴”对话框中的“显示”选项卡中设定基准轴的长度为 160，如图 3-61 所示。

Step 6　单击“确定”按钮完成第二个基准轴的创建，结果如图 3-62 所示。

图 3-60　　图 3-61　　图 3-62

Step 7　单击“基准”工具栏中的“基准轴”按钮，开启“基准轴”对话框，按住<Ctrl>键选择图 3-63 和图 3-64 中箭头所指的两个模型平面为参照，并接受系统默认的参照点的约束条件为“穿过”。

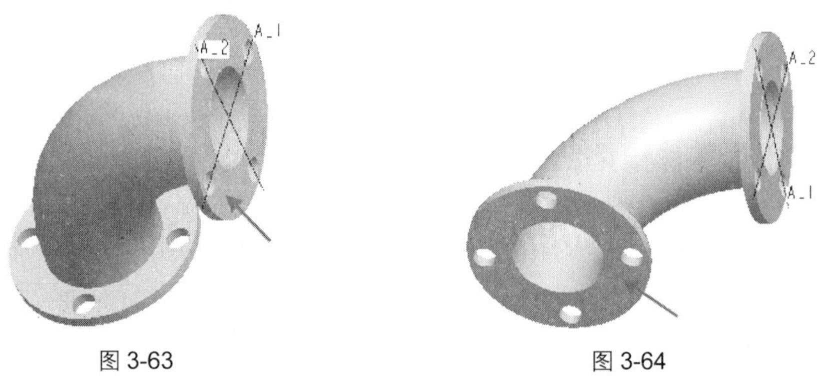

图 3-63　　图 3-64

Step 8　单击“确定”按钮完成第三个基准轴的创建，结果如图 3-65 所示。

Step 9　单击“基准”工具栏中的“基准轴”按钮，开启“基准轴”对话框，选择图 3-66 中箭头所指的圆柱面为参照，并接受系统默认的参照点的约束条件为“穿过”。

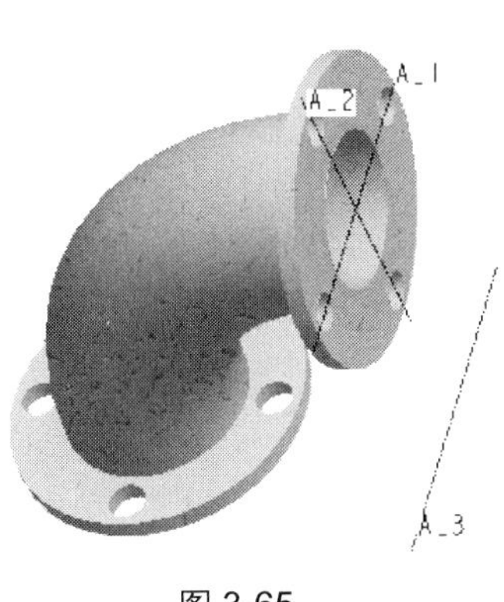

图 3-65

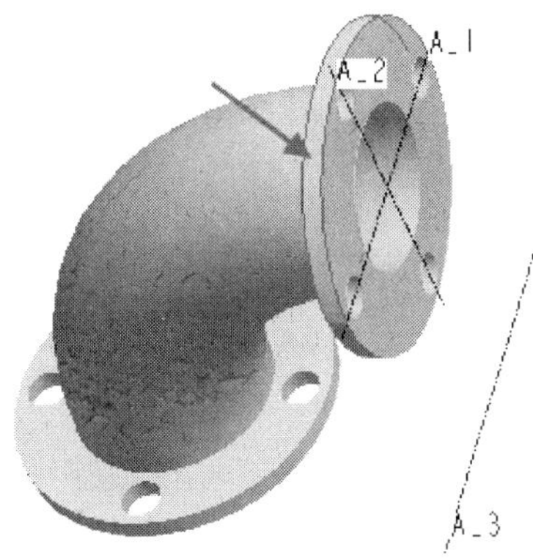

图 3-66

Step 10 在“基准轴”对话框中的“显示”选项卡中设定基准轴的长度为 100，如图 3-67 所示。

Step 11 单击“确定”按钮完成第四个基准轴的创建，结果如图 3-68 所示。

图 3-67

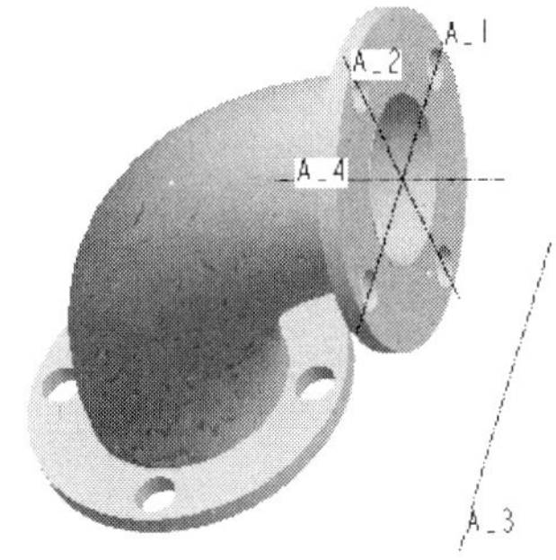

图 3-68

Step 12 单击“基准”工具栏中的“基准轴”按钮，开启“基准轴”对话框，按住<Ctrl>键选择图 3-69 中箭头所指的模型边和边缘顶点为参照，并接受系统默认的参照边的约束条件为“相切”，参照点的约束条件为“穿过”。

Step 13 在“显示”选项卡中选中“调整轮廓”复选框，并选择“参照”选项，然后选择图 3-70 中箭头所指的模型平面为基准轴大小的参照。

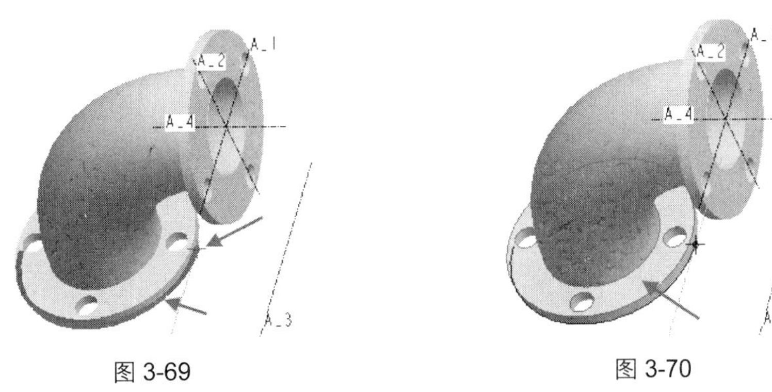

图 3-69　　图 3-70

Step 14 单击“确定”按钮完成第五个基准轴的创建，结果如图 3-57 所示。

3.3 基准曲线

在本节中将介绍基准曲线的相关知识，主要内容包括基准曲线的用途和常用的创建方法。

3.3.1 基准曲线的用途

在 Pro/E 中基准曲线可以分为两类，一类是草绘型基准曲线，另一类是输入型基准曲线。

所谓草绘型基准曲线就是使用“草绘”按钮～绘制的平面草图曲线，它的用途主要有两个，一个是作为创建其他的三维几何特征的截面草图，如图 3-71 所示。

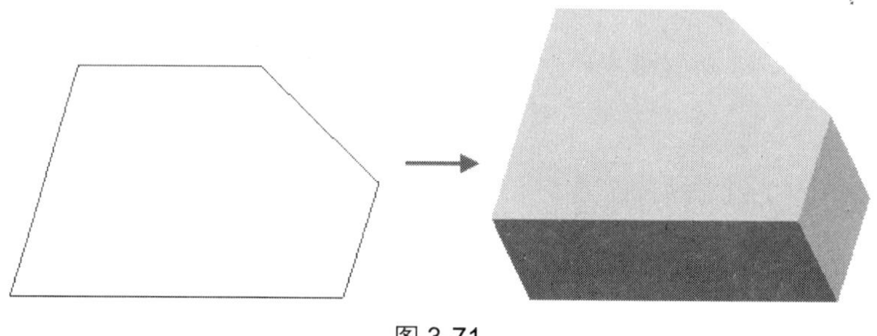

图 3-71

另一个是作为创建扫描特征的轨迹、可变剖面扫描特征以及扫描混合特征的轨迹，如图 3-72 所示。

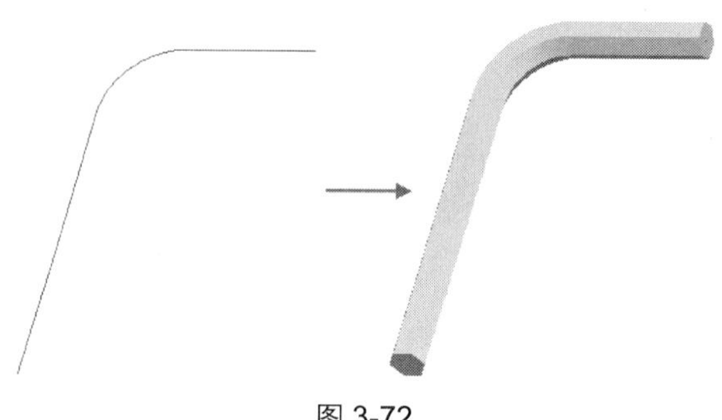

图 3-72

而输入型基准曲线的主要作用则是作为创建一般扫描特征、可变剖面扫描特征以及扫描混合特征的轨迹，如图 3-73 所示。

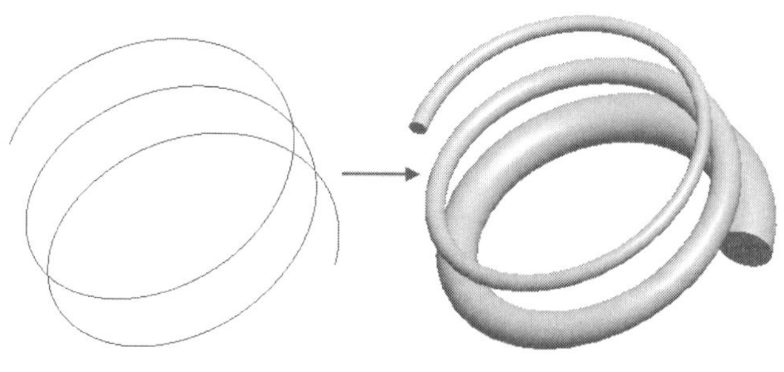

图 3-73

由于草绘型基准曲线只能是二维平面曲线，所以就两种基准曲线相比较而言，输入型曲线在作为扫描轨迹时的功能更强大，使用它可以创建出二维和三维两种类型的扫描轨迹。不过，这里需要特别注意的是，三维类型的输入型基准曲线不能作为创建一般扫描特征的轨迹。

草绘型基准曲线的创建方法在第 2 章中已经介绍过，接下来将介绍输入型基准曲线的创建方法。

3.3.2 经过点创建基准曲线

下面将以创建如图 3-74 所示的基准曲线介绍经过点创建基准曲线的方法。

要创建经过点的基准曲线，首先需要确定各个经过点之间的连接类型，然后选定曲线要经过的点，最后基准曲线起始端和终止端的相切属性。具体操作步骤如下。

Step 1 单击“文件”工具栏中的“打开”按钮，打开范例文件 Example\chap03\Benchmark-Curve01，如图 3-75 所示。

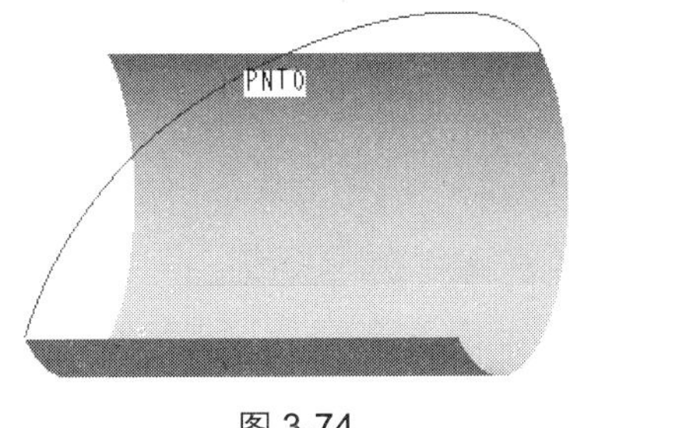

图 3-74

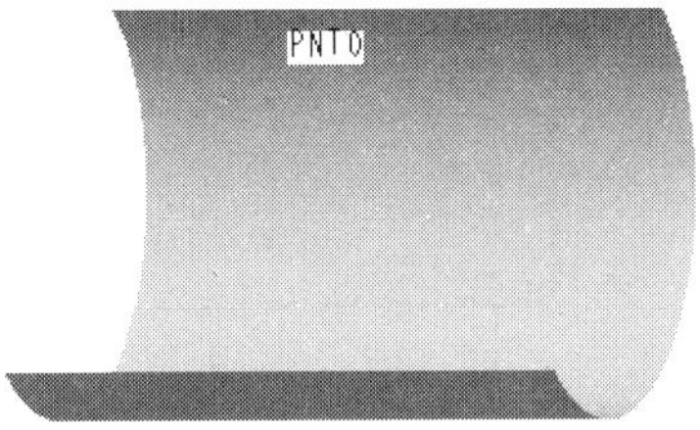

图 3-75

Step 2 单击“基准”工具栏中的“基准曲线”按钮，系统弹出如图 3-76 所示的菜单管理器。

Step 3 在菜单管理器中选择“曲线选项”选项为“经过点”，然后执行“完成”命令，系统将弹出如图 3-77 和图 3-78 所示的“曲线：通过点”对话框和“连结类型”菜单管理器。

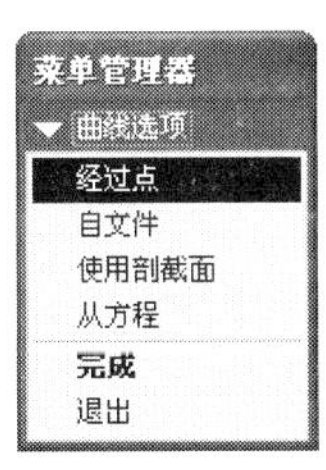

图 3-76

图 3-77

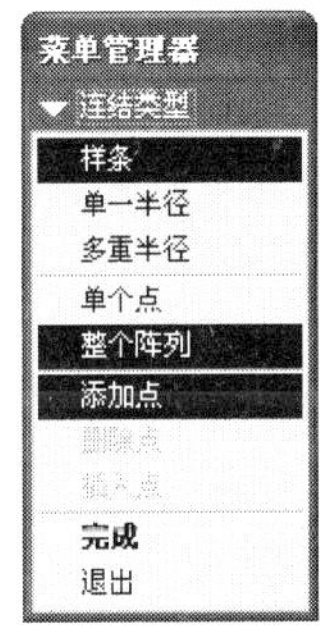

图 3-78

Step 4 接受菜单管理器中默认的“连结类型”选项为“样条”、“整个阵列”以及“添加点”，然后按照图 3-79 中箭头所指的顺序选择模型边顶点和基准点为基准曲线的经过点，出现如图 3-80 所示的基准曲线预览。

Step 5 在菜单管理器中执行“完成”命令，然后双击“曲线：通过点”对话框中的“相切”元素，弹出如图 3-81 所示的菜单管理器。

Step 6 接受菜单管理器中默认的“定义相切”选项为“起始”和“曲线/边/轴”，然后选择图 3-82 中箭头所指的模型边为基准曲线起始端的相切参照。

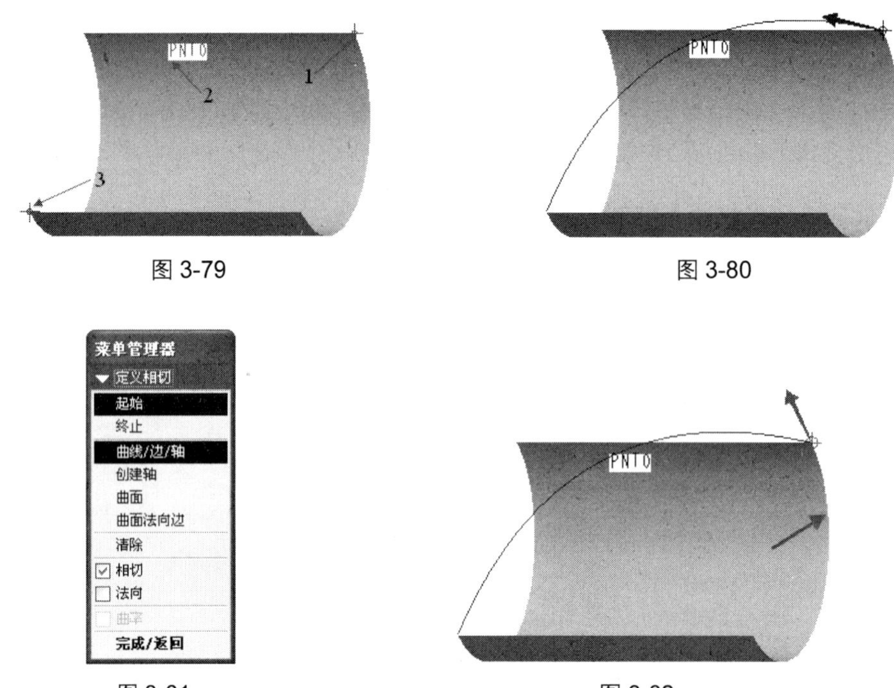

图 3-79　图 3-80

图 3-81　图 3-82

Step 7　接受图 3-82 中系统默认的相切方向，然后在菜单管理器中选择“方向”选项为“正向”，基准曲线预览如图 3-83 所示。

Step 8　在菜单管理器中选择“定义相切”选项为“终止”和“曲面”，并选中“法向”复选框，如图 3-84 所示。

Step 9　选择模型空间中的曲面为基准曲线终止端与之垂直的参照，接受图 3-85 中系统默认的法向方向，然后在菜单管理器中选择“方向”选项为“正向”，基准曲线预览如图 3-86 所示。

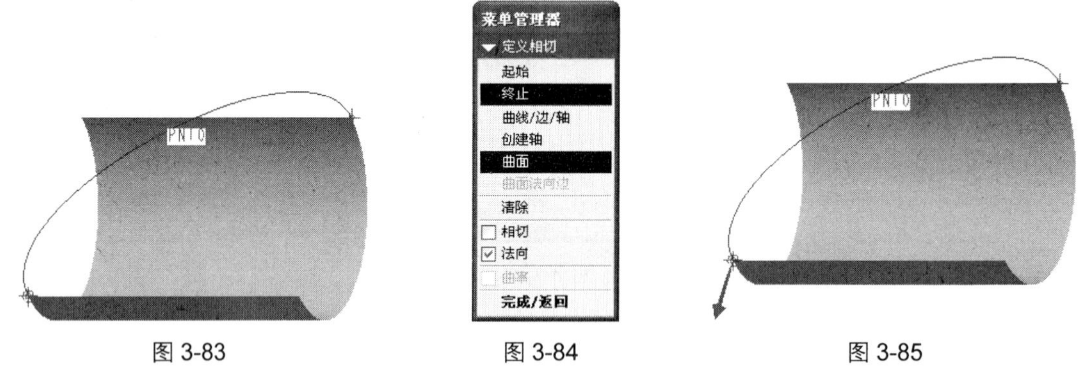

图 3-83　图 3-84　图 3-85

Step 10　在菜单管理器中执行“完成/返回”命令，然后单击“曲线：通过点”对话框中的“确定”按钮完成基准曲线的创建，结果如图 3-74 所示。

> 提示：双击“曲线：通过点”对话框中的“扭曲”元素，系统将开启如图 3-87 所示的“修改曲线”对话框。在此对话框中用户可以对基准曲线的形状进行进一步的编辑，但需要注意的是，此对话框只能对通过两点的基准曲线进行编辑。

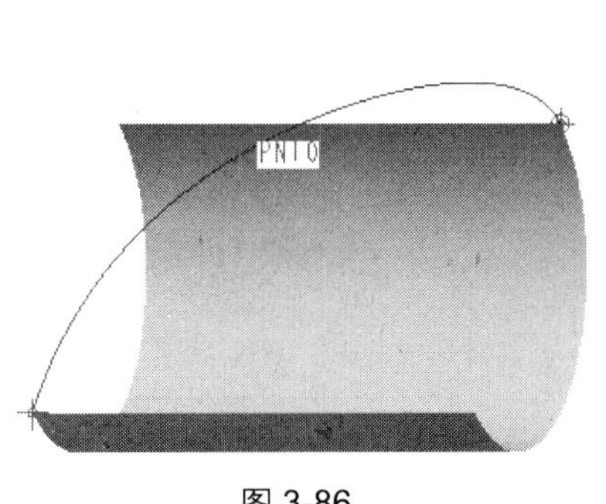

图 3-86

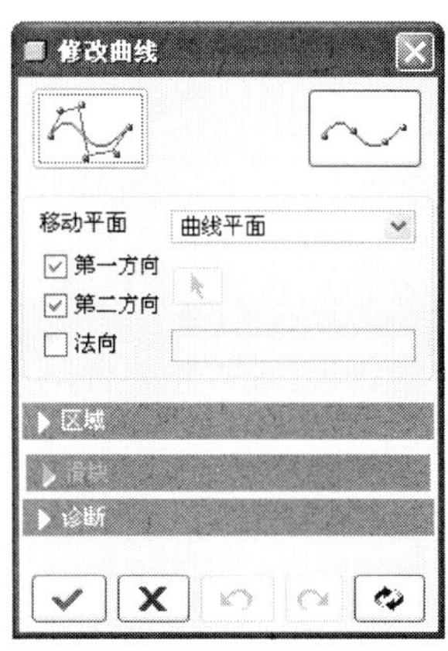

图 3-87

3.3.3　自文件创建基准曲线

下面将以创建如图 3-88 所示的基准曲线介绍自文件创建基准曲线的方法。

创建自文件的基准曲线就是读入一个.igs 文件或.ibl 文件，系统根据文件中包含的点数据来创建一个基准曲线。在创建此类基准曲线时，首先要指定一个基准坐标系，然后选择一个提供点参数的外部文件即可创建出基准曲线。

具体操作步骤如下。

Step 1　单击“文件”工具栏中的“新建”按钮，开启“新建”对话框，选择文件类型为“零件”，子类型为“实体”，输入文件名称为“Benchmark-Curve02”，如图 3-89 所示。

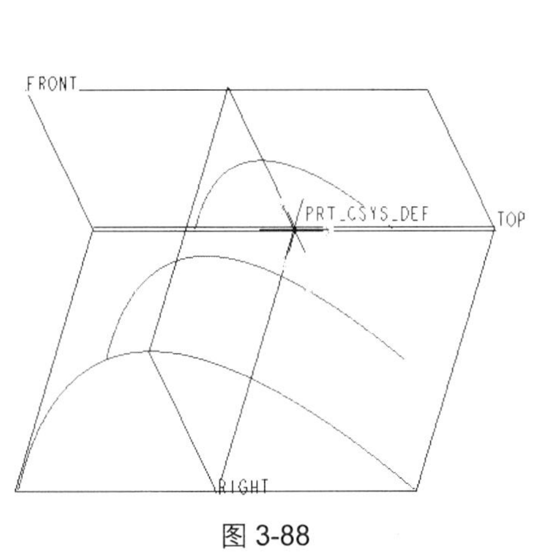

图 3-88

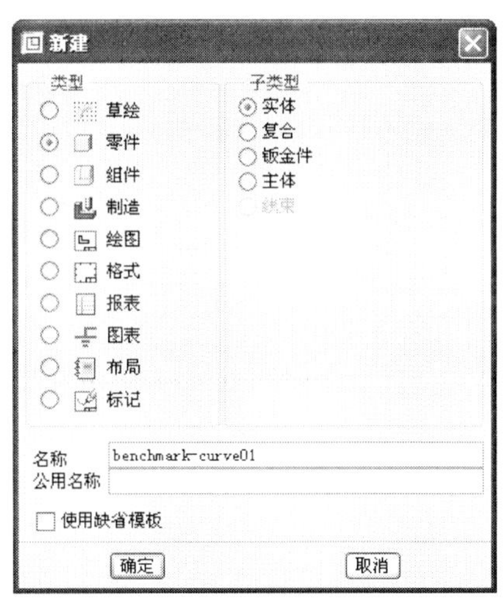

图 3-89

Step 2　单击“确定”按钮开启“新文件选项”对话框，选择模板为“mmns_part_solid”，如图 3-90 所示，单击“确定”按钮进入零件建模环境。

Step 3　单击“基准”工具栏中的“基准曲线”按钮，在弹出的如图 3-91 所示的菜单管理器中选择“曲线选项”选项为“自文件”，然后执行“完成”命令。

图 3-90

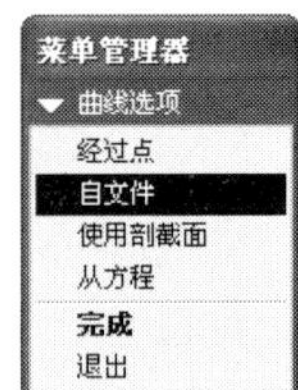

图 3-91

Step 4 接受菜单管理器中系统默认的“得到坐标系”选项为“选取”，然后选择如图 3-92 所示的坐标系。

Step 5 在弹出的“打开”对话框中选择范例文件中的 Example\chap03\Benchmark-Curve02.ibl 文件，如图 3-93 所示。

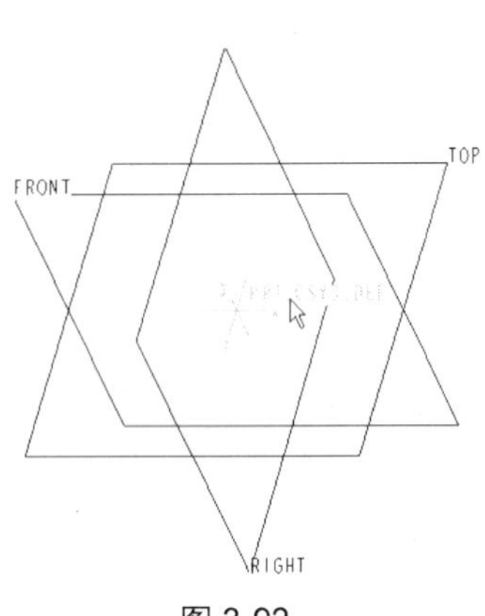

图 3-92

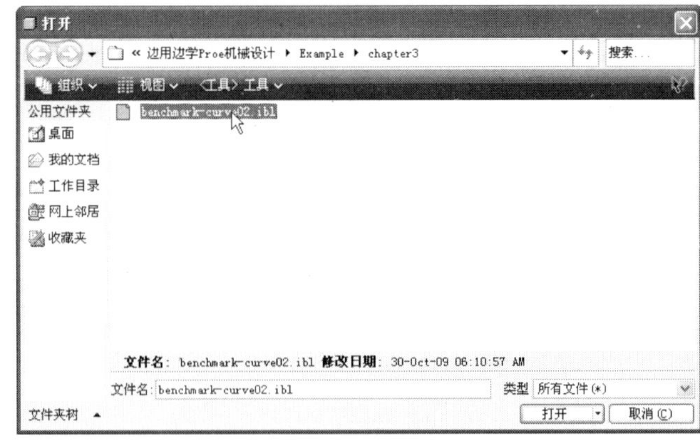

图 3-93

Step 6 单击“打开”按钮，系统自动根据文件中的点数据创建出基准曲线，结果如图 3-94 所示。用记事本打开范例文件中的 Example\chap03\Benchmark-Curve02.ibl 文件，文件内容如图 3-95 所示。

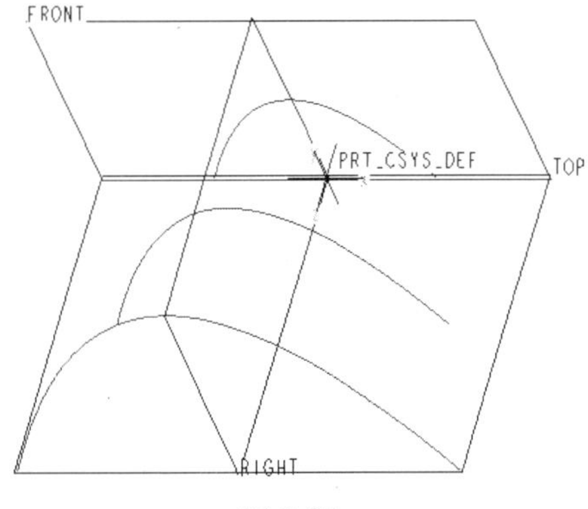

图 3-94

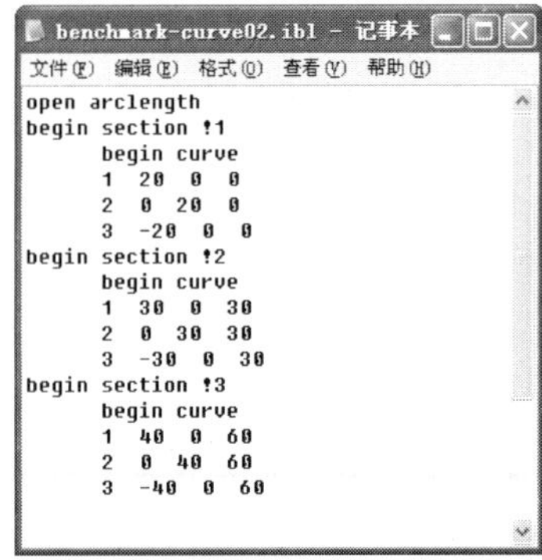
benchmark-curve02.ibl - 记事本

文件(F) 编辑(E) 格式(O) 查看(V) 帮助(H)

```
open arclength
begin section !1
      begin curve
      1  20  0  0
      2  0  20  0
      3  -20  0  0
begin section !2
      begin curve
      1  30  0  30
      2  0  30  30
      3  -30  0  30
begin section !3
      begin curve
      1  40  0  60
      2  0  40  60
      3  -40  0  60
```

图 3-95

其中，第一行的“open arclength”是 Pro/E 的关键词，接下来就是第一个剖面中的第一条曲线上的 3 个点的坐标值，然后是第二个剖面中的第一条曲线上的 3 个点的坐标值，最后是第三个剖面中的第一条曲线上的 3 个点的坐标值，每个剖面可以拥有数个曲线。Begin section 后面的!1、!2、!3 是注释，也可以不写。另外，用户可以使用任何文本编辑器来创建.ibl 文件。

3.3.4 使用剖截面创建基准曲线

下面将以创建如图 3-96 所示的基准曲线介绍使用剖截面创建基准曲线的方法。

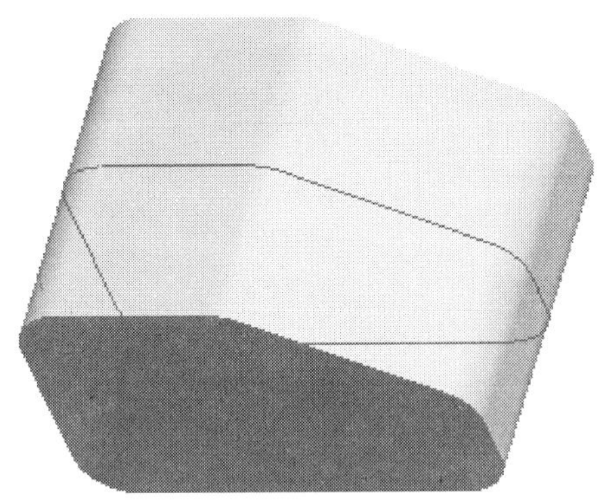

图 3-96

要使用剖截面创建基准曲线，首先要创建一个剖面视图，然后选择该剖面视图，系统将以该剖面视图的边界线为参照创建基准曲线。具体操作步骤如下。

Step 1 单击“文件”工具栏中的“打开”按钮，打开范例文件 Example\chap03\Benchmark-Curve03，如图 3-97 所示。

Step 2 单击“视图”工具栏中的“视图管理器”按钮，开启“视图管理器”对话框。在该对话框的“X 截面”选项卡中单击“新建”按钮，设定新建剖面的名称为“A”，如图 3-98 所示。

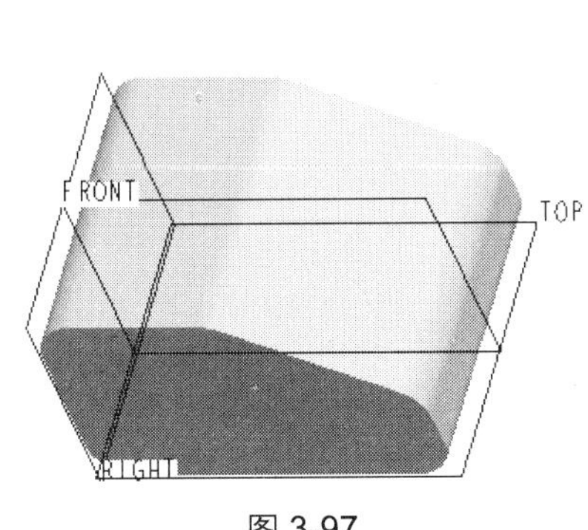

图 3-97

图 3-98

Step 3 按<Enter>键确定，系统弹出如图 3-99 所示的菜单管理器，接受系统默认的“剖截面创建”选项为“平面”和“单一”，然后执行“完成”命令。

Step 4 接受菜单管理器中系统默认的“设置平面”选项为“平面”，如图 3-100 所示。

Step 5 选择 FRONT 基准平面为剖切平面，完成剖截面 A 的创建，如图 3-101 所示。

Step 6 关闭“视图管理器”对话框，单击“基准”工具栏中的“基准曲线”按钮～，在弹出的如图 3-102 所示的菜单管理器中选择“曲线选项”选项为“使用剖截面”，然后执行“完成”命令。

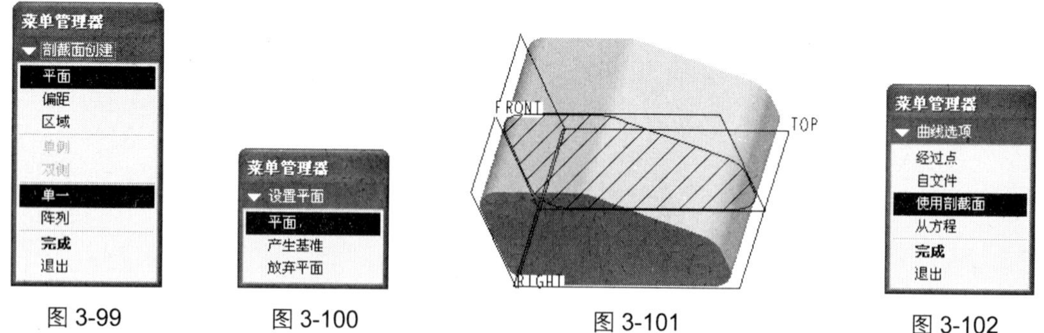

图 3-99　　图 3-100　　图 3-101　　图 3-102

Step 7 在菜单管理器中选择“截面名称”选项为“A”，即可完成基准曲线的创建，结果如图 3-96 所示。

3.3.5 从方程创建基准曲线

下面将以创建如图 3-103 所示的基准曲线介绍自文件创建基准曲线的方法。

从方程创建基准曲线就是系统根据用户设定的曲线方程来创建基准曲线。在创建此类基准曲线时，首先要指定一个基准坐标系，然后设置一个适合曲线方程的坐标系类型，最后设置曲线方程即可创建出基准曲线。具体操作步骤如下。

Step 1 单击“文件”工具栏中的“新建”按钮，开启“新建”对话框，选择文件类型为“零件”，子类型为“实体”，输入文件名称为“Benchmark-Curve04”，如图 3-104 所示。

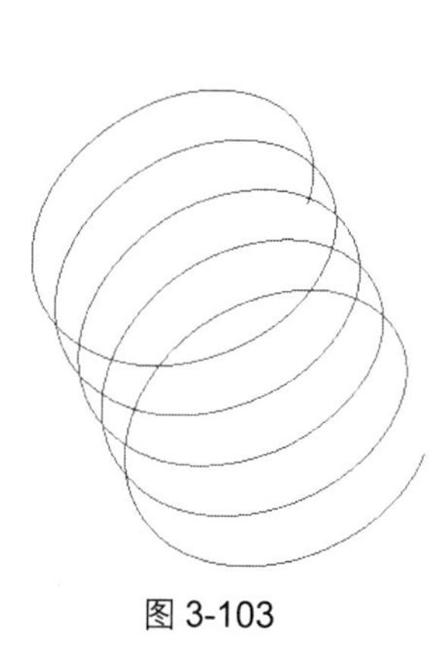

图 3-103

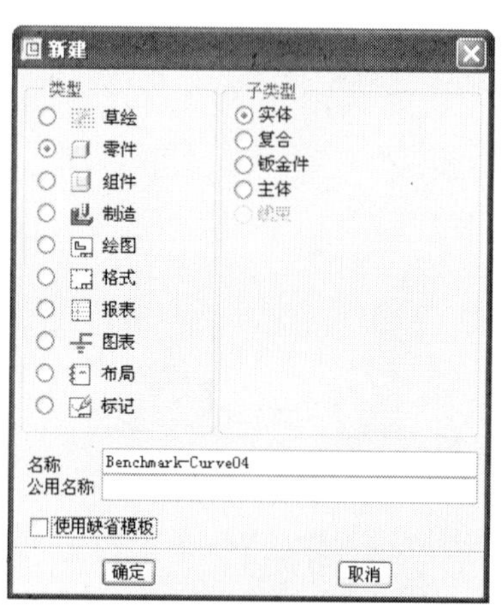

图 3-104

Step 2 单击“确定”按钮开启“新文件选项”对话框，选择模板为“mmns_part_solid”，如图 3-105 所示，单击“确定”按钮进入零件建模环境。

Step 3 单击“基准”工具栏中的“基准曲线”按钮～，在弹出的如图 3-106 所示的菜单管理器中选择“曲线选项”选项为“从方程”，然后执行“完成”命令。

图 3-105

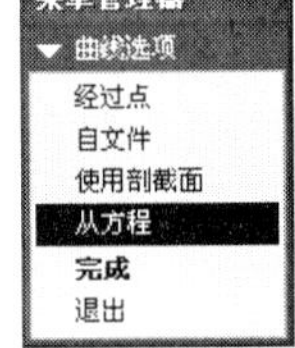

图 3-106

Step 4　系统开启"曲线：从方程"对话框，接受菜单管理器中系统默认的"得到坐标系"选项为"选取"，然后选择如图 3-107 所示的坐标系。

Step 5　在菜单管理器中选择"设置坐标类型"选项为"笛卡尔"，如图 3-108 所示。

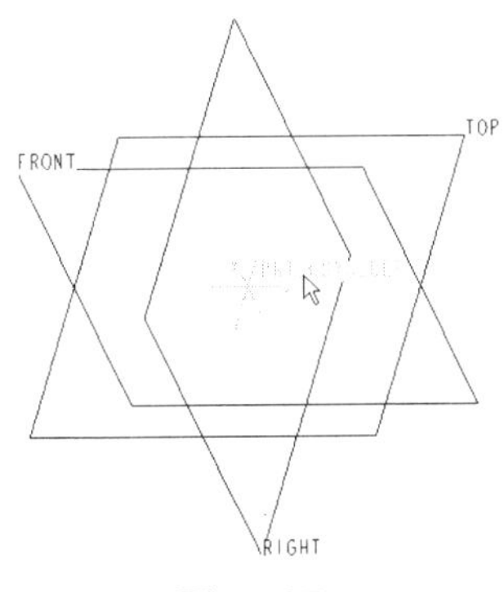

图 3-107

图 3-108

Step 6　在开启记事本中输入基准曲线方程，如图 3-109 所示。

Step 7　在记事本中执行"文件｜保存"下拉菜单命令保存输入的基准曲线方程，然后关闭记事本，单击"曲线：从方程"对话框中的"确定"按钮完成基准曲线的创建，结果如图 3-110 所示。

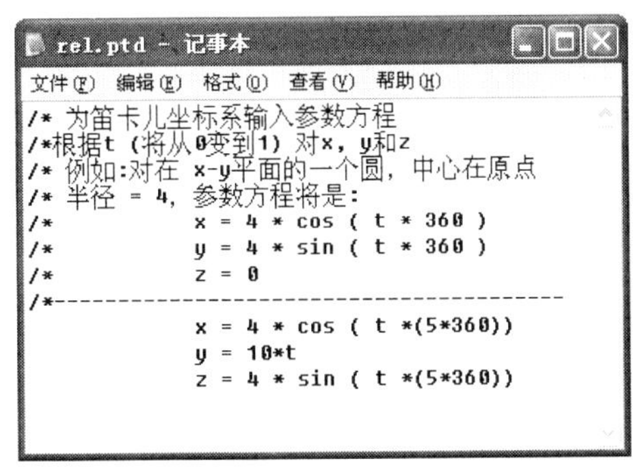

图 3-109

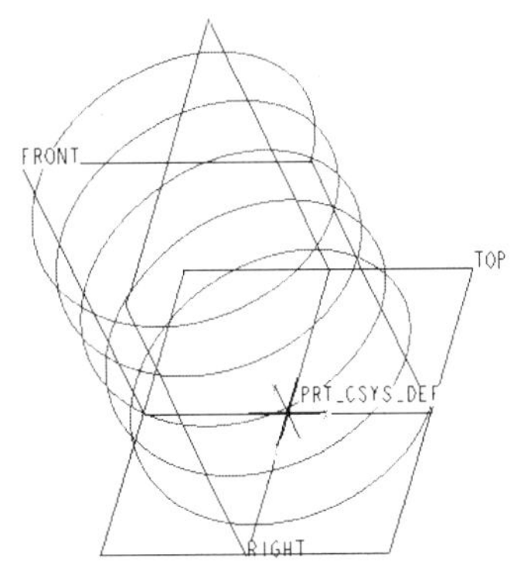

图 3-110

下面介绍一些常见曲线的曲线方程，其中 x = a*t；y = b*t；z = c*t（a，b 为常数或函数）为笛卡尔坐标系方程；r = a*t；theta = b*t；z = c*t 为圆柱坐标系方程；rho = a*t；theta = b*t；phi = c*t 为球坐标系方程。

1. 正弦曲线

图 3-111 所示的曲线为正弦曲线，其方程为：x = 50*t；y = 10*sin(t*360)；z = 0。

2. 渐开线

图 3-112 所示的曲线为渐开线，其方程为：r = 1；ang = 360*t；s = 2*pi*r*t；x0 = s*cos(ang)；y0 = s*sin(ang)；x = x0 + s*sin(ang)；y = y0 − s*cos(ang)；z = 0。

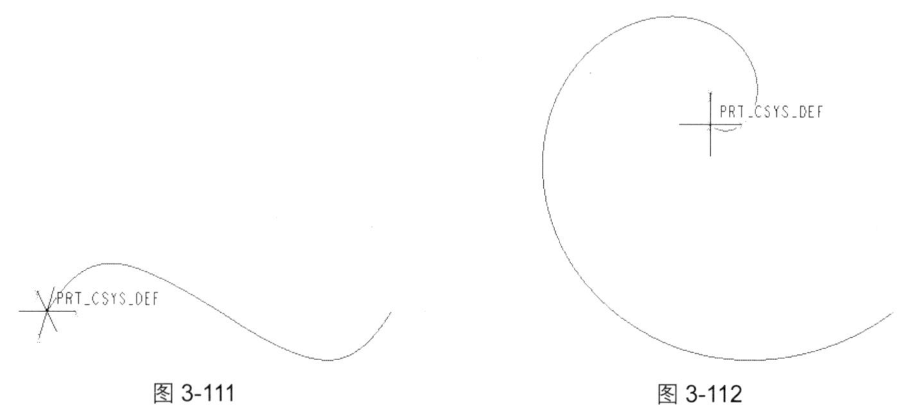

图 3-111　　图 3-112

3. 螺旋线

图 3-113 所示的曲线为螺旋线，其方程为 r = t*(10*180) +1；theta = 10 + t*(20*180)；z = t。

4. 球面螺旋线

图 3-114 所示的曲线为球面螺旋线，其方程为 rho = 4；theta = t*180；phi = t*360*20。

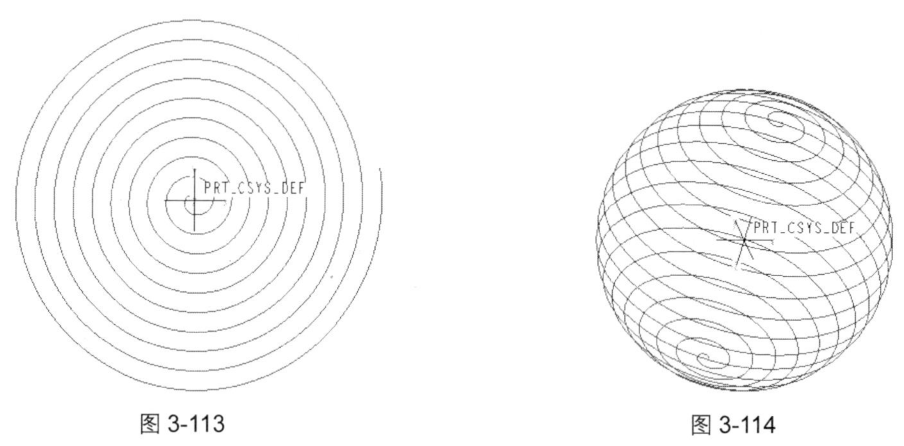

图 3-113　　图 3-114

5. 心脏线

图 3-115 所示的曲线为心脏线，其方程为 a=10；r = a*(1 + cos(theta))；theta = t*360。

6. 抛物线

图 3-116 所示的曲线为抛物线，其方程为 x =(3 * t) + (5 * t ^2)；y = (4 * t) ；z =0。

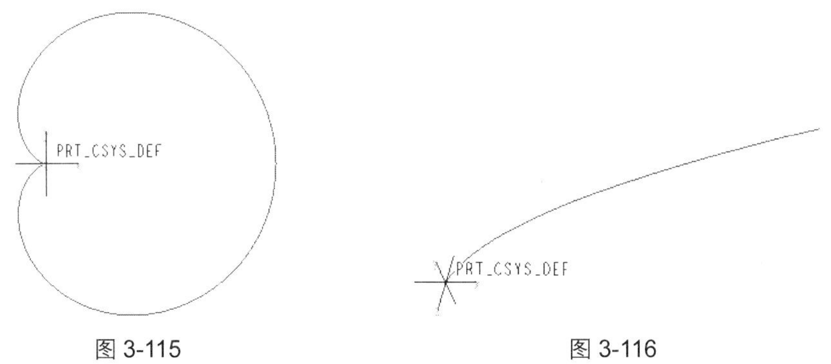

图 3-115　　图 3-116

7. 阿基米德螺线

图 3-117 所示的曲线为阿基米德螺线，其方程为 a=100；theta = t*400；r = a*theta。

8. 椭圆曲线

图 3-118 所示的曲线为椭圆曲线，其方程为 a = 10；b = 20；theta = t*360；x = b*sin(theta)；y = a*cos(theta)。

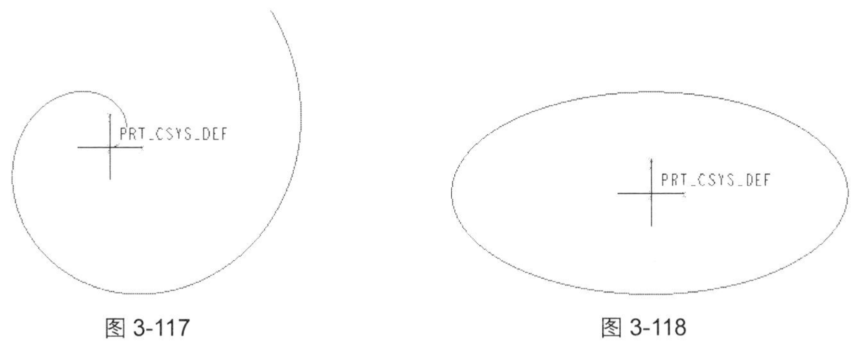

图 3-117　　图 3-118

3.4 基准点

在本节中将介绍基准点的相关知识，主要内容包括基准点的用途和常用的创建方法。

3.4.1 基准点的用途

在 Pro/E 中基准点的用途非常广泛，既可用于辅助建立其他基准特征，也可辅助定义建模特征的位置或组件安装定位，具体表现在以下几个方面。

1. 作为创建基准平面的参照

基准点可以用作创建基准平面的参照，例如选择图 3-119 中箭头所指的模型边和基准点 PNT0 为参照，可以创建如图 3-120 所示的基准平面。

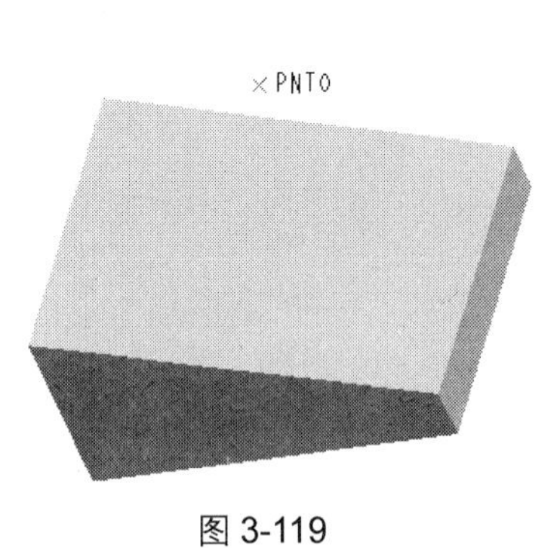

图 3-119

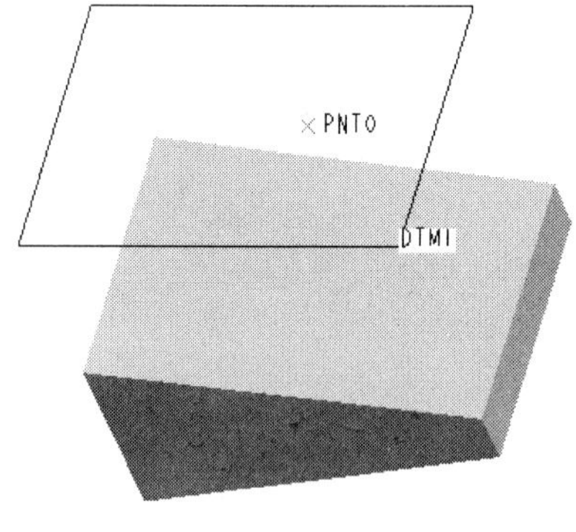

图 3-120

2. 作为创建基准轴的参照

基准点可以用作创建基准平面的参照，例如选取图 3-121 中箭头所指的模型平面和基准点 PNT0 为参照，可以创建如图 3-122 所示的基准平面。

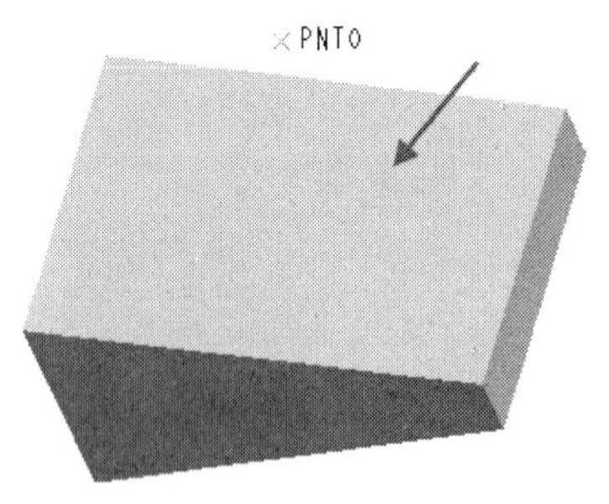

图 3-121

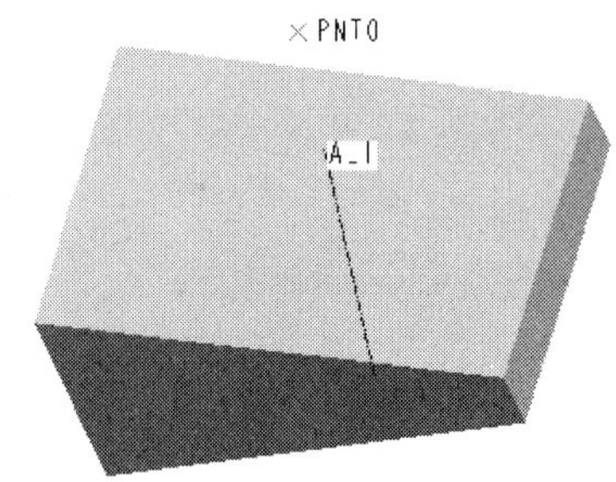

图 3-122

3. 作为创建基准曲线的经过点

基准点可以用作创建基准曲线的参照，例如选择图 3-123 中基准点为经过点，可以创建如图 3-124 所示的基准平面。

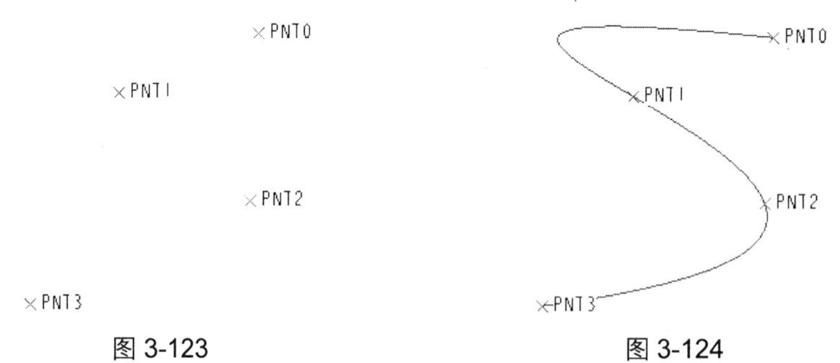

图 3-123　　图 3-124

4. 作为创建基准坐标系的参照

基准点可以作为创建基准坐标系时定义坐标系原点的参照，例如选择图 3-125 中的基准点 PNT0

定义坐标系的原点，然后选择图中箭头所指模型平面来定义坐标系的 X、Y 轴，即可创建如图 3-126 所示的基准坐标系。

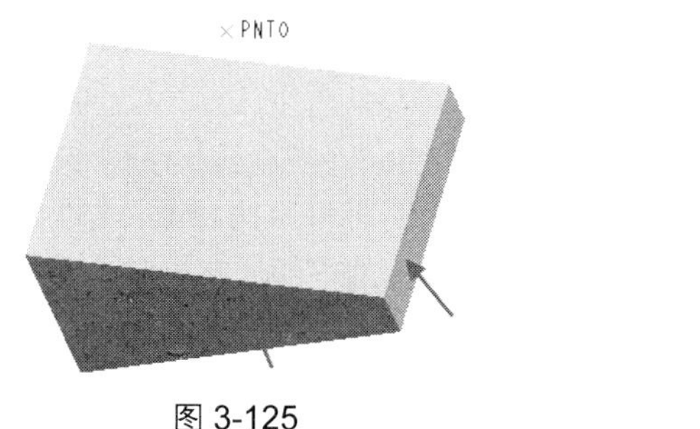

图 3-125

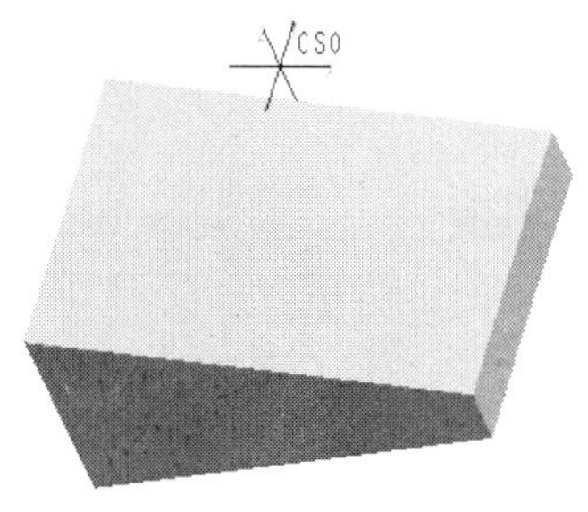

图 3-126

5. 作为创建孔特征的参照

基准点可以用作创建孔特征的定位参照，选择如图 3-127 所示的基准点为孔特征的放置参照，系统会自动将孔特征垂直于模型表面进行创建，结果如图 3-128 所示。这对于在非平面的模型表面上创建孔特征非常有用。

图 3-127

图 3-128

6. 作为装配定位的约束参照

基准点可以用作为零件装配时进行对齐操作的约束参照，选择如图 3-129 所示的两个基准点为约束参照装配，装配完成后的效果如图 3-130 所示。

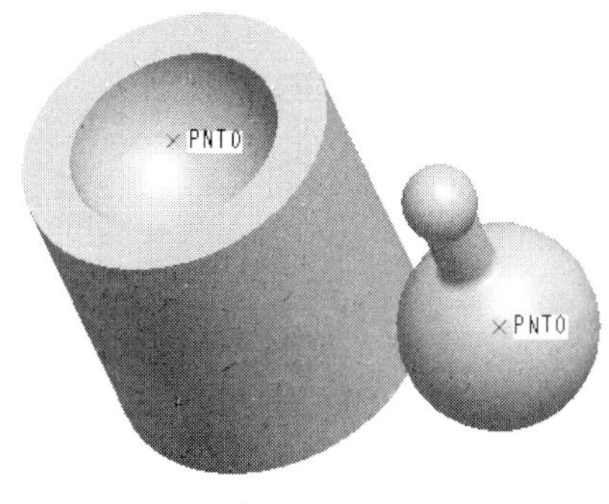

图 3-129

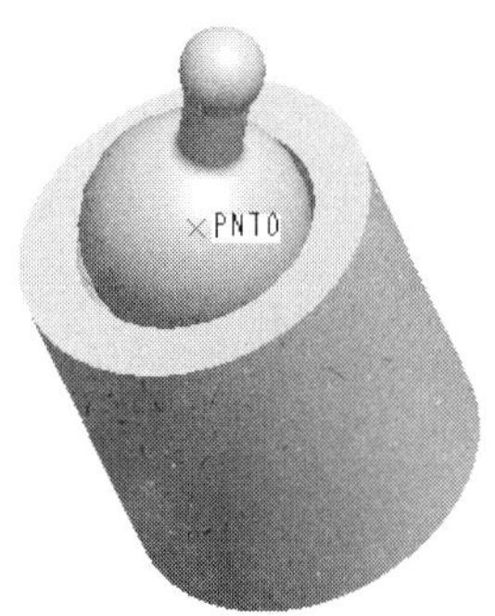

图 3-130

3.4.2 创建基准点的常用方法

在 Pro/E 中，系统提供了多种基准点的创建工具，如图 3-131 所示。

下面将详细介绍几种常用的创建基准点的方法。

1. 在曲面上

单击“基准”工具栏中的“点”按钮，开启“基准点”对话框，选择图 3-132 中箭头 1 所指模型曲面为基准点放置参照，选择箭头 2、3 所指的模型平面为基准点的偏移参照，并设定偏移距离，如图 3-132 所示。

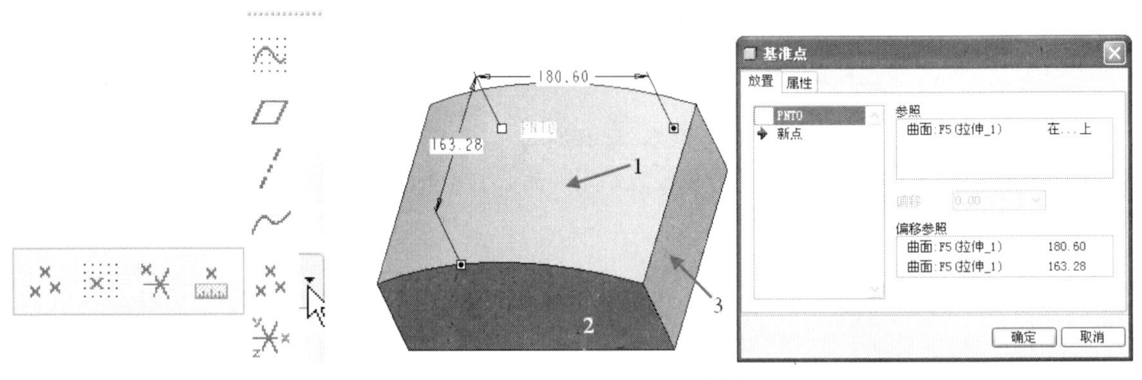

图 3-131　　图 3-132

单击“确定”按钮完成基准点的创建，结果如图 3-133 所示。

> 提示：在指定完一个点的约束条件后，单击“基准点”对话框中的“新点”文字，即可创建新的基准点，而不用关闭“基准点”对话框。只不过这样创建的多个基准点属于同一个点集特征。

2. 三面定一点

单击“基准”工具栏中的“点”按钮，开启“基准点”对话框，按住<Ctrl>键选择图 3-133 中箭头所指的模型曲面以及基准平面 FRONT 和 RIGHT 为基准点的放置参照。

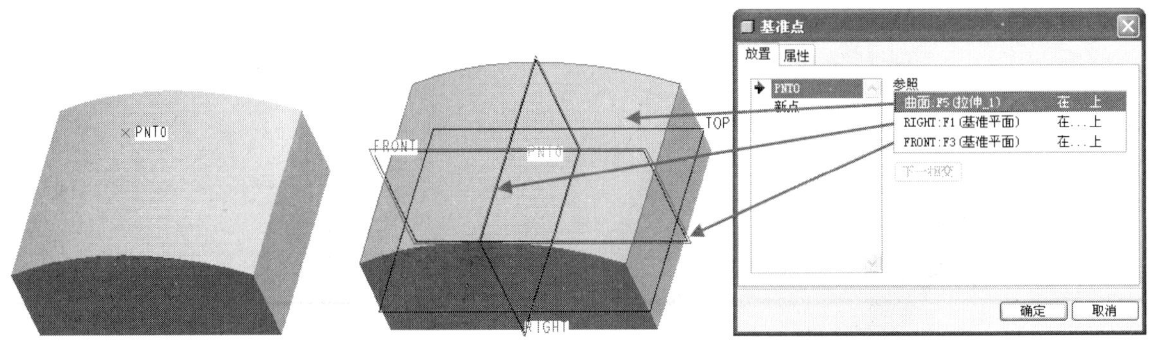

图 3-133　　图 3-134

单击“确定”按钮完成基准点的创建，结果如图 3-135 所示。

提示：如果选择现有的坐标系为基准点参照，则系统将会在坐标系原点创建基准点。

3. 在顶点上

单击“基准”工具栏中的“点”按钮，开启“基准点”对话框，选择图 3-136 中箭头所指的模型边缘顶点为基准点的放置参照。

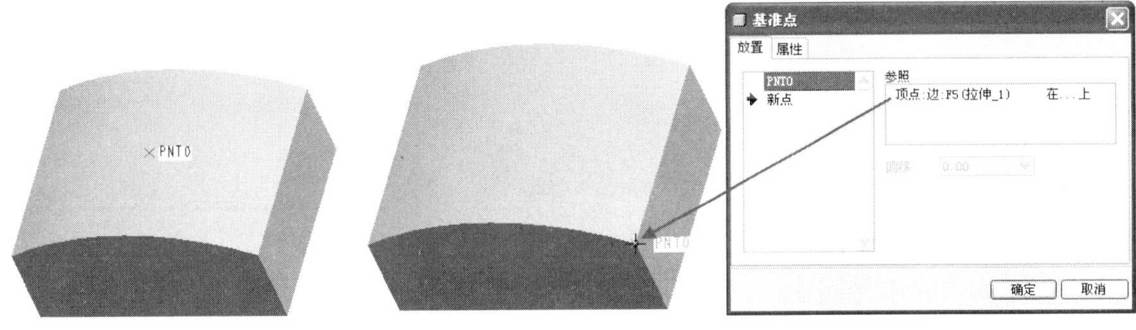

图 3-135　　图 3-136

单击“确定”按钮完成基准点的创建，结果如图 3-137 所示。

提示：选择曲线端点为放置参照也可以创建基准点。

4. 在曲线或边上

单击“基准”工具栏中的“点”按钮，开启“基准点”对话框，选择图 3-138 中箭头所指的模型边缘为基准点的放置参照，然后设定基准点在参照边上的偏移参数。

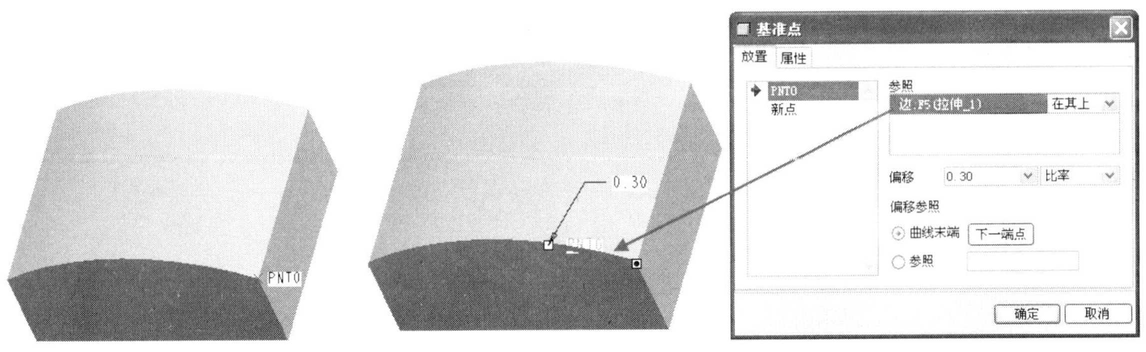

图 3-137　　图 3-138

设定完成后单击“确定”按钮完成基准点的创建，结果如图 3-139 所示。

提示：如果选择的参照曲线或参照边是圆弧，则用户可以设定约束条件为“居中”，系统将在所选参照曲线或参照边的圆心位置创建基准点。

5. 两曲线投影的交点

单击“基准”工具栏中的“点”按钮，开启“基准点”对话框，选择图 3-140 中箭头 1、2 所指的曲线为基准点的放置参照，系统会自动将第二条曲线投影到第一条曲线上，以两条曲线的投影交点创建基准点。

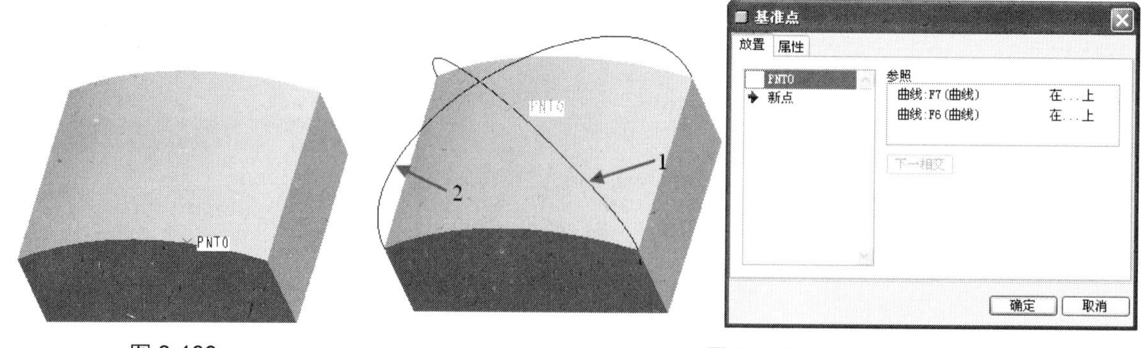

图 3-139 图 3-140

单击“确定”按钮完成基准点的创建，结果如图 3-141 所示。

6. 曲线和曲面的交点

单击“基准”工具栏中的“点”按钮，开启“基准点”对话框，选择图 3-142 中箭头 1、2 所指的曲线为基准点的放置参照，系统会自动将第二条曲线投影到第一条曲线上，以两条曲线的投影交点创建基准点。

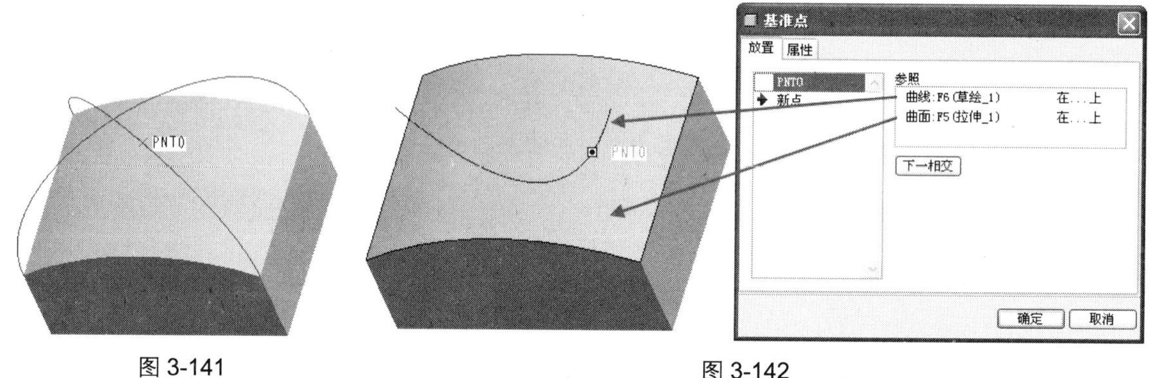

图 3-141 图 3-142

单击“确定”按钮完成基准点的创建，结果如图 3-143 所示。

提示：当曲线和曲面存在多个交点时，单击“下一相交”按钮可以在不同的交点之间切换。

7. 偏距曲面

单击“基准”工具栏中的“点”按钮，开启“基准点”对话框，选择图 3-144 中箭头 1 所指的模型曲面为基准点的放置参照，然后设定放置参照曲面的约束条件为“偏距”并设定偏移距离，选择箭头 2、3 所指的模型曲面为基准点的偏移参照并设定偏移距离。

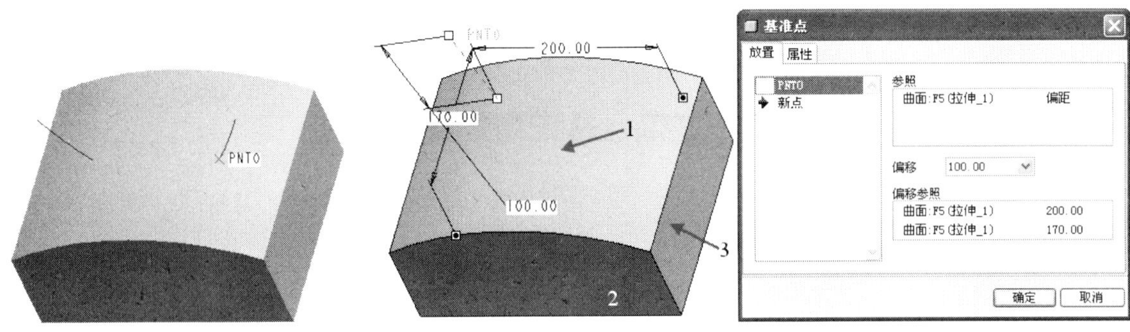

图 3-143　　　　图 3-144

单击“确定”按钮完成基准点的创建，结果如图 3-145 所示。

8. 草绘基准点

单击“基准”工具栏中的“草绘的”按钮，开启如图 3-146 所示的“草绘的基准点”对话框，选择要绘制草绘基准点的平面进入草图绘制环境。

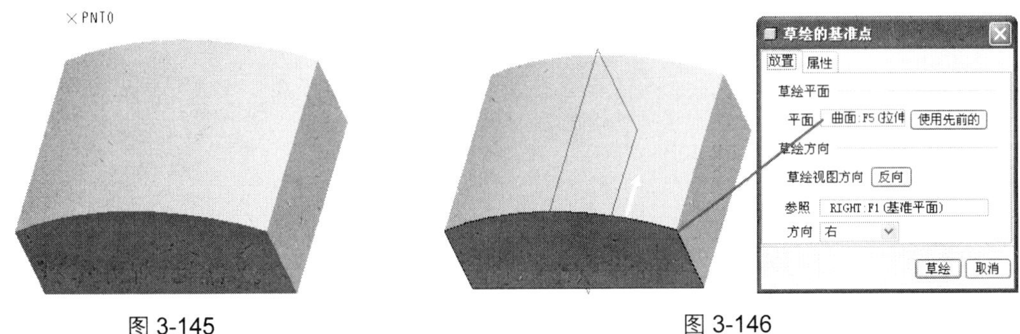

图 3-145　　　　图 3-146

使用相关的草绘工具绘制几何基准点，如图 3-147 所示。单击“完成”按钮✔退出草图绘制环境，草绘基准点创建结果如图 3-148 所示。

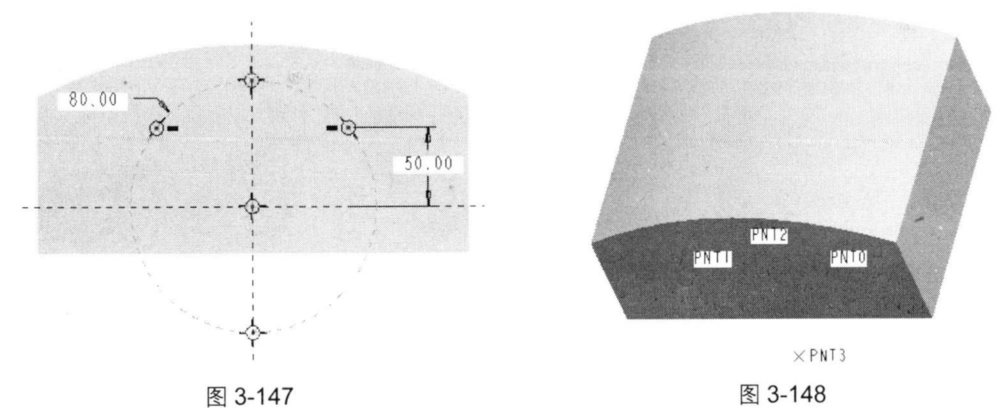

图 3-147　　　　图 3-148

9. 偏移坐标系

单击“基准”工具栏中的“偏移坐标系”按钮，开启“偏移坐标系基准点”对话框，选择图 3-149

中基准坐标系为参照，然后选择定义基准点的坐标系类型为“笛卡尔”，单击“名称”栏下方的单元格新建一个基准点，并设定基准点的X、Y、Z坐标值，如图3-150所示。

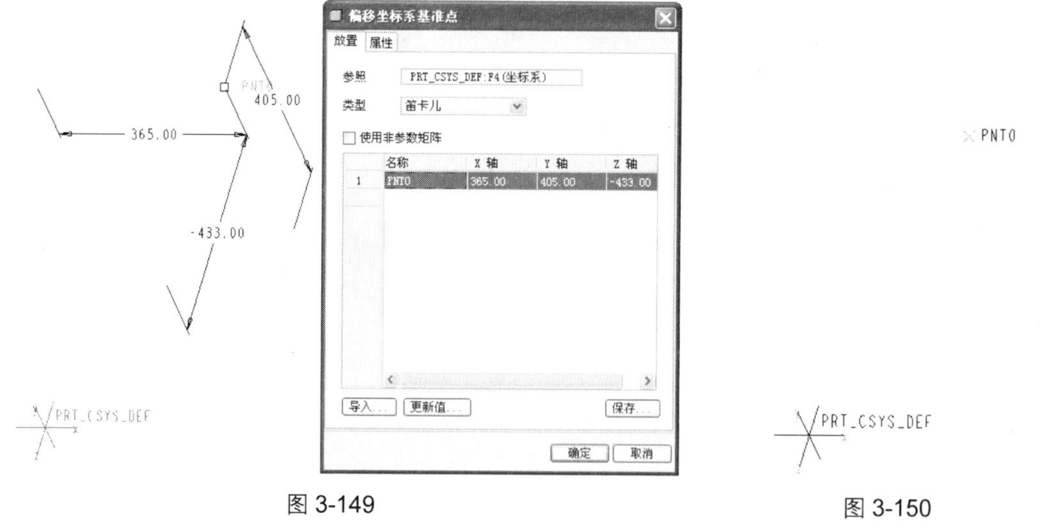

图3-149　　图3-150

提示：“偏移坐标系基准点”对话框中的坐标系类型除了有笛卡尔坐标系以外，还有圆柱坐标系和球坐标系。另外，在“偏移坐标系基准点”对话框中用户可以一次性创建多个基准点，只需单击“名称”栏下方的单元格即可新建一个基准点。

10. 域点

单击“基准”工具栏中的“域”按钮，开启“域基准点”对话框，如图3-151所示。

在要放置基准点的参照上单击鼠标左键放置基准点，用户可以随意指定基准点在参照对象上的位置，而无须精确定位。如图3-152所示。然后，在“域基准点”对话框中单击“确定”按钮完成基准点的创建，结果如图3-153所示。

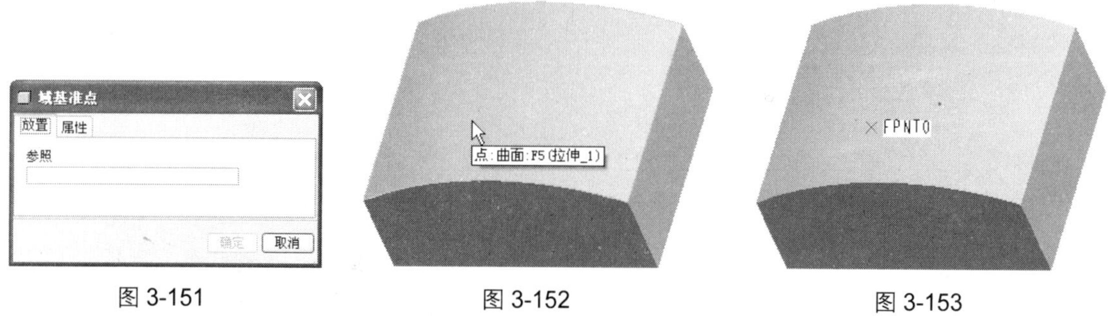

图3-151　　图3-152　　图3-153

3.4.3 为管夹零件模型创建基准点

下面将根据一个现有的管夹零件模型创建5个如图3-154所示的基准点。

结合前面所学的知识，选择弯管零件模型上的点、线、面为参照创建5个基准轴。具体操作步骤如下。

Step 1 单击“文件”工具栏中的“打开”按钮，打开范例文件Example\chap03\pipe-clamp.prt，如图3-155所示。

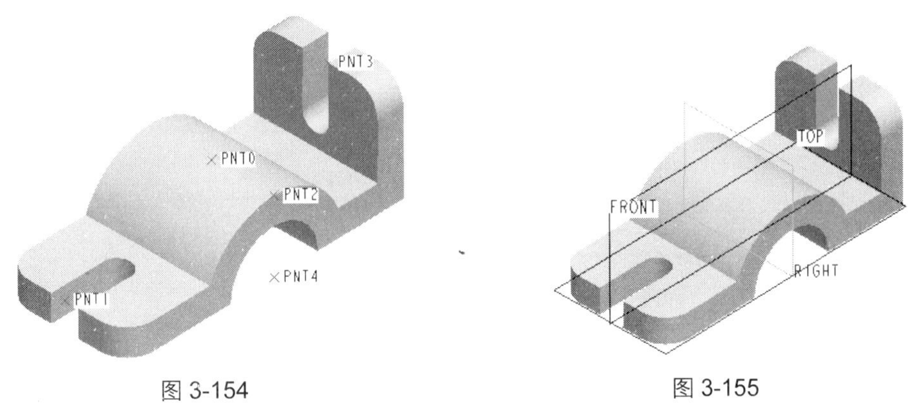

图 3-154　　　　图 3-155

Step 2　单击“基准”工具栏中的“基准点”按钮，开启“基准点”对话框，按住<Ctrl>键选择图 3-156 中箭头所指的模型曲面以及基准平面 FRONT 和 RIGHT 为基准点的放置参照。

Step 3　单击“确定”按钮完成第 1 个基准点的创建，结果如图 3-157 所示。

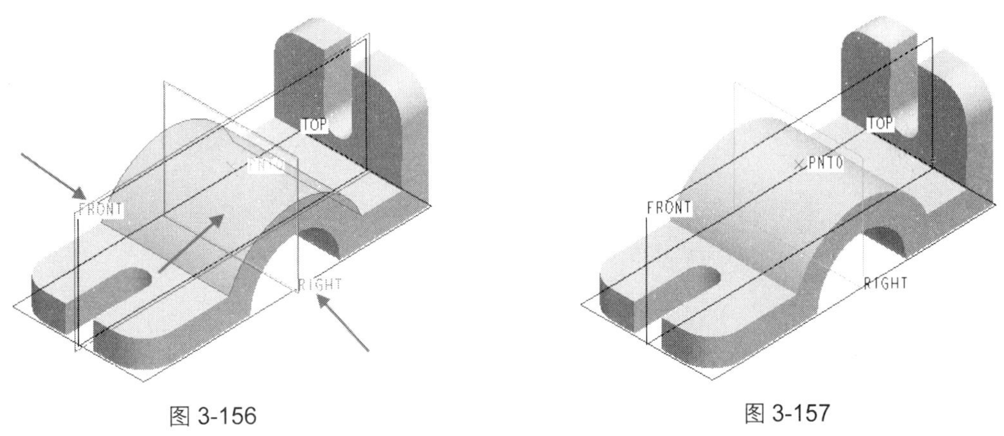

图 3-156　　　　图 3-157

Step 4　单击“基准”工具栏中的“基准点”按钮，开启“基准点”对话框，按住<Ctrl>键选择图 3-158 中箭头所指的模型边和基准平面 FRONT 为基准点的放置参照。

Step 5　单击“确定”按钮完成第 2 个基准点的创建，结果如图 3-159 所示。

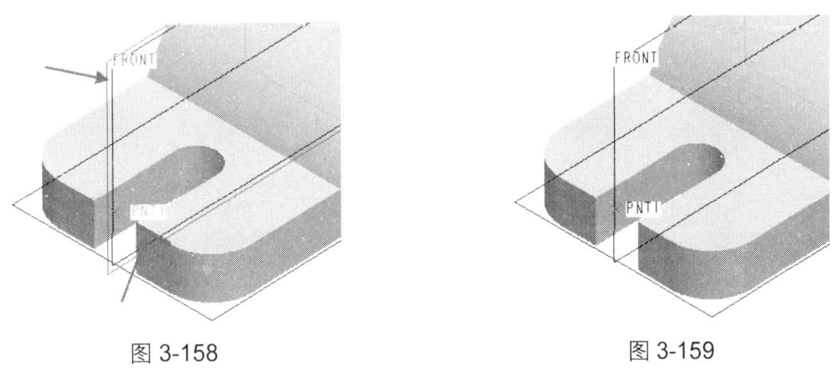

图 3-158　　　　图 3-159

Step 6　单击“基准”工具栏中的“基准点”按钮，开启“基准点”对话框，选择图 3-160

中箭头所指的模型边为基准点的放置参照，并在“基准点”对话框中设定模型边上的偏移参数为 0.5，如图 3-161 所示。

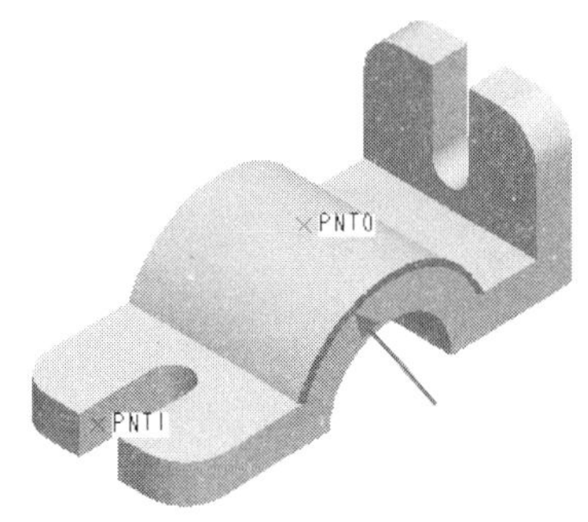

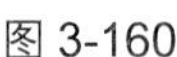
图 3-160

图 3-161

Step 7 单击“确定”按钮完成第 3 个基准点的创建，结果如图 3-162 所示。

Step 8 单击“基准”工具栏中的“基准点”按钮，开启“基准点”对话框，选择图 3-163 中箭头所指的模型边的顶点为基准点的放置参照。

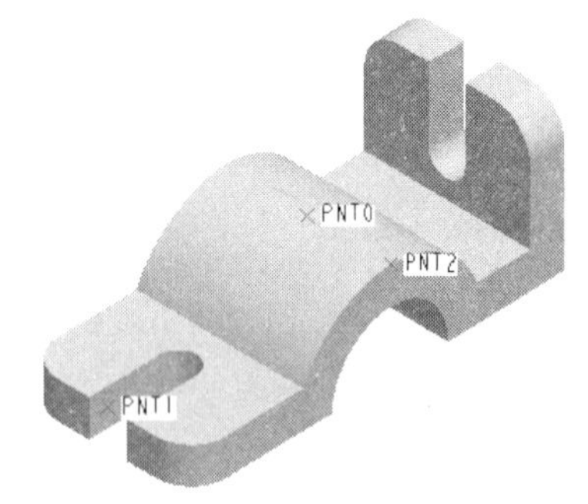

图 3-162

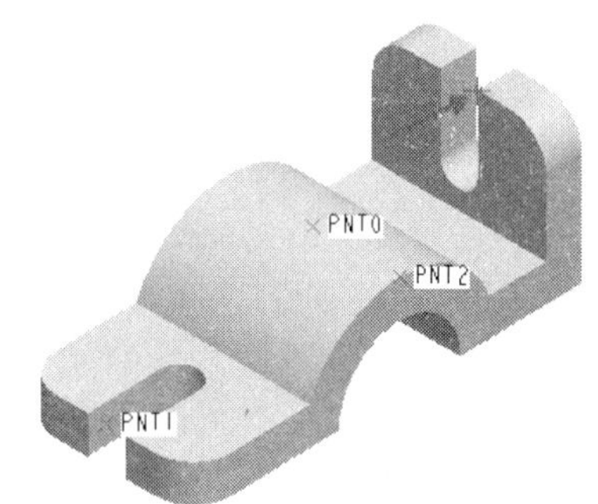

图 3-163

Step 9 单击“确定”按钮完成第 4 个基准点的创建，结果如图 3-164 所示。

Step 10 单击“基准”工具栏中的“基准点”按钮，开启“基准点”对话框，选择图 3-165 中箭头所指的模型边为基准点的放置参照，并设定参照边的约束条件为“中心”。

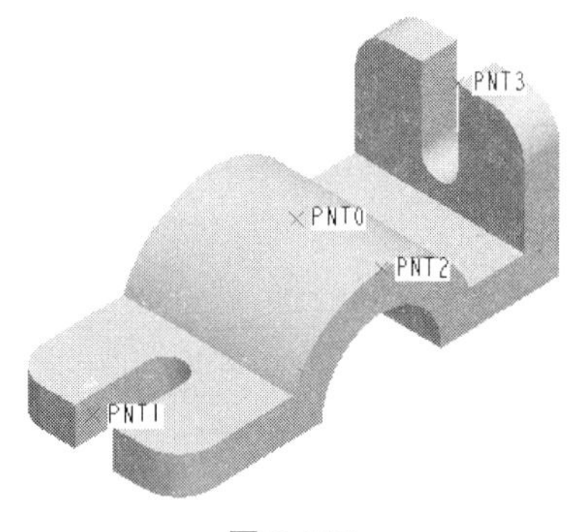

图 3-164

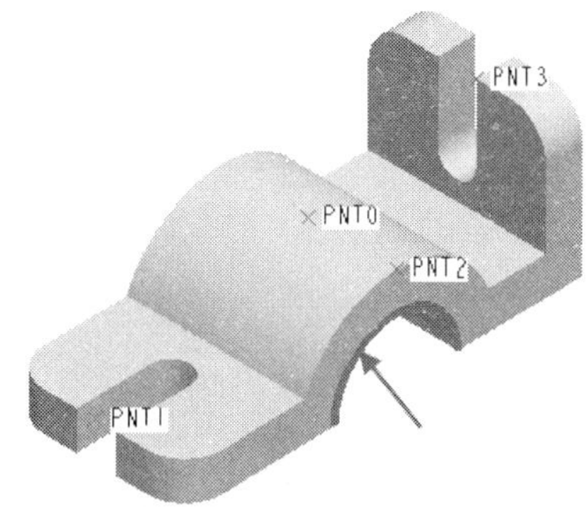

图 3-165

Step 11 单击“确定”按钮完成第 5 个基准点的创建，结果如图 3-154 所示。

3.5 基准坐标系

在本节中将介绍基准坐标系的相关知识，主要内容包括基准坐标系的用途和常用的创建方法。

3.5.1 基准坐标系的用途

基准坐标系是产品造型设计中最常见的基准之一，可作为创建零件和装配件的重要参照。基准坐标系的主要功能如下。

- 用于装配零件。
- 用于“有限元分析”放置约束。
- 用于坐标系平面、轴线及基准点等特征的参照。
- 用于重量/质量的计算：在用 Pro/E 系统做重量/质量分析时，要用到坐标系。例如，可以为刀具轨迹提供制造操作参照等。
- 用于数据的输入和输出：IGES、STL 及 FEA 等数据的输入和输出时都应设定坐标系。

3.5.2 创建基准坐标系的常用方法

单击“基准”工具栏中的“坐标系”按钮，将开启如图 3-166 所示的“坐标系”对话框。在此对话框中，用户可以选择不同的参照来创建基准坐标系，包括现有平面、直边、基准点、轴和顶点等。

下面将详细介绍几种常用的创建基准坐标系的方法。

1. 通过三平面

单击“基准”工具栏中的“坐标系”按钮，开启“坐标系”对话框，按住<Ctrl>键依次选择图 3-167 中箭头 1、2、3 所指的模型平面和基准平面 FRONT 为基准坐标系参照。

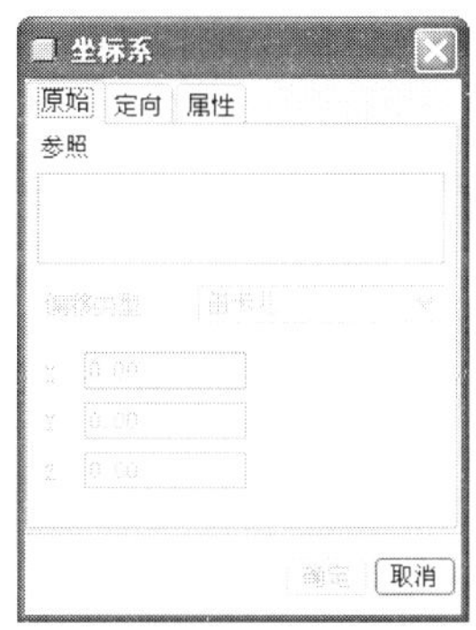

图 3-166

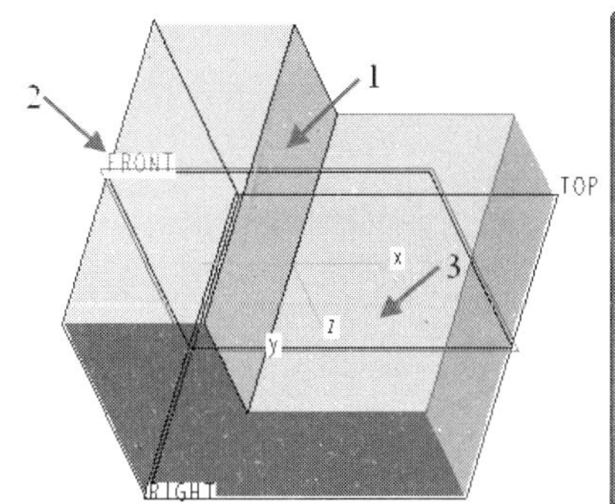

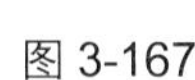

图 3-167

切换到“定向”选项卡中，单击图 3-168 中的“反向”按钮，调整基准坐标系中 Y 轴的方向，单击“确定”按钮完成基准坐标系的创建，结果如图 3-169 所示。

> 提示：在系统默认情况下，用户选取的第一个和第二个参照平面将被用于定义基准坐标系中的 X、Y 轴。如果用户不满意，则可以在“定向”选项卡中的“确定”和“投影”下拉菜单中对第一个和第二个参照平面所定义的轴进行修改。

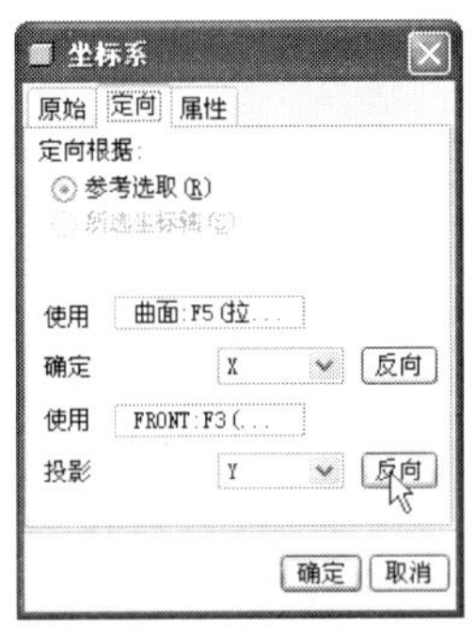

图 3-168

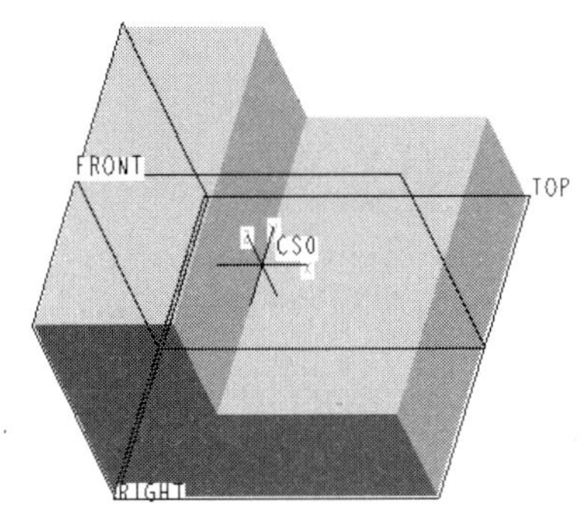

图 3-169

2. 通过定义原点位置和两轴方向

单击“基准”工具栏中的“坐标系”按钮，开启“坐标系”对话框，选择如图 3-170 所示的模型边顶点为基准坐标系的原点参照，然后切换到“定向”选项卡中，单击“使用”文字后面的方框启动第一方向收集器，如图 3-171 所示。

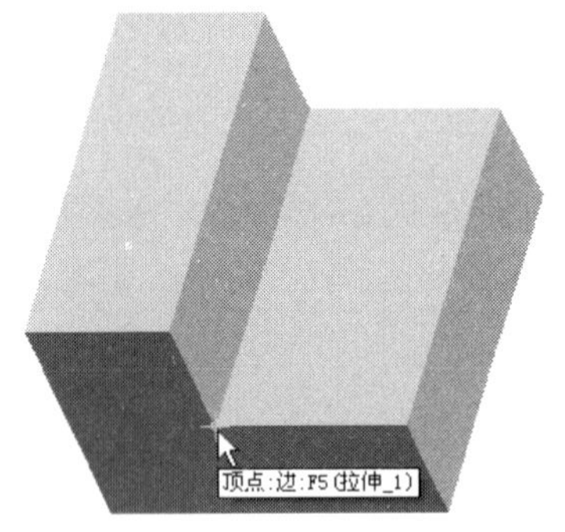

图 3-170

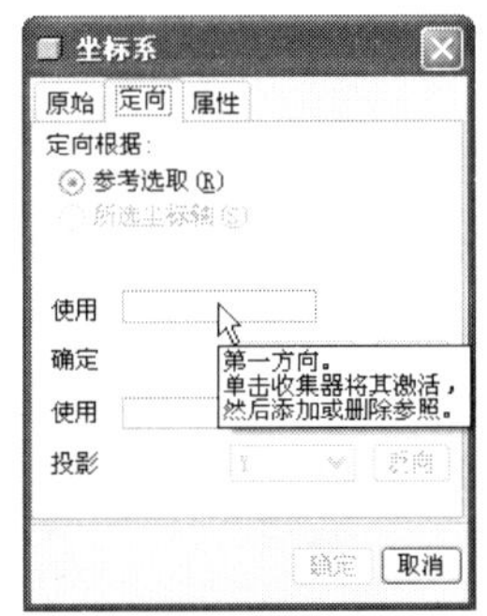

图 3-171

当第一方向收集器启动后，按住<Ctrl>键选择图 3-172 中箭头 1、2 所指模型边为 X、Y 轴参照。

单击“反向”按钮调整 X、Y 轴的方向，然后单击“确定”按钮完成基准坐标系的创建，结果如图 3-173 所示。

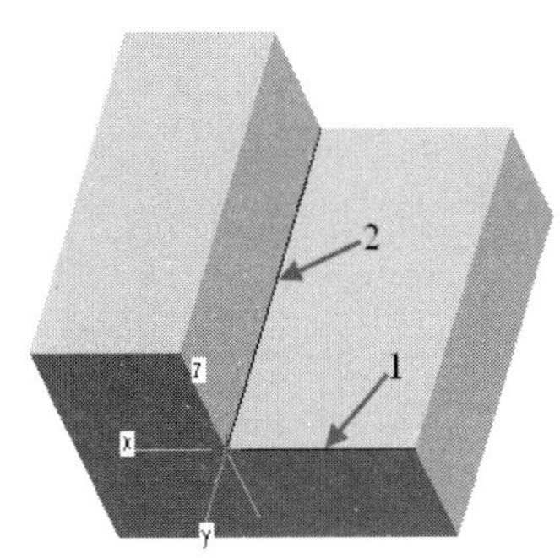

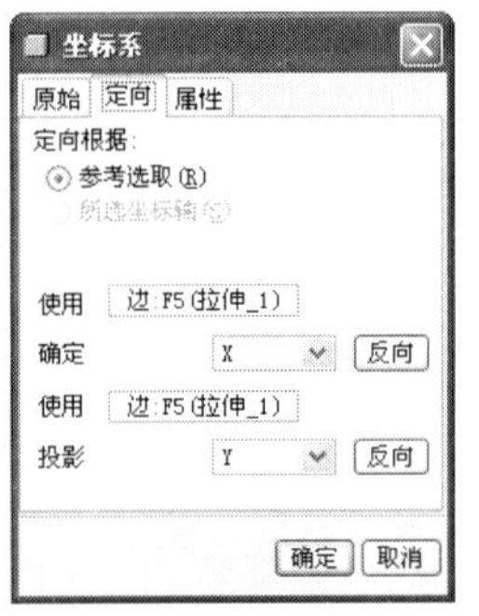

图 3-172

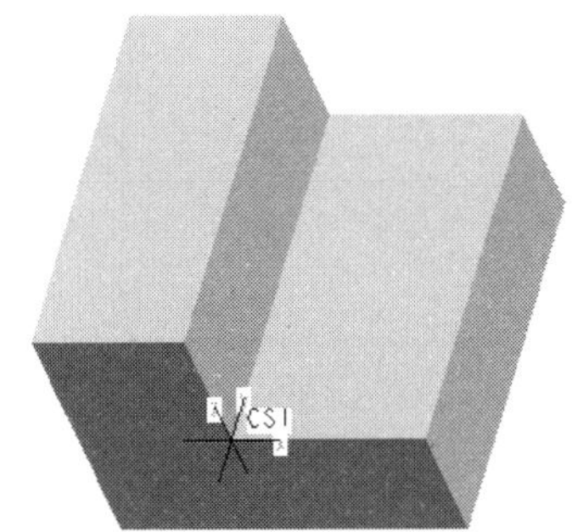

图 3-173

提示：可以作为基准坐标系原点参照的几何对象包括基准点、顶点和曲线端点；可以作为基准坐标系轴参照的几何对象包括模型边、轴、直线、基准平面以及模型平面等。

3. 偏移现有坐标系

单击“基准”工具栏中的“坐标系”按钮，开启“坐标系”对话框，选择系统预设的基准坐标系，用户可以设定不同的偏移类型，并设定相应的偏移参数，如图 3-174 所示。

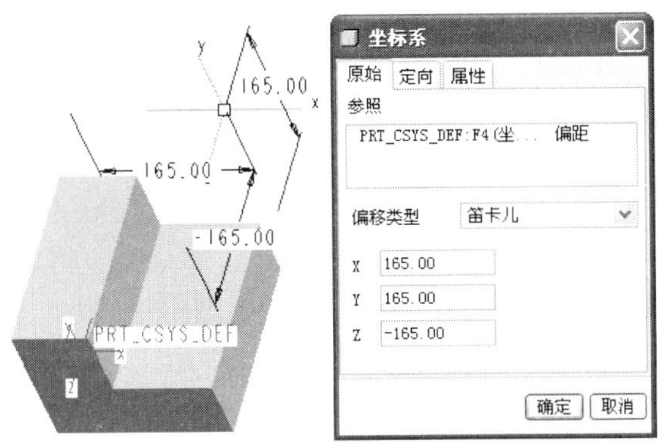

图 3-174

切换到“定向”选项卡中，设定新建坐标系关于 X 轴旋转−90°，如图 3-175 所示。单击“确定”按钮完成基准坐标系的创建，结果如图 3-176 所示。

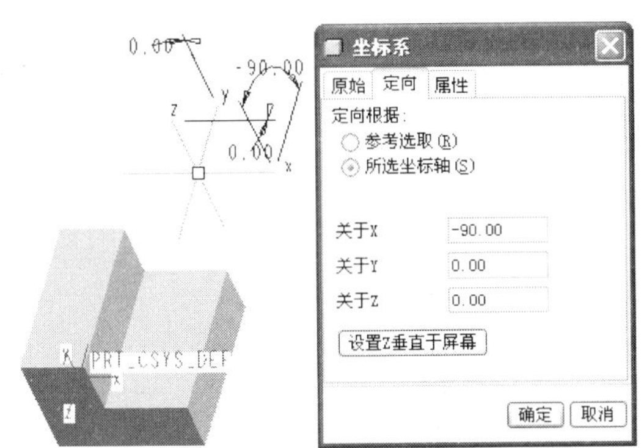

图 3-175

图 3-176

3.6 应用实践

前面学习了在 Pro/E 中创建基准特征的相关知识，下面通过两个实例将所学知识应用到实践中，以巩固前面所学的知识。

3.6.1 创建滑块零件模型的基准平面并定义三视图

任务要求

下面将根据一个现有的滑块零件模型创建如图 3-177 所示的 3 个相互垂直的基准平面。要求：其中 DTM1 和 DTM2 基准平面可以对称剖切滑块零件，而 DTM3 基准平面穿过零件上内花键的中心轴。当基准平面创建完成后，利用新建的 3 个基准平面为零件模型定义前视、左视以及俯视 3 个视图。

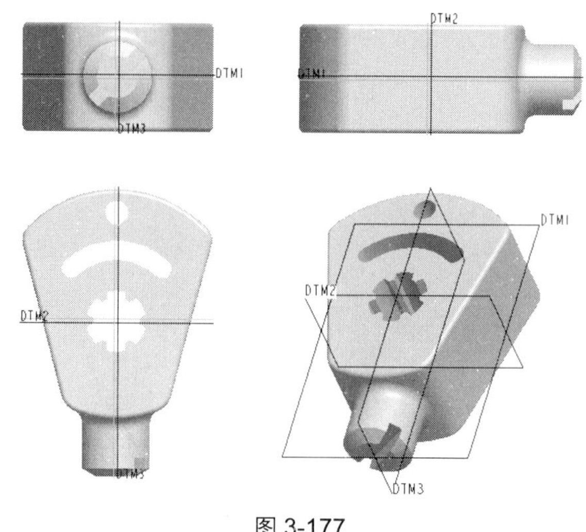

图 3-177

任务分析

从图 3-177 中可以看出 DTM1 基准平面上下对称分割零件模型，所以在创建 DTM1 基准平面之前，应该先选择图 3-178 中箭头 1 所指的圆柱面为参照创建一个基准轴，然后以基准轴和箭头 2 所指的模型平面为参照创建 DTM1 基准平面。

从图 3-177 中可以看出 DTM2 基准平面位于零件模型上内花键的中心位置，所以在创建 DTM2 基准平面之前，可以选择图 3-179 中箭头 1 所指的圆弧边为参照，在其中心位置创建一个基准点，然后以该基准点和箭头 2 所指的平面为参照创建 DTM2 基准平面。

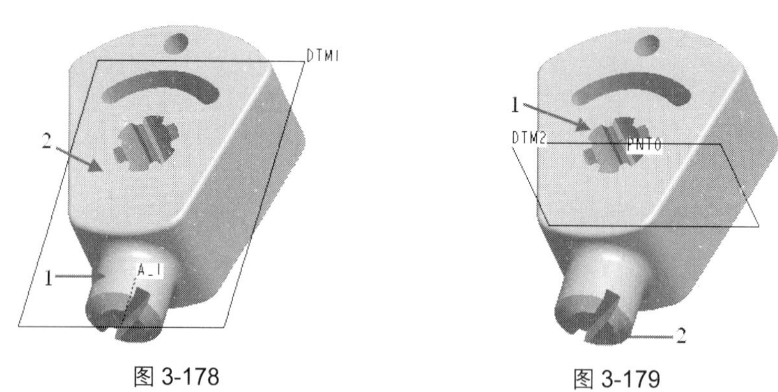

图 3-178　　图 3-179

DTM3 基准平面的创建则相对简单，直接选择已经创建完成的基准平面和基准点为参照即可完成创建。当 3 个基准平面创建完成后，即可选择 3 个基准平面为参照定义零件图形的 3 个视图。

任务设计

纺锤形垫片的绘制流程如图 3-180～图 3-184 所示。

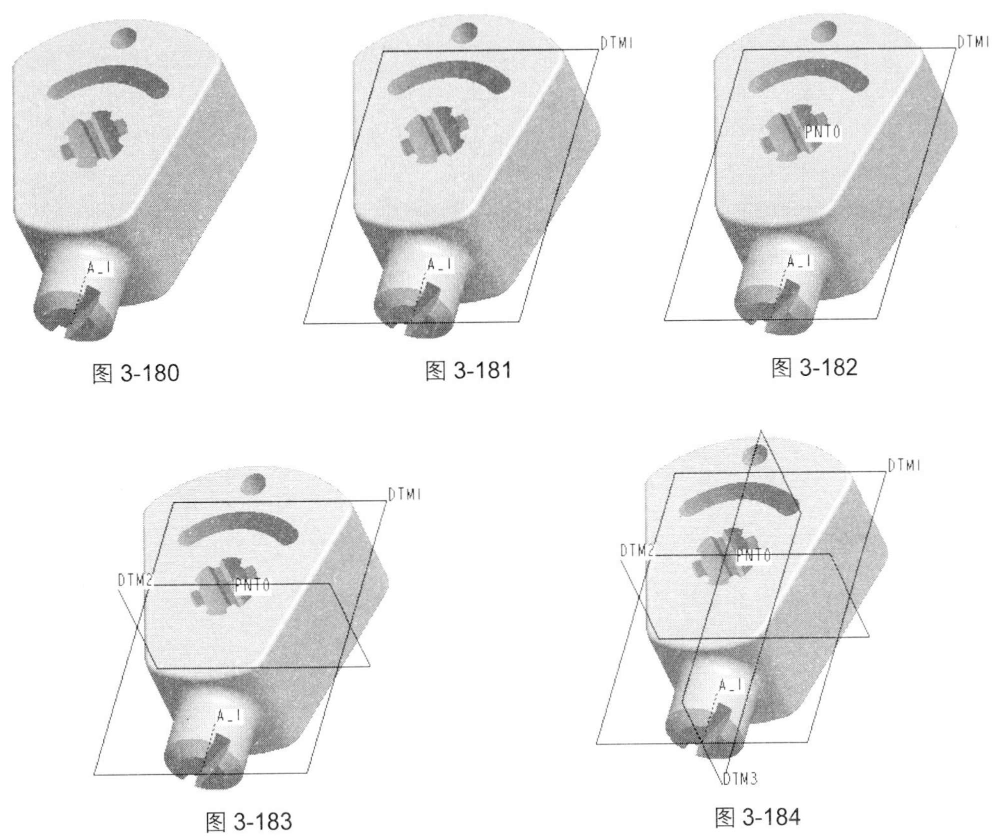

图 3-180　图 3-181　图 3-182

图 3-183　图 3-184

任务完成

1. 创建基准平面 DTM1

Step 1 单击“文件”工具栏中的“打开”按钮，打开范例文件 Example\chap03\ slide-block.prt。

Step 2 单击“基准”工具栏中的“基准轴”按钮，开启“基准轴”对话框，选择图 3-185 中箭头所指的圆柱面为参照，单击“确定”按钮完成基准轴的创建，结果如图 3-186 所示。

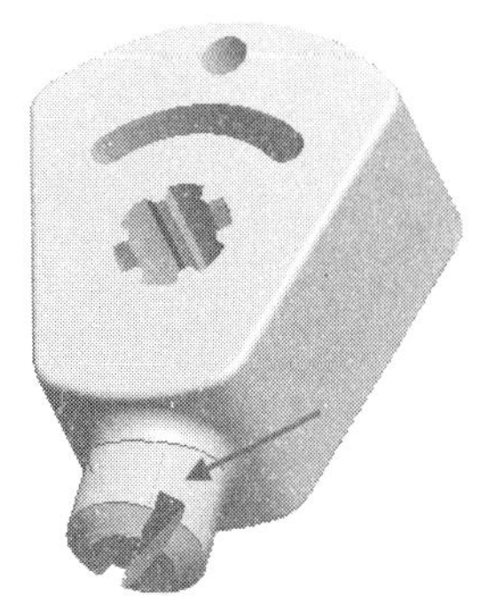

图 3-185

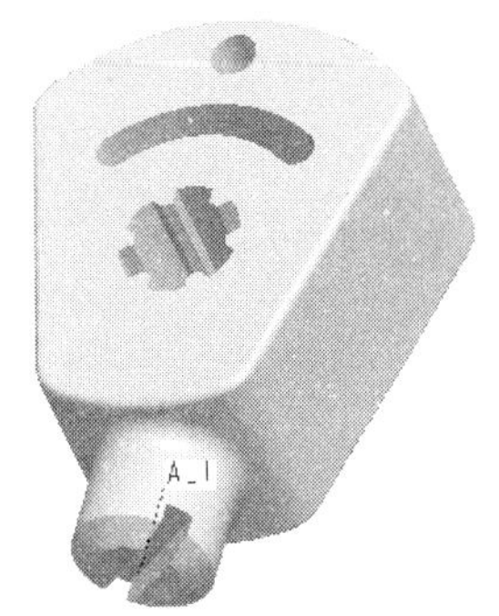

图 3-186

Step 3 单击“基准”工具栏中的“基准平面”按钮▱，开启“基准平面”对话框，按住<Ctrl>键选择图 3-187 中箭头所指的模型平面和基准轴为参照，并设定模型平面参照的约束条件为“平行”。

Step 4 单击“确定”按钮完成 DTM1 基准平面的创建，结果如图 3-188 所示。

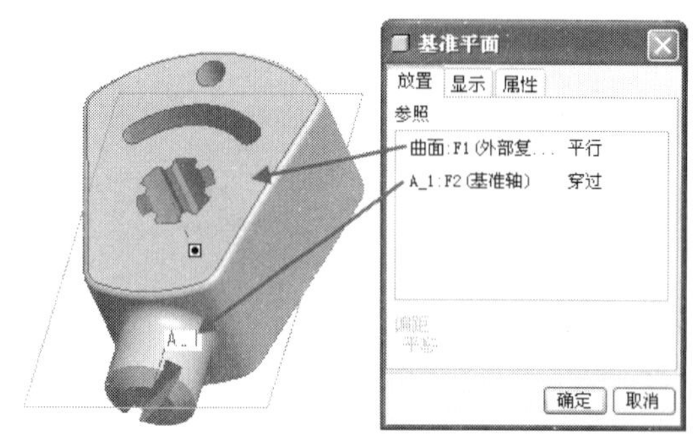

图 3-187

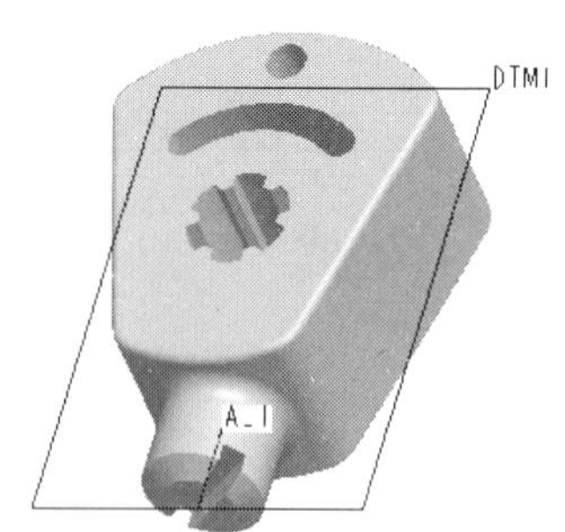

图 3-188

2. 创建基准平面 DTM2

Step 1 单击“基准”工具栏中的“基准点”按钮，开启“基准点”对话框，选择如图 3-189 所示的圆弧边为参照，然后设定参照边的约束条件为“居中”。

Step 2 单击“确定”按钮完成基准点 PNT0 的创建，如图 3-190 所示。

图 3-189

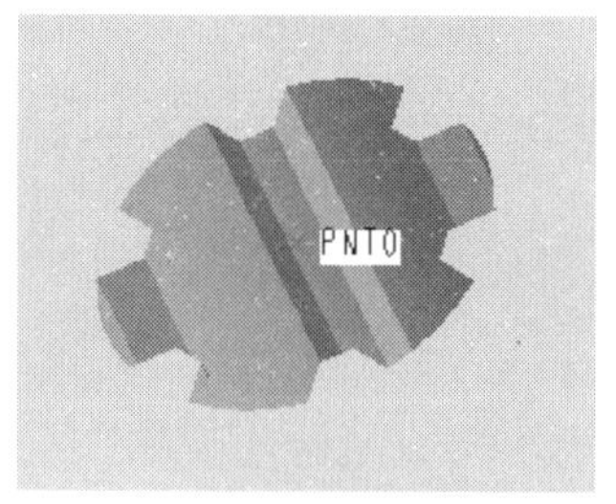

图 3-190

Step 3 单击“基准”工具栏中的“基准平面”按钮▱，开启“基准平面”对话框，按住<Ctrl>键选择图 3-191 中箭头所指的模型平面和基准点为参照，接受系统默认的约束条件。

Step 4 单击“确定”按钮完成 DTM1 基准平面的创建，结果如图 3-192 所示。

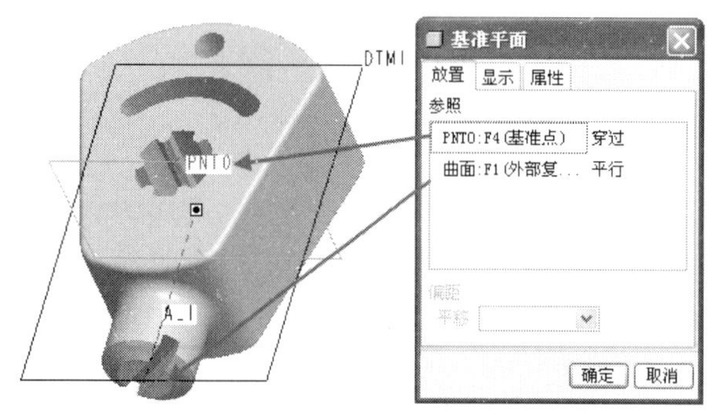

图 3-191

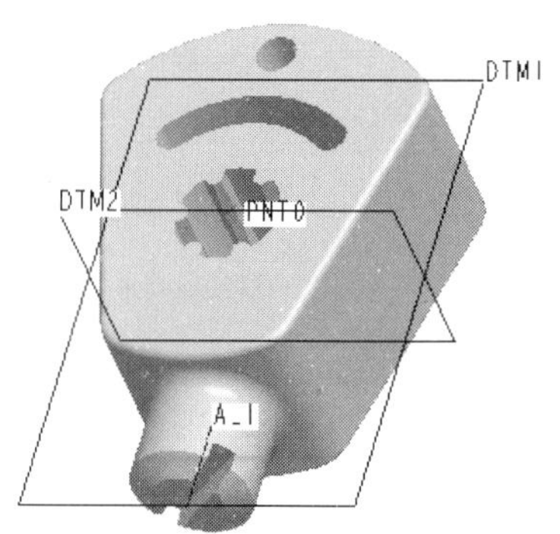

图 3-192

3. 创建基准平面 DTM3

Step 1 单击“基准”工具栏中的“基准平面”按钮▱，开启“基准平面”对话框，首先选择 DTM1 基准平面为第一个基准平面参照，并设定其约束条件为“法向”，然后按住<Ctrl>键选择 DTM2 基准平面和基准点 PNT0 为参照，如图 3-193 所示。

Step 2 单击“确定”按钮完成 DTM1 基准平面的创建，结果如图 3-194 所示。

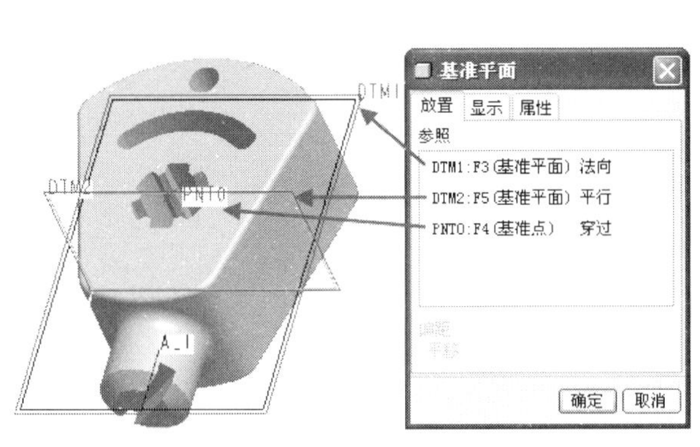

图 3-193

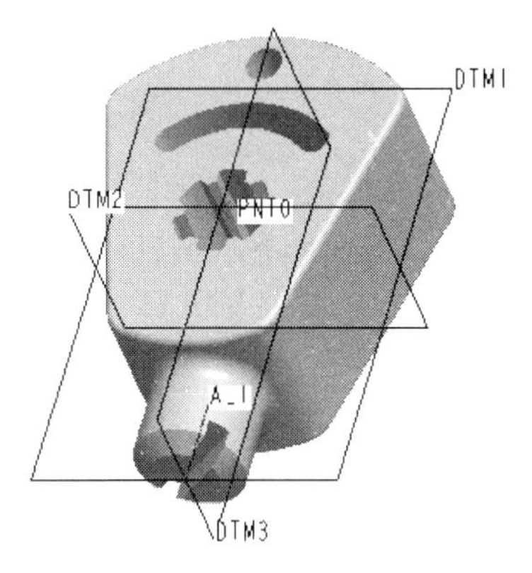

图 3-194

4. 定义零件模型三视图

Step 1 单击“视图”工具栏中的“重定向”按钮，开启“方向”对话框，接受系统默认的参照定向，然后选择 DTM2 基准平面为参照 1，选择 DTM1 基准平面为参照 2，零件模型视图随即调整为如图 3-195 所示的状态。

Step 2 在如图 3-196 所示的“名称”栏中设定当前视图名称为“前视图”，单击“保存”按钮完成零件模型前视图的定义。

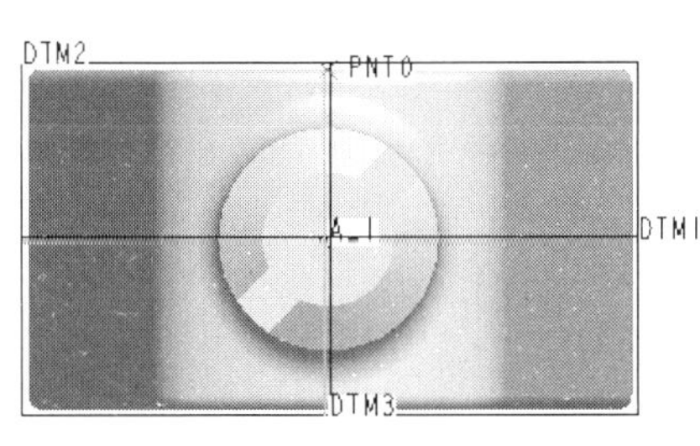

图 3-195

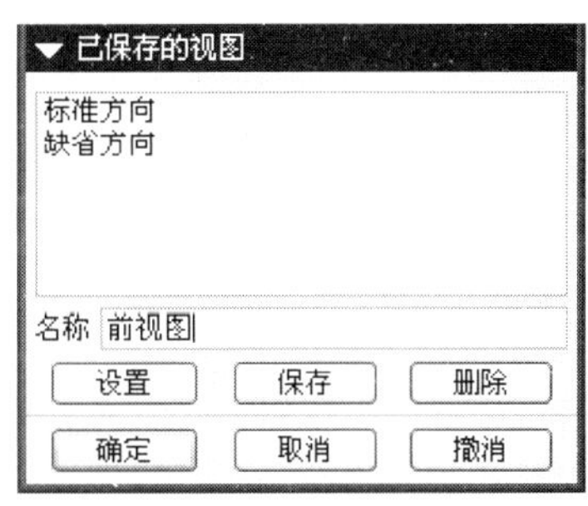

图 3-196

Step 3 在“参照 1”栏中选择参照定向选项为“后面”，然后单击“选取参照”按钮，依次选择 DTM3 基准平面为参照 1，DTM1 基准平面为参照 2，零件模型视图随即调整为如图 3-197 所示的状态。

Step 4 在如图 3-198 所示的“名称”栏中设定当前视图名称为“左视图”，单击“保存”按钮完成零件模型左视图的定义。

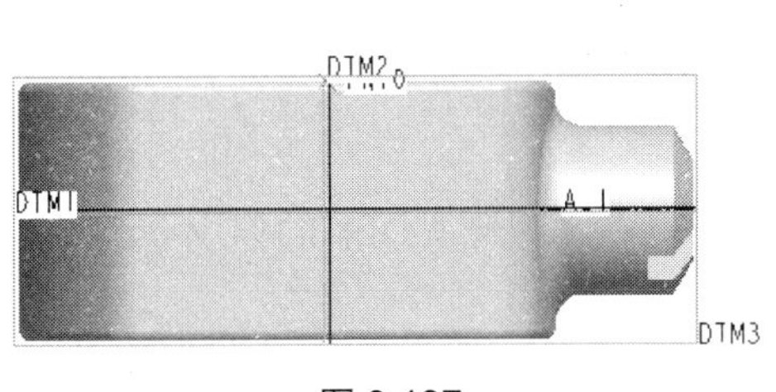

图 3-197

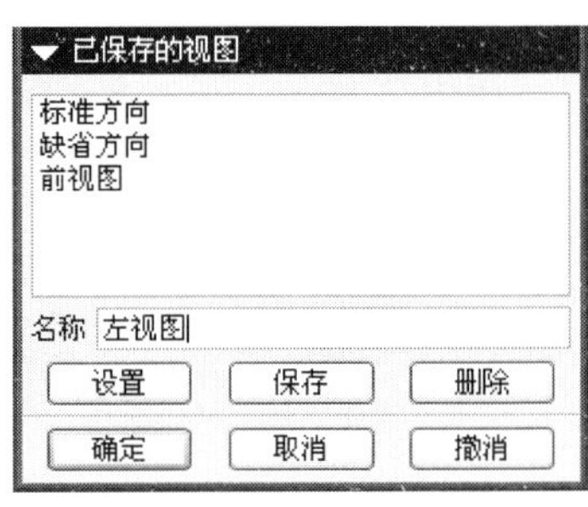

图 3-198

Step 5 在"参照 1"栏中选择参照定向选项为"前"，然后单击"选取参照"按钮，选择 DTM1 基准平面为参照 1。

Step 6 在"参照 1"栏中选择参照定向选项为"下"，然后选择 DTM2 基准平面为参照 2，零件模型视图随即调整为如图 3-199 所示的状态。

Step 7 在如图 3-200 所示的"名称"栏中设定当前视图名称为"俯视图"，单击"保存"按钮完成零件模型俯视图的定义。

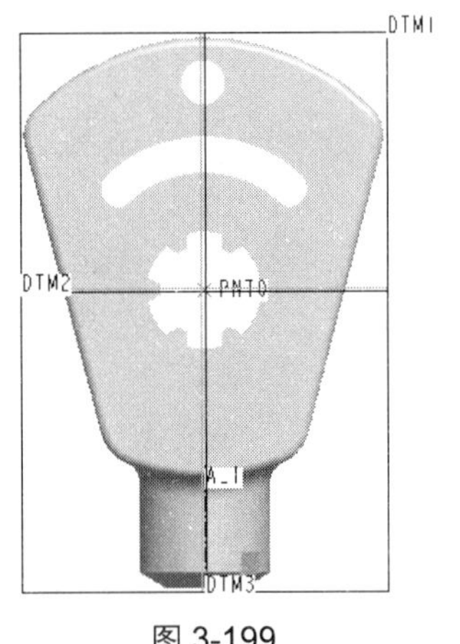

图 3-199

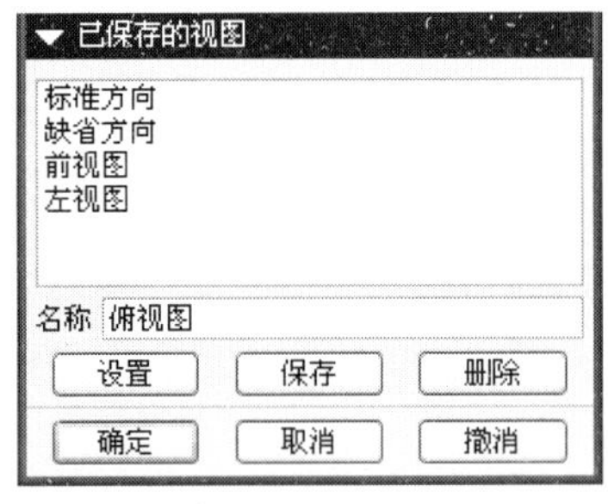

图 3-200

Step 8 单击"确定"按钮完成滑块零件模型三视图的定义。

归纳总结

从本节应用实践中可以看出，Pro/E 中的各种基准在创建过程中都互为参照，当现有的模型几何对象无法满足某种基准的创建条件时，可以先利用现有的模型几何对象创建那些可以创建的基准，然后再以创建完成的基准作为参照创建其他基准，从而达到最终的建模目的。

3.6.2 创建塔形弹簧零件模型的扫描轨迹

任务要求

图 3-201 所示的是塔形弹簧，这种弹簧一般用于电池槽中，作为电池的负极连接装置。在本节应用实践中主要练习塔形弹簧零件模型扫描轨迹的创建方法，如图 3-202 所示。

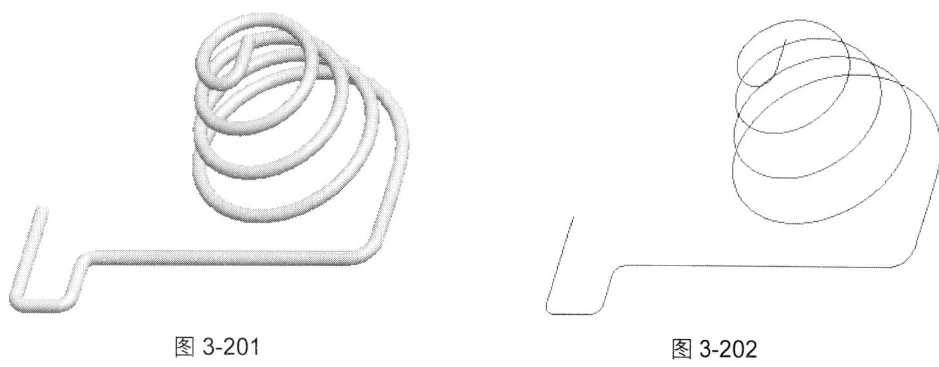

图 3-201　　　　　　　　　　　　图 3-202

任务分析

塔形弹簧的扫描轨迹可以分为图 3-203 中箭头所指的 5 个部分，其中，箭头 1 所指的部分为使用塔形曲线方程创建的基准曲线；箭头 2、3、5 所指的曲线为通过点绘制的基准曲线，其中箭头 2 所指的基准曲线的连接类型为多重半径，箭头 3、5 所指的基准曲线的连接类型；箭头 4 所指的直线可以通过平面草图绘制。

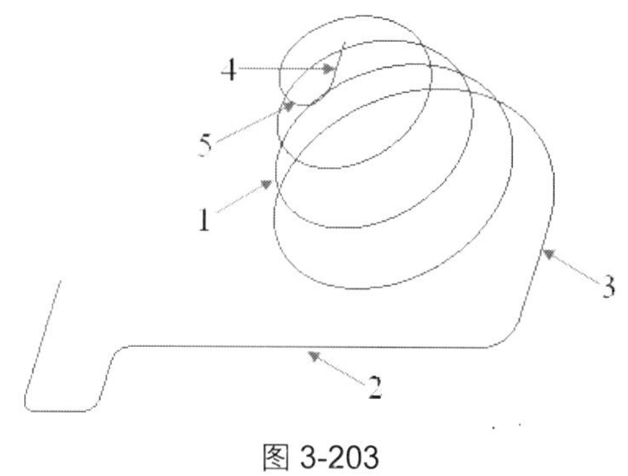

图 3-203

任务设计

（1）使用“基准”工具栏中的“坐标系”按钮，新建一个坐标系。

（2）使用“基准”工具栏中的“基准曲线”按钮，以新建的坐标系为参照创建图 3-203 中箭头 1 所指的基准曲线。

（3）使用“基准”工具栏中的“草绘的”按钮，创建几个作为图 3-203 中箭头 2 所指的基准曲线参考点的基准点。

（4）使用“基准”工具栏中的“基准曲线”按钮，以新建的基准点为参照创建图 3-203 中箭头 2 所指的基准曲线。

（5）使用“基准”工具栏中的“基准曲线”按钮，创建图 3-203 中箭头 3 所指的基准曲线。

（6）使用“基准”工具栏中的“基准平面”按钮，创建一个基准平面，然后使用“基准”工具栏中的“草绘”按钮，以新建的基准平面为草绘平面绘制图 3-203 中箭头 4 所指的直线。

（7）使用“基准”工具栏中的“基准曲线”按钮，创建图 3-203 中箭头 5 所指的基准曲线。

任务完成

1. 新建零件文件

Step 1 单击“文件”工具栏中的“新建”按钮，开启“新建”对话框，选择文件类型为“零件”，子类型为“实体”，输入文件名称为“spring”，如图 3-204 所示。

Step 2 单击“确定”按钮开启“新文件选项”对话框，选择模板为“mmns_part_solid”，如图 3-205 所示。单击“确定”按钮进入零件建模环境。

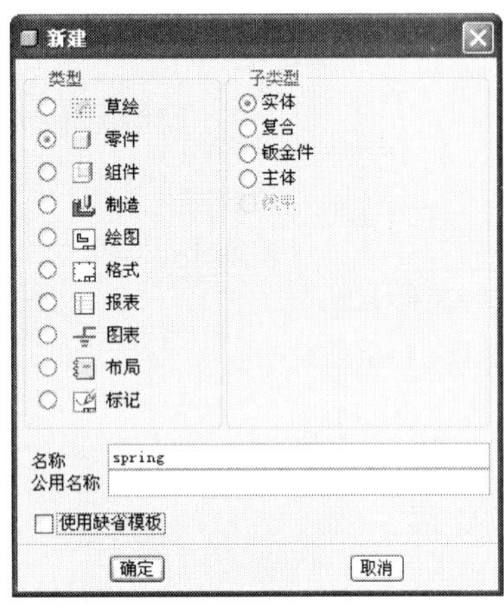

图 3-204

图 3-205

2. 创建新的坐标系

Step 1 单击“基准”工具栏中的“坐标系”按钮，开启“坐标系”对话框，选择系统预设的基准坐标系为参照，如图 3-206 所示。

Step 2 切换到“定向”选项卡中，设定新坐标系关于 X 轴旋转-90°，如图 3-207 所示。

Step 3 单击“确定”按钮完成新基准坐标系的创建，同时隐藏系统预设的基准坐标系，结果如图 3-208 所示。

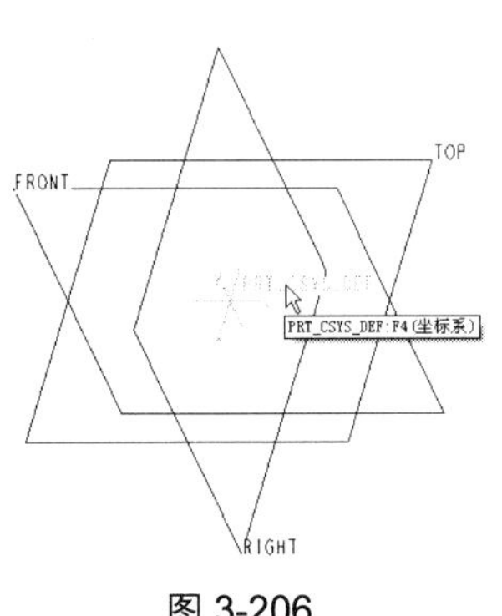

图 3-206

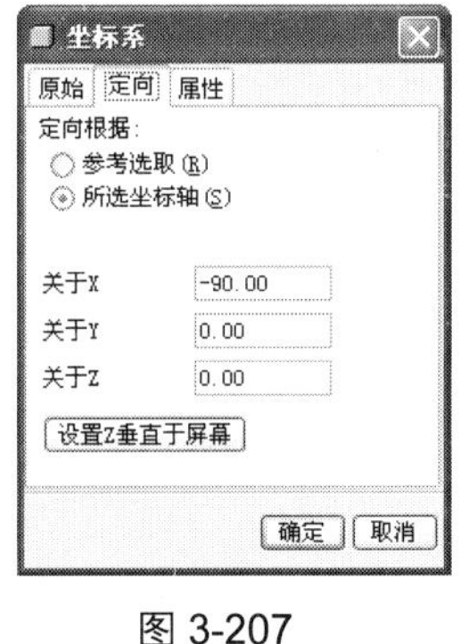

图 3-207

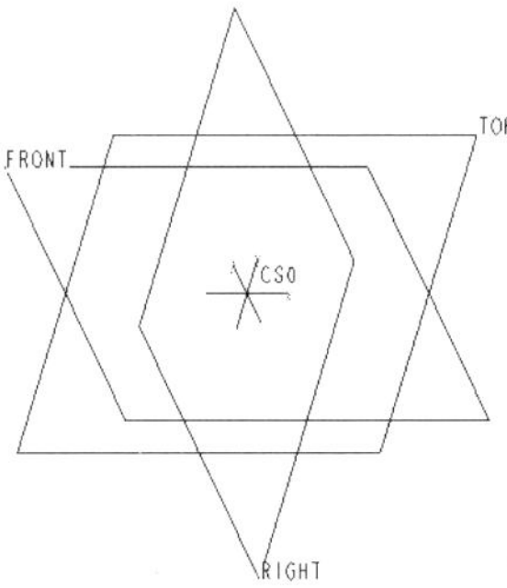

图 3-208

3. 创建塔形螺旋基准曲线

Step 1 单击“基准”工具栏中的“基准曲线”按钮，在弹出的如图 3-209 所示的菜单管理器中选择“曲线选项”选项为“从方程”，然后执行“完成”命令。

Step 2 系统开启“曲线：从方程”对话框，接受菜单管理器中系统默认的“得到坐标系”选项为“选取”，然后选择新建的基准坐标系为参照。

Step 3 在菜单管理器中选择“设置坐标类型”选项为“圆柱”，如图 3-210 所示。

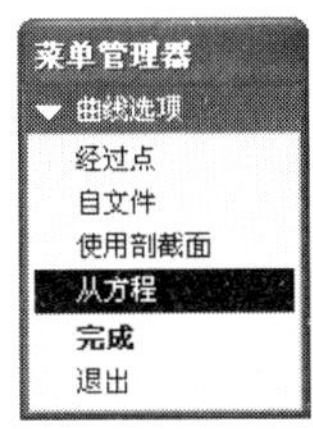

图 3-209

图 3-210

Step 4 在记事本中输入基准曲线方程，如图 3-211 所示。

Step 5 在记事本中执行“文件 | 保存”下拉菜单命令保存输入的基准曲线方程，然后关闭记事本。单击“曲线：从方程”对话框中的“确定”按钮完成基准曲线的创建，结果如图 3-212 所示。

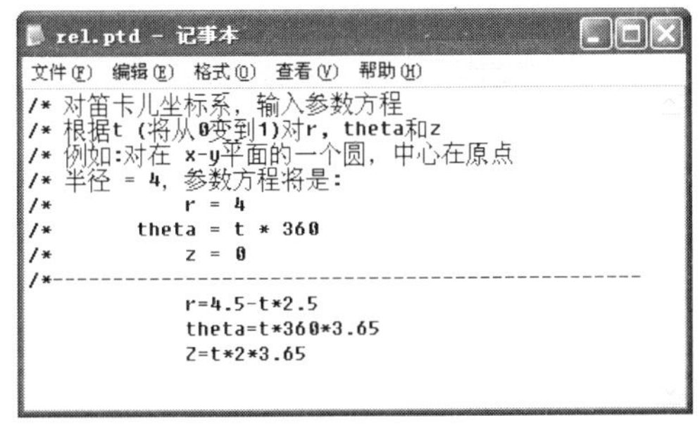


```
/* 对笛卡儿坐标系，输入参数方程
/* 根据t (将从0变到1)对r, theta和z
/* 例如:对在 x-y平面的一个圆，中心在原点
/* 半径 = 4, 参数方程将是:
/*           r = 4
/*      theta = t * 360
/*           z = 0
/*-------------------------------------------------
             r=4.5-t*2.5
             theta=t*360*3.65
             Z=t*2*3.65
```

图 3-211

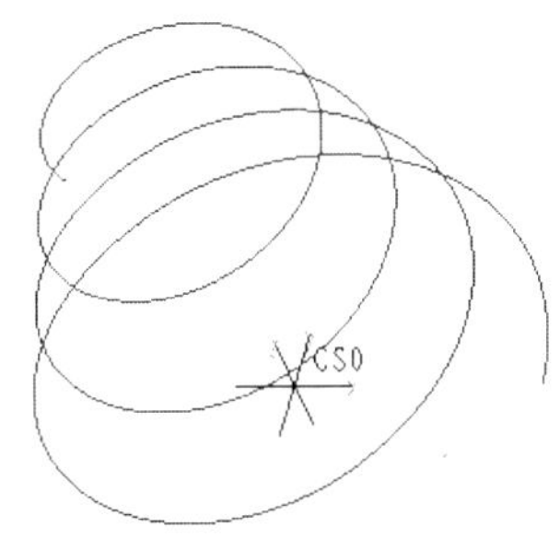

图 3-212

> 提示：曲线方程中的 R 表示塔形螺旋线的半径，方程 r = 4.5 − t*2.5 表示塔形螺旋线的起始半径为 4.5，终止半径为 2。theta 表示塔形螺旋线的方位角，方程 theta = t*360*3.65 中的 t*360 表示塔形螺旋线的方位角从 0° 到 360°，而 3.65 则表示圈数。方程 z = t*2*3.65 表示塔形螺旋线在 Z 轴上的高度，其中 t*2 表示方位角旋转一圈塔形螺旋线的高度，而 3.65 则表示方位角要旋转 3.65 圈。

4. 创建图 3–203 中箭头 2 所指的基准曲线

Step 1 单击“基准”工具栏中的“草绘的”按钮，开启“草绘的基准点”对话框，选择 TOP 基准平面为草绘平面，单击“草绘”按钮进入草图绘制环境。

Step 2 单击“草绘器工具”工具栏中的“点”按钮 ×，绘制 5 个基准点，其尺寸和约束如图 3-213 所示。

Step 3 单击“完成”按钮 ✓ 完成草绘基准点的创建，结果如图 3-214 所示。

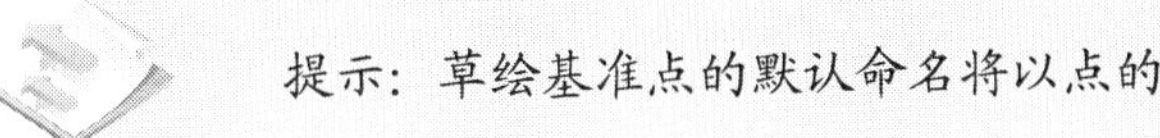

> 提示：草绘基准点的默认命名将以点的绘制先后顺序来确定。

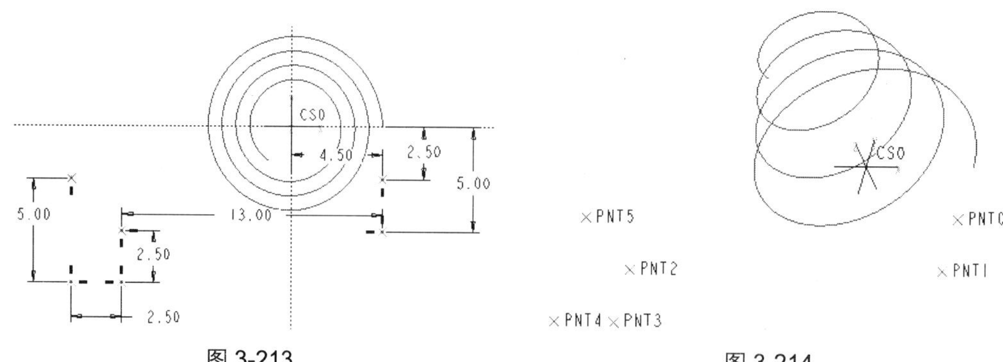

图 3-213　　　　图 3-214

Step 4　单击“基准”工具栏中的“基准曲线”按钮～，在弹出的如图 3-215 所示的菜单管理器中选择“曲线选项”选项为“经过点”，然后执行“完成”命令。

Step 5　在菜单管理器中选择“连结类型”选项为“多重半径”、“整个阵列”以及“添加点”，如图 3-216 所示。

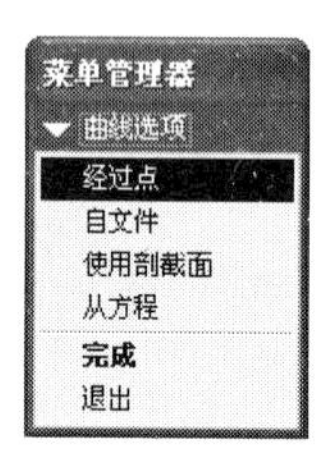

图 3-215

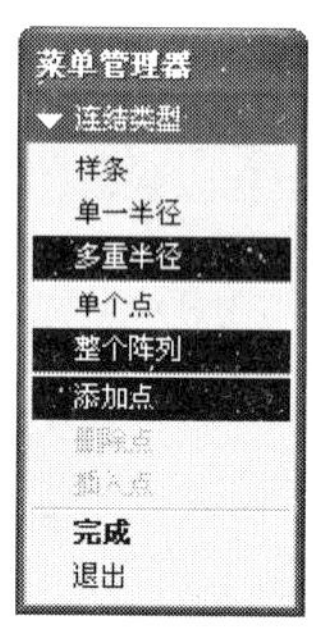

图 3-216

Step 6　依次选择草绘基准点 PNT0、PNT1、PNT3。在选择 PNT3 后消息区弹出如图 3-217 所示的输入框，输入第一个弯折半径为 1，单击✓按钮确定。

Step 7　选择草绘基准点 PNT3，然后在菜单管理器中选择“选取值”选项为“新值”，如图 3-218 所示。

Step 8　在弹出的输入框中设定第二个弯折半径为 0.5，如图 3-219 所示，单击✓按钮确定。

输入折弯半径 1

图 3-217

图 3-218

输入折弯半径 0.5

图 3-219

Step 9 选择草绘基准点 PNT4，然后在菜单管理器中选择“选取值”选项为“0.5”，设定第三个弯折半径为 0.5，如图 3-220 所示。

Step 10 同样，选择草绘基准点 PNT5，然后在菜单管理器中选择“选取值”选项为“0.5”，设定第四个弯折半径为 0.5。

Step 11 在菜单管理器中选择“完成”选项，并单击“曲线：通过点”对话框中的“确定”按钮，完成基准曲线的创建，结果如图 3-221 所示。

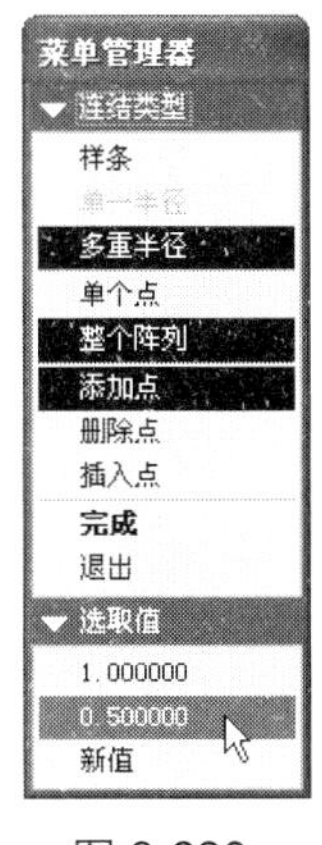

图 3-220

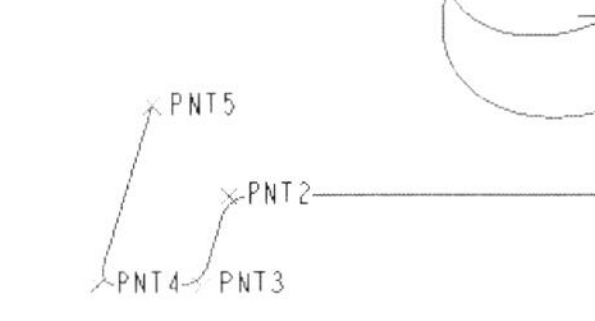

图 3-221

5. 创建图 3-203 中箭头 3 所指的基准曲线

Step 1 关闭基准点的显示，然后单击“基准”工具栏中的“基准曲线”按钮～，在弹出的菜单管理器中选择“曲线选项”选项为“经过点”，然后执行“完成”命令。

Step 2 接受菜单管理器中默认的“连结类型”选项为“样条”、“整个阵列”以及“添加点”，然后按照图 3-224 中箭头所指的顺序选择曲线端点为基准曲线的经过点，出现如图 3-223 所示的基准曲线预览。

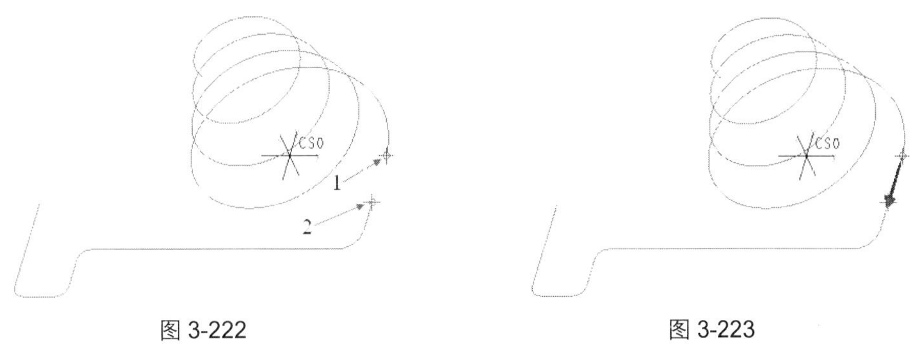

图 3-222 图 3-223

Step 3 在菜单管理器中执行“完成”命令，然后双击“曲线：通过点”对话框中的“相切”元素，弹出如图 3-224 所示的菜单管理器。

Step 4 接受菜单管理器中默认的“定义相切”选项为“起始”和“曲线/边/轴”，然后选择前面创建的塔形螺旋基准曲线为基准曲线起始端的相切参照，系统默认的起始点相切方向如图 3-225 所示。

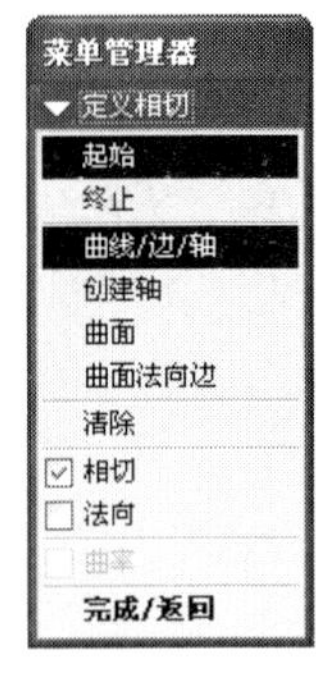

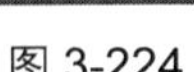
图 3-224

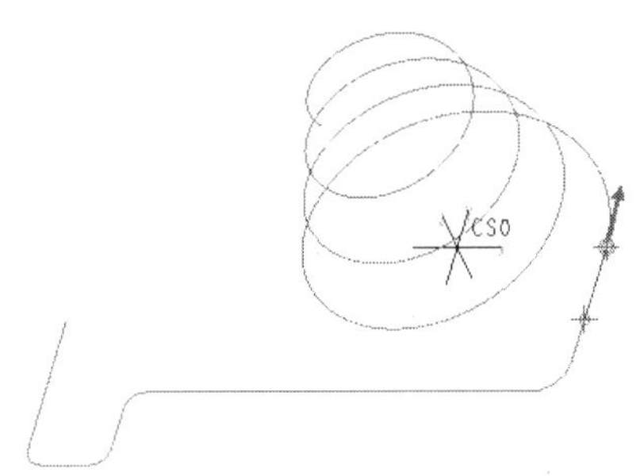

图 3-225

Step 5 在菜单管理器中选择“方向”选项为“反向”，对基准曲线起始点的相切方向进行反向，然后执行“正向”命令确认调整后的起始点的相切方向。

Step 6 选择如图 3-226 所示的线段为基准曲线终止点的相切参照，接受系统默认的相切方向，然后在菜单管理器中选择“方向”选项为“正向”，基准曲线预览如图 3-227 所示。

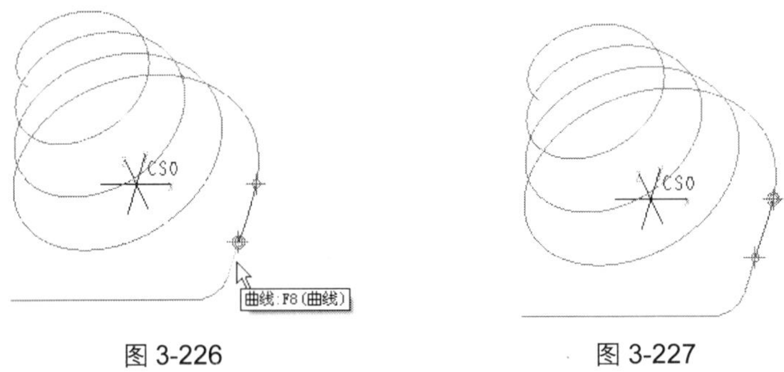

图 3-226　　图 3-227

Step 7 在菜单管理器中执行“完成/返回”命令，然后单击“曲线：通过点”对话框中的“确定”按钮完成基准曲线的创建，结果如图 3-228 所示。

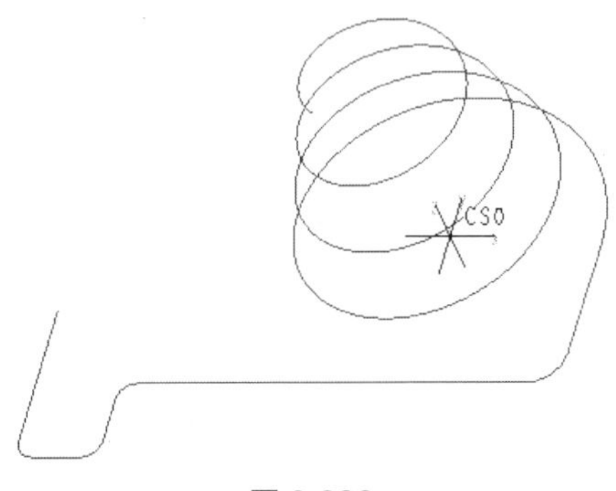

图 3-228

6. 创建图 3–205 中箭头 4 所指的草绘直线

Step 1 单击“基准”工具栏中的“基准平面”按钮▱，开启“基准平面”对话框，选择 TOP 基准平面为偏移参照，并设定偏移距离为 7.5，如图 3-229 所示。

Step 2 单击“确定”按钮完成 DTM1 基准平面的新建，结果如图 3-230 所示。

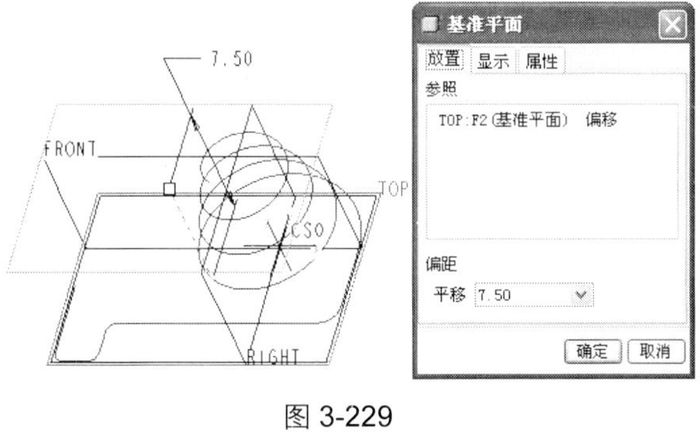

图 3-229

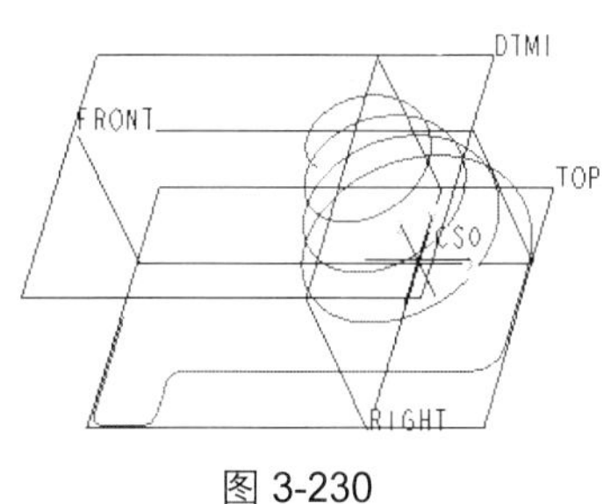

图 3-230

Step 3　单击“基准”工具栏中的“草绘”按钮，开启“草绘”对话框，选择新建的 DTM1 基准平面为草绘平面，并接受系统默认的 RIGHT 基准平面为草绘方向的右侧参照平面，如图 3-231 所示。

Step 4　单击“草绘”按钮进入草图绘制环境，单击“草绘器工具”工具栏中的“线”按钮＼，绘制一条直线，如图 3-232 所示。

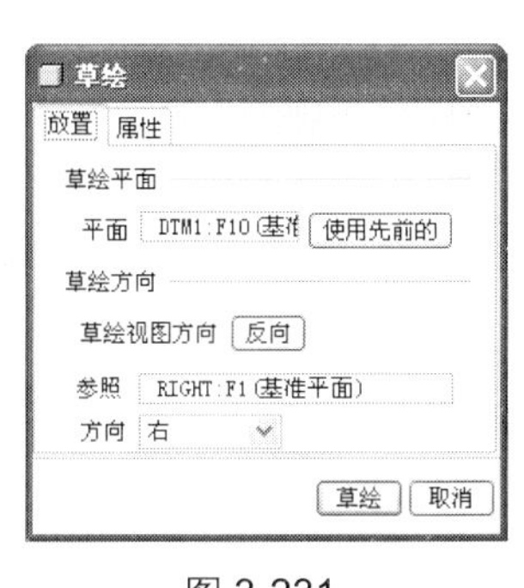

图 3-231

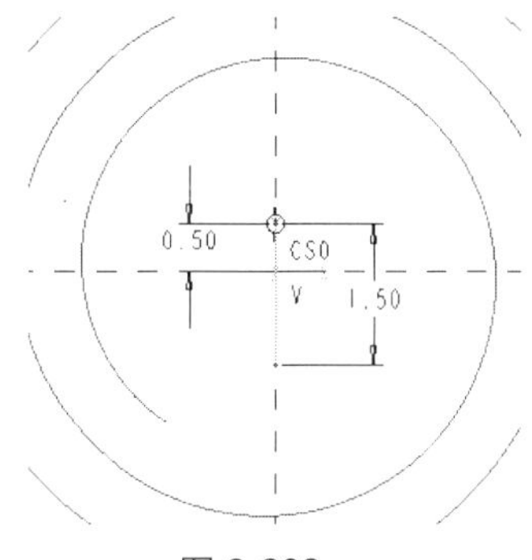

图 3-232

Step 5　单击“完成”按钮✔退出草图绘制环境，草绘直线绘制结果如图 3-233 所示。

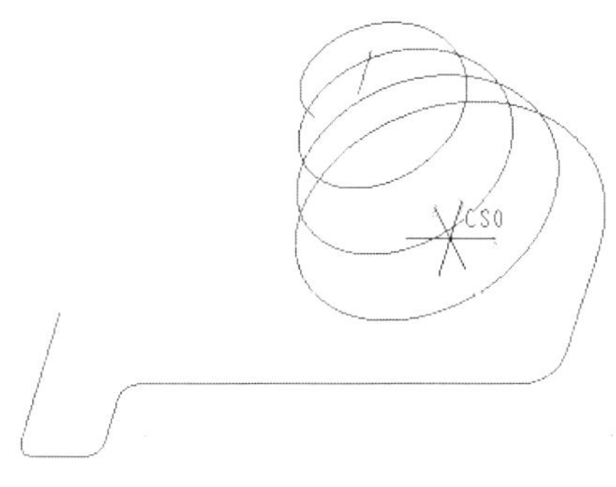

图 3-233

7. 创建图 3-203 中箭头 5 所指的基准曲线

Step 1　关闭基准点的显示，然后单击“基准”工具栏中的“基准曲线”按钮～，在弹出的菜单管理器中选择“曲线选项”选项为“经过点”，然后执行“完成”命令。

Step 2　接受菜单管理器中默认的“连结类型”选项为“样条”、“整个阵列”以及“添加点”，然后按照图 3-234 中箭头所指的顺序选择曲线端点为基准曲线的经过点，出现如图 3-235 所示的基准曲线预览。

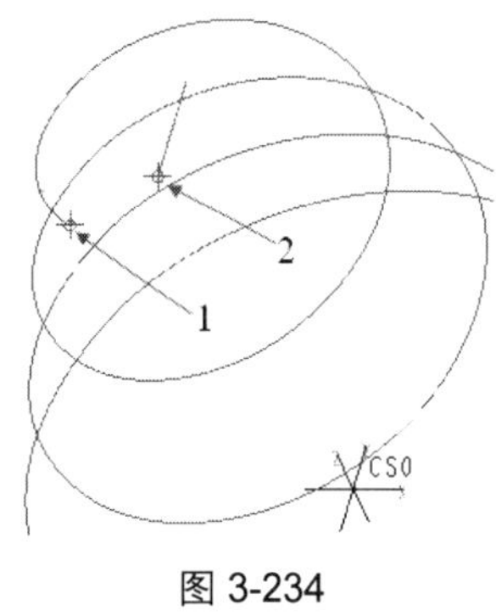

图 3-234

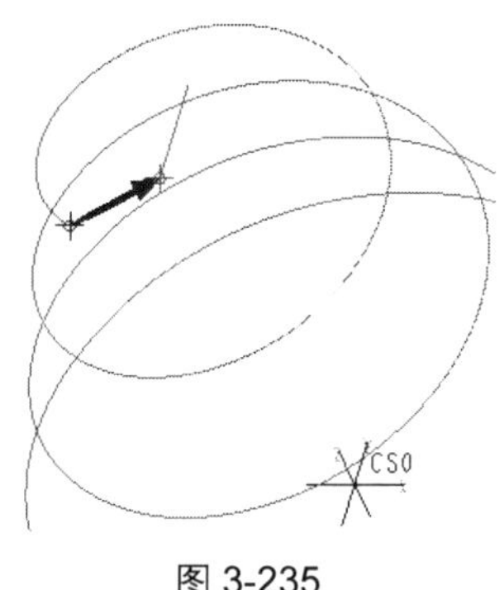

图 3-235

Step 3 在菜单管理器中选择“完成”选项，然后双击“曲线：通过点”对话框中的“相切”元素，弹出如图 3-236 所示的菜单管理器。

Step 4 接受菜单管理器中默认的“定义相切”选项为“起始”和“曲线/边/轴”，然后选择前面创建的塔形螺旋基准曲线为基准曲线起始端的相切参照，系统默认的起始点相切方向如图 3-237 所示。

图 3-236

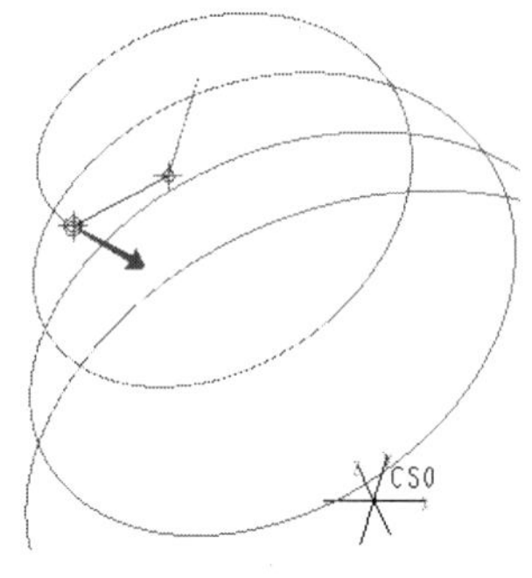

图 3-237

Step 5 选择前面绘制的草绘直线为基准曲线终止点的相切参照，系统默认的终止点相切方向如图 3-238 所示。

Step 6 在菜单管理器中选择“方向”选项为“反向”和“正向”，反向基准曲线终止点的相切方向，基准曲线预览如图 3-239 所示。

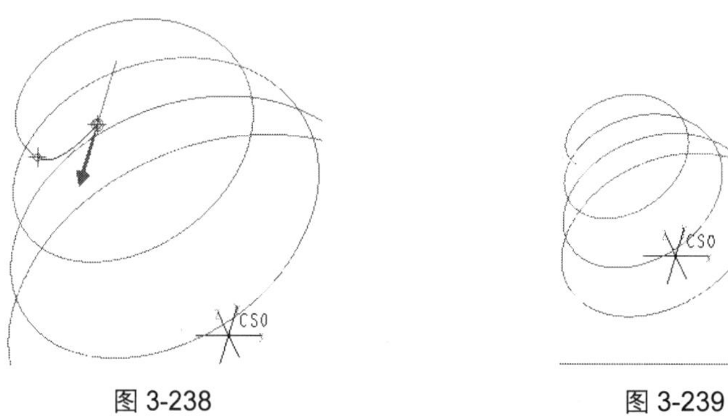

图 3-238 图 3-239

Step 7 在菜单管理器中执行“完成/返回”命令，然后双击“曲线：通过点”对话框中的“扭曲”元素，系统开启“修改曲线”对话框，并且在基准曲线上显示出相关的控制手柄。

Step 8 按住图 3-240 所示的样条极点拖动调整，调整样条基准曲线到如图 3-241 所示的状态。

Step 9 单击✓按钮关闭“修改曲线”对话框，然后在“曲线：通过点”对话框中单击“确定”按钮完成基准曲线的绘制，结果如图 3-242 所示。

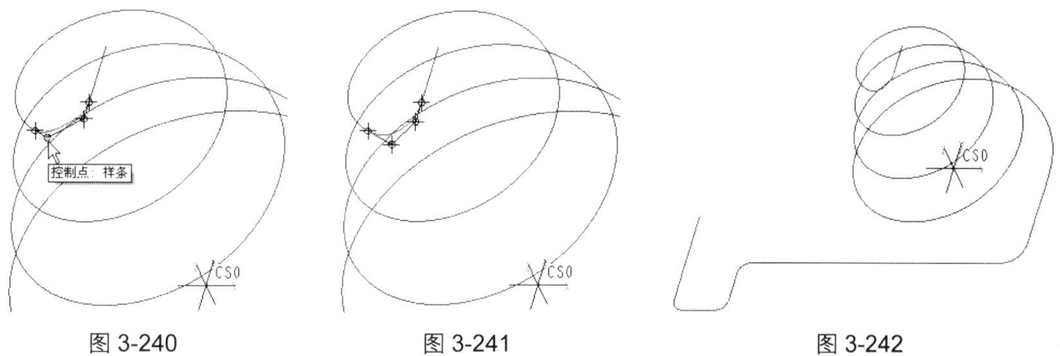

图 3-240　　图 3-241　　图 3-242

至此，塔形弹簧零件模型的扫描轨迹创建完成。

归纳总结

从本节应用实践中可以看出，整个塔形弹簧零件模型的扫描路径由塔形螺旋基准曲线、带折弯半径的基准曲线、样条基准曲线以及草绘直线组成。其中塔形螺旋基准曲线的绘制难度相对来说要大一些，这是因为使用方程来绘制基准曲线不仅需要输入正确的曲线方程，而且还需要设定合理的参数，这样才能绘制出满意的基准曲线。所以，掌握一些常用的曲线方程是非常必要的。

3.7 自我检测

（1）在 Pro/E 中，基准平面常见的用途有哪些？

（2）当用户拉伸一个草绘圆创建圆柱体或旋转一个二维截面做旋转体时，系统会自动生成轴线，这个轴线和用户定义的基准轴有什么不同？

（3）在 Pro/E 中，基准点常见的用途有哪些？

（4）在现有的零件模型上创建基准特征，如图 3-243 所示。

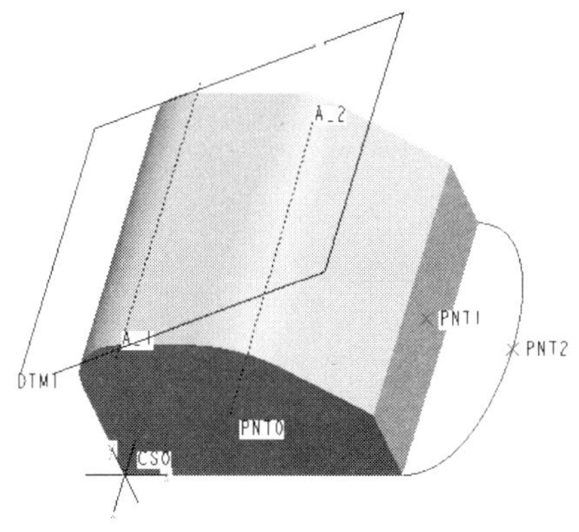

图 3-243

第 4 章
基础特征

📖 本章要点

- 拉伸特征
- 旋转特征
- 扫描特征
- 混合特征
- 螺旋扫描特征
- 可变截面扫描特征
- 扫描混合特征
- 创建梅花槽自攻螺钉实体模型
- 创建铣刀实体模型

在本章中将介绍基础特征的创建方法，包括拉伸、旋转、扫描、混合、螺旋扫描以及可变截面扫描 6 种常用的基础特征。基础特征相当于在实际生产中的零件粗坯，所以在零件设计过程中，往往都是先创建一个基础特征，然后在其基础上添加其他的基础特征、工程特征，或者使用编辑特征对基础特征进行编辑，最终完成零件建模。

掌握好本章的知识可以为后面更为复杂的零件设计建模打下坚实的基础。

4.1 拉伸特征

拉伸是将二维截面图形沿垂直于草绘平面方向移动指定距离而成的特征。Pro/E 在创建拉伸特征时会显示特征的预览，用户可以根据需要变更拉伸的深度，指定不同的特征类型。其操作步骤如图 4-1 所示。

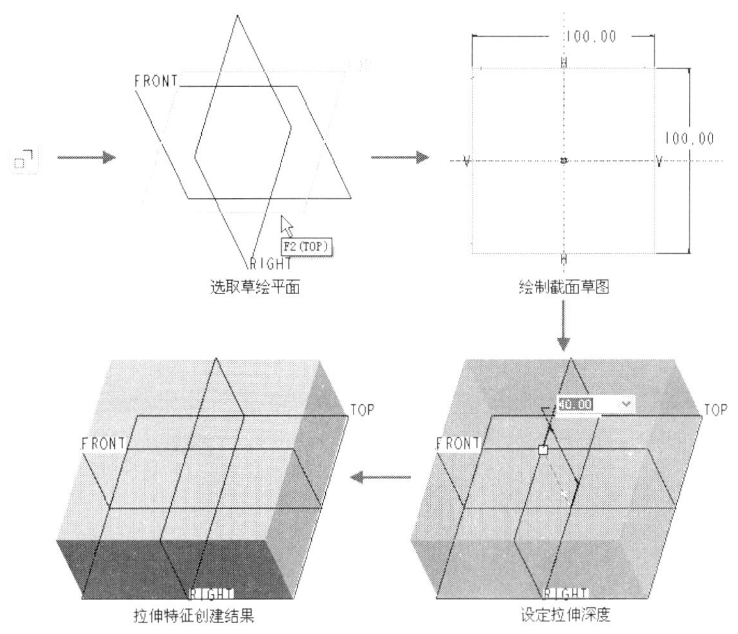

图 4-1

4.1.1 创建拉伸特征

下面通过创建如图 4-2 所示的异形工件实体模型介绍拉伸特征的创建方法。

创建拉伸特征的方法比较简单，首先选择一个绘制截面草图的草绘平面，然后绘制拉伸的截面草图，最后指定拉伸特征的类型和深度值即可完成拉伸特征的创建。

具体操作步骤如下。

1. 新建一个零件文件

Step 1 在“文件”工具栏中单击“新建”按钮，在开启的“新建”对话框中选择文件类型为“零件”，输入文件名为 extrude，并取消“使用缺省模板”复选框的选取，如图 4-3 所示。

图 4-2

Step 2 单击“确定”按钮，开启如图 4-4 所示的“新文件选项”对话框。在该对话框中选择模板类型为 mmns_part_solid，然后单击“确定”按钮，进入零件建模环境。

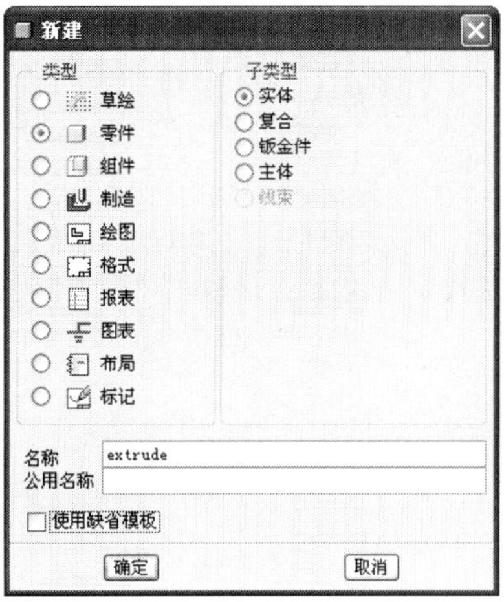

图 4-3

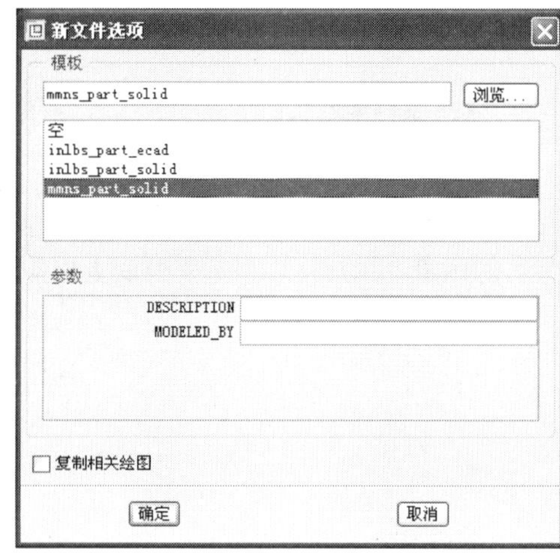

图 4-4

2. 通过拉伸创建一个实体

Step 1 单击“基础特征”工具栏中的“拉伸”按钮，开启如图 4-5 所示的“拉伸”命令控制面板。

Step 2 单击“放置”按钮，弹出如图 4-6 所示的“放置”上滑面板，单击“定义”按钮，开启“草绘”对话框，选择 TOP 基准平面为草绘平面，接受系统默认的草绘方向，单击“草绘”按钮进入草图绘制环境。

图 4-5 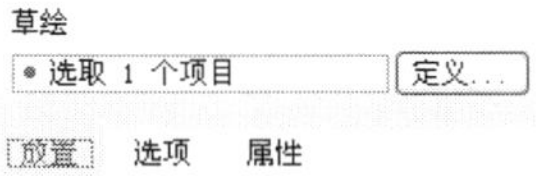　　图 4-6

Step 3 单击“草绘器工具”工具栏中的“中心线”按钮和“矩形”按钮，绘制如图 4-7 所示的截面草图。

Step 4 单击“完成”按钮退出草图绘制环境，在“拉伸”命令控制面板中设定拉伸深度为 30，拉伸预览如图 4-8 所示。

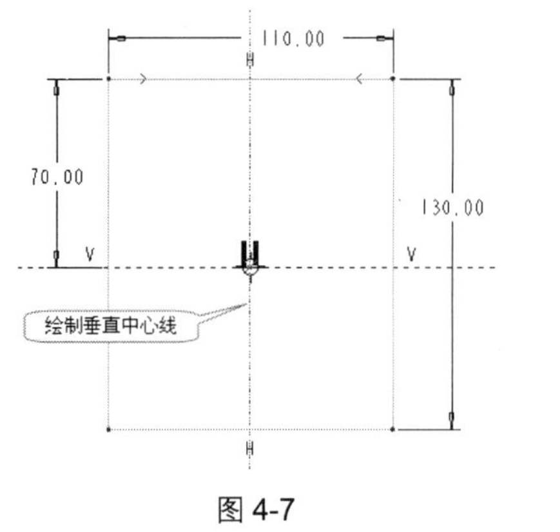

图 4-7

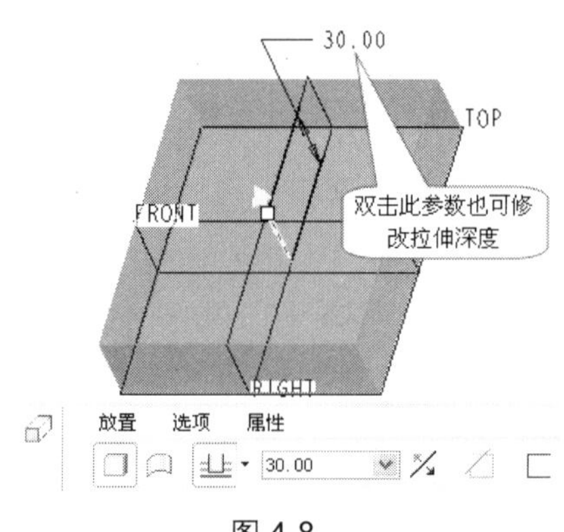

图 4-8

Step 5　单击按钮完成通过拉伸创建一个实体的操作，结果如图 4-9 所示。

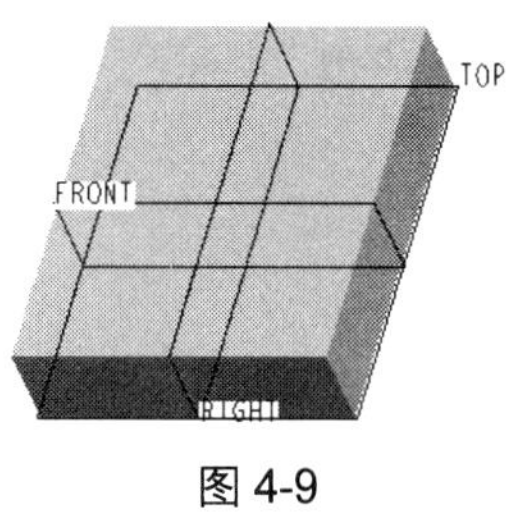

图 4-9

3. 通过拉伸创建一个曲面

Step 1　单击“基础特征”工具栏中的“拉伸”按钮，开启“拉伸”命令控制面板，然后在命令控制面板中单击“拉伸为曲面”按钮，如图 4-10 所示。

图 4-10

Step 2　在“放置”上滑面板中单击“定义”按钮，开启“草绘”对话框，选择 RIGHT 基准平面为草绘平面，选择 TOP 基准平面为草绘方向的顶部参照平面，如图 4-11 所示。

Step 3　单击“草绘”按钮进入草图绘制环境，然后单击“草绘器工具”工具栏中的“线”按钮，绘制如图 4-12 所示的截面草图。

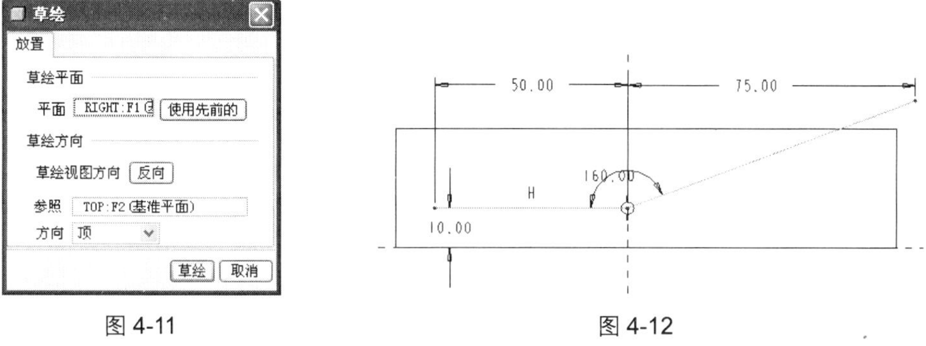

图 4-11　　图 4-12

Step 4　单击“完成”按钮退出草图绘制环境，在“拉伸”命令控制面板中选择拉伸深度选项为“对称”，然后设定拉伸深度为 100，拉伸预览如图 4-13 所示。

Step 5　单击按钮完成通过拉伸创建一个曲面的操作，结果如图 4-14 所示。

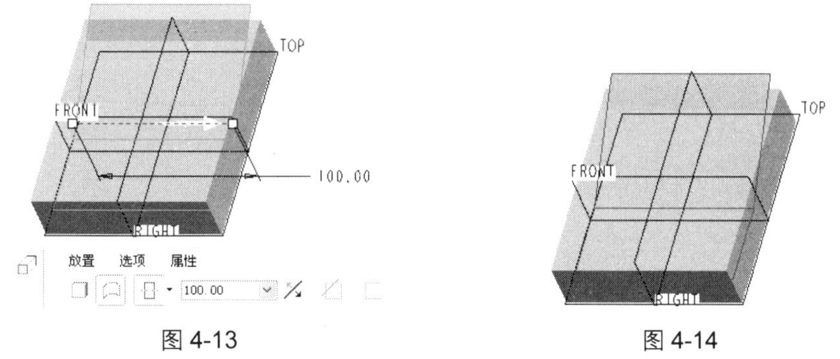

图 4-13　　图 4-14

4. 新建一个基准平面

Step 1　单击“基准”工具栏中的“基准平面”按钮，开启“基准平面”对话框，选择 TOP 基准平面为参照，并设定平移距离为 50，如图 4-15 所示。

Step 2 单击“确定”按钮完成基准平面的创建，结果如图 4-16 所示。

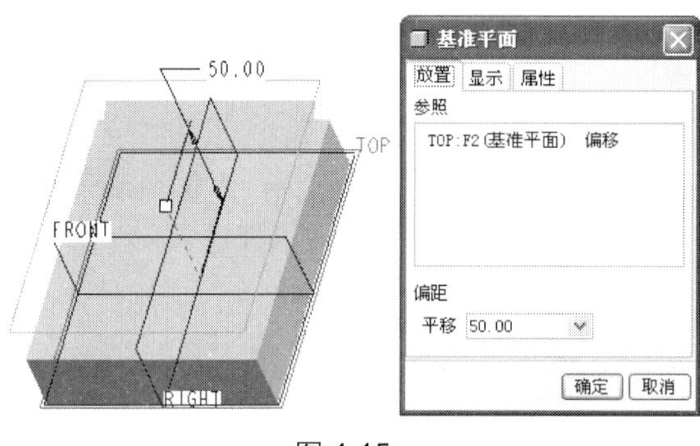

图 4-15

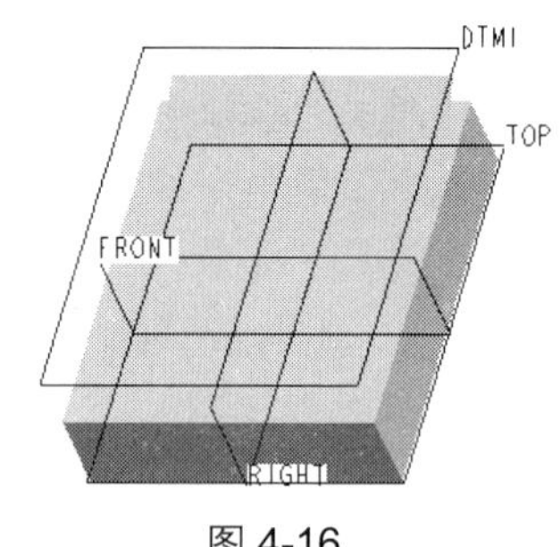

图 4-16

5. 通过拉伸切除部分实体

Step 1 单击“基础特征”工具栏中的“拉伸”按钮，开启“拉伸”命令控制面板，然后在该命令控制面板中单击“去除材料”按钮，如图 4-17 所示。

图 4-17

Step 2 在“放置”上滑面板中单击“定义”按钮，开启“草绘”对话框，选择新建的 DTM1 基准平面为草绘平面，接受系统默认的草绘方向，单击“草绘”按钮进入草图绘制环境。

Step 3 单击“草绘器工具”工具栏中的“中心线”按钮、“线”按钮、“圆”按钮以及“删除段”按钮，绘制如图 4-18 所示的截面草图。

Step 4 单击“完成”按钮退出草图绘制环境，在“拉伸”命令控制面板中选择拉伸深度选项为“至选取”，然后选择前面创建的拉伸曲面为拉伸深度参照，拉伸预览如图 4-19 所示。

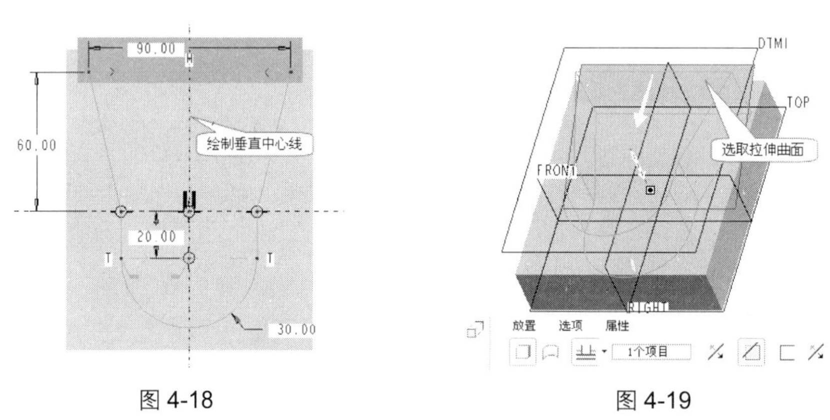

图 4-18

图 4-19

Step 5 单击按钮完成通过拉伸切除部分实体的操作，结果如图 4-20 所示。

Step 6 隐藏前面创建拉伸曲面并关闭基准平面的显示。

刚才的实例操作向大家演示了创建拉伸特征的操作方法。从中可以看出，在 Pro/E 中用户可以通过拉伸截面草图进行多种不同类型的操作，例如将截面草图拉伸为实体模型、拉伸为曲面模型以及拉伸截面草图去除现有模型的材料等。

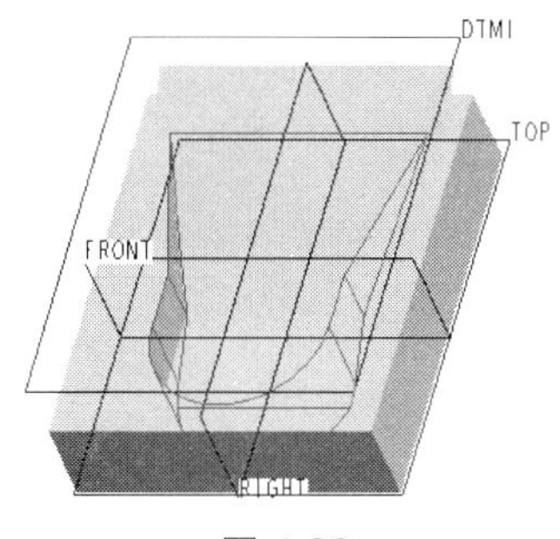

图 4-20

此外，通过实例操作还可以了解到，系统提供了多种方法来控制拉伸特征的拉伸深度。拉伸特征的类型和拉伸深度的控制方法将在接下来的内容中进行详细介绍。

4.1.2　拉伸特征类型

在 Pro/E 中，创建不同类型的拉伸特征需要用不同的功能选项，下面介绍一些常用的拉伸特征的创建方法。

1. 拉伸伸出项特征

拉伸截面草图为实体的拉伸特征可以称为拉伸伸出项特征，在“拉伸”命令控制面板中单击“拉伸为实体”按钮□即可将截面草图拉伸为实体，如图 4-21 所示。

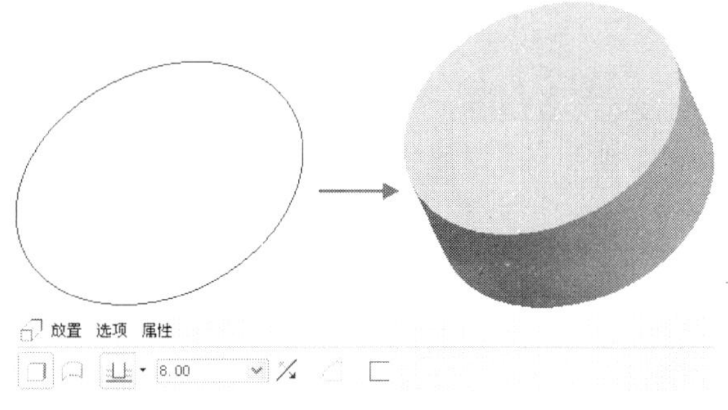

图 4-21

提示：在创建拉伸实体特征时，二维截面草图必须是封闭的且不能自相交错。

2. 拉伸曲面特征

拉伸截面草图为曲面的拉伸特征可以称为拉伸曲面特征，在“拉伸”命令控制面板中单击“拉伸为曲面”按钮 即可将二维截面草图拉伸为曲面，如图 4-22 所示。

3. 拉伸切口特征

通过拉伸截面草图来去除现有模型材料的拉伸特征可以称为拉伸切口特征，在“拉伸”命令控制面板中单击“拉伸为实体”按钮和“去除材料”按钮，可以去除现有模型的材料，如图 4-23 所示。

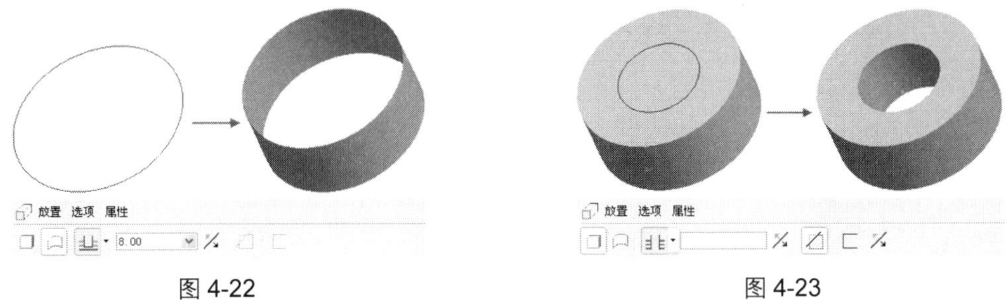

图 4-22　　图 4-23

4. 拉伸薄板特征

拉伸截面草图为薄板的拉伸特征可以称为拉伸薄板特征，在“拉伸”命令控制面板中单击“拉伸为实体”按钮、“加厚草绘”按钮，可以创建拉伸薄板特征，如图 4-24 所示。

> 提示：单击“加厚草绘”按钮后“拉伸”命令控制面板中将增加“厚度值”文本框 3.76 和“反向”按钮，“厚度值”文本框 3.76 用于设定加厚厚度，而新增的“反向”按钮则用于调整加厚厚度侧。

5. 拉伸薄板切口特征

以拉伸薄板形式去除现有模型材料的拉伸特征称为拉伸薄板切口特征，在“拉伸”命令控制面板中单击“拉伸为实体”按钮、“加厚草绘”按钮和“去除材料”按钮，可以创建拉伸薄板切口特征，如图 4-25 所示。

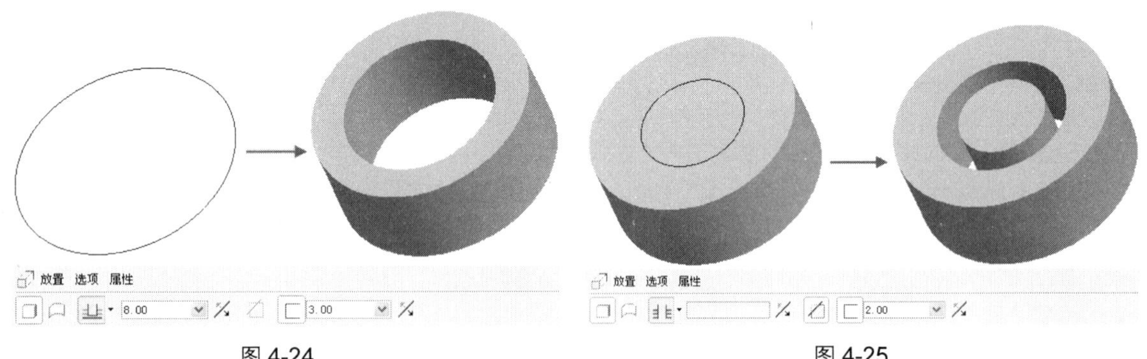

图 4-24　　图 4-25

4.1.3 控制拉伸特征的拉伸深度

在 Pro/E 中用户可以根据不同的需要选择不同的深度选项来指定适当的拉伸深度。系统提供了如下 6 种深度选项。

1. “盲孔”

选择此深度选项后，截面草图将从草绘平面开始以用户指定的深度值进行拉伸。

2. “对称”

选择此深度选项后，截面草图将以用户指定的深度值的一半从草绘平面开始向两侧拉伸。

3. “到下一个”

选择此深度选项后，截面草图将沿用户指定方向从草绘平面开始拉伸到下一个曲面。

4. “穿透”

选择此深度选项后，截面草图将从草绘平面开始拉伸，与用户指定方向上的所有曲面相交，即贯穿所有的曲面。

5. “穿至”

选择此深度选项后，截面草图将从草绘平面开始拉伸，与用户选择的曲面相交。

6. “至选取”

选择此深度选项后，截面草图将从草绘平面开始拉伸，与用户选取的点、曲线、平面以及曲面相交。

除上述的深度定义方式以外，用户还可以在截面草图的两侧进行不对称拉伸。单击“拉伸”命令控制面板中的“选项”按钮，弹出如图 4-26 所示的“选项”上滑面板，用户可以在此上滑面板中控制截面草图两侧的拉伸深度。

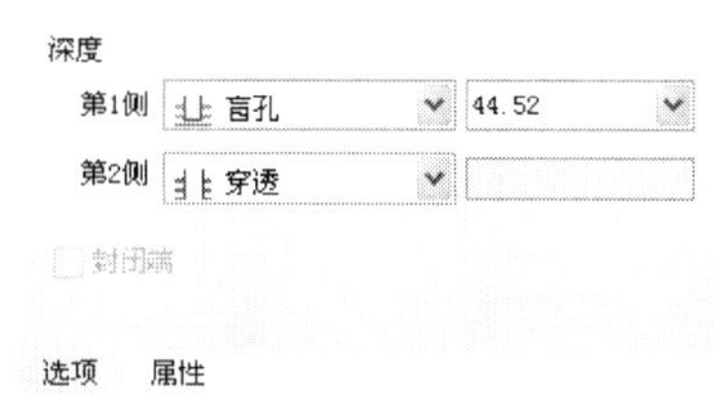

图 4-26

4.2 旋转特征

旋转特征是将二维截面草图绕中心线旋转指定角度而成的。在创建旋转特征时可以在特征内部用中心线绘制旋转轴，也可以选取特征外的模型几何来作为旋转轴。

Pro/E 在创建旋转特征时会显示特征的预览，用户可以根据需要变更旋转的角度，指定不同的特征类型。其操作流程如图 4-27 所示。

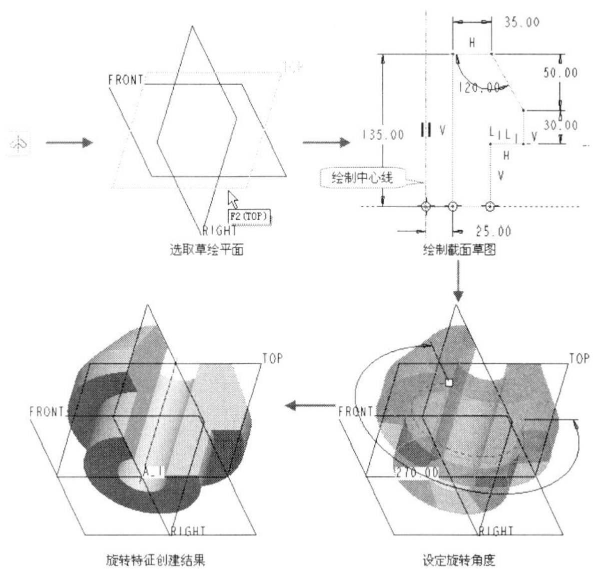

图 4-27

4.2.1 创建旋转特征

下面通过创建如图 4-28 所示的把手实体模型介绍旋转特征的创建方法。

创建旋转特征的方法比较简单，首先选择一个绘制截面草图的草绘平面，然后绘制旋转中心线和截面草图，最后指定旋转特征类型和旋转角度值即可完成旋转特征的创建。

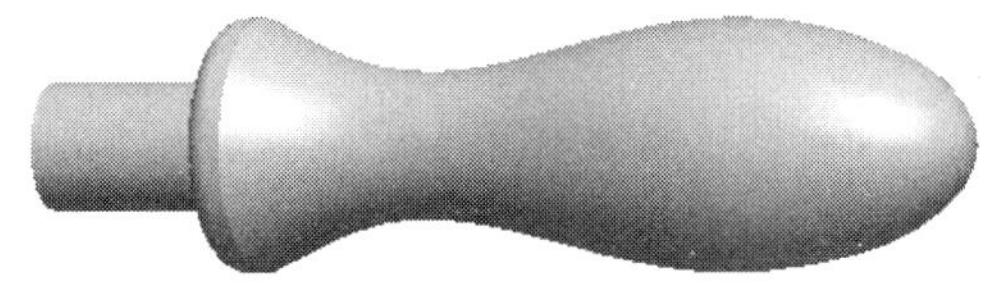

图 4-28

具体操作步骤如下。

1. 新建一个零件文件

Step 1 在“文件”工具栏中单击“新建”按钮，在开启的“新建”对话框中选择文件类型为“零件”，输入文件名为 revolve，并取消“使用缺省模板”复选框的选取，如图 4-29 所示。

Step 2 单击“确定”按钮，开启如图 4-30 所示的“新文件选项”对话框，选择模板类型为 mmns_part_solid，然后单击“确定”按钮，进入零件建模环境。

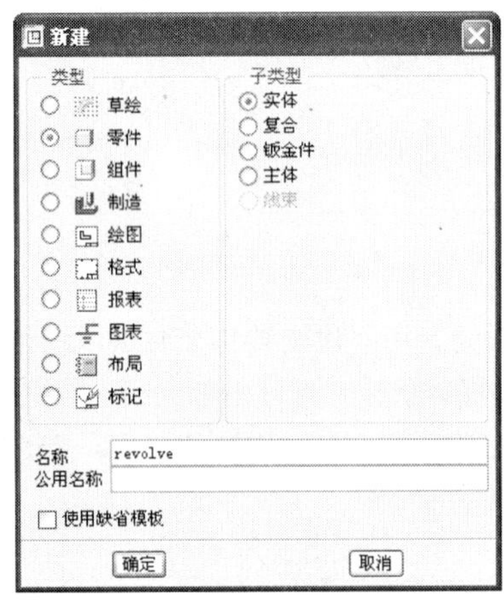

图 4-29

图 4-30

2. 通过旋转创建一个实体

Step 1 单击“基础特征”工具栏中的“旋转”按钮，开启如图 4-31 所示的“旋转”命令控制面板。

图 4-31

Step 2 单击“位置”按钮开启如图 4-32 所示的“位置”上滑面板。单击“定义”按钮，开启“草绘”对话框，选择 FRONT 基准平面为草绘平面，接受系统默认的草绘方向，单击“草绘”按钮进入草图绘制环境。

Step 3 单击“草绘器工具”工具栏中的“中心线”按钮，绘制一条过参照交点的水平中心线，如图 4-33 所示。

图 4-32　　图 4-33

提示：如果截面草图中包含一条中心线，则该中心线被用作旋转轴；如果包含有多条中心线，则系统会自动选取第一条中心线作为旋转轴。如果用户要特别指定某一条中心线为旋转轴，可以选择这条中心线，然后执行“草绘 | 特征工具 | 旋转轴”下拉菜单命令将其指定为旋转轴。

Step 4　单击“草绘器工具”工具栏中的“线”按钮＼，绘制两条与参照重合的直线，尺寸如图 4-34 所示。

Step 5　单击“草绘器工具”工具栏中的“样条”按钮∿，绘制一条样条曲线，尺寸如图 4-35 所示。

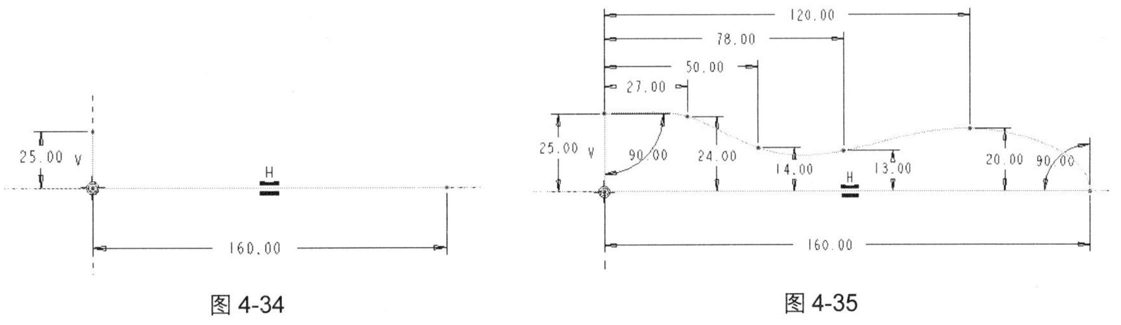

图 4-34　　图 4-35

提示：在绘制旋转特征的截面草图时，截面草绘只能在中心线的一侧，而不能与中心线交叉。

Step 6　单击“完成”按钮✔退出草图绘制环境，接受系统默认的旋转角度为 360°，旋转特征预览如图 4-36 所示。

Step 7　单击✔按钮完成通过旋转创建一个实体的操作，结果如图 4-37 所示。

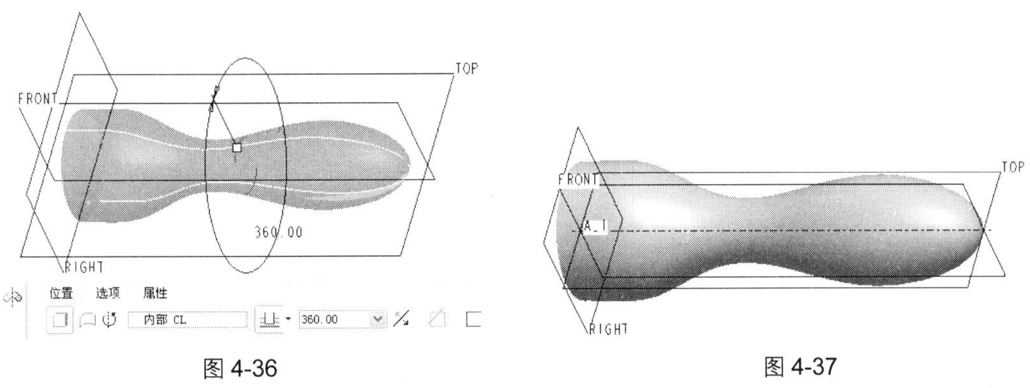

图 4-36　　图 4-37

3. 通过旋转切除部分实体

Step 1 单击“基础特征”工具栏中的“旋转”按钮，开启“旋转”命令控制面板，然后在该命令控制面板中单击“去除材料”按钮，如图 4-38 所示。

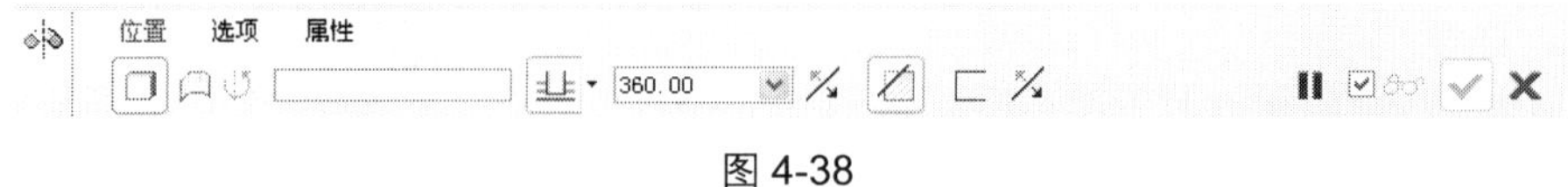

图 4-38

Step 2 在“放置”上滑面板中单击“定义”按钮，开启“草绘”对话框，选取 FRONT 基准平面为草绘平面，接受系统默认的草绘方向，单击“草绘”按钮进入草图绘制环境。

Step 3 单击“草绘器工具”工具栏中的“中心线”按钮绘制一条过参照交点的水平中心线，然后单击“线”按钮绘制直线，尺寸如图 4-39 所示。

Step 4 单击“草绘器工具”工具栏中的“圆角”按钮，对上一步绘制的直线进行圆角，设定圆角半径为 4，如图 4-40 所示。

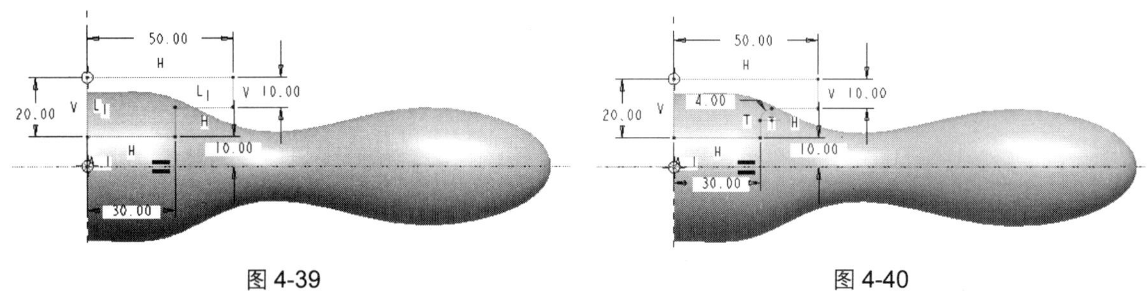

图 4-39　　图 4-40

Step 5 单击“完成”按钮退出草图绘制环境，接受系统默认的旋转角度为 360°，旋转特征预览如图 4-41 所示。

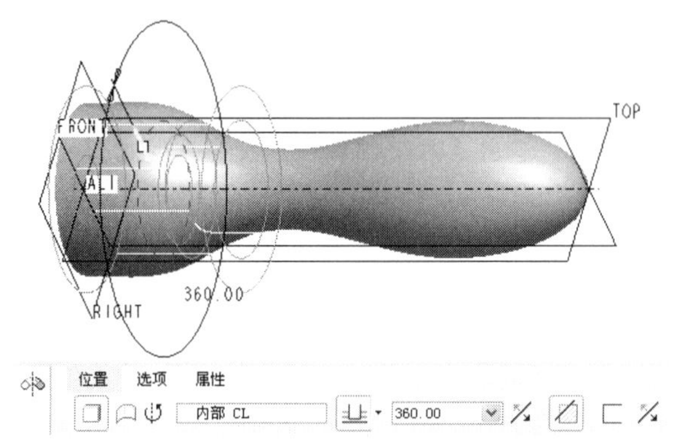

图 4-41

Step 6 单击按钮完成通过旋转切除部分实体的操作，关闭基准平面和基准轴的显示，实体模型最终创建结果如图 4-28 所示。

上述实例操作演示了创建旋转特征的操作方法。和拉伸特征一样，用户可以通过绕旋指定的旋转轴旋转截面草图来进行多种不同类型的操作，例如将截面草图旋转为实体模型、旋转截面草图去除现有模型的材料等。

4.2.2　旋转特征类型

在 Pro/E 中，创建不同类型的拉伸特征需要用不同的功能选项，下面介绍一些常用的拉伸特征的创建方法。

1. 旋转伸出项特征

绕旋转轴旋转截面草图为实体的旋转特征可以称为旋转伸出项特征，在“旋转”命令控制面板中单击“旋转为实体”按钮，可以将二维截面草图绕旋转轴旋转为实体，如图 4-42 所示。

2. 旋转曲面特征

旋转截面草图为曲面的旋转特征可以称为旋转曲面特征，在“旋转”命令控制面板中单击“旋转为曲面”按钮，可以将二维截面草图绕旋转轴旋转为曲面，如图 4-43 所示。

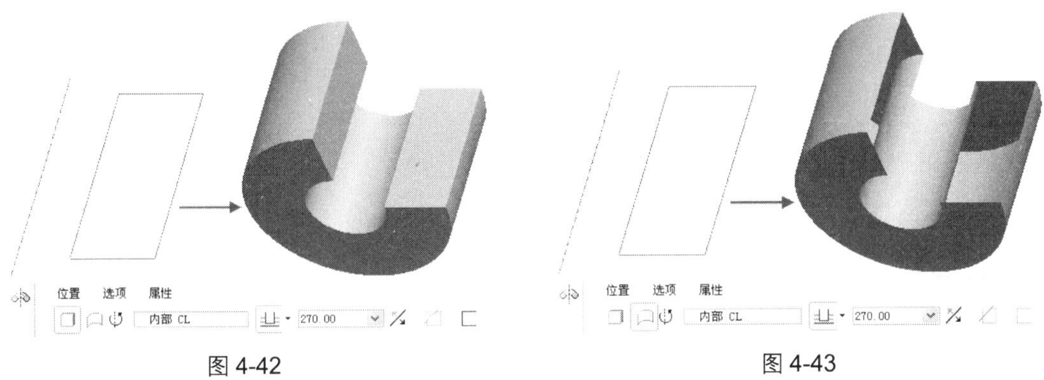

图 4-42　　图 4-43

3. 创建旋转切口特征

通过旋转截面草图来去除现有模型材料的旋转特征可以称为旋转切口特征，在“旋转”命令控制面板中单击“旋转为实体”按钮和“去除材料”按钮，可以创建一个旋转切口特征，如图 4-44 所示。

4. 创建旋转薄板特征

旋转截面草图为薄板的旋转特征可以称为旋转薄板特征，在“旋转”命令控制面板中单击“旋转为实体”按钮、“加厚草绘”按钮，可以创建旋转薄板特征，如图 4-45 所示。

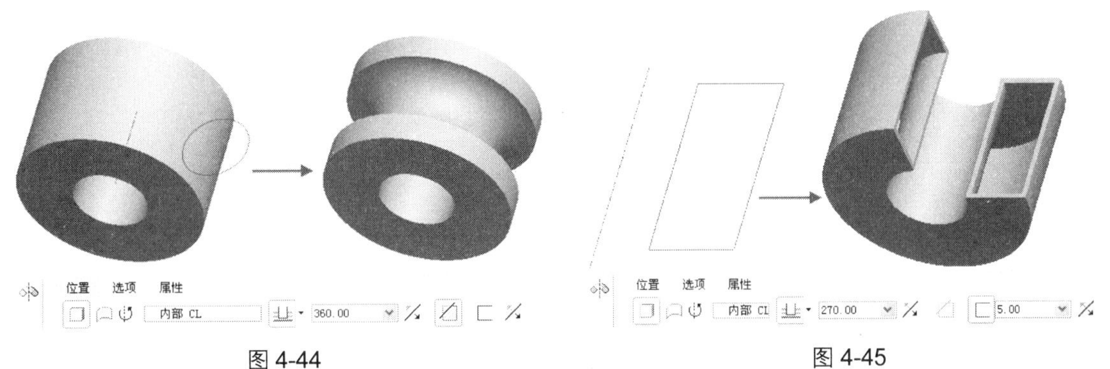

图 4-44　　图 4-45

5. 创建旋转薄板切口特征

在“旋转”命令控制面板中单击“旋转为实体”按钮□、“加厚草绘”按钮□和“去除材料”按钮◿，可以创建旋转薄板切口特征，如图 4-46 所示。

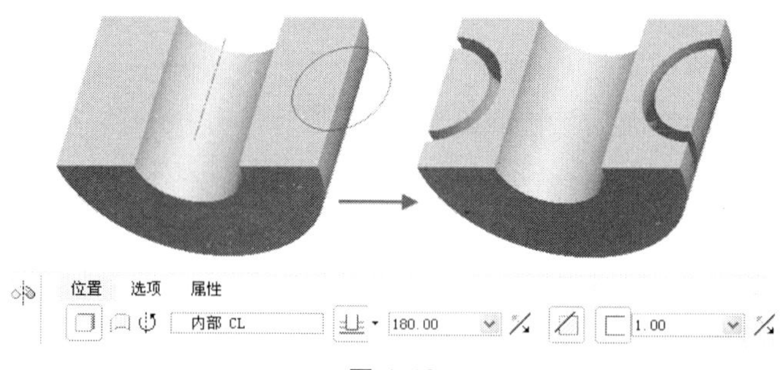

图 4-46

4.3 扫描特征

扫描特征是将二维截面草图沿着指定的轨迹线移动产生的。在创建扫描特征时先要通过草绘或选取扫描轨迹，然后将绘制完成的草绘截面沿扫描轨迹移动创建的特征。其操作流程如图 4-47 所示。

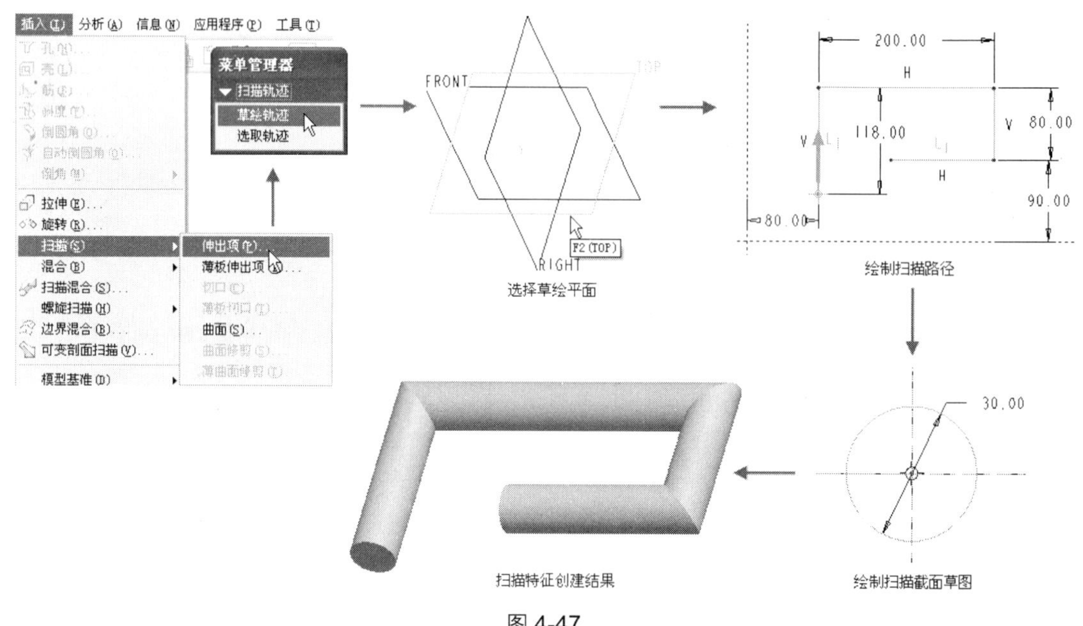

图 4-47

4.3.1 创建扫描特征

下面通过创建如图 4-48 所示的内六角扳手把手实体模型介绍扫描特征的创建方法。

在创建扫描特征时，首先要确定扫描的轨迹，可以绘制轨迹也可以选择现有的轨迹。扫描轨迹确定后绘制扫描截面草图即可完成扫描特征的创建。

具体操作步骤如下。

图 4-48

1. 新建一个零件文件

Step 1 在“文件”工具栏中单击“新建”按钮，在开启的“新建”对话框中选择文件类型为“零件”，输入文件名为 sweep，并取消“使用缺省模板”复选框的选取，如图 4-49 所示。

Step 2 单击“确定”按钮，开启如图 4-50 所示的“新文件选项”对话框，选择模板类型为 mmns_part_solid，然后单击“确定”按钮，进入零件建模环境。

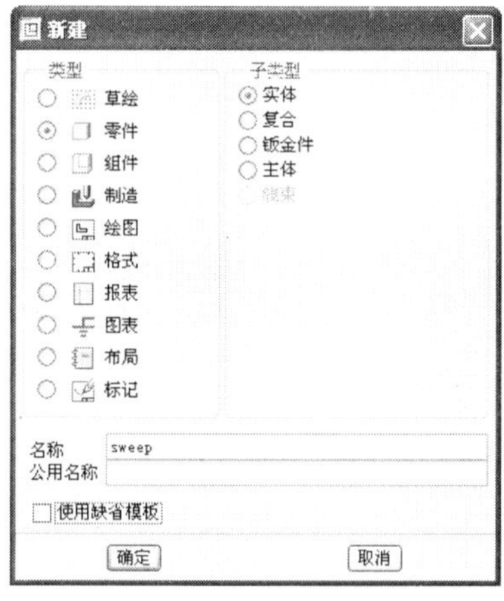

图 4-49

图 4-50

2. 通过扫描创建一个实体

Step 1 执行“插入 | 扫描 | 伸出项”下拉菜单命令，开启如图 4-51 所示的“伸出项：扫描”对话框和如图 4-52 所示的菜单管理器。

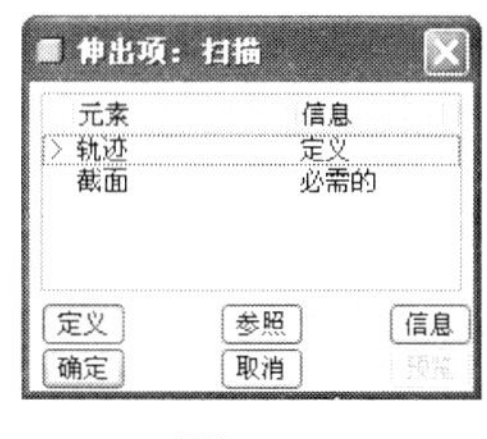

图 4-51

图 4-52

Step 2 在菜单管理器中选择“扫描轨迹”选项为“草绘轨迹”，然后选择 TOP 基准平面为扫描轨迹的草绘平面，TOP 基准平面上显示出系统默认的草绘平面方向，如图 4-53 所示。

Step 3 在菜单管理器中执行“正向”命令接受系统默认的草绘平面方向，然后执行“缺省”命令进入草图绘制环境，如图 4-54 所示。

Step 4 单击“草绘器工具”工具栏中的“线”按钮和“圆角”按钮，绘制如图 4-55 所示的扫描轨迹。

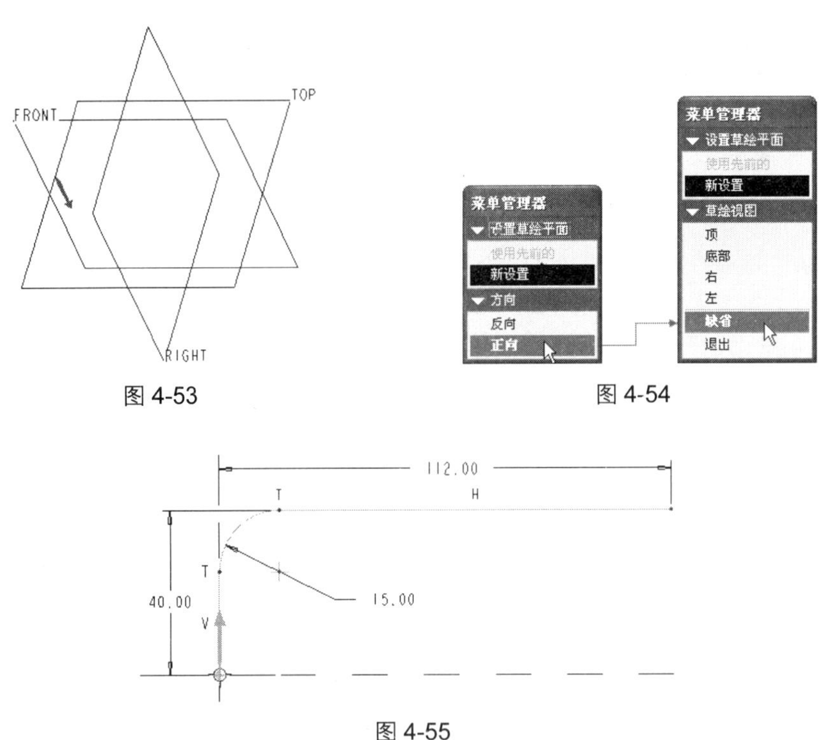

图 4-53　　图 4-54

图 4-55

> 提示：在绘制扫描轨迹时，系统会自动将第一个端点设定扫描轨迹的起始点。如果用户要将其他端点设定起始点，则可以先选取该端点，然后单击鼠标右键，在弹出的快捷菜单中选择“起始点”命令，即可将选取的端点设定为扫描轨迹的起始点。需要注意的是，扫描轨迹不能自行交叉。

Step 5　单击✓按钮退出扫描轨迹草图绘制环境，进入扫描截面草图绘制环境。单击“草绘器工具”工具栏中的“调色板”按钮，开启如图 4-56 所示的“草绘器调色板”对话框。

Step 6　双击“草绘器调色板”对话框中的六边形，然后在草绘平面中适当的位置单击鼠标左键放置六边形，如图 4-57 所示。

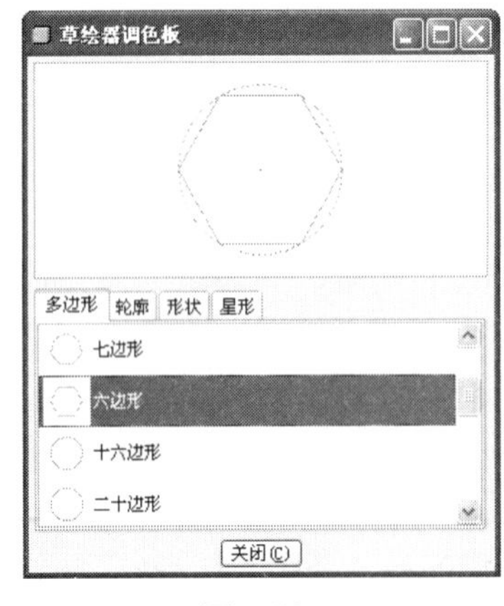

图 4-56

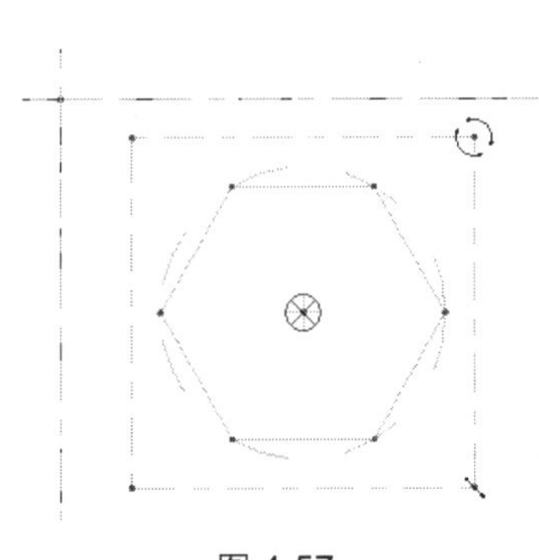

图 4-57

Step 7　用鼠标左键按住图 4-58 中箭头所指的位置，将六边形拖放至参照的交点上，并单击鼠标中键确定。然后标注六边形的尺寸如图 4-59 所示。

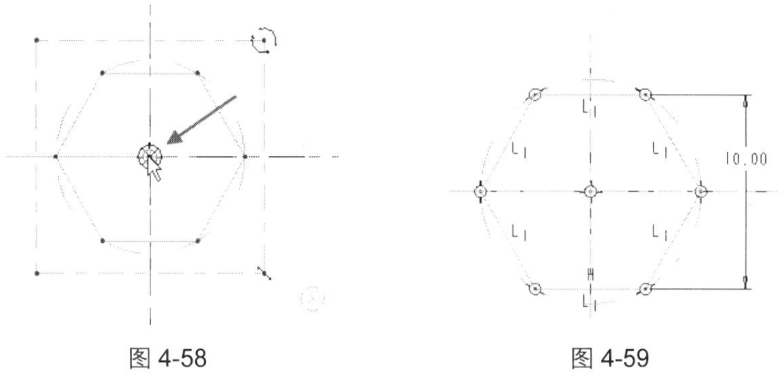

图 4-58　　　　图 4-59

Step 8　单击✓按钮退出扫描截面草图绘制环境，在“伸出项：扫描”对话框中单击“确定”按钮完成扫描特征的创建，结果如图 4-48 所示。

4.3.2　扫描特征类型

从图 4-60 中可以看出扫描特征可以分为伸出项、薄板伸出项、切口、薄板切口、曲面、曲面修剪以及薄曲面修剪，共 7 种类型。比较常用的是扫描伸出项特征、扫描切口特征以及扫描曲面特征。

另外，扫描特征的轨迹可以分为封闭型和开放型两种。当扫描轨迹为封闭时，系统弹出如图 4-61 所示的菜单管理器。

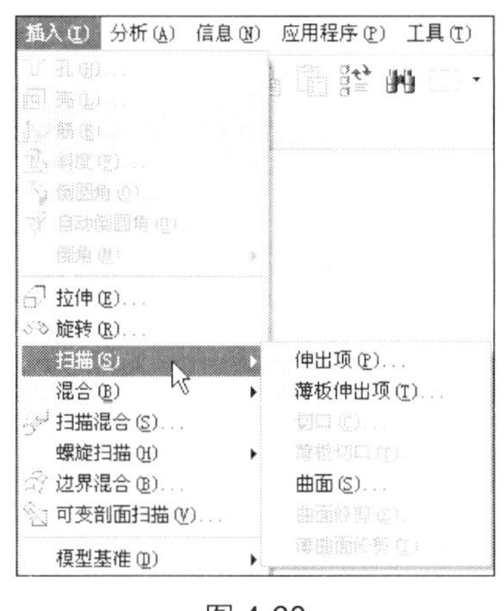

图 4-60

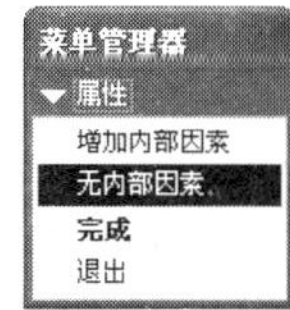

图 4-61

菜单管理器中提供了“增加内部因素”和“无内部因素”两个“属性”选项，选择“属性”选项为“增加内部因素”，可以增加内部因素。由于增加内部因素可以弥补上下表面形成封闭模型，所以其扫描截面草图只能是开放的，并且开口必须朝向轨迹内部，其扫描结果如图 4-62 所示。

如果选择“无内部因素”选项，则系统不会弥补上下表面，在创建扫描伸出项特征时就只能使用封闭型截面草图，扫描结果如图 4-63 所示。

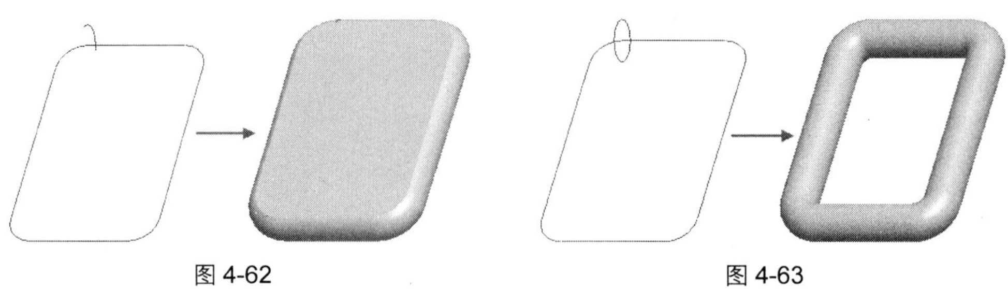

图 4-62　　　　图 4-63

而在创建扫描曲面特征和扫描薄板特征时，扫描截面草图既可以是封闭的，也可以是开放的。图 4-64 所示的就是无内部因素的扫描曲面特征。

在创建扫描曲面特征时，如果扫描轨迹是开放的，则系统会弹出如图 4-65 所示菜单管理器。

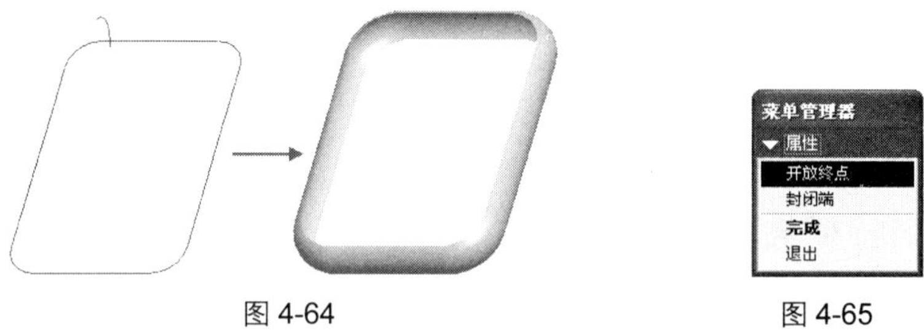

图 4-64　　　　图 4-65

在菜单管理器中系统提供了“开放终点”和“封闭端”两个“属性”选项，选择“属性”选项为“开放终点”，系统就不会封闭扫描曲面特征的端面。扫描结果如图 4-66 所示。

如果选择“属性”选项为“封闭端”，则系统将会自动封闭扫描曲面特征的端面，而且此时的扫描截面草图必须是封闭的。扫描结果如图 4-67 所示。

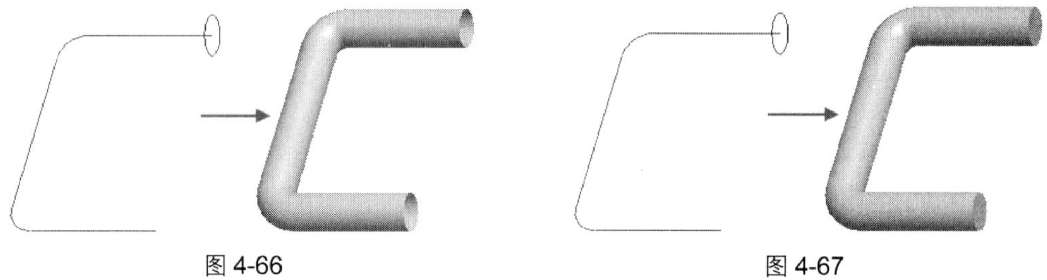

图 4-66　　　　图 4-67

另外，需要注意的是，以下几种情况会导致扫描特征创建失败。

（1）轨迹曲线本身自行交叉。

（2）扫描轨迹和截面草图都是开放的（扫描曲面特征除外）。

（3）轨迹中圆弧的曲率半径过小导致扫描截面草图通过困难而使特征自身相交。

4.4 混合特征

混合特征是指按照指定的混合方式，将两个或两个以上的平面截面在其边缘处过度连接成为连续的实体或曲面的特征。混合特征和扫描特征一样也包含 7 种类型：混合伸出、混合薄伸出、混合切口、混合薄壁切口、混合曲面、混合曲面修剪和混合薄曲面修剪，如图 4-68 所示。

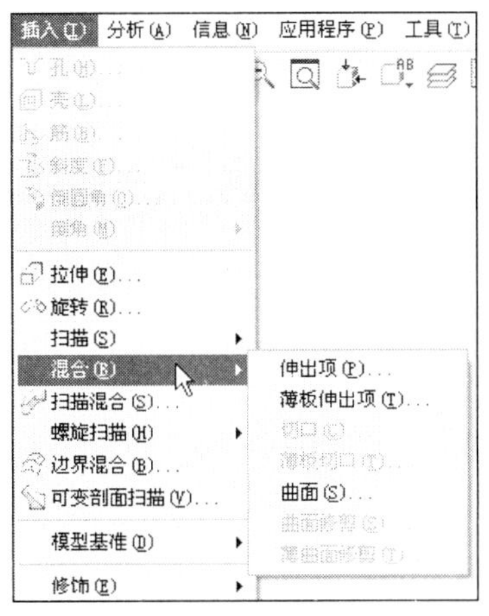

图 4-68

除了上述 7 种混合类型以外，混合特征还有以下 3 种混合方式。

1. 平行混合

所有混合截面都位于截面草绘中的多个平行平面中，如图 4-69 和图 4-70 所示。

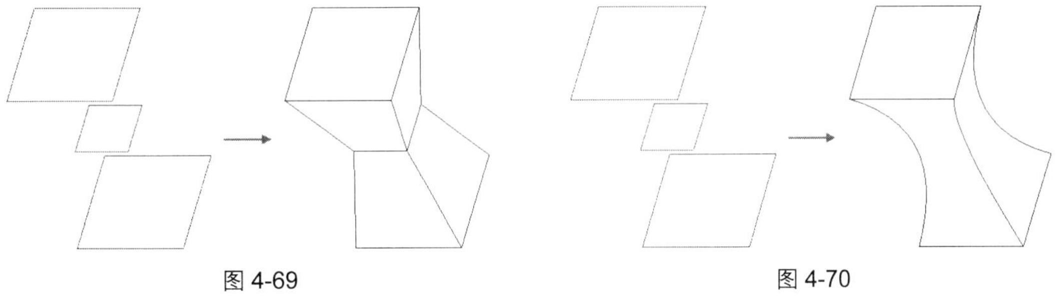

图 4-69　　　　图 4-70

2. 旋转混合

混合截面围绕基准坐标系的 Y 轴旋转，最大旋转角度为 120°，如图 4-71 所示。

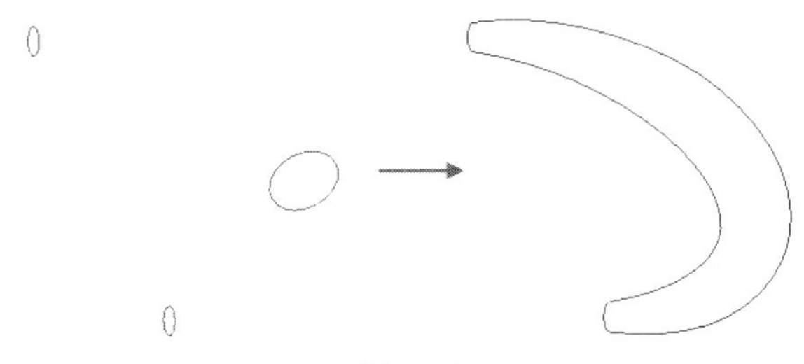

图 4-71

3. 一般混合

一般混合的截面可以围绕基准坐标系的 X、Y 和 Z 轴旋转，也可以沿着这 3 个轴平移，如图 4-72

所示。

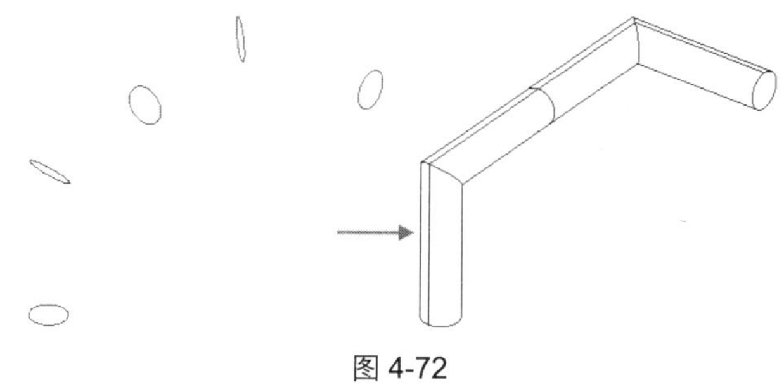

图 4-72

4.4.1 创建平行混合特征

下面通过创建如图 4-73 所示的马蹄形工件实体模型介绍平行混合特征的创建方法。

平行混合特征的创建方法比较简单，首先选定草绘平面，然后绘制两个或两个以上的混合截面草图，最后设定各个混合截面草图之间的距离即可完成平行的混合特征的创建。需要注意的是，每个混合截面草图中图元数量都必须始终保持相同。另外，各混合截面草图中的起始点位置会对平行混合特征的创建结果产生影响。

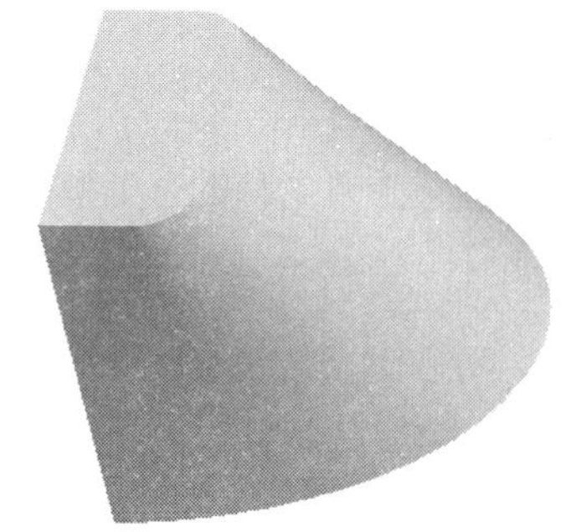

图 4-73

具体操作步骤如下。

1. 新建一个零件文件

Step 1 在“文件”工具栏中单击“新建”按钮，在开启的“新建”对话框中选择文件类型为“零件”，输入文件名为 blend01，并取消“使用缺省模板”复选框的选取，如图 4-74 所示。

Step 2 单击“确定”按钮，开启如图 4-75 所示的“新文件选项”对话框，选择模板类型为 mmns_part_solid，然后单击“确定”按钮，进入零件建模环境。

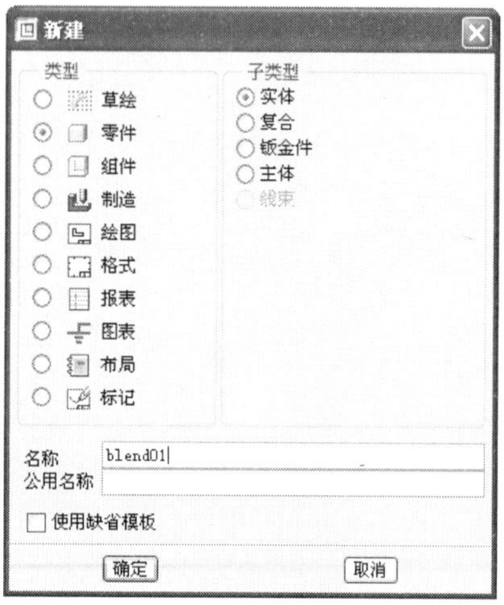

图 4-74

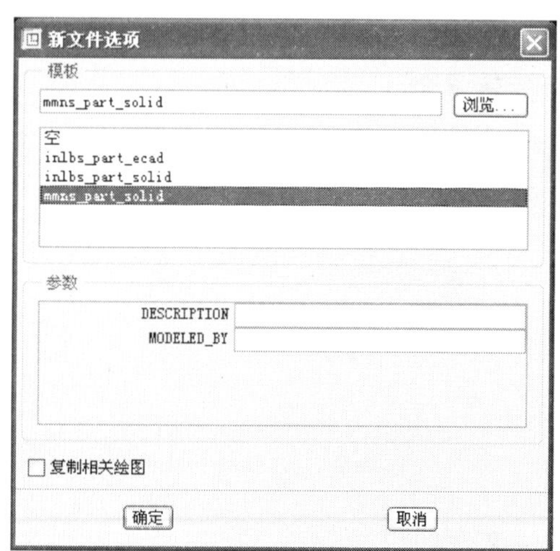

图 4-75

2. 通过平行混合创建一个实体

Step 1　执行"插入 | 混合 | 伸出项"下拉菜单命令，开启如图 4-76 所示的菜单管理器，接受系统默认的"混合选项"选项为"平行"、"规则截面"和"草绘截面"，然后执行"完成"命令确定。

Step 2　接受菜单管理器中系统默认的"属性"选项为"直的"，并执行"完成"命令确定，如图 4-77 所示。

Step 3　选择 TOP 基准平面为草绘平面，TOP 基准平面上显示出系统默认的草绘平面方向，如图 4-78 所示。

图 4-76

图 4-77

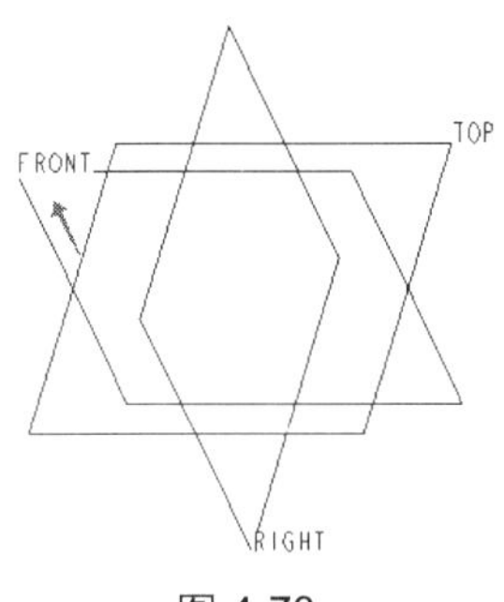

图 4-78

Step 4　在菜单管理器中执行"正向"命令接受系统默认的草绘平面方向，然后执行"默认"命令进入草图绘制环境，如图 4-79 所示。

Step 5　单击"草绘器工具"工具栏中的"矩形"按钮□和"圆角"按钮，绘制如图 4-80 所示截面草图。

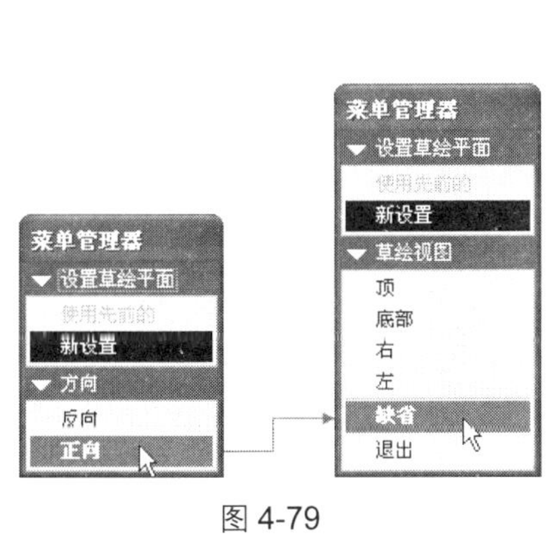

图 4-79

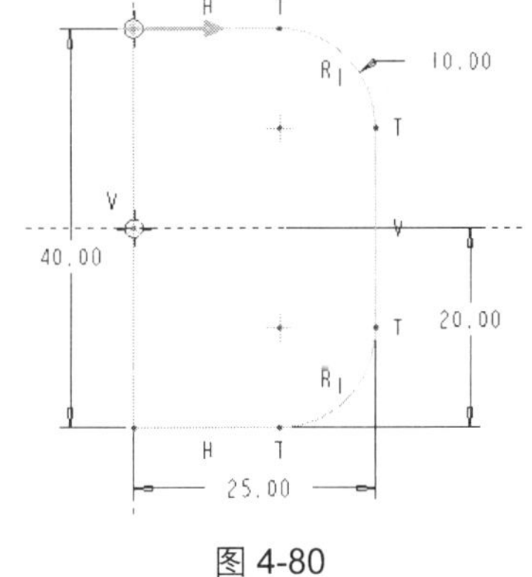

图 4-80

Step 6　执行"草绘 | 特征工具 | 切换剖面"下拉菜单命令，切换第二截面草图绘制环境中，单击"草绘器工具"工具栏中的"圆"按钮○，绘制一个椭圆，尺寸如图 4-81 所示。

> 提示：在草绘平面中单击鼠标右键，然后在弹出的快捷菜单中选择"切换剖面"命令也可以切换剖面。

Step 7　单击"草绘器工具"工具栏中的"显示尺寸"按钮，暂时关闭尺寸显示。然后单击"草绘器工具"工具栏中的"中心线"按钮┆，绘制几条如图 4-82 所示的中心线。

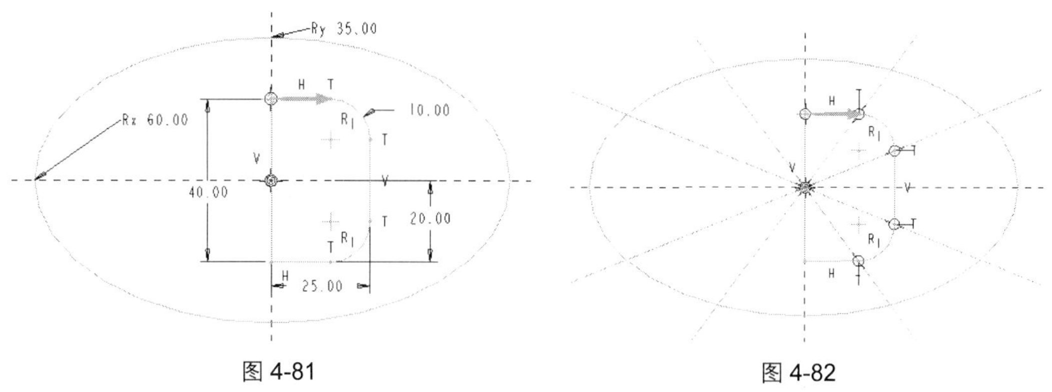

图 4-81　　图 4-82

Step 8　单击“草绘器工具”工具栏中的“分割”按钮，捕捉中心线和椭圆、参照和椭圆的交点对椭圆进行打断，结果如图 4-83 所示。

Step 9　选择垂直参照左侧的椭圆弧，按<Delete>键将其删除，结果如图 4-84 所示。

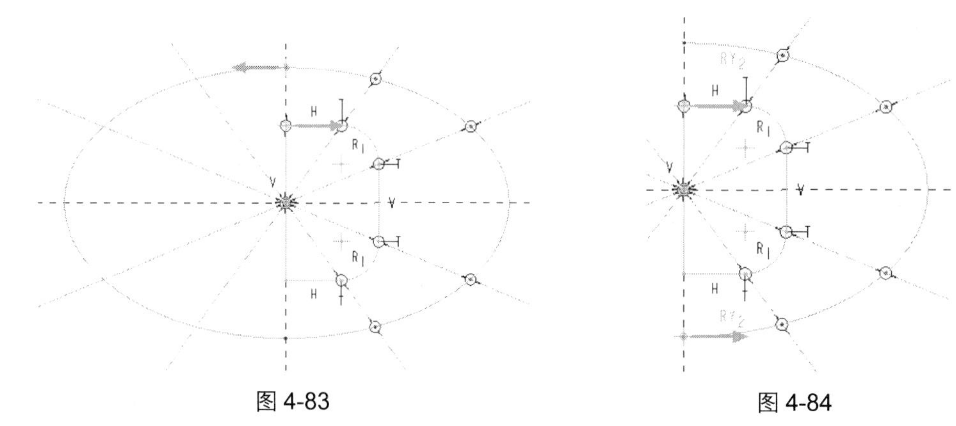

图 4-83　　图 4-84

Step 10　选择图 4-85 中箭头所指的椭圆弧端点，然后单击鼠标右键，在弹出的快捷菜单选择“起始点”命令将此点设定为起始点，结果如图 4-86 所示。

Step 11　单击“草绘器工具”工具栏中的“线”按钮＼，绘制一条如图 4-87 所示的直线。

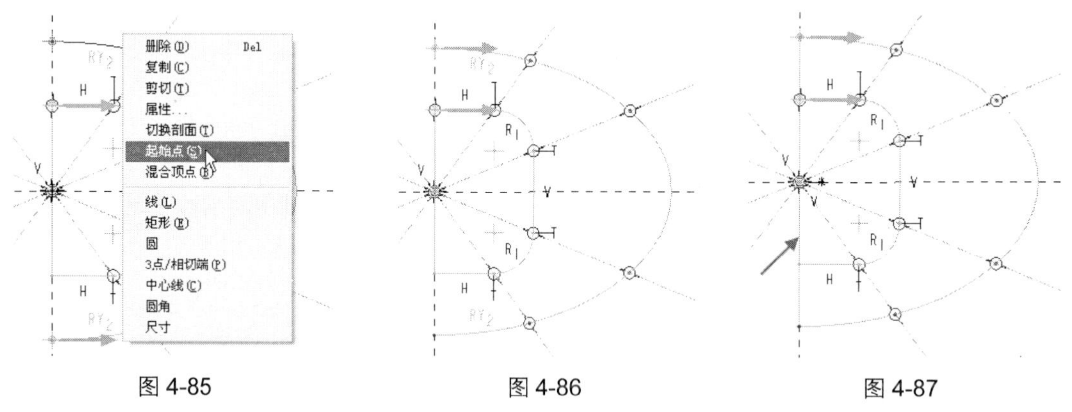

图 4-85　　图 4-86　　图 4-87

Step 12　单击“完成”按钮✓退出草图绘制环境，系统在窗口底部弹出如图 4-88 所示的“输入截面 2 的深度”文本框，输入截面 2 的深度为 50mm，并按<Enter>键确定。

输入截面2的深度 50

图 4-88

Step 13　在“伸出项：混合，平行....”对话框中单击“确定”按钮，完成平行混合特征的创建，结果如图 4-89 所示。

Step 14　在模型树中选择刚刚创建的混合特征标示并单击鼠标右键，然后在弹出的快捷菜单中选择“编辑定义”命令，开启如图 4-90 所示的“伸出项：混合，平行...”对话框。

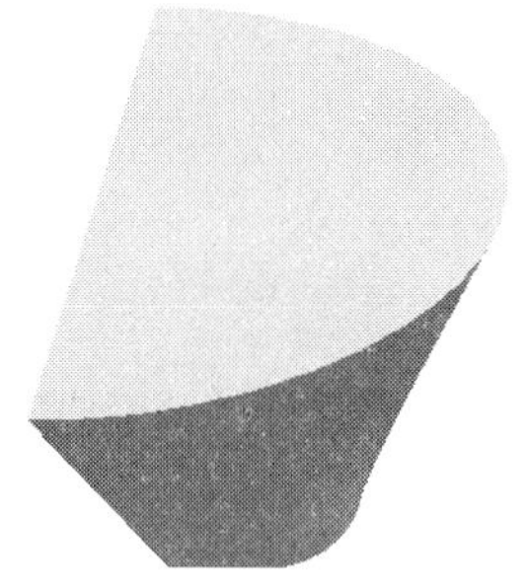

图 4-89

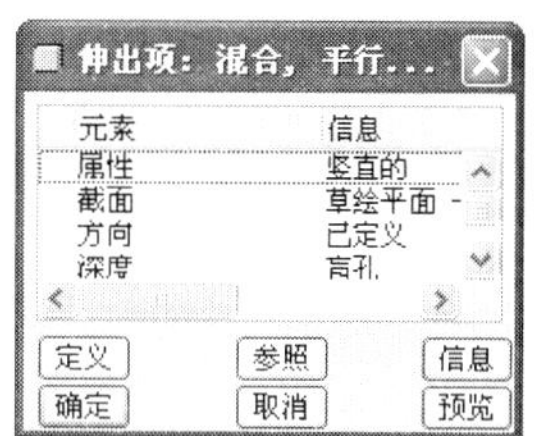

图 4-90

Step 15　在图 4-91 所示的对话框中的“方向”元素，然后在开启的如图 4-91 所示的菜单管理器中选择“方向”选项为“反向”，然后执行“正向”命令确定。

Step 16　单击“伸出项：混合，平行...”对话框中的“确定”按钮，完成对平行混合特征的修改，结果如图 4-73 所示。

通过前面的实例操作，我们了解了平行混合特征的创建方法，接下来需要了解影响平行混合特征创建结果的几个因素。

1. 每个截面草图中的图元数必须相等

在某些情况下，绘制的截面草图中图元不相等，例图 4-92 所示的一个五边形截面和一个三角形截面。

图 4-91

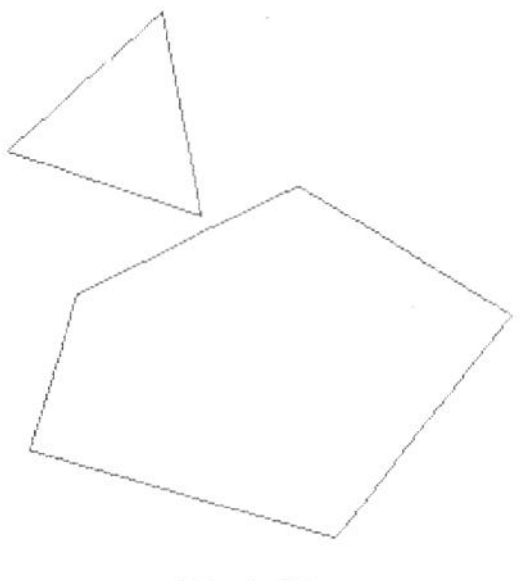

图 4-92

在截面草图本身图元不相等的情况下，用户可以手动添加混合顶点完成平行混合。具体操作方法如下。

执行“草绘 | 特征工具 | 切换剖面”下拉菜单命令，进入图元相对较少的草绘截面，选择一个图元端点，如图 4-93 所示。然后执行“绘图 | 特征工具 | 混合顶点”下拉菜单命令，系统将在用户选择的图元端点上添加一个混合顶点，如图 4-94 所示。

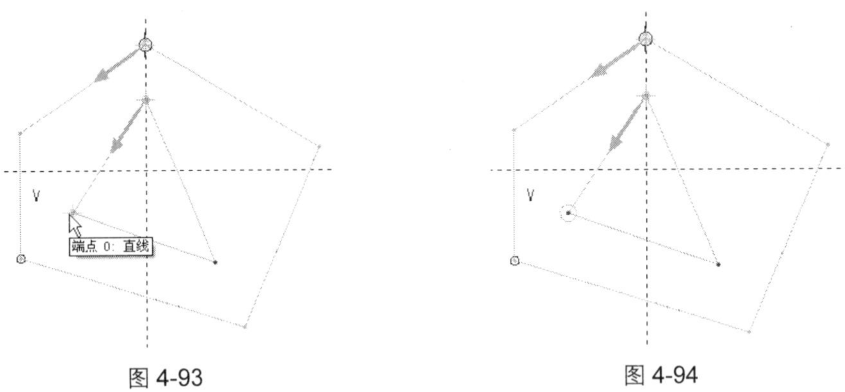

图 4-93　　图 4-94

同样，在如图 4-95 所示的顶点处也添加一个混合顶点，这样两个草绘截面的图元就相等了。单击“完成”按钮✓完成退出草图绘制环境，平行混合特征创建结果如图 4-96 所示。

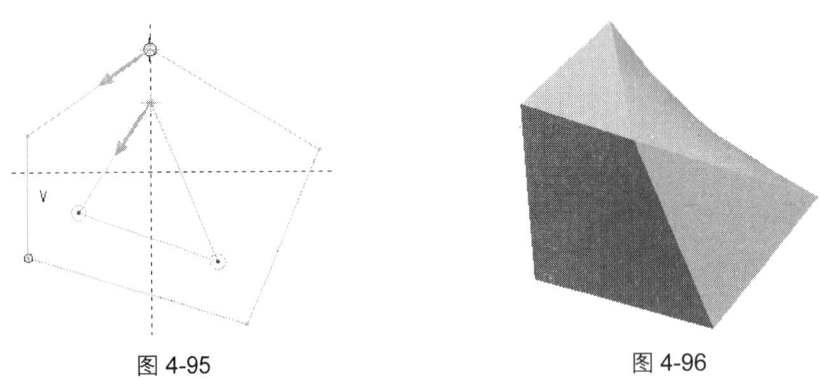

图 4-95　　图 4-96

2. 每个草绘截面的起始点的设定

另外一个影响平行混合特征结果的因素就是每个草绘截面上的起始点，起始点放置的不同会形成不同的平行混合结果，如图 4-97 和图 4-98 所示。

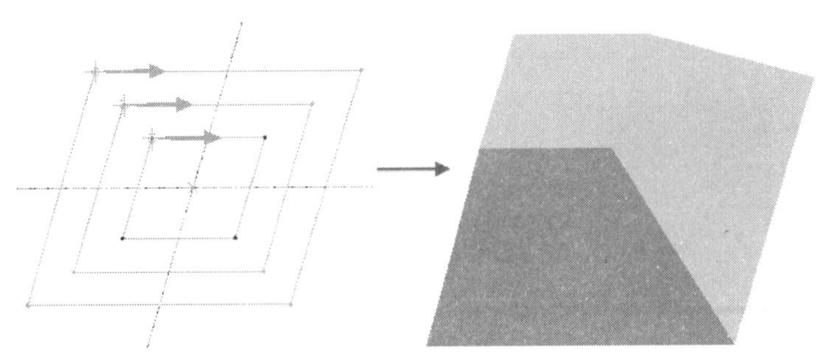

图 4-97

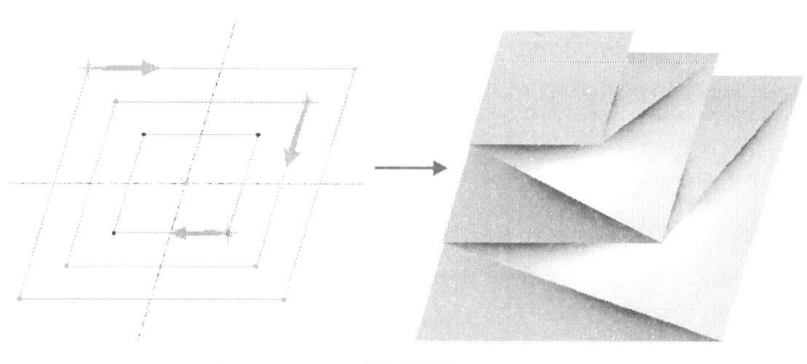

图 4-98

> 提示：想要改变草绘截面的起始点，只要选择想要将其设置为起始点的图元端点，然后执行“草绘｜特征工具｜起始点”下来菜单命令，就可以将其设定为起始点。

3. 平行混合特征各个截面间的过渡方式

菜单管理器中“属性”选项“直的”和“光滑”决定了平行混合特征的各个截面的不同的过渡方式，图 4-99 所示为“直的”过渡方式，图 4-100 所示为“光滑”过渡方式。

图 4-99

图 4-100

4.4.2 创建旋转混合特征

下面通过创建如图 4-101 所示的弯管接头零件实体模型介绍旋转混合特征的创建方法。

弯管接头两端的法兰可以用拉伸特征来创建，中间弯管部分可以用旋转混合特征创建。在创建旋转混合特征时，首先选定草绘平面绘制第一个混合截面草图，完成后设定第二个混合截面草图相对于第一个截面草图的旋转角度并绘制第二个截面草图，以此类推绘制其他混合截面草图。每个混合截面草图中都需要设定一个坐标系，系统将以此坐标系中的 Y 轴作为混合截面旋转的旋转轴。

具体操作步骤如下。

图 4-101

1. 新建一个零件文件

Step 1 在“文件”工具栏中单击“新建”按钮，在开启的“新建”对话框中选择文件类型为“零件”，输入文件名为 blend02，并取消“使用缺省模板”复选框的选取，如图 4-102 所示。

Step 2 单击“确定”按钮，开启如图 4-103 所示的“新文件选项”

对话框，选择模板类型为 mmns_part_solid，然后单击“确定”按钮，进入零件建模环境。

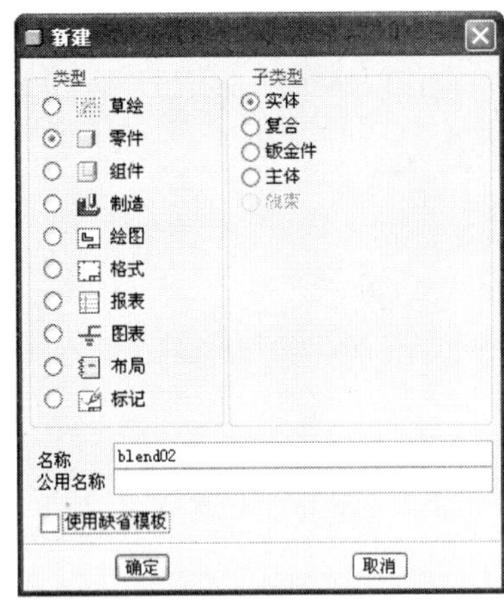

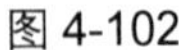

图 4-102

图 4-103

2. 通过旋转混合创建弯管

Step 1 执行“插入 | 混合 | 薄板伸出项”下拉菜单命令，然后在如图 4-104 所示的菜单管理器中选择“混合选项”选项为“旋转的”和“规则截面”，并执行“完成”命令确定。

Step 2 在菜单管理器中选择“属性”选项为“光滑”和“开放”，并执行“完成”命令确定，如图 4-105 所示。

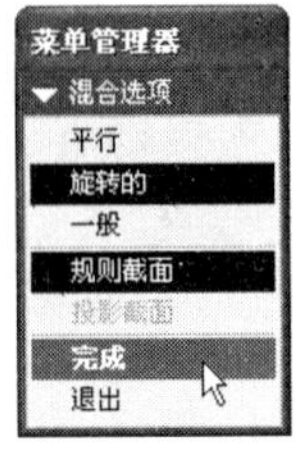

图 4-104

图 4-105

Step 3 选择 TOP 基准平面为草绘平面，TOP 基准平面上显示出系统默认的草绘平面方向，如图 4-106 所示。

Step 4 在菜单管理器中执行“正向”命令接受系统默认的草绘平面方向，然后执行“缺省”命令进入草图绘制环境，如图 4-107 所示。

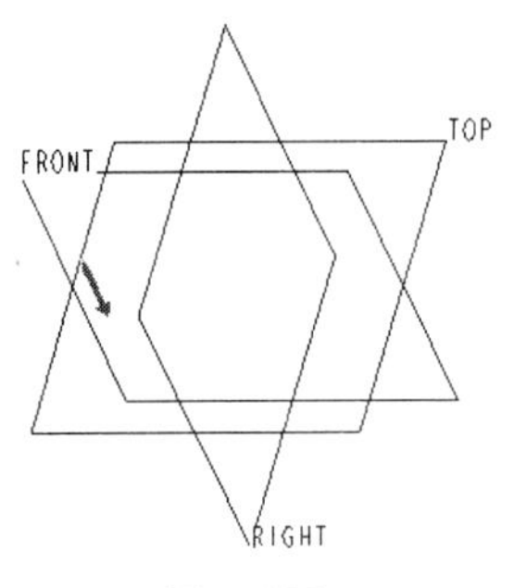

图 4-106

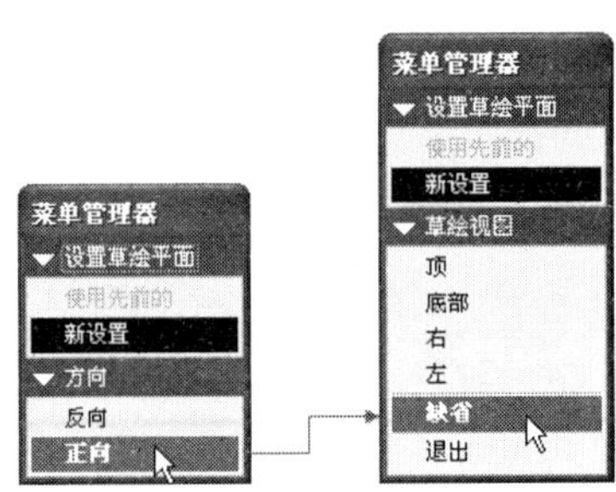

图 4-107

Step 5 执行“草绘 | 坐标系”下拉菜单命令，然后在将坐标系放置在水平参照上，坐标系距离参照中心点为200mm，如图4-108所示。

Step 6 单击“草绘器工具”工具栏中的“圆”按钮○，绘制如图4-109所示的圆。

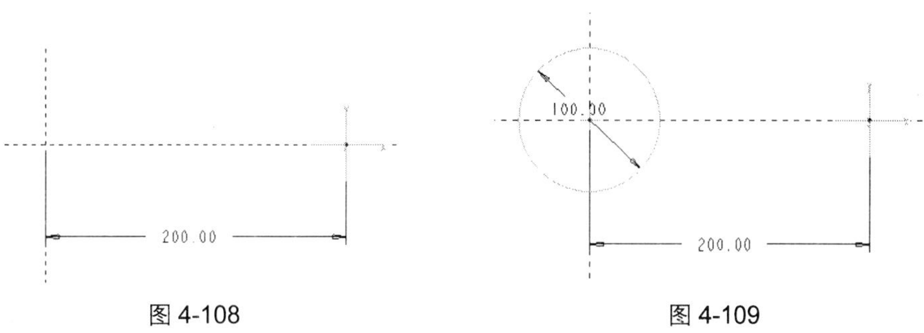

图4-108　　图4-109

Step 7 单击“完成”按钮✓完成截面草图的绘制，系统开启如图4-110所示的菜单管理器，同时草绘平面中出现一个红色箭头，该箭头所指的方向是薄壁加厚的侧，如图4-110和图4-111所示。

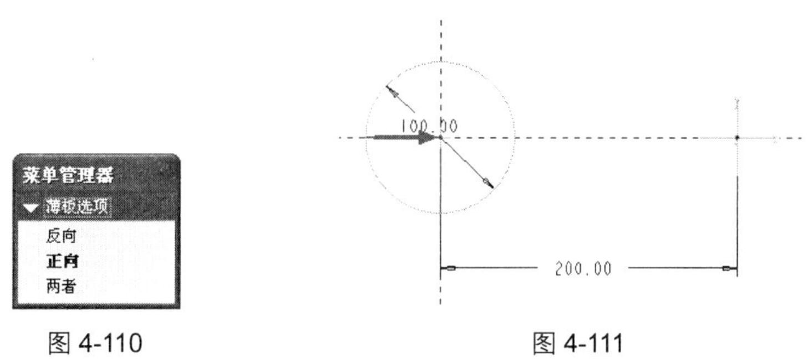

图4-110　　图4-111

Step 8 在菜单管理器中执行“正向”命令接受系统默认的方向，消息区将出现截面2的角度值文本框，如图4-112所示，按<Enter>键确定接受系统默认的45°，系统弹出的另一个分离窗口供用户绘制下一截面。

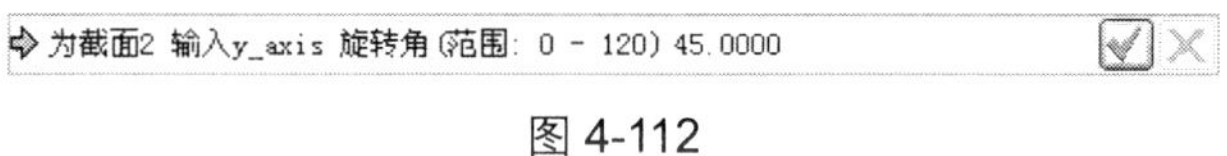

图4-112

Step 9 执行“草绘 | 坐标系”下拉菜单命令，在绘图区中任意位置放置一个坐标系。然后单击“草绘器工具”工具栏中的“中心线”按钮¦，绘制一条过坐标系原点的水平中心线，如图4-113所示。

Step 10 单击“草绘器工具”工具栏中的“圆”按钮○，绘制一个如图4-114所示的圆。

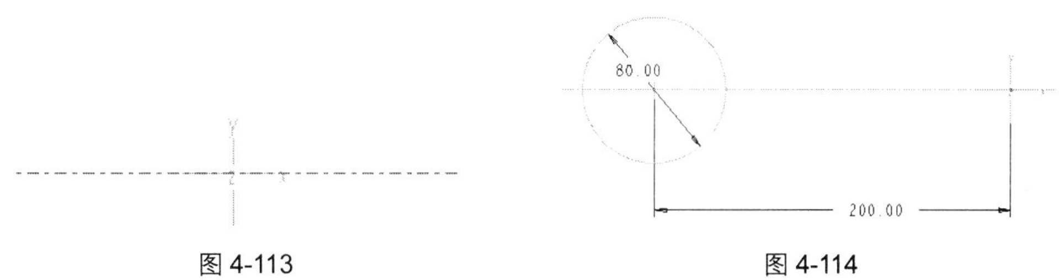

图4-113　　图4-114

Step 11 单击“完成”按钮✔完成截面草图的绘制，然后在菜单管理器中执行“正向”命令接受系统默认的厚度侧方向，消息区将提示用户是否继续绘制下一截面，如图 4-115 所示。

继续下一截面吗? (Y/N): 是 否

图 4-115

Step 12 单击“是”按钮继续绘制下一截面，消息区将出现截面 3 的角度值文本框，如图 4-116 所示。

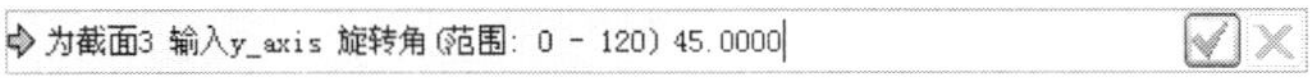

为截面3 输入y_axis 旋转角 (范围: 0 - 120) 45.0000

图 4-116

Step 13 按<Enter>键确定接受系统默认的 45°，系统将再显示一个分离窗口供用户绘制第三个截面。用同样的方法绘制第三个截面草图。结果如图 4-117 所示。

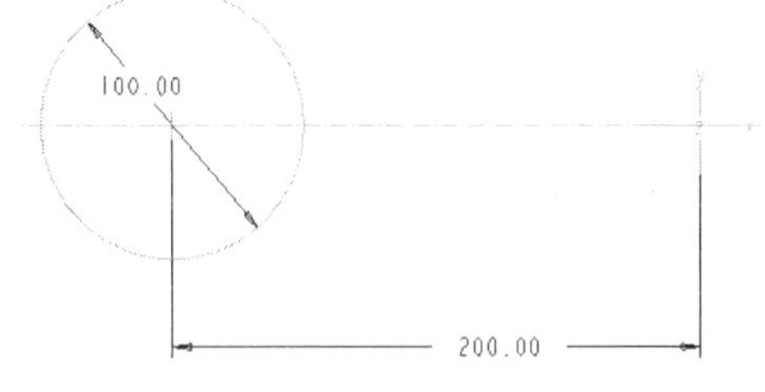

图 4-117

Step 14 单击“完成”按钮✔完成截面草图的绘制，然后在菜单管理器中执行“正向”命令接受系统默认的厚度侧方向，同时消息区提示用户是否继续绘制下一截面。单击“否”按钮结束混合截面草图绘制。

Step 15 在消息区中出现如图 4-118 所示的厚度值文本框中输入 10mm，按<Enter>键确定，完成薄板厚度的设置。

输入薄特征的宽度 10

图 4-118

Step 16 单击“伸出项：混合，薄板...”对话框中的“确定”按钮，完成扫描薄板伸出特征的创建，结果如图 4-119 所示。

3. 通过拉伸创建弯管法兰

Step 1 单击“基础特征”工具栏中的“拉伸工具”按钮，选择如图 4-120 所示模型端面为草绘基准面，然后选择 FRONT 基准面为顶部参照，单击“草绘”按钮进入草图绘制环境。进入草图绘制环境后，再选择 TOP 基准面为参照基准面。

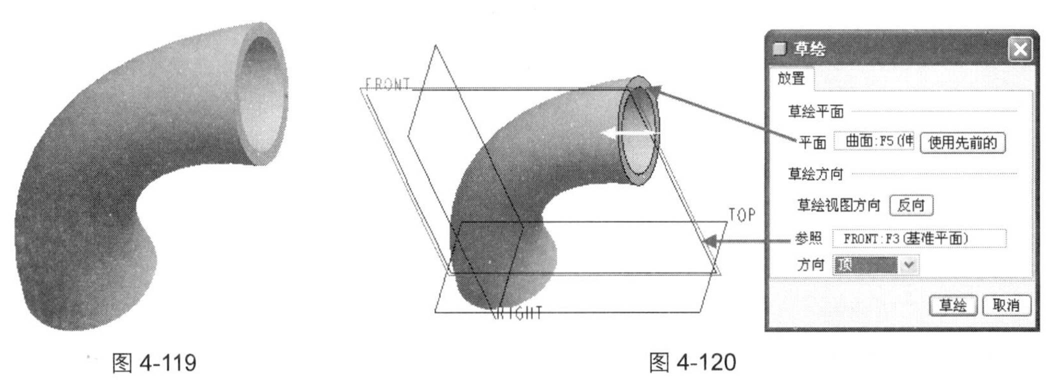

图 4-119　　图 4-120

Step 2 单击“草绘器工具”工具栏中的“中心线”按钮和“圆”按钮○，绘制如图 4-121

所示的截面草图。

Step 3　单击“完成”按钮✓退出草图绘制环境，在“拉伸”命令控制面板中设定拉伸厚度为 10mm，并单击“反向”按钮 调整拉伸方向，拉伸预览如图 4-122 所示。单击✓按钮，完成拉伸特征的创建，结果如图 4-123 所示。

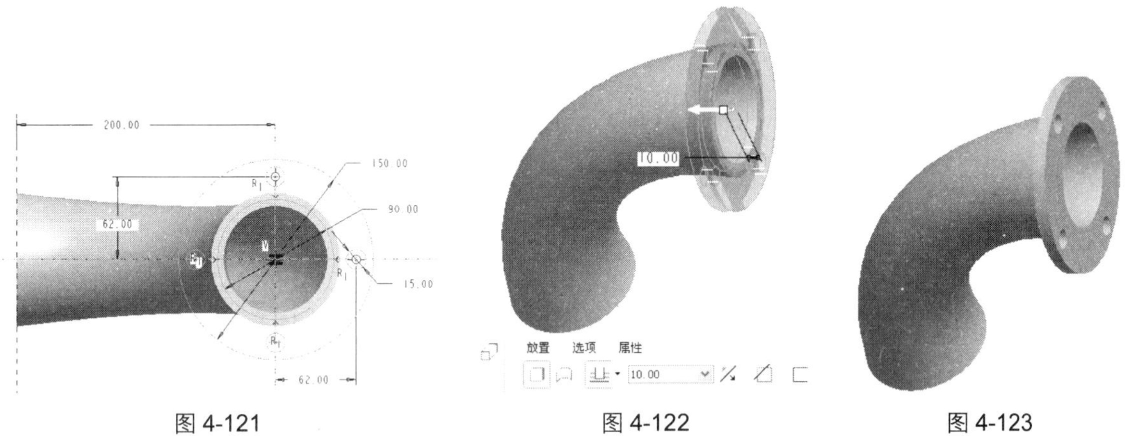

图 4-121　　图 4-122　　图 4-123

Step 4　用同样的方法在弯管的另一端面上创建另一个法兰，最终完成弯管接头实体模型的创建，如图 4-101 所示。

4.4.3　创建一般混合特征

下面通过创建如图 4-124 所示的弯管零件实体模型介绍一般混合特征的创建方法。

一般混合是 3 种混合方式中使用最灵活、功能最强的混合方式，参与混合的截面草图可沿着相对坐标系的 X、Y、Z 轴旋转或平移，其基本操作步骤和旋转混合的操作步骤相同。

具体操作步骤如下。

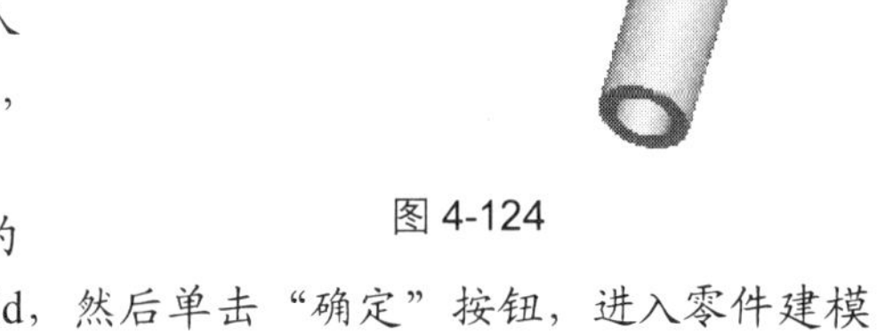

图 4-124

1. 新建一个零件文件

Step 1　在“文件”工具栏中单击“新建”按钮，在开启的“新建”对话框中选择文件类型为“零件”，输入文件名为 blend03，并取消“使用缺省模板”复选框的选取，如图 4-125 所示。

Step 2　单击“确定”按钮，开启如图 4-126 所示的“新文件选项”对话框，选择模板类型为 mmns_part_solid，然后单击“确定”按钮，进入零件建模环境。

2. 通过一般混合创建弯管

Step 1　执行“插入 | 混合 | 薄板伸出项”下拉菜单命令，然后在出现的菜单管理器中选择“混合选项”选项为“一般”和“规则截面”，然后执行“完成”命令确定，如图 4-127 所示。

Step 2　在菜单管理器中选择“属性”选项为“直的”，然后执行“完成”命令确定，如图 4-128 所示。

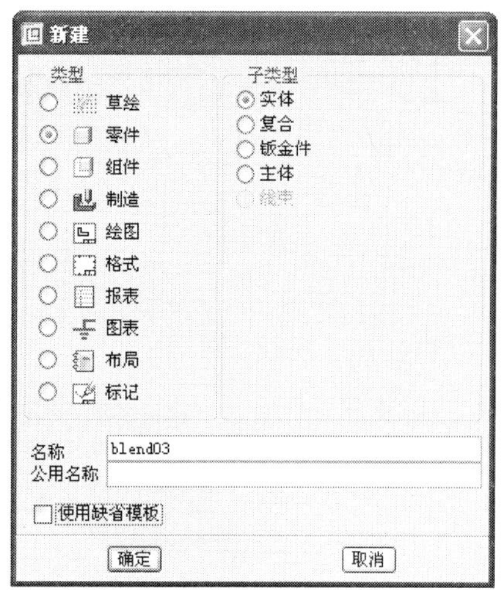

图 4-125

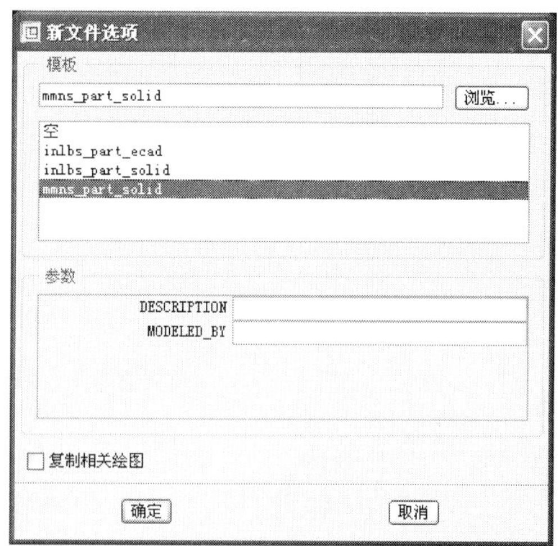

图 4-126

图 4-127

图 4-128

Step 3 选择TOP基准平面为草绘平面，TOP基准平面上显示出系统默认的草绘平面方向，如图4-129所示。

Step 4 在菜单管理器中执行“正向”命令接受系统默认的草绘平面方向，然后执行“缺省”命令进入草图绘制环境，如图4-130所示。

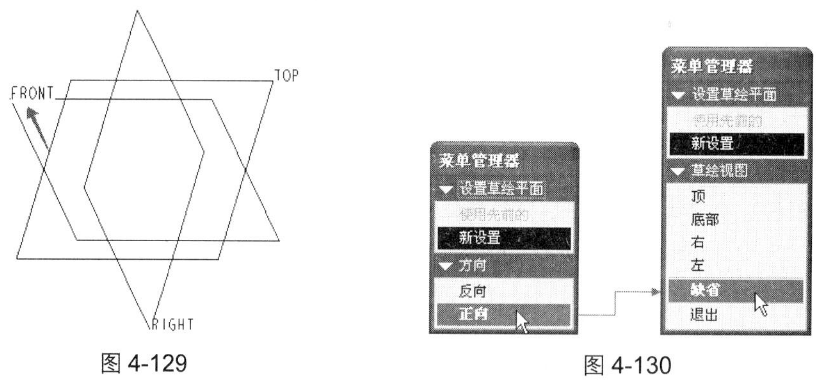

图 4-129

图 4-130

Step 5 执行“草绘 | 坐标系”下拉菜单命令，将坐标系放置在参照交点处，然后单击“草绘器工具”工具栏中的“圆”按钮○，绘制一个直径为100mm的圆，如图4-131所示。

Step 6 单击“完成”按钮✓完成截面草图绘制，然后在开启的菜单管理器中执行“正向”命令接受系统默认的薄壁加厚侧。

Step 7　在消息区底部出现的截面 2 的旋转角度文本输入框中输入截面 2 绕 X、Y、Z 轴旋转的角度，如图 4-132 所示。

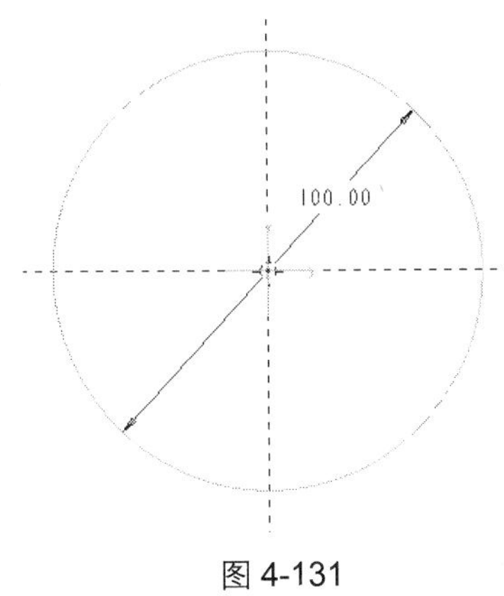

图 4-131

➪给截面2 输入 x_axis旋转角度 (范围:+-120)　0.00
➪给截面2 输入 y_axis旋转角度 (范围:+-120)　45
➪给截面2 输入 z_axis旋转角度 (范围:+-120)　0.00

图 4-132

Step 8　在弹出的新窗口中执行“草绘 | 坐标系”下拉菜单命令，在绘图区中任意放置坐标系。然后单击“草绘器工具”工具栏中的“椭圆”按钮○，以坐标系原点为圆心绘制如图 4-133 所示的椭圆。

Step 9　单击“完成”按钮✔完成截面草图绘制，然后在开启的菜单管理器中执行“正向”命令，接受系统默认的薄壁加厚侧。

Step 10　在消息区底部出现的截面 3 的旋转角度文本输入框中输入截面 3 绕 X、Y、Z 轴旋转的角度，如图 4-134 所示。

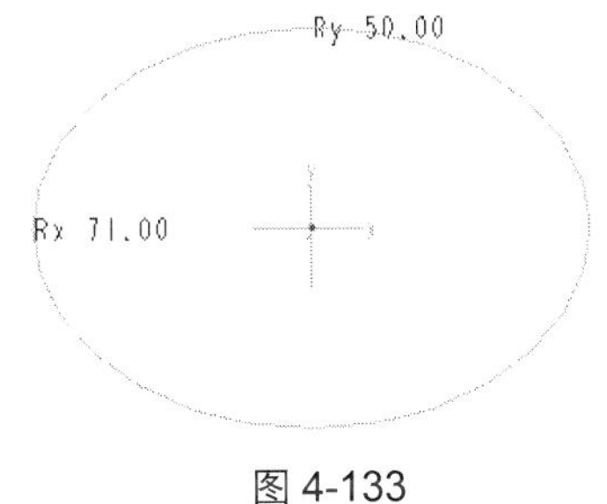

图 4-133

➪继续下一截面吗? (Y/N):　是
➪给截面3 输入 x_axis旋转角度 (范围:+-120)　0.00
➪给截面3 输入 y_axis旋转角度 (范围:+-120)　45
➪给截面3 输入 z_axis旋转角度 (范围:+-120)　0.00

图 4-134

Step 11　在弹出的新窗口中执行“草绘 | 坐标系”下拉菜单命令，在绘图区中任意放置坐标系。然后单击“草绘器工具”工具栏中的“中心线”按钮┆和“圆”按钮○，绘制如图 4-135 所示的水平中心线和圆。

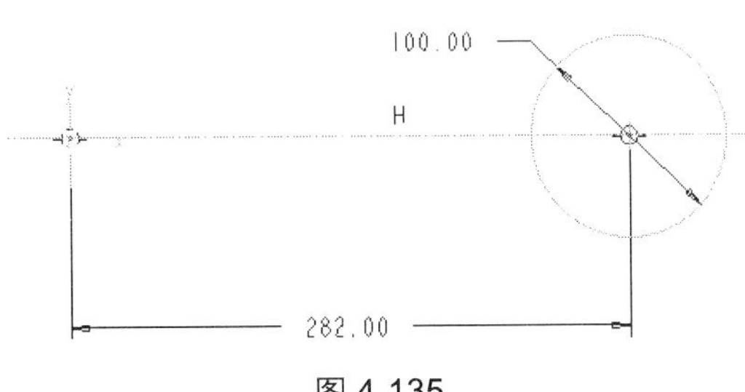

图 4-135

Step 12 单击“完成”按钮✔完成截面草图绘制，然后在开启的菜单管理器中执行“正向”命令，接受系统默认的薄壁加厚侧。

Step 13 在消息区底部出现的截面 4 的旋转角度文本输入框中输入截面 4 绕 X、Y、Z 轴旋转的角度，如图 4-136 所示。

Step 14 在弹出的新窗口中执行“草绘 | 坐标系”下拉菜单命令，在绘图区中任意放置坐标系。然后单击“草绘器工具”工具栏中的“中心线”按钮┆和“椭圆”按钮⬭，绘制如图 4-137 所示的中心线和椭圆。

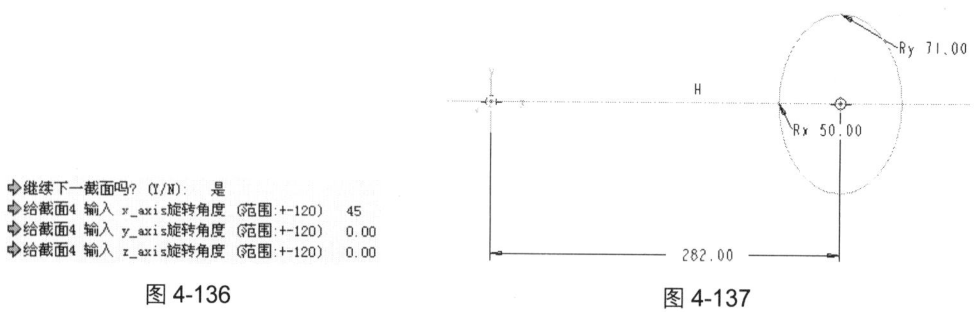

图 4-136　　图 4-137

Step 15 单击“完成”按钮✔完成截面草图绘制，然后在开启的菜单管理器中执行“正向”命令，接受系统默认的薄壁加厚侧。

Step 16 在消息区底部出现的截面 5 的旋转角度文本输入框中输入截面 5 绕 X、Y、Z 轴旋转的角度，如图 4-138 所示。

⇨继续下一截面吗? (Y/N): 是
⇨给截面5 输入 x_axis旋转角度 (范围:+-120) 45
⇨给截面5 输入 y_axis旋转角度 (范围:+-120) 0.00
⇨给截面5 输入 z_axis旋转角度 (范围:+-120) 0.00

图 4-138

Step 17 在弹出的新窗口中执行“草绘 | 坐标系”下拉菜单命令，在绘图区中任意放置坐标系。然后绘制如图 4-139 所示直径为 100mm 的圆。

Step 18 单击“完成”按钮✔完成截面草图绘制，然后在开启的菜单管理器中执行“正向”命令，接受系统默认的薄壁加厚侧。

Step 19 在消息区底部出现的文本输入框中结束截面的绘制，并设定薄板厚度和各个截面之间距离，参数如图 4-140 所示。

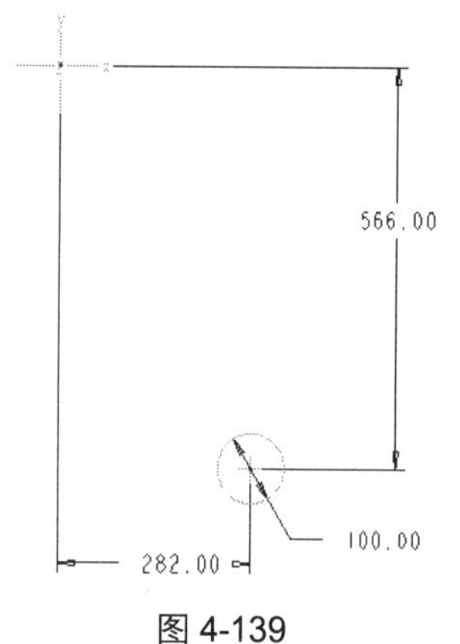

图 4-139

⇨继续下一截面吗? (Y/N): 否
⇨输入薄特征的宽度 20
⇨输入截面2的深度 400
⇨输入截面3的深度 400.0000
⇨输入截面4的深度 400.0000
⇨输入截面5的深度 800

图 4-140

Step 20　单击“伸出项：混合，薄板”对话框中的“确定”按钮，完成一般混合实体特征的建立，结果如图 4-124 所示。

4.5 螺旋扫描特征

螺旋扫描特征是通过沿着用户定义的螺旋轨迹扫描截面草图产生的特征，是一种针对性很强的扫描特征，非常适合创建弹簧类的零件模型，其轨迹由旋转曲面的轮廓与节距定义。操作流程如图 4-141 所示。

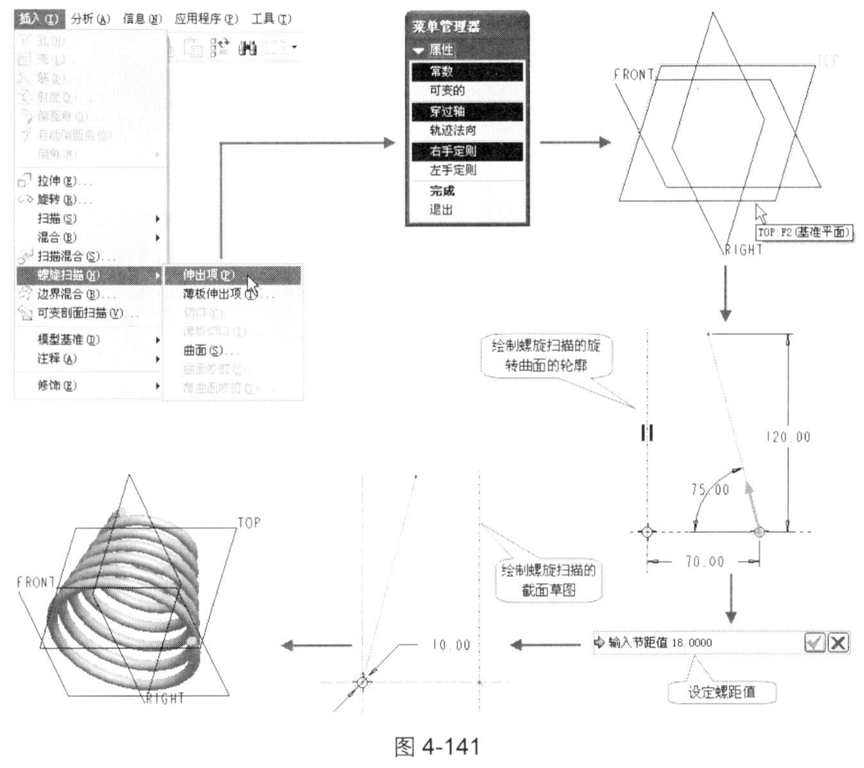

图 4-141

> 提示：旋转曲面的轮廓就是定义螺旋特征的截面原点到其旋转轴的距离，而节距就是螺圈间的距离，在实际工作中称为螺距。

4.5.1　创建恒定节距的螺旋扫描特征

下面通过创建如图 4-142 所示的恒定节距圆柱弹簧实体模型介绍恒定节距的螺旋扫描特征的创建方法。

恒定节距的螺旋扫描特征的创建方法比较简单，首先选定草绘平面绘制旋转曲面的轮廓并设定节距值，然后绘制螺旋扫描的截面草图即可完成恒定节距的螺旋扫描特征的创建。

图 4-142

具体操作步骤如下。

1. 新建一个零件文件

Step 1 在“文件”工具栏中单击“新建”按钮，在开启的“新建”对话框中选择文件类型为“零件”，输入文件名为 helix01，并取消“使用缺省模板”复选框的选取。

Step 2 单击“确定”按钮，在“新文件选项”对话框中选择模板类型为 mmns_part_solid，然后单击“确定”按钮，进入零件建模环境。

2. 通过螺旋扫描创建一个实体

Step 1 执行“插入 | 螺旋扫描 | 伸出项”下拉菜单命令，开启如图 4-143 所示的“伸出项：螺旋扫描”对话框和如图 4-144 所示的菜单管理器。

图 4-143

图 4-144

Step 2 接受菜单管理器中的“属性”选项为“常数”、“穿过轴”、“右手定则”，然后执行“完成”命令确定。

Step 3 选择 FRONT 基准平面为草绘平面，在 FRONT 基准平面上显示出系统默认的草绘平面方向，如图 4-145 所示。

Step 4 在菜单管理器中执行“正向”命令接受系统默认的草绘平面方向，然后执行“缺省”命令进入草图绘制环境，如图 4-146 所示。

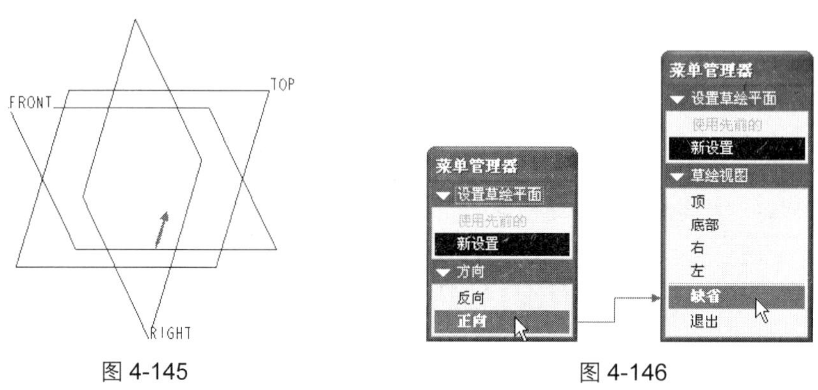

图 4-145　　图 4-146

Step 5 单击“草绘器工具”工具栏中的“中心线”按钮和“线”按钮，绘制如图 4-147 所示的中心线和直线。

Step 6 单击“完成”按钮✓结束草绘，然后在消息区中出现的如图 4-148 所示的节距值文本框中输入 10，按<Enter>键确定。

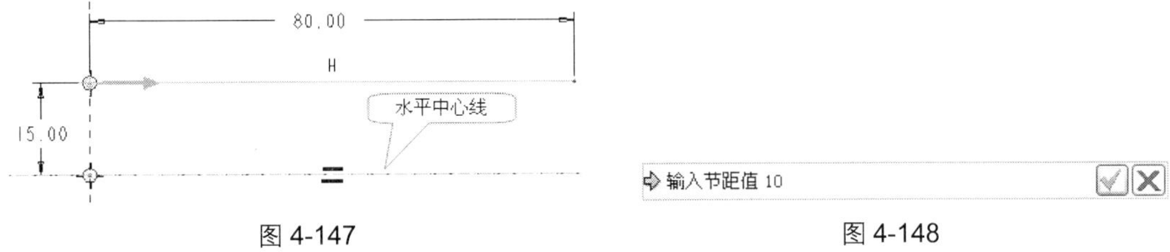

图 4-147　　图 4-148

Step 7　单击“草绘器工具”工具栏中的“圆”按钮○，绘制如图 4-149 所示的螺旋扫描截面草图。

Step 8　单击“完成”按钮✓结束草绘，然后“伸出项：螺旋扫描”对话框中单击“确定”按钮完成螺旋扫描特征的创建，结果如图 4-150 所示。

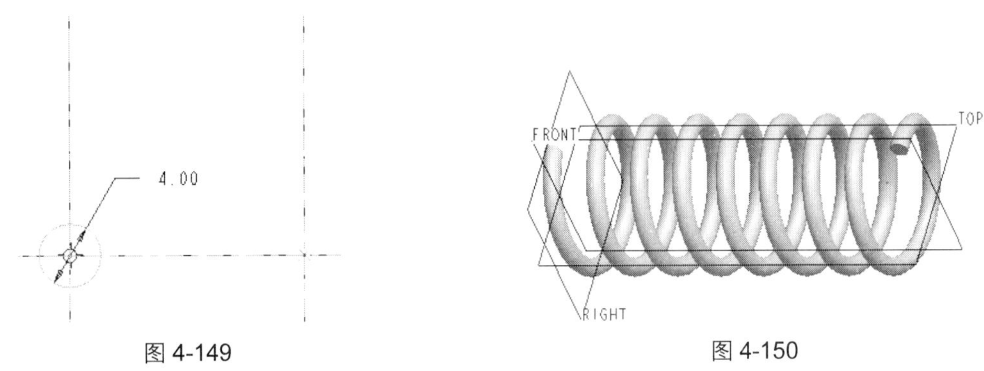

图 4-149　　图 4-150

4.5.2　创建可变节距的螺旋扫描特征

下面通过创建如图 4-151 所示的变节距圆柱弹簧实体模型介绍，可变节距的螺旋扫描特征的创建方法。

可变节距扫描特征的创建方法和恒定节距扫描特征的创建方法类似，同样要先选定草绘平面绘制旋转曲面的轮廓并设定节距值，然后绘制螺旋扫描的截面草图。不同的是，可变节距扫描特征的旋转曲面的轮廓有几个图元段组成，用户可以在每个图元段上定义不同的节距，已达到变节距螺旋扫描的结果。

图 4-151

具体操作步骤如下。

1. 新建一个零件文件

Step 1　在“文件”工具栏中单击“新建”按钮□，在开启的“新建”对话框中选择文件类型为“零件”，输入文件名为 helix02，并取消“使用缺省模板”复选框的选取。

Step 2　单击“确定”按钮，在“新文件选项”对话框中选择模板类型为 mmns_part_solid，然后单击“确定”按钮，进入零件建模环境。

2. 通过螺旋扫描创建一个实体

Step 1　执行“插入 | 螺旋扫描 | 伸出项”下拉菜单命令，开启如图 4-152 所示的“伸出项：螺旋扫描”对话框和如图 4-153 所示的菜单管理器。

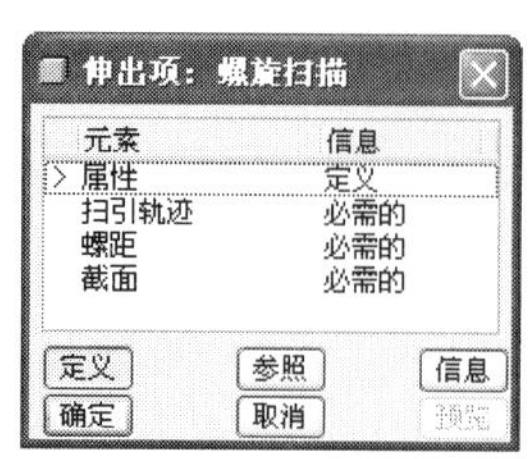

图 4-152

图 4-153

Step 2 接受菜单管理器中的“属性”选项为“常数”、“穿过轴”、“右手定则”，然后执行“完成”命令确定。

Step 3 选择 TOP 基准平面为草绘平面，TOP 基准平面上显示出系统默认的草绘平面方向，如图 4-154 所示。

Step 4 在菜单管理器中执行“正向”命令接受系统默认的草绘平面方向，然后执行“缺省”命令进入草图绘制环境，如图 4-155 所示。

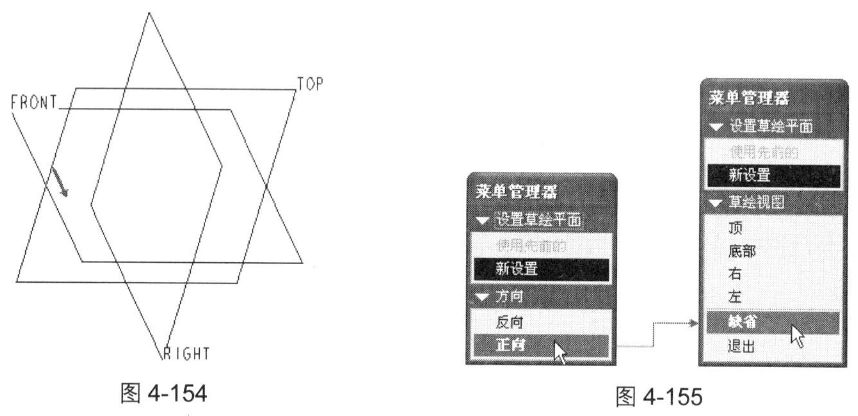

图 4-154　　图 4-155

Step 5 单击“草绘器工具”工具栏中的“中心线”按钮 ¦ 和“线”按钮 ＼，绘制如图 4-156 所示的中心线和直线。

Step 6 单击“草绘器工具”工具栏中的“分割”按钮 ，对上一步绘制的直线进行分割，分割点的尺寸如图 4-157 所示。

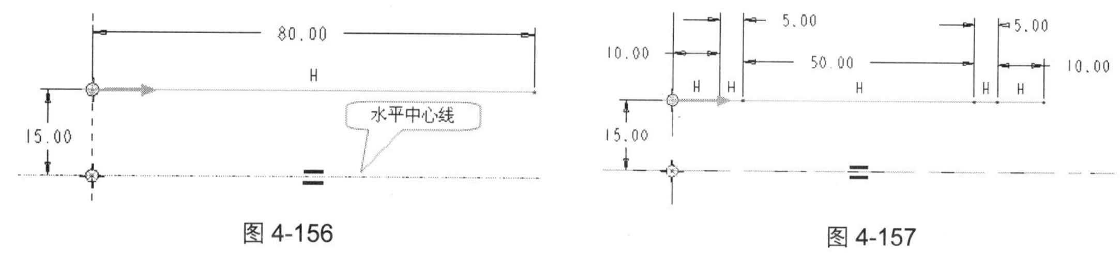

图 4-156　　图 4-157

Step 7 单击“完成”按钮 ✔ 结束草绘，然后在消息区中出现的节距值文本框中输入起始节距和末端节距均为4，按<Enter>键确定。系统弹出一个如图4-158所示的“变节距”示意窗口，显示了当前螺距的变化状态。

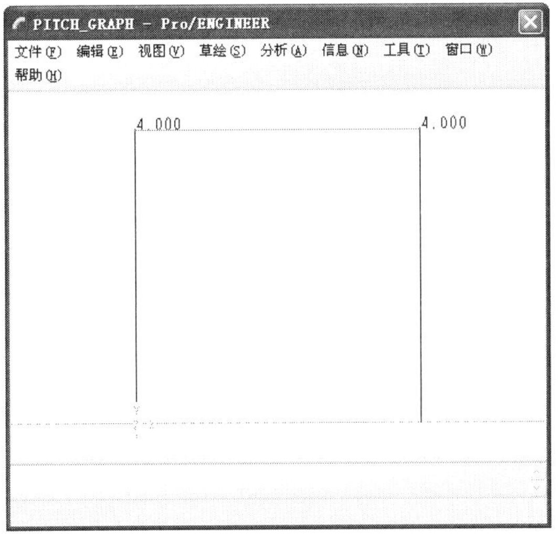

图4-158

Step 8　在草绘平面中单击如图4-159所示的分割点A，在节距值文本框中输入该点的节距值为6；单击分割点B，在节距值文本框中输入该点的节距值为12；单击分割点C，在节距值文本框中输入该点的节距值为12；单击分割点D，在节距值文本框中输入该点的节距值为6。完成设置后，在“变节距”示意窗口中将显示出编辑后的螺距变化状态，如图4-160所示。

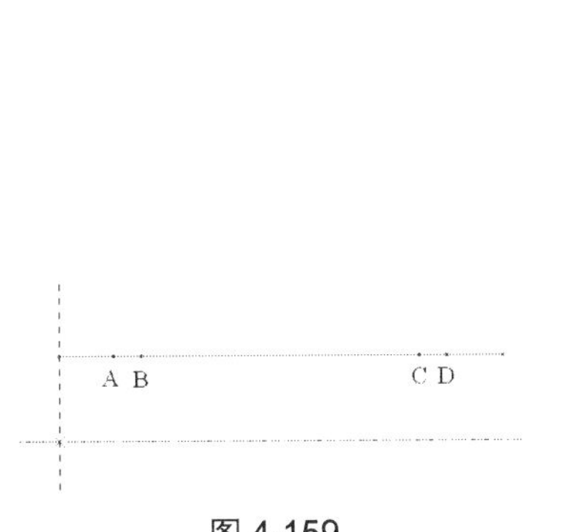

图4-159

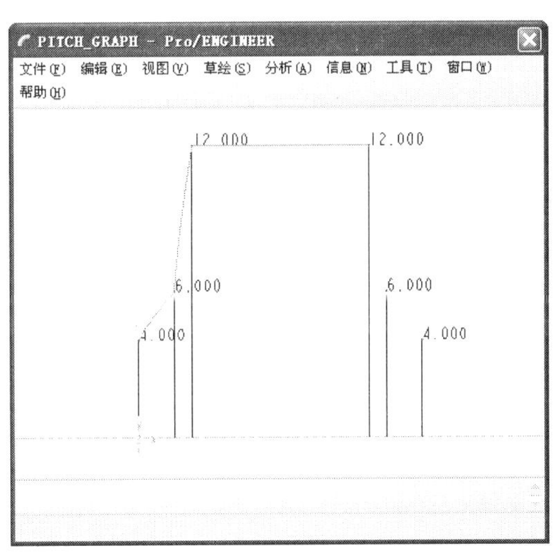

图4-160

Step 9　单击“完成”按钮✓结束草绘，然后在菜单管理器中执行“完成/返回”和“完成”命令，如图4-161所示。

Step 10　单击“草绘器工具”工具栏中的“圆”按钮○，绘制如图4-162所示的螺旋扫描截面草图。

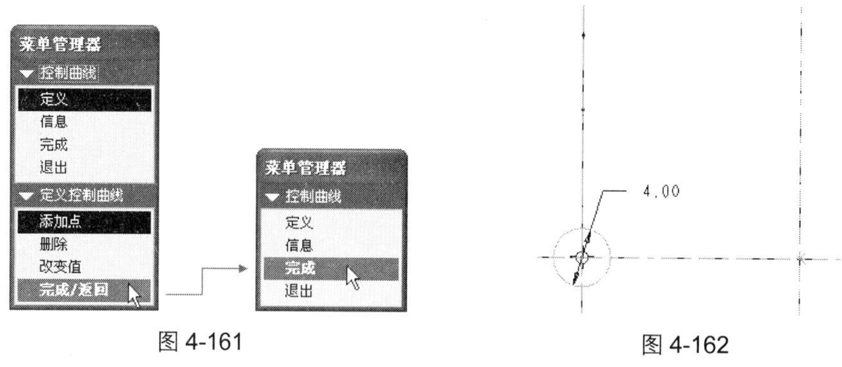

图 4-161　　　　图 4-162

Step 11　单击“完成”按钮✓结束草绘，然后“伸出项：螺旋扫描”对话框中单击“确定”按钮完成螺旋扫描特征的创建，结果如图 4-163 所示。

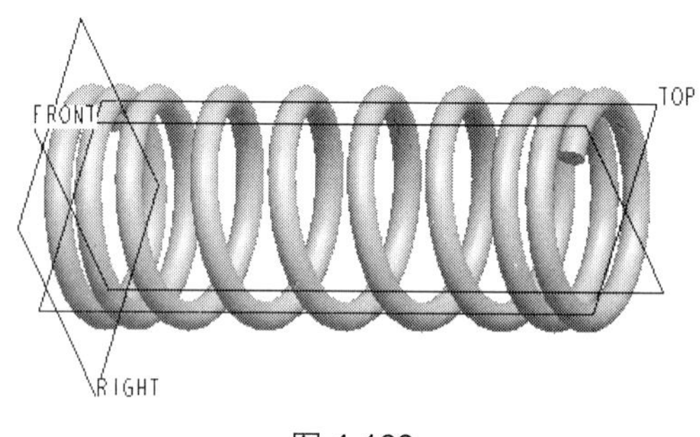

图 4-163

4.6 可变截面扫描特征

可变截面扫描特征是一种可在沿一个或多个选定轨迹扫描剖面时通过控制剖面的方向、旋转和几何来添加或移除材料的特征，是一种功能最为强大的扫描特征。使用可变截面扫描可以创建一般扫描和螺旋扫描所不能创建的特征。可变截面扫描特征在创建过程中既可以使用可变截面扫描，也可以使用恒定截面进行扫描。

在使用可变截面进行扫描时，用户可以将草绘图元约束到其他轨迹（中心平面或现有几何），或使用由控制曲线以及“trajpar”参数设置的截面关系来使截面草绘可变。

如果使用恒定截面来进行扫描，截面草绘的形状不变，只有截面草绘所在框架的方向发生变化。

框架的概念非常重要，其实质上就是包含被扫描截面草绘的、沿着原始轨迹移动的坐标系。坐标系的轴由辅助轨迹和其他参照定义。框架决定着草绘沿原始轨迹移动时的方向。框架由附加约束条件（“垂直于轨迹”、“垂直于投影”和“恒定法向”）和相关参照（轴、边或平面）来定向。

4.6.1 使用辅助轨迹创建可变截面扫描

下面通过创建如图 4-164 所示的连杆实体模型介绍使用辅助轨迹创建可变截面扫描的操作方法。

在使用辅助轨迹创建可变截面扫描的之前，先要创建出用于扫描的原始轨迹和辅助轨迹（原始轨迹用于引导扫描，辅助轨迹用于控制扫描截面的变化）。然后启动可变截面扫描工具，选择原始轨迹和辅助轨迹。最后绘制扫描截面草图（要将截面草图图元约束到辅助轨迹上）即可完成可变截面扫描。

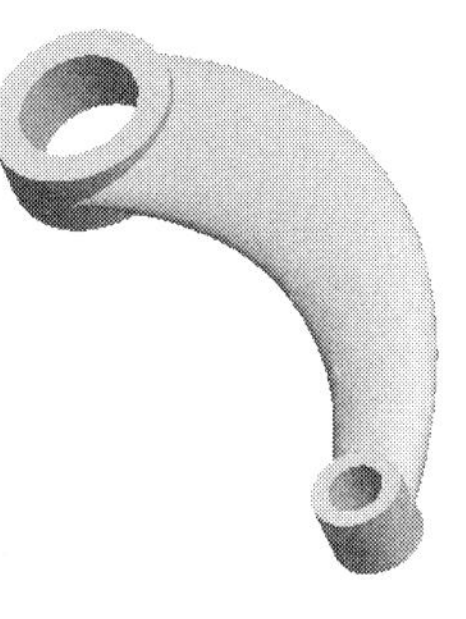

图 4-164

具体操作步骤如下。

1. 新建一个零件文件

Step 1 在“文件”工具栏中单击“新建”按钮，在开启的“新建”对话框中选择文件类型为“零件”，输入文件名为 variable-sweep01，并取消“使用缺省模板”复选框的选取。

Step 2 单击“确定”按钮，在“新文件选项”对话框中选择模板类型为 mmns_part_solid，然后单击“确定”按钮，进入零件建模环境。

2. 创建可变截面扫描轨迹

Step 1 单击“基准”工具栏中的“草绘”按钮，开启“草绘”对话框，选择 TOP 基准平面为草绘平面，接受系统默认的草绘方向，单击“草绘”按钮进入草图绘制环境。

Step 2 单击“草绘器工具”工具栏中的“圆心和端点”按钮和“圆锥”按钮，绘制一个圆弧和一个圆锥弧，尺寸如图 4-165 所示。

Step 3 单击“完成”按钮退出草图绘制环境，可变截面扫描轨迹创建结果如图 4-166 所示。

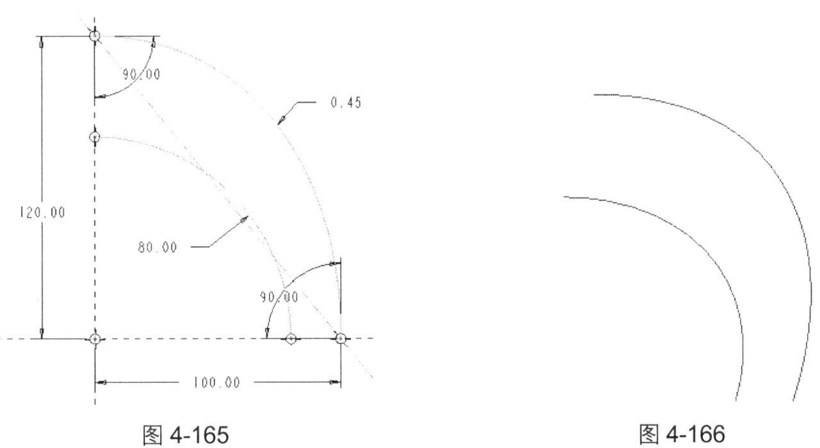

图 4-165　　　　图 4-166

3. 通过可变截面扫描创建连杆主体

Step 1 单击“基准特征”工具栏中的“可变截面扫描”按钮，开启如图 4-167 所示的“可变截面扫描”命令控制面板。

图 4-167

Step 2 在命令控制面板中单击“扫描为实体”按钮，然后按住<Ctrl>键选择前面绘制平面草图圆锥弧和圆弧分别为可变截面扫描的原始轨迹和辅助轨迹，如图 4-168 所示。

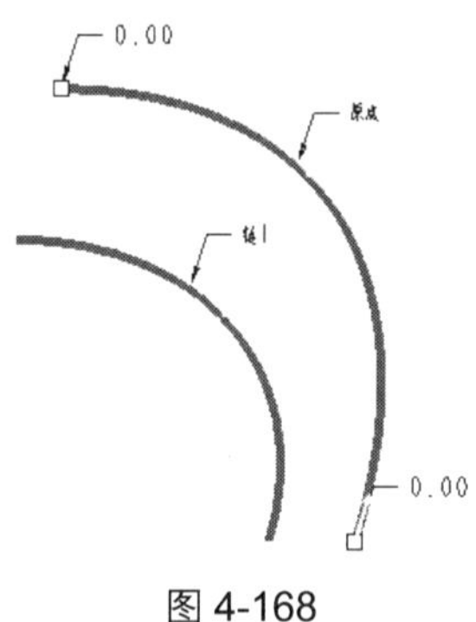

图 4-168

Step 3 单击“可变截面扫描”命令控制面板中的“截面草绘”按钮，进入草图绘制环境。

> 提示：第一个选取的轨迹被系统认定为原始轨迹，在模型窗口中以“原点”标示，表示其是扫描截面草绘所在坐标系的原点。扫描截面草绘所在坐标系的原点位于原始轨迹的端点出，系统会以一个黄色的箭头显示其位置。如果单击该黄色箭头，则可以将草绘所在坐标系的原点调整到原始轨迹的另一个端点上。

Step 4 单击“草绘器工具”工具栏中的“椭圆”按钮，绘制一个如图 4-169 所示的椭圆。

Step 5 单击“草绘器工具”工具栏中的“约束”按钮，然后在开启的“约束”对话框中单击按钮，将椭圆约束到原始轨迹和辅助轨迹的约束点上，如图 4-170 所示。

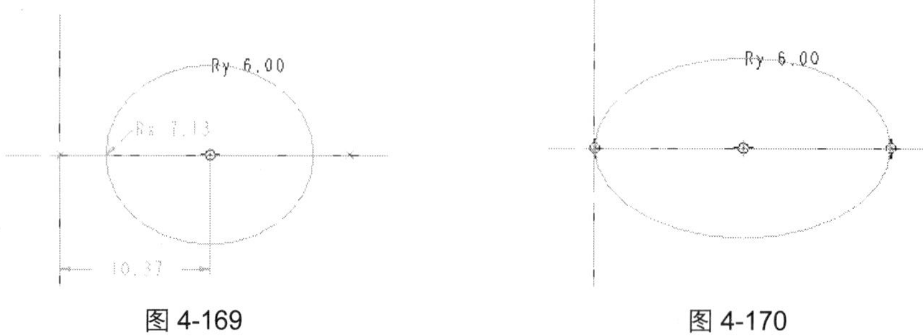

图 4-169　　图 4-170

Step 6 单击“完成”按钮退出草图绘制环境，在模型空间中出现可变截面扫描预览，如图 4-171 所示。

Step 7 单击按钮完成可变截面扫描特征的创建，结果如图 4-172 所示。

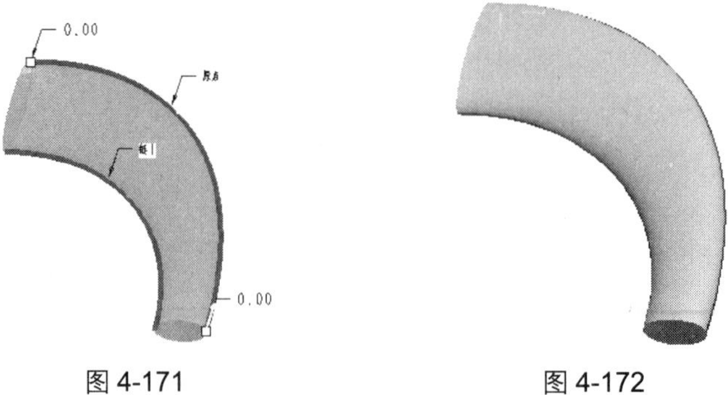

图 4-171　　图 4-172

4. 通过拉伸创建连杆大小端

Step 1 单击“基础特征”工具栏中的“拉伸”按钮，开启“拉伸”命令控制面板，选择 TOP 基准平面为草绘平面，接受系统默认的草绘方向，单击“草绘”按钮进入草图绘制环境。

Step 2 执行“绘图 | 参照”下拉菜单命令，开启“参照”对话框，选择前面绘制的草绘圆弧和圆锥弧为参照，如图 4-173 所示。

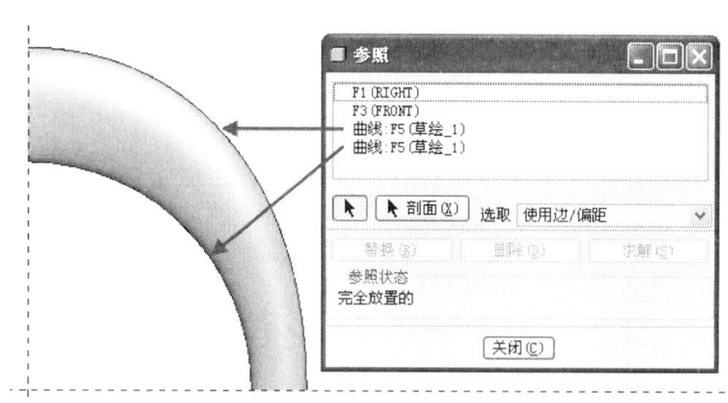

图 4-173

Step 3 单击“草绘器工具”工具栏中的“圆”按钮，绘制在垂直和水平参照上绘制如图 4-174 所示的两个圆。

Step 4 单击“草绘器工具”工具栏中的“约束”按钮，然后在开启的“约束”对话框中单击按钮，将圆约束到前面选取的参照上，如图 4-175 所示。

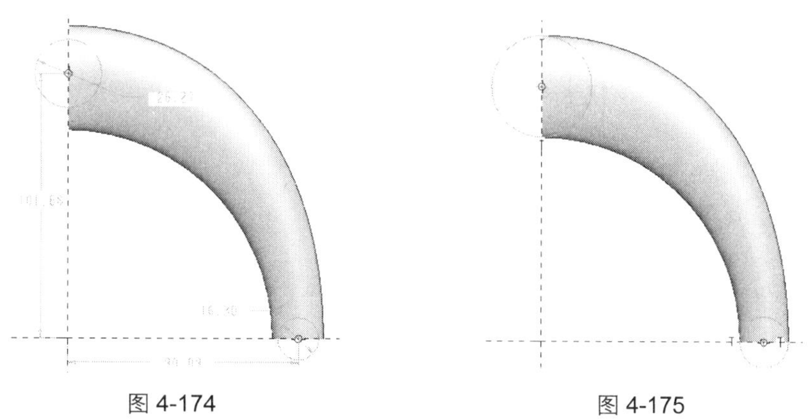

图 4-174　　图 4-175

Step 5 单击“完成”按钮退出草图绘制环境，在“拉伸”命令控制面板中选择深度选项为“对称”，并设定拉伸深度为 16，拉伸预览如图 4-176 所示。

Step 6 单击按钮完成拉伸伸出项特征的创建，结果如图 4-177 所示。

Step 7 单击“基础特征”工具栏中的“拉伸”按钮，在开启的“拉伸”命令控制面板中单击“去除材料”按钮，选择 TOP 基准平面为草绘平面，接受系统默认的草绘方向，单击“草绘”按钮进入草图绘制环境。

Step 8 执行“绘图 | 参照”下拉菜单命令，开启“参照”对话框，选择前面绘制的草绘圆弧和圆锥弧为参照，如图 4-178 所示。

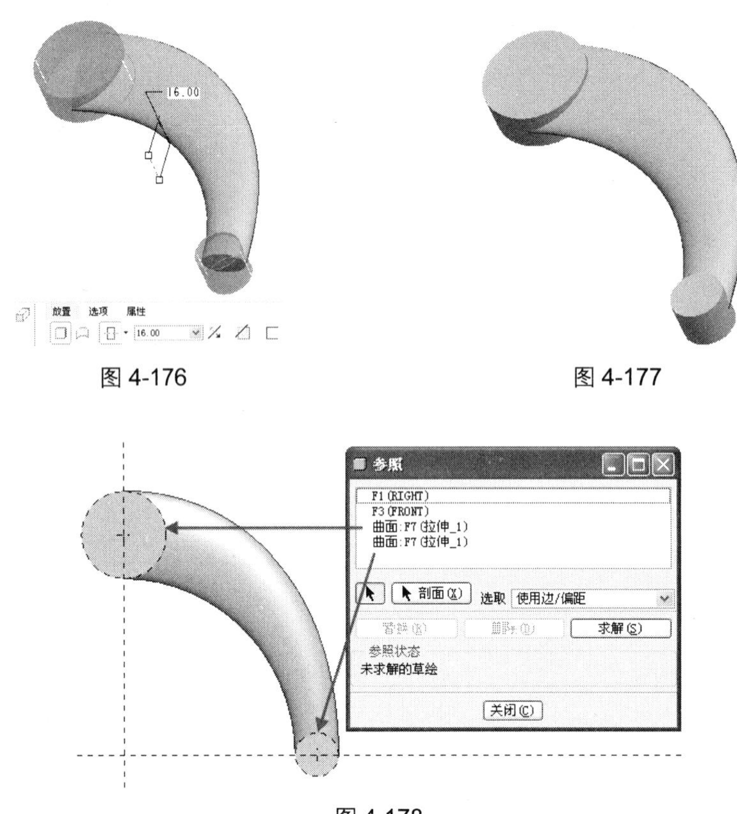

图 4-176

图 4-177

图 4-178

Step 9 单击“草绘器工具”工具栏中的“删除段”按钮○，绘制如图 4-179 所示的两个圆。

Step 10 单击“完成”按钮✓退出草图绘制环境，在“拉伸”命令控制面板中单击“对称”按钮，并设定拉伸深度为 40，拉伸预览如图 4-180 所示。

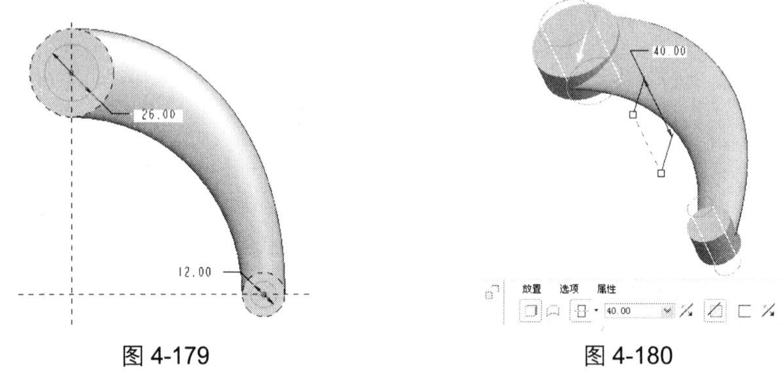

图 4-179

图 4-180

Step 11 单击✓按钮完成拉伸切口特征的创建，隐藏平面草图曲线，最终结果如图 4-164 所示。

4.6.2 使用参数关系创建可变截面扫描

下面通过创建如图 4-181 所示的波浪型垫片实体模型介绍，使用参数关系创建可变截面扫描的操作方法。

在使用参数关系创建可变截面扫描之前，同样先要创建用于扫描的原始轨迹和辅助轨迹（也可以不用辅助轨迹）。然后启动可变截面扫描工具，选择原始轨迹和辅助轨迹。最后绘制带有参数关系控制的扫描截面草图（主要是对截面草图中的一些尺寸设定参数关系，以达到对截面草图进行控制的目的）即可完成可变截面扫描。

图 4-181

具体操作步骤如下。

1. 新建一个零件文件

Step 1 在“文件”工具栏中单击“新建”按钮，在开启的“新建”对话框中选择文件类型为“零件”，输入文件名为 variable-sweep02，并取消“使用缺省模板”复选框的选取。

Step 2 单击“确定”按钮，在“新文件选项”对话框中选择模板类型为 mmns_part_solid，然后单击“确定”按钮，进入零件建模环境。

2. 创建可变截面扫描的原始轨迹

Step 1 单击“基准”工具栏中的“草绘”按钮，开启“草绘”对话框，选择 TOP 基准平面为草绘平面，接受系统默认的草绘方向，单击“草绘”按钮进入草图绘制环境。

Step 2 单击“草绘器工具”工具栏中的“圆”按钮，绘制一个如图 4-182 所示的圆。

Step 3 单击“完成”按钮退出草图绘制环境，可变截面扫描的原始轨迹创建结果如图 4-183 所示。

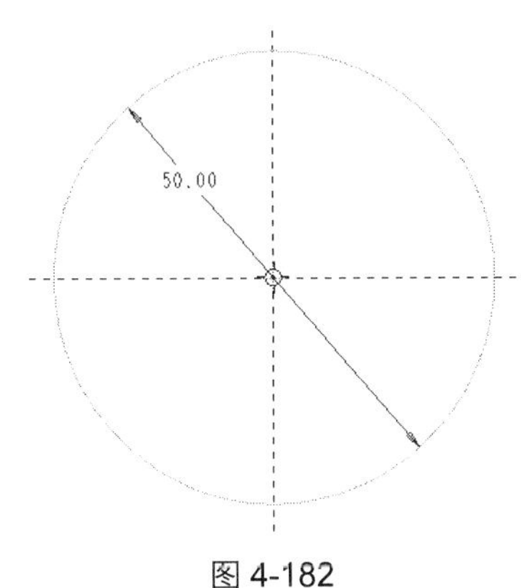

图 4-182

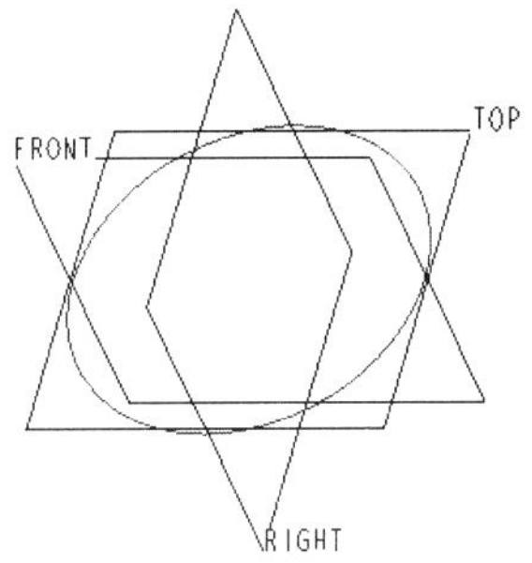

图 4-183

3. 通过可变截面扫描创建波浪型垫片

Step 1 单击“基准特征”工具栏中的“可变截面扫描”按钮，开启“可变截面扫描”命令控制面板。在命令控制面板中单击“扫描为实体”按钮，然后选择前面绘制平面草图圆为可变截面扫描的原始轨迹，如图 4-184 所示。

Step 2 单击“可变截面扫描”命令控制面板中的“截面草绘”按钮，进入草图绘制环境。单击“草绘器工具”工具栏中的“矩形”按钮，绘制一个矩形，其尺寸如图 4-185 所示。

Step 3 执行“工具 | 关系”下拉菜单命令，开启如图 4-186 所示的“关系”对话框，同时系统将截面草图中的尺寸以其代号显示，如图 4-187 所示。

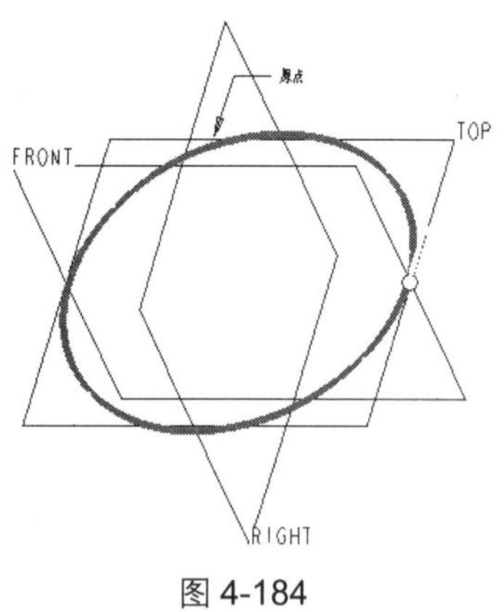

图 4-184

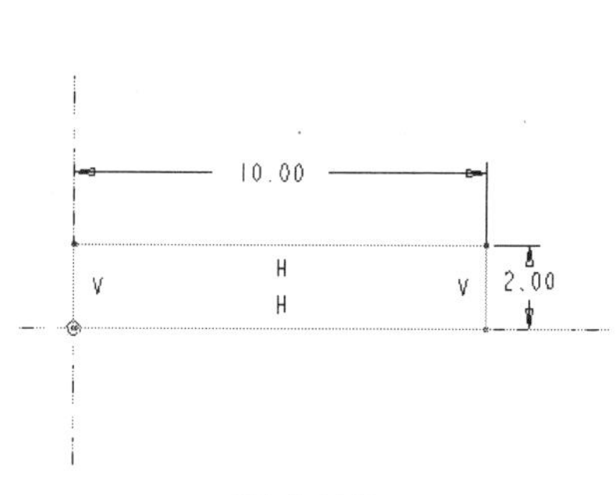

图 4-185

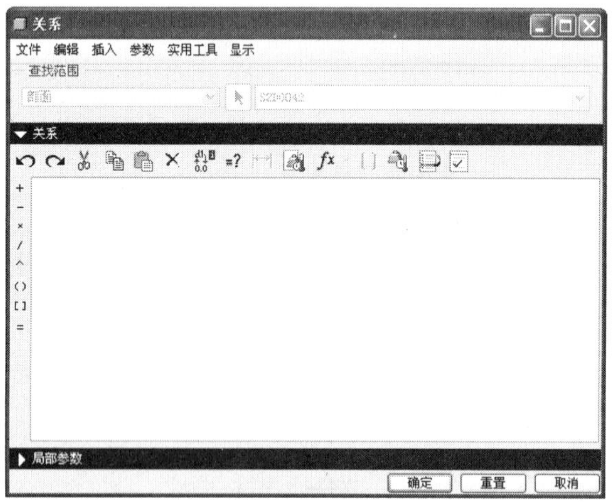

图 4-186

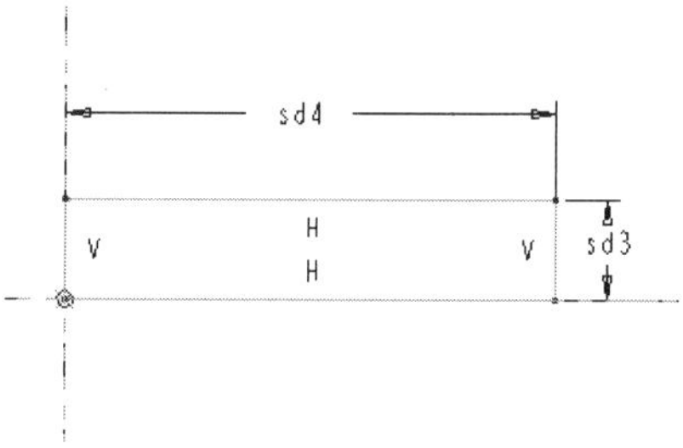

sd4
H
V
H
V
sd3

图 4-187

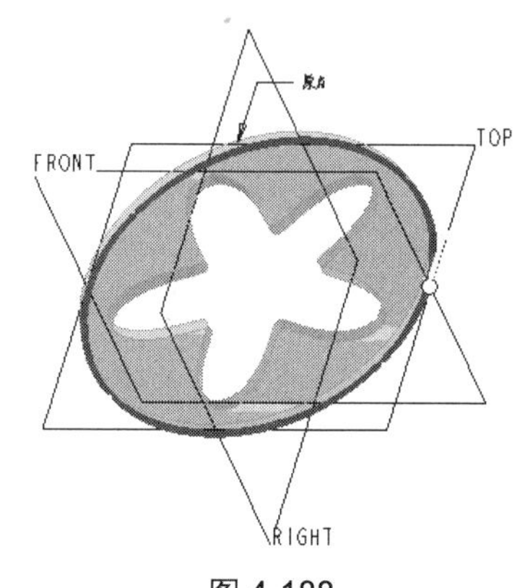

图 4-188

Step 4 在“关系”对话框中输入控制矩形长度关系式 sd4 = 10 + 6*sin(trajpar*360*5)，单击“确定”按钮关闭“关系”对话框。关系式中各参数解释如下。

- sd4：为矩形长边尺寸的代号。
- 10：表示初始高度尺寸。
- 6：表示 sin 函数的振幅，它决定了最大长边尺寸和最小长边尺寸之差的大小。
- sin：正弦函数符号。
- trajpar：系统变量，其值为 0～1。
- 360：一个完整 sin 曲线的角度数。
- 5：表示总共有 5 个 sin 曲线循环。

Step 5 单击“完成”按钮✔退出草图绘制环境，可变截面扫描特征预览如图 4-188 所示。

Step 6 单击✔按钮完成可变截面扫描特征的创建，隐藏可变截面扫描的原始轨迹，最终结果如图 4-181 所示。

4.6.3　使用控制曲线创建可变截面扫描

下面通过创建如图 4-189 所示的异形壳体工件实体模型介绍，使用控制曲线创建可变截面扫描的操作方法。

使用控制曲线创建可变截面扫描其实是使用参数关系创建可变截面扫描的一个延伸，当现有的函数不能很好地描述可变截面扫描的截面变化规律时，用户就可以使用控制曲线来描述截面的变化规律。所以在使用控制曲线创建可变截面扫描之前，用户需要先创建一个命名的描述截面变化规律的控制曲线，然后在参数关系式中加入这个控制曲线的名称即可控制可变截面扫描的截面变化规律。

图 4-189

具体操作步骤如下。

1. 新建一个零件文件

Step 1　在“文件”工具栏中单击“新建”按钮，在开启的“新建”对话框中选择文件类型为“零件”，输入文件名为 variable-sweep03，并取消“使用缺省模板”复选框的选取。

Step 2　单击“确定”按钮，在“新文件选项”对话框中选择模板类型为 mmns_part_solid，然后单击“确定”按钮，进入零件建模环境。

2. 创建可变截面扫描的原始轨迹

Step 1　单击“基准”工具栏中的“草绘”按钮，开启“草绘”对话框，选择 FRONT 基准平面为草绘平面，接受系统默认的草绘方向，单击“草绘”按钮进入草图绘制环境。

Step 2　单击“草绘器工具”工具栏中的“线”按钮＼，绘制如图 4-190 所示的两条直线。

Step 3　单击“草绘器工具”工具栏中的“圆形”按钮，对上一步绘制的两条直线进行圆角，结果如图 4-191 所示。

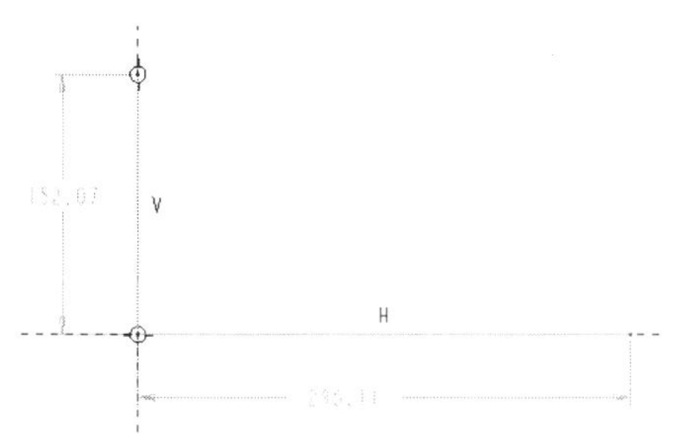

图 4-190

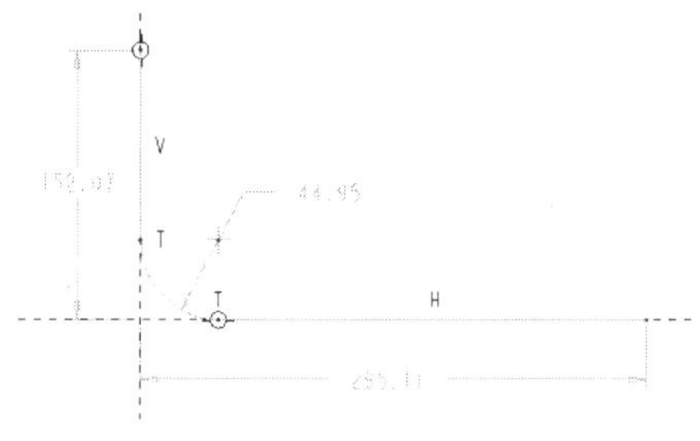

图 4-191

Step 4　选择上一步圆角产生的圆弧，并执行“编辑 | 转换到 | 周长”下拉菜单命令，然后选择圆弧的半径尺寸将圆弧改为由周长尺寸驱动，最后修改各项尺寸，如图 4-192 所示。

Step 5　单击“完成”按钮✔退出草图绘制环境，完成可变截面扫描原始轨迹的创建。

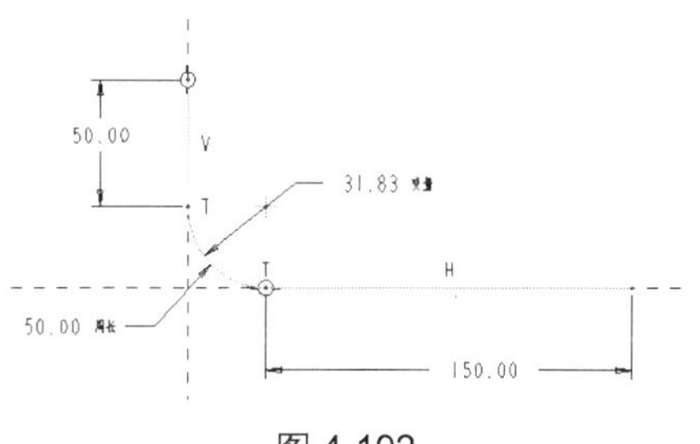

图 4-192

3. 创建可变截面扫描的控制轨迹

Step 1　执行“插入 | 模型基准 | 图形”下拉菜单命

令，然后在消息区弹出的文本框中输入控制曲线的名称为“控制曲线”，如图 4-193 所示。

为feature 输入一个名字 控制曲线

图 4-193

Step 2 单击“草绘器工具”工具栏中的“线”按钮╲和“样条”按钮∿，绘制如图 4-194 所示的直线和样条。

Step 3 单击“完成”按钮✔退出草图绘制环境，模型树中将会出现一个控制曲线的标示，如图 4-195 所示。

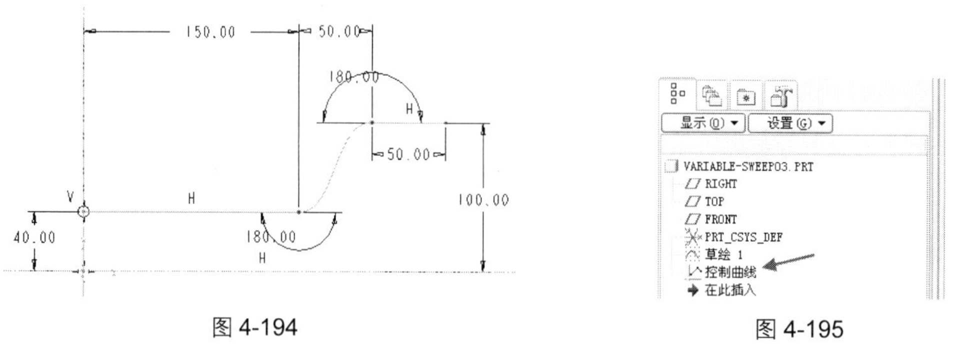

图 4-194　　图 4-195

4. 创建可变截面扫描特征

Step 1 单击“基准特征”工具栏中的“可变截面扫描”按钮，开启“可变截面扫描”命令控制面板。在该命令控制面板中单击“扫描为实体”按钮□，然后选择前面绘制的平面草图为可变截面扫描的原始轨迹，注意原始轨迹起点位置如图 4-196 所示。

Step 2 单击“可变截面扫描”命令控制面板中的“截面草绘”按钮，进入草图绘制环境。单击“草绘器工具”工具栏中的“线”按钮╲和“圆形”按钮，绘制一个如图 4-197 所示的截面草图。

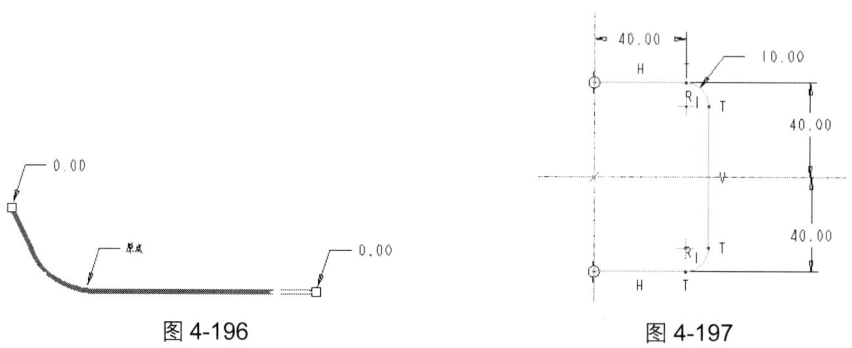

图 4-196　　图 4-197

Step 3 执行“工具 | 关系”下拉菜单命令，在开启的“关系”对话框中为如图 4-198 所示的两个尺寸设定参数关系式为 sd14 = evalgraph("控制曲线",trajpar*250)和 sd15 = evalgraph("控制曲线",trajpar*250)，单击“确定”按钮完成参数关系式的设定。

Step 4 单击“完成”按钮✔退出草图绘制环境，可变截面扫描特征预览如图 4-199 所示。

Step 5 单击✔按钮完成可变截面扫描特征的创建，隐藏可变截面扫描的原始轨迹，最终结果如图 4-189 所示。

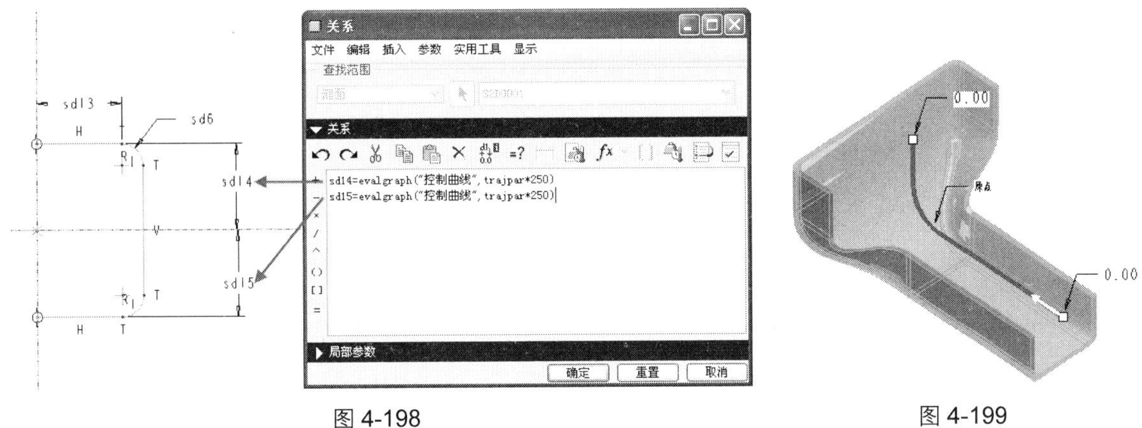

图 4-198　　图 4-199

4.7 扫描混合特征

扫描混合特征可以看作是扫描特征和混合特征相结合的一种特征，它既具有扫描特征的特性也具有混合特征的特性。扫描混合特征解决了扫描特征只能有一个截面的缺点，同时又克服了混合特征无任何轨迹的劣势，它集中了两者的优点，为用户提供了一种更好的特征创建方法。

创建扫描混合特征可以选择一个原始轨迹（必需的）和一个次要轨迹（可选的，主要用于控制截面所在草绘平面的 X 轴正方向，一般较少使用），扫描混合截面至少需要两个。其操作流程如图 4-200 所示。

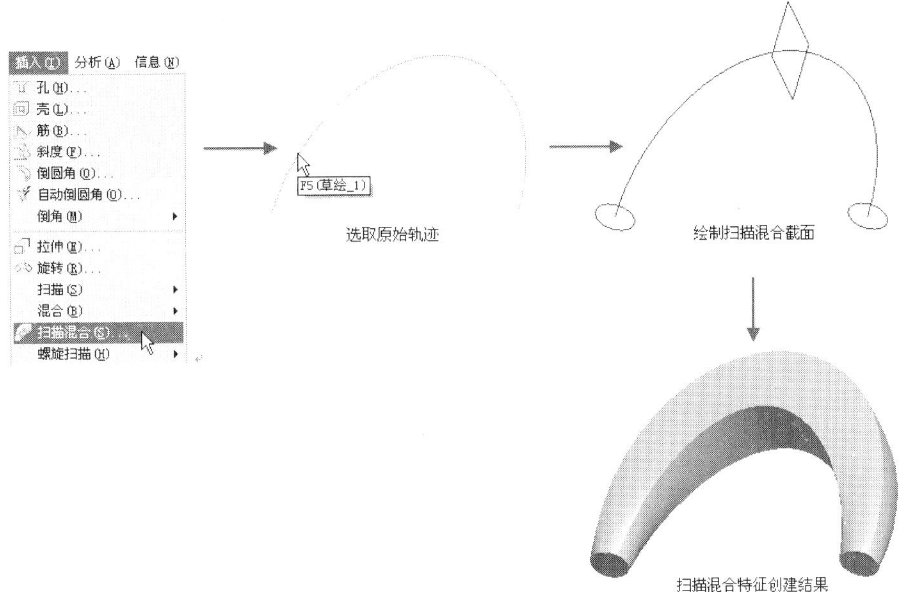

图 4-200

4.7.1 创建扫描混合特征

下面通过创建如图 4-201 所示的把手实体模型介绍创建扫描混合特征的操作方法。

图 4-201

在创建扫描混合特征之前，先要创建出用于扫描的原始轨迹，然后选择截面或在原始轨迹上的顶点或基准点处草绘要混合的截面即可完成扫描混合特征的创建。和混合特征一样，每个混合截面草图中图元数量都必须始终保持相同，而且各混合截面草图中的起始点位置也会对扫描混合特征的创建结果产生影响。

具体操作步骤如下。

1. 新建一个零件文件

Step 1 在“文件”工具栏中单击“新建”按钮，在开启的“新建”对话框中选择文件类型为“零件”，输入文件名为 sweep-blend，并取消“使用缺省模板”复选框的选取。

Step 2 单击“确定”按钮，在“新文件选项”对话框中选择模板类型为 mmns_part_solid，然后单击“确定”按钮，进入零件建模环境。

2. 创建扫描混合的原始轨迹

Step 1 单击“草绘器工具”工具栏中的“草绘”按钮，开启“草绘”对话框，选择 TOP 基准平面为草绘平面，接受系统默认的草绘方向，单击“草绘”按钮进入草图绘制环境。

Step 2 单击“草绘器工具”工具栏中的“线”按钮和“圆形”按钮，绘制如图 4-202 所示的图形。

Step 3 单击“完成”按钮✓退出草图绘制环境，完成扫描混合原始轨迹的创建，如图 4-203 所示。

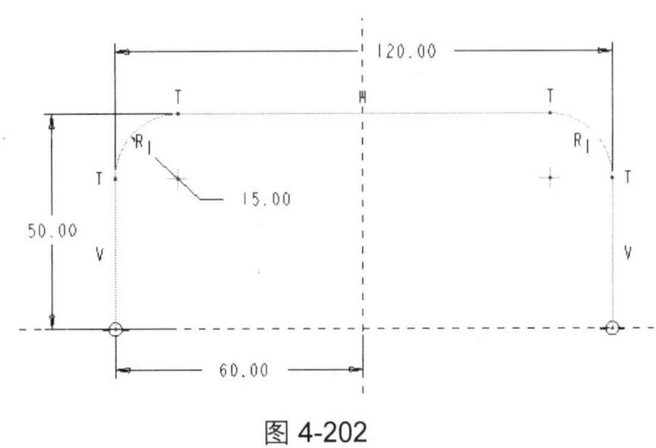

图 4-202

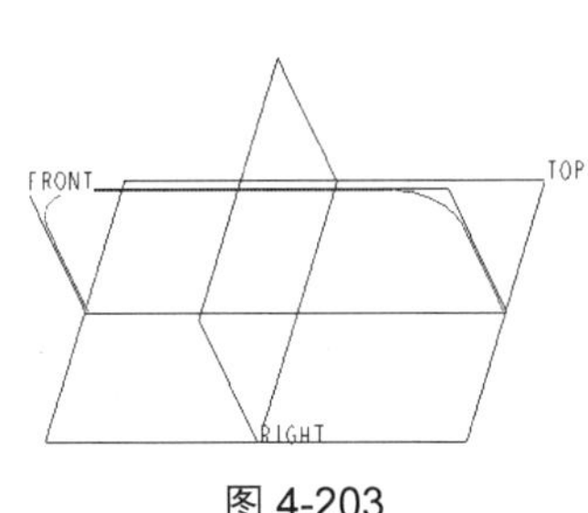

图 4-203

3. 创建用于定位扫描混合截面的基准点

Step 1 单击“基准特征”工具栏中的“点”按钮，开启“基准点”对话框，选择图 4-204 中箭头所指的直线段绘制完成的平面草绘曲线为基准点的放置参照，并设定偏移参数为 0.5。

Step 2 单击“确定”按钮完成基准点的创建，结果如图 4-205 所示。

4. 创建扫描混合特征

Step 1 执行“插入 | 扫描混合”下拉菜单命令，开启“扫描混合”命令控制面板，在该命令

控制面板中单击“扫描为实体”按钮□，如图 4-206 所示。

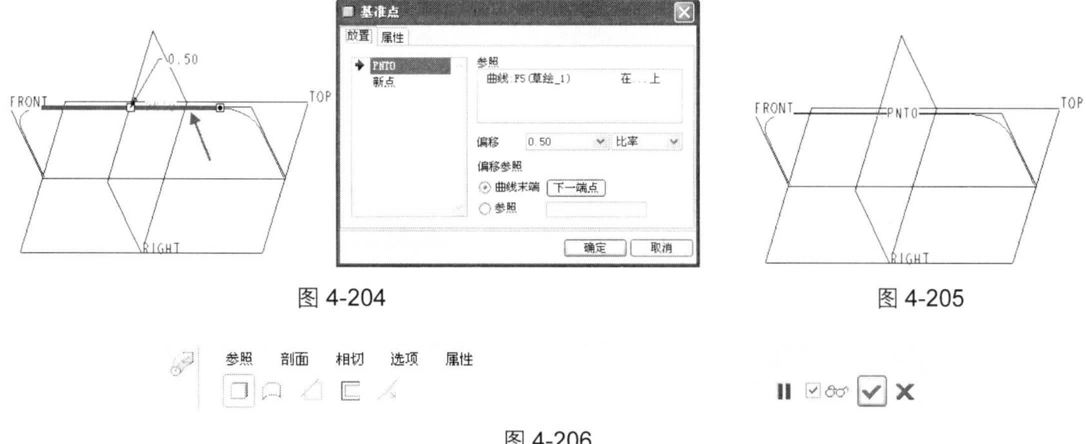

图 4-204

图 4-205

图 4-206

Step 2　选择前面创建的平面草图曲线为原始轨迹，此时应注意原始轨迹起点位置，如图 4-207 所示。

Step 3　单击“剖面”按钮开启如图 4-208 所示的“剖面”上滑面板，然后选择如图 4-209 所示的轨迹端点为截面 1 的定位点。

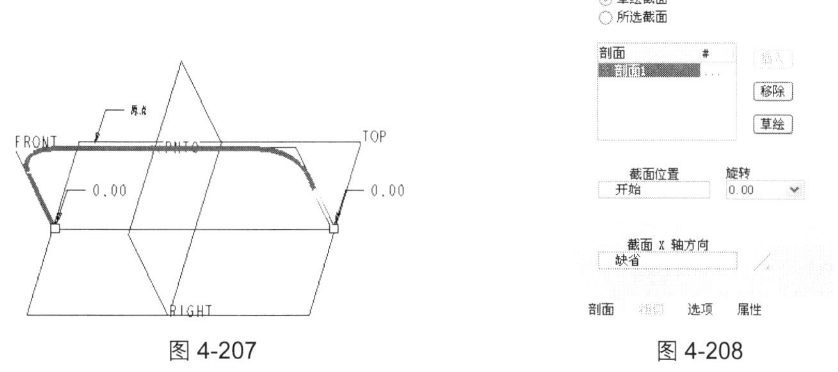

图 4-207

图 4-208

Step 4　单击“剖面”上滑面板中的“草绘”按钮进入草图绘制环境，单击“草绘器工具”工具栏中的“圆”按钮○，绘制一个如图 4-210 所示的圆。

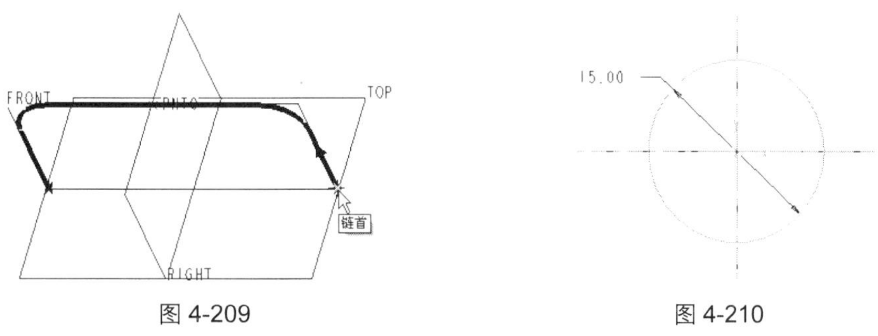

图 4-209

图 4-210

Step 5　单击“完成”按钮✔退出草图绘制环境，完成截面 1 的绘制，结果如图 4-211 所示。

Step 6 单击“剖面”上滑面板中的“插入”按钮插入一个新的截面，然后选择如图 4-212 所示的线段终点为截面 2 的定位点。

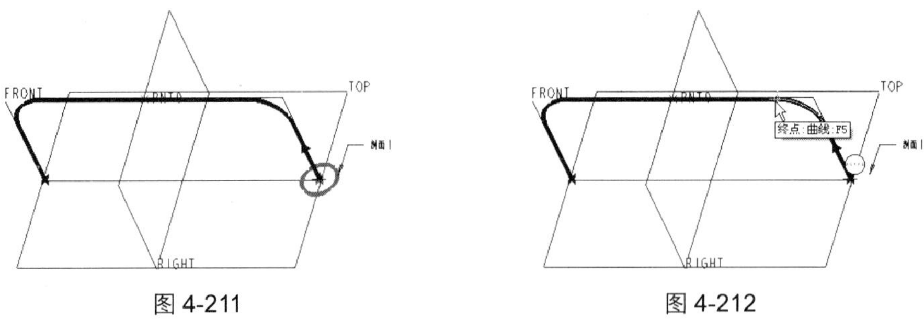

图 4-211　　图 4-212

Step 7 单击“草绘”按钮进入草图绘制环境，同样绘制一个直径为 15 的圆，结果如图 4-213 所示。

Step 8 单击“剖面”上滑面板中的“插入”按钮插入一个新的截面，然后选择 DTM0 基准点为截面 3 的定位点。

Step 9 单击“草绘”按钮进入草图绘制环境，单击“草绘器工具”工具栏中的“椭圆”按钮○，绘制一个如图 4-214 所示的椭圆。

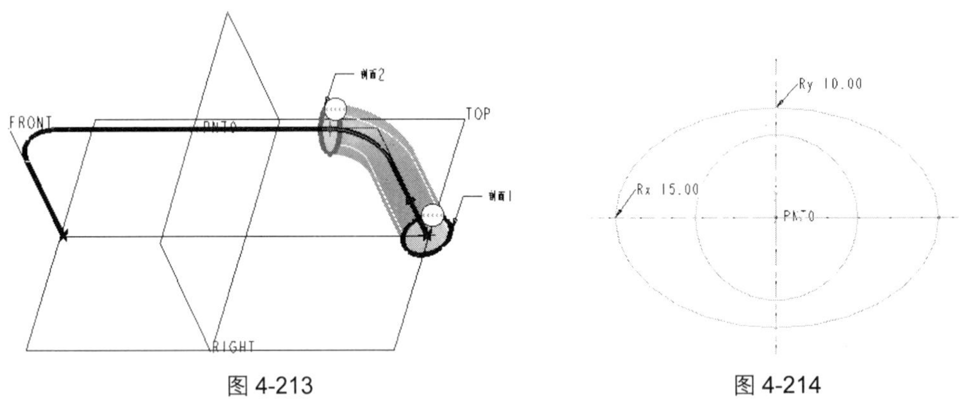

图 4-213　　图 4-214

Step 10 单击“完成”按钮✓退出草图绘制环境，完成截面 3 的绘制，结果如图 4-215 所示。

Step 11 重复前面的步骤绘制截面 4 和截面 5，其截面草图都是一个直径为 15 的圆，绘制结果如图 4-216 所示。

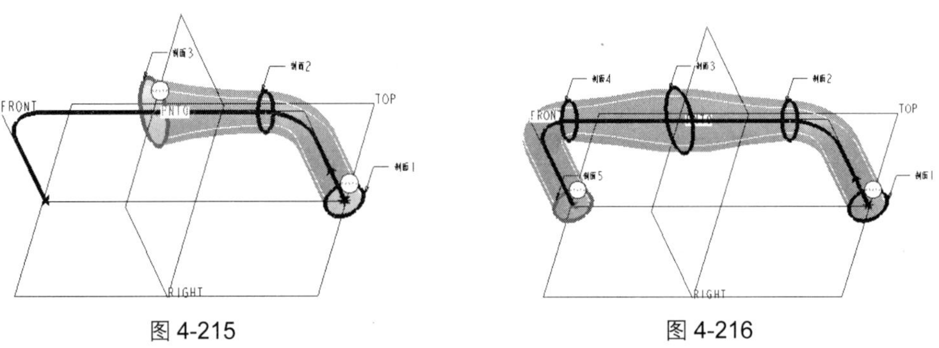

图 4-215　　图 4-216

Step 12 单击✓按钮完成扫描混合特征的创建，关闭基准点的显示并隐藏原始轨迹，最终结果如图 4-201 所示。

4.7.2　截面方位的控制方法

前面学习了扫描特征、螺旋扫描特征、可变截面扫描特征以及扫描混合特征，其中扫描特征和螺旋扫描特征的截面方位是系统设定的，用户无法进行控制，而可变截面扫描特征和扫描混合特征的截面方位是用户可以控制的。在“可变截面扫描”和“扫描混合”命令控制面板的“参照”上滑面板中系统都提供了多种控制扫描混合特征截面方位的方法，下面将对其进行简单介绍。

1. 垂直于轨迹

在“参照”上滑面板中选择剖面控制选项为“垂直于轨迹”，系统将使截面所在坐标系的 Z 轴在原始轨迹的所有点上与轨迹相切，如图 4-217 所示。

2. 垂直于轨迹和用户定义的 X 轴方向

在一般情况下，选择剖面控制选项为“垂直于轨迹”后，系统将以固有的默认方向来定义坐标系的 X 轴方向。用户也可以选择一个平面或直图元为参照来自定义坐标系的 X 轴方向。

如果选择平面为参照，则坐标系的 X 轴方向将垂直于选择的平面；如果选择直图元为参照，则系统会将选择的直图元沿坐标系的 Z 轴投影到截面上，以直图元的投影来定义坐标系 X 轴的方向，如图 4-218 所示。

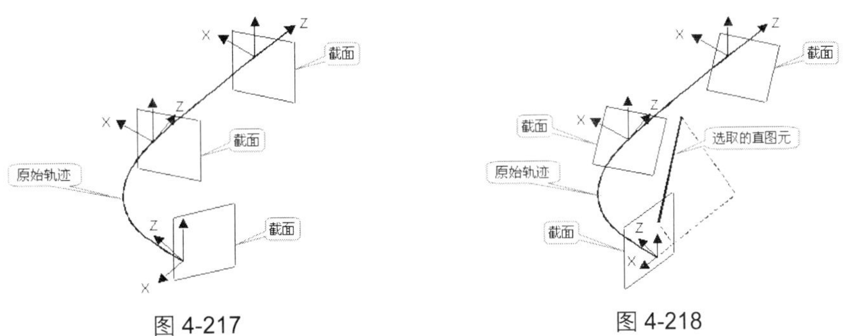

图 4-217　　图 4-218

3. 垂直于轨迹和 X 轨迹定位

在选择有两个轨迹的情况下选中次要轨迹后面如图 4-219 所示的小方框，可以将次要轨迹设定为 X 轨迹，原始轨迹上坐标系的 X 轴正方向将指向设定 X 轨迹，如图 4-220 所示。

图 4-219　　图 4-220

4. 垂直于其他轨迹

在选择有两个轨迹的情况下选中次要轨迹后面如图 4-221 所示的小方框，可以将次要轨迹设定为法向轨迹，原始轨迹上坐标系的 Z 轴平行于法向轨迹的切线，如图 4-222 所示。

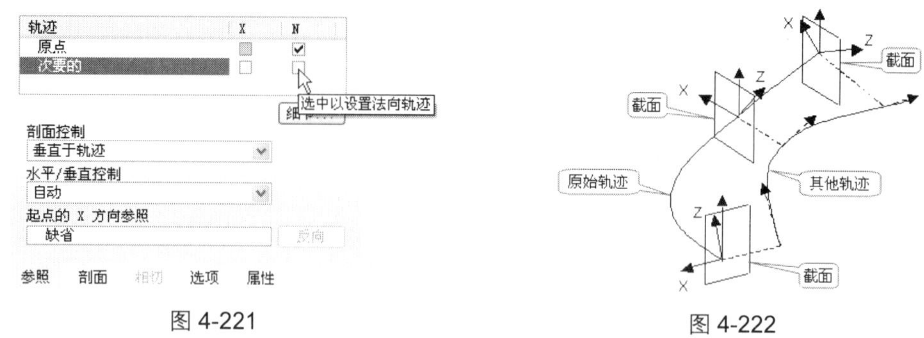

图 4-221

图 4-222

5. 垂直于投影

在“参照”上滑面板中选择剖面控制选项为“垂直于投影”后，系统将允许用户选择一个平面、轴、坐标系轴或直图元来定义投影方向，系统将使 Z 轴在所有点上与沿投影方向的投影曲线相切，而截面所在坐标系的 Y 轴总是垂直于定义的参照平面，如图 4-223 所示。

6. 恒定法向

在“参照”上滑面板中选择剖面控制选项为“恒定法向”后，系统将允许用户选择一个平面、轴、坐标系轴或直图元来定义截面所在坐标系的 Z 轴方向，如图 4-224 所示。

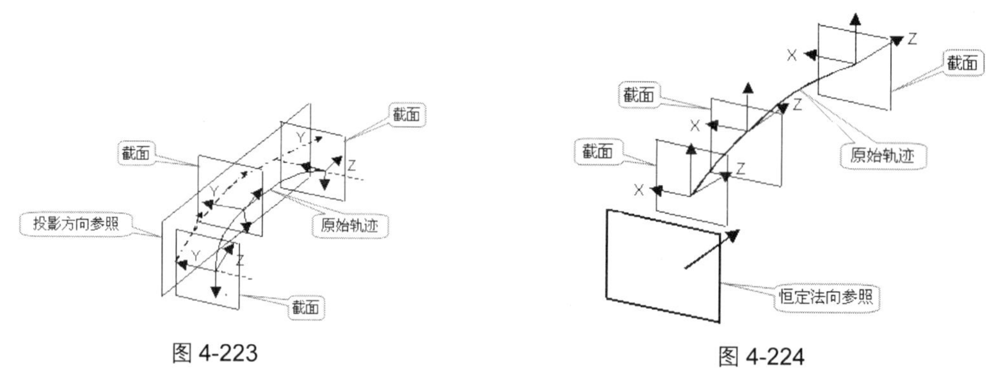

图 4-223

图 4-224

7. 恒定法向和用户定义的 X 轴方向

和垂直于轨迹一样，当用户确定恒定法向后，用户也可以选择一个平面或直图元为参照来自定义坐标系的 X 轴方向。若选择直图元为参照，则系统会将选取的直图元沿坐标系的 Z 轴投影到截面上，以直图元的投影来定义坐标系 X 轴的方向，如图 4-225 所示。

8. 恒定法向和 X 轨迹定位

和垂直于轨迹一样，当用户确定恒定法向后，用户可以将次要轨迹设定为 X 轨迹，原始轨迹上坐标系的 X 轴正方向将指向设定 X 轨迹，如图 4-226 所示。

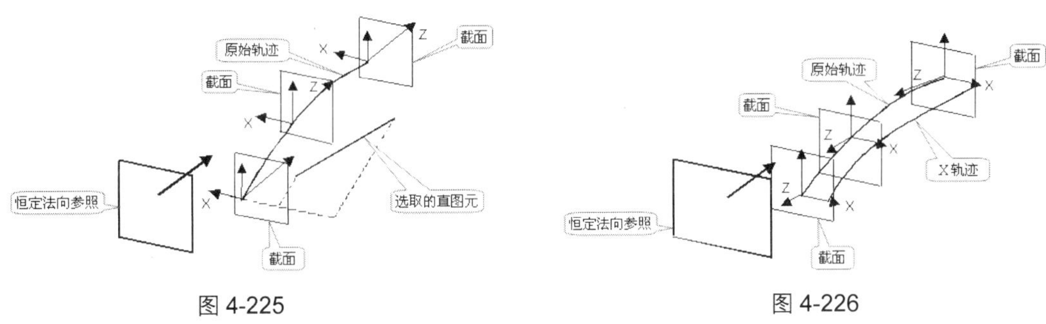

图 4-225　　图 4-226

4.8 应用实践

在本章的应用实践中，将通过多个实例建模操作来介绍 Pro/E 中的基础特征在实际零件设计建模过程中的应用。

4.8.1　创建梅花槽自攻螺钉实体模型

任务要求

下面将创建梅花槽自攻螺钉模型，模型创建完成后的结果如图 4-227 所示。

任务分析

从图 4-227 中可以看出创建螺钉模型需要用到旋转伸出项特征、旋转切口特征、拉伸伸出项特征以及螺旋扫描切口特征。其中，旋转伸出项特征用于创建螺钉的主体部分；旋转切口特征和拉伸伸出项特征用于创建螺钉的梅花槽部分；而螺旋扫描切口特征则用于创建螺钉的螺纹部分。

图 4-227

任务设计

在创建梅花槽自攻螺钉模型时，首先用旋转伸出项特征创建螺钉的主体部分，然后用旋转切口特征和拉伸伸出项特征创建螺钉的梅花槽部分，最后用螺旋扫描切口特征创建出螺钉的螺纹部分。

任务完成

1. 新建零件文件

Step 1　在“文件”工具栏中单击“新建”按钮，在开启的“新建”对话框中选择文件类型为“零件”，输入文件名为 screw，并取消“使用缺省模板”复选框的选取。

Step 2　单击“确定”按钮，在“新文件选项”对话框中选择模板类型为 mmns_part_solid，然后单击“确定”按钮，进入零件建模环境。

2. 创建螺钉主体部分

Step 1 单击"基础特征"工具栏中的"旋转"按钮，开启"旋转"命令控制面板，选取 FRONT 基准平面为草绘平面，接受系统默认的草绘方向，单击"草绘"按钮进入草图绘制环境。

Step 2 单击"草绘器工具"工具栏中的"中心线"按钮、"线"按钮、"圆形"按钮以及"删除段"按钮，绘制如图 4-228 所示的截面草图。

Step 3 单击"完成"按钮✔退出草图绘制环境，接受系统默认的旋转角度 360°，旋转特征预览如图 4-229 所示。

Step 4 单击✔按钮完成旋转伸出项板特征的创建，结果如图 4-230 所示。

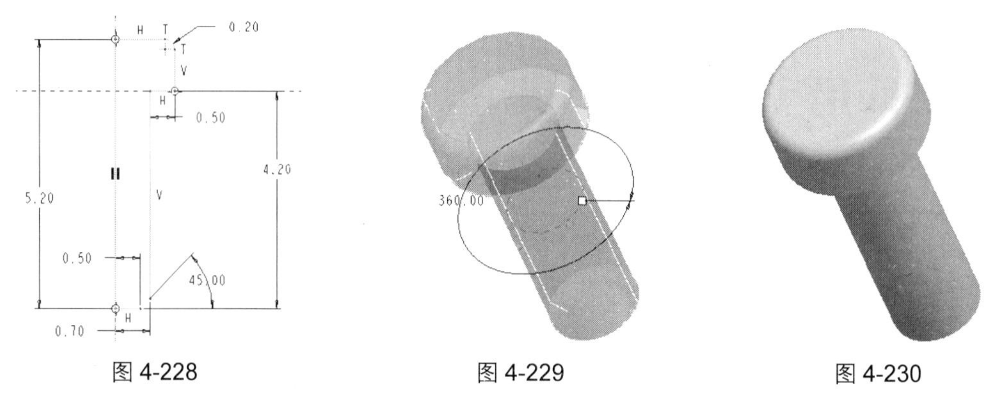

图 4-228　图 4-229　图 4-230

3. 创建螺钉梅花槽部分

Step 1 单击"基础特征"工具栏中的"旋转"按钮，在开启的"旋转"命令控制面板中单击"去除材料"按钮，然后选择 FRONT 基准平面为草绘平面，接受系统默认的草绘方向，单击"草绘"按钮进入草图绘制环境。

Step 2 单击"草绘器工具"工具栏中的"中心线"按钮和"线"按钮，绘制如图 4-231 所示的截面草图。

Step 3 单击"完成"按钮✔退出草图绘制环境，接受系统默认的旋转角度 360°，旋转特征预览如图 4-232 所示。

Step 4 单击✔按钮完成旋转伸出项板特征的创建，结果如图 4-233 所示。

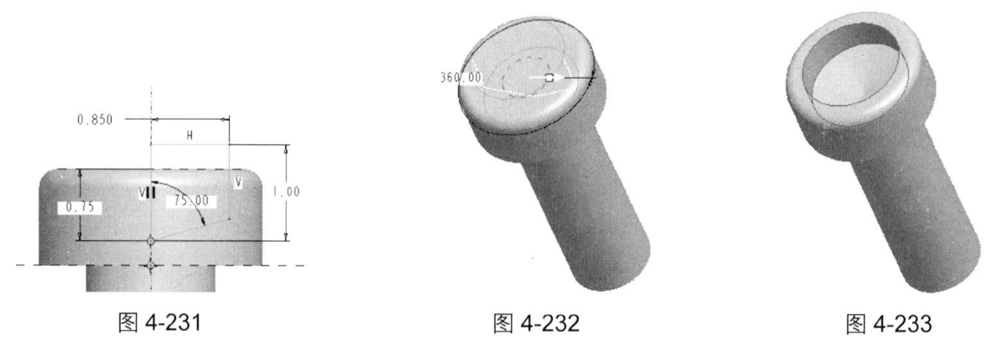

图 4-231　图 4-232　图 4-233

Step 5 单击"基准特征"工具栏中的"拉伸"按钮，开启"拉伸"命令控制面板，选择

图 4-234 中箭头所指的模型平面为草绘平面，接受系统默认的草绘方向，单击“草绘”按钮进入草图绘制环境。

Step 6 单击“草绘器工具”工具栏中的“中心线”按钮¦和“圆”按钮○，绘制如图 4-235 所示的 3 条中心线和两个圆。

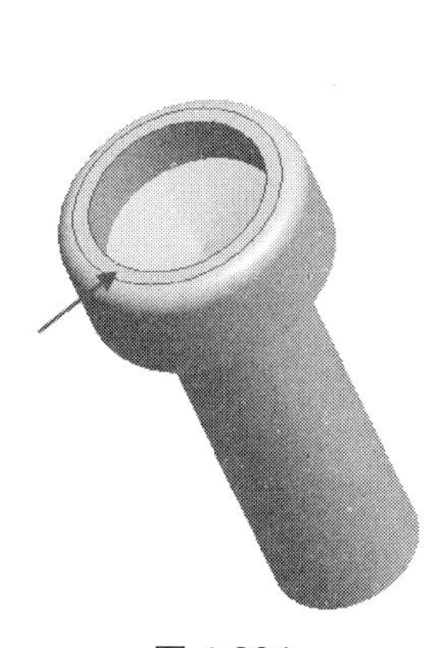

图 4-234

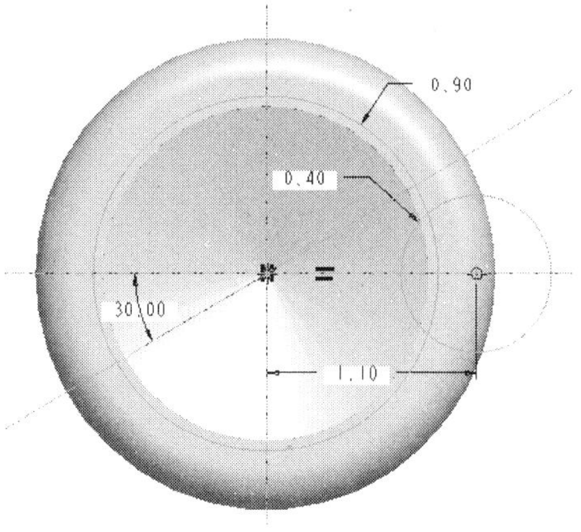

图 4-235

Step 7 单击“草绘器工具”工具栏中的“删除段”按钮对上一步绘制的两个圆进行修剪，结果如图 4-236 所示。

Step 8 选择修剪后的圆弧，将其沿中心线进行镜像，结果如图 4-237 所示。

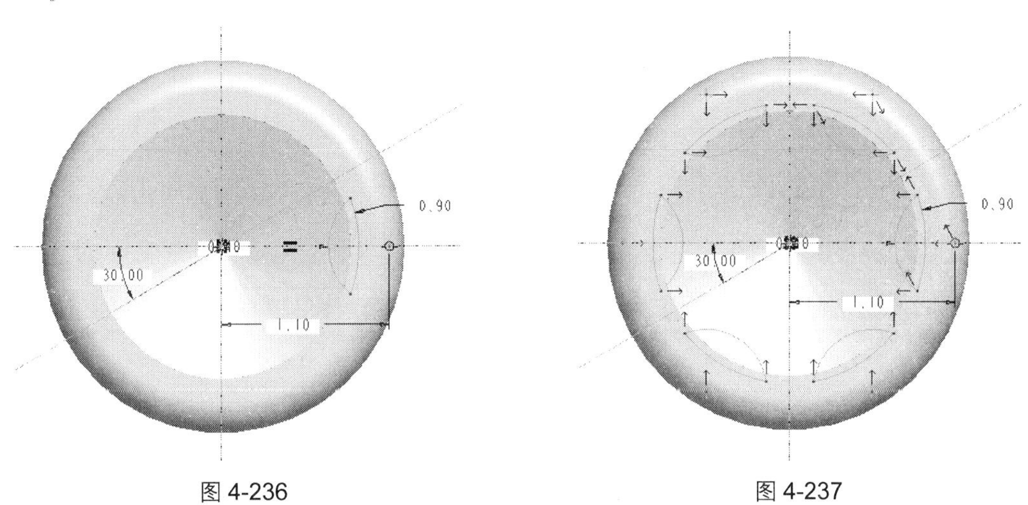

图 4-236　　图 4-237

Step 9 单击“完成”按钮✔退出草图绘制环境，选择拉伸深度选项为“穿透”，拉伸伸出项特征预览如图 4-238 所示。

Step 10 单击☑按钮完成拉伸伸出项板特征的创建，结果如图 4-239 所示。

4. 创建螺钉梅花槽部分

Step 1 执行“插入/螺旋扫描/切口”下拉菜单命令，系统开启如图 4-240 所示的“切口：螺旋扫描”对话框和如图 4-241 所示的菜单管理器。

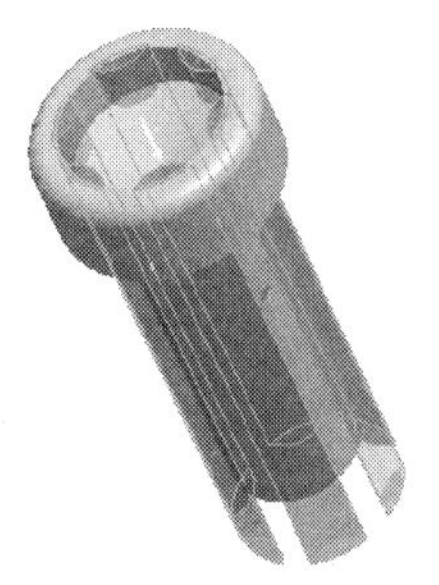

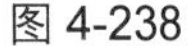

图 4-238

图 4-239

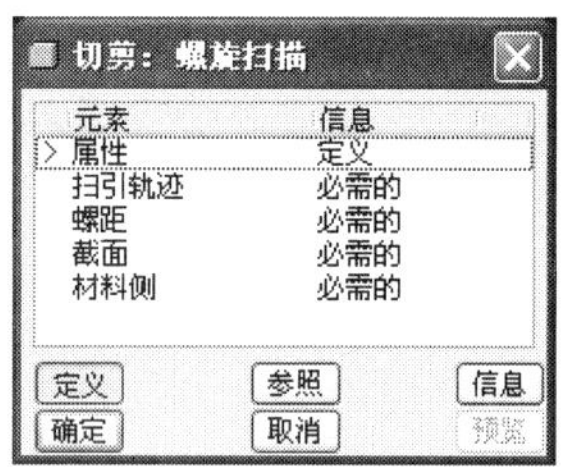

图 4-240

Step 2 接受菜单管理器中系统默认的“属性”选项并执行“完成”命令，然后选择 FRONT 基准平面为草图绘制平面，然后在菜单管理器中执行“正向”和“缺省”命令，进入草图绘制环境。

Step 3 执行“草绘 | 参照”下拉菜单命令，开启“参照”对话框，选择图 4-242 中箭头所指的侧面投影为参照，然后单击“关闭”按钮关闭“参照”对话框。

Step 4 单击“草绘器工具”工具栏中的“中心线”按钮 、“线”按钮 和“圆弧”按钮 ，绘制如图 4-243 所示扫引轨迹。

图 4-241

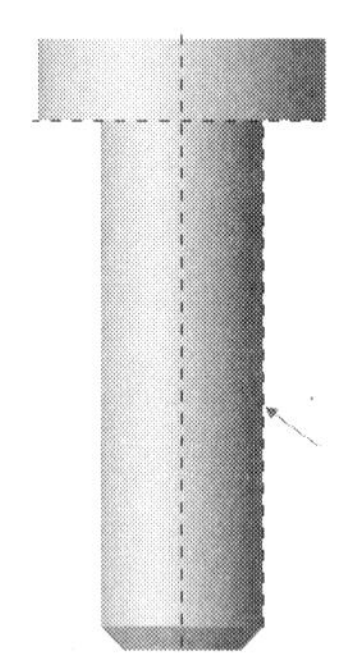

图 4-242

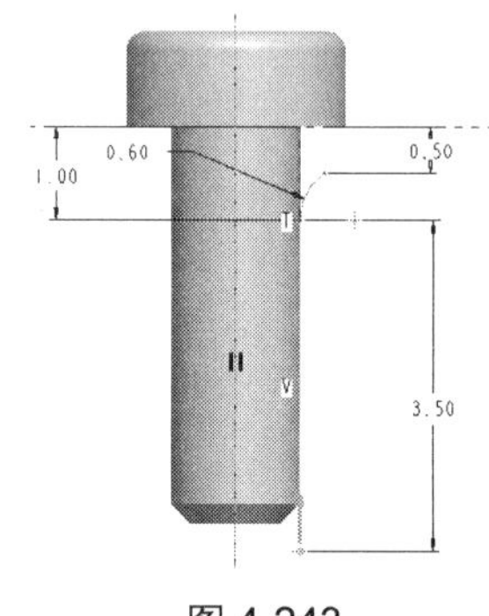

图 4-243

Step 5 单击“完成”按钮 退出草图绘制环境，然后在窗口底部的节距值文本输入框中输入螺旋扫描轨迹的节距为 0.35，按<Enter>键确定，如图 4-244 所示。

输入节距值 0.3500

图 4-244

Step 6 单击“草绘器工具”工具栏中的“线”按钮 和“圆形”按钮 ，绘制如图 4-245 所示截面草图。

Step 7 单击“完成”按 按钮退出草图绘制环境，然后单击“伸出项：螺旋扫描”对话框中的“确定”按钮，完成螺旋扫描切口特征的创建，结果如图 4-227 所示。

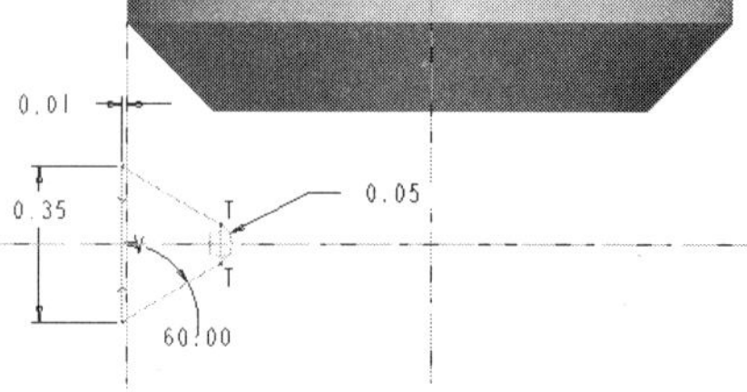

图 4-245

归纳总结

从梅花槽螺钉模型的创建过程中可以看出，完成此模型创建的最主要的知识点就是各种基础特征的配合使用，其中最重要的就是使用螺旋扫描切口特征创建螺钉螺纹的部分，这是整个模型创建过程中的重点。

4.8.2　创建铣刀实体模型

任务要求

下面将创建铣刀模型，模型创建完成的结果如图 4-246 所示。

图 4-246

任务分析

从图 4-247 中可以看出创建铣刀模型需要用到扫描混合特征、旋转切口特征以及拉伸切口特征。其中，扫描混合特征用于创建铣刀主体部分；旋转切口特征用于创建轴孔部分；拉伸切口特征用于创建键槽部分。

任务设计

在创建铣刀模型时，首先用扫描混合特征用于创建铣刀主体部分，然后用旋转切口特征创建出轴孔部分，最后拉伸切口特征用于创建键槽部分。

任务完成

1. 新建零件文件

Step 1　在“文件”工具栏中单击“新建”按钮，在开启的“新建”对话框中选择文件类型为“零件”，输入文件名为 mills，并取消“使用缺省模板”复选框的选取。

Step 2　单击“确定”按钮，在“新文件选项”对话框中选择模板类型为 mmns_part_solid，然后单击“确定”按钮，进入零件建模环境。

2. 创建铣刀主体部分

Step 1　单击“基准”工具栏中的“草绘”按钮，开启“草绘”对话框，选择 FRONT 基准平面为草绘平面，接受系统默认的草绘方向，单击“草绘”按钮进入草图绘制环境。

Step 2　单击“草绘器工具”工具栏中的“线”按钮，绘制一条如图 4-247 所示的直线。

Step 3　单击“完成”按钮✓退出草图绘制环境，平面草图直线绘制结果如图 4-248 所示。

Step 4　执行“插入 | 扫描混合”下拉菜单命令，开启“扫描混合”命令控制面板，在该命令控制面板中单击“扫描为实体”按钮。

Step 5　选择前面创建的平面草图直线为原始轨迹，此时应注意原始轨迹起点位置，如图 4-249 所示。

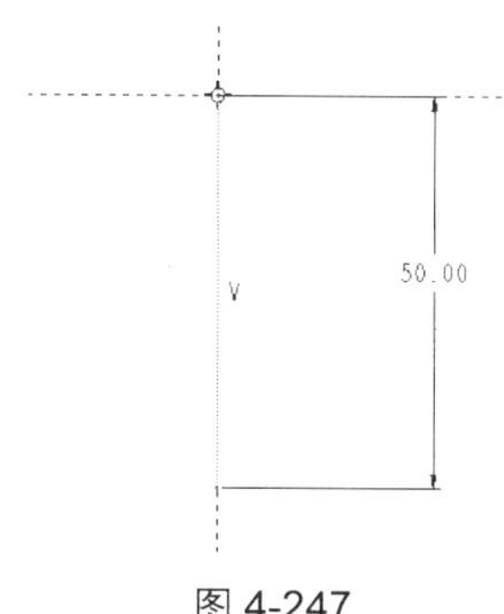

图 4-247

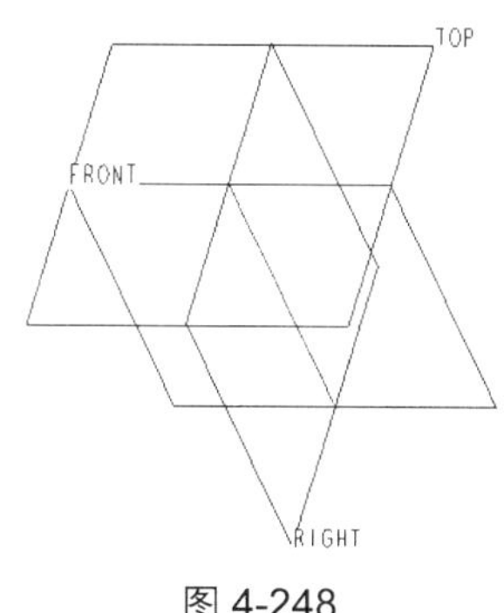

图 4-248

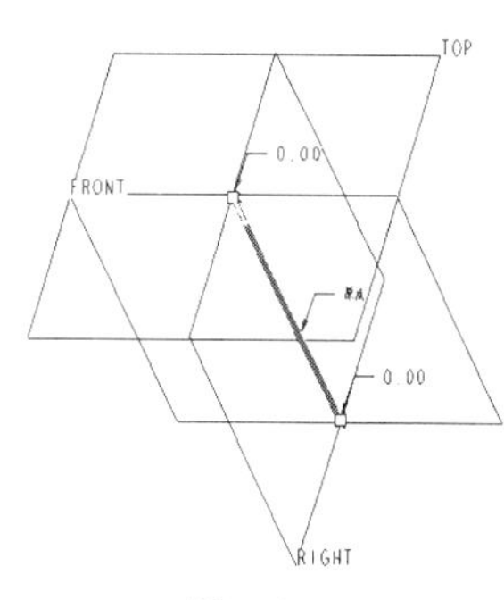

图 4-249

Step 6 单击“剖面”按钮开启“剖面”上滑面板，然后选择如图 4-250 所示的轨迹端点为截面 1 的定位点。

Step 7 单击“剖面”上滑面板中的“草绘”按钮进入草图绘制环境，单击“草绘器工具”工具栏中的“中心线”按钮 ¦ 和“圆”按钮 O，绘制如图 4-251 所示的两条中心线和两个构建圆。

Step 8 单击“草绘器工具”工具栏中的“直线”按钮 ╲ 和“圆弧”按钮 ╮，捕捉中心线和构建圆的交点绘制如图 4-252 所示的截面草图。

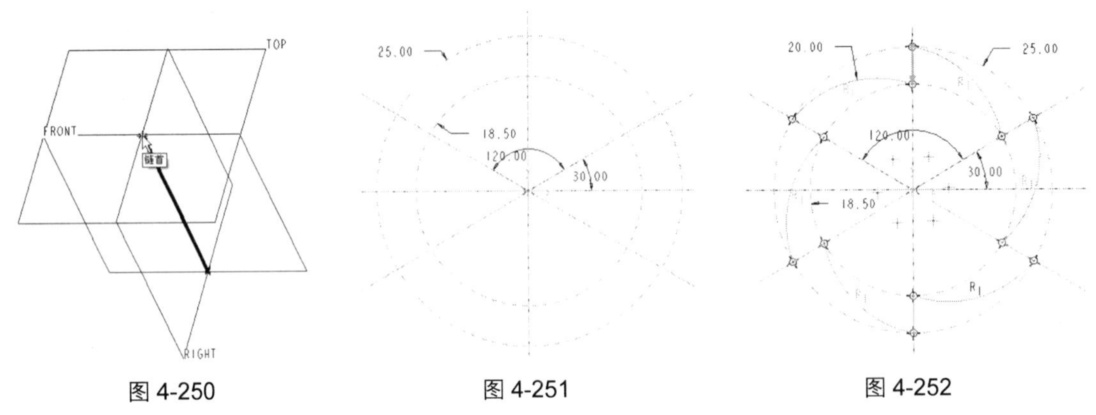

图 4-250　　图 4-251　　图 4-252

提示：先绘制两个实体圆，然后在实体圆被选取的情况下，执行“编辑 | 切换构造”下拉菜单命令即可将实体圆转换为构建圆。

Step 9 单击“完成”按钮 ✔ 退出草图绘制环境，完成截面 1 的绘制，结果如图 4-253 所示。

Step 10 在“剖面”上滑面板的“旋转”文本框中设定截面 1 的旋转角度为−30° 并按<Enter>键确定，截面 1 的旋转结果如图 4-254 所示。

Step 11 单击“剖面”上滑面板中的“插入”按钮插入一个新的截面，然后选择如图 4-255 所示的线段终点为截面 2 的定位点。

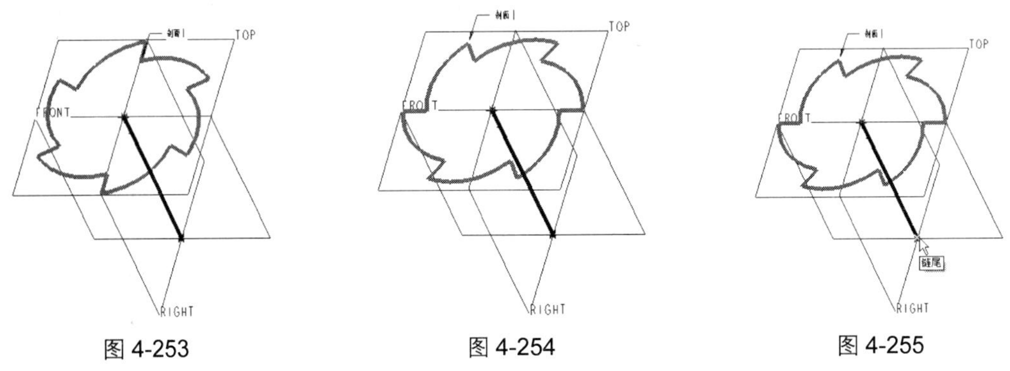

图 4-253　　图 4-254　　图 4-255

Step 12 单击“草绘”按钮进入草图绘制环境，绘制和截面 1 相同的截面草图，结果如图 4-256 所示。

Step 13 在“剖面”上滑面板的“旋转”文本框中设定截面 2 的旋转角度为 120° 并按<Enter>键确定，截面 2 的旋转结果如图 4-257 所示。

Step 14 单击☑按钮完成扫描混合特征的创建，结果如图 4-258 所示。

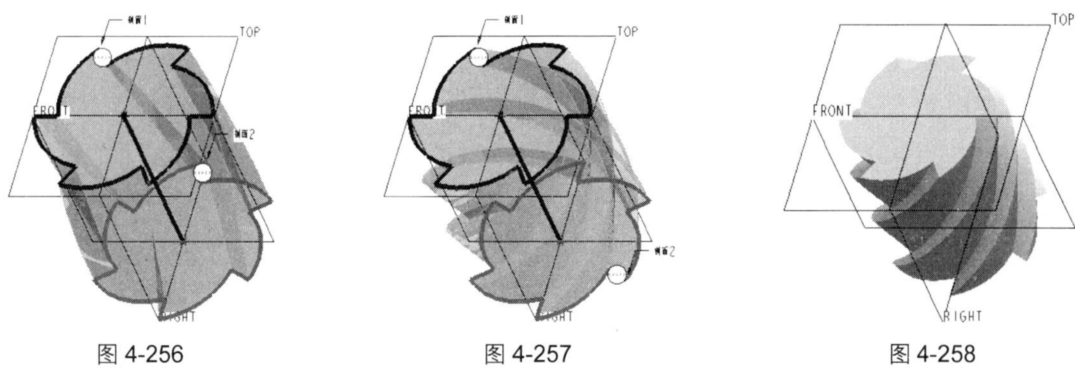

图 4-256 图 4-257 图 4-258

3. 创建铣刀的轴孔部分

Step 1 单击“基础特征”工具栏中的“旋转”按钮，在开启的“旋转”命令控制面板中单击“去除材料”按钮，然后选择 FRONT 基准平面为草绘平面，接受系统默认的草绘方向，单击“草绘”按钮进入草图绘制环境。

Step 2 单击“草绘器工具”工具栏中的“中心线”按钮和“线”按钮，绘制如图 4-259 所示的截面草图。

Step 3 单击“完成”按钮✓退出草图绘制环境，接受系统默认的旋转角度 360°，旋转特征预览如图 4-260 所示。

Step 4 单击☑按钮完成旋转伸出项板特征的创建，结果如图 4-261 所示。

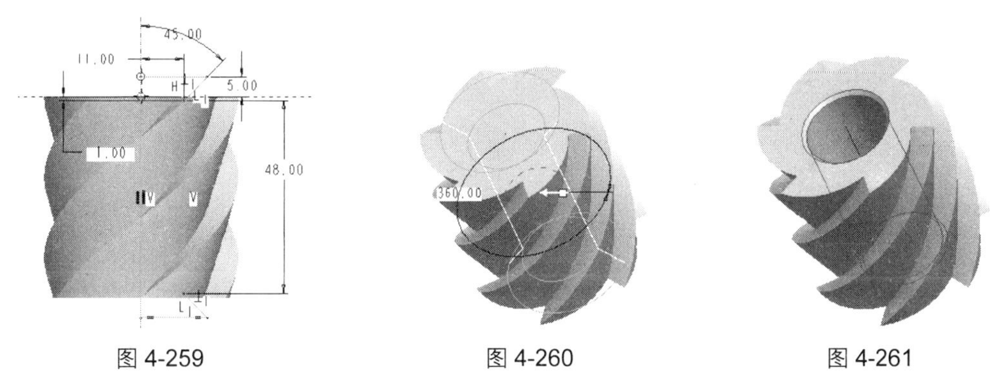

图 4-259 图 4-260 图 4-261

4. 创建铣刀的键槽部分

Step 1 单击“基准特征”工具栏中的“拉伸”按钮，在开启的“拉伸”命令控制面板中单击“去除材料”按钮，选择 TOP 基准平面为草绘平面，接受系统默认的草绘方向，单击“草绘”按钮进入草图绘制环境。

Step 2 单击“草绘器工具”工具栏中的“中心线”按钮和“矩形”按钮□，绘制如图 4-262 所示的图形。

Step 3 单击“完成”按钮✓退出草图绘制环境，选择拉伸深度选项为“穿透”，拉伸切口特征预览如图 4-263 所示。

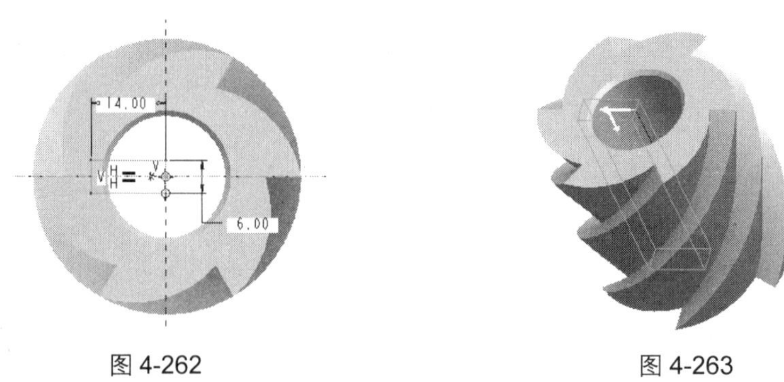

图 4-262　　图 4-263

Step 4　单击✓按钮完成拉伸切口板特征的创建，结果如图 4-247 所示。

归纳总结

创建铣刀实体模型主要涉及的知识点包括：平面草图绘制、拉伸切口特征、旋转切口特征以及扫描混合特征。其中，使用扫描混合特征创建铣刀主体模型是本节应用实践的重点，需要大家能够比较熟练地运用扫描混合特征来创建想要的实体模型。

4.9 自我检测

（1）创建旋转特征时应该注意哪些问题？

（2）在三维建模中，什么情况下可以使用开放剖面？

（3）在创建扫描特征时失败，一般是由哪些情况造成的？

（4）根据如图 4-264 所示的尺寸创建一个如图 4-265 所示的扳手实体模型。

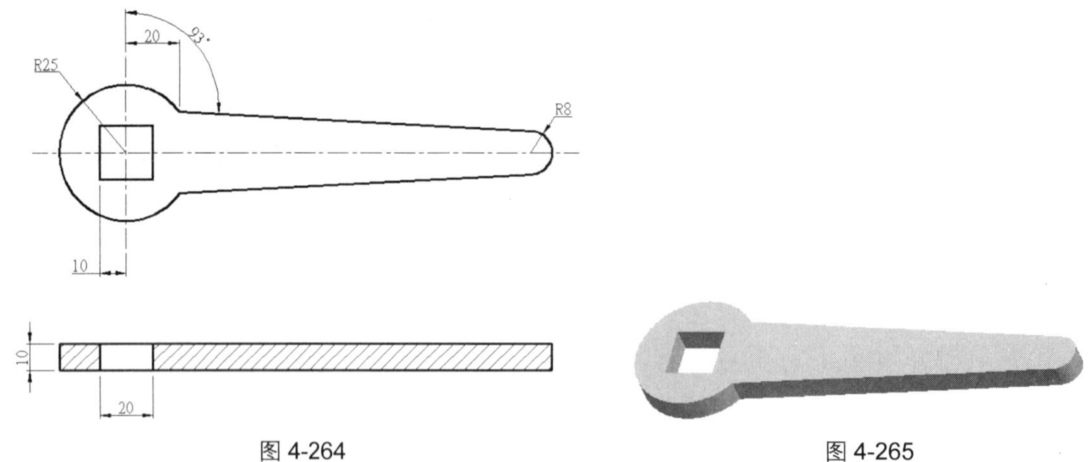

图 4-264　　图 4-265

第 5 章 工程特征

📖 本章要点

- 孔特征
- 壳特征
- 拔模特征
- 筋特征
- 倒角特征
- 倒圆角特征
- 创建法兰盘实体模型
- 创建拨叉实体模型

第 4 章学习的基础特征主要用于创建零件的主体，相当于实际生产中的零件坯料的生产过程。当坯料生产出来后，就需要对其进行进一步的加工，一般来说就是金属切削的过程，在坯料上通过车削、铣削、磨削以及钻孔等加工方式去除多余的材料，以达到规定尺寸要求。

这些加工过程体现在 Pro/E 建模过程中，可以看作是向主体模型中添加工程特征，例如添加孔特征就等于进行钻孔加工，添加抽壳和拔模特征就相当于铣削或车削加工，而添加倒角和倒圆角特征则相当于钳工的加工过程，在实际生产过程中，对零件的倒角和倒圆角加工基本上都是由钳工手工完成的。

除了上述以去除多余材料为目的的加工方式外，在实际生产过程中还需要向零件添加材料，这种添加材料的加工方式一般都是焊接。例如为零件焊接加强筋，以提高零件的强度。而 Pro/E 则为焊接加强筋这一加工过程提供了一个专门的工程特征，即筋特征。

本章就要专门学习如何创建这些工程特征，与基础特征不同的是，这些工程特征不能单独创建，必须在建好的实体模型上进行创建，这就如同在实际工作中，在没有坯料的情况下是无法进行车削、铣削以及钻孔等加工工作的一样。学习好本章的知识可以为后面的更为复杂的零件设计建模打下坚实的基础。

5.1 孔特征

孔特征横向剖面为圆形，纵向剖面依据旋转中心对称，用户可以在现有的实体模型上定义位置参照、二级参照和定义孔的属性来加入孔特征。孔特征与旋转切口特征有些类似，但同时也存在很大的区别，如下所示。

- 孔特征使用一个比切削尺寸配置更为理想的预定义位置配置。
- 和旋转切口特征相比，简单孔和标准孔不需要草绘孔的轮廓截面。

Pro/E 中的孔特征包括简单直孔、草绘直孔和标准孔 3 种类型，下面将对上述 3 种类型孔特征的创建方法进行介绍。

5.1.1 创建简单直孔特征

下面通过在如图 5-1 所示的法兰盘实体模型上添加简单直孔特征介绍简单直孔特征的创建方法。

要创建一个简单直孔特征，只需要确定其放置的主参照、偏移参照、定位尺寸、直径以及深度等因素即可。

具体操作步骤如下。

Step 1 在“文件”工具栏中单击“打开”按钮，打开范例文件 Example\chap05\ straight-hole.prt，如图 5-2 所示。

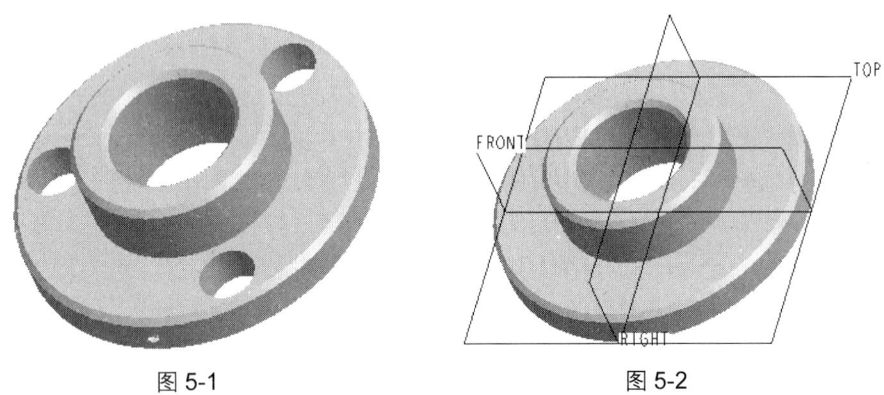

图 5-1　　图 5-2

Step 2 单击“工程特征”工具栏中的“孔”按钮，开启如图 5-3 所示的“孔”命令控制面板。

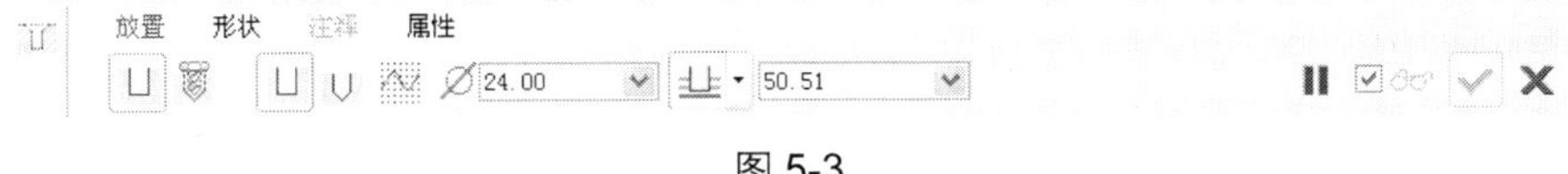

图 5-3

Step 3 选择图 5-4 中箭头所指的模型平面为放置孔特征的主参照。

Step 4 单击“放置”上滑面板中的“单击此处添加...”文字，如图 5-5 所示。启动“偏移参照”收集器。

TOP
FRONT
Ø24.00
50.51
RIGHT

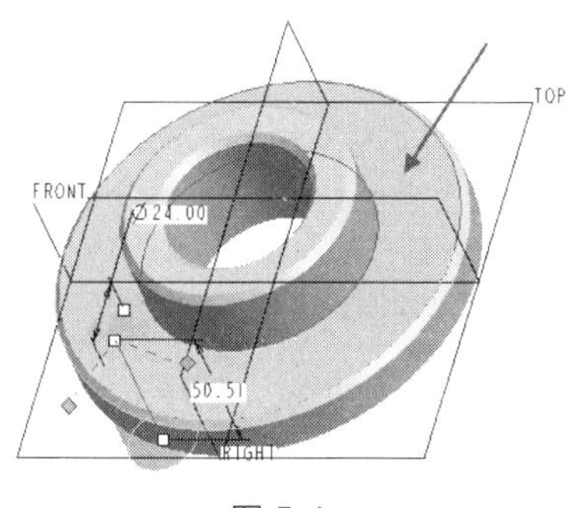

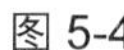

图 5-4

放置
曲面:F5(旋转_1)
反向
类型
线性
偏移参照
单击此处添加...
方向
尺寸方向参照
放置　形状　注释　属性

图 5-5

提示：按住<Ctrl>键可以选择多个主参照，当多个主参照能够完成定位孔特征时，用户就不需要选择偏移参照了。

Step 5　按住<Ctrl>键选择 FRONT 和 RIGHT 基准平面为偏移参照，并在“放置”上滑面板中设定孔特征放置参数，如图 5-6 所示。

Step 6　在“孔特征”命令控制面板中设定孔直径为 22，选择“深度”选项为“穿透”，直孔特征预览结果如图 5-7 所示。

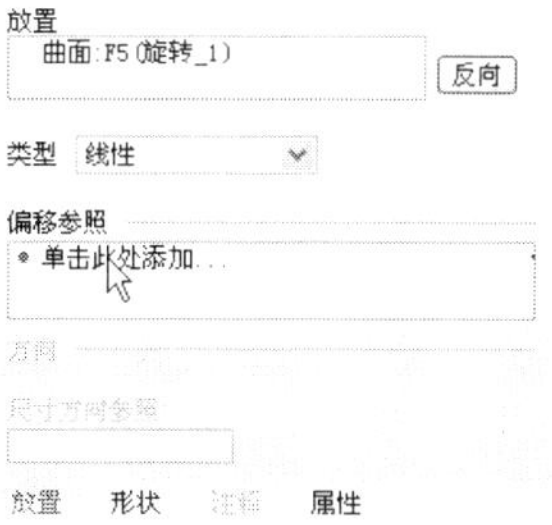

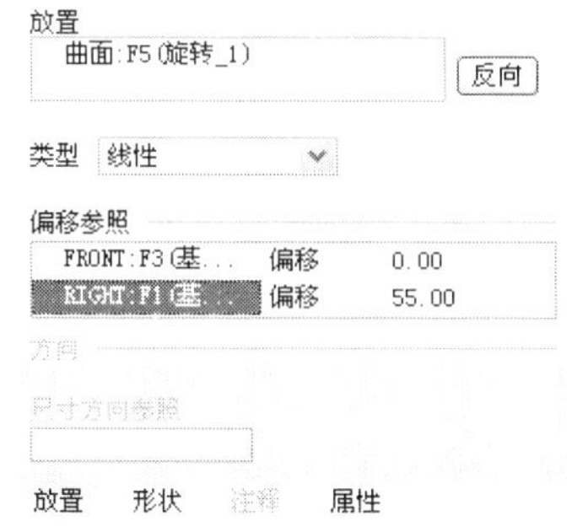

放置
曲面:F5(旋转_1)
反向
类型
线性
偏移参照
FRONT:F3(基...
偏移
0.00
RIGHT:F1(基...
偏移
55.00
方向
尺寸方向参照
放置　形状　注释　属性

图 5-6

Ø22.00
TOP
55.00
0.00
RIGHT
放置　形状　注释　属性
22.00

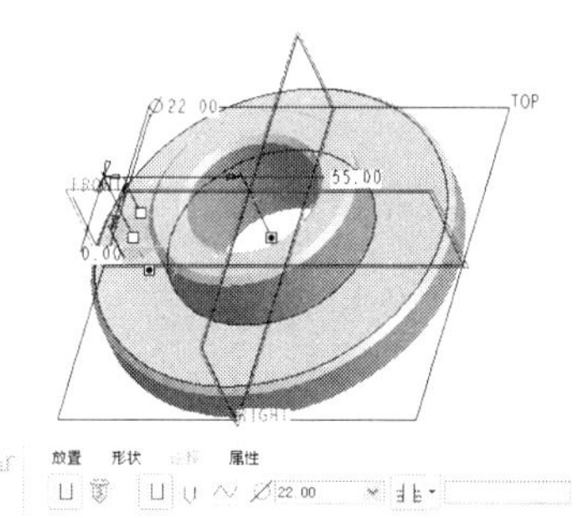

图 5-7

Step 7　单击按钮完成直孔特征的创建，结果如图 5-8 所示。

Step 8　开启基准轴的显示，然后单击“工程特征”工具栏中的“孔”按钮，选择图 5-9 中箭头所指的模型平面为放置孔特征的主参照。

TOP
FRONT
RIGHT

图 5-8

TOP
FRONT
Ø22.00
A_2
A
50.51
RIGHT

图 5-9

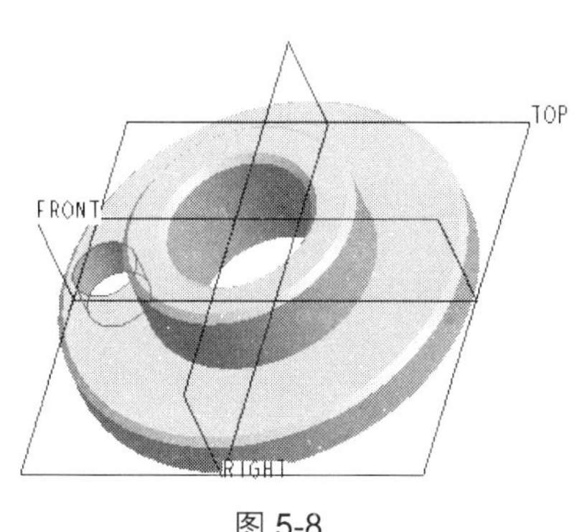

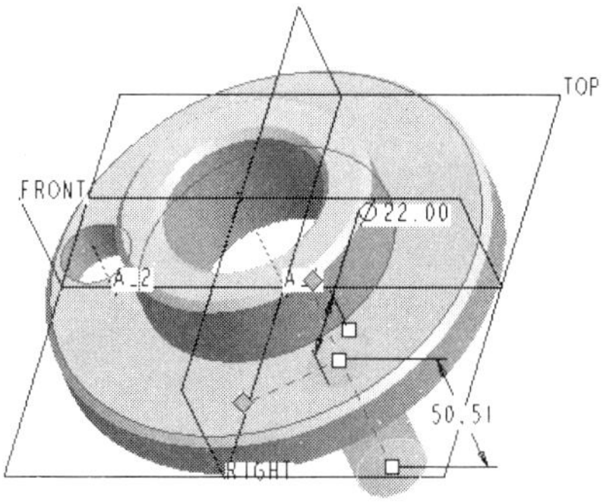

Step 9 单击“放置”上滑面板中的“单击此处添加...”文字启动“偏移参照”收集器，并选择放置类型为“径向”，如图 5-10 所示。

Step 10 按住<Ctrl>键选择 A_1 基准轴和 FRONT 基准面为偏移参照，并在“放置”上滑面板中设定孔特征放置参数，如图 5-11 所示。

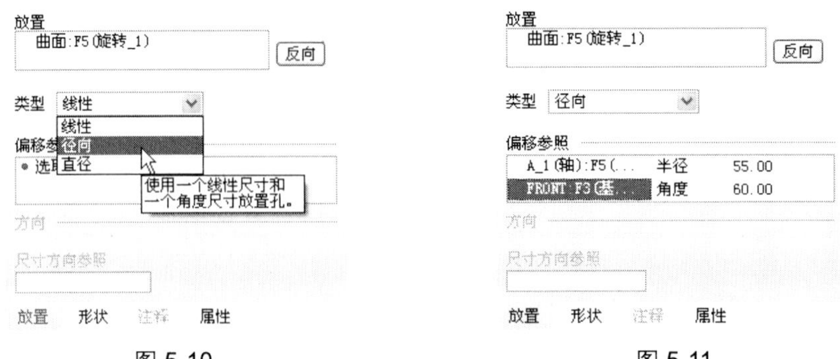

图 5-10　　图 5-11

Step 11 在“孔特征”命令控制面板中设定孔直径为 22，选择“深度”选项为“穿透”，直孔特征预览结果如图 5-12 所示。

Step 12 单击✓按钮完成直孔特征的创建，结果如图 5-13 所示。

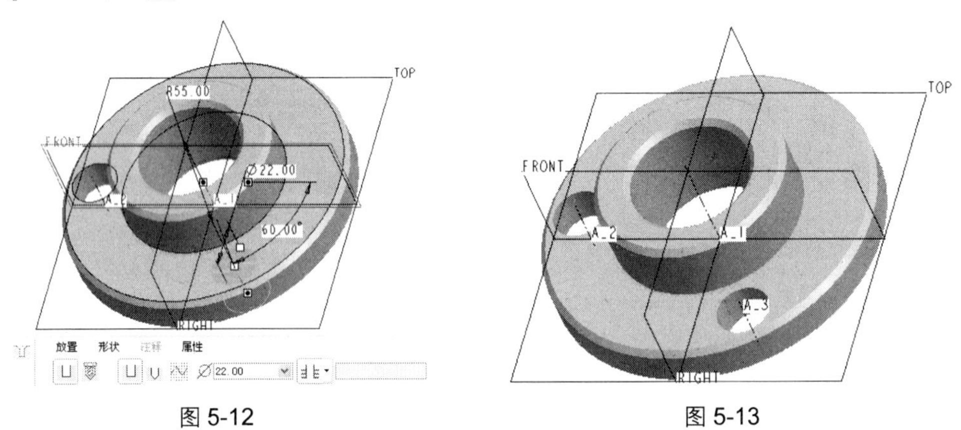

图 5-12　　图 5-13

Step 13 同理，使用前面的方法创建第三个孔特征，最终结果如图 5-14 所示。

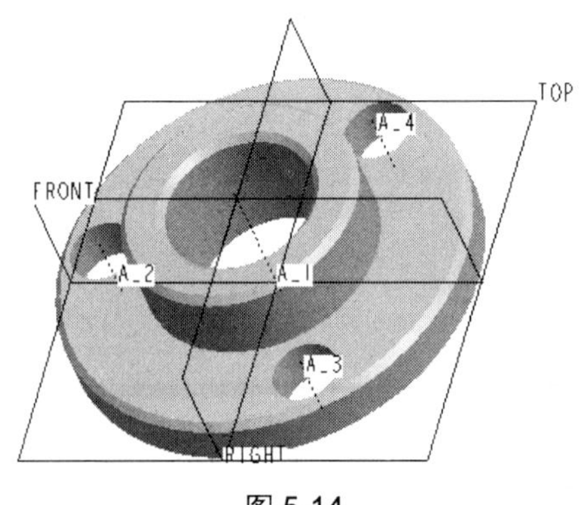

图 5-14

5.1.2 创建草绘直孔特征

下面通过在如图 5-15 所示的轴套零件实体模型上添加销孔介绍草绘直孔特征的创建方法。

创建草绘直孔特征同样需要设定主参照、偏移参照以及定位尺寸来定位孔特征，不同的是，草绘直孔特征可以通过用户绘制的纵向截面轮廓来定义孔特征的形状。

具体操作步骤如下。

Step 1 在“文件”工具栏中单击“打开”按钮，打开范例文件 Example\chap05\ sketch-hole.prt，如图 5-16 所示。

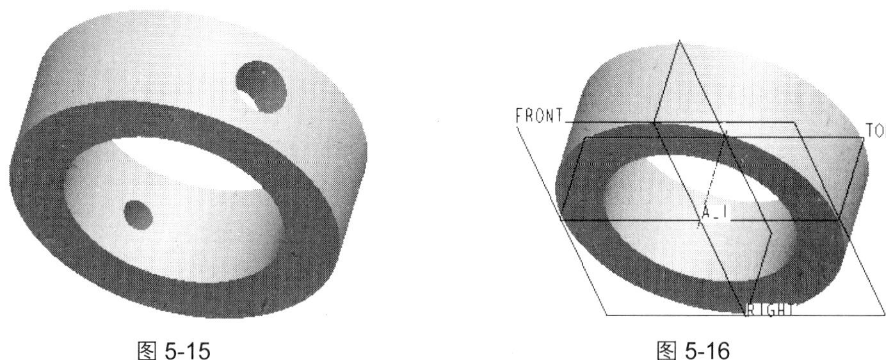

图 5-15　　图 5-16

Step 2 单击“工程特征”工具栏中的“孔”按钮，在开启的“孔”命令控制面板中单击“草绘轮廓”按钮，如图 5-17 所示。

图 5-17

Step 3 单击“草绘器”按钮进入草图绘制环境，单击“草绘器工具”工具栏中的“中心线”按钮和“直线”按钮，绘制如图 5-18 所示孔的纵向截面轮廓草图。

Step 4 单击“完成”按钮✓退出草图绘制环境，选择如图 5-19 所示的圆柱面为孔特征的放置主参照。

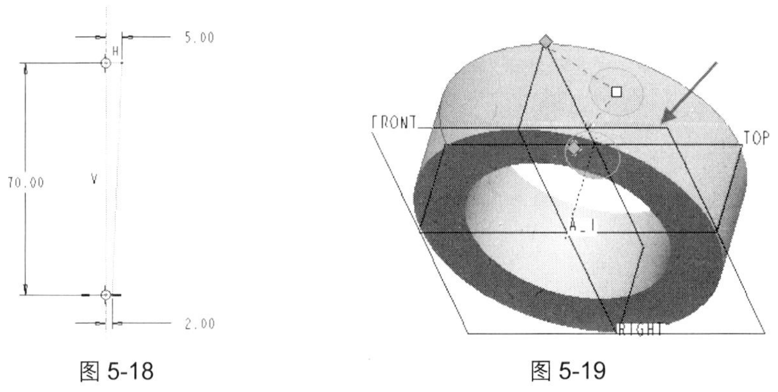

图 5-18　　图 5-19

Step 5 单击“放置”上滑面板中的“单击此处添加...”文字启动“偏移参照”收集器，然后按住<Ctrl>键选择 RIGHT 和 FRONT 基准面为偏移参照，并在“放置”上滑面板中设定孔特征放置参数如图 5-20 所示。

Step 6 单击✓按钮完成草绘直孔特征的创建，结果如图 5-21 所示。

图 5-20　　　　图 5-21

5.1.3 创建标准孔特征

下面通过在如图 5-22 所示的轴套零件实体模型上添加销孔介绍草绘直孔特征的创建方法。

创建草绘直孔特征同样需要设定主参照、偏移参照以及定位尺寸来定位孔特征，不同的是，草绘直孔特征可以通过用户绘制的纵向截面轮廓来定义孔特征的形状。

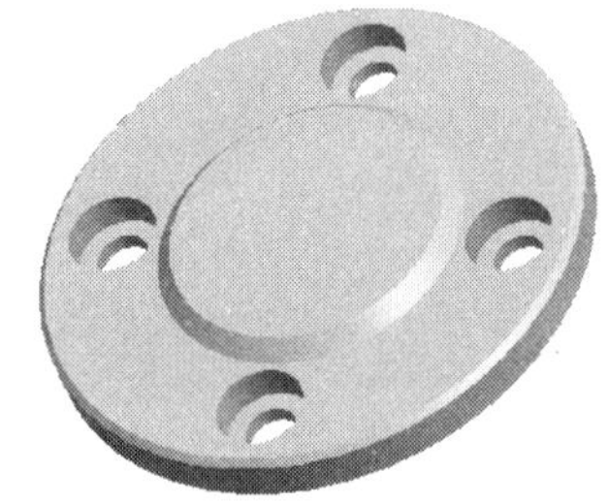

图 5-22

具体操作步骤如下。

Step 1 在“文件”工具栏中单击“打开”按钮，打开范例文件 Example\chap05\ standard-hole.prt，如图 5-23 所示。

Step 2 单击“工程特征”工具栏中的“孔”按钮，选择图 5-24 中箭头所指的模型平面为放置孔特征的主参照。

Step 3 单击“放置”上滑面板中的“单击此处添加...”文字启动“偏移参照”收集器，按住<Ctrl>键选择 RIGHT 和 FRONT 基准面为偏移参照，并在“放置”上滑面板中设定孔特征放置参数如图 5-25 所示。

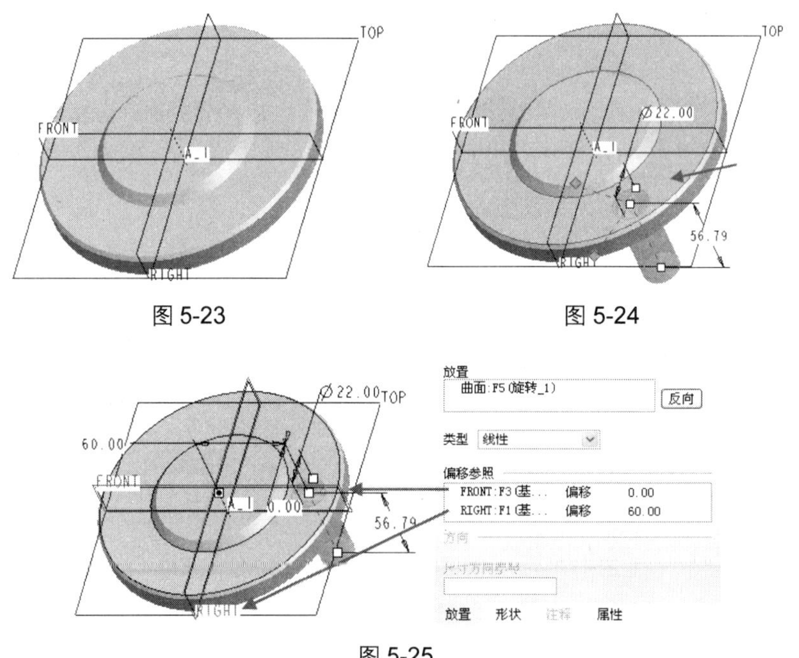

图 5-23　　　　图 5-24

图 5-25

Step 4　在“孔”命令控制面板中单击“标准孔”按钮，设定标准孔的螺纹类型为 ISO，选择标准孔的尺寸为 M16×1，选择“深度”选项为“穿透”，并单击“添加沉孔”按钮，如图 5-26 所示。

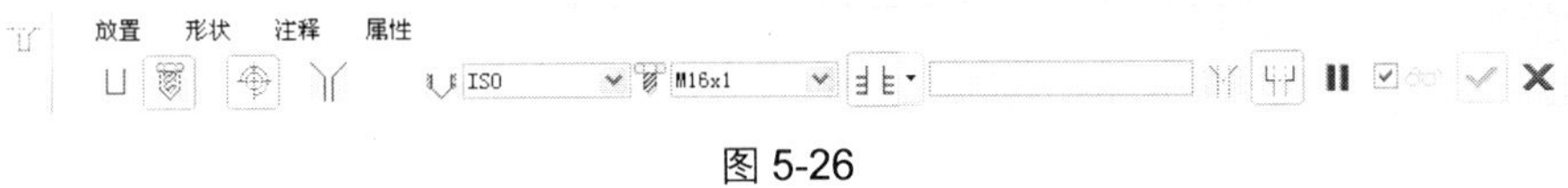

图 5-26

Step 5　单击“形状”按钮开启“形状”上滑面板，设置孔特征纵向截面参数如图 5-27 所示。

Step 6　在“注释”上滑面板中取消“添加注释”复选框的选取，然后单击按钮完成标准孔特征的创建，结果如图 5-28 所示。

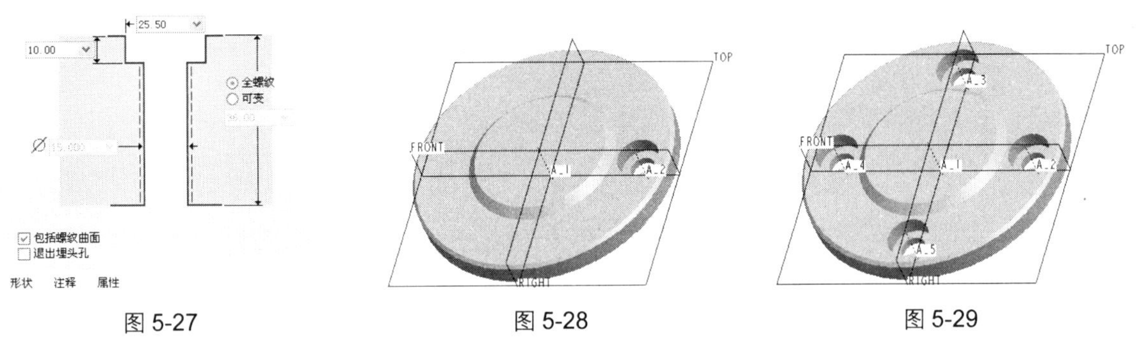

图 5-27　　图 5-28　　图 5-29

Step 7　用同样的方法创建其他 3 个标准孔特征，结果如图 5-29 所示。

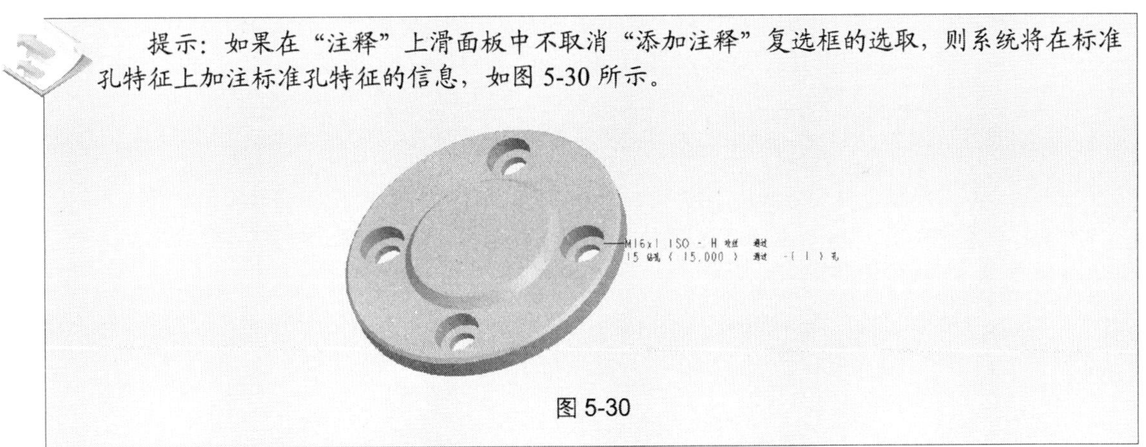

提示：如果在“注释”上滑面板中不取消“添加注释”复选框的选取，则系统将在标准孔特征上加注标准孔特征的信息，如图 5-30 所示。

图 5-30

5.2 壳特征

壳特征的作用是挖空实体的内部材料，留下有指定壁厚的壳，用户可以指定想要从壳中移除的一个或多个曲面，如果没有选择要移除的曲面，则系统会创建一个封闭的壳，若将壳的厚度侧反向，则壳厚度会增加零件外部。在定义壳时，用户还可以选择不同的曲面形成不同的厚度，但不能将这些曲面输入负的厚度值或将厚度侧反向。

5.2.1 创建壳特征

下面通过在柱型空腔箱体实体模型上添加壳特征介绍壳特征的创建方法，添加壳特征后的柱型空腔箱体实体模型如图 5-31 所示。

创建壳特征的方法比较简单，一般情况下是先设定抽壳的厚度，然后选择在抽壳中要去除的模型曲面即可完成壳特征的创建。另外，用户还可以为不同的模型曲面设定不同的抽壳厚度或排除一些模型曲面，但需要注意的是，此时只对模型进行部分抽壳。

具体操作步骤如下。

Step 1 在“文件”工具栏中单击“打开”按钮，打开范例文件 Example\chap05\ shell.prt，如图 5-32 所示。

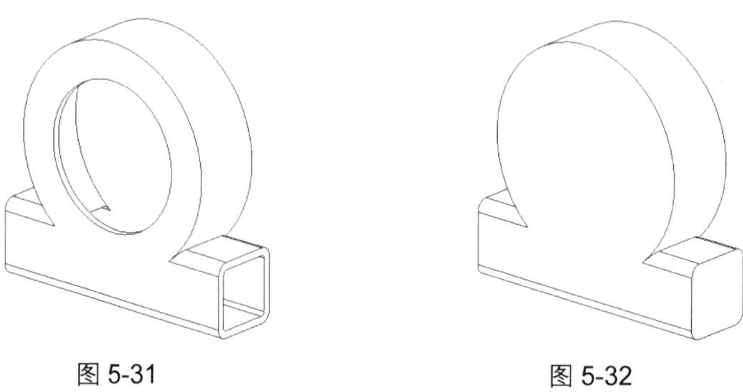

图 5-31　　　　图 5-32

Step 2 单击“工程特征”工具栏中的“壳”按钮，开启如图 5-33 所示的“壳”命令控制面板。

图 5-33

Step 3 设定抽壳厚度为 50，然后选择如图 5-34 所示的模型曲面为要移除的曲面。

Step 4 在如图 5-35 所示的“选项”上滑面板中单击“单击此处添加项目”文字，启动“排除曲面”收集器。

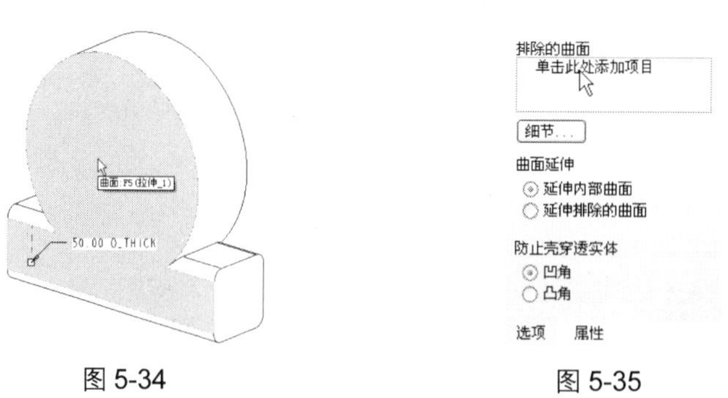

图 5-34　　　　图 5-35

Step 5 按住<Ctrl>键选择图 5-36 中箭头所指的模型曲面为要排除的曲面。

Step 6 在如图 5-37 所示的“参照”上滑面板中单击“单击此处添加...”文字，启动“非默认厚度”收集器。

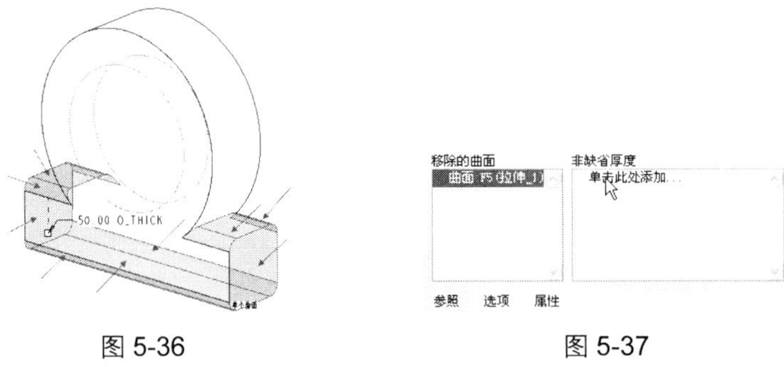

图 5-36　　　　图 5-37

Step 7　选择如图 5-38 所示的模型曲面为非缺省厚度的曲面，并修改此模型曲面上抽壳厚度为 20。

Step 8　单击☑按钮完成壳特征的创建，结果如图 5-39 所示。

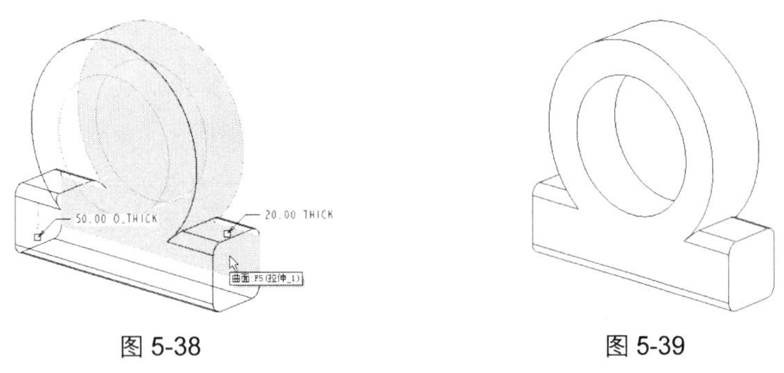

图 5-38　　　　图 5-39

Step 9　再单击“工程特征”工具栏中的“壳”按钮▣，开启“壳”命令控制面板，设定抽壳厚度为 10，然后按住<Ctrl>键选择图 5-40 中箭头所指的模型曲面为要移除的曲面。

Step 10　单击☑按钮完成壳特征的创建，结果如图 5-41 所示。

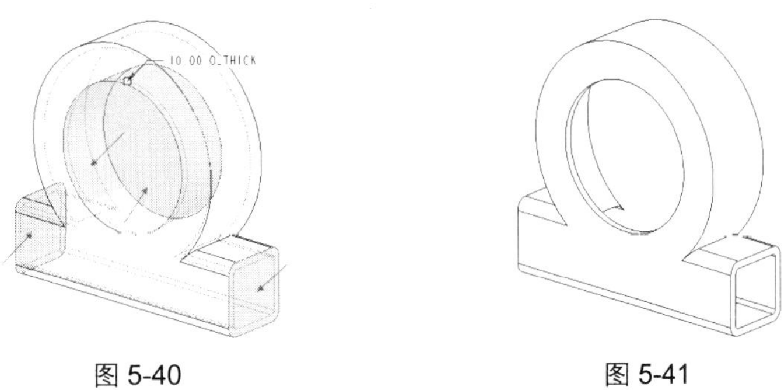

图 5-40　　　　图 5-41

5.2.2　壳特征与特征排序的关系

在创建壳特征时，要特别注意与其他特征的顺序问题，因为壳特征会将之前所有特征添加的实体都将被掏空，例如，图 5-42 所示的零件包含拉伸特征和孔特征。

如果要在零件上创建壳特征并移除图 5-42 中箭头所指的模型曲面，则会得到如图 5-43 所示的创建结果。

如果在孔特征之前创建壳特征，则会得到如图 5-44 所示的零件创建结果。所以在创建零件模型时，需要特别注意各种特征的创建顺序。

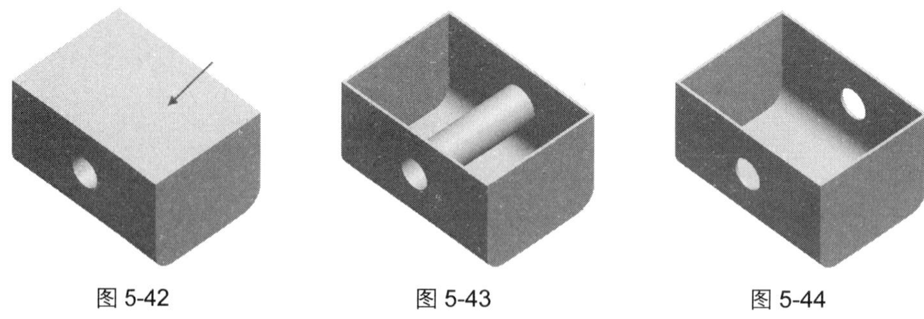

图 5-42　　图 5-43　　图 5-44

5.3 拔模特征

在使用注塑或铸造方式进行零件生产时，塑料注射件、金属制造件等与模具间都会制作大约 1°～5°甚至更大的倾斜角度，这样做可以使产品更容易从模具中取出，这时就需要对零件进行拔模处理。在 Pro/E 中“拔模”特征就是将一个介于－30°～30°的拔模角度新增到个别模型曲面上，或者新增到一系列模型曲面上。需要注意的是，仅当曲面是由简单圆柱面或平面形成时才可拔模。

在 Pro/E 中系统提供了多种拔模方式，下面将对这些拔模方式的操作方法进行简单介绍。

5.3.1 普通拔模

普通拔模的操作方法最为简单，其具体操作步骤如下。

Step 1 单击“工程特征”工具栏中的“拔模”按钮，开启如图 5-45 所示的“拔模”命令控制面板。

图 5-45

Step 2 当“拔模”命令控制面板开启后，“拔模曲面”收集器随即启动，选择如图 5-46 所示的模型曲面为要拔模的曲面。

Step 3 在命令控制面板中单击图标后面的“单击此处添加项目”文字，启动“拔模枢轴”收集器，然后选择如图 5-47 所示的模型平面为拔模枢轴参照。

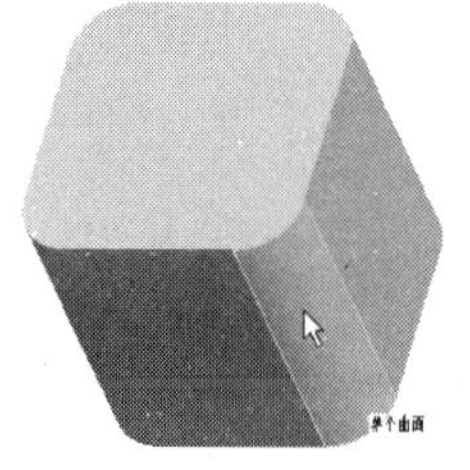

图 5-46

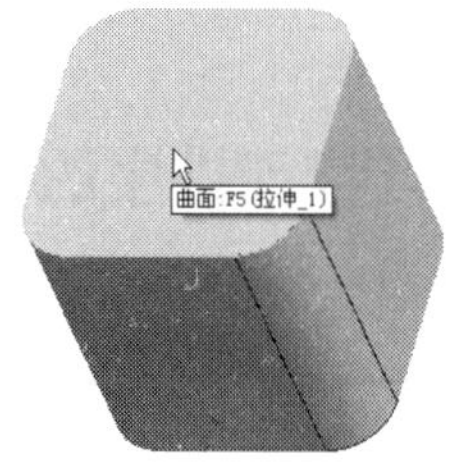

图 5-47

> 提示：如果所选拔模曲面的侧曲面与之相切，则系统会自动将拔模延伸至这些与之相切的模型曲面上。另外，可以选作拔模枢轴的参照对象包括模型平面、基准平面和曲线链。

Step 4　接受系统默认的拔模方向，修改拔模角度为 5°，拔模预览如图 5-48 所示。

Step 5　单击☑按钮完成拔模特征的创建，结果如图 5-49 所示。

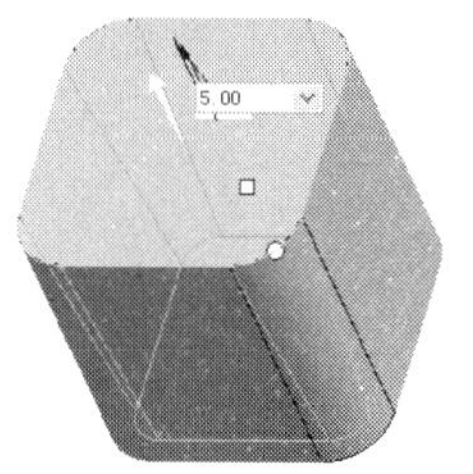

图 5-48

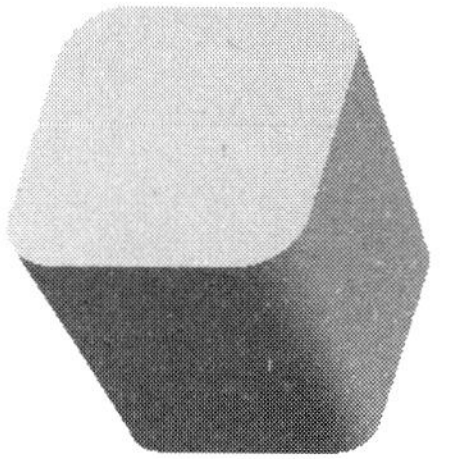
图 5-49

5.3.2　排除曲面循环的拔模

在 Pro/E 中，被切口特征分割产生的曲面仍然会被系统认为是单个曲面，例如，图 5-50 中箭头所指的两个模型曲面就是被拉伸切口特征分割而成的。在拔模时，这两个模型曲面将被系统认定为一个模型曲面。

如果要对其中一个模型曲面进行拔模，则可以在如图 5-51 所示的“选项”上滑面板中启动“排除环”收集器。

选择如图 5-52 所示的环，并将其从拔模中排除，结果如图 5-53 所示。

图 5-50

图 5-51

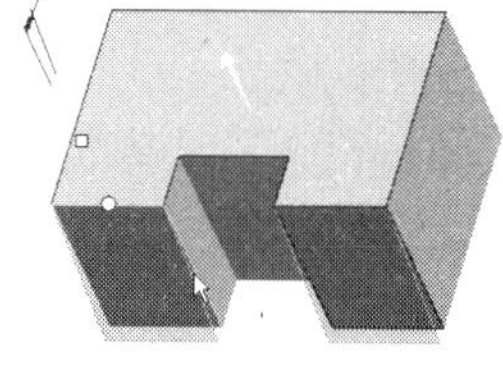

图 5-52

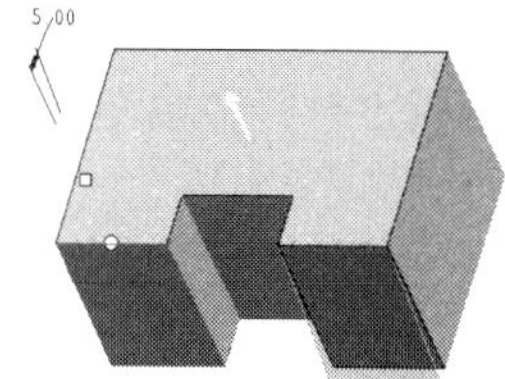

图 5-53

5.3.3　延伸相交曲面的拔模

在某些情况下，拔模后的拔模曲面会悬垂于模型曲面之上。例如，对图 5-54 中箭头所指的圆柱面进行拔模将会产生如图 5-55 所示的拔模结果。

如果要避免出现这种情况，将拔模曲面延伸到模型的邻接曲面或者将模型曲面延伸到拔模曲面中，就必须选中“选项”上滑面板中的“延伸相交曲面”复选框，如图 5-56 所示。选中“延伸相交曲面”复选框后的拔模结果是拔模曲面延伸到模型的邻接曲面，如图 5-57 所示。

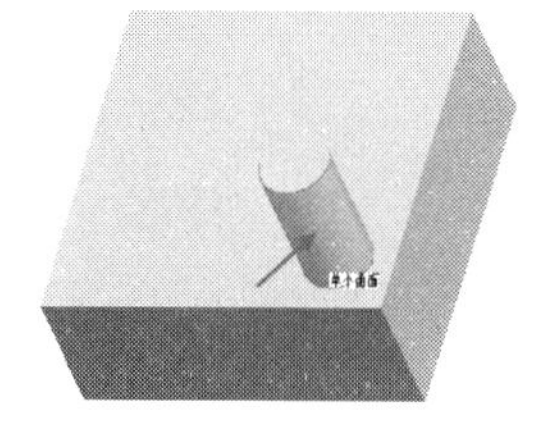
图 5-54

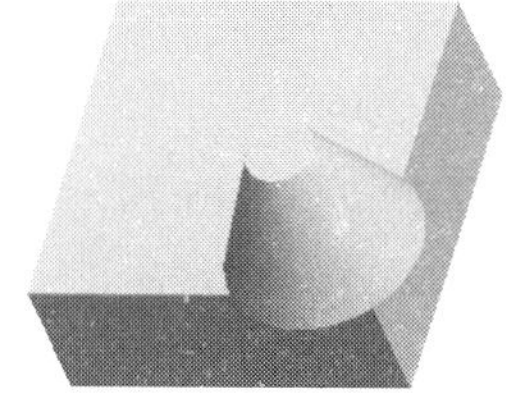
图 5-55

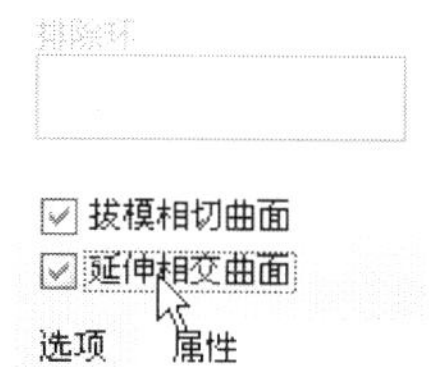

图 5-56

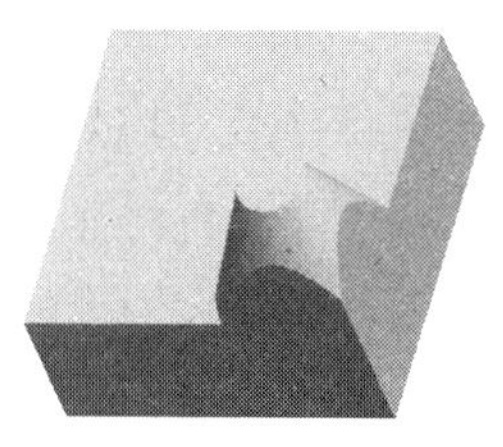
图 5-57

5.3.4 可变拔模

可变拔模就是在基本拔模的基础之上添加多个拔模角度进行拔模，创建可变拔模特征的具体方法就是在创建基础拔模的基础之上，在“角度”上滑面板或在绘图区中已有基本拔模角度上单击鼠标右键，然后在弹出的快捷菜单中执行“添加角度”命令就可以添加多个拔模角度，如图 5-58 和图 5-59 所示。

然后设定每个拔模角度的角度值和位置参数即可创建可变拔模特征，如图 5-60 所示。

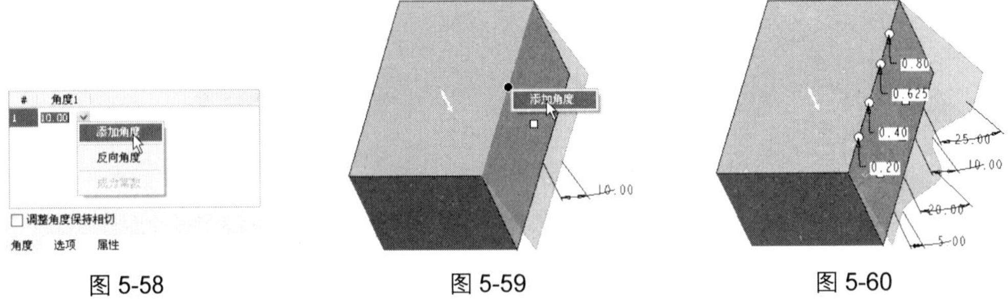

图 5-58　　图 5-59　　图 5-60

5.4 筋特征

筋特征是在设计中附加至实体曲面的薄片。在工程设计中，筋一般用来强化零件，并时常用来避免不必要的弯折。筋特征的创建方法和拉伸特征类似，在选定的草绘基准面上绘制了筋的外形，然后再指定材料的填充方向和厚度值。

在 Pro/E 中，按照草绘基准面是否通过基准轴，可以将筋特征分为直的和旋转的两种，如表 5-1 所示。

表 5-1

直的	附加至直曲面，拉伸至一侧或对称于草绘平面	
旋转的	附加至旋转曲面，筋的斜曲面是锥状的，而不是平面的，绕着父件的轴旋转截面，在一侧或对称于草绘平面制作楔形。接着用现代两个平行于草绘曲面平面裁剪楔形，平面之间的距离对应于筋及附加几何的厚度	

5.4.1 筋特征截面草绘

单击“工程特征”工具栏中的“筋”按钮，开启如图 5-61 所示的“筋”命令控制面板。

图 5-61

在定义筋特征时，可以在开启“筋”命令控制面板之后草绘筋截面，也在开启“筋”命令控制面板之前预先草绘筋截面。在绘制筋的截面草绘时，绘制的线端必须约束到曲面上，以提供要填充的区域。

将线端附加到曲面上的方法是单击“约束”按钮，在出现的“约束”对话框中单击按钮，然后选择如图 5-62 所示的图元端点和要附加的曲面，系统自动将线端附加到所选曲面上，如图 5-63 所示。

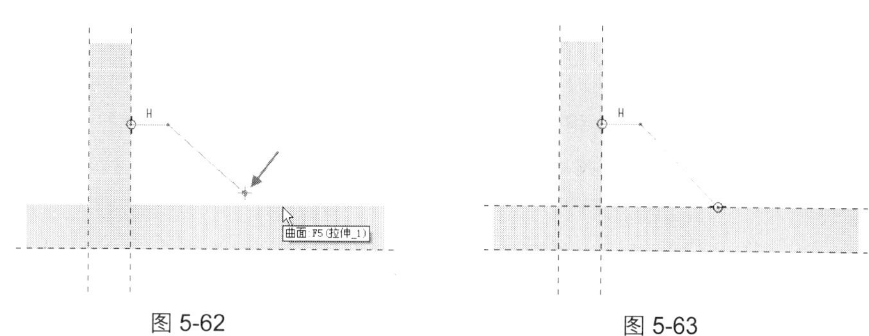

图 5-62　　图 5-63

如果创建筋特征是旋转的，则系统会要求筋特征的截面草绘所在平面必须穿过旋转曲面的旋转轴。

5.4.2　定义筋特征

在完成筋特征的截面草绘后，接下来就是定义筋特征的厚度和材料侧。具体方法为：在“筋特征”命令控制面板中的“厚度”文本框中输入筋的厚度值，然后单击“反向”按钮，可以在材料侧 1、侧 2 和两侧对称之间自由切换，以确定最佳材料侧，如图 5-64～图 5-66 所示。

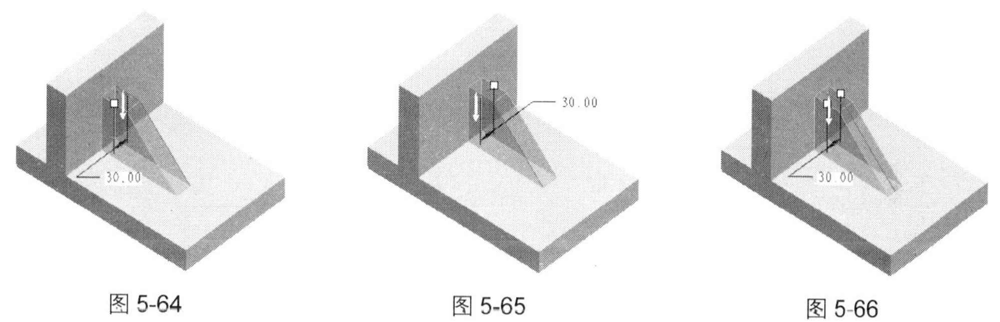

图 5-64　　图 5-65　　图 5-66

5.5　倒角特征

倒角是机械加工中处理零件上菱角的方法之一，当产品周围菱角过于尖锐时，经过适当的倒角可以避免引起割伤。另外，对于图纸中特别指出的倒角，一般是安装工艺的要求，例如，轴承和轴上的倒角可以起到安装导向的作用。

倒角特征就是一种专门用于倒角的特征，它可以将边或拐角切削成斜角。在 Pro/E 中可以创建边倒角和拐角倒角两种类型的倒角特征，而边倒角是零件建模中应用最广泛的一类特征。

5.5.1 创建边倒角

单击“工程特征”工具栏中的“边倒角”按钮，开启如图 5-67 所示的“边倒角”命令控制面板。

图 5-67

如要创建边倒角，要先定义一个或多个倒角集。倒角集是含有一个或多个倒角片段（倒角几何）的单位。在指定倒角位置参照后，Pro/E 会使用默认的属性、距离值和最配合参照几何的默认转接来创建倒角，同时也会在模型空间中显示倒角的预览，如图 5-68 所示。单击按钮，倒角特征创建结果如图 5-69 所示。

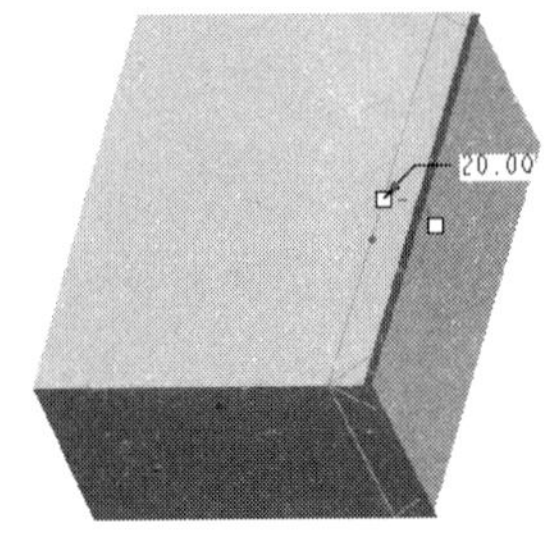

图 5-68

图 5-69

5.5.2 边倒角的尺寸标注形式

在 Pro/E 中系统提供了一共 6 种边倒角的尺寸标注形式，下面将对这些尺寸标注形式进行简单介绍。

1. D × D

如果选择倒角尺寸标注形式为“D × D”，则系统将在各曲面上与边相距（D）处创建倒角，如图 5-70 所示。

2. D1 × D2

如果选择倒角尺寸标注形式为“D1 × D2”，则系统将在一个曲面距选定边（D1）、在另一个曲面距选定边（D2）处创建倒角，如图 5-71 所示。

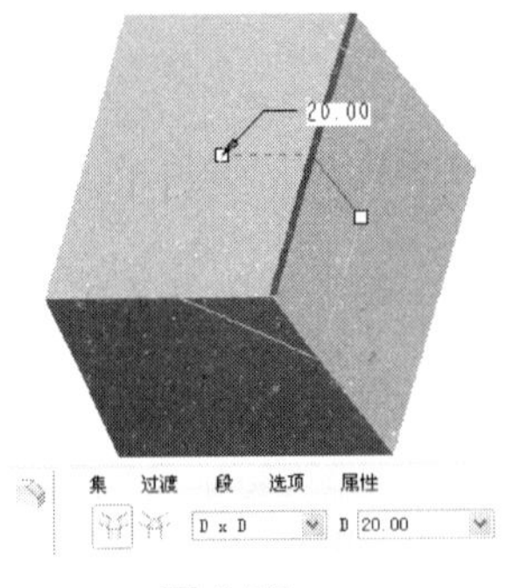

图 5-70

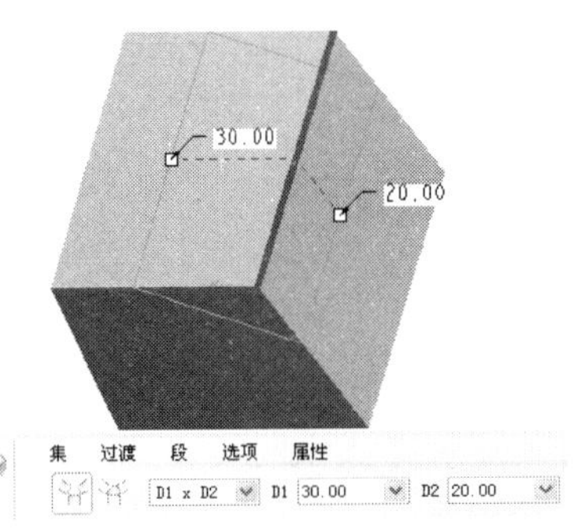

图 5-71

3. 角度 × D

如果选择倒角尺寸标注形式为“角度 × D”，则系统将创建一个距相邻曲面的选定边距离为（D），与该曲面的夹角为指定角度的倒角，如图 5-72 所示。

4. 45 × D

如果选择倒角尺寸标注形式为“45 × D”，则系统将创建一个距相邻曲面的选定边距离为（D），与该曲面的夹角为 45° 的倒角，如图 5-73 所示。

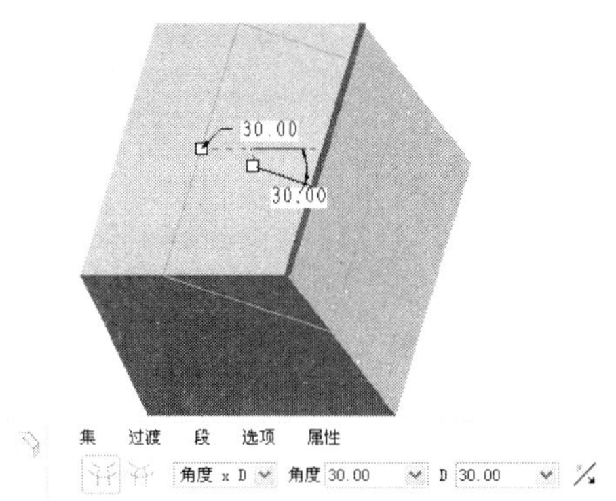

图 5-72

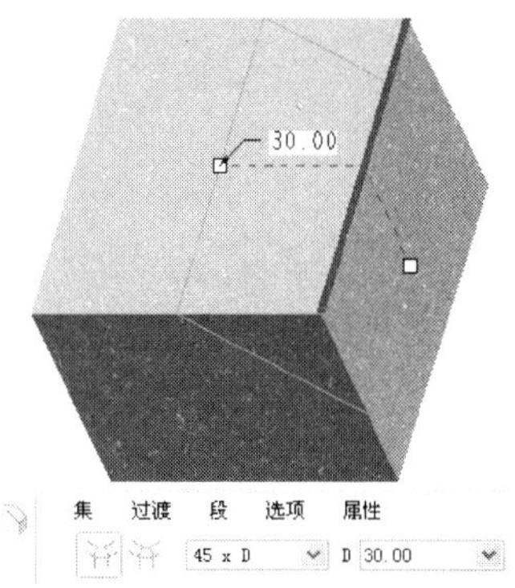

图 5-73

提示：“45 × D”的倒角尺寸标注形式只适用于两个曲面之间夹角为 90° 的情况。

5. O × O

如果选择倒角尺寸标注形式为“O × O”，则系统将沿各曲面上的边偏移（O）处创建倒角，此尺寸标注形式适用于倒角边所在曲面中含有非平曲面的情况下，如图 5-74 所示。

6. O1 × O2

如果选择倒角尺寸标注形式为“O1 × O2”，则系统将在一个曲面距选定边的偏移距离 （O1）、在另一个曲面距选定边的偏移距离（O2）处创建倒角，此尺寸标注形式同样适用于倒角边所在曲面中含有非平曲面的情况下，如图 5-75 所示。

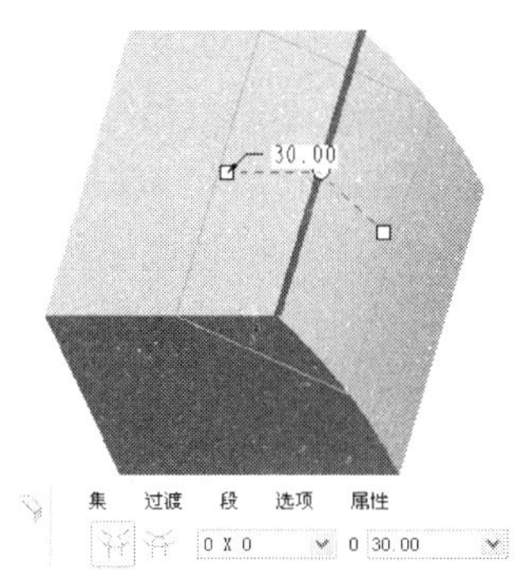

图 5-74

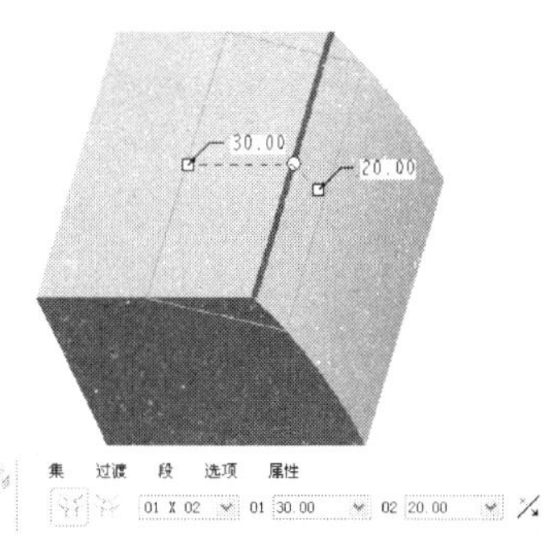

图 5-75

5.5.3 创建拐角倒角

拐角倒角特征是一种特殊的倒角特征，它仅仅适用于三平面交错处的角落点。执行“插入｜倒角｜拐角倒角”下拉菜单命令，可以开启“倒角（拐角）：拐角”对话框，如图 5-76 所示。

选择模型的一条边线后，系统将会高亮显示该边线，如图 5-77 所示。同时系统开启如图 5-78 所示的菜单管理器。

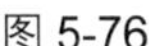

图 5-76

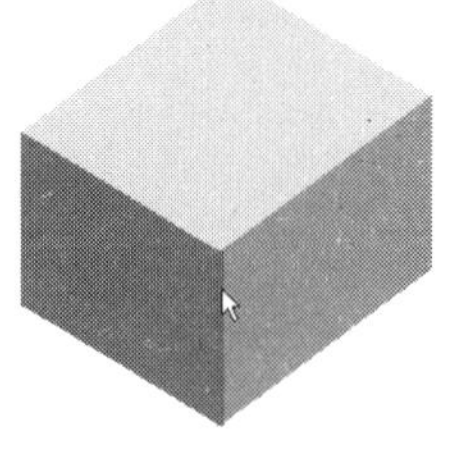

图 5-77

图 5-78

提示：在选择第一条边时，距离光标最近的顶点将被系统认定为创建拐角倒角的顶点。

在菜单管理器中选择“输入”选项，然后在弹出的如图 5-79 所示的输入框中输入第一条边上拐角顶点沿红色边方向切除的长度，并按<Enter>键确定。

当定义了第一个拐角顶点后，系统将自动逐个加亮其他边，用户只需要在这些边加亮时设定这些边上拐角顶点沿红色边方向切除的长度即可，结果如图 5-80 所示。

图 5-79

图 5-80

5.6 倒圆角特征

倒圆特征和 5.5 节中介绍的倒角特征相类似，只不过倒圆特征的横截面形状为圆弧或圆锥，而倒角特征的横截面形状为斜线。

倒圆角是一种特殊处理特征类型，使用倒圆角时系统会将半径加入边、边链或曲面之间。倒圆角特征在零件设计中必不可少，它有助于模型设计中的造型变化或产生平滑效果。根据不同需要，倒圆角特征可以分为常数、变量、曲线驱动的倒圆角和完全倒圆角。

在创建倒圆角特征时可以选择以下 3 种基本参照。

1. 边或边链

选择一条或多条边或使用边链来创建倒圆角，如图 5-81 和图 5-82 所示。其中，1 为边链参照，2

为倒圆角片段（具有半径值），3 为现有的倒圆角几何。

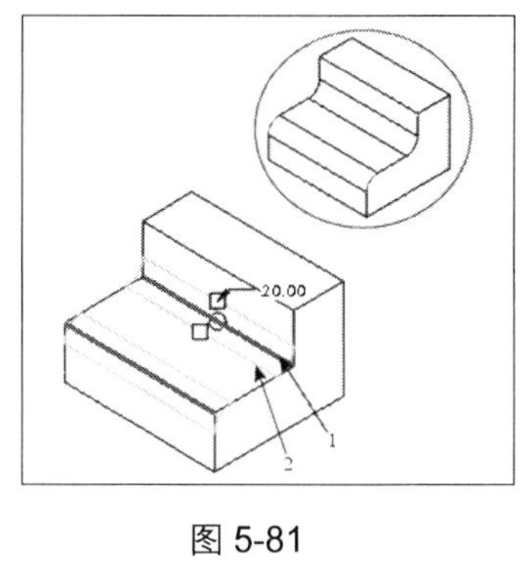

图 5-81

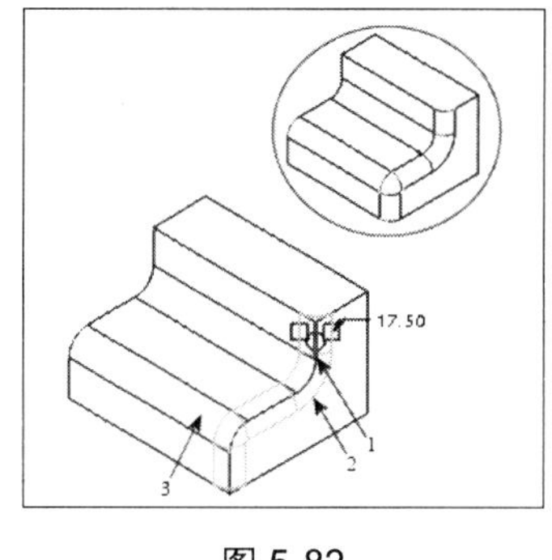

图 5-82

2. 曲面和曲面

通过选择两个曲面来旋转倒圆角，如图 5-83 所示。其中，1 为曲面参照，2 为曲面参照，3 为倒圆角片段（具有半径值）。

3. 曲面和边

通过先选择曲面然后再选择边的方式来旋转倒圆角，如图 5-84 所示。其中，1 为曲面参照，2 为边参照，3 为倒圆角件。

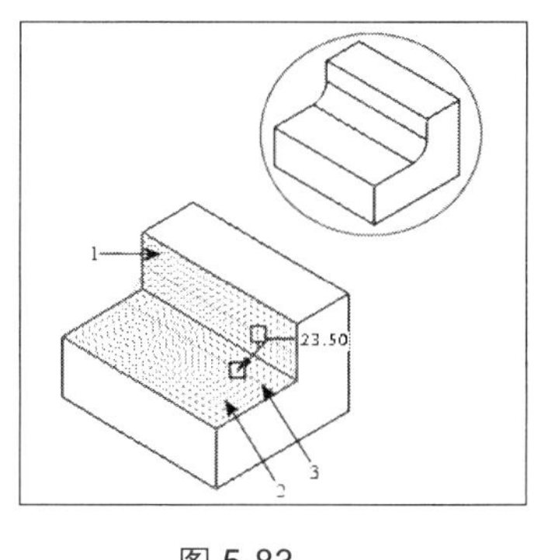

图 5-83

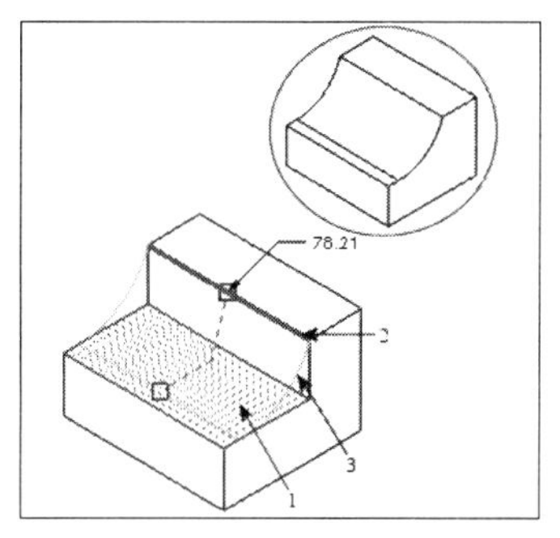

图 5-84

5.6.1 常数倒圆角

常数倒圆角是指倒圆角特征的半径为常数值，需要用户输入倒圆角半径值，此半径值在以后的设计过程可以修改。其操作步骤如下。

单击“工程特征”工具栏中的“倒圆角”按钮，开启如图 5-85 所示的“倒圆角”命令控制面板。

图 5-85

在该命令控制面板中设定倒圆角半径，然后按住<Ctrl>键选择要圆角的模型边缘，如图 5-86 所示。单击“完成”按钮完成倒圆角特征操作，结果如图 5-87 所示。

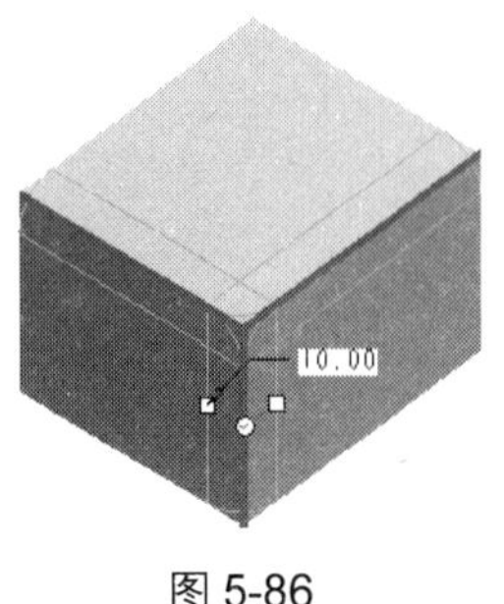

图 5-86

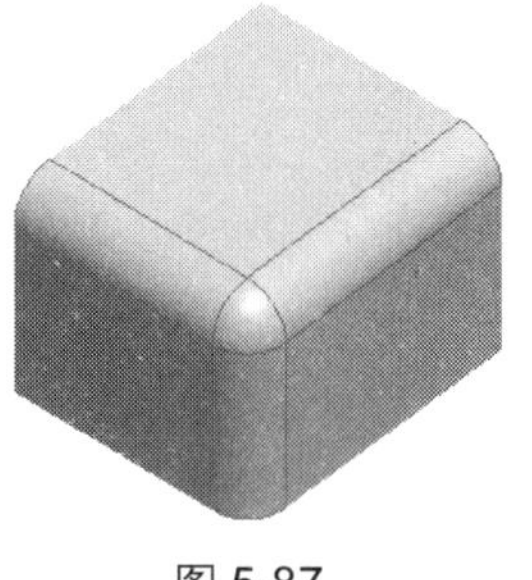

图 5-87

5.6.2 变数倒圆角

变数倒圆角是指倒圆角的半径值是可变的，可以在每一条倒圆角参考边在线设定多个倒圆角半径，并且所有的倒圆角都允许修改。其操作步骤如下。

Step 1 单击“工程特征”工具栏中的“倒圆角”按钮，开启“倒圆角”命令控制面板。在该命令控制面板中设定倒圆角半径，然后选择要创建圆角的边线，如图 5-88 所示。

Step 2 在如图 5-89 所示的位置单击鼠标右键，然后在弹出的快捷菜单中执行“添加半径”命令，即在所选边链上增加一个半径控制点，如图 5-89 所示。

Step 3 单击“设置”按钮，在弹出的如图 5-90 所示的“设置”上滑面板中或在模型空间中双击倒圆角半径尺寸均可修改倒圆角半径值，修改结果如图 5-91 所示。

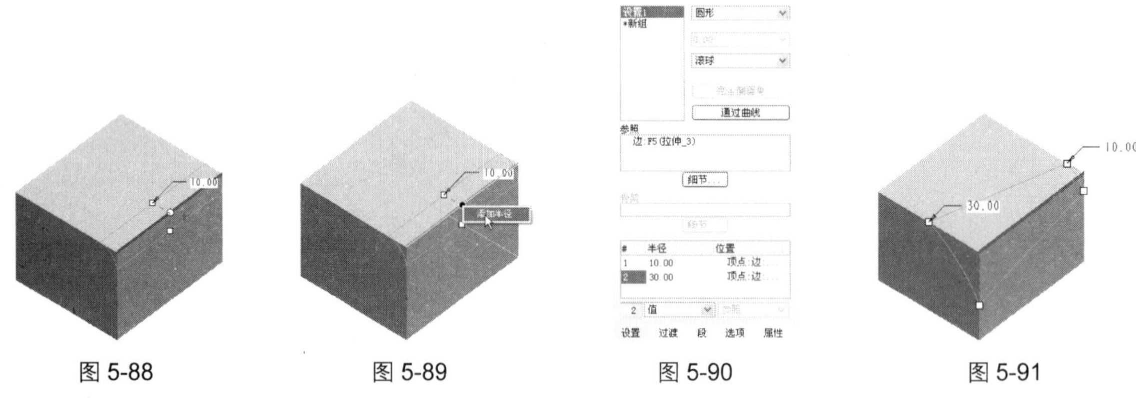

图 5-88　图 5-89　图 5-90　图 5-91

Step 4 单击“完成”按钮完成变数倒圆角特征操作，如图 5-92 所示。

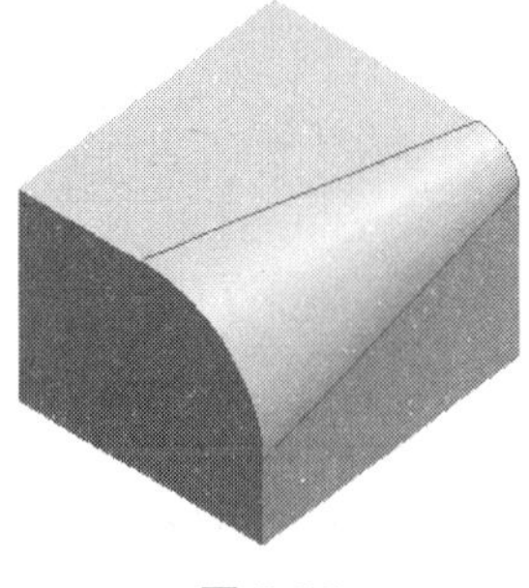

图 5-92

5.6.3　曲线驱动的倒圆角

通过曲线驱动的倒圆角是指定义倒圆角的半径依赖于曲线，而不需要输入倒圆角半径值。创建时先选择倒圆角的参照，然后选择驱动曲线定义倒圆角的半径。其操作步骤如下。

Step 1　首先要绘制一条平面草图曲线作为倒圆角的驱动曲线，该驱动曲线也可以是模型边线，如图 5-93 所示。

Step 2　单击“工程特征”工具栏中的“倒圆角”按钮，开启“倒圆角”命令控制面板，然后选择如图 5-94 所示的边线进行倒圆角。

Step 3　在“设置”上滑面板上单击“通过曲线”按钮，选择如图 5-95 所示的草绘曲线为倒圆角驱动曲线，出现倒圆角预览。

Step 4　单击“完成”按钮完成倒圆角特征操作，如图 5-96 所示。

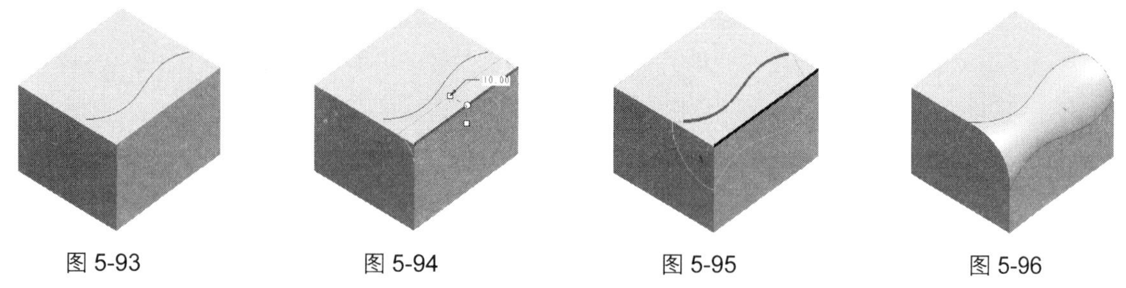

图 5-93　　图 5-94　　图 5-95　　图 5-96

5.6.4　完全倒圆角

完全倒圆角是指在两个平行的表面之间形成一个倒圆角过渡几何，倒圆角的半径由两个平面之间的距离确定，而不需要输入倒圆角半径值。具体操作步骤如下。

Step 1　单击“工程特征”工具栏中的“倒圆角”按钮，开启“倒圆角”命令控制面板，然后按住<Ctrl>键选择如图 5-97 所示的两条边线。

Step 2　在“设置”上滑面板中单击“完全倒圆角”按钮，出现完全倒圆角预览，如图 5-98 所示。

Step 3　单击“完成”按钮完成完全倒圆角特征操作，结果如图 5-99 所示。

如果选择的倒圆角参照是上下两个平面，那么在创建完全倒圆角时，还需要选择中间面为驱动面，如图 5-100 所示。

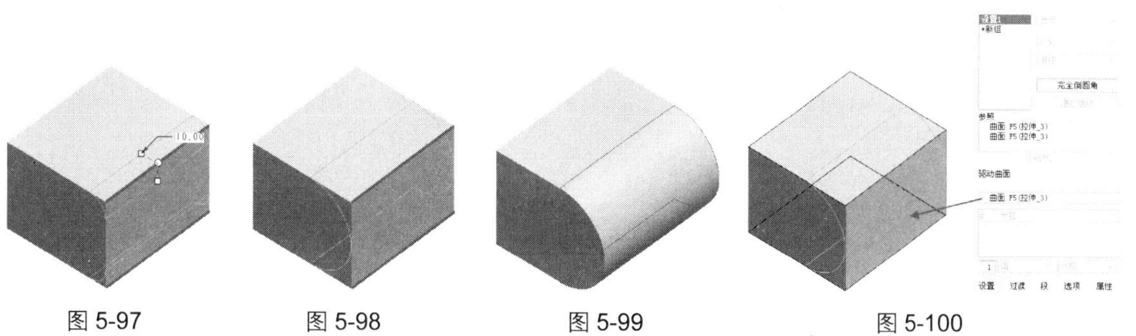

图 5-97　　图 5-98　　图 5-99　　图 5-100

5.7 应用实践

在本章的应用实践中将通过多个实例建模操作来介绍 Pro/E 中的工程特征在实际零件设计建模过程中的应用。

5.7.1 创建法兰盘实体模型

任务要求

下面将创建法兰盘实体模型，模型创建完成的结果如图 5-101 所示。

图 5-101

任务分析

从图 5-101 中可以看出创建法兰盘实体模型需要用到拉伸伸出项特征、倒圆角特征、倒角特征以及孔特征。其中，法兰盘的主体部分用拉伸伸出项特征创建，而法兰盘上的倒角、倒圆角以及钻孔则用相关的工程特征来创建。

任务设计

在创建法兰盘实体模型时，首先用拉伸伸出项特征创建法兰盘的主体部分，然后用倒角特征和倒圆角特征对法兰盘主体进行倒角和倒圆角，最后用孔特征在法兰盘主体上进行钻孔。

任务完成

1. 新建零件文件

Step 1 在“文件”工具栏中单击“新建”按钮，在开启的“新建”对话框中选择文件类型为“零件”，输入文件名为 flange，并取消“使用缺省模板”复选框的选取。

Step 2 单击“确定”按钮，在“新文件选项”对话框中选择模板类型为 mmns_part_solid，然后单击“确定”按钮，进入零件建模环境。

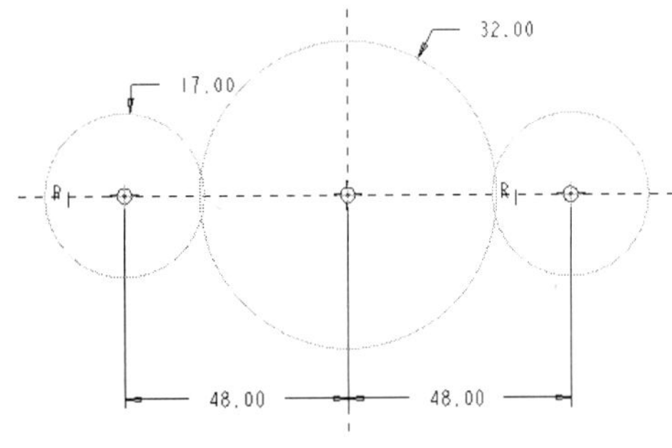

图 5-102

2. 创建法兰盘主体部分

Step 1 单击“基础特征”工具栏中的“拉伸”按钮，开启“拉伸”命令控制面板，选择 TOP 基准平面为草绘平面，接受系统默认的草绘方向，单击“草绘”按钮进入草图绘制环境。

Step 2 单击“草绘器工具”工具栏中的“圆”按钮，绘制如图 5-102 所示的 3 个圆。

Step 3 单击“草绘器工具”工具栏中的“直线相切”按钮，绘制如图 5-103 所示的 4 条与圆相切的直线。

Step 4 单击“草绘器工具”工具栏中的“删除段”按钮，对前面绘制圆进行修剪，结果如

图 5-104 所示。

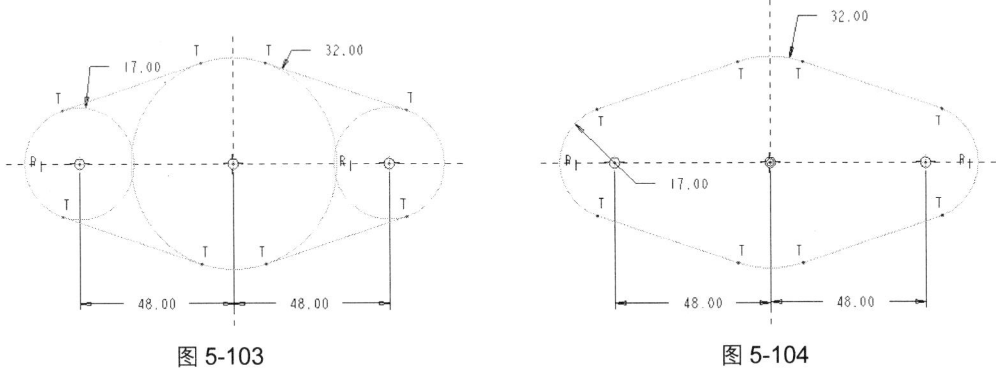

图 5-103　　　　图 5-104

Step 5　单击“完成”按钮✔退出草图绘制环境，设定拉伸深度为 14，拉伸预览如图 5-105 所示。

Step 6　单击“完成”按钮☑完成拉伸伸出项板特征的创建，结果如图 5-106 所示。

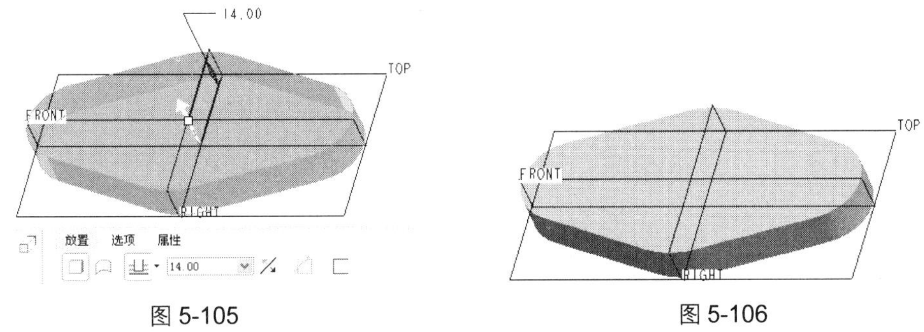

图 5-105　　　　图 5-106

Step 7　单击“基础特征”工具栏中的“拉伸”按钮，开启“拉伸”命令控制面板，选择 TOP 基准平面为草绘平面，接受系统默认的草绘方向，单击“草绘”按钮进入草图绘制环境。

Step 8　单击“草绘器工具”工具栏中的“圆”按钮○，绘制如图 5-107 所示的圆。

Step 9　单击“完成”按钮✔退出草图绘制环境，设定拉伸深度为 14，拉伸预览如图 5-108 所示。

Step 10　单击“完成”按钮☑完成拉伸伸出项板特征的创建，结果如图 5-109 所示。

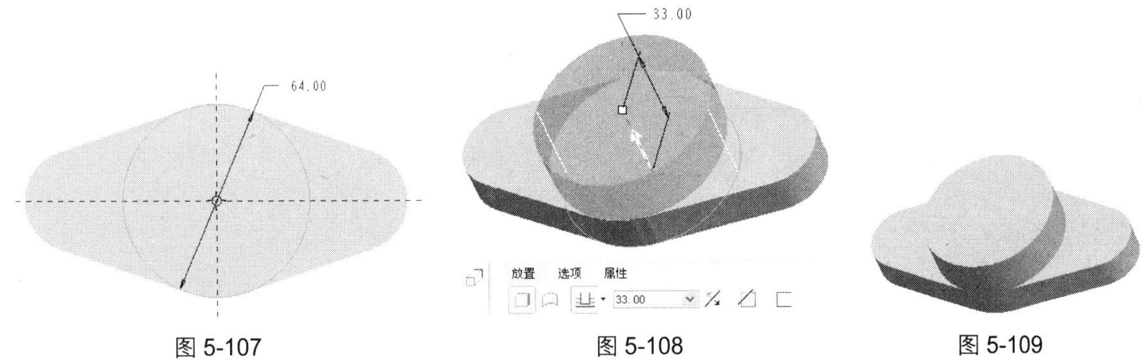

图 5-107　　　　图 5-108　　　　图 5-109

3. 对法兰盘主体进行倒圆和倒圆角

Step 1　单击“工程特征”工具栏中的“倒圆角”按钮，开启“倒圆角”命令控制面板，设定倒圆角半径为 3，然后按住<Ctrl>键选择如图 5-110 所示的边进行倒圆角。

Step 2 单击“完成”按钮完成倒圆角特征的创建，结果如图 5-111 所示。

Step 3 单击“工程特征”工具栏中的“倒圆角”按钮，开启“倒圆角”命令控制面板，设定倒圆角半径为 3，然后按住<Ctrl>键选择如图 5-112 所示的边进行倒圆角。

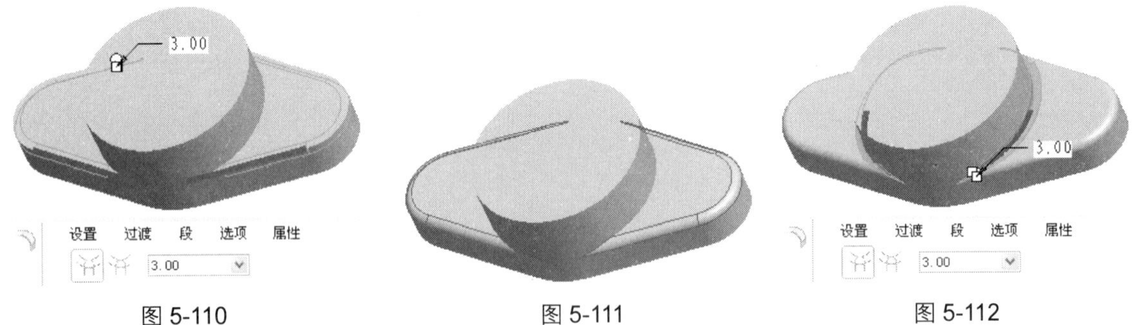

图 5-110　　图 5-111　　图 5-112

Step 4 单击“完成”按钮完成倒圆角特征的创建，结果如图 5-113 所示。

Step 5 单击“工程特征”工具栏中的“边倒角”按钮，开启“边倒角”命令控制面板，设定边倒角距离为 2，然后按住<Ctrl>键选择如图 5-114 所示的边进行倒圆角。

Step 6 单击“完成”按钮完成边倒角特征的创建，结果如图 5-115 所示。

图 5-113　　图 5-114　　图 5-115

4. 创建法兰盘上的孔部分

Step 1 单击“工程特征”工具栏中的“孔”按钮，开启“孔”命令控制面板，按住<Ctrl>键，选择图 5-116 中箭头所指的模型平面和 A_1 基准轴为放置孔特征的主参照。

Step 2 设定孔特征的直径为 41，然后选择拉伸深度选项为“穿透”，孔特征预览如图 5-117 所示。

Step 3 单击“完成”按钮完成孔特征的创建，结果如图 5-118 所示。

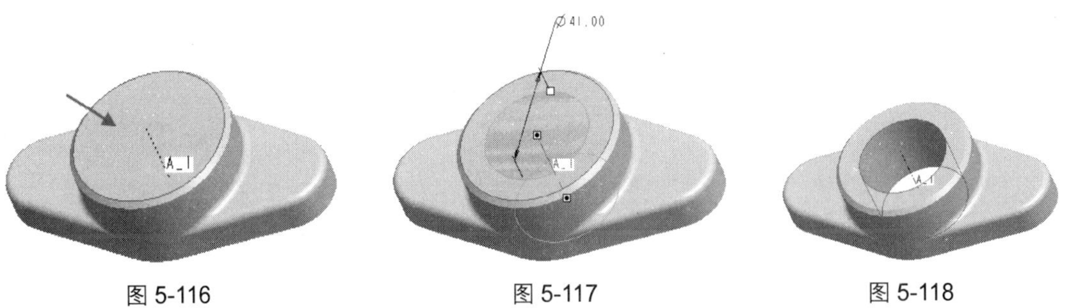

图 5-116　　图 5-117　　图 5-118

Step 4 单击“工程特征”工具栏中的“孔”按钮，在开启的“孔”命令控制面板中单击“标准孔”按钮和“添加沉孔”按钮，如图 5-119 所示。

图 5-119

Step 5 选择图 5-120 中箭头所指的模型平面为放置孔特征的主参照。

Step 6 启动“偏移参照”收集器，然后选择 RIGHT 和 FRONT 基准平面为孔特征放置的偏移参照，并设定偏移距离，如图 5-121 所示。

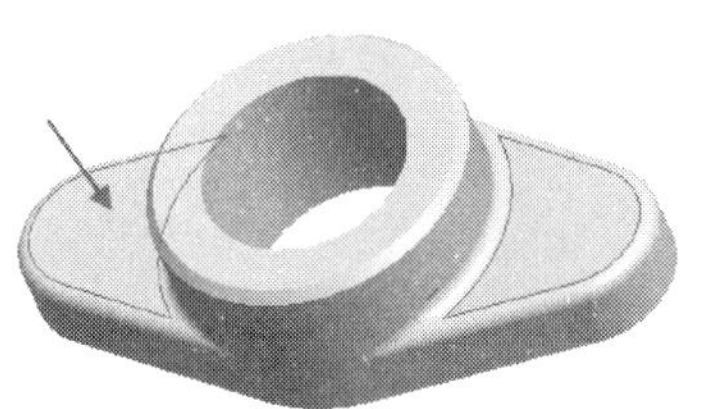

图 5-120

图 5-121

Step 7 选择孔特征尺寸为“M10×1”，选择拉伸深度选项为“穿透”，并在“形状”上滑面板中设定相关参数，如图 5-122 所示。

Step 8 单击“完成”按钮完成孔特征的创建，结果如图 5-123 所示。

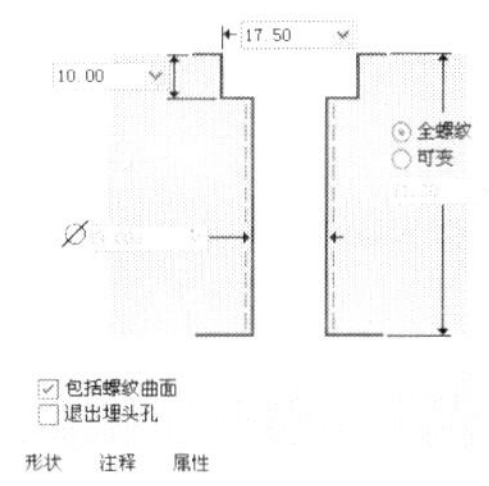

图 5-122

图 5-123

Step 9 使用同样的方法创建另一个孔特征，最终结果如图 5-101 所示。

归纳总结

从法兰盘实体模型的创建过程中可以看出，一些工程特征能够实现的建模结果，使用基础特征同样也可以实现，例如，通过孔特征实现的建模结果也可以通过旋转切口特征来实现。虽然如此，但使用专门的工程特征不仅可以提高建模的效率，而且使得日后修改更加方便。同时，使用专门的工程特征来实现特征的建模效果，这也符合实际的工作规律。这就如同虽然现在的模具技术很发达，但人们只会用模具生产零件的坯料，而不会将钻孔、倒角以及倒圆角等工作用模具生产来代替的。

5.7.2 创建拨叉实体模型

任务要求

下面将创建拨叉实体模型，模型创建完成的结果如图 5-124 所示。

任务分析

从图 5-125 中可以看出创建拨叉实体模型需要用到拉伸伸出项特征、孔特征、筋特征、倒圆角特征以及倒角特征。其中，拨叉主体部分可用拉伸伸出项特征分 3 步创建：拨叉上的轴孔部分用孔特征创建；拨叉上的加强筋部分用筋特征创建；拨叉主体上的倒圆角和倒角部分则由倒圆角和倒角特征来创建。

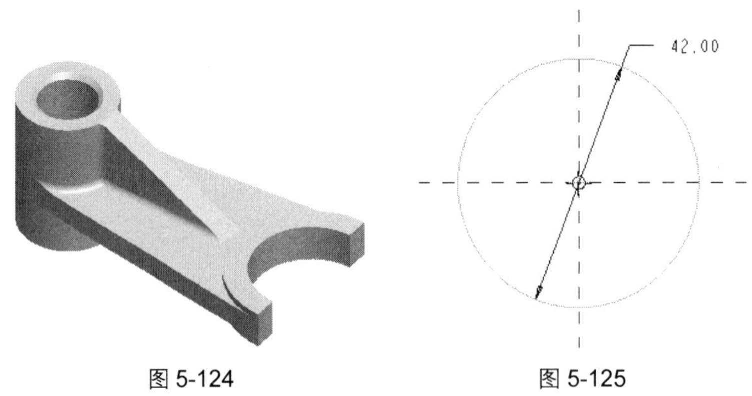

图 5-124　　图 5-125

任务设计

在创建拨叉实体模型时，首先用拉伸伸出项特征创建拨叉的主体部分，然后用孔特征创建拨叉主体上的轴孔，接下来用筋特征创建拨叉主体上的加强筋，最后使用倒圆角和倒角特征对拨叉主体进行倒圆角和倒角。

任务完成

1. 新建零件文件

Step 1 在“文件”工具栏中单击“新建”按钮，在开启的“新建”对话框中选择文件类型为“零件”，输入文件名为 shift-fork，并取消“使用缺省模板”复选框的选取。

Step 2 单击“确定”按钮，在“新文件选项”对话框中选择模板类型为 mmns_part_solid，然后单击“确定”按钮，进入零件建模环境。

2. 创建拨叉主体部分

Step 1 单击“基础特征”工具栏中的“拉伸”按钮，开启“拉伸”命令控制面板，选择 TOP 基准平面为草绘平面，接受系统默认的草绘方向，单击“草绘”按钮进入草图绘制环境。

Step 2 单击“草绘器工具”工具栏中的“圆”按钮○，绘制一个如图 5-126 所示的圆。

Step 3 单击“完成”按钮✓退出草图绘制环境，设定第 1 侧拉伸深度为 40，第 2 侧拉伸深度为 20，拉伸预览如图 5-127 所示。

Step 4 单击“完成”按钮✓完成拉伸伸出项板特征的创建，结果如图 5-128 所示。

Step 5 单击“基础特征”工具栏中的“拉伸”按钮，开启“拉伸”命令控制面板，选择 TOP 基准平面为草绘平面，接受系统默认的草绘方向，单击“草绘”按钮进入草图绘制环境。

Step 6 单击“草绘器工具”工具栏中的“圆”按钮○、“直线”按钮＼，绘制如图 5-129 所示的圆弧和直线。

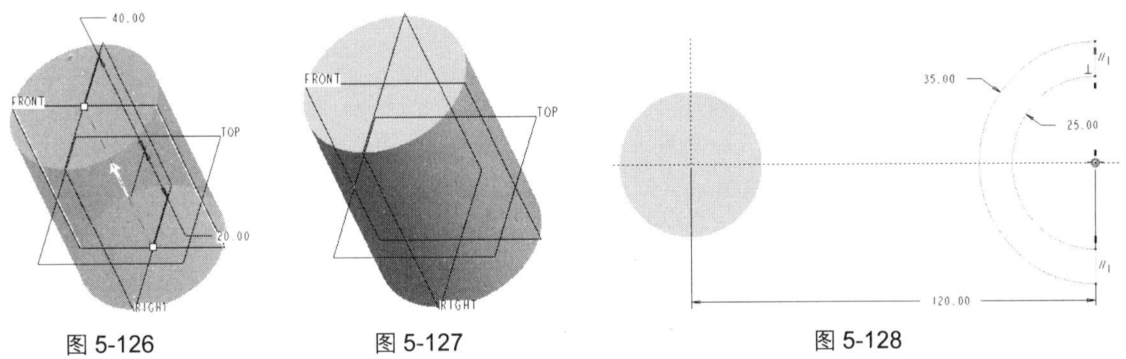

图 5-126　　图 5-127　　图 5-128

Step 7　单击“完成”按钮✓退出草图绘制环境，设定第 1 侧拉伸深度为 13，第 2 侧拉伸深度为 3，拉伸预览如图 5-130 所示。

Step 8　单击“完成”按钮✓完成拉伸伸出项板特征的创建，结果如图 5-131 所示。

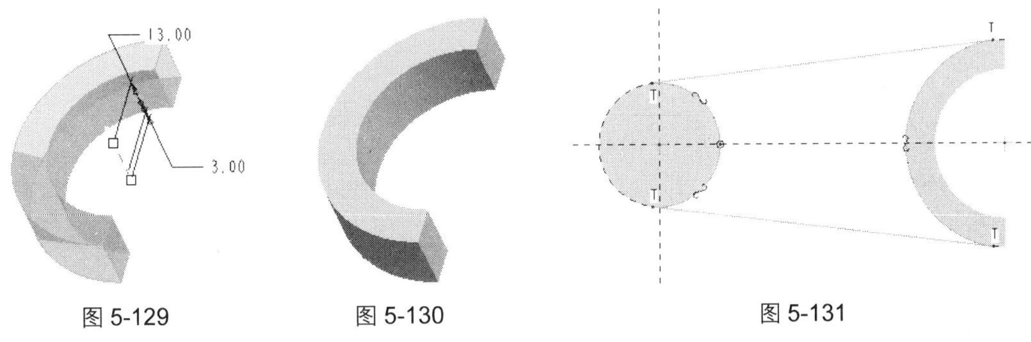

图 5-129　　图 5-130　　图 5-131

Step 9　单击“基础特征”工具栏中的“拉伸”按钮，开启“拉伸”命令控制面板，选择 TOP 基准平面为草绘平面，接受系统默认的草绘方向，单击“草绘”按钮进入草图绘制环境。

Step 10　单击“草绘器工具”工具栏中的“使用”按钮、“直线相切”按钮以及“删除段”按钮，绘制如图 5-132 所示的圆弧和直线。

Step 11　单击“完成”按钮✓退出草图绘制环境，设定拉伸深度为 10，拉伸预览如图 5-133 所示。

Step 12　单击“完成”按钮✓完成拉伸伸出项板特征的创建，结果如图 5-134 所示。

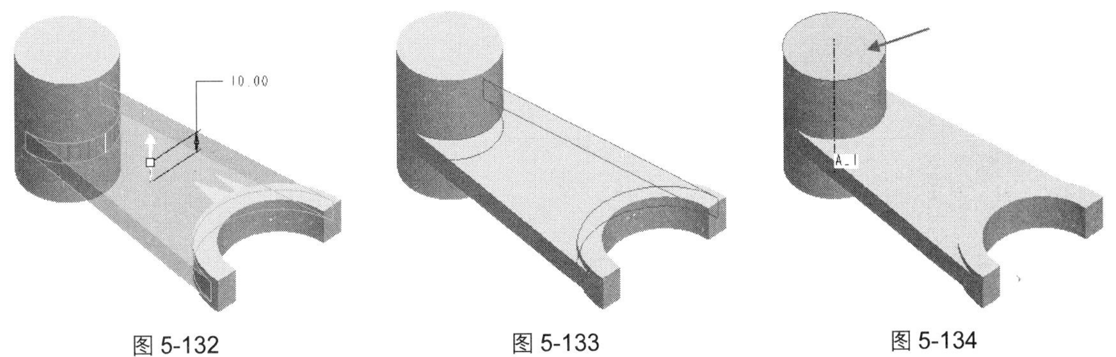

图 5-132　　图 5-133　　图 5-134

3. 创建拨叉轴孔部分

Step 1 单击“工程特征”工具栏中的“孔”按钮，开启“孔”命令控制面板，按住<Ctrl>键选择图 5-135 中箭头所指的模型平面和 A_1 基准轴为放置孔特征的主参照。

Step 2 设定孔特征的直径为 25，然后选择拉伸深度选项为“穿透”，孔特征预览如图 5-136 所示。

Step 3 单击“完成”按钮完成孔特征的创建，结果如图 5-137 所示。

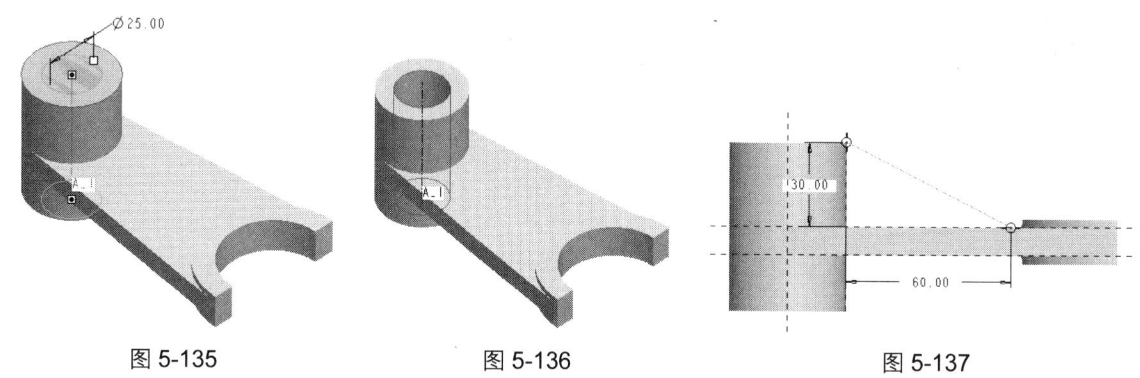

图 5-135　图 5-136　图 5-137

4. 创建拨叉上的筋

Step 1 单击“工程特征”工具栏中的“筋”按钮，开启“筋”命令控制面板，然后在“参照”上滑面板中单击“定义”按钮，开启“草绘”对话框，选择 FRONT 基准平面为草绘平面，接受系统默认的接受系统默认的草绘方向，单击“草绘”按钮进入草图绘制环境。

Step 2 单击“草绘器”工具栏中的“直线”按钮，绘制一条如图 5-138 所示的直线。

Step 3 单击“完成”按钮退出草图绘制环境，设定拉伸深度为 10 并调整加厚方向为两侧对称，筋特征预览如图 5-139 所示。

Step 4 单击“完成”按钮完成筋特征的创建，结果如图 5-140 所示。

图 5-138　图 5-139　图 5-140

5. 对拨叉进行倒圆角和倒角

Step 1 单击“工程特征”工具栏中的“倒圆角”按钮，开启“倒圆角”命令控制面板，设定倒圆角半径为 3，然后按住<Ctrl>键选择如图 5-141 所示的边进行倒圆角。

Step 2 单击“完成”按钮完成倒圆角特征的创建，结果如图 5-142 所示。

Step 3 单击“工程特征”工具栏中的“边倒角”按钮，开启“边倒角”命令控制面板，设定边倒角距离为2，然后按住<Ctrl>键选择如图5-143所示的边进行倒圆角。

Step 4 单击“完成”按钮✔完成边倒角特征的创建，结果如图5-144所示。

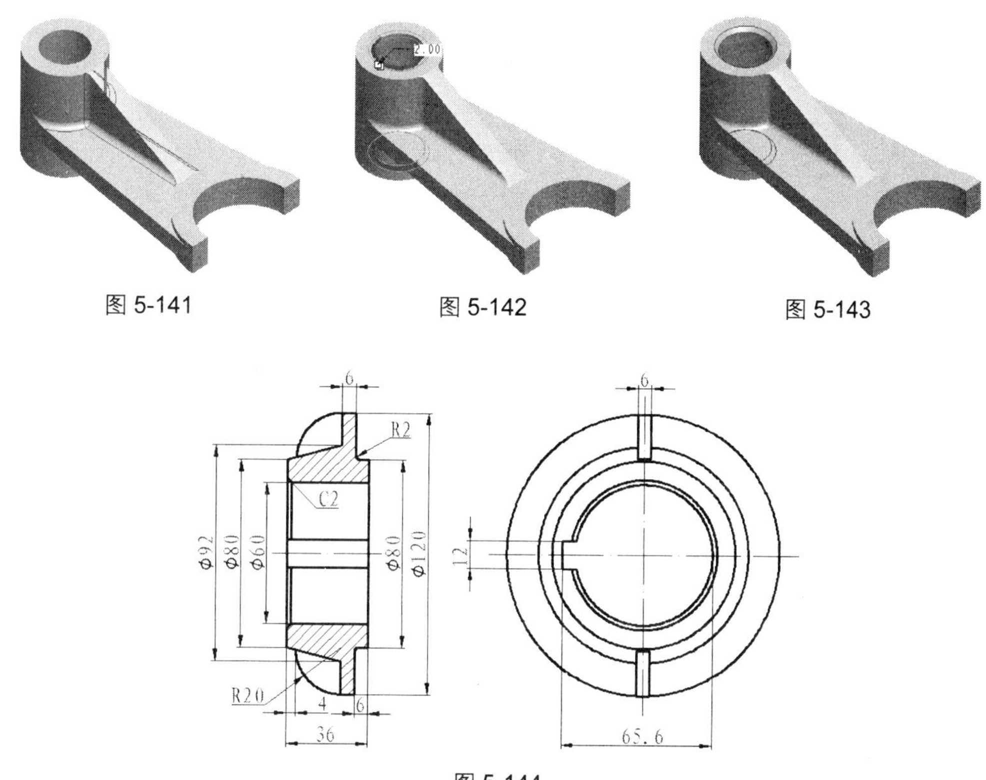

图5-141　图5-142　图5-143

图5-144

归纳总结

创建拨叉实体模型主要涉及的知识点包括：拉伸伸出项特征、孔特征、筋特征、倒圆角特征和倒角特征。其中，除了拉伸伸出项特征以外，其他都是工程特征，这些工程特征的使用不仅可以实现基础特征无法实现的建模效果，而且还可以大大提高建模的效率。

5.8 自我检测

（1）孔特征有哪几种类型？

（2）倒角特征的标注形式中D×D和O×O有什么不同？

（3）在绘制筋特征的截面草绘时要注意什么问题？

（4）根据如图5-144所示的尺寸创建一个如图5-145所示的甩油轮实体模型。

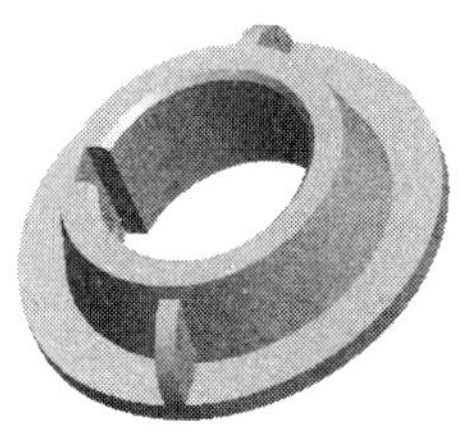

图5-145

第 6 章
编辑特征

📖 本章要点

- 复制特征
- 阵列特征
- 创建支撑块实体模型
- 创建渐开线齿轮实体模型

在 Pro/E 中，三维实体模型在使用基础特征和工程特征创建后还不一定能够达到最终的设计要求，用户还需要对这些特征进行必要的编辑。此时就需要使用相关的编辑特征来进行进一步的编辑，直到零件模型达到最终的设计要求为止。

编辑特征可以对基础特征和工程特征进行编辑，编辑特征主要包括复制、阵列和镜像。在本章中将对这些编辑特征进行详细介绍，希望大家理解各种编辑特征的创建原理，重点掌握阵列特征中各种不同的阵列方法。

6.1 复制特征

在零件建模过程中，经常会创建出很多相同的特征，这些相同的特征不必一一创建，只需要创建一个特征，然后利用系统提供的特征复制功能对该特征进行复制即可，这样就可以节约大量的时间，从而提高工作效率。第一个创建的特征可以被称为源特征，而所有复制产生的特征可以与原来的特征有不同的绘图面和参照面，并可以重新设定特征的尺寸。

使用复制特征功能不仅可以从当前的模型文件中复制特征，而且可以从其他模型文件中复制特征到当前的模型文件中。复制产生的特征和源特征之间关系可以是“从属”或“独立”的，即当源特征的尺寸改变时，复制产生的特征的相应尺寸也可以随之改变或保持不变。

6.1.1 通过复制创建孔特征

下面通过在如图 6-1 所示的支撑臂实体模型上，复制孔特征介绍复制特征的操作方法。

在图 6-1 中，箭头 1 和箭头 2 所指的两个通孔的孔径相同，只是放置的位置不同。其中，箭头 1 所指的通孔是源特征，通过对其进行复制来产生箭头 2 所指的通孔。

具体操作步骤如下。

Step 1 在“文件”工具栏中单击“打开”按钮，打开范例文件 Example\chap06\ support-arm.prt，如图 6-2 所示。

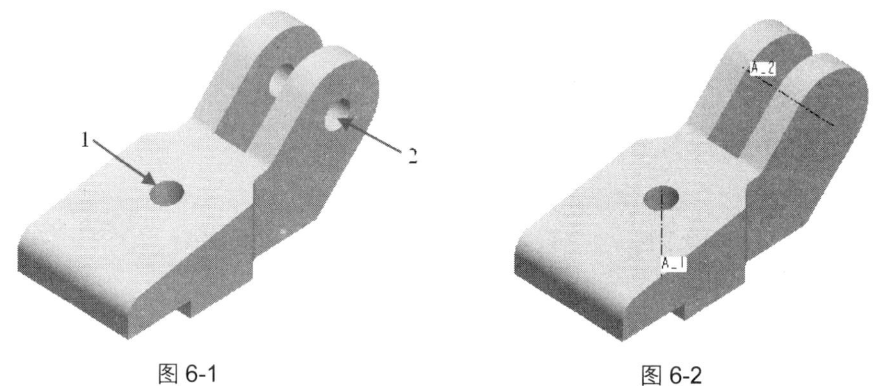

图 6-1　　　　图 6-2

Step 2 在模型树或模型空间中选择支撑臂实体模型上的孔特征，然后在“编辑”工具栏中单击“复制”按钮，将选取的孔特征复制到剪贴板中。

Step 3 单击“编辑”工具栏中的“粘贴”按钮，系统将开启如图 6-3 所示的“孔”命令控制面板。

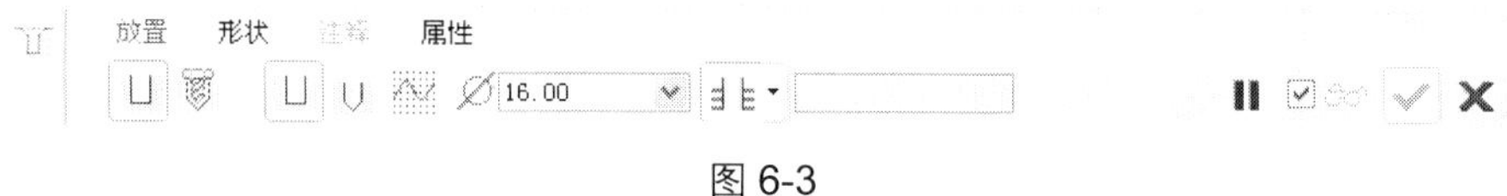

图 6-3

Step 4 按住<Ctrl>键选择图 6-4 中箭头所指的模型曲面和 A_2 基准轴为孔特征的放置主参照。

Step 5 在“放置”上滑面板中单击“反向”按钮调整孔特征的方向，结果如图 6-5 所示。

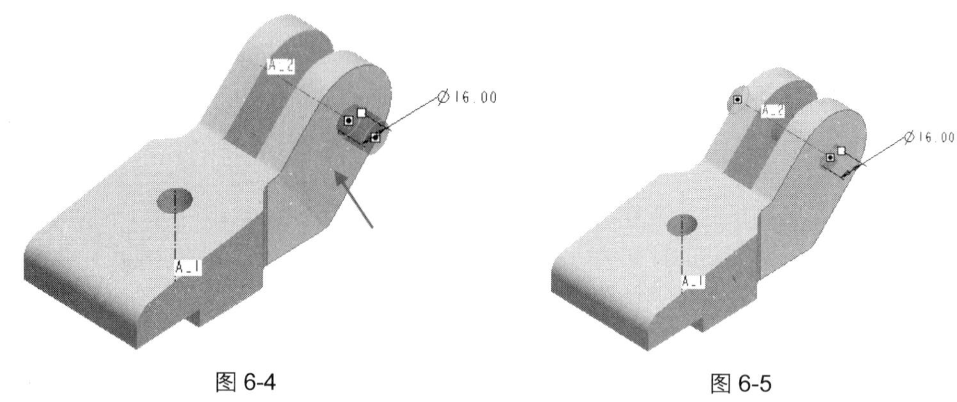

图 6-4　　　　图 6-5

Step 6　单击✓按钮完成对孔特征的复制，结果如图 6-6 所示。同时模型树中将出现孔特征的标示，如图 6-7 所示。

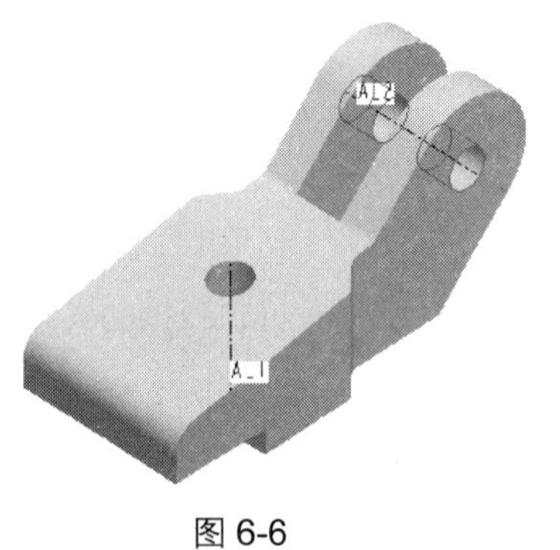

图 6-6

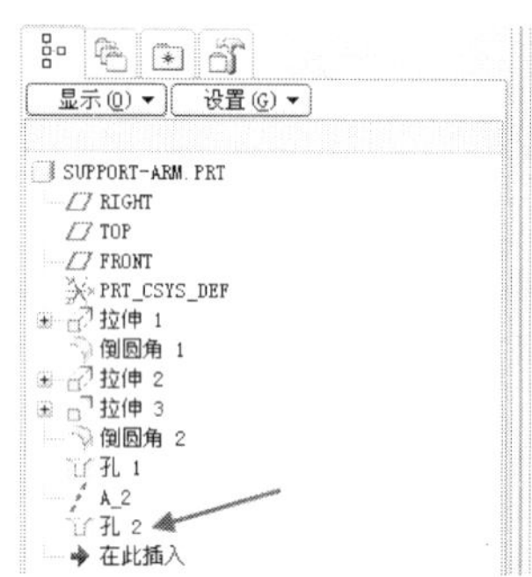

图 6-7

6.1.2　粘贴和选择性粘贴的区别

在 6.1.1 节中，通过一个实例操作介绍了复制特征的操作方法。需要注意的是，在用户对特征进行复制后，“编辑”工具栏中的“粘贴”按钮后面将出现一个“选择性粘贴”按钮，虽然使用这两个按钮都可以对复制的特征进行粘贴，但作用却有所不同。

使用“粘贴”按钮对复制的特征进行粘贴，系统将启动要粘贴特征的创建工具，用户使用这些工具可以对复制的特征进行重定义，定义完成的特征是独立的，与源特征没有从属关系。

如果单击“选择性粘贴”按钮，则系统将开启如图 6-8 所示的“选择性粘贴”对话框。

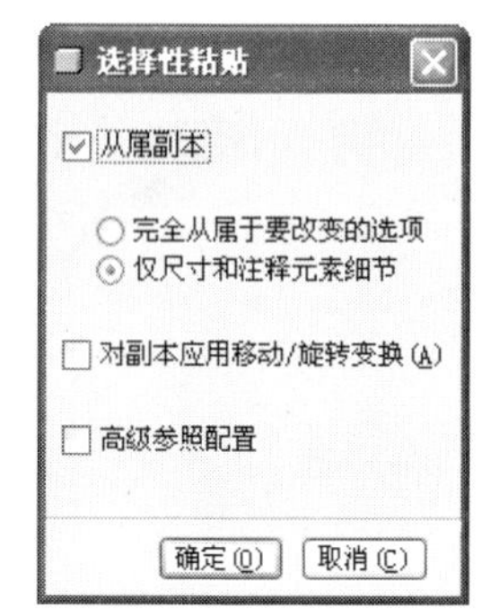

图 6-8

图 6-8 所示对话框中各个选项的含义如下所示。

1. “从属副本”复选框

当选中“从属副本”复选框后，复制产生的特征将与源特征具有从属关系，其下的两个选项定义了复制特征与源特征之间从属的程度。

如果选择“完全从属要改变的选项”选项，则系统将复制产生完全从属的副本特征，带有因源特征的具体元素或属性（包括尺寸、草绘、注释元素、参照及参数等）而异的从属关系。

如果选择“仅尺寸和注释元素细节”选项，则系统将复制产生仅从属于源特征的尺寸或草绘（或两者）以及注释元素的副本特征。

2. “对副本应用移动/旋转变换”复选框

选中“对副本应用移动/旋转变换”复选框并单击“确定”按钮，系统将开启如图 6-9 所示的“变换”命令控制面板。

图 6-9

使用此命令控制面板，用户可以使用平移或旋转两种放置来产生副本特征。图 6-10 所示为通过平移产生副本特征的操作预览：图 6-11 所示为通过旋转产生副本特征的操作预览。

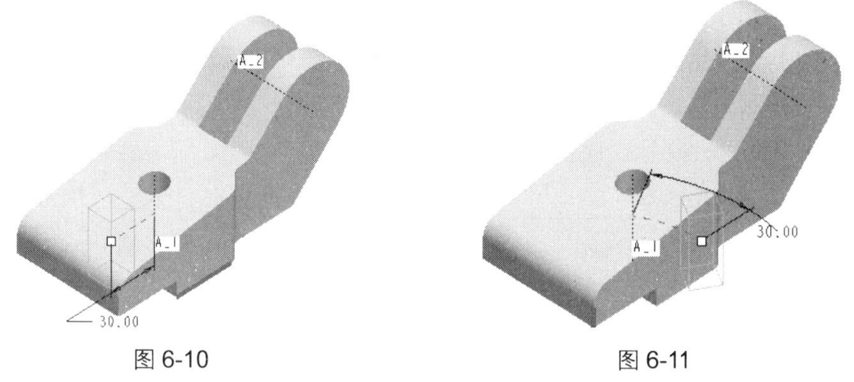

图 6-10　　　　图 6-11

> 提示：图 6-10 和图 6-11 中红色加亮显示的几何对象是平移或旋转时的平移方向参照和旋转轴。

3. “高级参照配置”复选框

选中“高级参照配置”复选框并单击“确定”按钮，系统将开启如图 6-12 所示的“高级参照配置”对话框，使用此对话框用户可以选择新的参照或使用原始参照来复制产生副本特征。

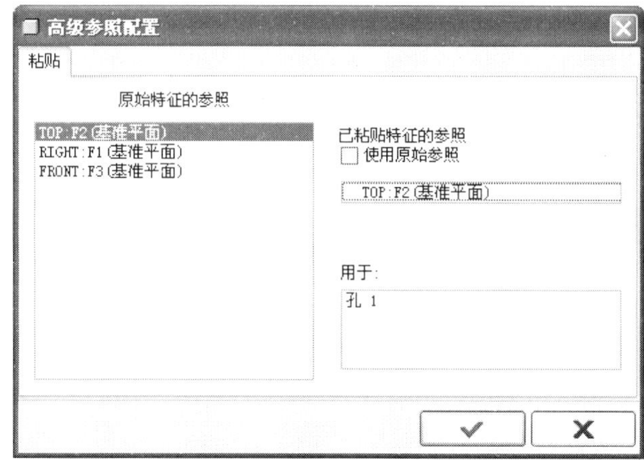

图 6-12

6.2 阵列特征

阵列特征是以某种特定的规律对特征进行大面积复制的一种特征操作方法，是一种特殊的复制方法。选定要进行阵列的特征称为源特征，阵列后除源特征以外的其他特征则称为阵列成员。使用阵列特征有如下几个优点。

- 创建阵列是再生特征的快捷方式。
- 阵列是参数控制的，因此可以通过变更阵列参数（阵列成员数、阵列成员之间的距离和源特征尺寸）来修改阵列。
- 修改阵列比修改各特征更为有效。在阵列中变更源特征尺寸时，Pro/E 将自动更新整个阵列。
- 对包含在阵列中的多个特征执行一次操作要比分别对各特征执行操作更为方便和有效。

选择要阵列的特征，然后单击“编辑特征”工具栏中的“阵列”按钮，系统开启如图 6-13 所示的“阵列”命令控制面板。

图 6-13

在此命令控制面板中，系统提供了 7 种不同的阵列方式，包括：尺寸、方向、轴、参照、填充、表和曲线，“阵列”命令控制面板中的内容将随用户所选阵列方式的不同而不同。接下来将系统地介绍各种阵列方式的操作方法。

6.2.1 尺寸阵列

尺寸阵列方式是系统默认的阵列方式，当创建尺寸阵列时，首先要选择特征的位置尺寸作为阵列参照，然后设定阵列方向上的尺寸增量和阵列成员数。尺寸阵列可分为单向尺寸阵列和双向尺寸阵列，而根据所选尺寸类型又可以分为线性尺寸和角度尺寸。下面对各种尺寸阵列方式进行简单介绍。

1. 单向尺寸阵列

在模型空间中选定要阵列的特征，然后单击“编辑特征”工具栏中的“阵列”按钮，开启“阵列“命令控制面板，接受系统默认的阵列方式为“尺寸”，选择图 6-14 中箭头所指的尺寸为阵列方向 1 参照，此尺寸控制着孔轴到零件左边的距离。

当选择阵列尺寸后，系统将弹出一个如图 6-15 所示的文本框，在此文本框中用户可以设置该阵列方向上的尺寸增量。

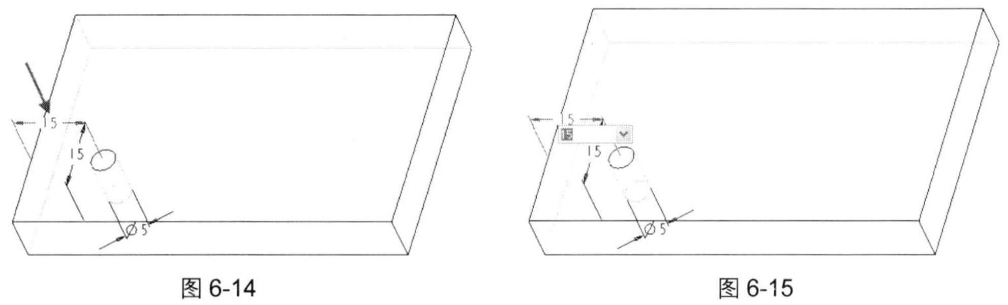

图 6-14　　图 6-15

当阵列的尺寸增量设置完成后，用户可以在“阵列”命令控制面板中设置该阵列方向的阵列成员数，如图6-16所示。单击☑完成阵列设置，结果如图6-17所示。

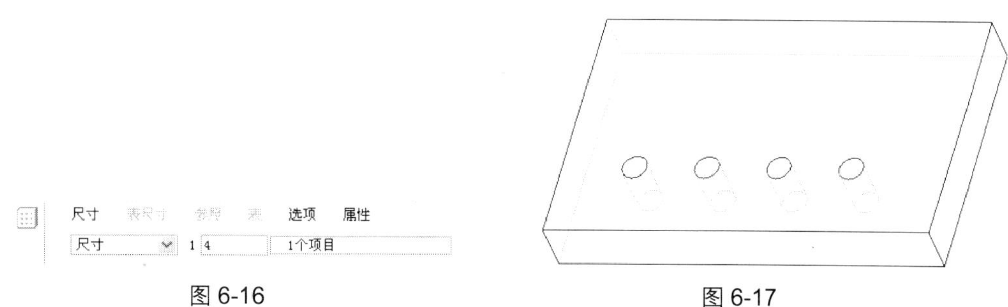

图 6-16　　　　图 6-17

2. 双向尺寸阵列

当设置完成方向 1 的阵列后，单击如图 6-18 所示的文字可启动“方向 2 阵列尺寸”收集器。

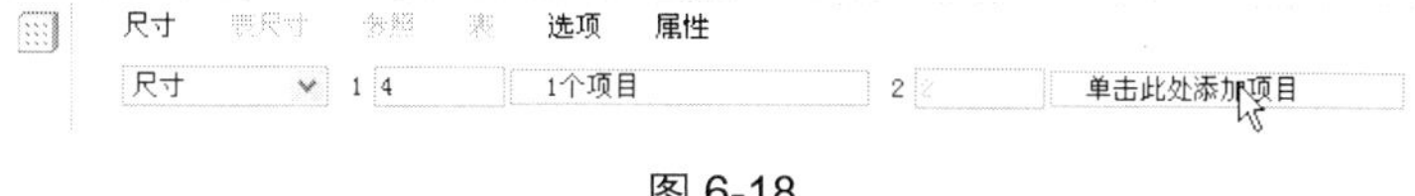

图 6-18

然后选择图 6-19 中箭头所指的尺寸为阵列方向 2 参照，然后使用同样的方法设置阵列成员数和尺寸增量为“输入负的尺寸增量可以改变阵列方向”，阵列结果如图 6-20 所示。

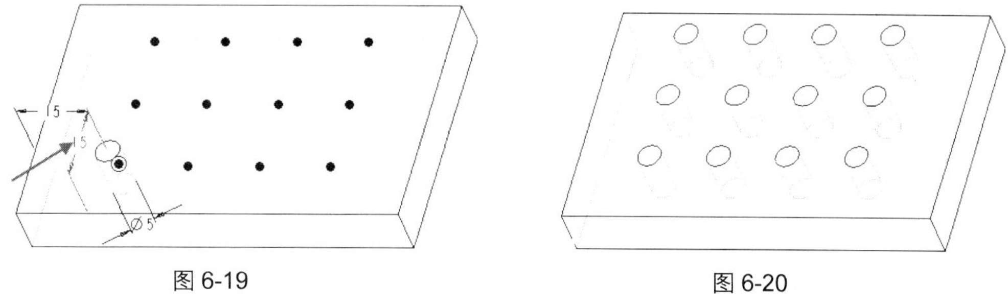

图 6-19　　　　图 6-20

以上介绍的均为线性尺寸阵列，同样角度尺寸阵列的操作方法与之相同，只不过尺寸增量为角度尺寸，如图 6-21 所示。然后设定阵列成员数和尺寸增量，阵列结果如图 6-22 所示。

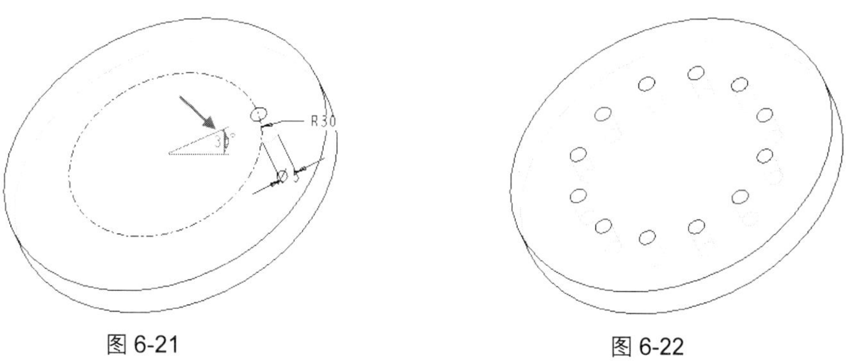

图 6-21　　　　图 6-22

启动“方向 2 阵列尺寸”收集器，选择图 6-23 中箭头所指的距离尺寸为参照，然后设定尺寸增量和阵列成员数，阵列结果如图 6-24 所示。

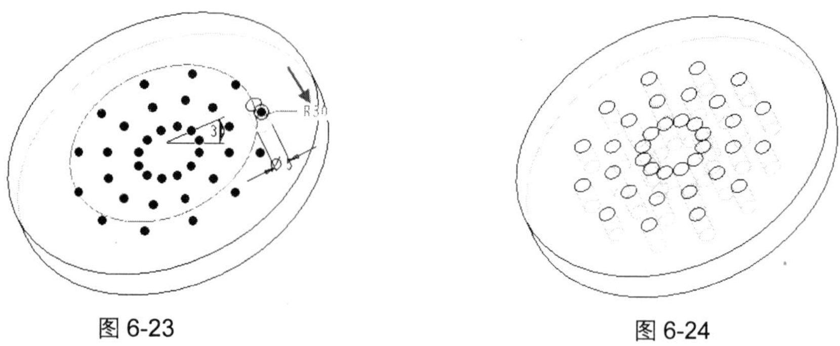

图 6-23　　图 6-24

另外，用户还可以在阵列特征的过程中规律性地修改阵列成员的特征尺寸。例如按住<Ctrl>键选择图 6-25 中箭头 1 所指的孔特征位置尺寸和箭头 2 所指的孔特征半径尺寸为阵列尺寸，然后设定阵列成员数和尺寸增量，完成阵列的结果如图 6-26 所示。

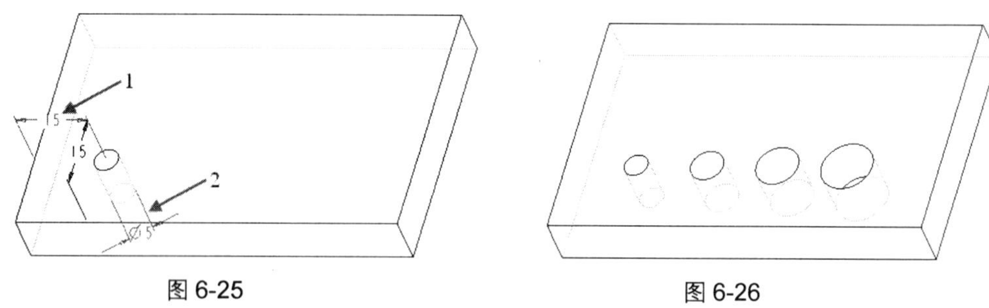

图 6-25　　图 6-26

6.2.2　方向阵列

当创建方向阵列特征时，首先需要选择阵列的方向参照，然后设定阵列方向上的阵列成员间隔距离和阵列阵列成员数。方向阵列也有单向阵列和双向阵列之分。

1. 单向阵列

选择图 6-27 中箭头所指的模型边线为方向参考，然后设定该阵列方向上的阵列成员数和阵列成员之间的间距，阵列结果如图 6-28 所示。

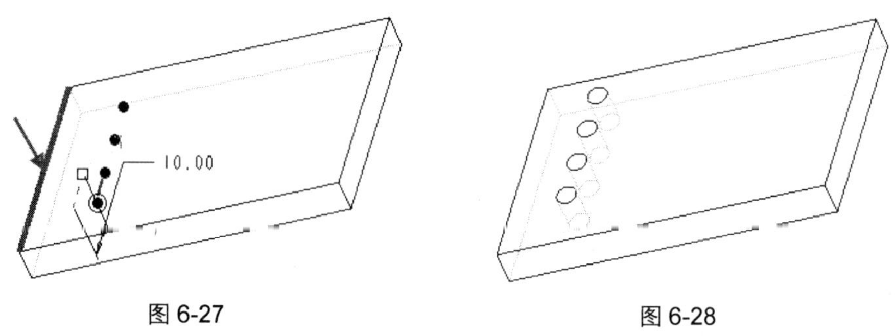

图 6-27　　图 6-28

2. 双向阵列

在设定方向 1 的阵列后，启动“方向 2 参照”收集器，选择如图 6-29 所示的模型边线为方向参考，并设定阵列成员数和阵列成员间隔距离，阵列结果如图 6-30 所示。

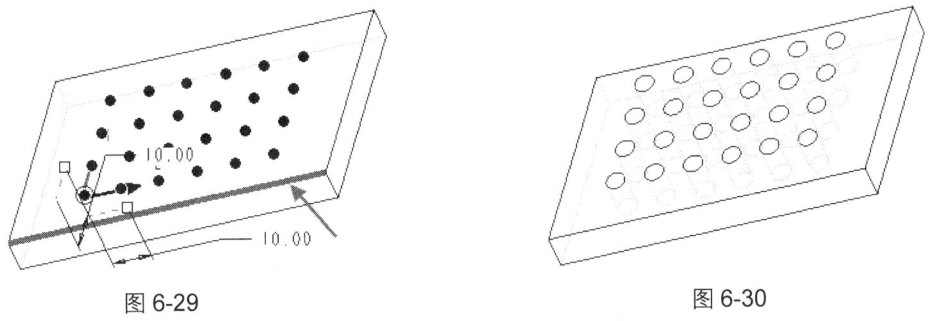

图 6-29　　图 6-30

> 提示：可以选作阵列方向参照的几何对象包括直边、平面或平曲面、线性曲线、坐标系的轴以及基准轴。

6.2.3 轴阵列

当创建轴阵列时，首先选择阵列的中心轴，然后设定绕轴旋转的阵列成员数以及阵列成员之间的间隔角度。轴阵列可以分为一般轴阵列和螺旋轴阵列。

1. 一般轴阵列

在“阵列类型”下拉菜单中选择“轴”选项，选择图 6-31 中箭头所指的基准轴为阵列中心轴，并设定阵列成员数和阵列成员之间的间隔角度，然后在“方向 2”参数文本框中设定阵列成员数和阵列成员间隔距离（此时可以通过输入负号来调整阵列方向），阵列结果如图 6-32 所示。

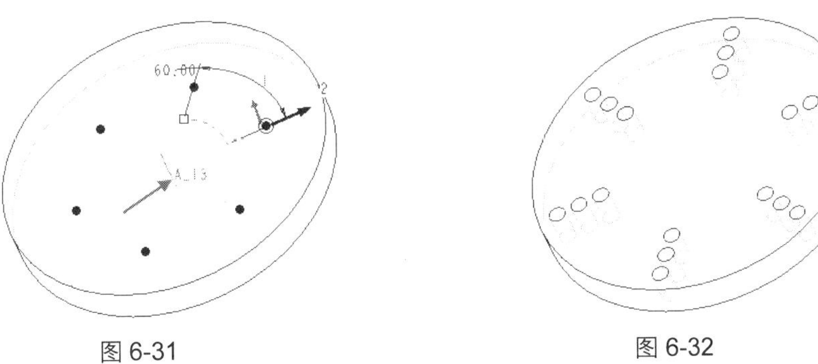

图 6-31　　图 6-32

2. 螺旋轴阵列

螺旋轴阵列就是在一般轴阵列的基础之上，在“尺寸”上滑面板中启动“方向 1”收集器，然后选择阵列特征到阵列中心轴的距离尺寸为阵列参考进行尺寸阵列，如图 6-33 和图 6-34 所示。

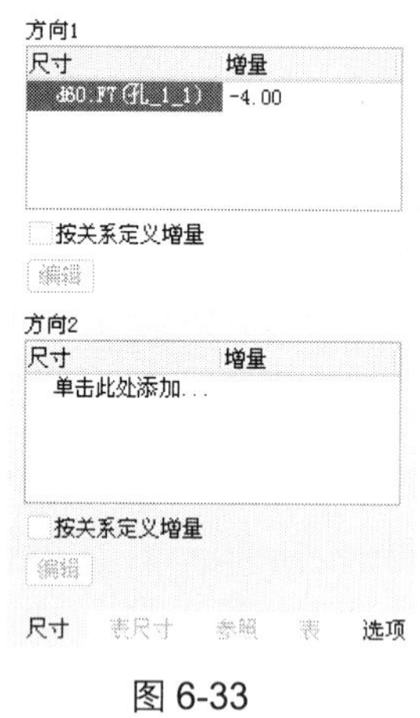

图 6-33

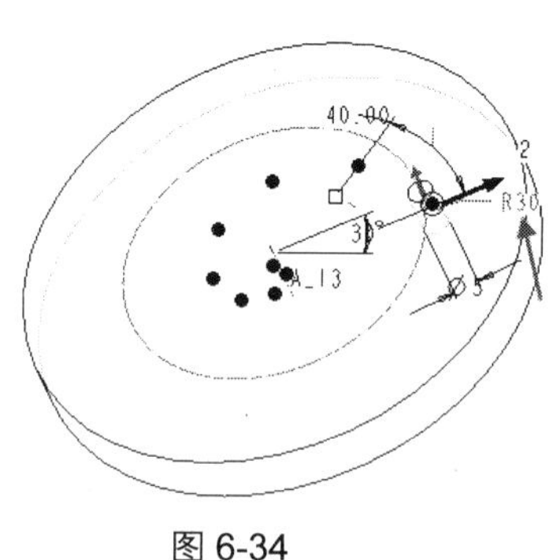

图 6-34

螺旋轴阵列的结果如图 6-35 所示。

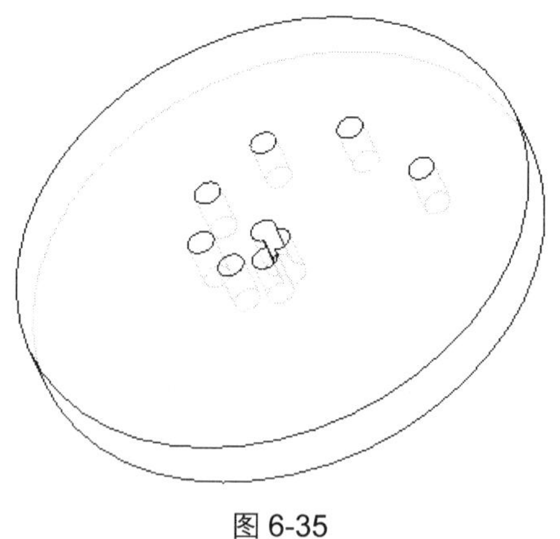

图 6-35

6.2.4 参照阵列

参照阵列是一种以参照其他阵列的方法来阵列特征的方式，如图 6-36 所示的零件模型，基体是一个拉伸特征工具创建的长方体，其上创建有孔特征，并且进行方向阵列复制为多个孔特征，其中一个孔特征上有一个倒角特征，现在要把相同的倒圆角特征添加到其他的孔特征上，此时使用参照阵列进行复制就显得非常方便。

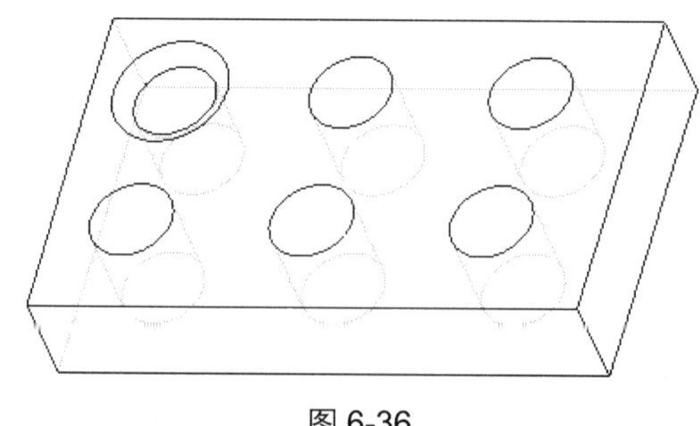

图 6-36

在模型空间中选择要阵列的特征，然后单击“编辑特征”工具栏中的“阵列”按钮，开启“阵列“命令控制面板，选择阵列方式为“参照”，如图 6-37 所示。

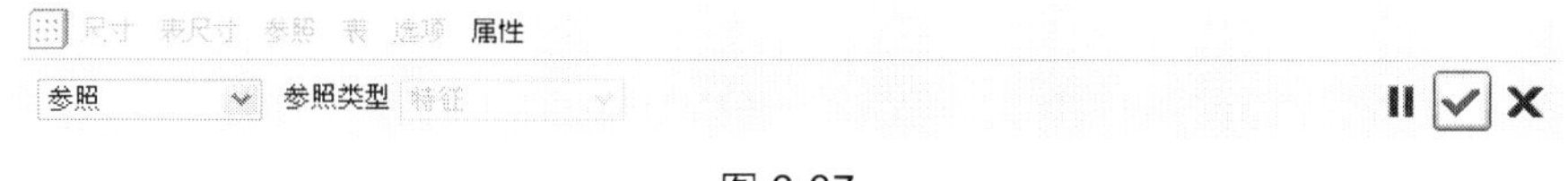

图 6-37

系统绘制自动定义特征参照，阵列预览如图 6-38 所示。单击按钮即可完成参照阵列，结果如图 6-39 所示。

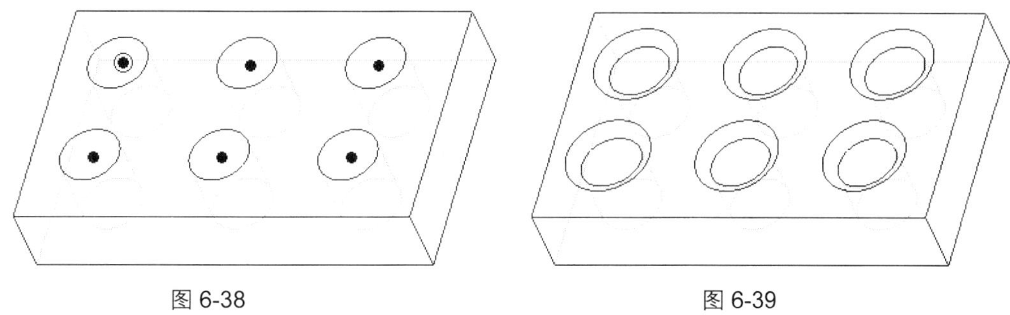

图 6-38　　图 6-39

6.2.5　填充阵列

填充阵列是一种以阵列成员填充一个区域（以所选格点为准）来阵列特征的方式。该填充区域可以通过单击“参照”上滑面板中的“定义”按钮进入草图绘制环境，从而进行绘制，另外也可以选择现有的草绘曲线为填充区域。

如图 6-40 所示的模型是用拉伸特征创建的一块 L 型薄板，薄板中间有一个孔特征，现在要将这个孔特征复制阵列满整个十字型薄板。

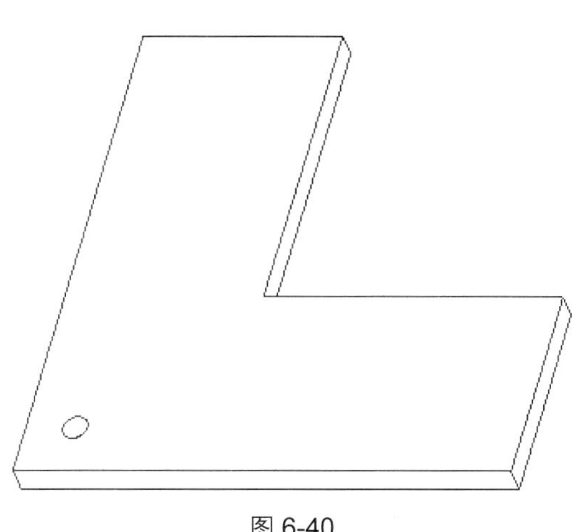

图 6-40

选择要阵列的孔特征，然后单击“编辑特征”工具栏中的“阵列”按钮，开启“阵列”命令控制面板，选择阵列方式为“填充”，如图 6-41 所示。

图 6-41

在“参照”上滑面板中单击“定义”按钮，开启“草绘”对话框，选择十字型薄板的上表面为草图绘制平面，进入草图绘制环境。

进入草图绘制环境后，单击“草绘器工具”工具栏中的“使用”按钮□，然后选择薄板边缘绘制填充区域，如图 6-42 所示。

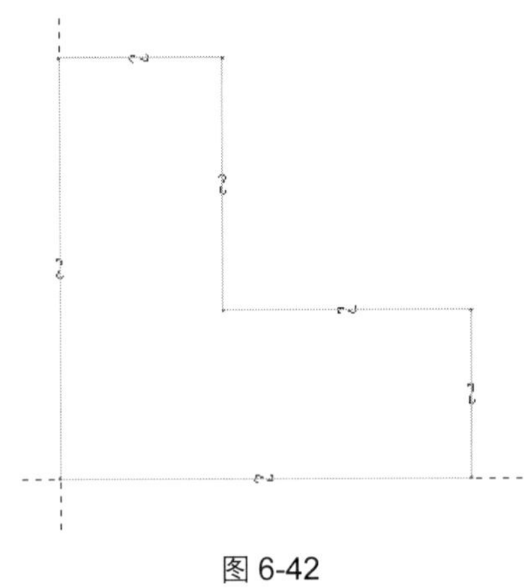

图 6-42

退出草图绘制环境，返回“阵列”命令控制面板，在“阵列”命令控制面板中设置各项阵列参数，如图 6-43 所示。

图 6-43

阵列预览和最终完成结果如图 6-44 和图 6-45 所示。

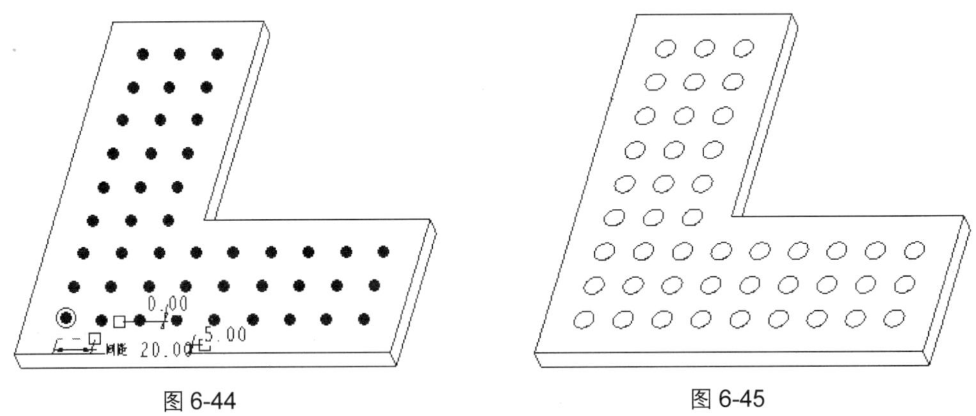

图 6-44　　图 6-45

6.2.6　表阵列

表阵列是通过使用阵列表及指定每个阵列成员的尺寸值来阵列特征的一种阵列方式，其针对的是特征的尺寸，可以一次性选择多个尺寸并为这些尺寸制定一个尺寸列表，系统将按照用户制定的尺寸列表对选取的特征进行阵列。

例如，如图 6-46 所示的模型是用拉伸特征创建的平板，平板上有一个拉伸特征，现在要对这个拉伸特征进行表阵列。

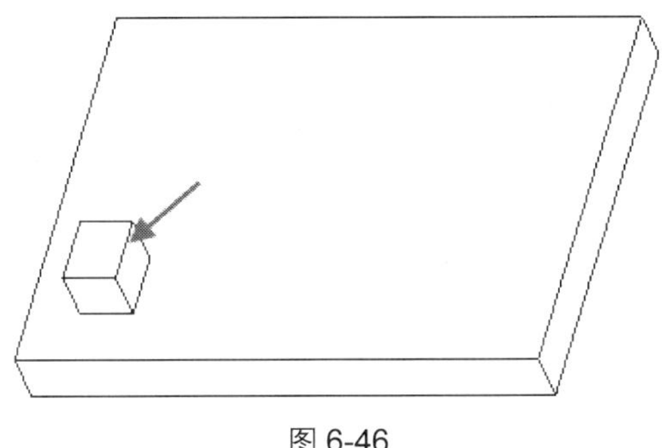

图 6-46

选择要阵列的孔特征，然后单击“编辑特征”工具栏中的“阵列”按钮，开启“阵列”命令控制面板，选择阵列方式为“表”，如图 6-47 所示。

图 6-47

按住<Ctrl>键选择图 6-48 中箭头所指的尺寸，然后单击“编辑”按钮，打开“表编辑器”对话框。在该对话框中为每个阵列成员添加列表行并设定其尺寸值，如图 6-49 所示。

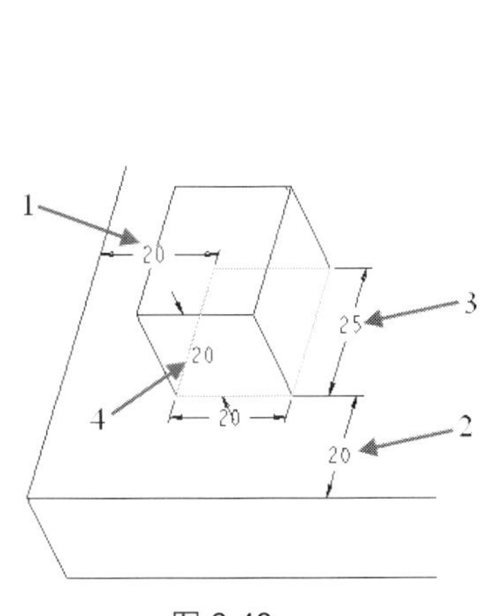

图 6-48

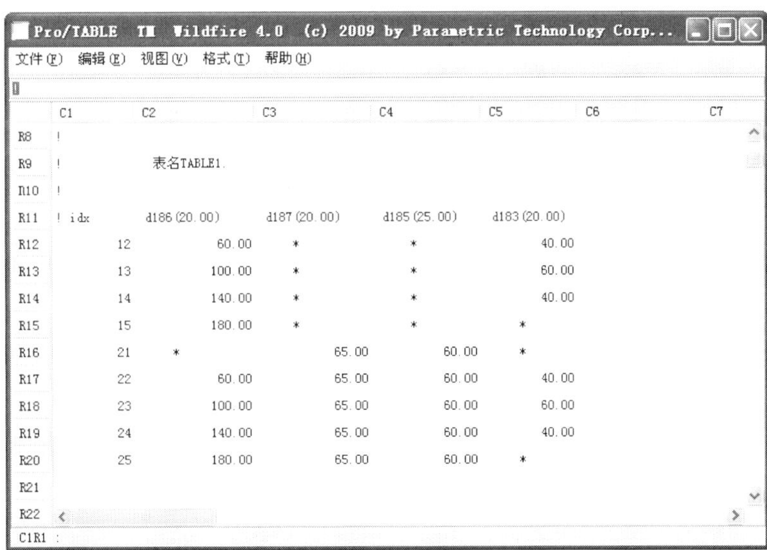

	C1		C2	C3	C4	C5	C6	C7
R8	!							
R9	!	表名TABLE1.						
R10	!							
R11	! idx		d186(20.00)	d187(20.00)	d185(25.00)	d183(20.00)		
R12		12	60.00	*	*	40.00		
R13		13	100.00	*	*	60.00		
R14		14	140.00	*	*	40.00		
R15		15	180.00	*	*	*		
R16		21	*	65.00	60.00	*		
R17		22	60.00	65.00	60.00	40.00		
R18		23	100.00	65.00	60.00	60.00		
R19		24	140.00	65.00	60.00	40.00		
R20		25	180.00	65.00	60.00	*		
R21								
R22								

图 6-49

提示：用鼠标右键单击表格方块即可输入尺寸值，其中，输入星号“*”表示此方块中的尺寸值和原始尺寸相同。

在“表编辑器”对话框中执行“文件 | 保存”下拉菜单命令，然后执行“文件 | 退出”下拉菜单命令关闭对话框，阵列预览和最终完成结果如图 6-50 和图 6-51 所示。

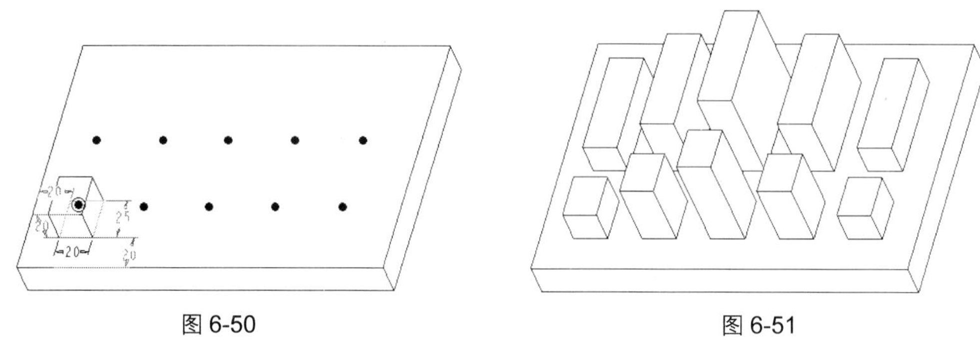

图 6-50　　　　图 6-51

6.2.7　曲线阵列

曲线阵列是一种以曲线轨迹为参照来阵列特征的方式。该参照曲线可以使用现有的草绘曲线，也可通过单击“参照”上滑面板中的“定义”按钮进入草图绘制环境绘制一条曲线。

如图 6-52 所示的模型是用拉伸特征创建的薄板，薄板上有一个孔特征和一条草绘曲线。

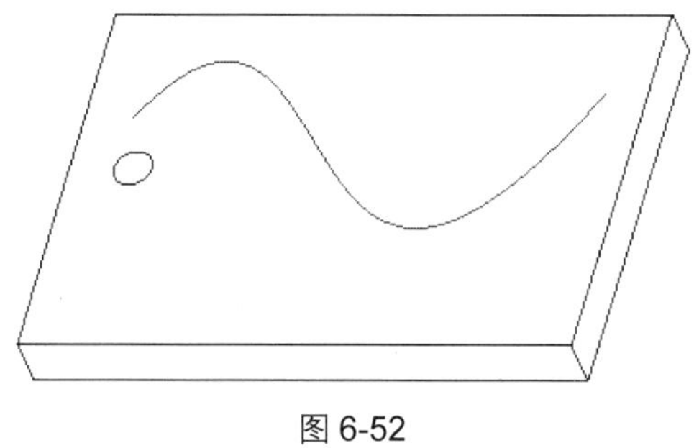

图 6-52

现在要将这个孔特征沿着草绘曲线进行阵列，在模型空间中选择要阵列的孔特征，然后单击“编辑特征”工具栏中的“阵列”按钮，在开启的“阵列“命令控制面板中选择阵列方式为“曲线”，如图 6-53 所示。

图 6-53

选择模型空间中的草绘曲线，并相关设定阵列参数，阵列预览和结果如图 6-54 和图 6-55 所示。

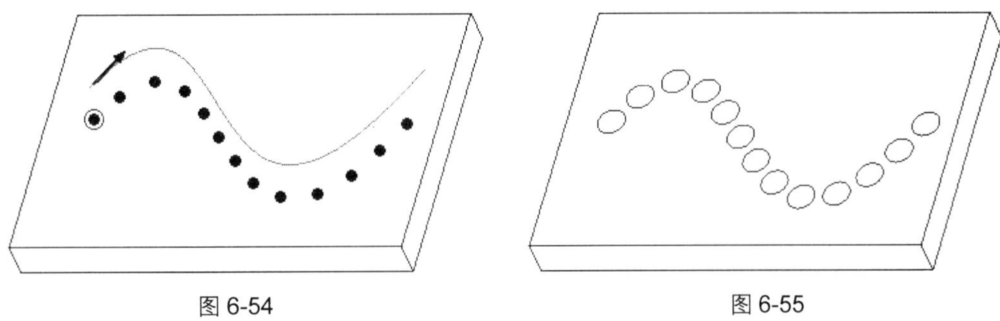

图 6-54　　　　　　　　　　图 6-55

6.3 镜像特征

镜像特征可以看作是复制特征的另一种形式，它可以对将选取的特征沿基准平面或平面进行镜像，从而产生其副本特征。镜像特征在创建具有对称性模型时十分有用。

镜像特征的操作十分简单，首先在模型空间中选择要镜像的特征，此时选择如图 6-56 所示的孔特征。

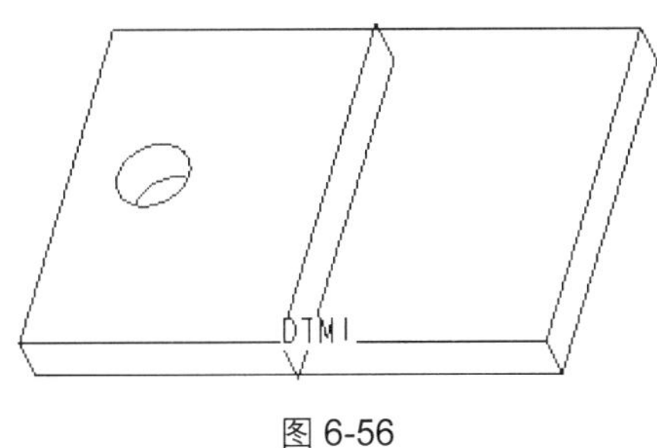

图 6-56

然后单击“编辑特征”工具栏中的“镜像”按钮，开启如图 6-57 所示的“镜像”命令控制面板。

图 6-57

选择基准平面 DTM1 为镜像平面，镜像结果如图 6-58 所示。

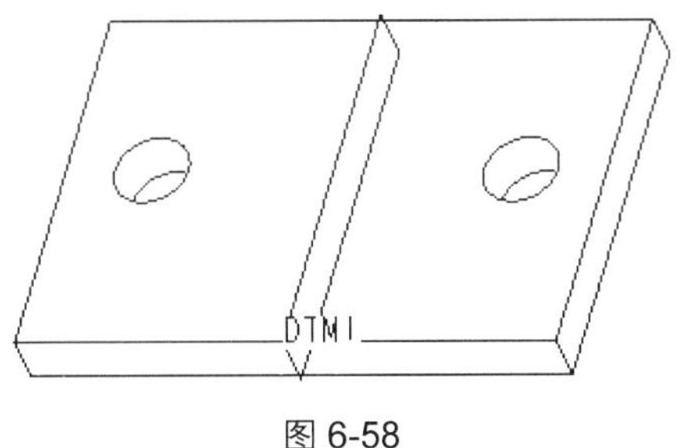

图 6-58

提示：可以选作镜像平面的对象包括基准平面、模型平面以及平曲面。

6.4 应用实践

在本章的应用实践中，将通过多个实例建模操作介绍 Pro/E 中的编辑特征在实际零件设计建模过程中的应用。

6.4.1 创建支撑块实体模型

任务要求

下面将创建支撑块实体模型，模型创建完成的结果如图 6-59 所示。

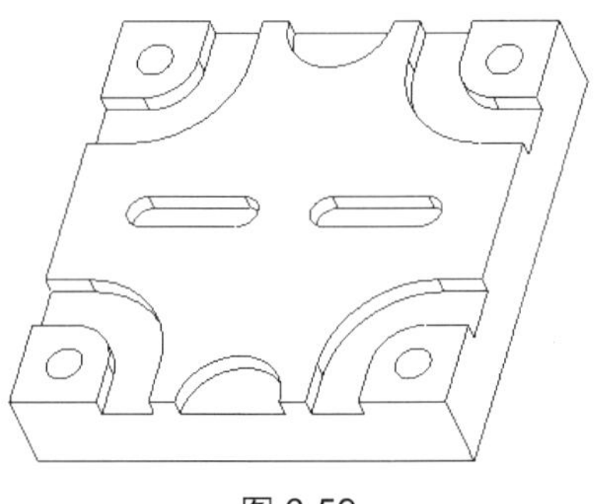

图 6-59

任务分析

从图 6-59 中可以看出支撑块实体模型是一个完全对称的模型，在创建时，只需要创建出支撑块实体模型的 1/4，然后通过镜像创建出其他的 3/4 即可。

任务设计

在创建支撑块实体模型时，首先用拉伸伸出项特征创建支撑块的 1/4 主体部分，然后用拉伸切口特征创建出支撑块上 1/4 的凹槽部分，接下来用孔特征创建出支撑块上 4 个孔中的一个，最后用镜像特征创建出支撑块实体模型的其他 3/4 即可。

任务完成

1. 新建零件文件

Step 1 在“文件”工具栏中单击“新建”按钮，在开启的“新建”对话框中选择文件类型为“零件”，输入文件名为 support-block，并取消“使用缺省模板”复选框的选取。

Step 2 单击“确定”按钮，在“新文件选项”对话框中选择模板类型为 mmns_part_solid，然后单击“确定”按钮，进入零件建模环境。

2. 创建支撑块的 1/4 主体部分

Step 1 单击“基础特征”工具栏中的“拉伸”按钮，开启“拉伸”命令控制面板，选择 TOP 基准平面为草绘平面，接受系统默认的草绘方向，单击“草绘”按钮进入草图绘制环境。

Step 2 单击“草绘器工具”工具栏中的“矩形”按钮，绘制如图 6-60 所示的矩形。

Step 3 单击“完成”按钮✓退出草图绘制环境，设定拉伸深度为 20，拉伸预览如图 6-61 所示。

Step 4 单击“完成”按钮✓完成拉伸伸出项板特征的创建，结果如图 6-62 所示。

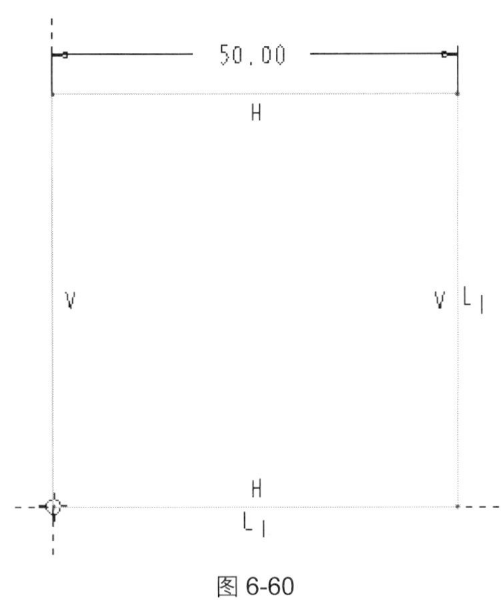

图 6-60

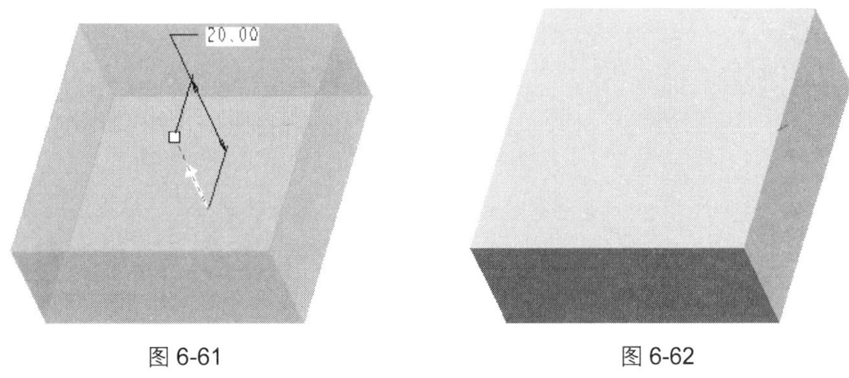

图 6-61　　　　图 6-62

3. 创建支撑块上 1/4 的凹槽部分

Step 1　单击“基础特征”工具栏中的“拉伸”按钮，在开启的“拉伸”命令控制面板中单击“去除材料”按钮，然后选择前面创建的实体模型的上表面为草绘平面，接受系统默认的草绘方向，单击“草绘”按钮进入草图绘制环境。

Step 2　单击“草绘器工具”工具栏中的“使用”按钮，选择前面创建的实体模型的边进行复制，结果如图 6-63 所示。

Step 3　单击“草绘器工具”工具栏中的“圆”按钮○，绘制如图 6-64 所示的 3 个圆。

Step 4　单击“草绘器工具”工具栏中的“线”按钮＼，绘制如图 6-65 所示的 5 条直线。

Step 5　单击“草绘器工具”工具栏中的“圆形”按钮，对上一步绘制的直线进行圆角，结果如图 6-66 所示。

Step 6　单击“草绘器工具”工具栏中的“删除段”按钮，对前面绘制的几何图元进行修剪，结果如图 6-67 所示。

图 6-63 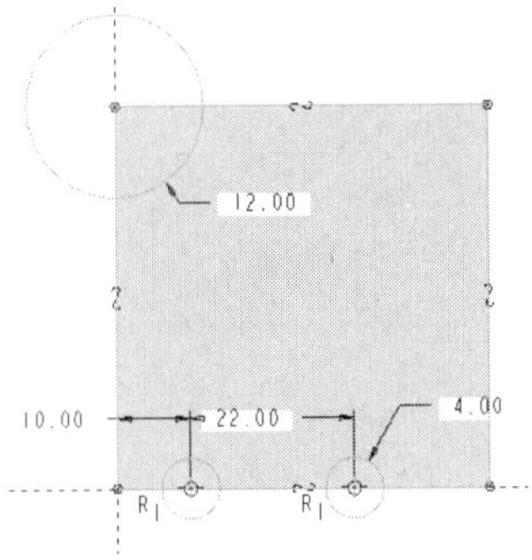　　图 6-64 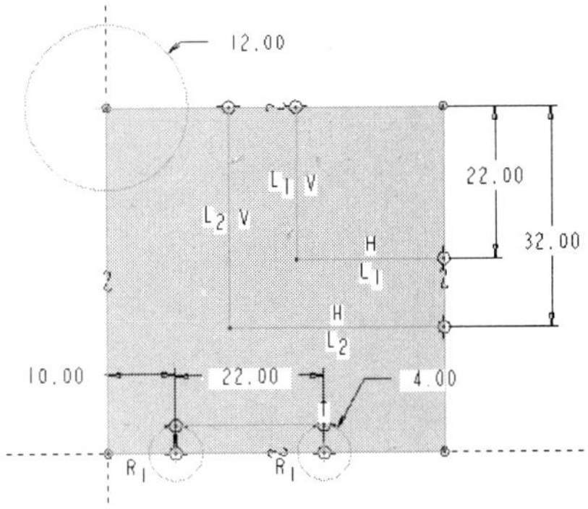　　图 6-65

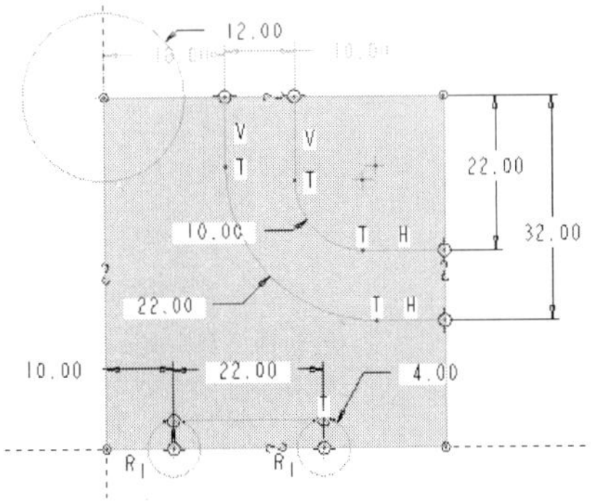

图 6-66 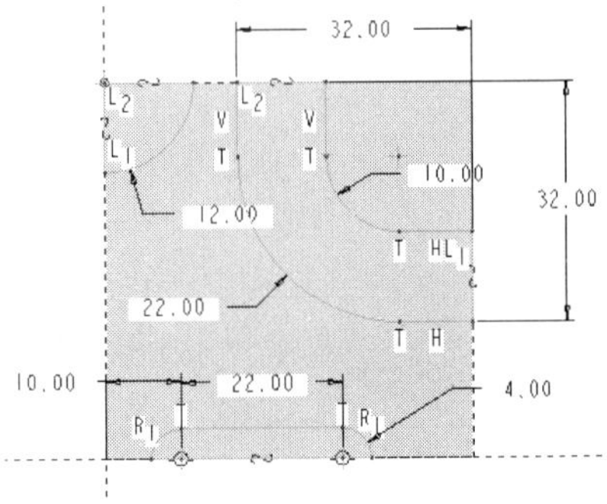　　图 6-67

Step 7　单击“完成”按钮✓退出草图绘制环境，设定拉伸深度为 14，拉伸预览如图 6-68 所示。

Step 8　单击“完成”按钮✓完成拉伸切口板特征的创建，结果如图 6-69 所示。

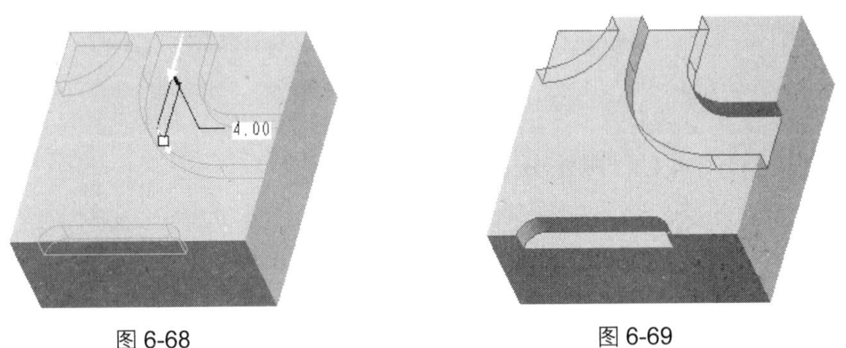

图 6-68　　图 6-69

4. 创建支撑块上的孔特征

Step 1　单击“工程特征”工具栏中的“孔”按钮，开启“孔”命令控制面板，设定钻孔的直径为 8，选择“深度”选项为“穿透”，如图 6-70 所示。

图 6-70

Step 2　选择图 6-71 中箭头所指的模型平面为放置孔特征的主参照。

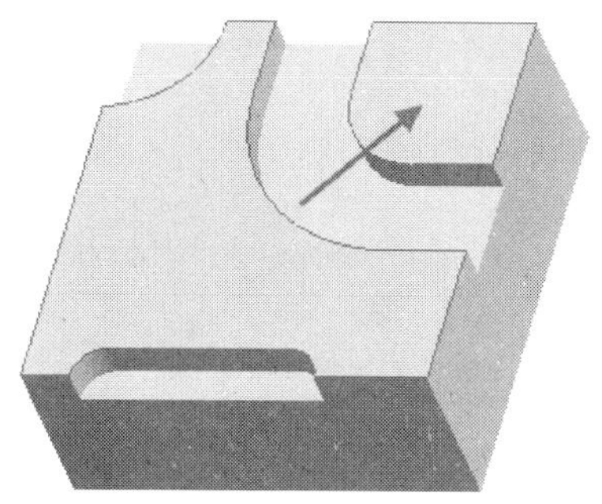

图 6-71

Step 3　单击“放置”上滑面板中的“单击此处添加...”文字启动“偏移参照”收集器，按住<Ctrl>键选择图 6-72 中箭头所指的两个模型平面偏移参照，并设定偏移距离均为 10。

Step 4　单击“完成”按钮✓完成拉伸切口板特征的创建，结果如图 6-73 所示。

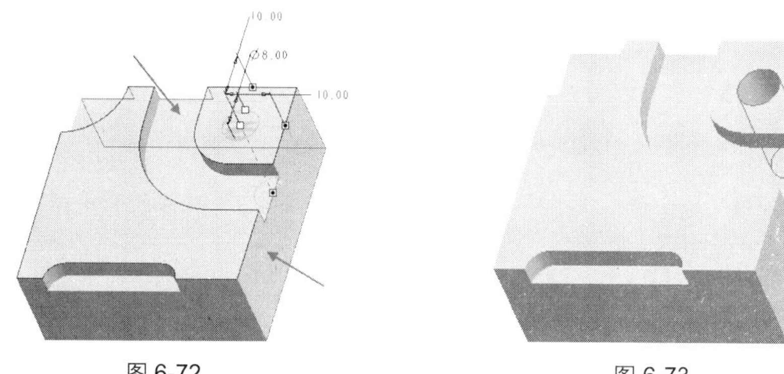

图 6-72　　　　图 6-73

5. 通过镜像产生支撑块实体模型的其他 3/4 部分

Step 1　按住<Ctrl>键在模型树中选择前面创建的所有特征，然后单击鼠标右键弹出如图 6-74 所示的快捷菜单。

Step 2　在弹出的快捷菜单中执行“组”命令，将所有选择的特征合成一个特征组，如图 6-75 所示。

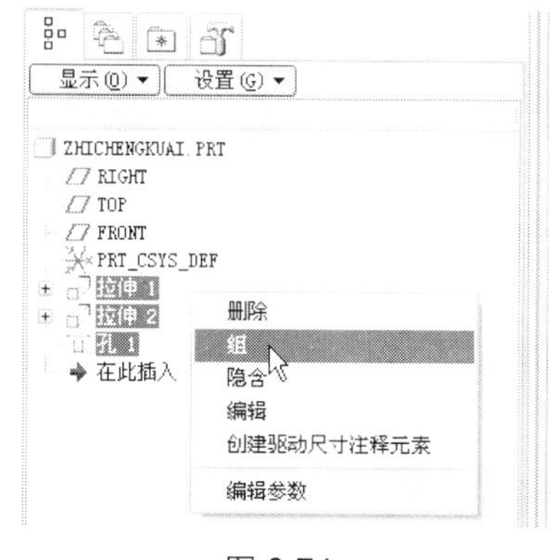

图 6-74

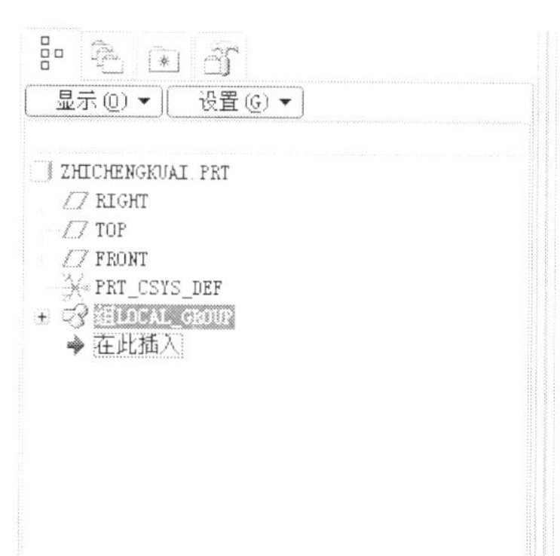

图 6-75

Step 3 在特征组被选取的情况下，单击“编辑特征”工具栏中的“镜像”按钮，开启“镜像”命令控制面板，选择 RIGHT 基准平面为镜像平面对选择的特征组进行镜像，结果如图6-76所示。

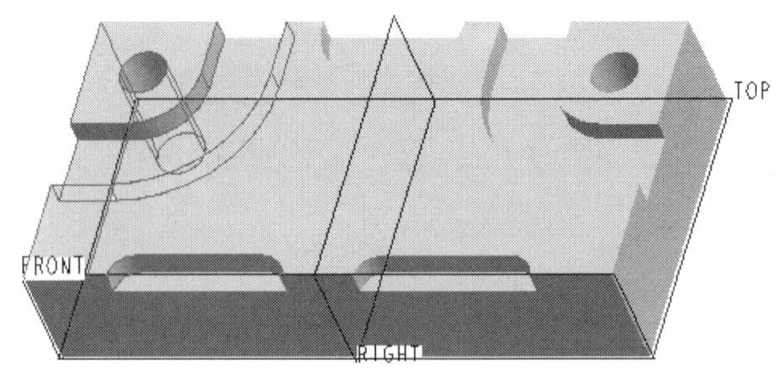

图 6-76

Step 4 选择前面创建的特征组及其镜像特征，再单击“编辑特征”工具栏中的“镜像”按钮，开启“镜像”命令控制面板，选择 FRONT 基准平面为镜像平面对选择的特征组进行镜像，完成支撑块实体模型的创建，最终结果如图 6-59 所示。

归纳总结

在创建支撑块实体模型的过程中运用了拉伸伸出项特征、拉伸切口特征、孔特征以及镜像特征，其中最重要的就是镜像特征的运用。镜像特征在创建具有对称性零件模型时具有独特优势，使用该特征可以减少很多重复建模工作，从而大大提高了工作效率。可以想象，如果没有镜像特征，创建支撑块实体模型将会多出多少重复的工作量。

6.4.2 创建渐开线齿轮实体模型

任务要求

下面将创建渐开线齿轮实体模型，模型创建完成的结果如图 6-77 所示。

图 6-77

任务分析

从图 6-77 中可以看出，渐开线齿轮实体模型可以分为齿轮主体、轴孔、键槽和轮齿 4 大部分，其中，齿轮主体部分可以用旋转伸出项特征创建；轴孔部分可以用孔特征来创建；键槽部分用拉伸切口特征来创建；轮齿部分可以通过拉伸特征和阵列特征来创建。其中创建轮齿部分是本节内容的重点，最关键就是如何使用渐开线来确定齿轮的齿形以及阵列特征的应用。

任务设计

在创建渐开线齿轮实体模型时，首先用旋转伸出项特征创建齿轮的主体部分，然后用孔特征和拉伸切口特征创建齿轮上的轴孔和键槽部分，接下来用倒角特征对齿轮主体进行倒角处理，最后用基准曲线创建渐开线以确定轮齿的外形，并用拉伸特征和阵列特征创建所有的轮齿。

任务完成

1. 新建零件文件

Step 1 在“文件”工具栏中单击“新建”按钮，在开启的“新建”对话框中选择文件类型为“零件”，输入文件名为 Involute-gear，并取消“使用缺省模板”复选框的选取。

Step 2 单击“确定”按钮，在“新文件选项”对话框中选择模板类型为 mmns_part_solid，然后单击“确定”按钮，进入零件建模环境。

2. 创建渐开线齿轮主体部分

Step 1 单击“基础特征”工具栏中的“旋转”按钮，开启“旋转”命令控制面板，选择 FRONT 基准平面为草绘平面，接受系统默认的草绘方向，单击“草绘”按钮进入草图绘制环境。

Step 2 单击“草绘器工具”工具栏中的“中心线”按钮和“线”按钮，绘制如图 6-78 所示的截面草图。

Step 3 单击“完成”按钮退出草图绘制环境，接受系统默认的旋转角度为 360°，单击“完成”按钮完成旋转伸出项板特征的创建，结果如图 6-79 所示。

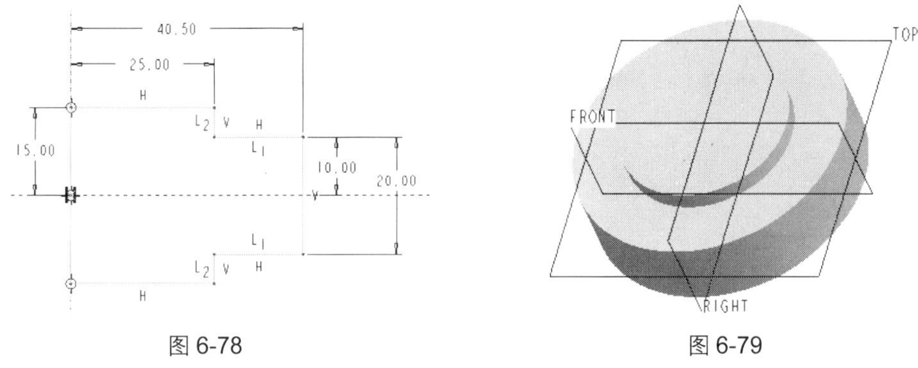

图 6-78　　图 6-79

3. 创建渐开线齿轮的轴孔和键槽部分

Step 1 单击“工程特征”工具栏中的“孔”按钮，开启“孔”命令控制面板，按住<Ctrl>键选择图 6-80 中箭头所指的模型平面和 A_1 基准轴为放置孔特征的主参照。

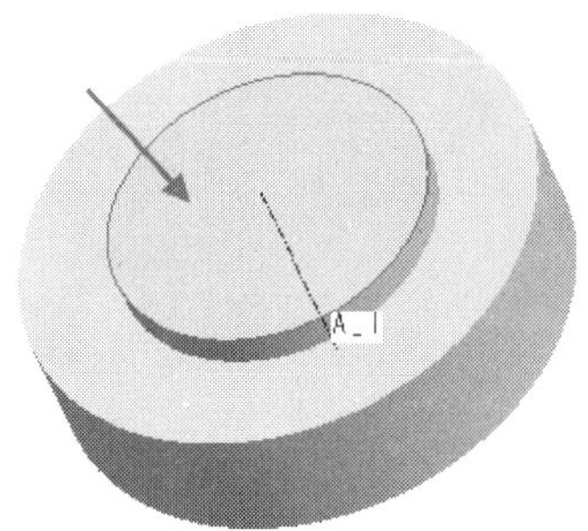

图 6-80

Step 2 设定孔特征的直径为 41，然后选择拉伸深度选项为“穿透”，孔特征预览如图 6-81 所示。

Step 3 单击“完成”按钮完成孔特征的创建，结果如图 6-82 所示。

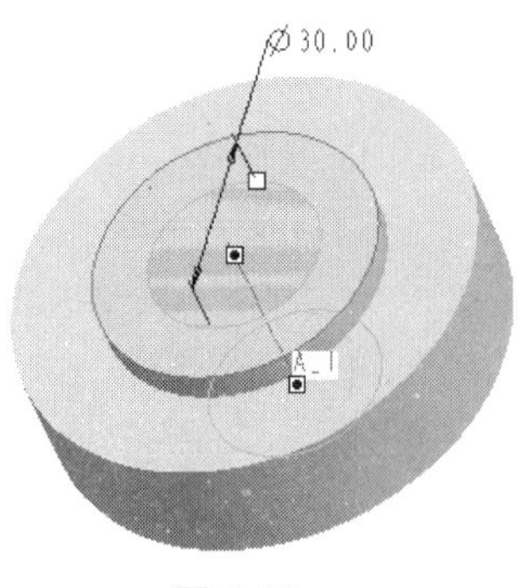

图 6-81

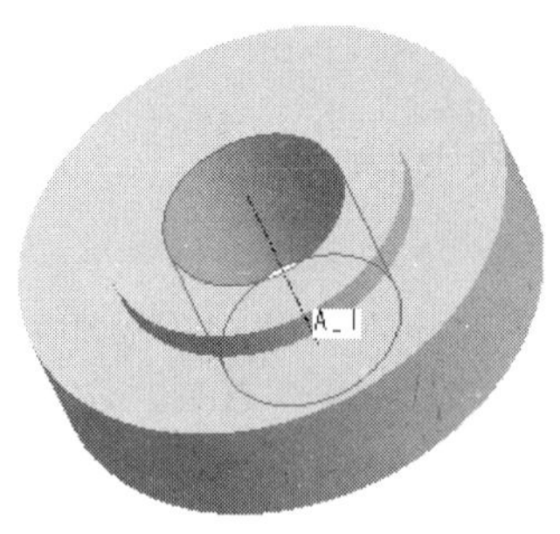

图 6-82

Step 4 单击“基础特征”工具栏中的“拉伸”按钮，在开启的“拉伸”命令控制面板中单击“去除材料”按钮，然后选择如图 6-83 所示的模型平面为草绘平面，接受系统默认的草绘方向，单击“草绘”按钮进入草图绘制环境。

Step 5 单击“草绘器工具”工具栏中的“中心线”按钮和“矩形”按钮，绘制如图 6-84 所示的截面草图。

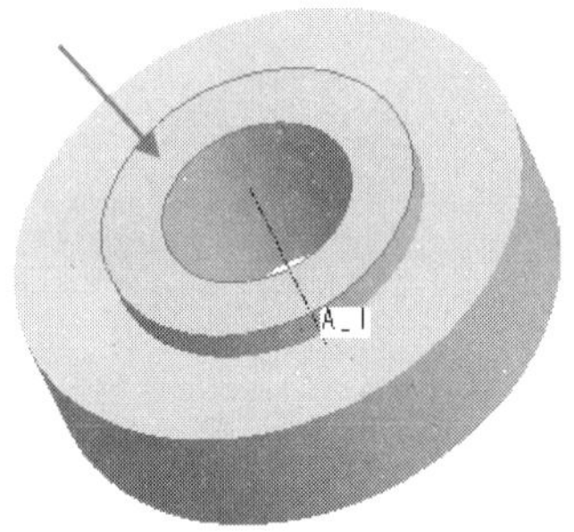

图 6-83

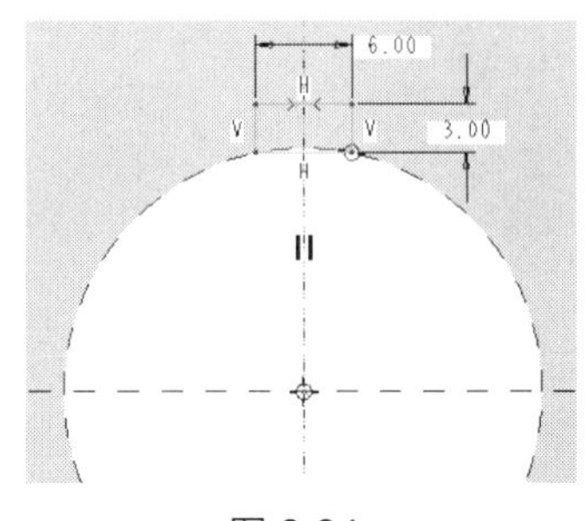

图 6-84

Step 6 单击“完成”按钮退出草图绘制环境，选择拉伸深度选项为“穿透”，拉伸切口特征预览如图 6-85 所示。

Step 7 单击“完成”按钮完成拉伸切口板特征的创建，结果如图 6-86 所示。

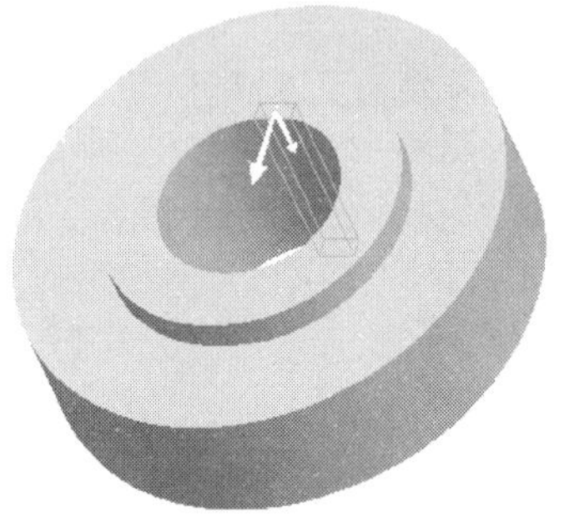

图 6-85

图 6-86

4. 对齿轮主体模型进行倒角

Step 1 单击“工程特征”工具栏中的“倒角”按钮，开启“倒角”命令控制面板，接受系统默认的倒角方式“D × D”，设定倒角距离为 1，然后选择如图 6-87 所示的模型边缘进行倒角。

Step 2 单击“完成”按钮✓完成倒角特征的创建，结果如图 6-88 所示。

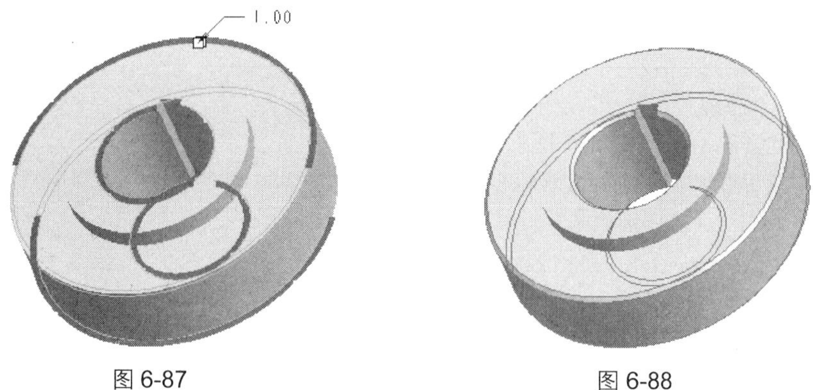

图 6-87　　图 6-88

5. 创建渐开线

Step 1 单击“基准”工具栏中的“坐标系”按钮，开启“坐标系”对话框，按住<Ctrl>键依次选择 FRONT、RIGHT 基准平面以及图 6-89 中箭头所指的模型平面为基准坐标系参照。

Step 2 切换到“定向”选项卡中，单击第一方向和第二方向后面的“反向”按钮，反向调整新坐标系的 X、Y 轴方向，单击“确定”按钮完成新坐标系的创建，结果如图 6-90 所示。

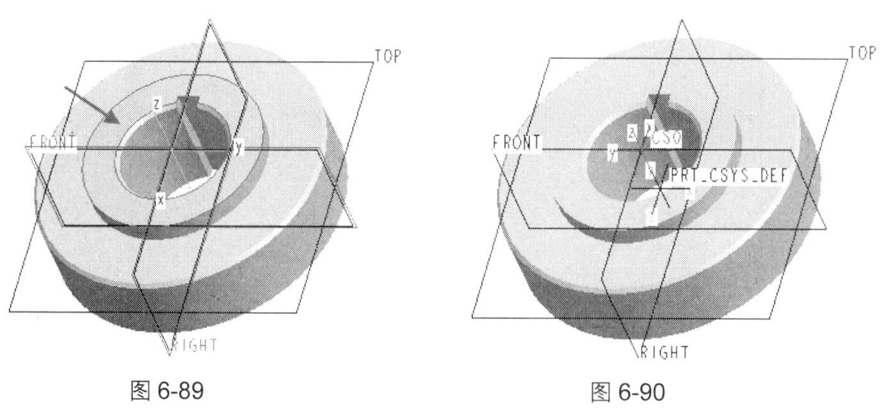

图 6-89　　图 6-90

Step 3 单击“基准”工具栏中的“基准曲线”按钮～，在弹出的如图 6-91 所示的菜单管理器中选择“曲线选项”选项为“从方程”，然后执行“完成”命令。

Step 4 系统开启“曲线：从方程”对话框，接受菜单管理器中系统默认的“得到坐标系”选项为“选取”，然后选择新创建的基准坐标系。

Step 5 在菜单管理器中选择“设置坐标类型”选项为“笛卡尔”，如图 6-92 所示。

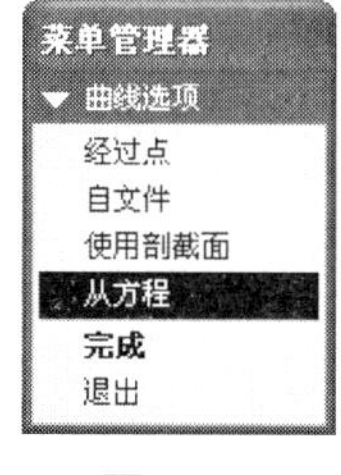

图 6-91

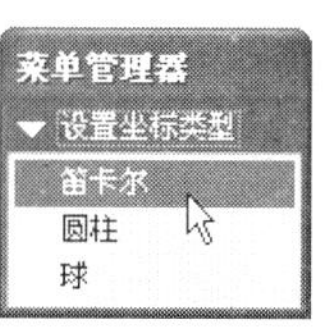

图 6-92

Step 6 在开启记事本中输入渐开线的曲线方程如下。

ms=3 （齿轮模数）

zs=25 （齿轮齿数）

alfa=20 （齿轮压力角）

r=(ms*zs*cos(alfa))/2 （齿轮基圆半径）

ang=t*90 （渐开线转开角度，这里 t 是 0~1 的数）

s=(PI*r*t)/2 （1/4 圆周周长）

xc=r*cos(ang) （半径上一点在 X 轴上的投影）

yc=r*sin(ang) （半径上一点在 Y 轴上的投影）

x=xc+(s*sin(ang)) （渐开线上一点在 X 轴上的投影）

y=yc-(s*cos(ang)) （渐开线上一点在 Y 轴上的投影）

z=0 （z 方向上的位移为 0）

输入后“rel.ptd”记事本对话框如图 6-93 所示。

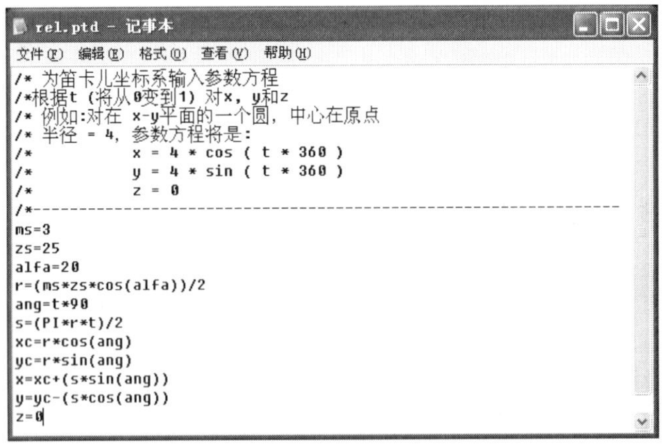

rel.ptd - 记事本

文件(F) 编辑(E) 格式(O) 查看(V) 帮助(H)

```
/* 为笛卡儿坐标系输入参数方程
/*根据t (将从0变到1) 对x, y和z
/* 例如:对在 x-y平面的一个圆, 中心在原点
/* 半径 = 4, 参数方程将是:
/*          x = 4 * cos ( t * 360 )
/*          y = 4 * sin ( t * 360 )
/*          z = 0
/*------------------------------------------------------------
ms=3
zs=25
alfa=20
r=(ms*zs*cos(alfa))/2
ang=t*90
s=(PI*r*t)/2
xc=r*cos(ang)
yc=r*sin(ang)
x=xc+(s*sin(ang))
y=yc-(s*cos(ang))
z=0
```

图 6-93

Step 7 在记事本中执行“文件 | 保存”下拉菜单命令保存输入的曲线方程，然后关闭记事本。单击“曲线：从方程”对话框中的“确定”按钮完成渐开线的创建，结果如图 6-94 所示。

Step 8 在基准曲线被选取的情况下，单击“编辑特征”工具栏中的“镜像”按钮，开启“镜像”命令控制面板，选择 RIGHT 基准平面为镜像平面，单击“完成”按钮完成对渐开线的镜像，结果如图 6-95 所示。

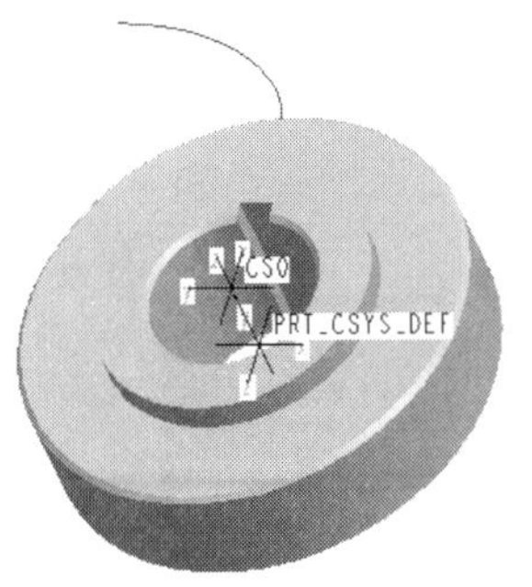

图 6-94

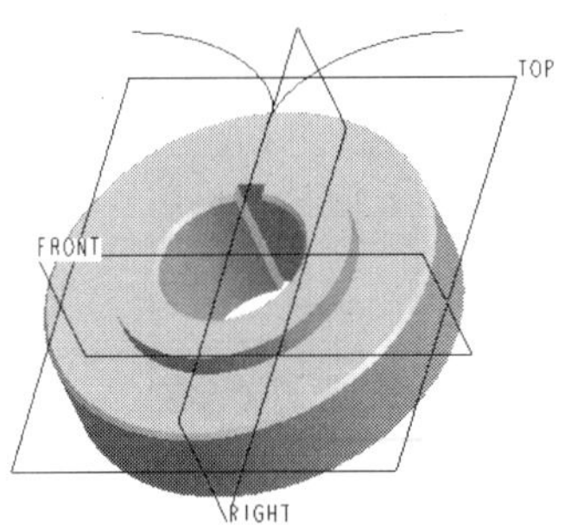

图 6-95

Step 9　选择镜像产生的渐开线并单击“编辑特征”工具栏中的“阵列”按钮▦，然后在开启的“阵列”命令控制面板中选择阵列类型为“轴”，选择基准轴为阵列中心轴，设定阵列成员数为 2，阵列成员间的夹角为 5.5°，阵列预览如图 6-96 所示。

Step 10　单击“完成”按钮☑完成渐开线的阵列，结果如图 6-97 所示。

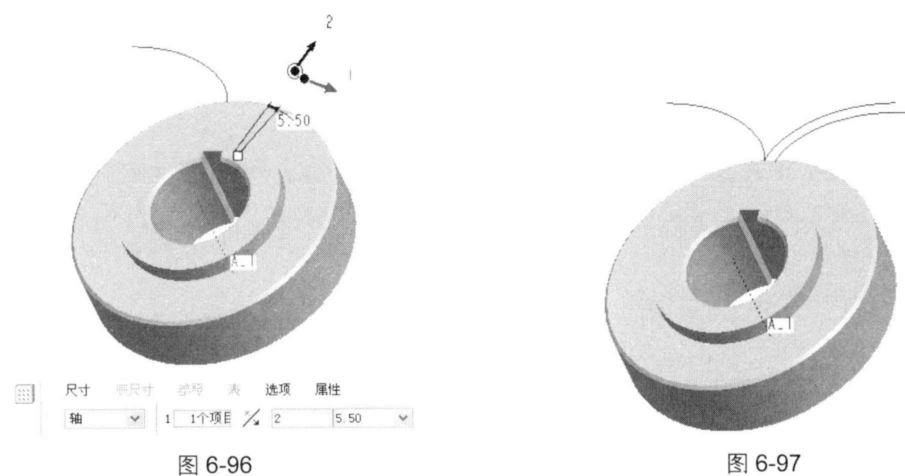

图 6-96　　　　图 6-97

6. 创建齿轮的轮齿

Step 1　单击“基础特征”工具栏中的“拉伸”按钮，然后在开启的“拉伸”命令控制面板中单击“去除材料”按钮⊿。

Step 2　选择如图 6-98 所示的模型平面为草绘平面，接受系统默认的草绘方向，进入草图绘制环境。

Step 3　单击“草绘器工具”工具栏中的“圆”按钮○，绘制一个直径为 67.5 的圆齿轮的齿根圆，如图 6-99 所示。

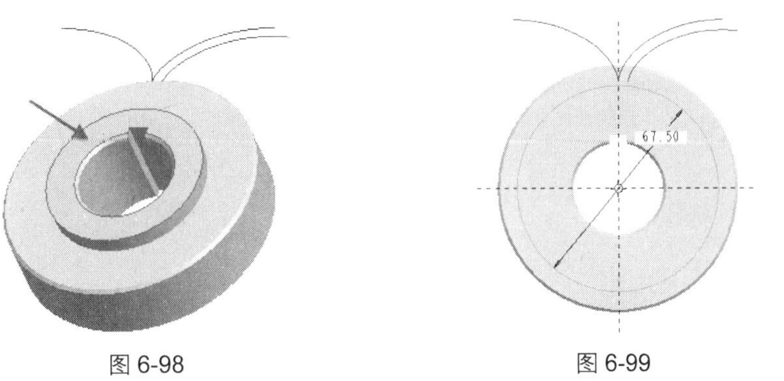

图 6-98　　　　图 6-99

Step 4　单击“草绘器工具”工具栏中的“使用”按钮□，在开启的“类型”对话框中接受系统默认的“单个”选项，然后选择如图 6-100 所示的模型边缘线和渐开线为参照绘制图元。

Step 5　单击“草绘器工具”工具栏中的“线”按钮＼，绘制如图 6-101 所示的两条与渐开线相切的直线。

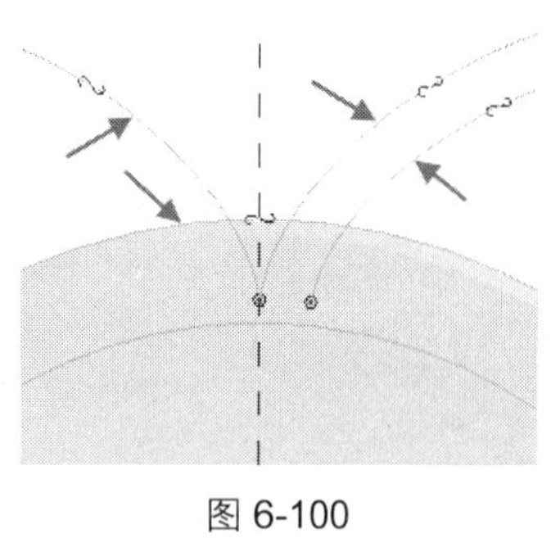

图 6-100

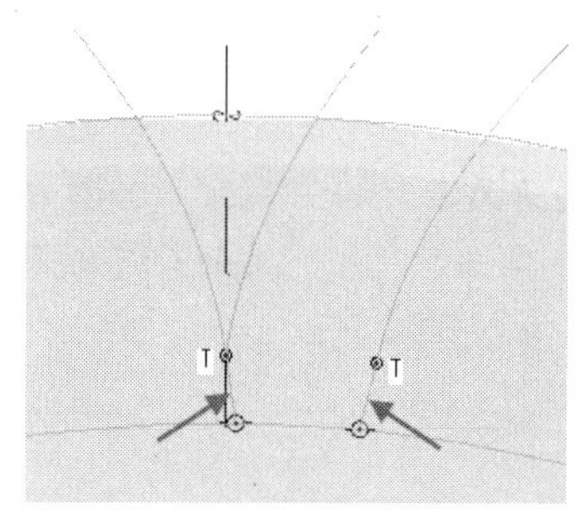

图 6-101

Step 6 单击“草绘器工具”工具栏中的“删除段”按钮，对前面绘制的几何对象进行修剪，修剪结果如图 6-102 所示。

Step 7 单击“完成”按钮✔退出草图绘制环境，选择拉伸深度选项为“穿透”，拉伸切口特征预览如图 6-103 所示。

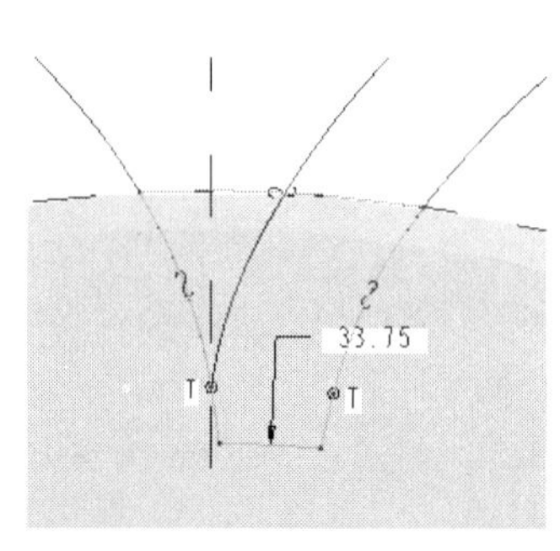

图 6-102

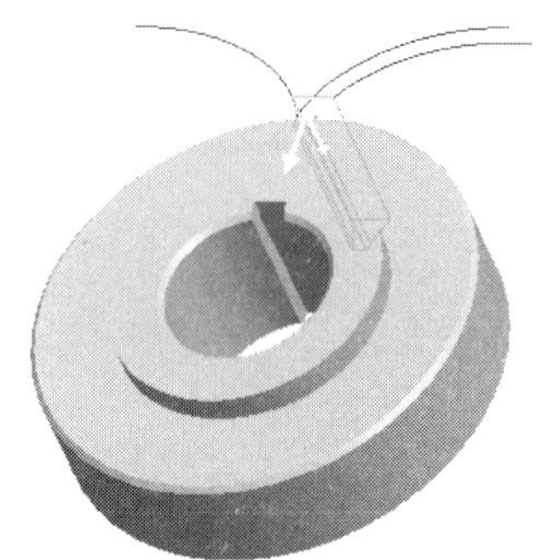

图 6-103

Step 8 单击“完成”按钮✔完成拉伸切口特征的创建并隐藏基准曲线，结果如图 6-104 所示。

Step 9 单击“工程特征”工具栏中的“倒圆角”按钮，开启“倒圆角”命令控制面板，设定倒圆角半径为 1，然后选择如图 6-105 所示的模型边缘进行倒圆角。

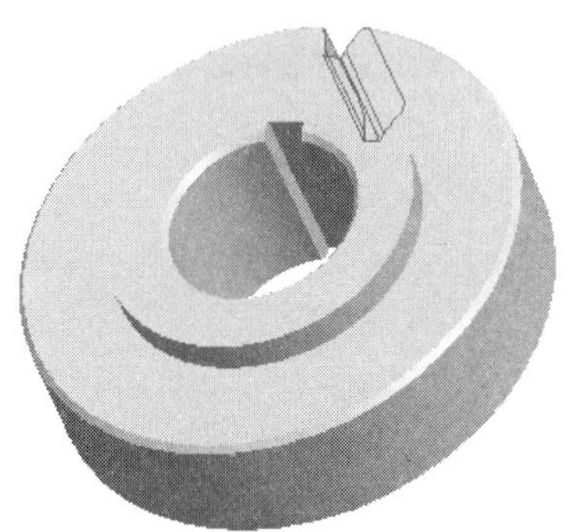

图 6-104

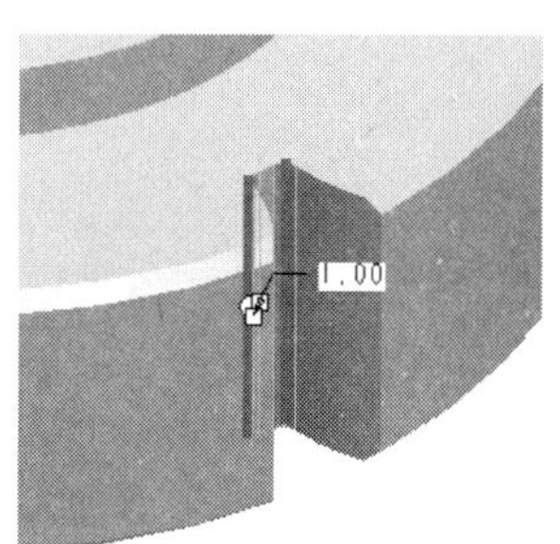

图 6-105

Step 10 单击“完成”按钮✔完成倒圆角特征的创建，结果如图 6-106 所示。

Step 11 按住<Ctrl>键在模型树中选择拉伸切口特征和倒圆角特征，然后单击鼠标右键，在弹出的快捷菜单中执行“组”命令，将这两个特征合并成一个特征组。

Step 12 在特征组被选取的情况下单击“编辑特征”工具栏中的“阵列”按钮，然后在开启的“阵列”命令控制面板中选择阵列类型为“轴”，同时选择基准轴为阵列中心轴，设定阵列成员数为 25，阵列成员间的夹角为 14.4°，阵列预览如图 6-107 所示。

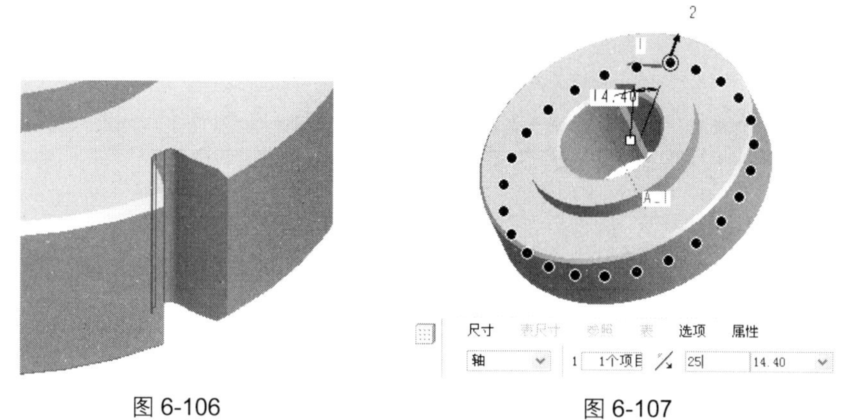

图 6-106　　　　图 6-107

Step 13　单击“完成”按钮✔完成特征组的阵列，渐开线齿轮最终的创建结果如图 6-77 所示。

归纳总结

创建渐开线齿轮实体模型主要涉及的知识点包括：旋转伸出项特征、孔特征、拉伸切口特征、基准坐标系、基准曲线、倒角特征以及倒圆角特征。其中最重要的就是基准坐标系、基准曲线的创建以及阵列特征的运用。基准坐标系、基准曲线的创建决定了齿轮轮齿的形状，而阵列特征的运用则大大提高了工作效率，节约了工作时间。

6.5 自我检测

（1）“编辑”工具栏中的“粘贴”按钮和“选择性粘贴”按钮有什么区别？

（2）在 Pro/E 中系统提供了哪些阵列方式？

（3）哪些对象可以被选择镜像平面？

（4）根据如图 6-108 所示的尺寸创建一个如图 6-109 所示的甩油轮实体模型。

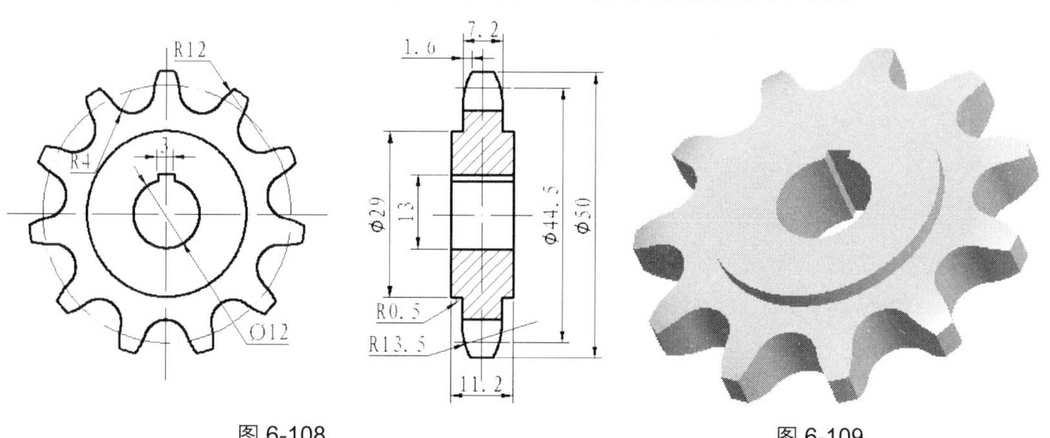

图 6-108　　　　图 6-109

第 7 章 曲面建模

📖 本章要点

- 边界混合曲面特征
- 曲面修剪
- 曲面合并
- 曲面偏移
- 曲面实体化
- 创建 8 字扣曲面模型

拉伸、旋转、扫描和混合等基础特征不仅可以创建实体模型，而且还可以创建曲面模型，其方法和创建实体模型类似，这在前面章节中已经有过介绍，本章中就不再赘述。不过这些特征工具仅限于创建一些比较规则的曲面模型，而对于复杂度比较高且不规则的曲面模型，仅仅使用这些特征工具来进行零件建模就显得比较困难。因此，Pro/E 提供了专门的曲面建模工具，供用户创建一些不规则的零件造型。

在本章中大家要着重理解各种曲面建模工具的创建原理，重点掌握边界混合曲面特征的创建方法，边界混合曲面特征是曲面建模工具中运用最广泛的一种曲面建模方法。

7.1 边界混合曲面特征

当零件模型的外形比较复杂，不能用一般的曲面特征来创建时，用户可以先绘制其外形上的关键曲线，然后使用边界混合曲面特征将这些关键曲线围成一张曲面。

在“基础特征”工具栏中单击“边界混合”按钮，开启“边界混合”命令控制面板，如图 7-1 所示。

图 7-1

在此命令控制面板中，用户可以在选取的参照对象之间创建边界混合曲面特征，这些参照对象将在一个或两个方向定义曲面的边界，如图 7-2 和图 7-3 所示。

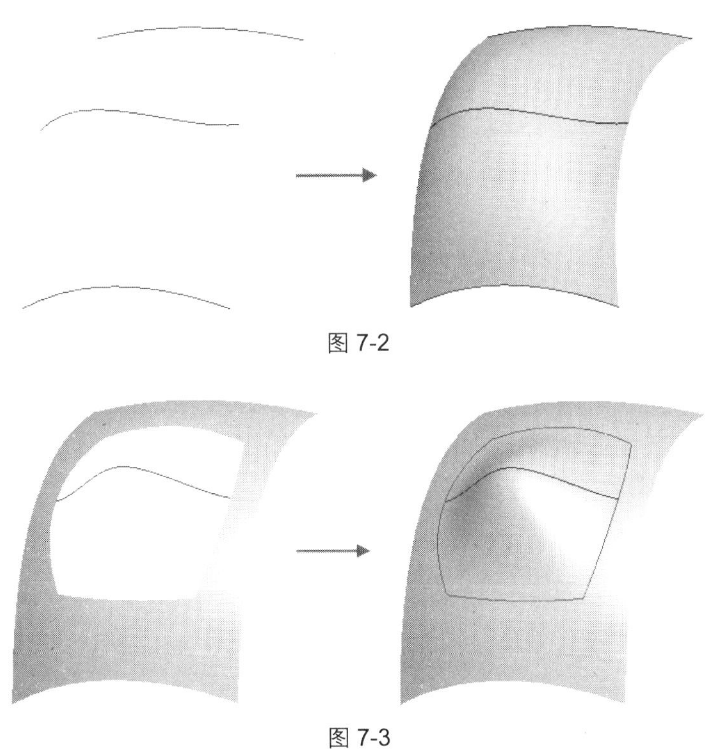

图 7-2

图 7-3

提示：用于创建边界混合曲面特征的参照对象除了曲线外，还可以是模型边线、基准点、曲线或边的端点。

7.1.1 在一个方向上创建边界混合曲面

在一个方向上创建边界混合曲面方法很简单，单击“基础特征”工具栏中的“边界混合”按钮，开启“边界混合”命令控制面板。这时“第一方向链”收集器已经启动，按住<Ctrl>键依顺序选择第一方向上的曲线链，同时出现边界混合曲面预览，如图 7-4 所示。如果边界混合曲面预览没有问题，则单击“完成”按钮☑即可完成边界混合曲面的创建，结果如图 7-5 所示。

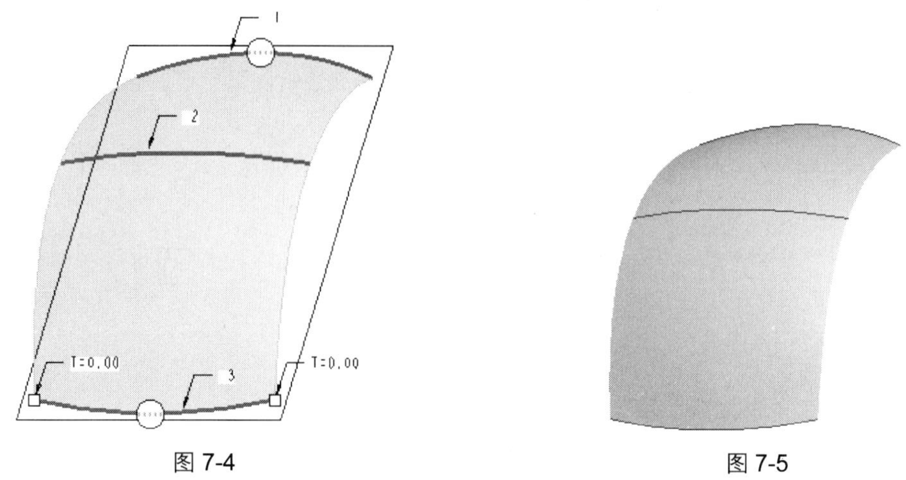

图 7-4　　图 7-5

7.1.2　在两个方向上创建边界混合曲面

在两个方向上创建边界混合曲面在实际工作中应用最为广泛，它可以创建出许多复杂的造型，其操作步骤如下。

Step 1　单击“基础特征”工具栏中的“边界混合”按钮，开启“边界混合”命令控制面板，“第一方向链”收集器已经启动，按住<Ctrl>键依顺序选择如图 7-6 所示的草绘曲线和曲面边缘为第一方向上的曲线链。

Step 2　单击“第二方向链”收集器中的“单击此处以添加项目”文字，启动“第二方向链”收集器，然后按住<Ctrl>键依顺序选择如图 7-7 所示的两条曲面边缘为第二方向上的曲线链。

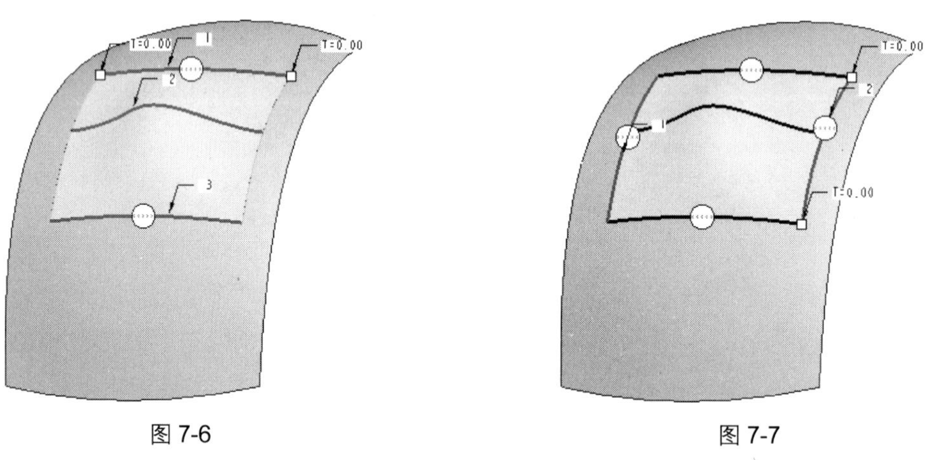

图 7-6　　图 7-7

Step 3　在“约束”上滑面板中设定第一方向上的第一条链和最后一条链的约束条件为“切线”，系统会自动选择第一条链和最后一条链所在曲面为约束参照，特征预览如图 7-8 所示。

Step 4　单击☑按钮完成边界混合曲面特征的创建，如图 7-9 所示。

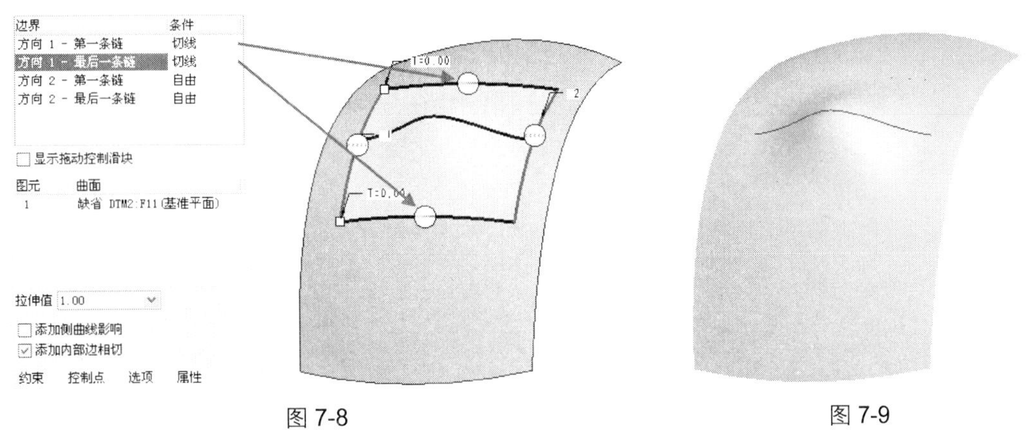

图 7-8　　　　图 7-9

7.1.3　添加影响曲线的边界混合曲面

添加影响曲线可以影响边界混合曲面的外观形状，其具体操作步骤如下。

Step 1　单击“基础特征”工具栏中的“边界混合”按钮，开启“边界混合”命令控制面板，按住<Ctrl>键依顺序选择如图 7-10 所示的 3 条草绘曲线为第一方向上的曲线链。

Step 2　单击“选项”按钮开启“选项”上滑面板，启动“影响曲线”收集器，如图 7-11 所示。

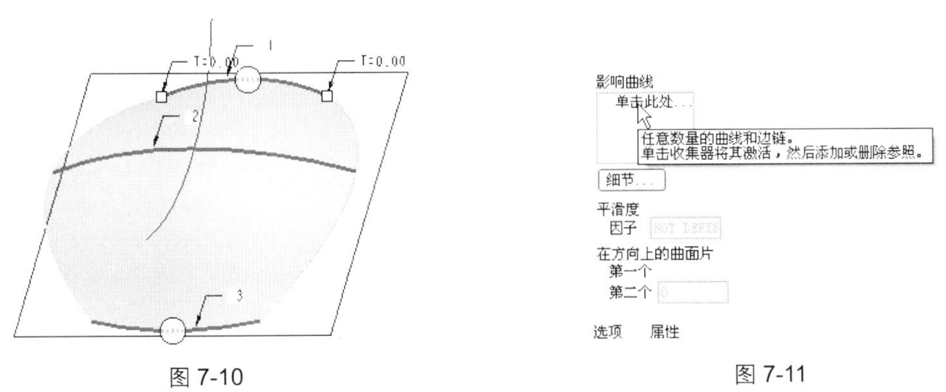

图 7-10　　　　图 7-11

Step 3　选择如图 7-12 所示的曲线为影响曲线，并在“选项”上滑面板中设定影响曲线参数。

Step 4　单击“完成”按钮完成添加影响曲线的边界混合曲面的创建，如图 7-13 所示。

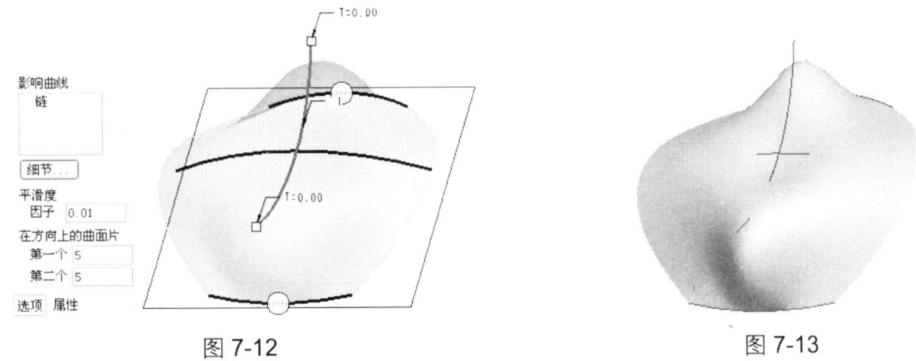

图 7-12　　　　图 7-13

7.1.4 通过边界混合曲面特征创建 U 盘外壳曲面造型

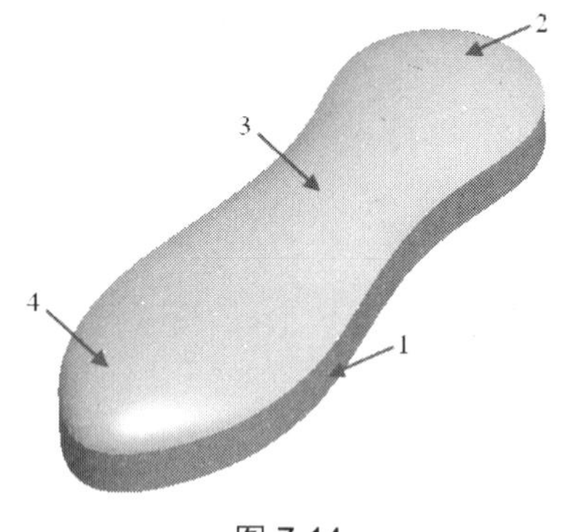

图 7-14

下面通过创建如图 7-14 所示的 U 盘外壳曲面造型介绍边界混合曲面特征的创建方法。

图 7-13 所示的 U 盘外壳曲面造型可分为箭头所指的 4 个部分。在创建时首先创建箭头 1 所指的曲面，此曲面可由拉伸曲面特征进行创建；接下来创建箭头 2 所指的曲面，此曲面可由旋转曲面特征创建；箭头 3 和 4 所指的曲面部分造型比较复杂，可由边界混合曲面特征创建，在创建边界混合曲面特征之前要先创建出相关的定义曲面外形的关键曲线。

具体操作步骤如下。

1. 建零件文件

Step 1 在“文件”工具栏中单击“新建”按钮，在开启的“新建”对话框中选择文件类型为“零件”，输入文件名为 upanwaike，并取消“使用缺省模板”复选框的选取。

Step 2 单击“确定”按钮，开启“新文件选项”对话框，选择模板类型为 mmns_part_solid，然后单击“确定”按钮，进入零件编辑环境。

2. 建 U 盘外壳整体轮廓曲面造型

Step 1 单击“基础特征”工具栏中的“拉伸”按钮，在出现的“拉伸”命令控制面板中单击“拉伸为曲面”按钮，然后选择 TOP 基准平面为草图绘制平面，接受系统默认的草绘方向，进入草图绘制环境。

Step 2 单击“草绘器工具”工具栏中的“中心线”按钮、“圆弧”按钮、“样条曲线”按钮、“锥形弧”按钮以及“镜像”按钮，绘制如图 7-15 所示的截面草图。

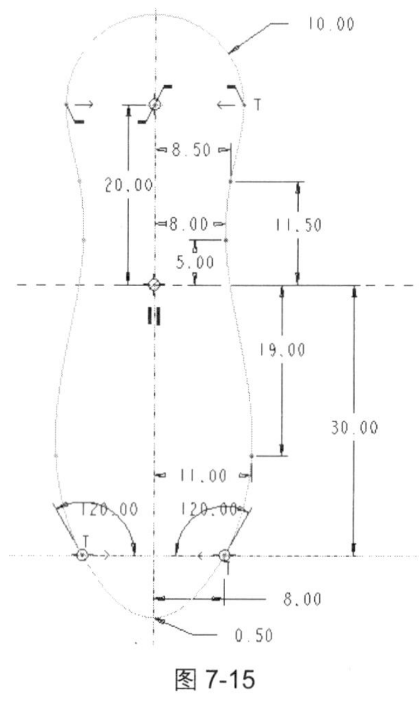

图 7-15

Step 3 单击“完成”按钮退出草图绘制环境，在“拉伸”命令控制面板中设定拉伸深度值为 4.5mm，拉伸曲面特征预览如图 7-16 所示。

Step 4 单击“完成”按钮完成拉伸曲面特征的创建，结果如图 7-17 所示。

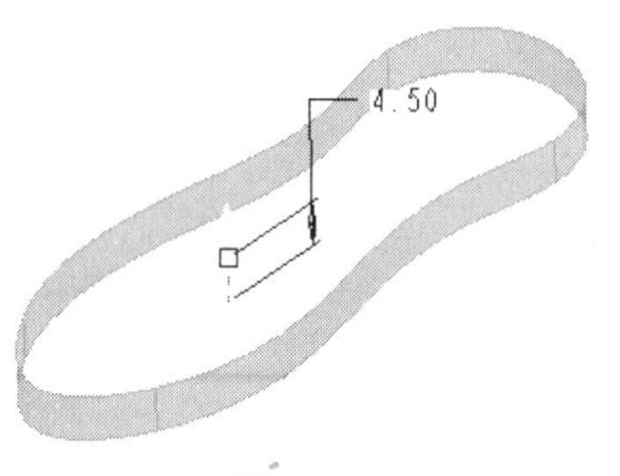

图 7-16

图 7-17

3. 创建 U 盘外壳尾部曲面造型

Step 1 单击“基准”工具栏中的“基准平面”按钮，开启“基准平面”对话框，按住<Ctrl>键选择 TOP 基准平面和如图 7-18 所示的曲面边缘端点为基准平面放置参照。

Step 2 单击“确定”按钮完成基准平面 DTM1 的创建，结果如图 7-19 所示。

Step 3 单击“基准”工具栏中的“基准点”按钮，开启“基准点”对话框，选择如图 7-20 所示的曲面边缘端点为基准点放置参照。

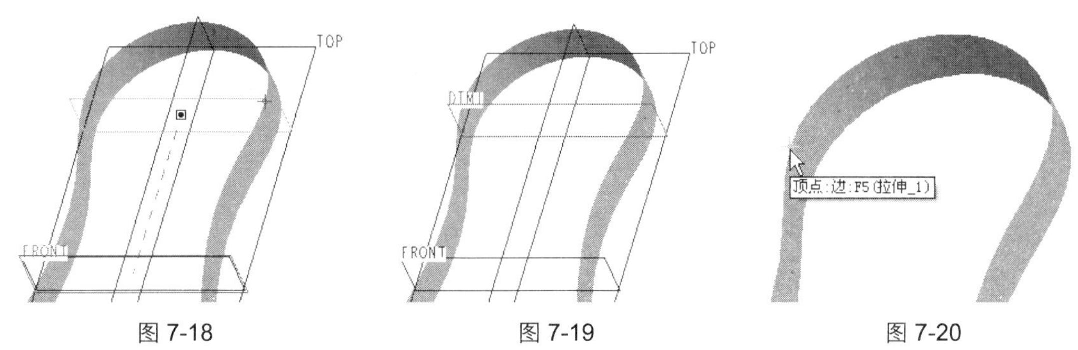

图 7-18　　图 7-19　　图 7-20

Step 4 在如图 7-21 所示的“基准点”对话框中单击“新点”文字，启动新的“参照”收集器。

Step 5 选择如图 7-22 所示的曲面边缘端点为基准点的放置参照，然后单击“确定”按钮完成基准点 PNT0 和 PNT1 的创建，如图 7-23 所示。

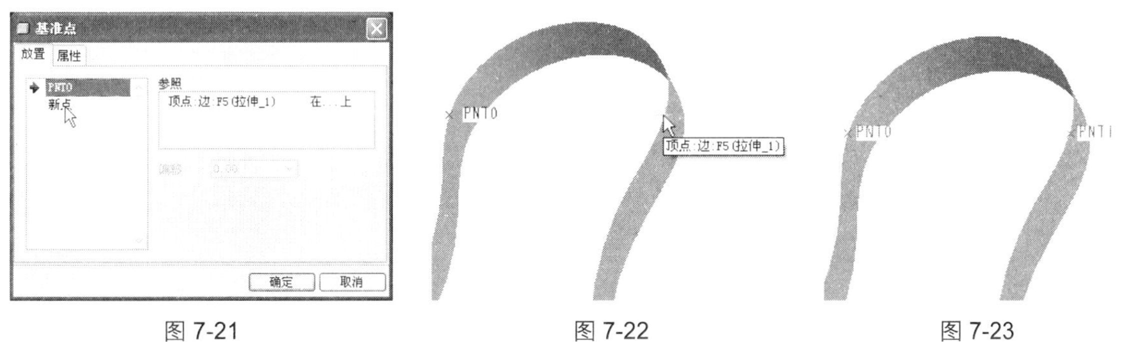

图 7-21　　图 7-22　　图 7-23

Step 6 单击“基础特征”工具栏中的“旋转”按钮，在开启的“旋转”命令控制面板中单击“拉伸为曲面”按钮，然后选择 DTM1 基准面为草绘基准面，接受系统默认的草绘方向，进入草图绘制环境。

Step 7 执行“草绘|参照”下拉菜单命令，开启“参照”对话框，选择前面创建的两个基准点为参照。然后单击“草绘器工具”工具栏中的“中心线”按钮、“3 点/相切端”按钮，绘制如图 7-24 所示的截面草图。

Step 8 单击“完成”按钮✓返回“旋转”命令控制面板，接受系统默认的旋转角度为 180°，旋转曲面特征预览如图 7-25 所示。

Step 9 单击✓按钮完成旋转曲面特征的创建，结果如图 7-26 所示。

4. 创建 U 盘外壳中间曲面造型

Step 1 单击“基准”工具栏中的“基准点”按钮，开启“基准点”对话框，按住<Ctrl>键选择如图 7-27 所示的曲面边缘和 FRONT 基准平面为基准点放置参照。

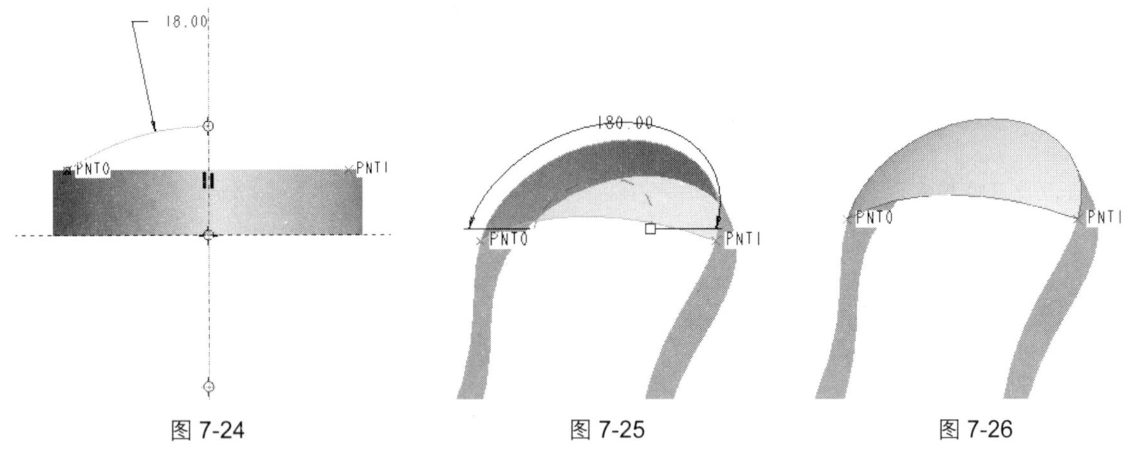

图 7-24　　　　图 7-25　　　　图 7-26

Step 2 在“基准点”对话框中单击“新点”按钮启动新的“参照”收集器，然后按住<Ctrl>键选择如图 7-28 所示的曲面边缘和 FRONT 基准平面为基准点放置参照，单击“确定”按钮完成基准点 PNT2 和 PNT3 的创建。

Step 3 单击“基准”工具栏中的“草绘”按钮，开启“草绘”对话框，选择 FRONT 基准平面为草图绘制平面，RIGHT 基准平面为右侧参照平面，进入草图绘制环境。

Step 4 执行“草绘|参照”下拉菜单命令，开启“参照”对话框，选择基准点 PNT2 和 PNT3 为参照，然后单击“草绘器工具”工具栏中的“3 点/相切端”按钮，绘制如图 7-29 所示的平面草图。

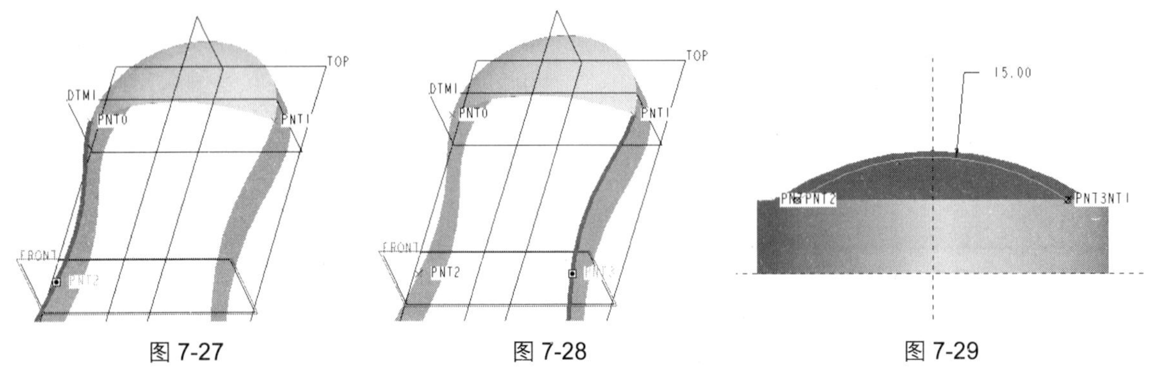

图 7-27　　　　图 7-28　　　　图 7-29

Step 5 单击“完成”按钮✔退出草图绘制环境，结果如图 7-30 所示。

Step 6 单击“基准”工具栏中的“基准平面”按钮，开启“基准平面”对话框，选择 FRONT 基准平面为参照，设定平移距离为 20mm，调整方向向下，如图 7-31 所示。

Step 7 单击“确定”按钮完成基准平面 DTM2 的创建，结果如图 7-32 所示。

Step 8 单击“基准”工具栏中的“基准点”按钮，开启“基准点”对话框。参照前面创建基准点的方法，选择曲面边缘和新建的 DTM2 基准平面为基准点放置参照，完成基准点 PNT4 和 PNT5 的创建，结果如图 7-33 所示。

Step 9 单击“基准”工具栏中的“草绘”按钮，开启“草绘”对话框，选择 DTM2 基准平面为草图绘制平面，RIGHT 基准平面为右侧参照平面，进入草图绘制环境。

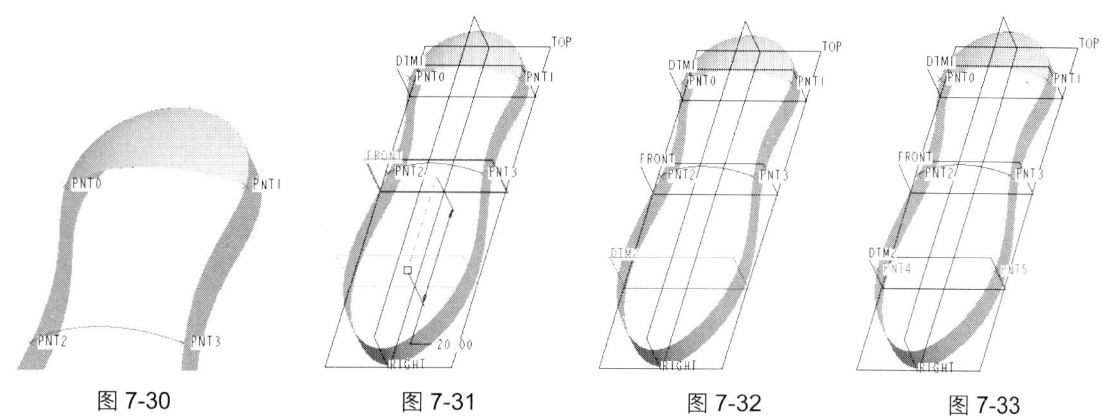

图 7-30　　图 7-31　　图 7-32　　图 7-33

Step 10　执行“草绘|参照”下拉菜单命令，开启“参照”对话框，选择基准点 PNT4 和 PNT5 为参照，然后单击“草绘器工具”工具栏中的“圆弧”按钮，绘制如图 7-34 所示的平面草图。

Step 11　单击“完成”按钮✓退出草图绘制环境，结果如图 7-35 所示。

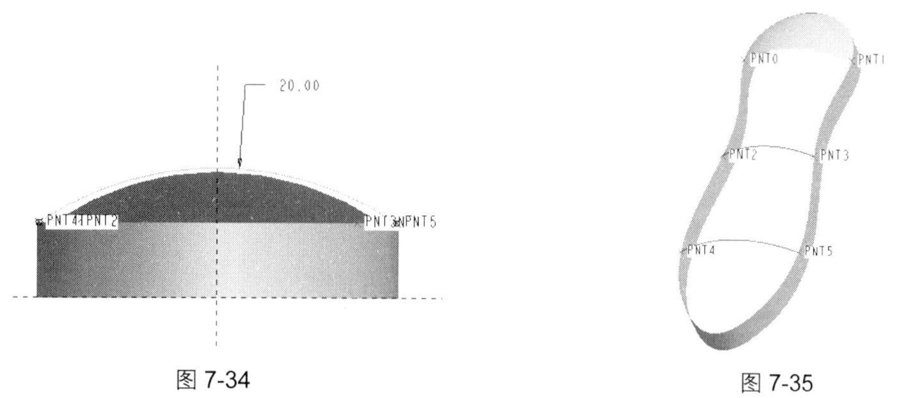

图 7-34　　图 7-35

Step 12　单击“基础特征”工具栏中的“边界混合”按钮，开启“边界混合”命令控制面板，在“曲线”上滑面板的“第一方向”收集器中单击“细节”按钮，开启“链”对话框。

Step 13　按住<Ctrl>键选择图 7-36 中箭头所指的旋转曲面的两个边为链 1。

Step 14　单击“添加”按钮并选择前面绘制的曲线分别为链 2 和链 3，如图 7-37 所示。

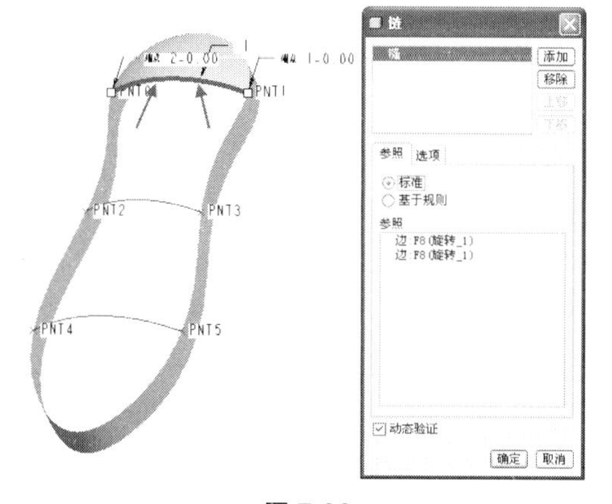

图 7-36

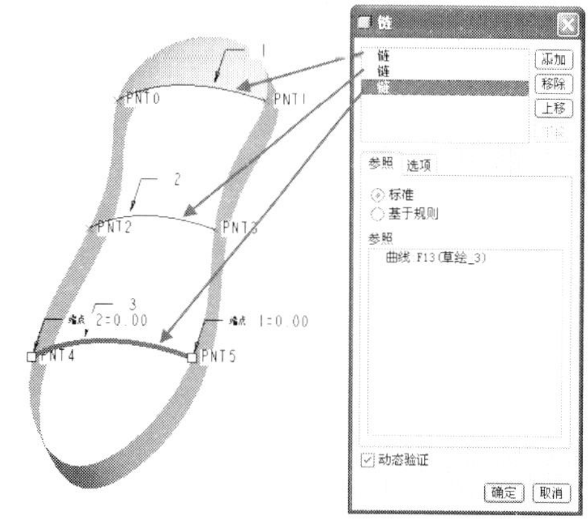

图 7-37

Step 15 单击“确定”按钮关闭“链”对话框，边界混合曲面预览如图 7-38 所示。

Step 16 单击“第二方向链”收集器中的“单击此处添加项目”文字，启动“第二方向链”收集器，然后按住<Ctrl>键依顺序选择图 7-39 中箭头所指的两条曲面边缘为第二方向上的链。

Step 17 在“约束”上滑面板中设定方向 1 中第一条链的约束条件为“切线”，系统自动会选择旋转曲面为约束参照，如图 7-40 所示。

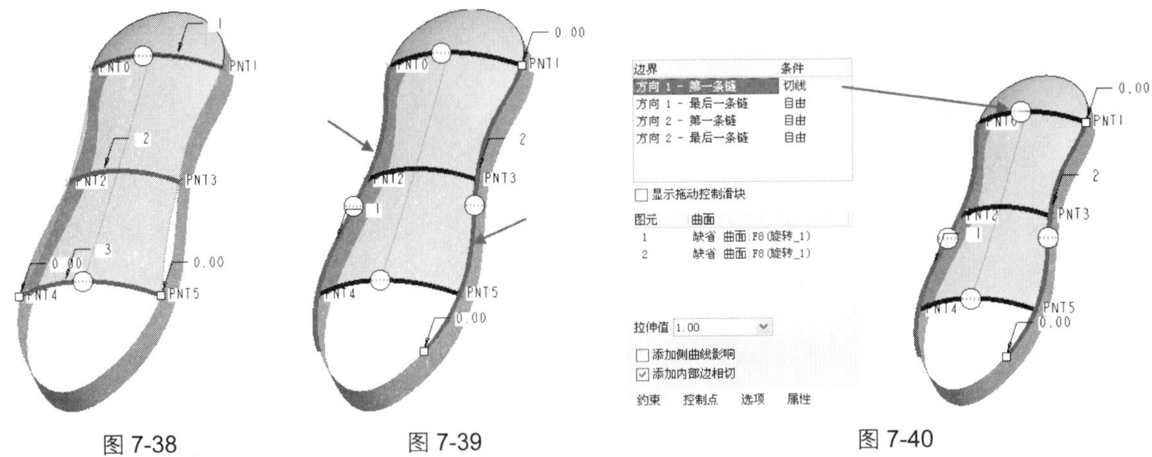

图 7-38　　图 7-39　　图 7-40

Step 18 单击✓按钮完成边界混合曲面特征的创建，结果如图 7-41 所示。

5. 创建 U 盘外壳前端曲面造型

Step 1 单击“基准”工具栏中的“基准点”按钮，开启“基准点”对话框。参照前面创建基准点的方法，选择如图 7-42 所示的曲面边缘和 RIGHT 基准平面为基准点放置参照。

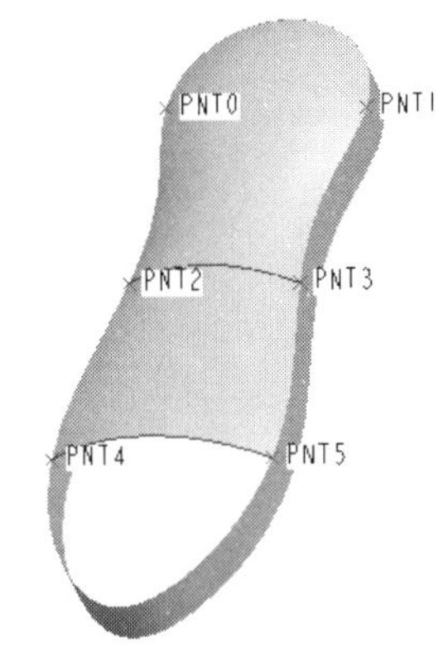

图 7-41

Step 2 单击“确定”按钮完成基准点 PNT6 的创建，结果如图 7-43 所示。

Step 3 单击“基准”工具栏中的“基准曲线”按钮，在弹出的在菜单管理器中选择“曲线选项”选项为“经过点”，然后选择“完成”选项。

Step 4 接受菜单管理器中默认的“连结类型”选项为“样条”、“整个阵列”以及“添加点”，然后按照图 7-44 中箭头所指的顺序选择模型边顶点和基准点为基准曲线的经过点。

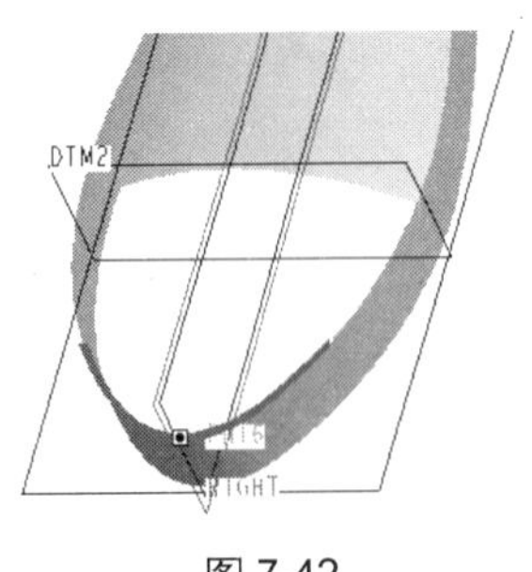

图 7-42

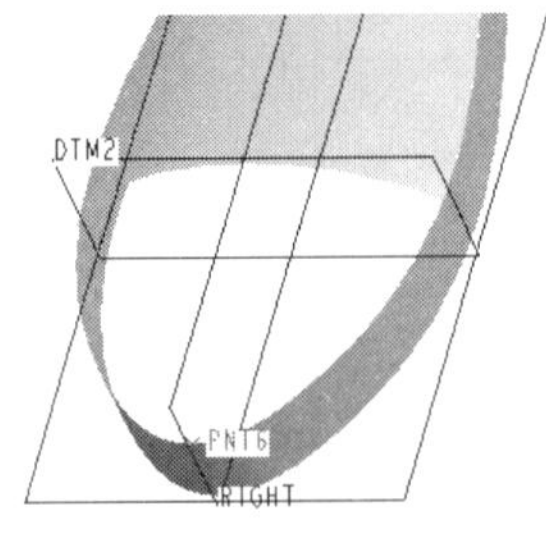

图 7-43

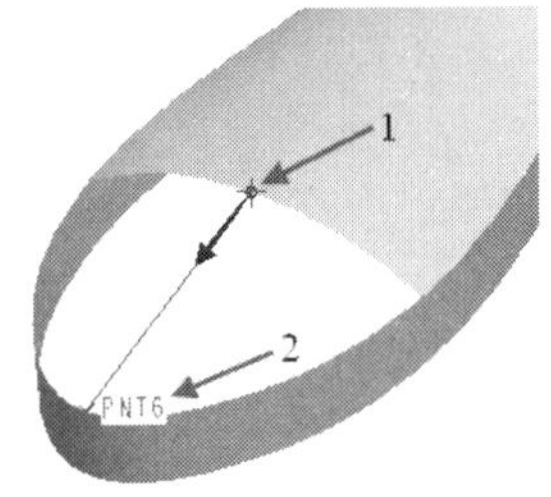

图 7-44

Step 5 在菜单管理器中选择“完成”选项，然后双击“曲线：通过点”对话框中的“相切”元素，弹出如图 7-45 所示的菜单管理器。

Step 6　在菜单管理器中选择“曲面”选项，然后选择图 7-46 中箭头所指的曲面为基准曲线起始端的相切参照，然后执行“完成/返回”命令关闭菜单管理器，基准曲线相切约束调整结果如图 7-47 所示。

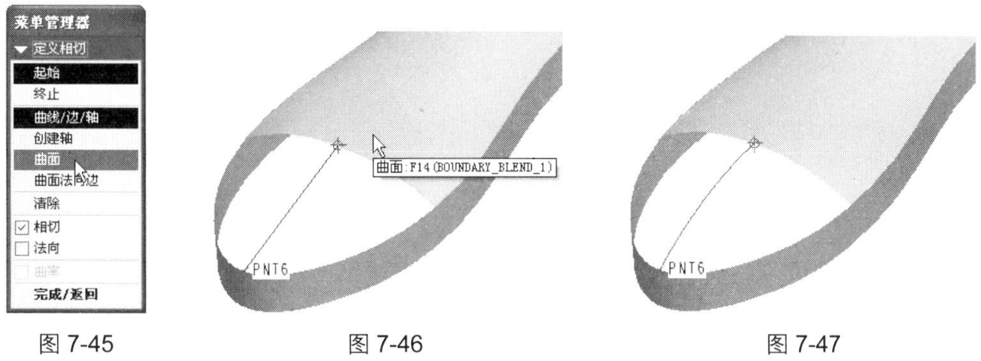

图 7-45　　图 7-46　　图 7-47

Step 7　双击“曲线：通过点”对话框中的“扭曲”元素，弹出“修改曲线”对话框，用鼠标左键按住样条控制点进行拖动，调整基准曲线状态如图 7-48 所示。

Step 8　单击“完成”按钮 ✔ 完成对基准曲线的修改，单击“曲线：通过点”对话框中的“确定”按钮完成基准曲线的创建，结果如图 7-49 所示。

图 7-48　　图 7-49

Step 9　单击“基础特征”工具栏中的“边界混合”按钮，开启“边界混合”命令控制面板，在“曲线”上滑面板的“第一方向”收集器中单击“细节”按钮，开启“链”对话框，然后按住<Ctrl>键选择图 7-50 中箭头所指的边界混合曲面边缘为第一方向上的第一条链。

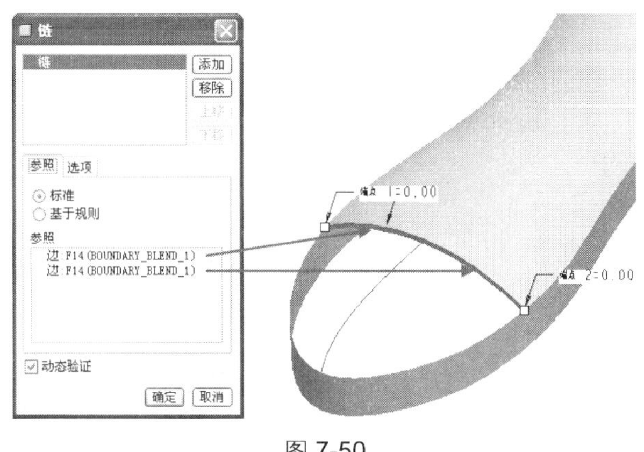

图 7-50

Step 10　在“链”对话框中单击“添加”按钮，然后按住<Ctrl>键选择如图 7-51 所示的拉伸曲面边缘为第一方向上的第二条链。

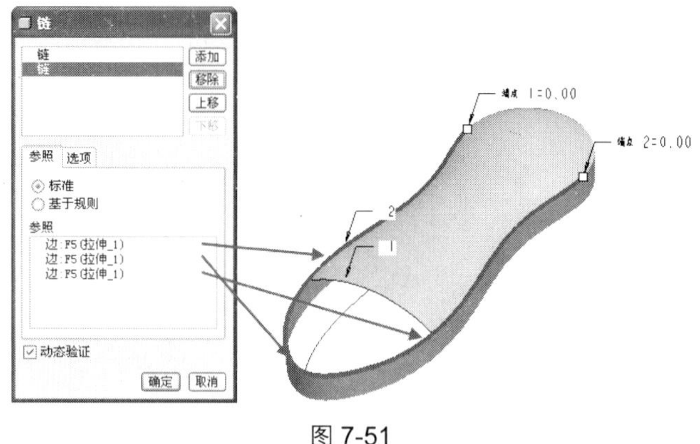

图 7-51

Step 11 切换到“选项”选项卡中，选择第一侧的长度调整选项为“在参照上修剪”选项，然后选择如图 7-52 所示的边界混合曲面边缘为修剪参照。

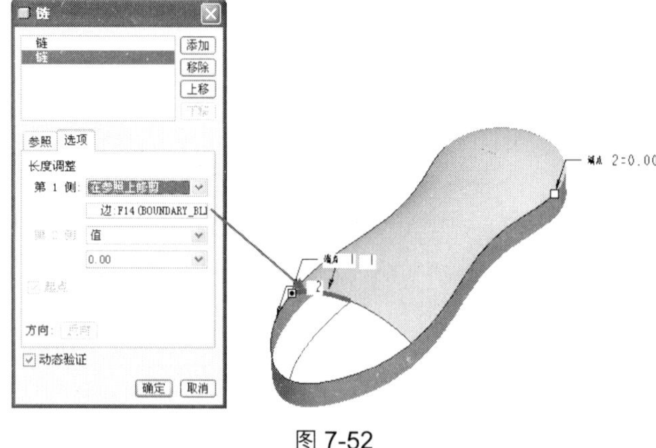

图 7-52

Step 12 选择第二侧的长度调整选项为“在参照上修剪”选项，然后选择如图 7-53 所示的边界混合曲面边缘为修剪参照。

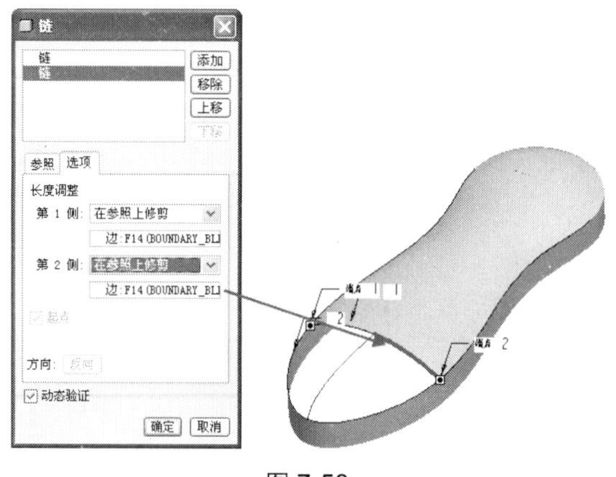

图 7-53

Step 13　单击“确定”按钮完成第一方向的链选取，边界混合曲面特征预览如图 7-54 所示。

Step 14　单击“第二方向链”收集器中的“单击此处添加项目”文字，启动“第二方向链”收集器，然后选择如图 7-55 所示的基准曲线为第二方向上的链。

Step 15　在“约束”上滑面板中设定方向一中第一条链的约束条件为“切线”，系统自动会选择边界曲面为约束参照，如图 7-56 所示。

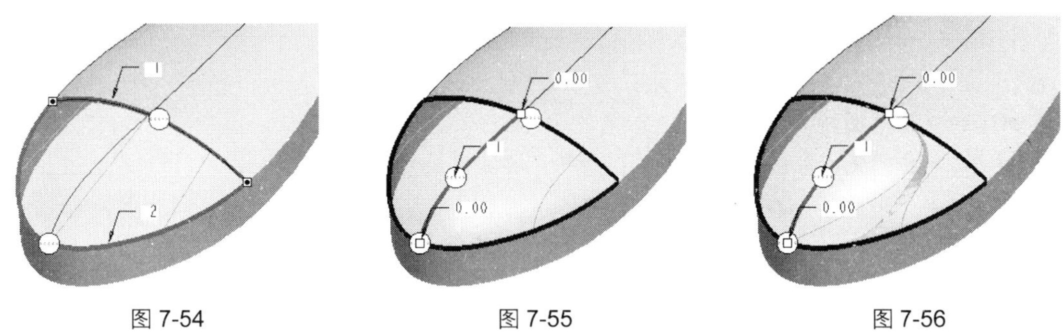

图 7-54　　图 7-55　　图 7-56

Step 16　单击☑按钮完成边界混合曲面特征的创建，并将基准曲线隐藏起来，U 外壳曲面造型最终结果如图 7-14 所示。

7.2　曲面修剪

首先选择要修剪的目标曲面，然后单击“编辑特征”工具栏中的“修剪”按钮，系统将开启如图 7-57 所示“修剪”命令控制面板。

图 7-57

在此命令控制面板中，用户可以选择其他曲面、基准平面或曲面上的曲线作为修剪工具来对选择的目标曲面进行修剪或分割。

曲面修剪在曲面造型设计中主要用于将曲面修剪成所需要的形状或将不满足要求的曲面部分修剪掉。下面通过创建如图 7 58 所示的手机上盖曲面造型来介绍修剪曲面在曲面造型设计中的操作方法。

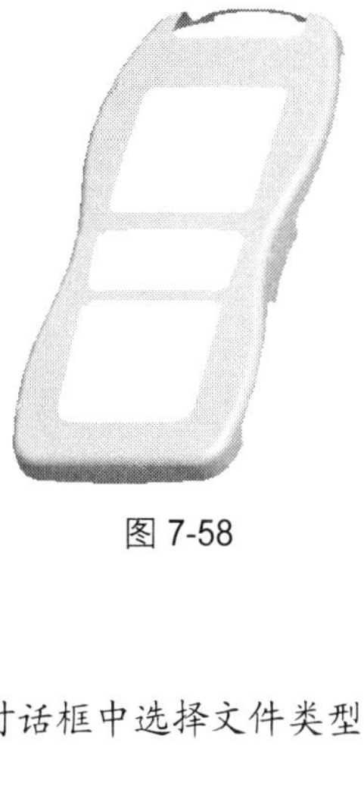

从图 7-58 中可以看出，手机上盖曲面造型的主体曲面可以使用可变剖面扫描特征来创建，接着用边界混合曲面特征来对主体曲面造型进行完善，然后将所有曲面合并（曲面合并的相关知识将在随后的章节中详细介绍）在一起并进行倒圆角。当整个手机曲面造型完成后，通过在曲面上创建投影曲线来确定要修剪的形状，最后利用投影曲线对整个手机曲面造型进行修剪。

图 7-58

具体操作步骤如下。

1. 新建零件文件

Step 1　在“文件”工具栏中单击“新建”按钮，在开启的“新建”对话框中选择文件类型为“零件”，输入文件名为 mobilephone，并取消“使用缺省模板”复选框的选取。

Step 2 单击“确定”按钮，开启“新文件选项”对话框，选择模板类型为 mmns_part_solid，然后单击“确定”按钮，进入零件编辑环境。

2. 创建手机上盖主体曲面造型

Step 1 单击“基准”工具栏中的“草绘”按钮，开启“草绘”对话框，选择 TOP 基准平面为草图绘制平面，接受系统默认的草绘方向，进入草图绘制环境。

Step 2 单击“草绘器工具”工具栏中的“3 点/相切端”按钮和“样条”按钮，绘制如图 7-59 所示的平面草图。

Step 3 单击“完成”按钮退出草图绘制环境，结果如图 7-60 所示。

Step 4 单击“基准”工具栏中的“草绘”按钮，开启“草绘”对话框，选择 RIGHT 基准平面为草图绘制平面，接受系统默认的草绘方向，进入草图绘制环境。

Step 5 单击“草绘器工具”工具栏中的“直线”按钮和“圆弧”按钮，绘制如图 7-61 所示的平面草图。

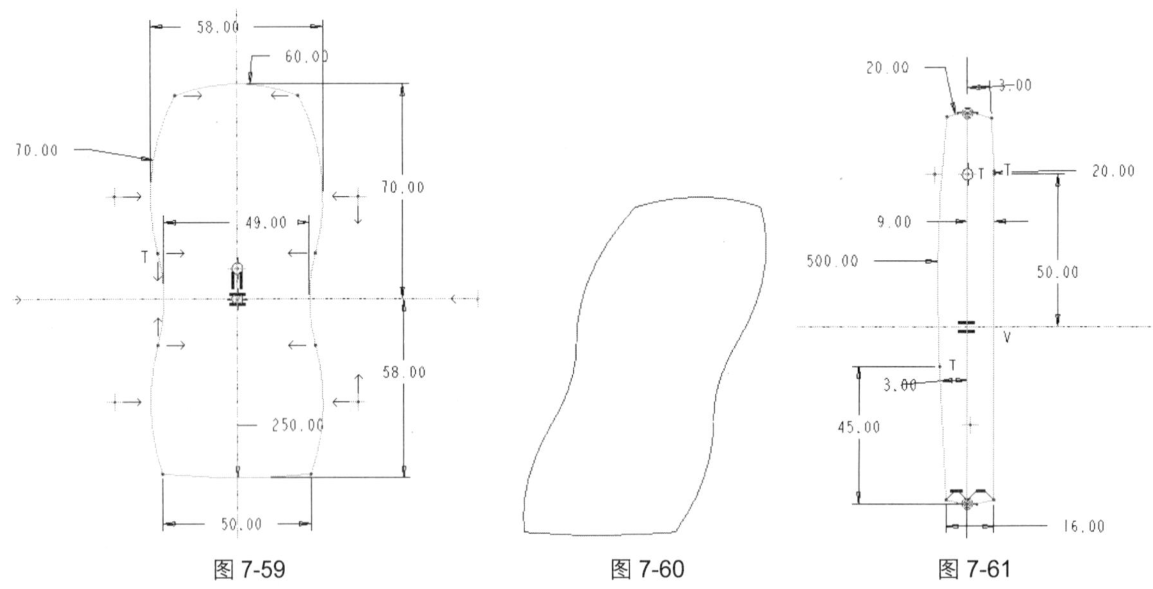

图 7-59　　图 7-60　　图 7-61

Step 6 单击“完成”按钮退出草图绘制环境，结果如图 7-62 所示。

Step 7 单击“基准特征”工具栏中的“可变剖面扫描”按钮，开启“可变剖面扫描”命令控制面板，选择如图 7-63 所示的草绘曲线为扫描原点轨迹。

Step 8 按住<Ctrl>键选择如图 7-64 所示的草绘曲线为扫描辅助轨迹链 1。

Step 9 单击“参照”上滑面板中的“细节”按钮，开启“链”对话框。在“选项”选项卡中取消“起点”复选框的选取，然后对扫描辅助轨迹链 1 的长度进行调整，调整参数如图 7-65 所示。

Step 10 单击“确定”按钮关闭“链”对话框，完成对扫描辅助轨迹链 1 的调整，结果如图 7-66 所示。

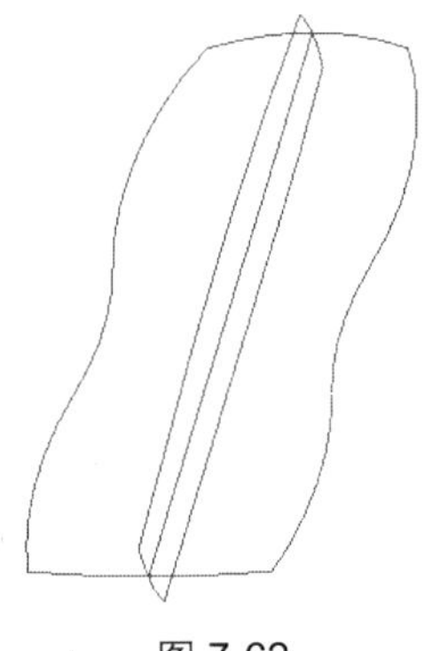

图 7-62

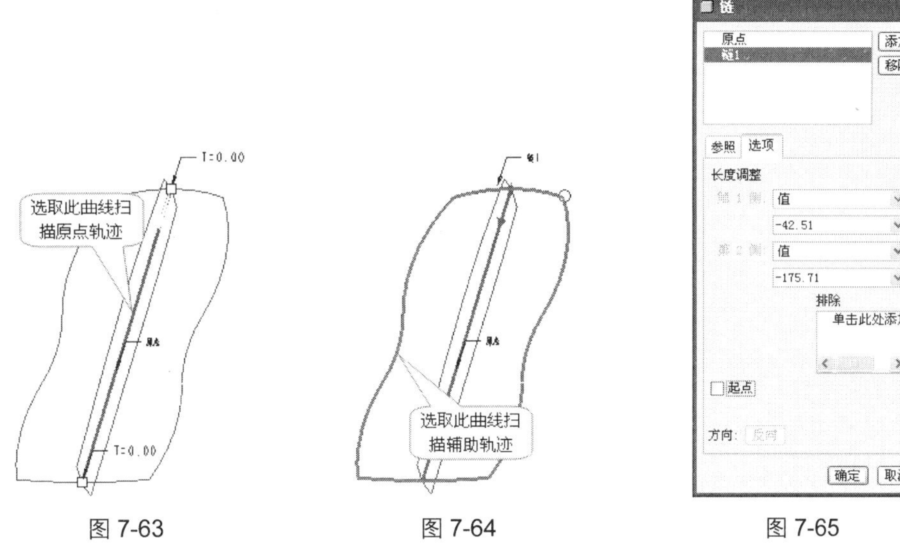

图 7-63　　图 7-64　　图 7-65

Step 11 使用前面同样的方法选择可变剖面扫面的扫描辅助轨迹链 2、链 3、链 4 和链 5，如图 7-67 所示。

Step 12 单击“可变剖面扫面”命令控制面板中的“截面草绘”按钮，进入扫描截面绘制环境，绘制如图 7-68 所示的草图。

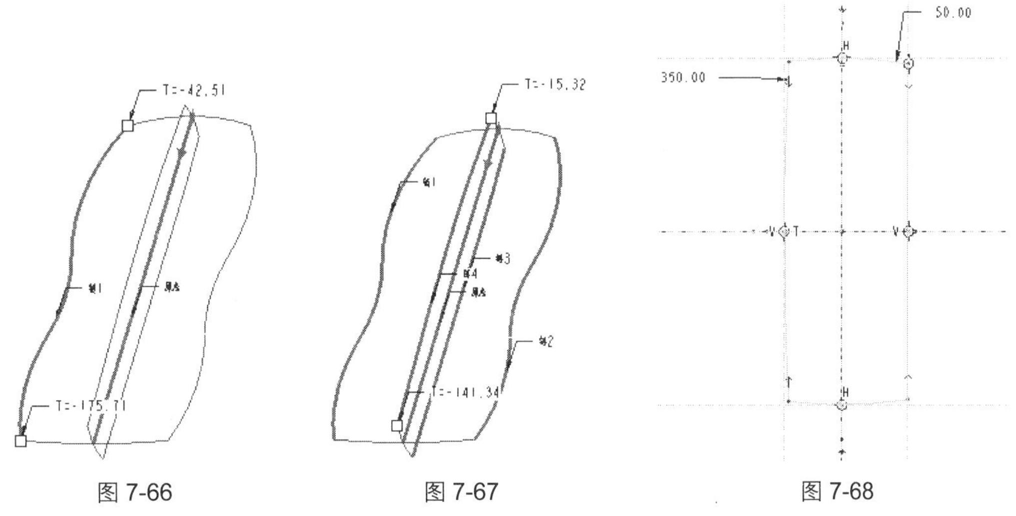

图 7-66　　图 7-67　　图 7-68

Step 13 单击“完成”按钮退出截面草图绘制环境，出现可变剖面扫描预览，如图 7-69 所示。

Step 14 单击“完成”按钮完成可变剖面扫面特征的创建，结果如图 7-70 所示。

3. 对手机上盖整体曲面进行细部处理

Step 1 单击“基准特征”工具栏中的“边界混合”按钮，开启“边界混合工具”命令控制面板，按住<Ctrl>键选择前面创建的可变剖面扫面曲面特征的边缘线为第一方向上的两条边链，如图 7-71 所示。

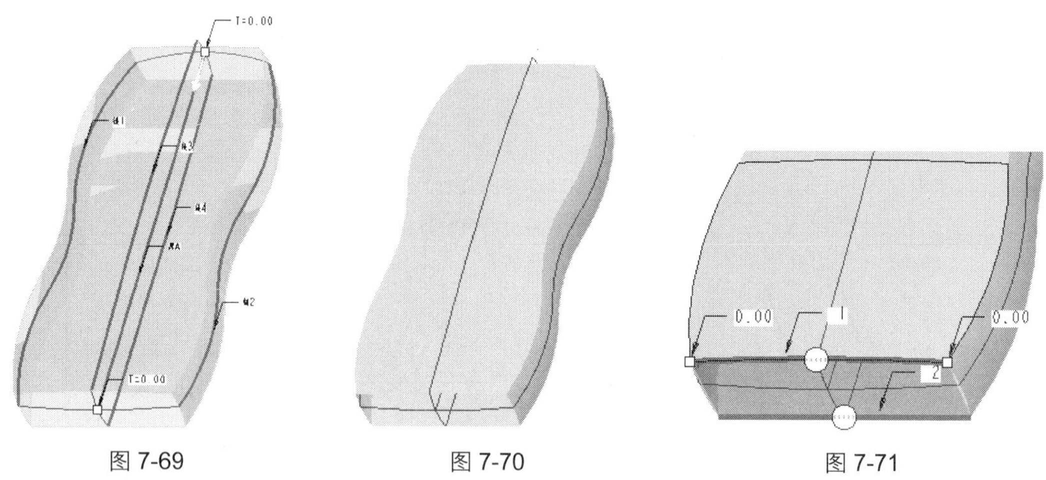

图 7-69　　图 7-70　　图 7-71

Step 2 单击“第二方向链”收集器中的“单击此处以添加项目”文字，启动“第二方向链”收集器，按住<Ctrl>键选择可变剖面扫面曲面特征的边缘线和草绘曲线为第二方向上的 3 条边链，如图 7-72 所示。

Step 3 单击“完成”按钮完成边界混合曲面特征的创建，结果如图 7-73 所示。

Step 4 单击“基准”工具栏中的“基准曲线”按钮，在开启的菜单管理器中选择“曲线选项”选项为“经过点”，然后执行“完成”命令，系统将开启如图 7-74 所示的“曲线：通过点”对话框和“连结类型”菜单。

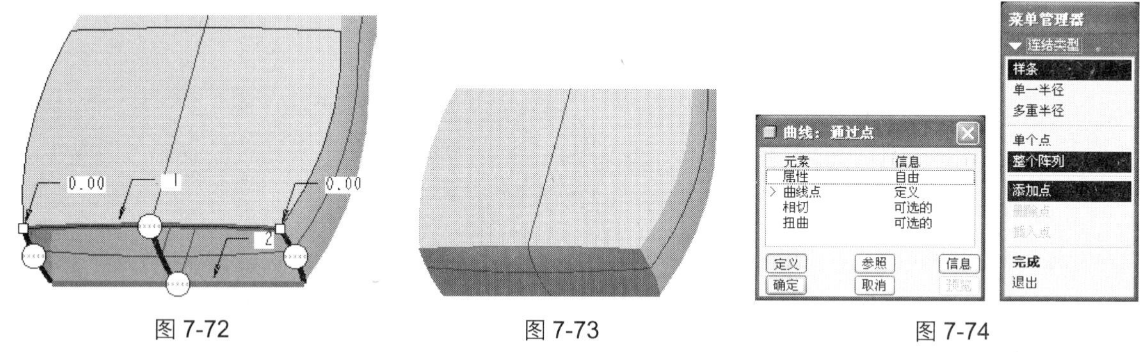

图 7-72　　图 7-73　　图 7-74

Step 5 接受“连结类型”菜单中系统默认的类型选项，选择如图 7-75 所示的曲面角点和平面草绘曲线端点为基准曲线通过点。

Step 6 在“连结类型”菜单中执行“完成”命令，然后在“曲线：通过点”对话框中单击“确定”按钮，完成基准曲线的创建，结果如图 7-76 所示。

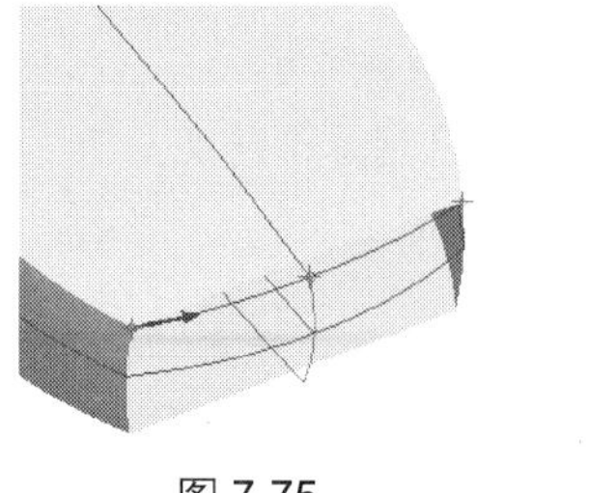

图 7-75

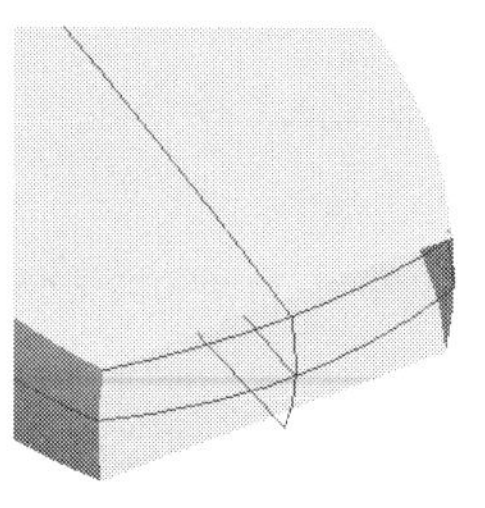

图 7-76

Step 7　使用同样的方法绘制如图 7-77 所示的基准曲线。

Step 8　使用“边界混合”按钮，用前面相同的方法选择新创建的基准曲线、可变剖面扫描曲面边缘线和平面草绘曲线创建一个边界混合曲面特征，结果如图 7-78 所示。

Step 9　再使用“边界混合”按钮选择已有曲面特征的边缘线创建边界混合曲面特征，将上下两个缺口部位封闭起来，如图 7-79 所示。

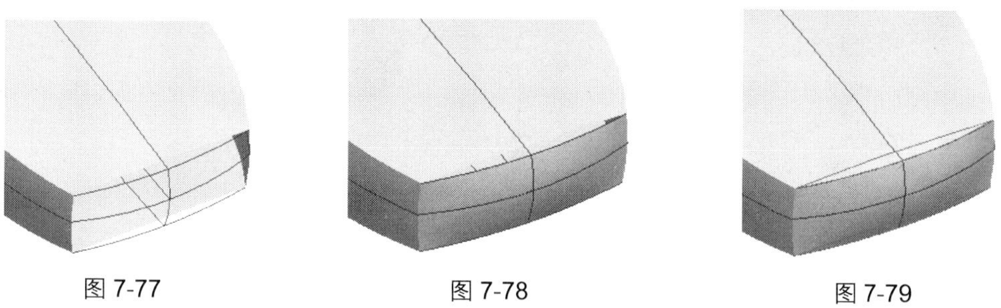

图 7-77　　图 7-78　　图 7-79

Step 10　按住<Ctrl>键选择前面创建的所有曲面，然后单击“编辑特征”工具栏中的“合并”按钮，系统开启如图 7-80 所示的“合并”命令控制面板，单击“完成”按钮系统将所选取的曲面合并为一个整体面组。

图 7-80

Step 11　单击“工程特征”工具栏中的“倒圆角”按钮，在开启的“倒圆角”命令控制面板中设定倒圆角半径为 R8mm，按住<Ctrl>键选择如图 7-81 所示的模型边缘进行倒圆角。

Step 12　单击“完成”按钮完成倒圆角特征的创建，结果如图 7-82 所示。

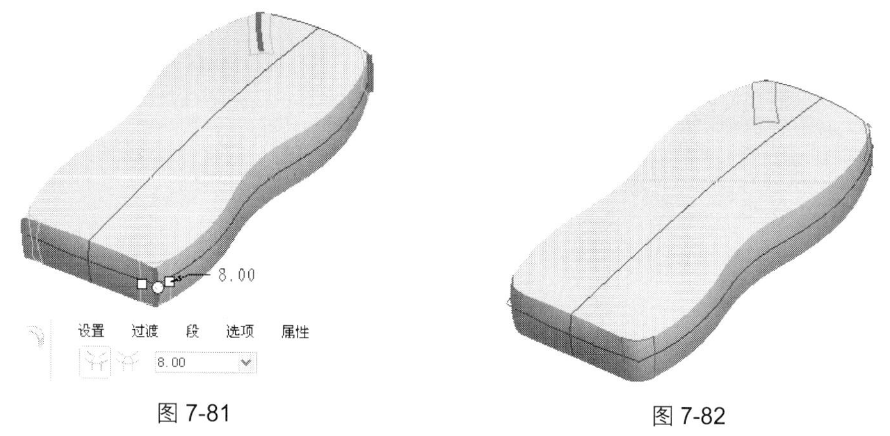

图 7-81　　图 7-82

Step 13　再单击“工程特征”工具栏中的“倒圆角”按钮，在开启的“倒圆角”命令控制面板中设定倒圆角半径为 R2.5mm，按住<Ctrl>键选择如图 7-83 所示的模型边缘进行倒圆角。

Step 14　单击“完成”按钮完成倒圆角特征的创建，结果如图 7-84 所示。

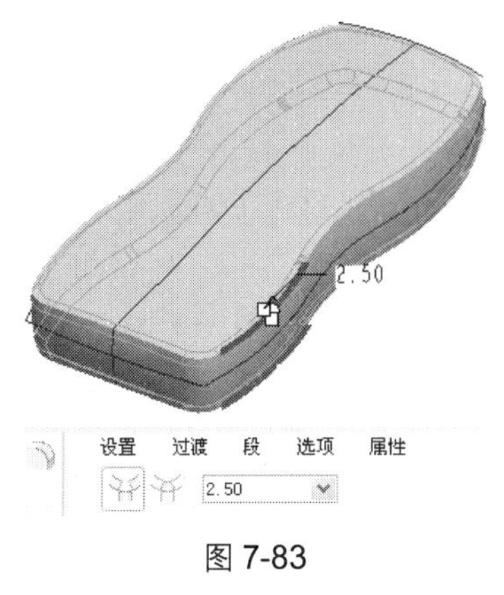

图 7-83

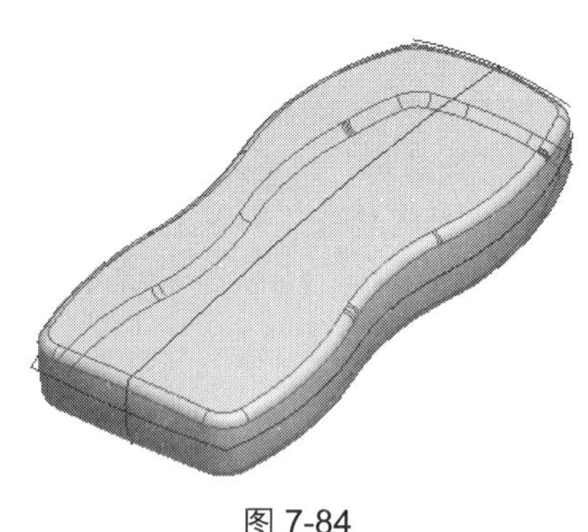

图 7-84

4. 创建投影曲线

Step 1 执行“编辑|投影”下拉菜单命令，开启如图 7-85 所示的“投影”命令控制面板。

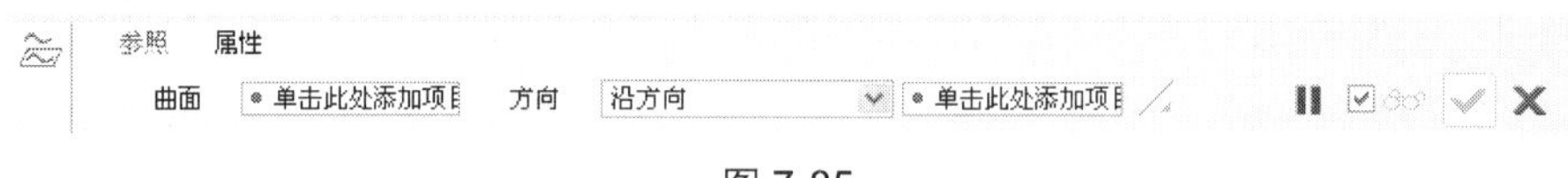

图 7-85

Step 2 在如图 7-86 所示的“参照”上滑面板中选择“投影草绘”选项。然后单击“定义”按钮，选择 RIGHT 基准面为草绘平面，接受系统默认的草绘方向，进入草图绘制环境。

Step 3 单击“草绘器工具”工具栏中的“中心线”按钮┆和“3 点/相切端”按钮↘，绘制如图 7-87 所示的截面草图。

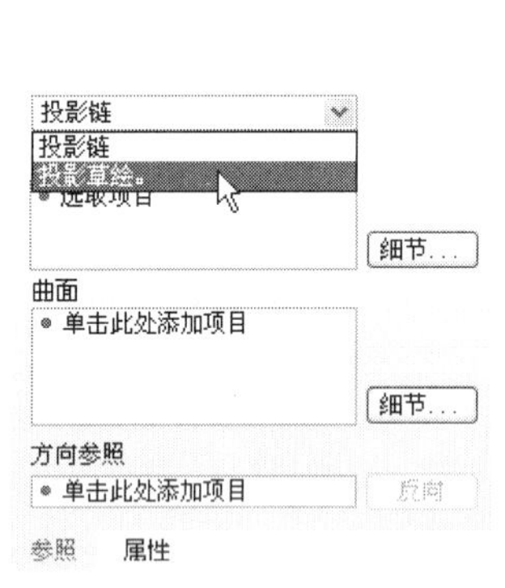

图 7-86

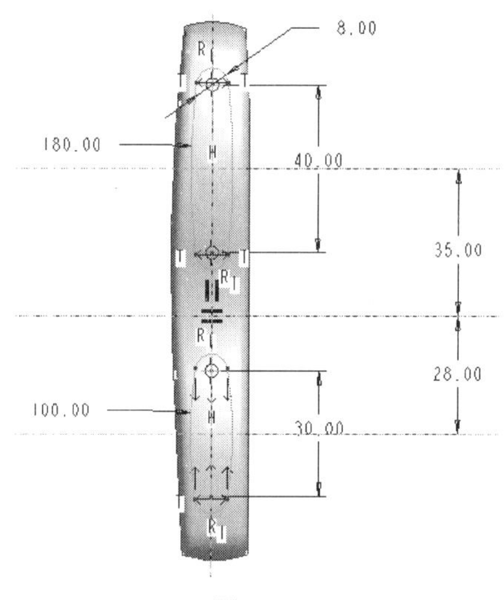

图 7-87

Step 4 单击“完成”按钮✔退出草图绘制环境，选择整个曲面模型为投影对象，然后启动“投影方向参照”收集器，选择 RIGHT 基准面为投影方向参照，投影曲线预览如图 7-88 所示。

Step 5 单击“完成”按钮✔完成投影曲线的创建，结果如图 7-89 所示。

Step 6 用同样的方法创建其他投影曲线，结果如图 7-90 所示。由于篇幅所限，这些投影曲线的创建过程就不再一一讲解，若要了解其尺寸参数，读者可参考范例文件中的模型实例。

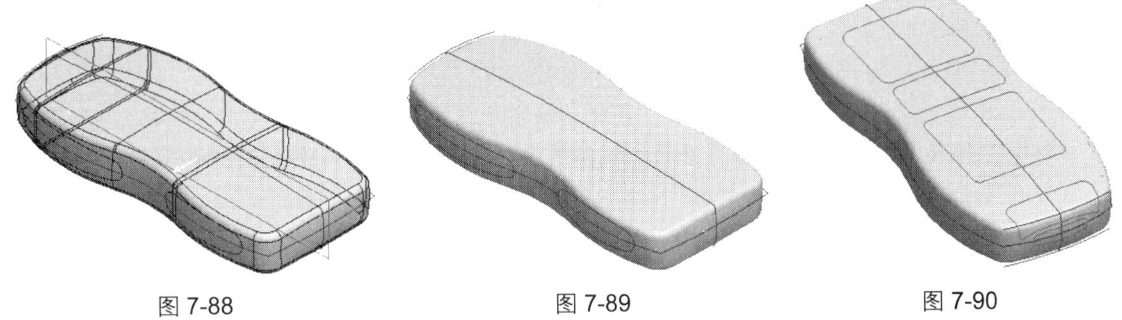

图 7-88　　图 7-89　　图 7-90

5. 使用投影曲线对手机上盖整体曲面进行修剪

Step 1 选择合并后的整个面组，然后单击“编辑特征”工具栏中的“修剪”按钮，开启“修剪”命令控制面板。选择如图 7-91 所示的曲线链为修剪对象，调整曲线外部的曲面为保留部分，然后单击☑按钮完成曲面的修剪，结果如图 7-92 所示。

Step 2 使用同样的方法选择其他投影曲线对曲面进行修剪，结果如图 7-93 所示。

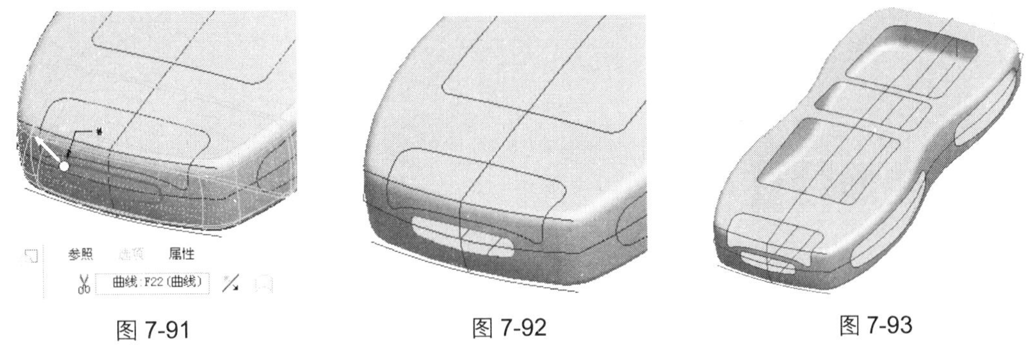

图 7-91　　图 7-92　　图 7-93

Step 3 将所有曲线隐藏起来，然后选择修剪后的整个面组，然后单击“编辑特征”工具栏中的“修剪”按钮，开启“修剪”命令控制面板。选择 TOP 基准平面为修剪对象，调整基准平面上方的曲面为保留部分，修剪预览如图 7-94 所示。

Step 4 单击“完成”按钮☑完成曲面的修剪，结果如图 7-95 所示。

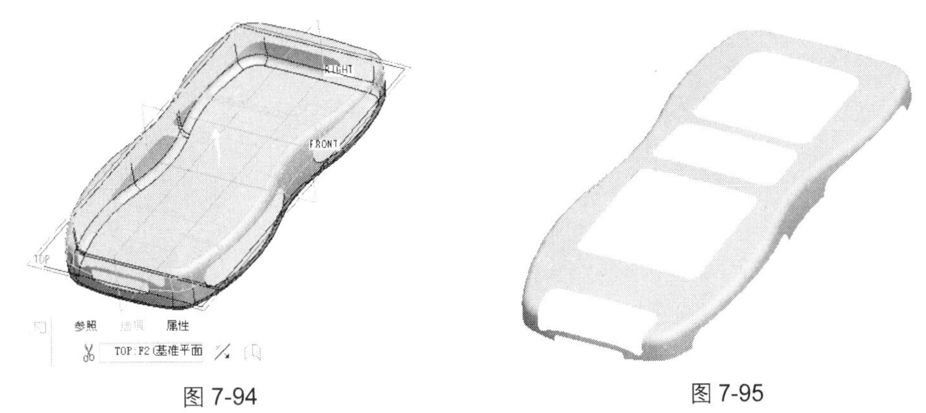

图 7-94　　图 7-95

Step 5 选择修剪后的整个面组，然后单击“编辑特征”工具栏中的“修剪”按钮，开启“修剪”命令控制面板。选择 RIGHT 基准平面为修剪对象，调整基准平面左侧的曲面为保留部分，修剪预览如图 7-96 所示。

Step 6 单击按钮完成曲面的修剪，结果如图 7-97 所示。

Step 7 选择修剪后的整个面组，然后单击“编辑特征”工具栏中的“镜像”按钮，开启“镜像”命令控制面板。选择 RIGHT 基准平面为镜像平面，单击“完成”按钮完成曲面的镜像，手机上盖曲面造型最终结果如图 7-98 所示。

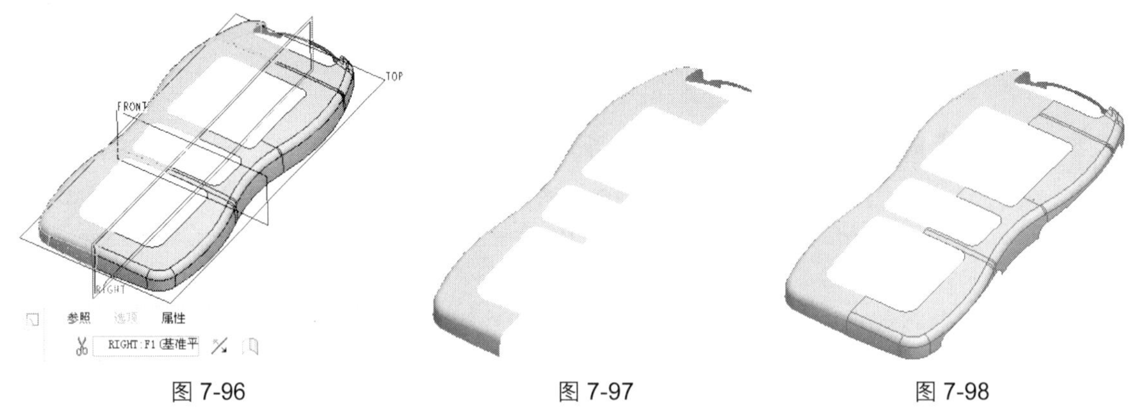

图 7-96　　图 7-97　　图 7-98

7.3 曲面合并

首先选择要合并的面组（至少两个），然后单击“编辑特征”工具栏中的“合并”按钮，系统开启如图 7-99 所示的“合并”命令控制面板。

图 7-99

使用此命令控制面板，用户可以求交或连接方式来合并两个面组。产生的面组是一个单独的面组，与两个原始面组重合。如果删除合并的特征，则原始面组仍保留。

曲面合并在曲面造型设计中应用十分广泛，下面通过创建如图 7-100 所示的笔座曲面造型来介绍曲面合并的操作方法。

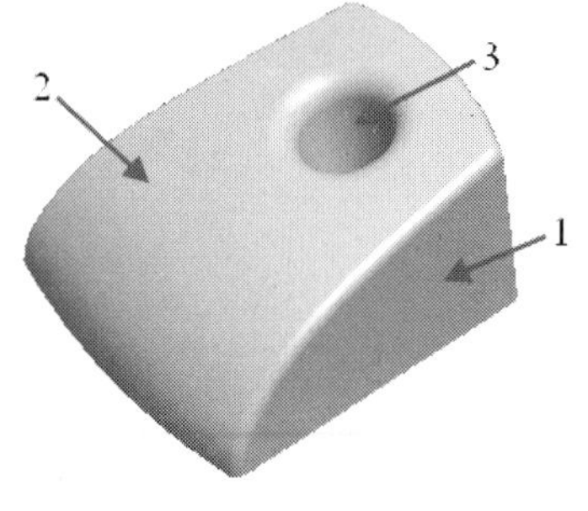

图 7-100

从图 7-100 中可以看出，该笔座曲面模型可以分为箭头所指的 3 个部分，其中，箭头 1 所指的曲面部分可以用混合曲面特征创建；箭头 2 所指的曲面部分可以用扫描曲面特征创建；而箭头 3 所指的曲面部分则可以使用旋转曲面特征创建。这 3 个部分创建完成后使用曲面合并特征对这 3 个曲面进行合并，同时删除不需要的部分。最后对整个曲面模型进行倒圆角。

具体操作步骤如下。

1. 新建零件文件

Step 1　在"文件"工具栏中单击"新建"按钮，在开启的"新建"对话框中选择文件类型为"零件"，输入文件名为 merge，并取消"使用缺省模板"复选框的选取。

Step 2　单击"确定"按钮，开启"新文件选项"对话框，选择模板类型为 mmns_part_solid，然后单击"确定"按钮，进入零件编辑环境。

2. 创建图 7–100 中箭头 1 所指的曲面部分

Step 1　执行"插入|混合|伸出项"下拉菜单命令，开启如图 7-101 所示的菜单管理器，接受系统默认的"混合选项"选项为"平行"、"规则截面"、"草绘截面"，然后执行"完成"命令确定。

Step 2　接受菜单管理器中系统默认的"属性"选项为"直的"和"开放终点"，并执行"完成"命令确定，如图 7-102 所示。

图 7-101

图 7-102

Step 3　选择 TOP 基准平面为草绘平面，在菜单管理器中选择"方向"选项为"反向"，调整方向如图 7-103 所示。

Step 4　在菜单管理器中执行"正向"命令接受系统默认的草绘平面方向，然后执行"缺省"命令进入草图绘制环境，如图 7-104 所示。

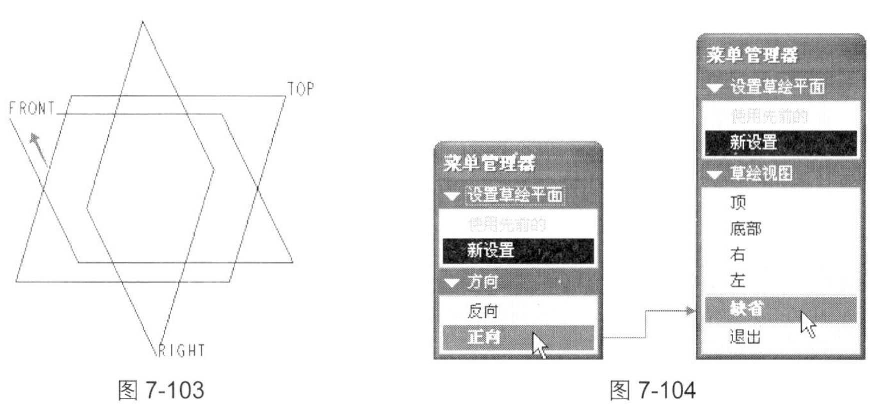

图 7-103　　图 7-104

Step 5　单击"草绘器工具"工具栏中的"中心线"按钮、"线"按钮和"3 点/相切端"按钮，绘制如图 7-105 所示的截面草图。

Step 6　执行"草绘|特征工具|切换剖面"下拉菜单命令，切换至第二截面草图绘制环境中，

单击“草绘器工具”工具栏中的“中心线”按钮┆、“线”按钮╲和“3 点/相切端”按钮╮，绘制如图 7-106 所示的截面草图。

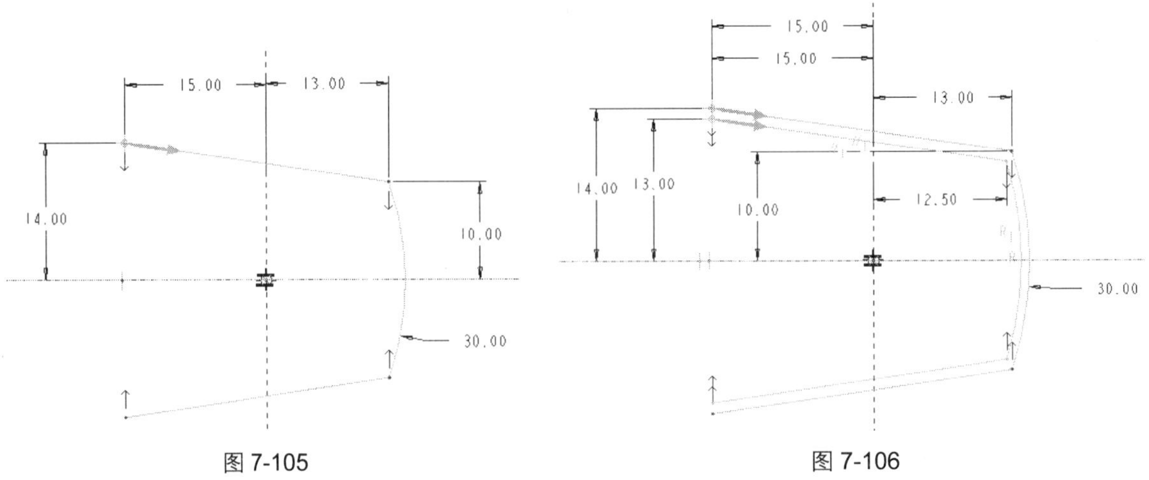

图 7-105　　图 7-106

Step 7 单击“完成”按钮✓退出草图绘制环境，系统在窗口底部弹出如图 7-107 所示的“输入截面 2 的深度”文本框，输入截面 2 的深度为 20mm，并按<Enter>键确定。

图 7-107

Step 8 在“伸出项：混合，平行….”对话框中单击“确定”按钮，完成混合曲面特征的创建，结果如图 7-108 所示。

3. 创建图 7-100 中箭头 2 所指的曲面部分

Step 1 执行“插入|扫描|伸出项”下拉菜单命令，开启如图 7-109 所示的“伸出项：扫描”对话框和如图 7-110 所示的菜单管理器。

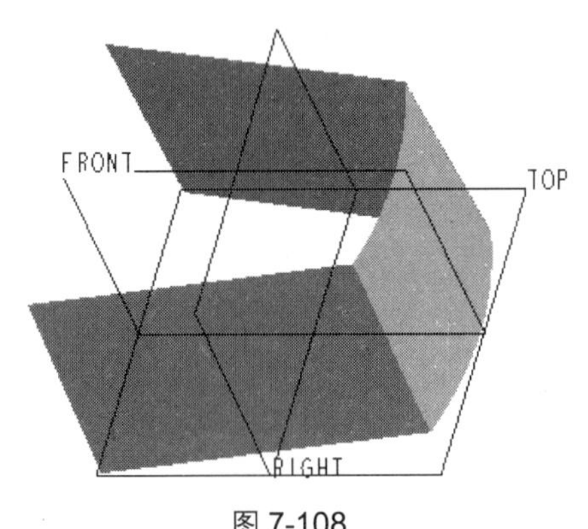

图 7-108

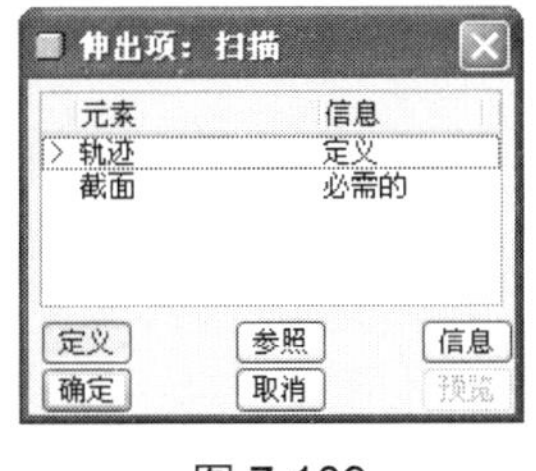

图 7-109

图 7-110

Step 2 在菜单管理器中选择“扫描轨迹”选项为“草绘轨迹”，然后选择 FRONT 基准平面为扫描轨迹的草绘平面，在 FRONT 基准平面上将显示出系统默认的草绘平面方向，如图 7-111 所示。

Step 3 在菜单管理器中执行“正向”命令接受系统默认的草绘平面方向，然后执行“缺省”

命令进入草图绘制环境，如图 7-112 所示。

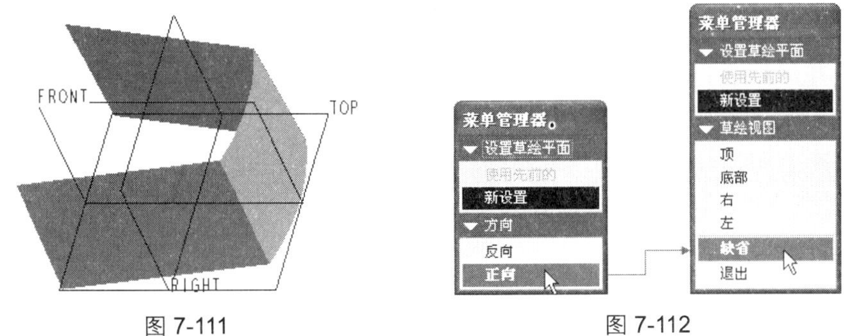

图 7-111　　图 7-112

Step 4　单击“草绘器工具”工具栏中的“样条”按钮∿，绘制如图 7-113 所示的扫描轨迹。

Step 5　单击“完成”按钮✔退出扫描轨迹草图绘制环境，系统弹出如图 7-114 所示的菜单管理器，接受系统默认的“属性”选项为“开放终点”，执行“完成”命令进入扫描截面草图绘制环境。

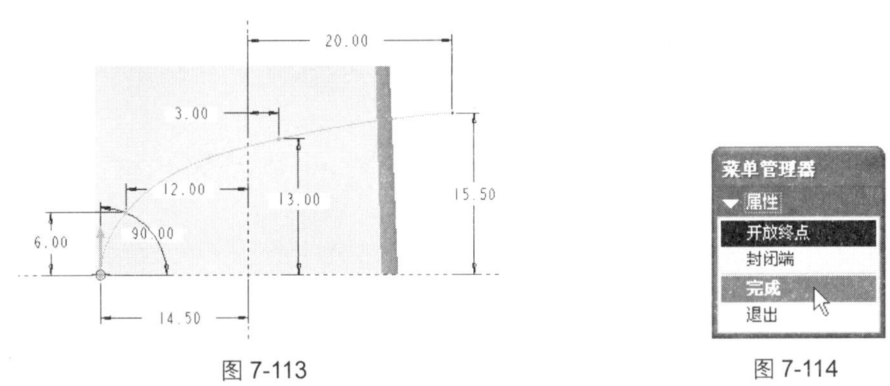

图 7-113　　图 7-114

Step 6　单击“草绘器工具”工具栏中的“3 点/相切端”按钮，绘制如图 7-115 所示的截面草图。

Step 7　单击✔按钮退出扫描截面草图绘制环境，在“伸出项：扫描”对话框中单击“确定”按钮完成扫描特征的创建，结果如图 7-116 所示。

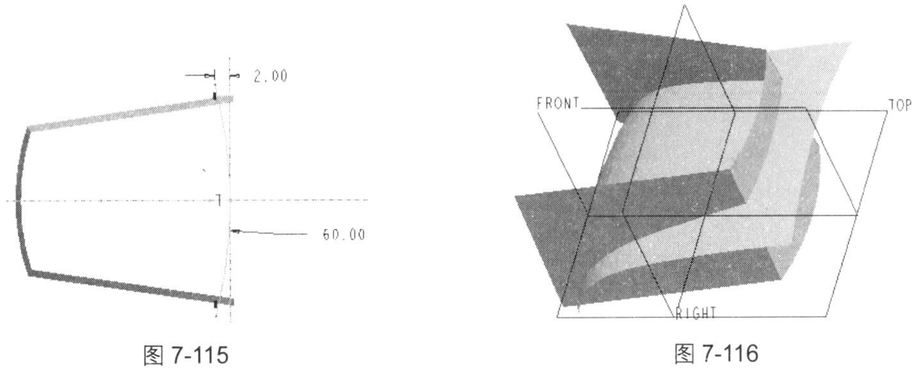

图 7-115　　图 7-116

4. 创建图 7-100 中箭头 3 所指的曲面部分

Step 1　单击“基础特征”工具栏中的“旋转”按钮，在开启的“旋转”命令控制面板中单击“拉伸为曲面”按钮。

Step 2 单击“位置”上滑面板中的“定义”按钮，开启“草绘”对话框，选择FRONT基准平面为草绘平面，接受系统默认的草绘方向，单击“草绘”按钮进入草图绘制环境。

Step 3 单击“草绘器工具”工具栏中的“中心线”按钮和“样条”按钮，绘制如图7-117所示的截面草图。

Step 4 单击“完成”按钮✔退出草图绘制环境，接受系统默认的旋转角度为360°，旋转特征预览如图7-118所示。

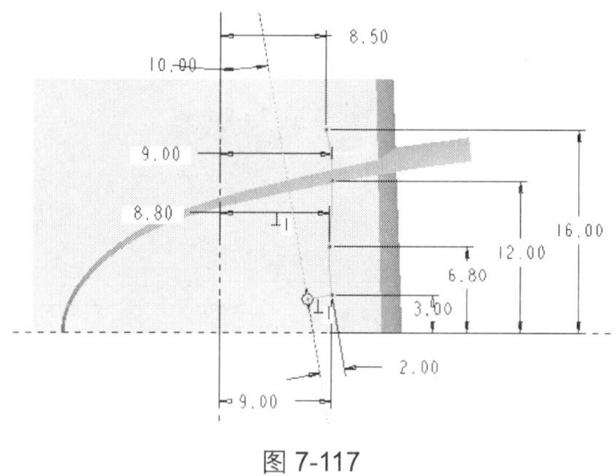

图 7-117

Step 5 单击“完成”按钮完成通过旋转曲面特征的创建，结果如图7-119所示。

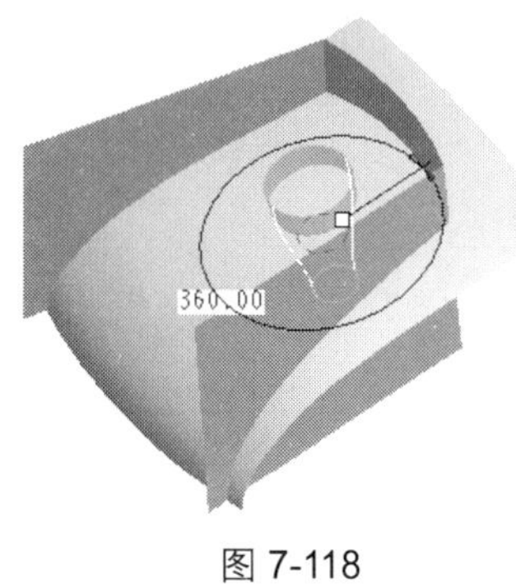

图 7-118

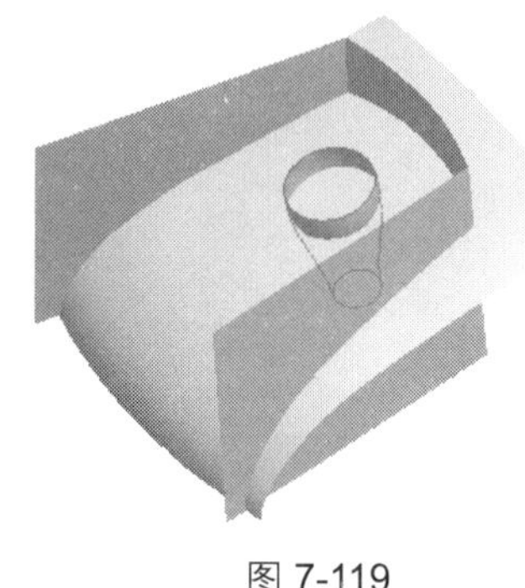
图 7-119

5. 合并所有曲面并进行倒圆角

Step 1 按住<Ctrl>键依次选择扫描曲面和混合曲面，然后单击“编辑特征”工具栏中的“合并”按钮，开启“合并”命令控制面板，单击“保留第一组面的侧”按钮调整合并后要保留的曲面，如图7-120所示。

Step 2 单击“完成”按钮完成曲面合并，结果如图7-121所示。

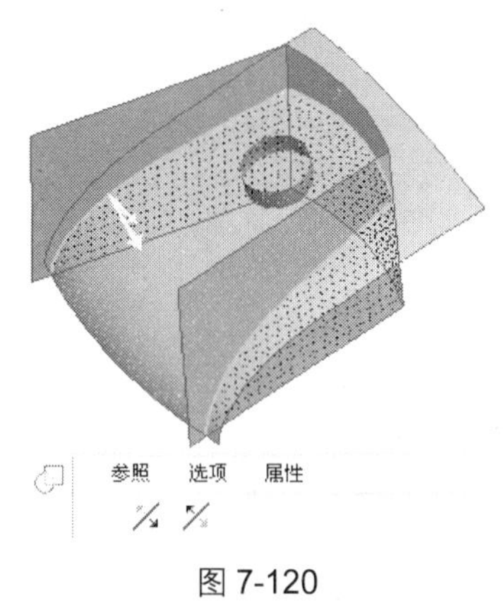

图 7-120

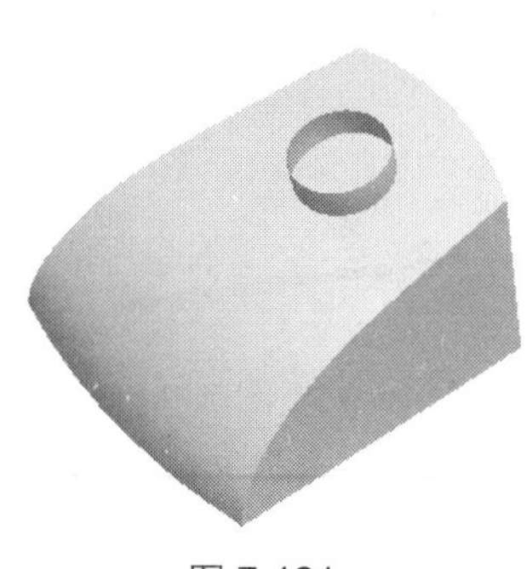
图 7-121

Step 3 按住<Ctrl>键依次选择上一步合并完成的面组和旋转曲面，然后再单击“编辑特征”工具栏中的“合并”按钮，开启“合并”命令控制面板，单击和按钮调整合并后要保留的曲面，如图 7-122 所示。

Step 4 单击“完成”按钮完成曲面合并，结果如图 7-123 所示。

Step 5 单击“工程特征”工具栏中的“倒圆角”按钮，开启“倒圆角”对话框，设定倒圆角半径为 1，然后选择如图 7-124 所示的模型边缘进行倒圆角。

图 7-122　　图 7-123　　图 7-124

Step 6 单击“完成”按钮完成倒圆角特征的创建，结果如图 7-101 所示。

7.4 曲面偏移

曲面的偏移是指通过一个曲面或一条曲线偏移恒定的距离或可变的距离来创建一个新的特征。该操作需要指定偏移曲面的形式、偏移距离以及偏移基准等。

首先选择要偏移的曲面，然后执行“编辑|偏移”下拉菜单命令，开启“偏移”命令控制面板，如图 7-125 所示。

图 7-125

在“偏移”命令控制面板中，系统为用户提供了以下 4 种偏移类型。

- “标准偏移特征”：选择此选项可以偏移单一面组、曲面或实体表面。
- “具有拔模特征”：选择此选项可以偏移包含在草绘内的面组或曲面区域，并拔模侧曲面。另外，也可以用该选项来创建直的或相切的侧曲面轮廓。
- “展开特征”：选择此选项可以在封闭面组或实体草绘的所选表面之间创建连续的体积块，或在使用“草绘区域”选项时，在开放面组或实体曲面之间创建连续的体积块。
- “提花曲面特征”：选择此选项可以用面组或基准平面替换实体表面。

下面通过创建如图 7-126 所示的手机上盖曲面造型来介绍修剪曲面在曲面造型设计中的作用。

从图 7-126 中可以看出，手机按键曲面造型主要由箭头所指的 3 个部分组成，其中，箭头 1 所指的部分可以由拉伸曲面特征创建；箭头2所指的部分可以由扫描曲面特征创建；而箭头3所指的文字标示部分则可以由曲面偏移特征来创建。最后就是对整个手机按键曲面造型进行倒圆角。

图 7-126

具体操作步骤如下。

1. 新建零件文件

Step 1 在“文件”工具栏中单击“新建”按钮，在开启的“新建”对话框中选择文件类型为“零件”，输入文件名为phone-keypad，并取消“使用缺省模板”复选框的选取。

Step 2 单击“确定”按钮，开启“新文件选项”对话框，选择模板类型为mmns_part_solid，然后单击“确定”按钮，进入零件编辑环境。

2. 创建图7–126中箭头1所指的曲面部分

Step 1 单击“基础特征”工具栏中的“拉伸”按钮，开启“拉伸”命令控制面板，单击“拉伸为曲面”按钮，然后选择TOP基准平面为草绘平面，接受系统默认的草绘方向，进入草图绘制环境。

Step 2 单击“草绘器工具”工具栏中的“椭圆”按钮，绘制一个如图7-127所示的椭圆。

Step 3 单击“完成”按钮退出草图绘制环境，设定拉伸深度为5，拉伸曲面预览如图7-128所示。

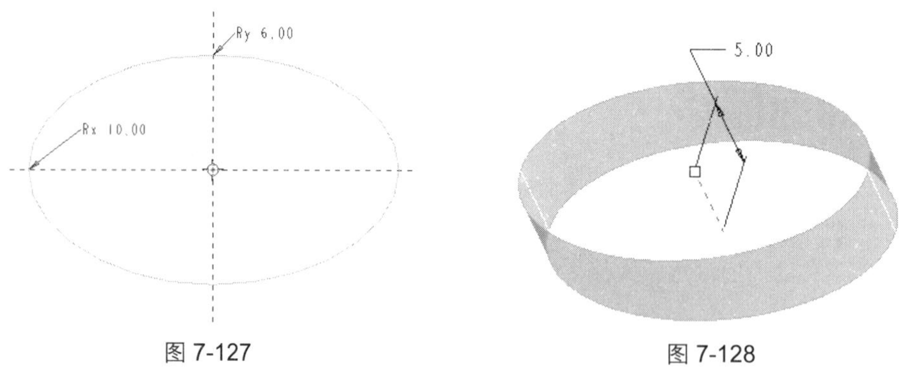

图 7-127 图 7-128

Step 4 单击“完成”按钮完成拉伸曲面特征的创建，结果如图7-129所示。

3. 创建图7–126中箭头2所指的曲面部分

Step 1 执行“插入|扫描|伸出项”下拉菜单命令，开启如图7-130所示的“伸出项：扫描”对话框和如图7-131所示的菜单管理器。

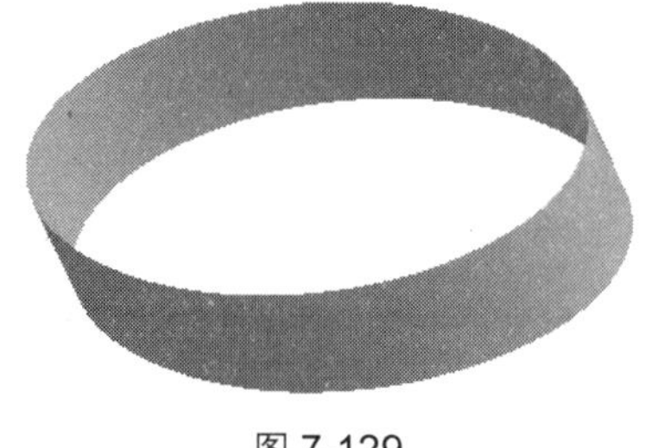
图 7-129

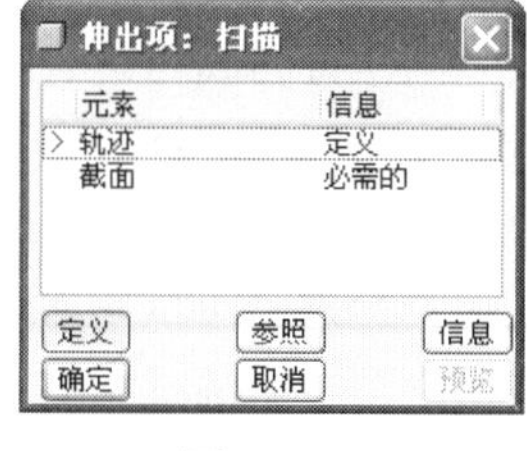

图 7-130

图 7-131

Step 2　在菜单管理器中选择“扫描轨迹”选项为“草绘轨迹”，然后选择 FRONT 基准平面为扫描轨迹的草绘平面，在 FRONT 基准平面上将显示出系统默认的草绘平面方向，如图 7-132 所示。

Step 3　在菜单管理器中执行“正向”命令接受系统默认的草绘平面方向，然后执行“缺省”命令进入草图绘制环境，如图 7-133 所示。

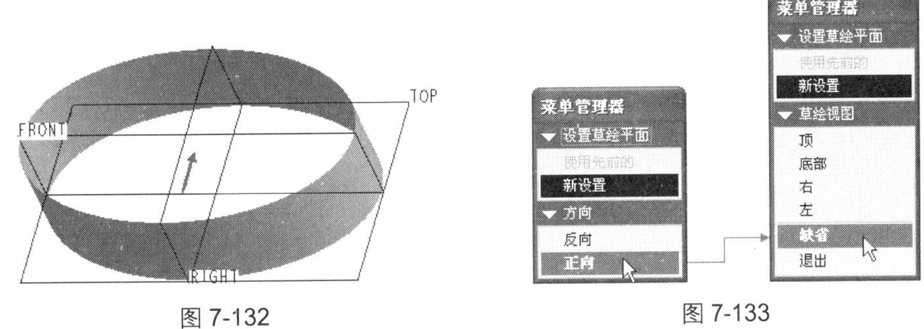

图 7-132　　　　图 7-133

Step 4　单击“草绘器工具”工具栏中的“3 点/相切端”按钮，绘制如图 7-134 所示的扫描轨迹。

Step 5　单击“完成”按钮✓退出扫描轨迹草图绘制环境，系统弹出如图 7-135 所示的菜单管理器，接受系统默认的“属性”选项为“开放终点”，执行“完成”命令进入扫描截面草图绘制环境。

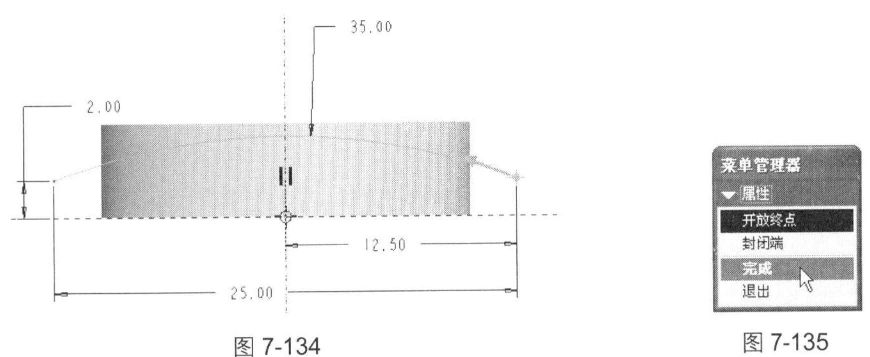

图 7-134　　　　图 7-135

Step 6　单击“草绘器工具”工具栏中的“3 点/相切端”按钮，绘制如图 7-136 所示截面草图。

Step 7　单击✓按钮退出扫描截面草图绘制环境，在“伸出项：扫描”对话框中单击“确定”按钮完成扫描特征的创建，结果如图 7-137 所示。

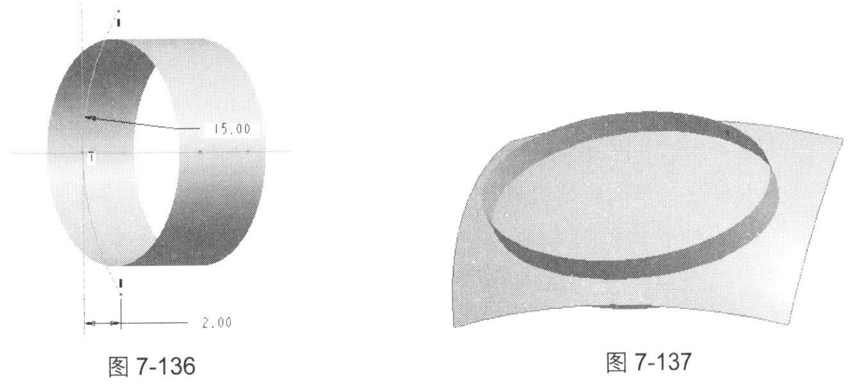

图 7-136　　　　图 7-137

Step 8 按住<Ctrl>键依次选择拉伸曲面和扫描曲面，然后单击“编辑特征”工具栏中的“合并”按钮，开启“合并”命令控制面板，同时出现曲面合并预览，如图 7-138 所示。

Step 9 单击“完成”按钮完成曲面的合并，结果如图 7-139 所示。

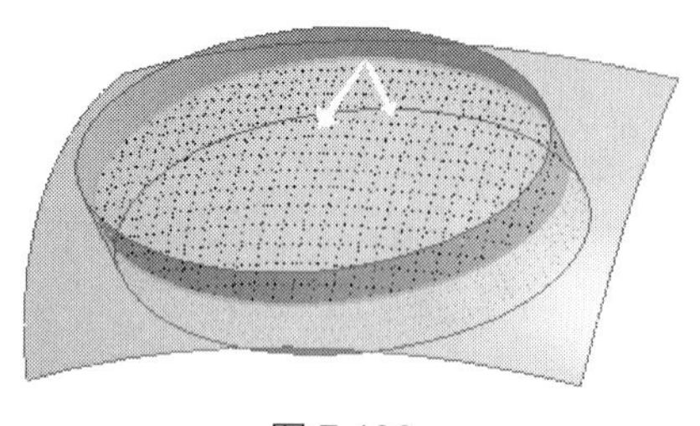

图 7-138

图 7-139

4. 创建图 7-126 中箭头 3 所指的曲面部分

Step 1 单击“基准”工具栏中的“草绘工具”按钮，开启“草绘”对话框，然后选择 TOP 基准面为草绘基准面，RIGHT 基准面为右侧参照平面，单击“草绘”按钮进入草图绘制环境。

Step 2 单击“草绘器工具”工具栏中的“文本”按钮，在草绘平面中的适当位置由下至上指定垂直两点以确定文本的高度和方向，然后在系统弹出的“文本”对话框中输入要创建的文本“OK”，并选择字体，如图 7-140 所示。

Step 3 单击“确定”按钮返回草绘平面，调整文本的尺寸和位置如图 7-141 所示，然后单击“完成”按钮退出草图绘制环境。

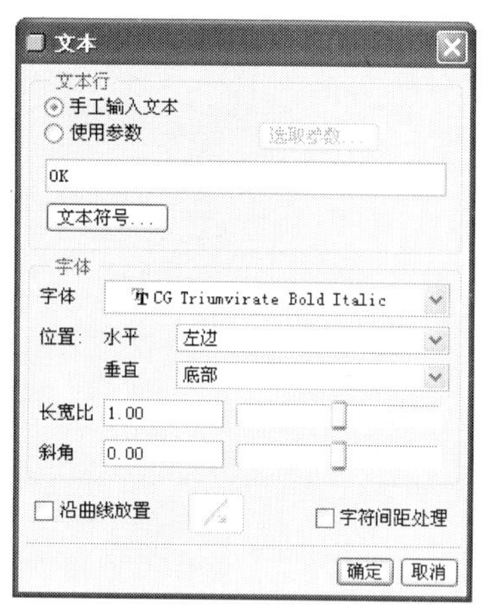

图 7-140

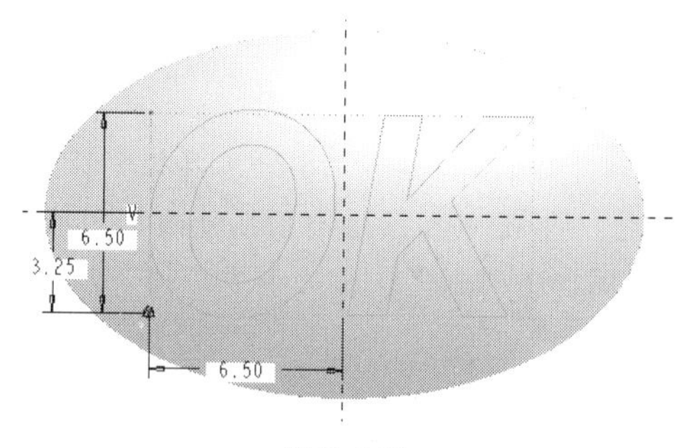

图 7-141

Step 4 选择图 7-142 中箭头所指的曲面为要偏移的曲面，然后执行“编辑|偏移”下拉菜单命令，在开启的“偏移”命令控制面板中选择偏移类型为“展开特征”。

Step 5 在如图 7-143 所示的“选项”上滑面板中选择“草绘区域”选项，然后单击“定义”按钮，选择 TOP 基准面为草绘基准面，接受系统默认的草绘方向，进入草图绘制环境。

Step 6 单击“草绘器工具”工具栏中的“使用”按钮，选择前面创建的“OK”文字为参考创建如图 7-144 所示的图元。

图 7-142　　图 7-143　　图 7-144

Step 7　单击“完成”按钮✓退出草图绘制环境，设定偏移距离为 0.3mm，偏移方向向下，偏移预览如图 7-145 所示。

Step 8　单击“完成”按钮☑完成偏移曲面特征的创建，偏移结果如图 7-146 所示。

5. 对手机按键的曲面造型进行倒圆角

Step 1　单击“工程特征”工具栏中的“倒圆角”按钮，开启“倒圆角”对话框，设定倒圆角半径为 0.1，然后选择如图 7-147 所示的模型边缘进行倒圆角。

图 7-145　　图 7-146　　图 7-147

Step 2　在“设置”上滑面板中单击如图 7-148 所示的“新组”按钮，然后设定新组的倒圆角半径为 1。

Step 3　选择如图 7-149 所示的模型边缘进行倒圆角，单击“完成”按钮☑完成偏移曲面特征的创建，偏移结果如图 7-150 所示。

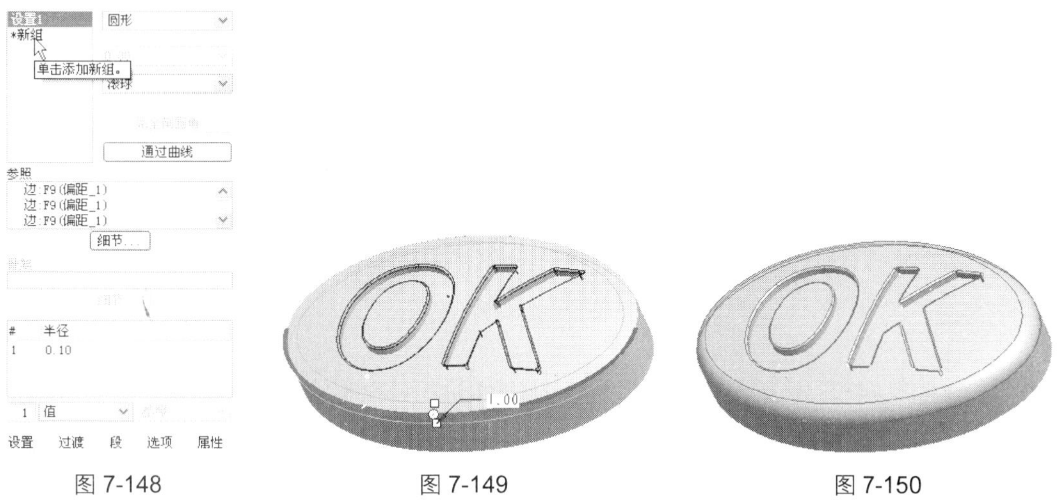

图 7-148　　图 7-149　　图 7-150

7.5 曲面实体化

曲面实体化主要用于将曲面造型转换为实体，在进行实体化操作之前先选择要用于实体化操作的面组，然后执行“编辑|实体化”下拉菜单命令，开启“实体化”命令控制面板，如图 7-151 所示。

图 7-151

在“实体化”命令控制面板中有 4 个功能按钮，它们的功能介绍如下。

（1）“实体”按钮：单击此按钮，系统将用实体材料来填充由曲面界定的体积块（该项总是可用），如图 7-152 所示。

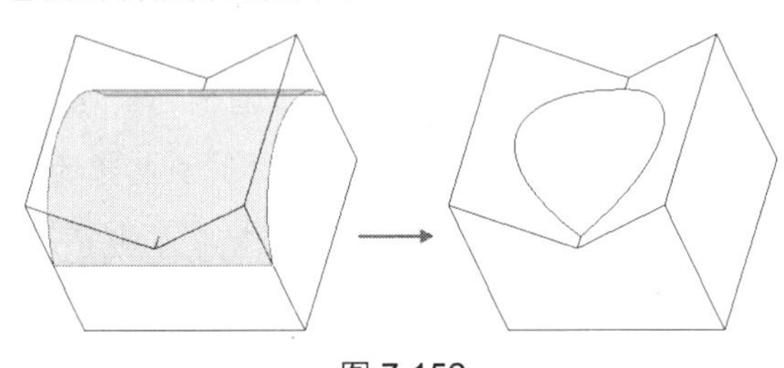

图 7-152

（2）“去除材料”按钮：单击此按钮，系统将使用曲面作为边界来移除实体材料（该项总是可用），如图 7-153 所示。

（3）“曲面替换”按钮：单击此按钮，系统将使用一个曲面来替换部分实体上的曲面，如图 7-154 所示。

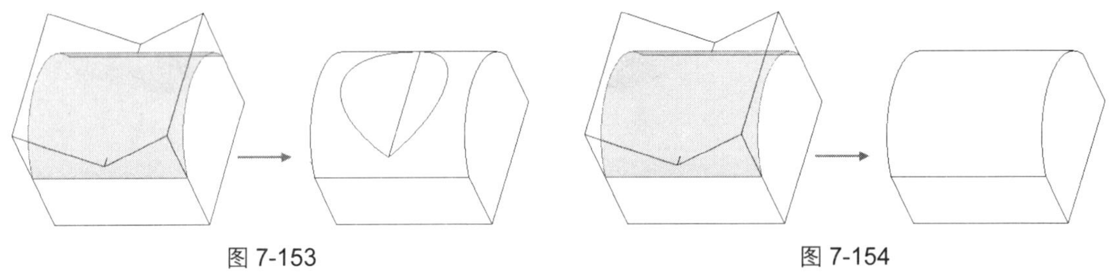

图 7-153　　图 7-154

提示：对于用于曲面替换操作的曲面，既可以完全位于实体外部，也可以位于实体内部，甚至可以和实体相交，但是曲面的所有边界必须都位于实体曲面上。

下面通过创建如图 7-155 所示电池盖卡扣上的曲面造型来介绍曲面实体化在曲面造型设计中的应用。

从图 7-155 中可以看出，电池盖卡扣可以分为箭头 1 和箭头 2 所指的两个部分，其中，箭头 2 所指的部分可以由边界混合曲面创建出曲面造型，然后通过曲面实体化来添加实体材料；箭头 2 所指的部分可以由同样可以有边界混合曲面创建出曲面造型，然后通过曲面实体化来去除材料。最后通过倒圆角操作达到最终的造型设计效果。

具体操作步骤如下。

1. 创建图 7–155 中箭头 1 所指的曲面造型并进行实体化

Step 1 单击“文件”工具栏中的“打开”按钮，打开范例文件 Example\chap07\ buckle.prt，如图 7-156 所示。

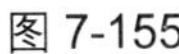

图 7-155

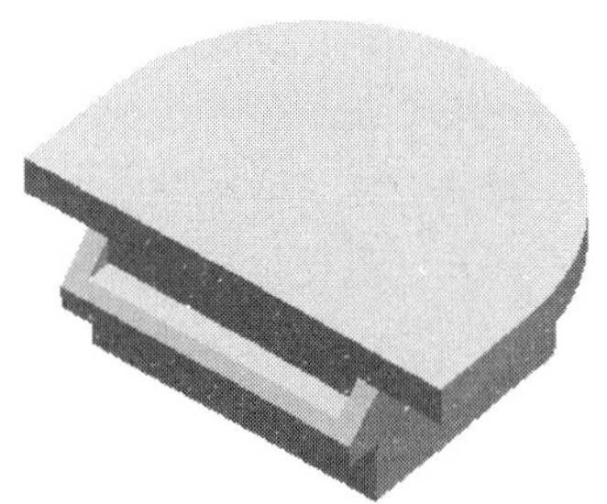

图 7-156

Step 2　单击“基准”工具栏中的“草绘”按钮，开启“草绘”对话框，选择RIGHT基准平面为草图绘制平面，接受系统默认的草绘方向，进入草图绘制环境。

Step 3　执行“草绘|参照”下拉菜单命令，选择如图7-157所示的模型边缘顶点为参照。

Step 4　单击“草绘器工具”工具栏中的“中心线”按钮和“线”按钮，绘制如图7-158所示的平面草图。

Step 5　单击“完成”按钮✔退出草图绘制环境，结果如图7-159所示。

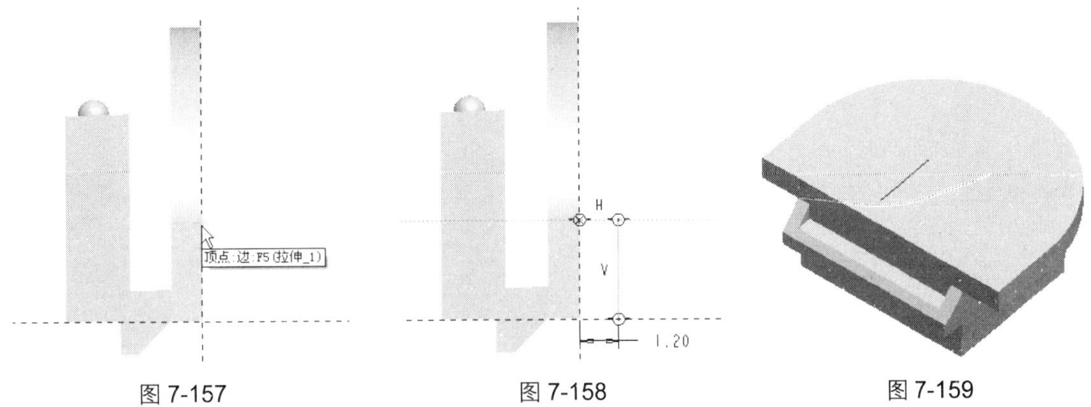

图 7-157　　图 7-158　　图 7-159

Step 6　单击“基础特征”工具栏中的“边界混合”按钮，开启“边界混合”命令控制面板，按住<Ctrl>键依次选择如图7-160所示的实体模型边缘和平面草绘曲线为第一方向上的链。

Step 7　单击“完成”按钮✔完成边界混合曲面特征的创建，结果如图7-161所示。

Step 8　单击“基础特征”工具栏中的“边界混合”按钮，开启“边界混合”命令控制面板，按住<Ctrl>键依次选择如图7-162所示的曲面边缘和实体边缘为第一方向上的链。

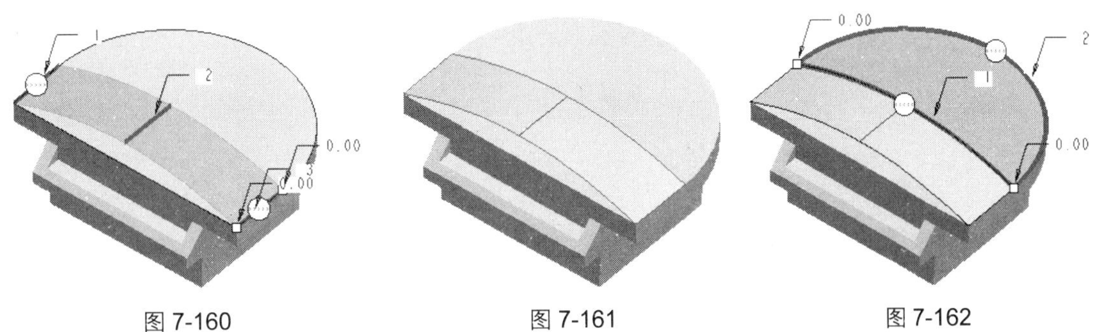

图 7-160　　图 7-161　　图 7-162

Step 9 在“约束”上滑面板中设定方向 1 中第一条链的约束条件为“切线”，系统自动会选择边界混合曲面为约束参照，如图 7-163 所示。

Step 10 单击“完成”按钮☑完成边界混合曲面特征的创建，结果如图 7-164 所示。

Step 11 单击“基础特征”工具栏中的“边界混合”按钮，开启“边界混合”命令控制面板，按住<Ctrl>键依次选择如图 7-165 所示的曲面边缘和实体边缘为第一方向上的链。

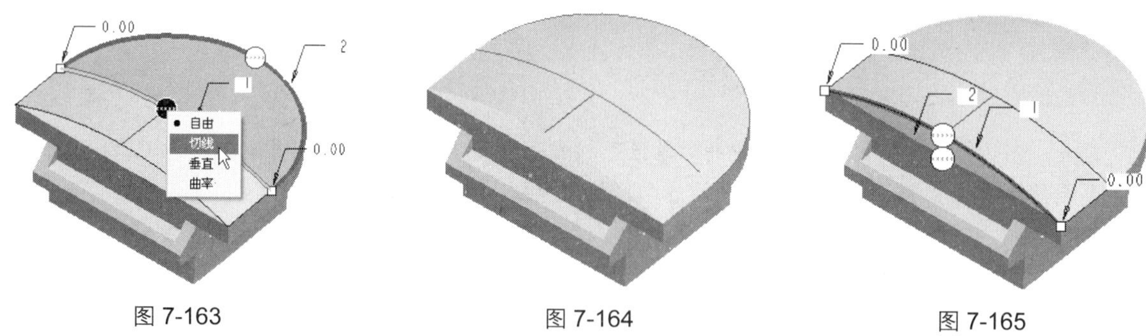

图 7-163　　图 7-164　　图 7-165

Step 12 单击“完成”按钮☑完成边界混合曲面特征的创建，结果如图 7-166 所示。

Step 13 按住<Ctrl>键选择刚刚创建完成的 3 个边界混合曲面，然后单击“编辑特征”工具栏中的“合并”按钮，将 3 个边界混合曲面合并为一个曲面组。

Step 14 选择合并后的面组，执行“编辑|实体化”下拉菜单命令，开启“实体化”命令控制面板，单击“实体”按钮□并调整实体化材料方向，如图 7-167 所示。

Step 15 单击☑按钮完成实体化特征的创建，结果如图 7-168 所示。

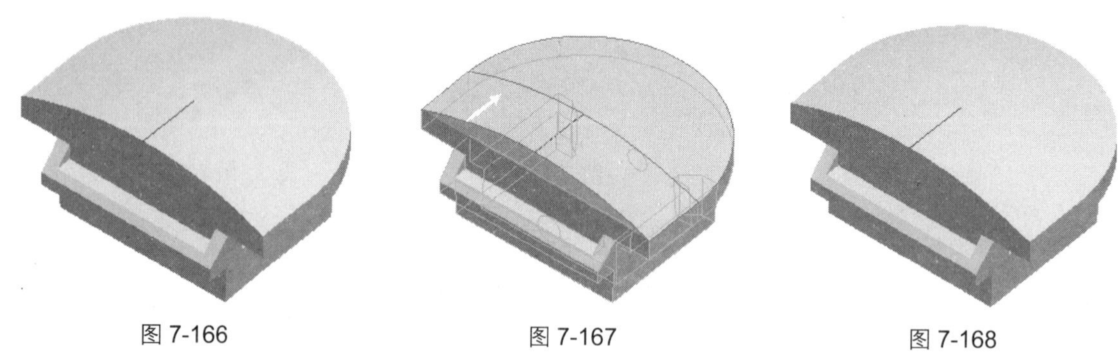

图 7-166　　图 7-167　　图 7-168

2. 创建图 7–155 中箭头 2 所指的曲面造型并进行实体化

Step 1 执行“编辑|投影”下拉菜单命令，开启“投影”命令控制面板，如图 7-169 所示。

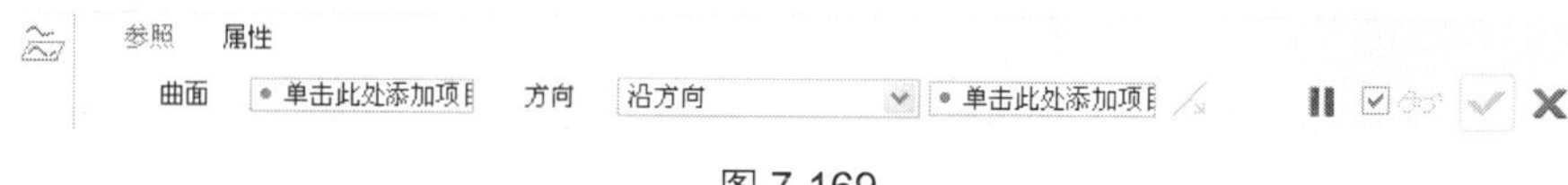

图 7-169

Step 2 在如图 7-170 所示的“参照”上滑面板中选择“投影草绘”选项，然后单击“定义”按钮开启“草绘”对话框。

Step 3 选择 FRONT 基准平面为草图绘制平面，RIGHT 基准平面为草绘方向的左侧参照平面，然后单击“反向”按钮调整草绘方向，如图 7-171 所示。单击“草绘”按钮进入草图绘制环境。

Step 4 单击“草绘器工具”工具栏中的“圆”按钮○，绘制如图 7-172 所示的圆。

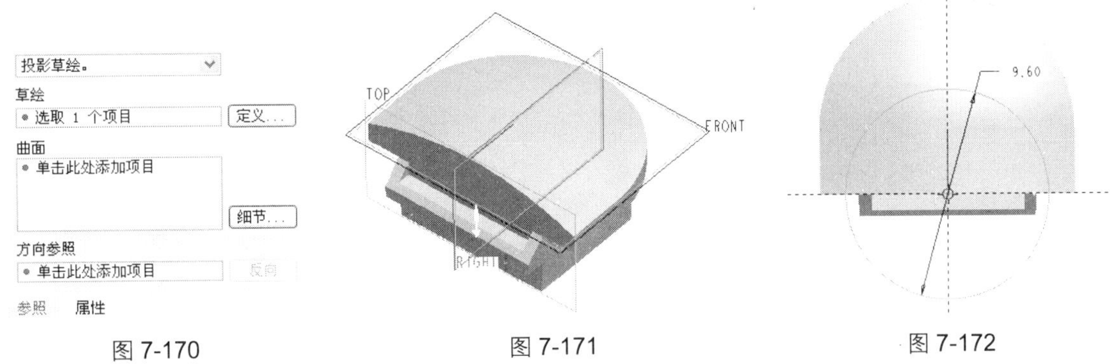

图 7-170　　图 7-171　　图 7-172

Step 5 单击“完成”按钮✔退出草图绘制环境，选择如图 7-173 所示的模型曲面为要投影的曲面。

Step 6 单击命令控制面板的“单击此处添加项目”文字以启动“方向参照”收集器，选择 FRONT 基准平面为投影方向参照，投影预览如图 7-174 所示。

Step 7 单击“完成”按钮✔完成投影曲线的创建，结果如图 7-175 所示。

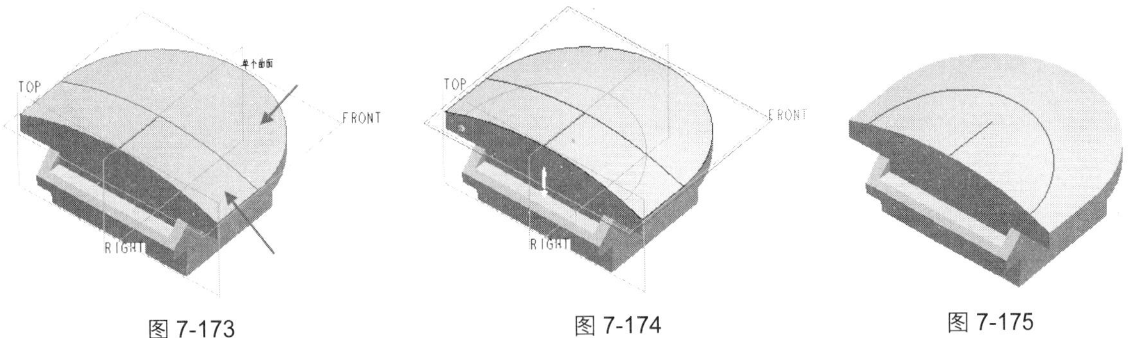

图 7-173　　图 7-174　　图 7-175

Step 8 单击“基准”工具栏中的“草绘”按钮，选择如图 7-176 所示的模型平面为草图绘制平面，RIGHT 基准平面为草绘方向的左侧参照平面，进入草图绘制环境。

Step 9 执行“草绘|参照”下拉菜单命令，开启“参照”对话框，选择投影曲线两端点为绘图参照，绘制如图 7-177 所示的平面草图。

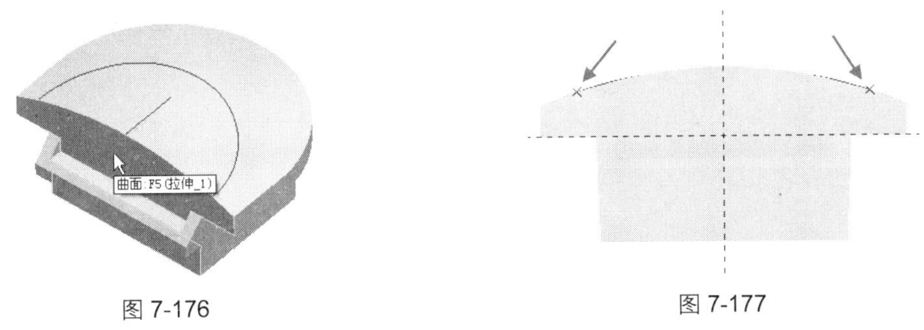

图 7-176　　图 7-177

Step 10 单击“草绘器工具”工具栏中的“3 点/相切端”按钮，绘制如图 7-178 所示的圆弧。

Step 11 单击“完成”按钮✓退出草图绘制环境，平面草图绘制结果如图 7-179 所示。

Step 12 单击“基础特征”工具栏中的“边界混合”按钮，开启“边界混合”命令控制面板，按住<Ctrl>键依次选择如图 7-180 所示的平面草绘曲线和投影曲线为第一方向上的链。

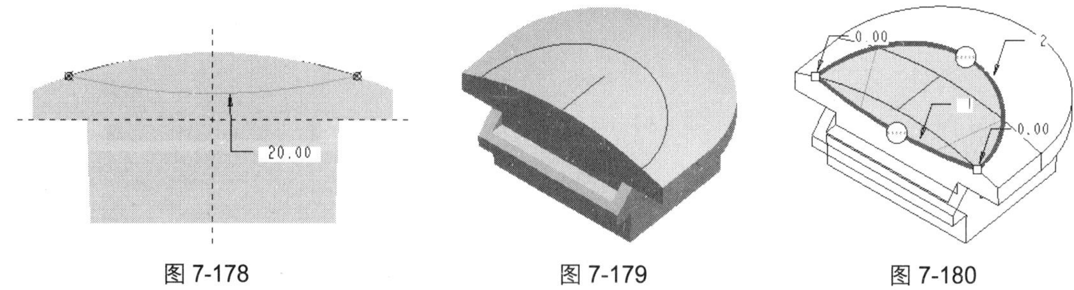

图 7-178　　图 7-179　　图 7-180

Step 13 单击“完成”按钮✓完成边界混合曲面特征的创建，结果如图 7-181 所示。

Step 14 选择刚刚创建的边界混合曲面，然后执行“编辑|实体化”下拉菜单命令，开启“实体化”命令控制面板，单击“去除材料”按钮并调整去除材料方向，如图 7-182 所示。

Step 15 单击“完成”按钮✓完成实体化特征的创建，结果如图 7-183 所示。

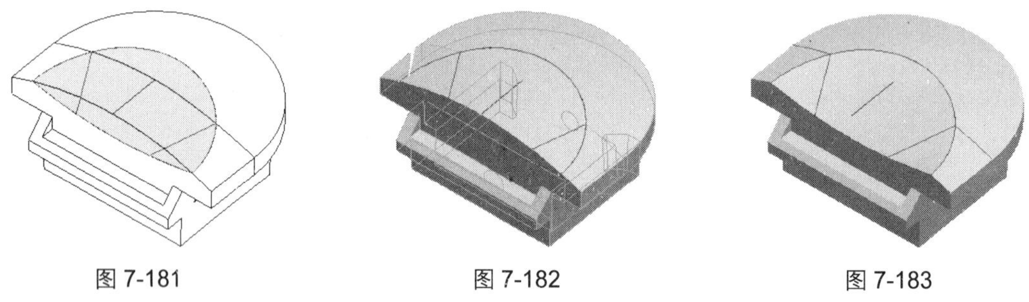

图 7-181　　图 7-182　　图 7-183

3. 对卡扣实体模型进行倒圆角

Step 1 隐藏前面创建的平面草图曲线和投影曲线，然后单击“工程特征”工具栏中的“倒圆角”按钮，开启“倒圆角”命令控制面板，设定倒圆角半径为 R2mm，选择如图 7-184 所示的模型边缘进行倒圆角。

Step 2 在“设置”上滑面板中单击“新组”文字，启动新的倒圆角设置，按住<Ctrl>键选择如图 7-185 所示的模型边缘进行倒圆角，并设定倒圆角半径为 R0.2mm。

Step 3 单击“完成”按钮✓完成倒圆角特征的创建，结果如图 7-186 所示。

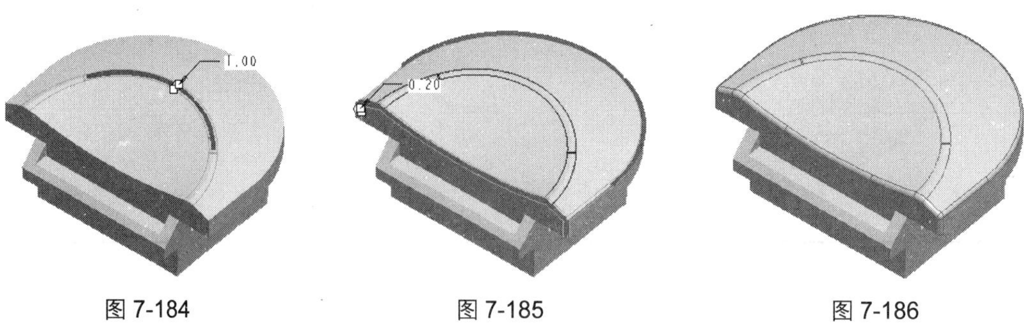

图 7-184　　图 7-185　　图 7-186

7.6 应用实践——创建 8 字扣曲面模型

任务要求

在本章应用实践中将通过创建 8 字扣曲面模型来介绍 Pro/E 中的曲面建模相关知识在实际零件设计建模过程中的应用，模型创建完成的结果如图 7-187 所示。

任务分析

从图 7-188 中可以看出 8 字扣曲面模型是一个完全对称的模型，在创建时，只需要先创建出 8 字扣曲面模型的 1/4（见图 7-188），然后通过镜像创建出其他的 3/4 即可。

8 字扣曲面模型的 1/4 曲面可以分为图 7-189 中箭头所指的 4 个部分分别进行创建，其中，箭头 1、2 所指的曲面可以由可变截面扫描曲面特征创建；箭头 3、4 所指的曲面可以由边界混合曲面特征进行创建。

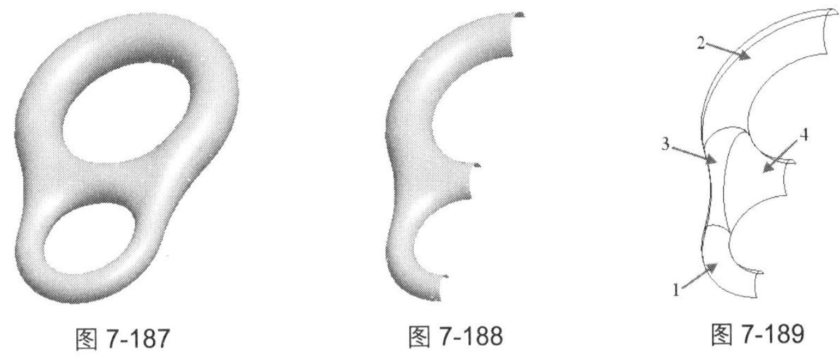

图 7-187　　图 7-188　　图 7-189

任务设计

8 字扣曲面模型的建模流程如图 7-190 所示。

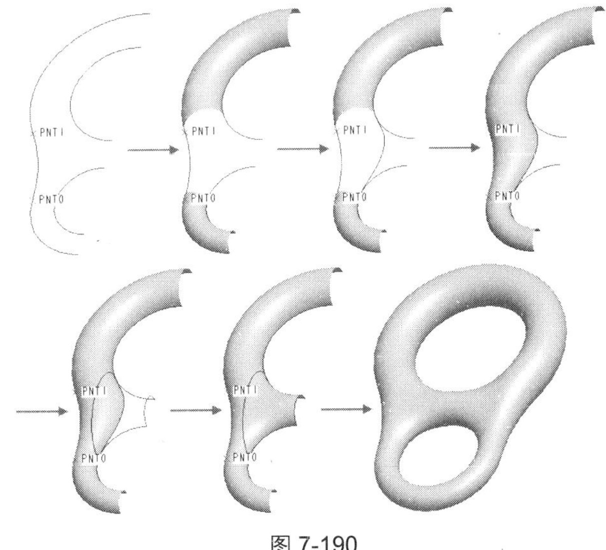

图 7-190

任务完成

1. 新建零件文件

Step 1 在“文件”工具栏中单击“新建”按钮，在开启的“新建”对话框中选择文件类型为“零件”，输入文件名为 8-word-buckle，并取消“使用缺省模板”复选框的选取。

Step 2 单击“确定”按钮，在“新文件选项”对话框中选择模板类型为 mmns_part_solid，然后单击“确定”按钮，进入零件建模环境。

2. 绘制 8 字扣曲面模型的轮廓曲线

Step 1 单击“基准”工具栏中的“草绘”按钮，开启“草绘”对话框，选择 TOP 基准平面为草绘平面，接受系统默认的草绘方向，进入草图绘制环境。

Step 2 单击“草绘器工具”工具栏中的“圆心和端点”按钮和“3 点/相切端”按钮，绘制如图 7-191 所示的平面草图。

Step 3 单击“完成”按钮退出草图绘制环境，8 字扣曲面模型的轮廓曲线绘制结果如图 7-192 所示。

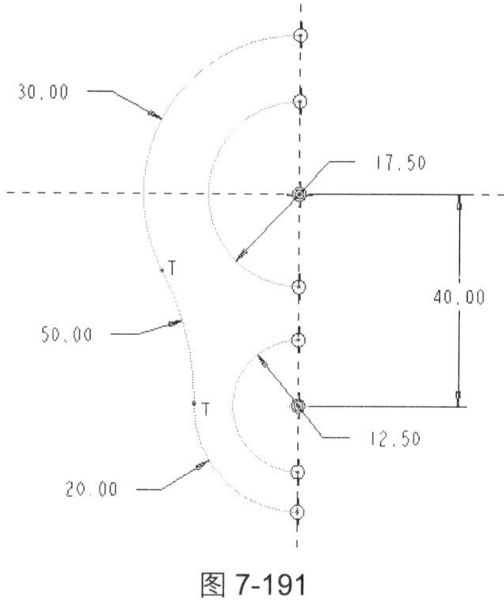

图 7-191

3. 创建图 7-189 中箭头 1、2 所指的曲面

Step 1 单击“基准”工具栏中的“基准点”按钮，开启“基准点”对话框，选择图 7-193 中箭头所指曲线的端点为参照，创建 PNT0 基准点。

Step 2 单击“基准点”对话框中的“新点”文字，然后选择图 7-194 中箭头所指曲线的端点为参照，创建 PNT1 基准点。单击“确定”按钮完成基准点的创建。

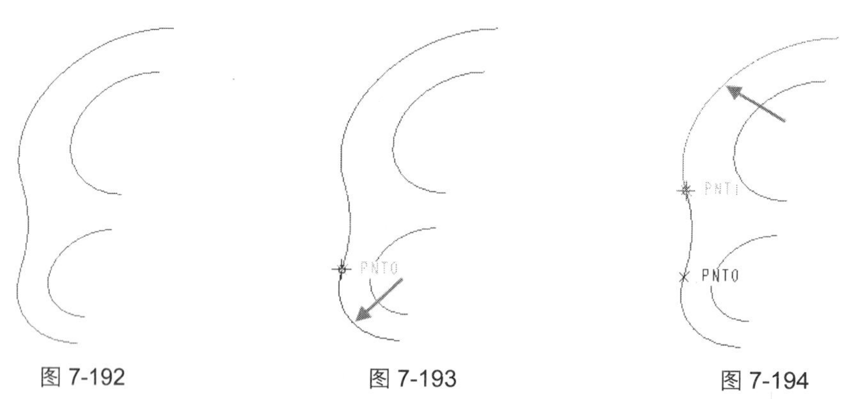

图 7-192　图 7-193　图 7-194

Step 3 单击“基础特征”工具栏中的“可变截面扫描”按钮，开启“可变截面扫描”命令控制面板，选择如图 7-195 所示的平面草绘曲线为扫描的原点轨迹，此时需注意轨迹起点位置。

Step 4 在“参照”上滑面板中单击“细节”按钮，开启“链”对话框，在如图 7-196 所示的“选项”选项卡中选择第 2 侧的长度调整选项为“在参照上修剪”。

Step 5　选择前面创建的 PNT0 基准点为参照，然后单击“确定”按钮完成原点轨迹的长度调整，结果如图 7-197 所示。

图 7-195　　图 7-196　　图 7-197

Step 6　按住<Ctrl>键选择如图 7-198 所示的平面草绘曲线为辅助轨迹。

Step 7　单击“截面草绘”按钮进入截面草图绘制环境，单击“草绘器工具”工具栏中的“3 点/相切端”按钮，绘制一个如图 7-199 所示的圆弧。

Step 8　单击“完成”按钮退出草图绘制环境，出现可变截面扫描曲面预览，如图 7-200 所示。

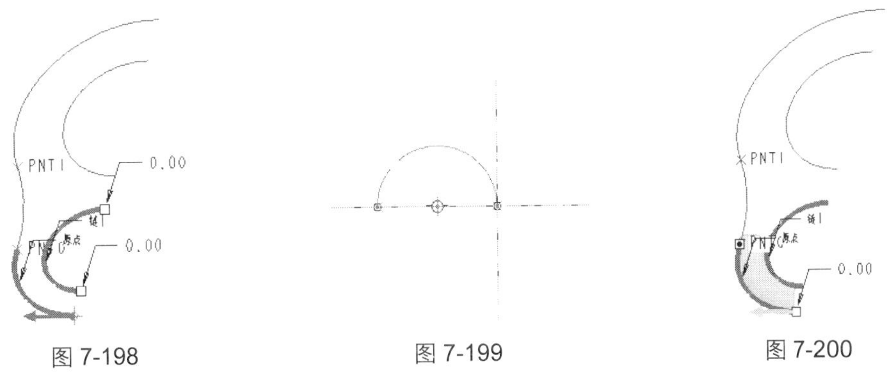

图 7-198　　图 7-199　　图 7-200

提示：圆弧的两个端点必须锁定在原点轨迹和辅助轨迹的端点上。

Step 9　单击“完成”按钮完成可变截面扫描曲面特征的创建，结果如图 7-201 所示。

Step 10　用同样的方法创建另一个可变截面扫描曲面特征，结果如图 7-202 所示。

4. 创建图 7–189 中箭头 3 所指的曲面

Step 1　单击“基准”工具栏中的“基准曲线”按钮，系统弹出如图 7-203 所示的菜单管理器。

Step 2　在菜单管理器中选择“曲线选项”选项为“经过点”，然后执行“完成”命令，系统将弹出如图 7-204 所示的“曲线：通过点”对话框和“连结类型”菜单管理器。

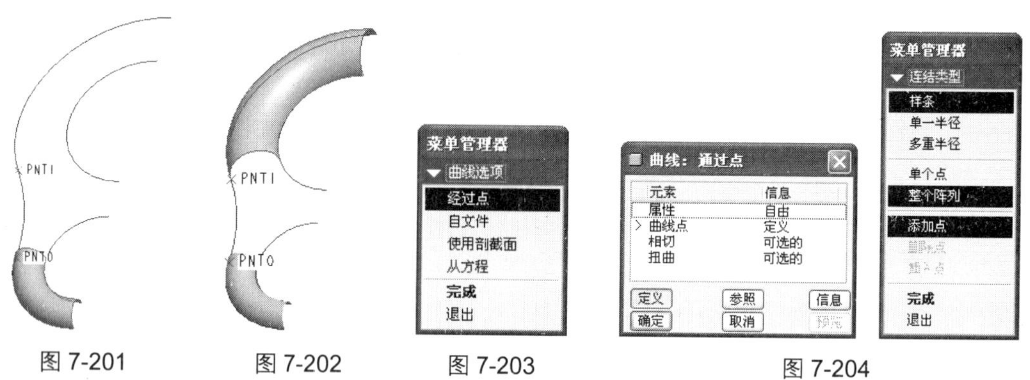

图 7-201　图 7-202　图 7-203　图 7-204

Step 3　接受菜单管理器中默认的“连结类型”选项为“样条”、“整个阵列”以及“添加点”，然后按照图 7-205 中箭头所指的顺序选择模型边顶点为基准曲线的经过点。

Step 4　在菜单管理器中选择“完成”选项，然后双击“曲线：通过点”对话框中的“相切”元素，然后在弹出的菜单管理器中选择“定义相切”选项为“曲面”，如图 7-206 所示。

Step 5　选择图 7-207 中箭头所指的曲面为基准曲线起始端的相切参照。

Step 6　在弹出的菜单管理器中选择“定义相切”选项为“曲面”，然后选择图 7-208 中箭头所指的曲面为基准曲线终止端的相切参照。

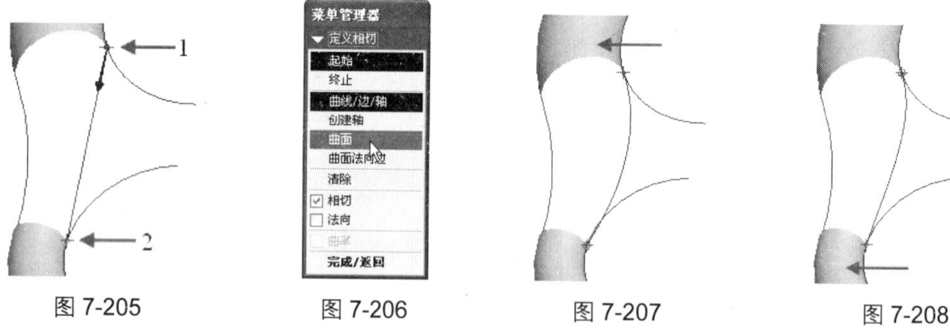

图 7-205　图 7-206　图 7-207　图 7-208

Step 7　在菜单管理器中选中“曲率”复选框，如图 7-209 所示。

Step 8　在菜单管理器中选择“定义相切”选项为“终止”，然后选中“曲率”复选框，如图 7-210 所示。

Step 9　在菜单管理器中执行“完成/返回”命令，然后在“曲线：通过点”对话框中单击“确定”按钮完成基准曲线的创建，结果如图 7-211 所示。

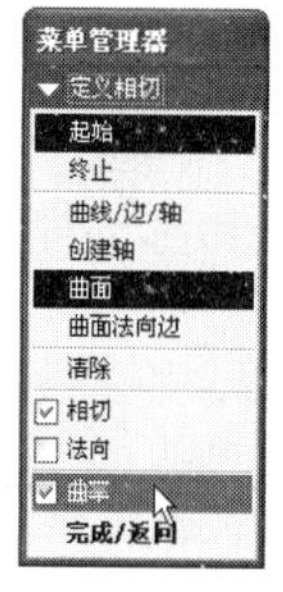

图 7-209

图 7-210

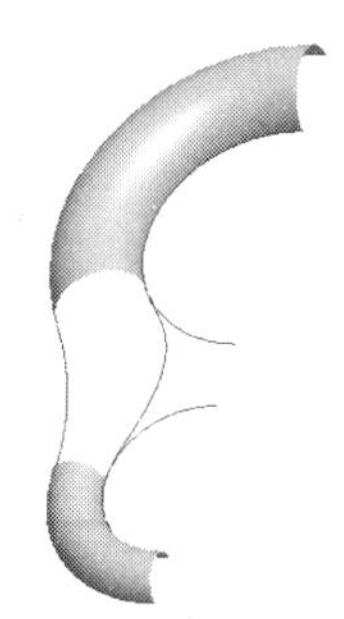

图 7-211

Step 10　单击“基础特征”工具栏中的“边界混合”按钮，开启“边界混合”命令控制面板，按住<Ctrl>键选择如图 7-212 所示的曲面边缘为第一方向上的曲线链。

Step 11　单击命令控制面板上的“单击此处以添加项目”文字，启动“第二方向链”收集器，然后选择如图 7-213 所示的平面草图曲线为第二方向上的曲线链 1。

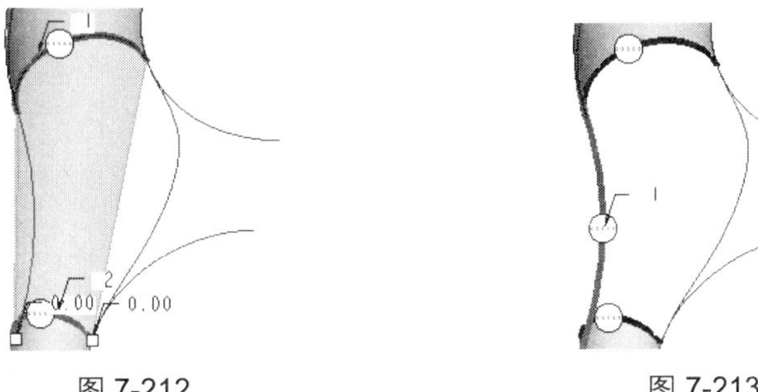

图 7-212　　　　图 7-213

Step 12　在“曲线”上滑面板的“第二方向链”收集器中单击“细节”按钮，开启“链”对话框，在“选项”选项卡中选择第 1 侧和第 2 侧的长度调整选项为“在参照上修剪”，并选择 PNT0 和 PNT1 基准点为参照，如图 7-214 所示。

Step 13　单击“确定”按钮完成原点轨迹的长度调整，结果如图 7-215 所示。

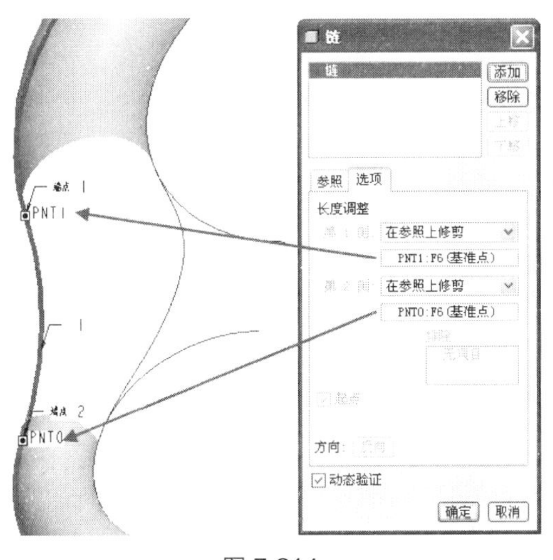

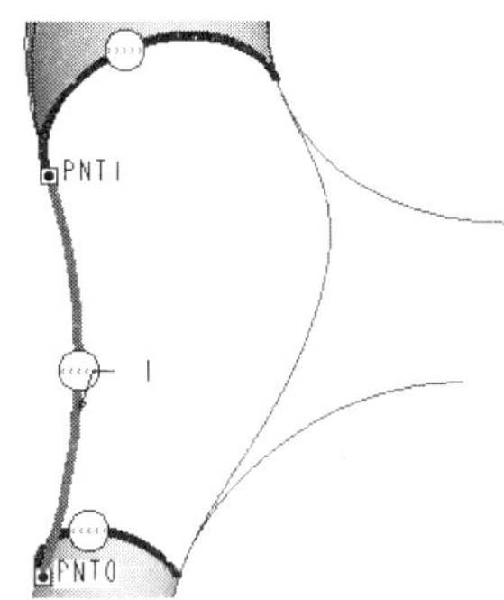

图 7-214　　　　图 7-215

Step 14　按住<Ctrl>键选择前面创建基准曲线为第二方向上的曲线链 2，出现边界混合曲面预览，如图 7-216 所示。

Step 15　在“约束”上滑面板中设定第一方向上的两个曲线链的约束条件为“切线”，设定第二方向上的曲线链 1 的约束条件为“垂直”，如图 7-217 所示。

Step 16　单击“完成”按钮完成边界混合曲面特征的创建，结果如图 7-218 所示。

5. 创建图 7-189 中箭头 4 所指的曲面

Step 1　执行“编辑|投影”下拉菜单命令，开启“投影”命令控制面板，在“参照”上滑面板

中选择“投影草绘”选项。然后单击“定义”按钮，选择 TOP 基准面为草绘平面，接受系统默认的草绘方向，进入草图绘制环境。

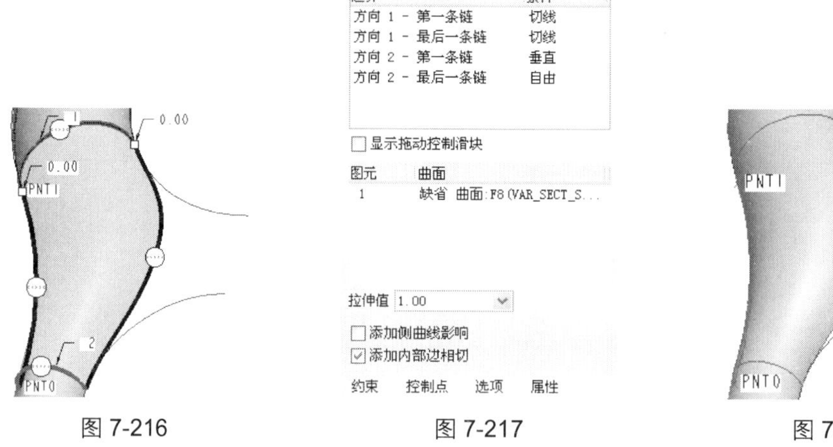

图 7-216　　图 7-217　　图 7-218

Step 2 执行“草绘|参照”下拉菜单命令，开启“参照”对话框，选择图 7-219 中箭头所指的曲面边缘顶点为参照。

Step 3 单击“草绘器工具”工具栏中的“3 点/相切端”按钮，绘制如图 7-220 所示的圆弧。

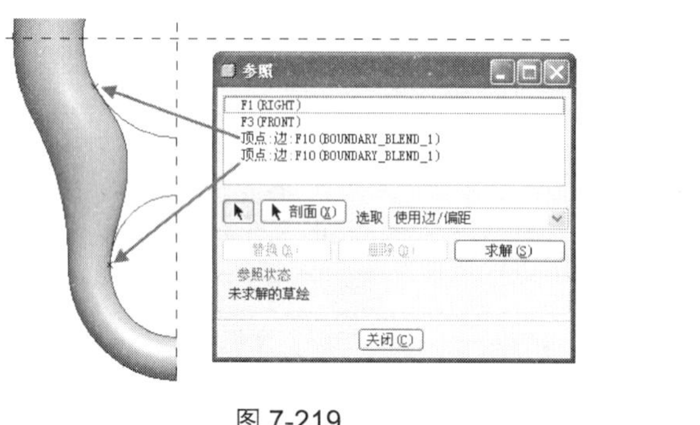

图 7-219

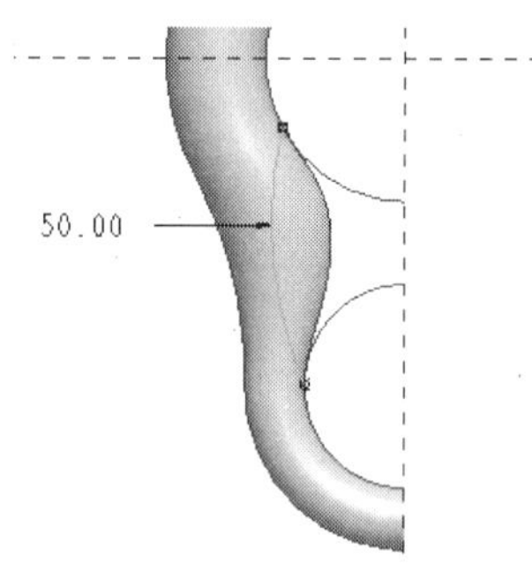

图 7-220

Step 4 单击“完成”按钮退出草图绘制环境，选择整个曲面模型为投影对象，然后启动“投影方向参照”收集器，选择 TOP 基准面为投影方向参照，投影曲线预览如图 7-221 所示。

Step 5 单击“完成”按钮完成投影曲线的创建，结果如图 7-222 所示。

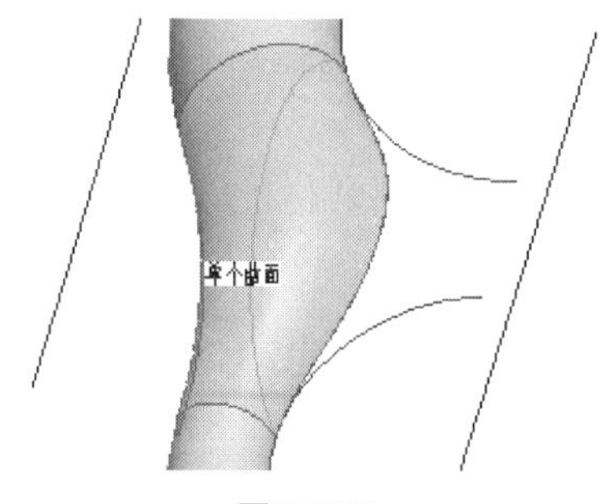

图 7-221

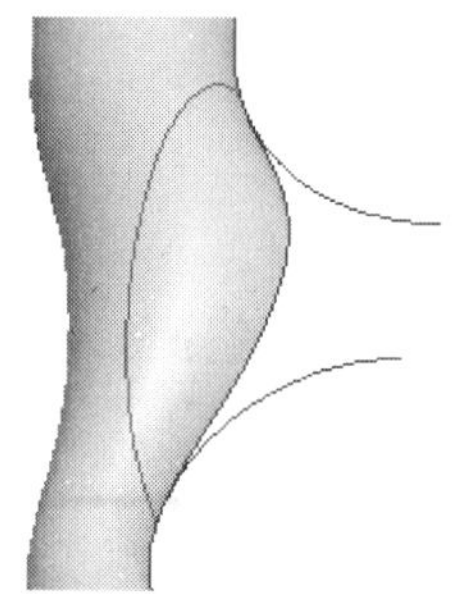

图 7-222

Step 6　单击“基准”工具栏中的“草绘”按钮，开启“草绘”对话框，选择 RIGHT 基准平面为草绘平面，选择 TOP 基准平面为草绘方向的顶部参照平面，进入草图绘制环境。

Step 7　执行“草绘|参照”下拉菜单命令，开启“参照”对话框，选择图 7-223 中箭头所指的曲线端点为参照。

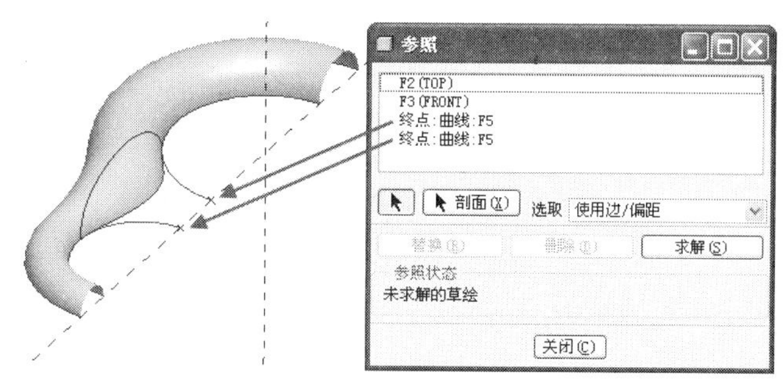

图 7-223

Step 8　单击“草绘器工具”工具栏中的“3 点/相切端”按钮，绘制如图 7-224 所示的圆弧，然后单击“完成”按钮✔退出草图绘制环境。

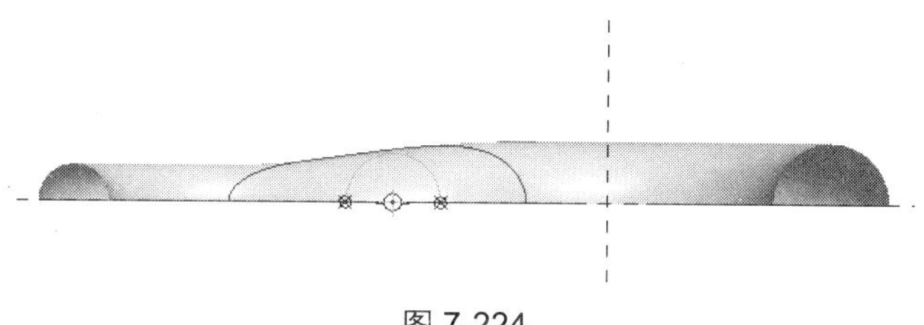

图 7-224

Step 9　单击“基础特征”工具栏中的“边界混合”按钮，开启“边界混合”命令控制面板，按住<Ctrl>键选择如图 7-225 所示的投影曲线和平面草绘曲线为第一方向上的曲线链。

Step 10　单击命令控制面板上的“单击此处添加项目”文字，启动“第二方向链”收集器，然后选择如图 7-226 所示的两条平面草绘曲线为第二方向上的曲线链。

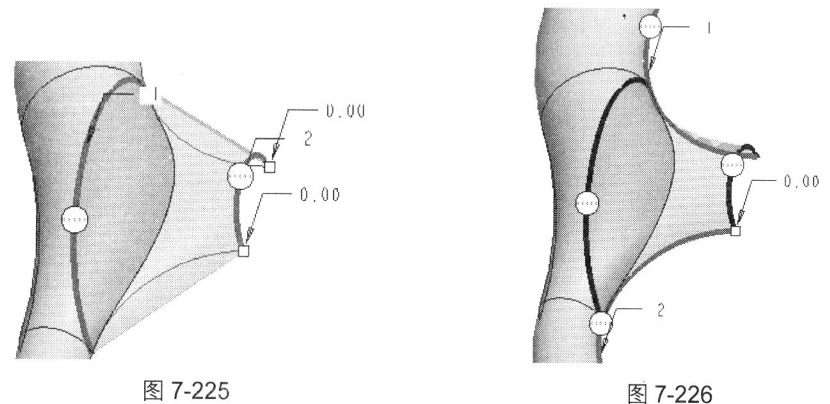

图 7-225　　图 7-226

Step 11　在“约束”上滑面板中设定第 1 方向上的曲线链 1 的约束条件为“曲率”，设定第一方向上的曲线链 2 的约束条件为“垂直”，如图 7-227 所示。

Step 12 单击“完成”按钮完成边界混合曲面特征的创建，结果如图 7-228 所示。

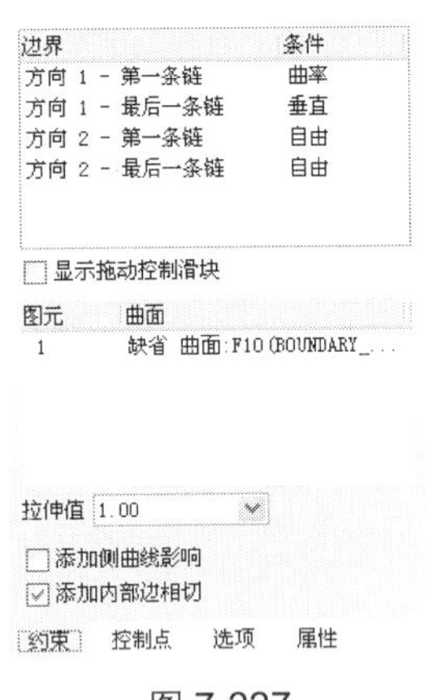

图 7-227

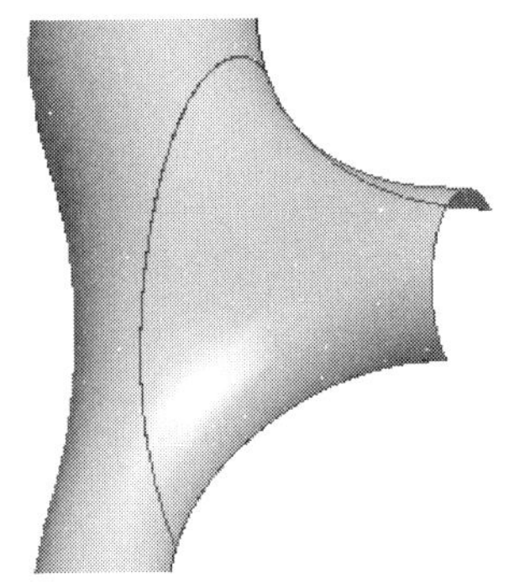

图 7-228

6. 合并曲面并进行镜像

Step 1 按住<Ctrl>键依次选择前面创建的两个边界混合曲面特征，单击“编辑特征”工具栏中的“合并”按钮，开启“合并”命令控制面板，接受系统默认的合并后要保留的曲面，如图 7-229 所示。

Step 2 单击“完成”按钮完成曲面的合并，结果如图 7-230 所示。

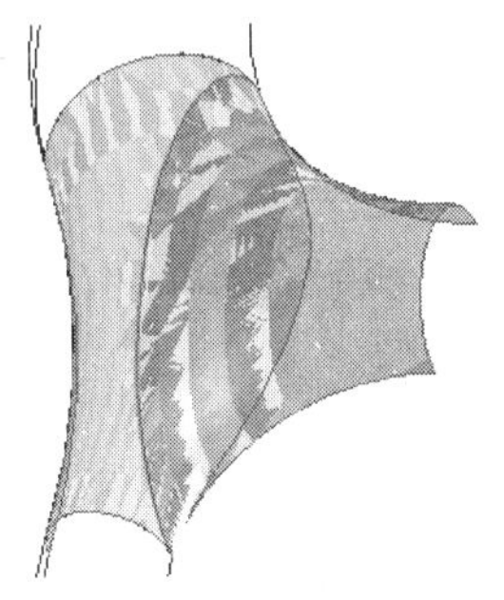

图 7-229

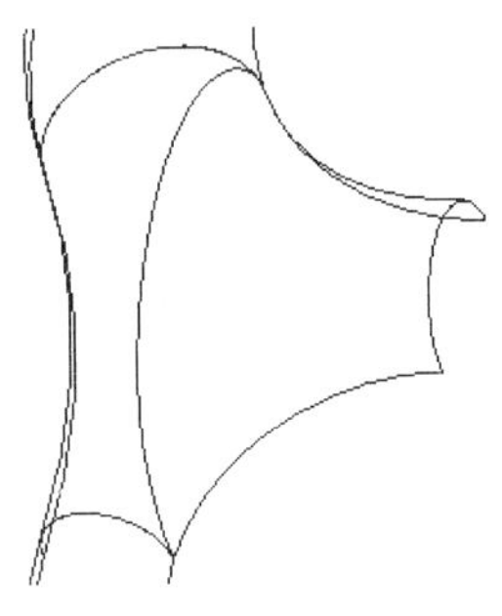

图 7-230

Step 3 按住<Ctrl>键选择所有的曲面，单击“编辑”特征工具栏中的“镜像”按钮，开启“镜像”命令控制面板，选择 RIGHT 基准平面为镜像平面，镜像预览如图 7-231 所示。

Step 4 单击“完成”按钮完成曲面的镜像，结果如图 7-232 所示。

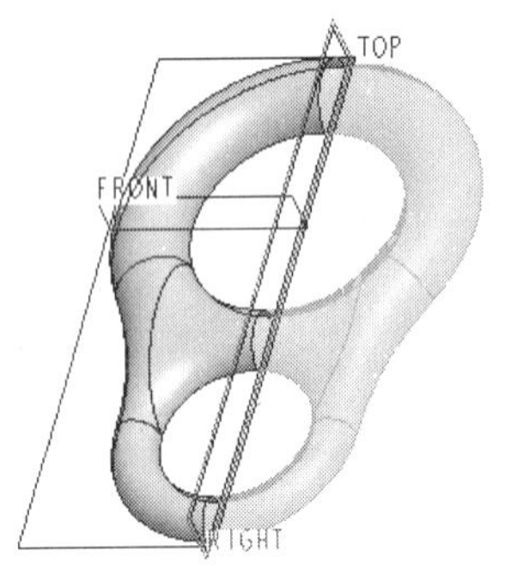

图 7-231

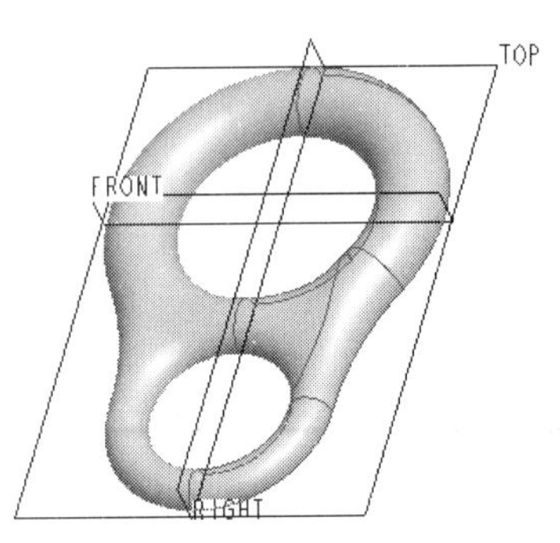

图 7-232

提示：在选择曲面之前最好在如图 7-233 所示的选择过滤器中选择“几何”选项，否则系统有可能选择的是曲面特征，而不是曲面几何。

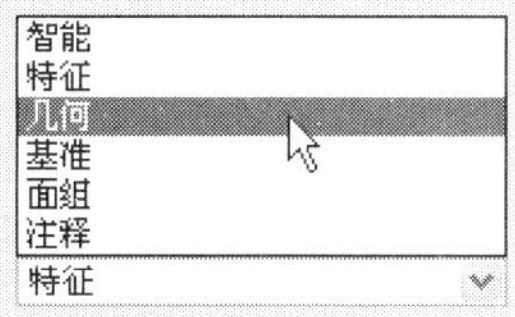

图 7-233

Step 5　用同样的方法再将所有的曲面沿 TOP 基准平面进行镜像，完成 8 字扣曲面模型的最终创建，结果如图 7-189 所示。

归纳总结

在创建 8 字扣曲面模型的过程中，运用了基准曲线特征、基准点特征、可变截面扫描特征、投影曲线特征、边界混合曲面特征、曲面合并以及曲面镜像特征。从本例中可以看出，在实际工程设计建模中，工业产品的曲面造型都比较复杂的，这些曲面往往不能直接通过前面学习的曲面建模工具进行创建。此时就要对复杂的曲面进行拆面，所谓拆面就是将复杂的曲面拆解为多个可以用曲面建模工具创建的曲面。当这些单个的曲面创建完成后，再将其合并成一个完成的曲面模型。

7.7　自我检测

（1）边界混合曲面特征的边界控制约束条件有哪些？
（2）当使用修剪曲面命令时，应如何控制保留曲面？
（3）实体化可以分为哪几种？
（4）创建如图 7-234 所示的异形按钮曲面模型。

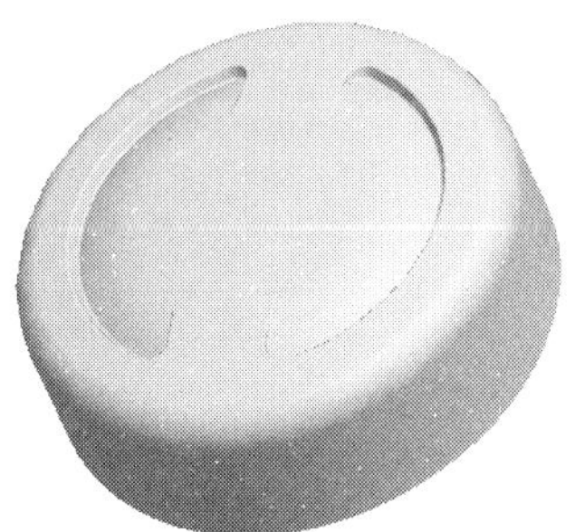

图 7-234

第 8 章 零件装配

📖 本章要点

- 零件装配基础
- 分解视图
- 装配水阀模型

在本章中将主要介绍 Pro/E 中的零件装配，所谓零件装配就是将每个零件模型按照特定位置关系装配成完成的产品的过程。在 Pro/E 中每个零部件称之为“元件”，装配完成的装配体则被称之为“组件”。Pro/E 可以出色地完成零部件的装配，而且还支持大型、复杂零组件的创建和管理。

8.1 零件装配基础

零件装配是 Pro/E 的重要功能模块之一，在本节中将对如何进入零件装配工作环境、元件的移动以及设置元件的装配约束条件进行详细介绍。

8.1.1 如何进入零件装配环境

想要装配零件，首先要进入零件装配环境，其具体操作步骤如下。

Step 1 单击“文件”工具栏中的“新建”按钮 ，开启“新建”对话框，在“新建”对话框中的“类型”方框中选择“组件”选项，在“子类型”方框中选择“设计”选项，如图 8-1 所示。

Step 2 在“名称”文本框中输入要创建的装配体的名称，然后取消“使用缺省模板”复选框的选取，单击“确定”按钮，开启“新文件选项”对话框，如图 8-2 所示。

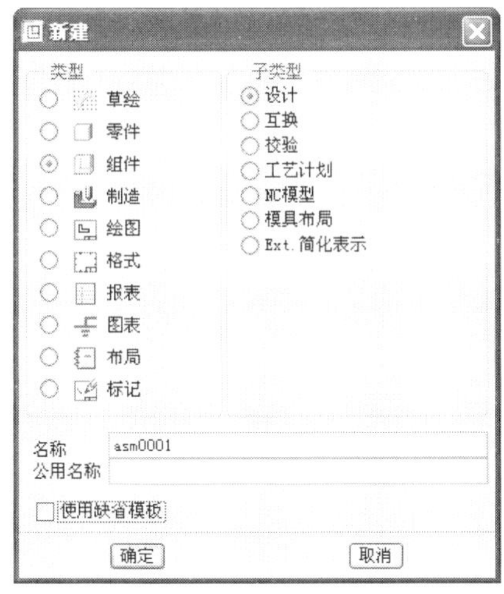

图 8-1

图 8-2

> 提示：同新建零件文件一样，如果不取消“使用缺省模板”复选框的选取，系统将使用默认的英制单位的模板。当取消“使用缺省模板”复选框的选取后，用户可以在“新文件选项”对话框中选择公制单位的模板“mmns_part_design”。

Step 3 在“新文件选项”对话框中选择“mmks_asm_design”模板，然后单击“确定”按钮进入零件装配环境，如图 8-3 所示。

从图 8-3 中可以看出，进入零件装配环境中后绘图区中有 ASM_TOP、ASM_RIGHT 和 ASM_FRONT 三个基准面和 1 个 ASM_CSYS_DEF 坐标系，其作用和使用方法与零件建模环境中的基准面和坐标系相同。

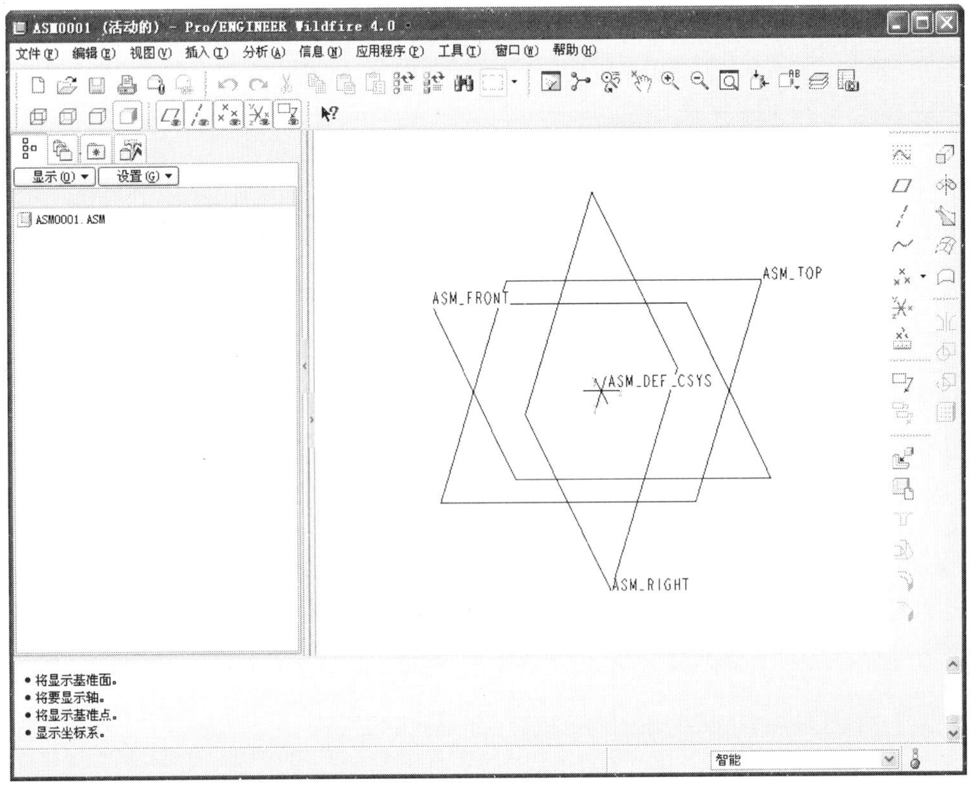

图 8-3

8.1.2 如何载入装配元件

进入零件装配环境后，用户首先要做的就是载入要装配的元件，其具体操作步骤如下。

Step 1 单击“工程特征”工具栏中的“装配”按钮，开启如图 8-4 所示的“打开”对话框。

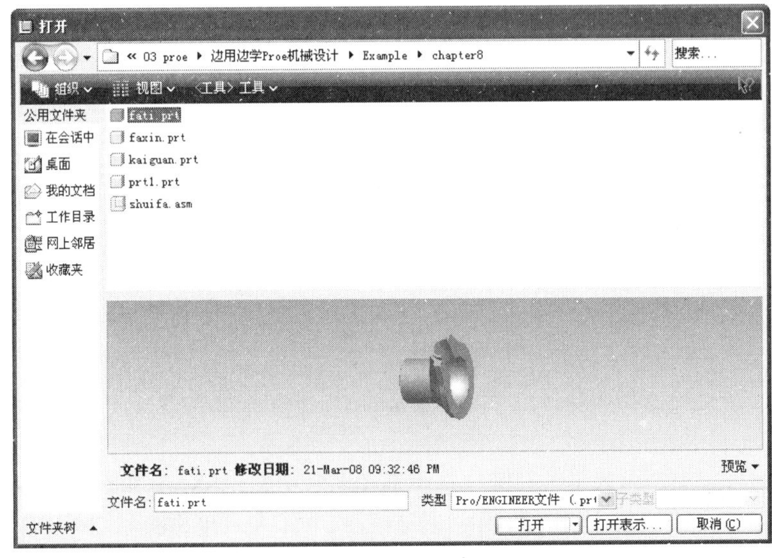

图 8-4

Step 2　在"打开"对话框中选择要进行装配的元件，单击"打开"按钮将其载入到零件装配环境中，同时开启"元件放置"命令控制面板，如图 8-5 所示。

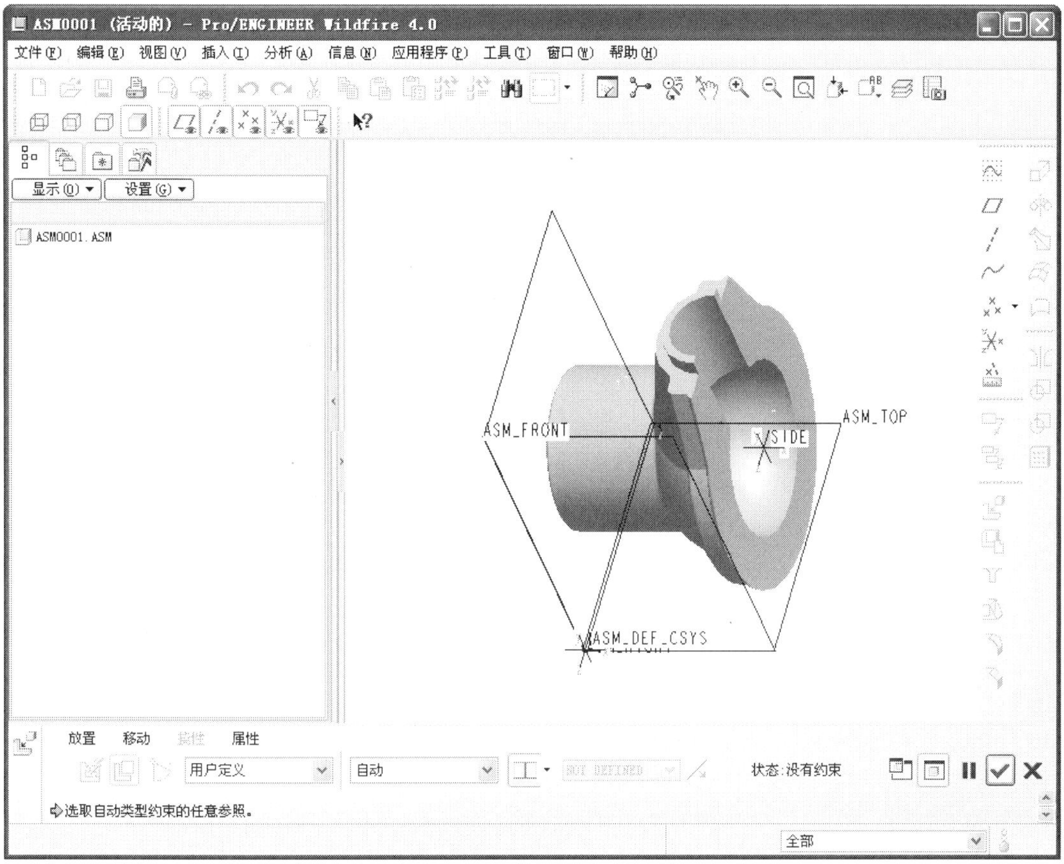

图 8-5

Step 3　对于第一个载入零件装配环境的元件，其放置的约束条件一般来说都选择"缺省"，如图 8-6 所示。

图 8-6

> 提示：选择元件放置的约束条件为"缺省"，系统会自动将零件本身的坐标系和零件装配环境中的坐标系 ASM_DEF_CSYS 重合。

Step 4　单击"完成"按钮☑即可完成第一个元件的载入和放置，其他元件也采用相同的方法载入，只是要设置不同的放置约束条件而已。

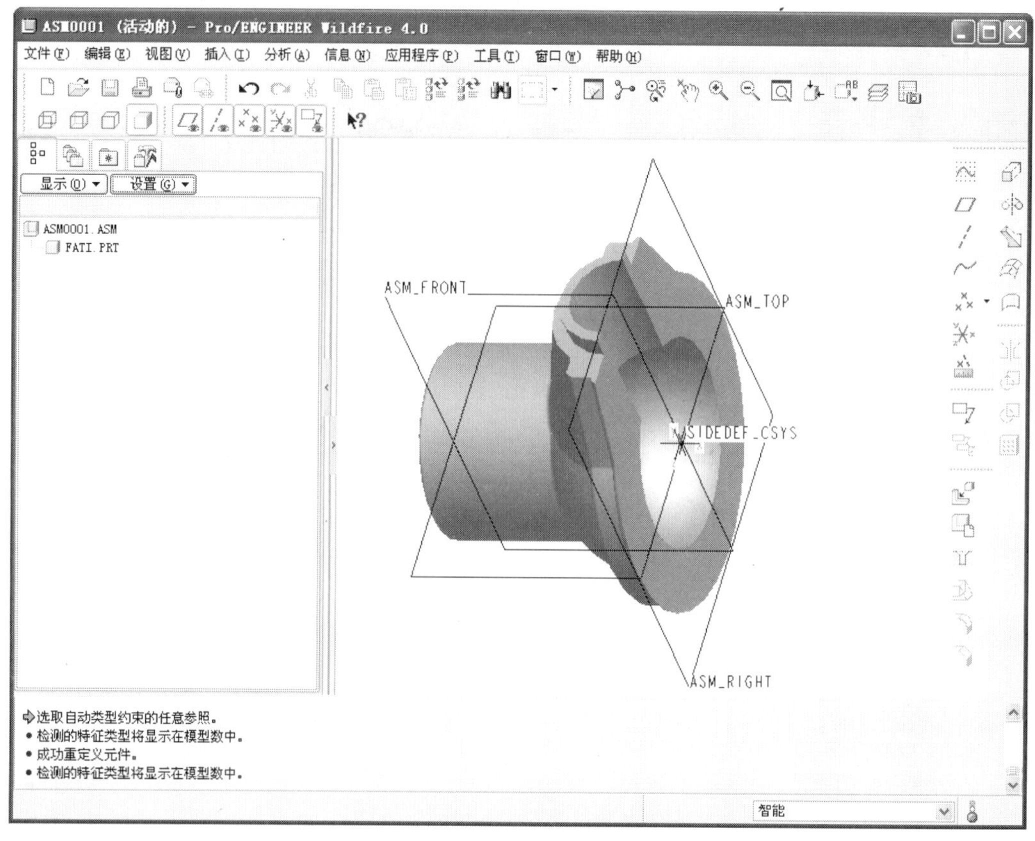

图 8-7

8.1.3 设置元件装配约束

设置元件装配的约束就是定义各个元件之间的配合关系，用这些配合关系来确定各个元件的相对位置。一般来说，装配一个元件通常需要设置多个约束来定义其相对位置。Pro/E 中的约束可以分为自动、匹配、对齐、插入、坐标系、相切、线上点、曲面上的点、曲面上的边、固定以及缺省 11 种类型。常用的约束类型有自动、匹配、对齐、插入、坐标系以及相切 6 种，下面将对这 6 种类型的约束进行详细介绍。

1. 自动

此约束类型是零件装配过程中系统默认的，在这种约束类型下，用户只需要选择组件和元件的约束参照，如模型边缘线、模型平面以及点等，系统会根据用户所选参照自动给出适当的约束。这种约束类型对于简单的装配很方便，但对于较为复杂的装配，系统则常常会判断失误，给出不符合用户意愿的约束，此时就需要用户自行选择装配约束类型。

2. 匹配

选择此约束类型，可以使选择的两个约束平面或基准平面相互平行且法向方向相反，其约束示意图如图 8-8 所示。

如果选择了“匹配”约束类型，用户还可以设定两个约束参照平面之间的距离。“偏移”下拉菜单中的选项可以对两个约束参照之间的偏移距离进行定义，偏移选项有偏距、定向、重合 3 种，如图 8-9 所示。

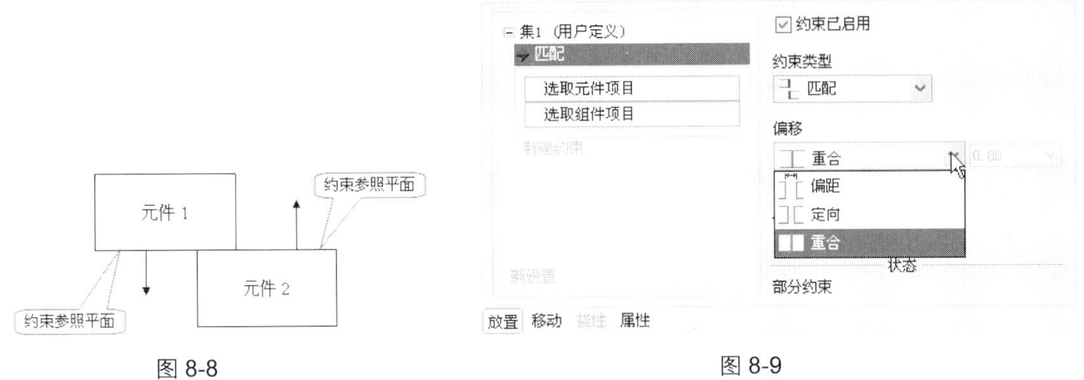

图 8-8　　　　图 8-9

选择“偏距”选项，参照面与面之间保持平行相距，偏移距离由用户自定义，如图 8-10 所示。

选择“定向”选项，参照面与面之间保持平行相距，但不约束偏移的距离，如图 8-11 所示。

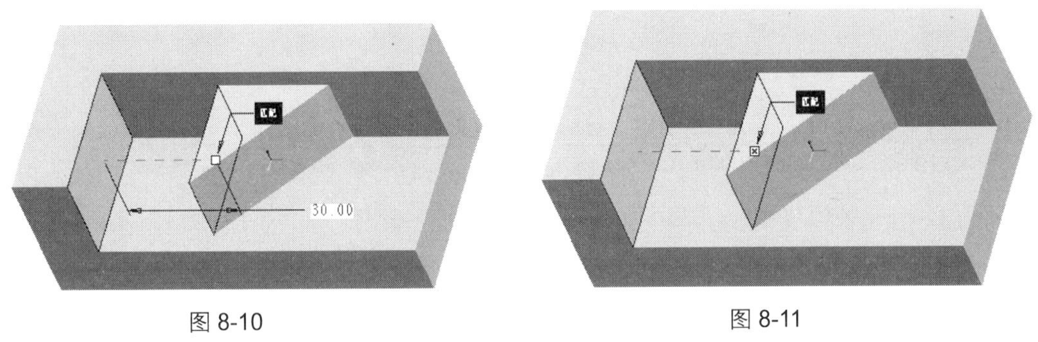

图 8-10　　　　图 8-11

选择“重合”选项，参照面与面完全接触贴合，如图 8-12 所示。

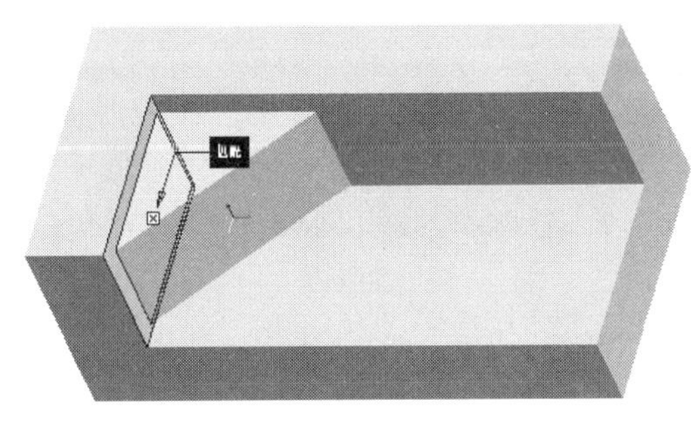

图 8-12

3. 对齐

选择此约束类型可以使选择的两个约束平面或基准平面的法向相互平行且方向相同，其约束示意图如图 8-13 所示。

此约束条件同样具有重合、定向、偏距 3 种偏移选项，如图 8-14 所示。

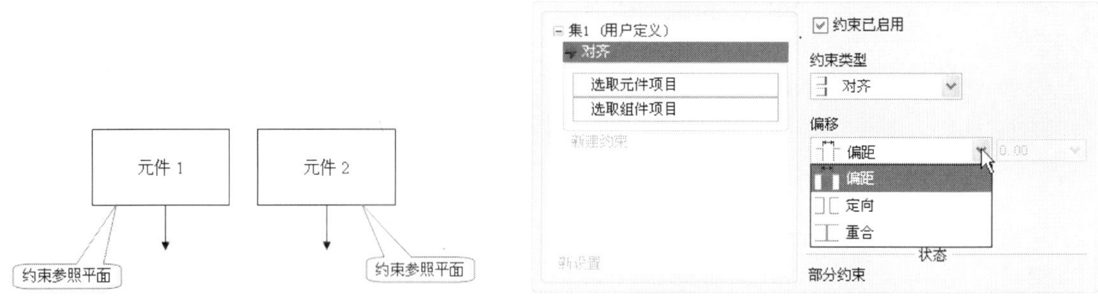

图 8-13　　　　图 8-14

选择“偏距”选项，参照面与面之间保持平行相距，偏移距离由用户自定义，如图 8-15 所示。选择“定向”选项，参照面与面之间保持平行相距，但不约束偏移的距离，如图 8-16 所示。

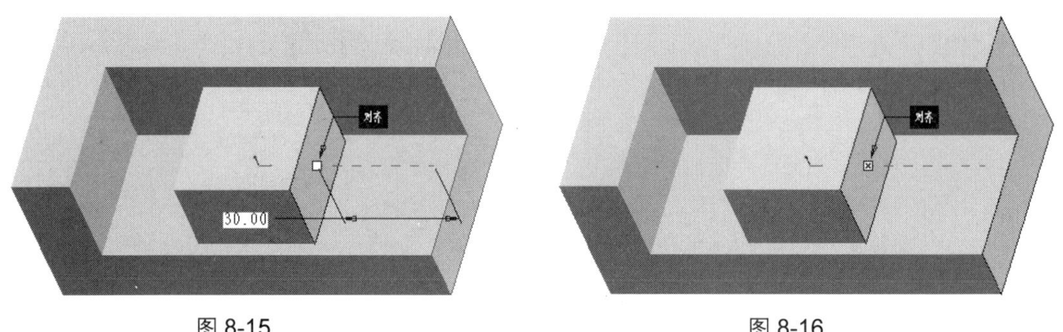

图 8-15　　　　图 8-16

选择“重合”选项，参照面与面完全接触贴合，如图 8-17 所示。

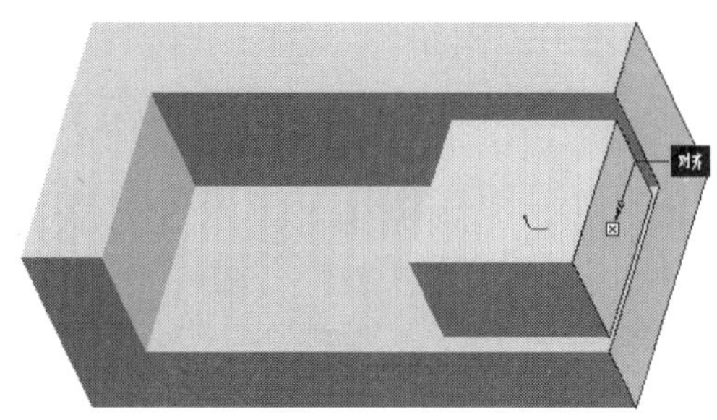

图 8-17

> 提示：“匹配”约束和“对齐”约束类型的不同之处在约束平面的法向方向，单击“装配”命令控制面板中的“方向”按钮⁄可以在“匹配”约束和“对齐”约束条件之间进行切换。

4. 插入

选择此约束类型可以使两个旋转曲面的中心轴重合，如图 8-18 所示。

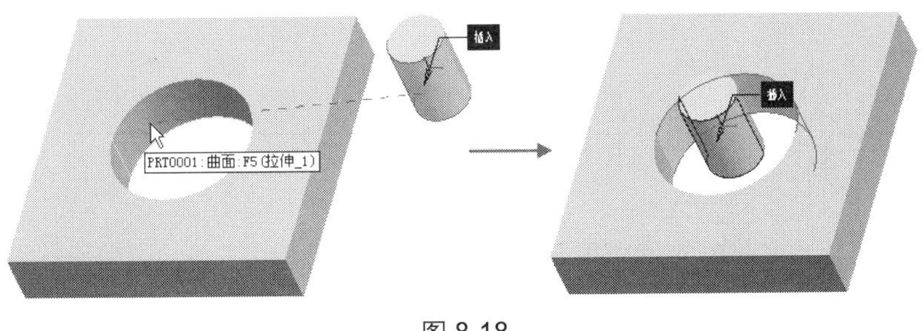

图 8-18

5. 相切

选择此约束类型可以使两曲面处于相切接触状态，如图 8-19 所示。

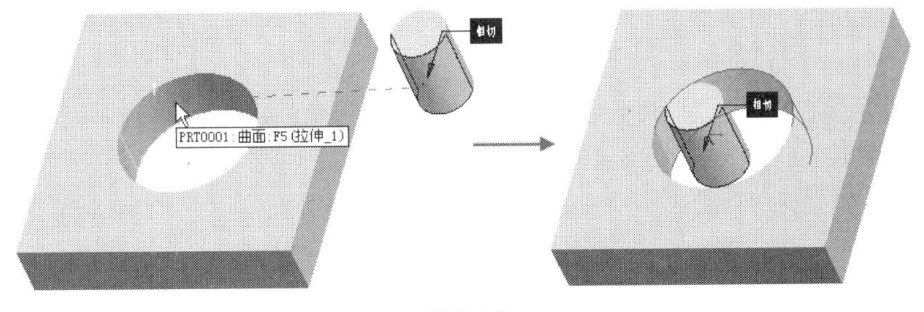

图 8-19

6. 坐标系

选择此约束条件可以使两个元件上的某一坐标系彼此重合，原点、X 轴、Y 轴、Z 轴完全对应，达到完全约束状态，如图 8-20 所示。

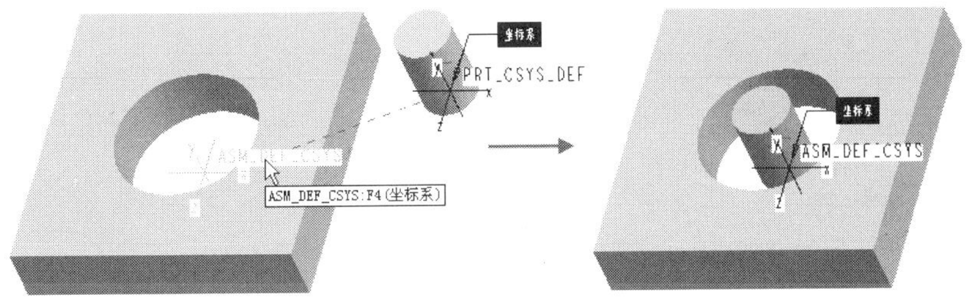

图 8-20

8.1.4　移动元件

在装配过程中，如果当前装配的元件没有完全约束，用户可以通过调整元件相对于其他元件的位置来观察元件，以便于设置零件的装配的约束。单击“移动”按钮开启“移动”上滑面板，如图 8-21 所示。该上滑面板中的各个参数选项主要用来调整元件到适当的装配位置或装配角度。

图 8-21

“移动”上滑面板中的设置主要是“运动类型”和“运动参照”。在“运动类型”下拉菜单中有定向模式、平移、旋转和调整 4 个选项。这 4 种运动类型的操作方法介绍如下。

1. 定向模式

选择此运动类型，光标将变成，同时模型窗口中将出现一个方向中心，它的操作方法和第 1 章所介绍的用定向模式观察模型的操作方法相同，这里就不再赘述。

2. 平移

选择此运动类型，用户在模型空间中单击鼠标左键并移动光标，正在装配的元件将随着光标移动，在此单击鼠标左键将可以放置元件在当前位置。

在平移元件时，如果选择“在视图平面中相对”选项，则用户可以自由地移动元件；如果选择“运动参照”选项，系统将启动“运动参照”收集器，用户可以选择平面、模型直边等参照来定义元件的平移方向。如果用户在图 8-22 中箭头所指的文本框中设定平移增量，则在设定平移增量后，元件每次移动的距离将是用户设定平移增量。

3. 旋转

选择此运动类型，用户在模型空间中单击鼠标左键并旋转光标，正在装配的元件将随着光标旋转，在此单击鼠标左键将可以放置元件在当前位置。

在旋转元件时，如果选择“在视图平面中相对”选项，则用户可以自由地旋转元件，旋转中点就是用户单击鼠标左键时所指定的点；如果选择“运动参照”选项，系统将启动“运动参照”收集器，用户可以选择基准轴、模型直边等参照来定义元件的旋转轴，元件将围绕用户选定的旋转轴参照进行旋转。如果用户在图 8-23 中箭头所指的文本框中设定旋转增量，则在设定旋转增量后，元件每次旋转的角度将是用户设定旋转增量。

图 8-22　　图 8-23

4. 调整

选择此运动类型，系统将允许用户选择元件上的平面或基准平面来调整元件的位置。如果选择“在视图平面中相对”选项，用户选择模型平面后，所选平面将与屏幕平行；如果选择“运动参照”选项，系统将启动“运动参照”收集器，用户可以选择点、轴、边以及平面等参照作为调整参照，将元件位置调整到组件中选定的参照。

8.2 分解视图

在实际工作中，当零件装配完成后有时需要分解组件来查看组件中各个零部件的位置状态，分解后的零件装配就称为分解图。对于每个零部件，系统会根据使用的约束条件产生默认的分解视图。例

如 8-24 所示的是装配完成的 CPU 风扇，执行“视图 | 分解 | 分解视图”下拉菜单命令，产生系统默认的分解视图如图 8-25 所示。

图 8-24

图 8-25

由图 8-25 可知，默认的分解视图通常无法很好地表达各个零部件的相对方位和装配关系，所以必须通过用户手动来编辑分解位置。

8.2.1　自定义分解视图

执行“视图 | 分解 | 编辑位置”下拉菜单命令，开启“分解位置”对话框，如图 8-26 所示。

“分解位置”对话框中提供了平移、复制位置、缺省分解以及重置 4 种运动类型，同时提供了视图平面、选取平面、图元/边、平面法向、2 点以及坐标系 6 种运动参照。用户可以使用此对话框来自定义分解视图，接下来通过自定义 CPU 风扇分解视图来介绍自定义分解视图的基本方法，分解结果如图 8-27 所示。

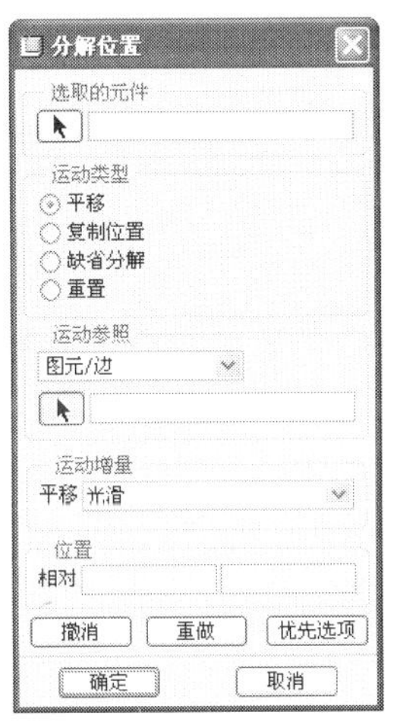

图 8-26

图 8-27

具体操作步骤如下。

Step 1　单击“文件”工具栏中的“打开”按钮，打开范例文件 Example\chap08\ cpu\cpu.asm。

Step 2　执行“视图 | 分解 | 编辑位置”下拉菜单命令，开启“分解位置”对话框。接受系统默认的运动参照类型为“图元/边”，然后选择如图 8-28 所示的模型边缘为运动参照。

Step 3　选择零件 prt004.prt 为要分解的零件，并拖动鼠标将其移动到如图 8-29 所示的位置。

图 8-28

图 8-29

Step 4 选择零件 prt003，并将其移动到如图 8-30 所示的位置。

Step 5 单击“分解位置”对话框的“运动参照”方框中的按钮启动“运动参照”收集器，选择如图 8-31 所示的模型边缘为运动参照。

图 8-30

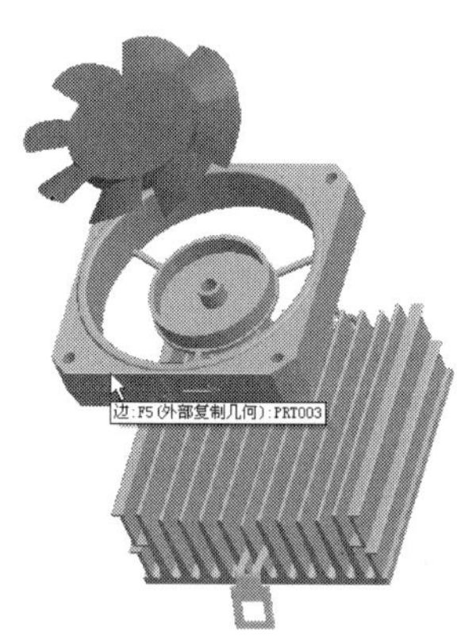

图 8-31

Step 6 选择零件 prt002，并将其移动到如图 8-32 所示的位置。

Step 7 单击“分解位置”对话框中的“确定”按钮，完成马达分解视图的自定义，结果如图 8-33 所示。

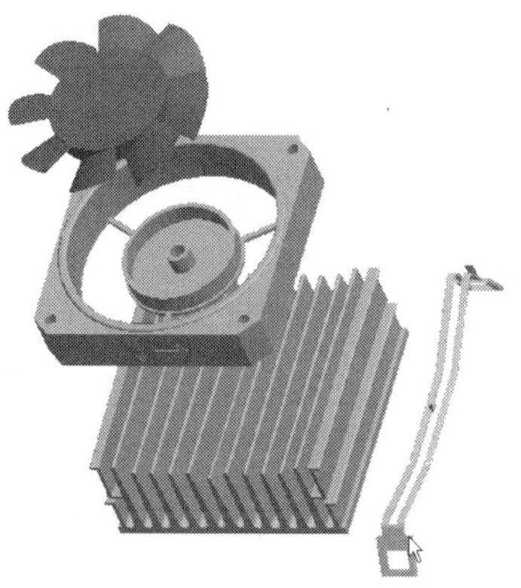

图 8-32

图 8-33

8.2.2　保存分解视图

当修改好分解视图后，如果用户想要在下次打开文件时看到同样的分解视图，则需要使用视图管理器保存已经分解完成的视图。具体操作步骤如下。

Step 1　单击“视图”工具栏中的“启动视图管理器”按钮，开启如图 8-34 所示的“视图管理器”对话框。单击“分解”选项卡，然后单击“新建”按钮，输入新建视图的名称，按<Enter>键确定，如图 8-35 所示。

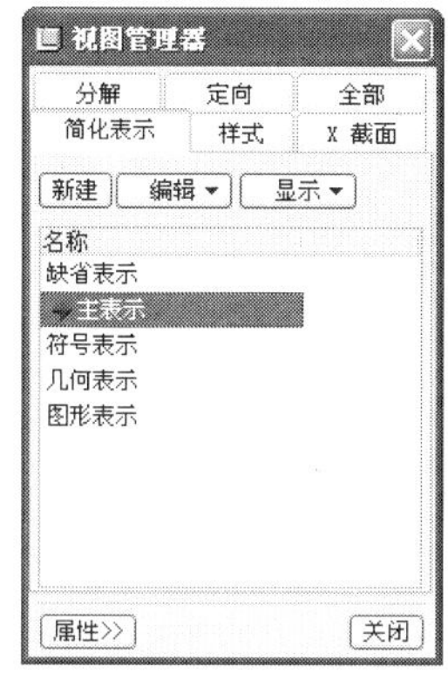

图 8-34

图 8-35

Step 2　单击“属性”按钮，“分解”选项卡变为如图 8-36 所示。

Step 3　单击“编辑位置”按钮，将开启“分解位置”对话框，使用此对话框可以移动装配体中的各个零部件进行分解，分解后“视图管理器”中将出现每个装配体的各个分解项目，如图 8-37 所示。

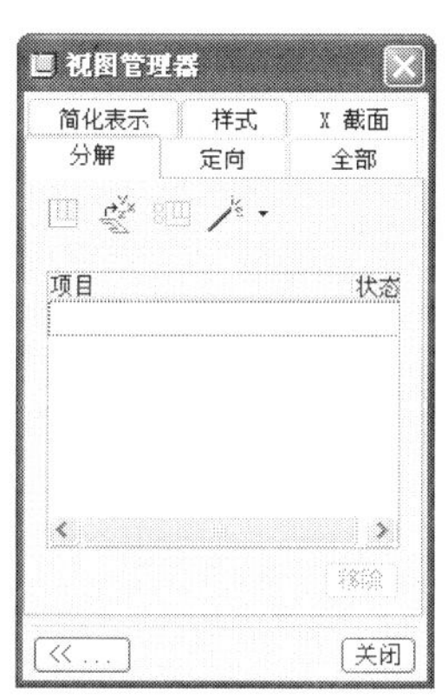

图 8-36

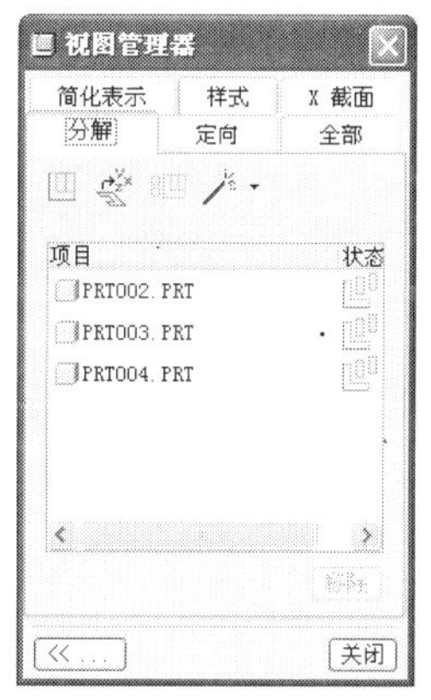

图 8-37

Step 4　当分解视图创建完成后，单击[<< ...]按钮，返回到如图 8-38 所示的对话框中，单击[编辑▼]按钮，在弹出的下拉菜单中可以对创建的分解视图进行保存、切换分解状态、移除以及重命名等操作。

Step 5　当保存分解视图后，单击“关闭”按钮关闭“视图管理器”对话框，将整个装配体模型保存后，下一次打开该文件时，只需选择新创建的视图即可。

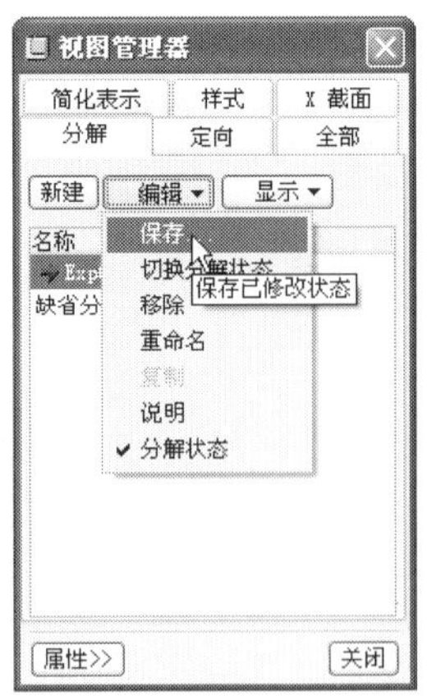

图 8-38

8.3 应用实践——装配水阀模型

任务要求

下面将通过装配水阀模型介绍 Pro/E 中的零件装配相关知识在实际零件设计建模过程中的应用。模型装配完成的结果如图 8-39 所示，其分解图如图 8-40 所示。

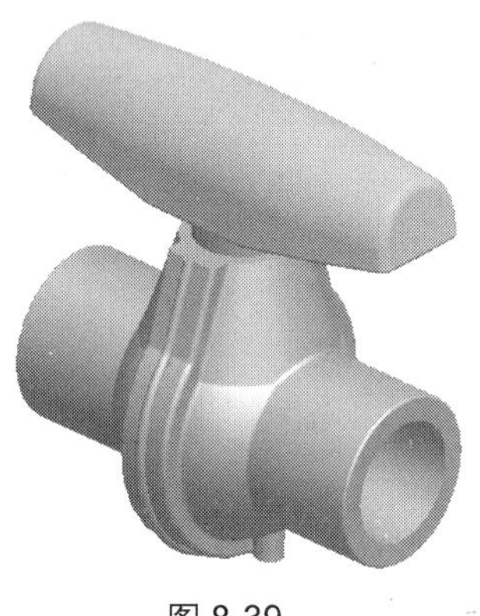

图 8-39

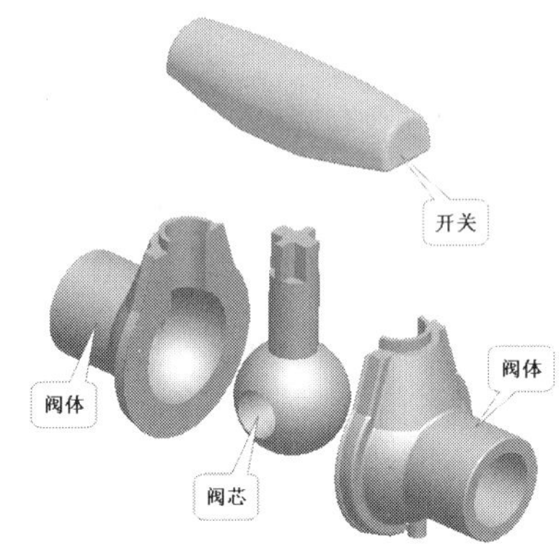

图 8-40

任务分析

从图 8-40 中可以看出，水阀装配体一共包含 4 个元件，分别为两个阀体、一个阀芯和一个开关。其中的两个阀体元件是相同的，只是装配位置不同。这是一种简单的阀体，一般是由塑料制成的，在实际装配过程中使用专用的胶水进行粘连，适合在临时环境下使用，注意不能长期使用。阀芯的作用是控制水流量，在装配时，阀体的球面和阀芯的球面必须完全贴合，否则水阀将出现漏水的情况。而开关则用于转动阀芯，以达到控制水流量的目的。

任务设计

在装配水阀时，首先载入一个阀体元件，以“预设”约束类型对其进行放置；然后载入阀芯元件，以“匹配”和“插入”约束类型对其进行放置；接下来载入阀体元件，以“对齐”和“插入”约束类型对其进行放置；最后载入开关元件，以“匹配”和“插入”约束类型对其进行放置。

任务完成

1. 新建零件文件

Step 1 单击“文件”工具栏中的“新建”按钮，开启“新建”对话框，在“新建”对话框中的“类型”方框中选择“组件”选项，在“子类型”方框中选择“设计”选项，并输入装配体的名称为 valve，如图 8-41 所示。

Step 2 取消“使用缺省模板”复选框的选取，单击“确定”按钮，开启“新文件选项”对话框，如图 8-42 所示。在“新文件选项”对话框中选择“mmns_asm_design”模板，然后单击“确定”按钮进入零件装配环境。

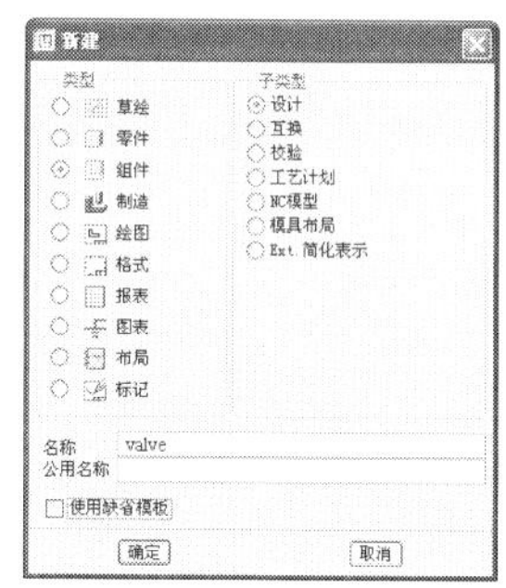

图 8-41

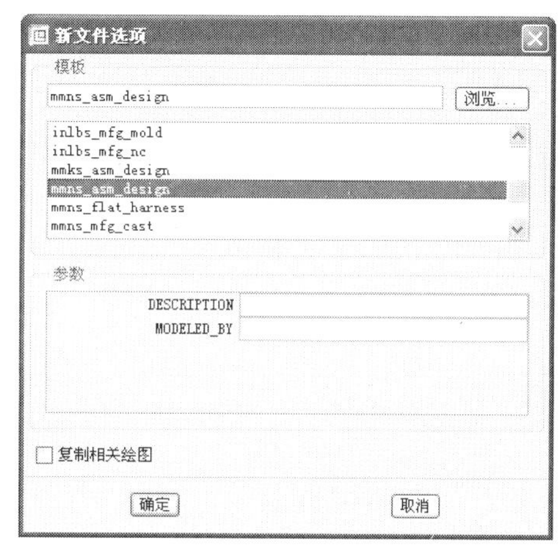

图 8-42

2. 装配第一个阀体元件

Step 1 单击“编辑特征”工具栏中的“装配”按钮，然后选择范例文件 Example\chap08\valve\valve-body.prt，单击“打开”按钮将零件模型作为元件载入到零件装配环境中，同时开启“装配”命令控制面板，如图 8-43 所示。

Step 2 在“元件放置”命令控制面板中选择约束类型为“缺省”，单击“完成”按钮完成第一个阀体元件的装配，如图 8-44 所示。

3. 装配阀芯元件

Step 1 单击“编辑特征”工具栏中的“装配”按钮，载入范例文件中的 Example\chap08\ valve \ valve-core.prt，在“装配”命令控制面板中选择约束条件为“插入”，然后选择如图 8-45 所示的圆柱面进行约束，装配预览如图 8-46 所示。

VALVE (活动的) - Pro/ENGINEER Wildfire 4.0
文件(F) 编辑(E) 视图(V) 插入(I) 分析(A) 信息(N) 应用程序(P) 工具(T) 窗口(W) 帮助(H)
显示(D) 设置(G)
VALVE.ASM
放置 移动 挠性 属性
用户定义
自动
NOT DEFINED
状态:没有约束
• 将不显示轴。
全部

图 8-43

VALVE (活动的) - Pro/ENGINEER Wildfire 4.0
文件(F) 编辑(E) 视图(V) 插入(I) 分析(A) 信息(N) 应用程序(P) 工具(T) 窗口(W) 帮助(H)
显示(D) 设置(G)
VALVE.ASM
VALVE-BODY.PRT
ASM_FRONT
ASM_TOP
ASM_RIGHT
• 用D:\Program Files\proeWildfire 4.0\templates\mmns_asm_design.asm作为模板。
选取自动类型约束的任意参照。
• 将显示基准面。
• 将不显示轴。
智能

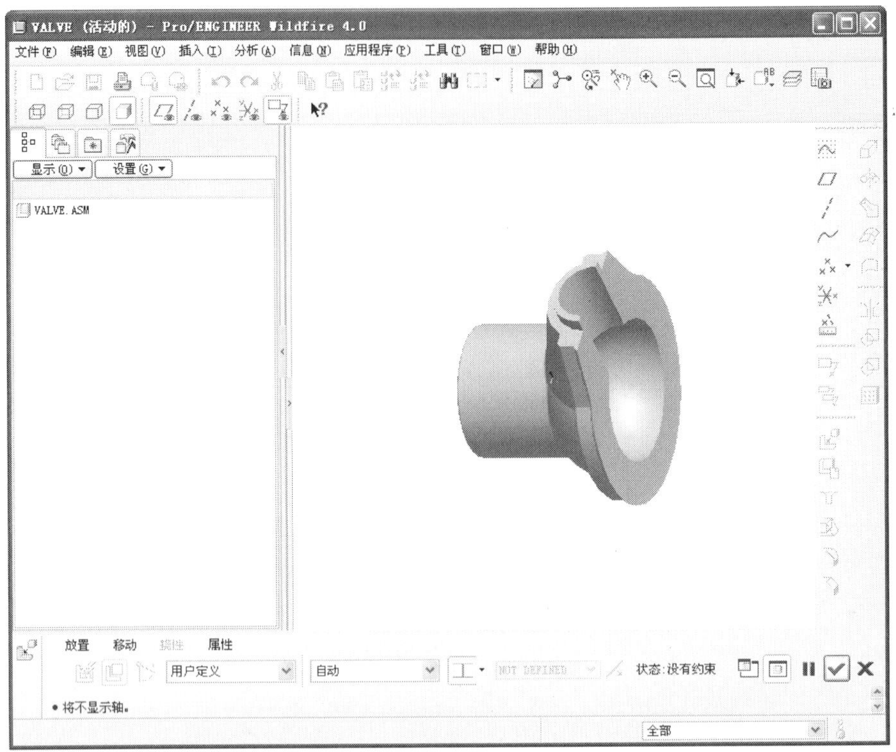

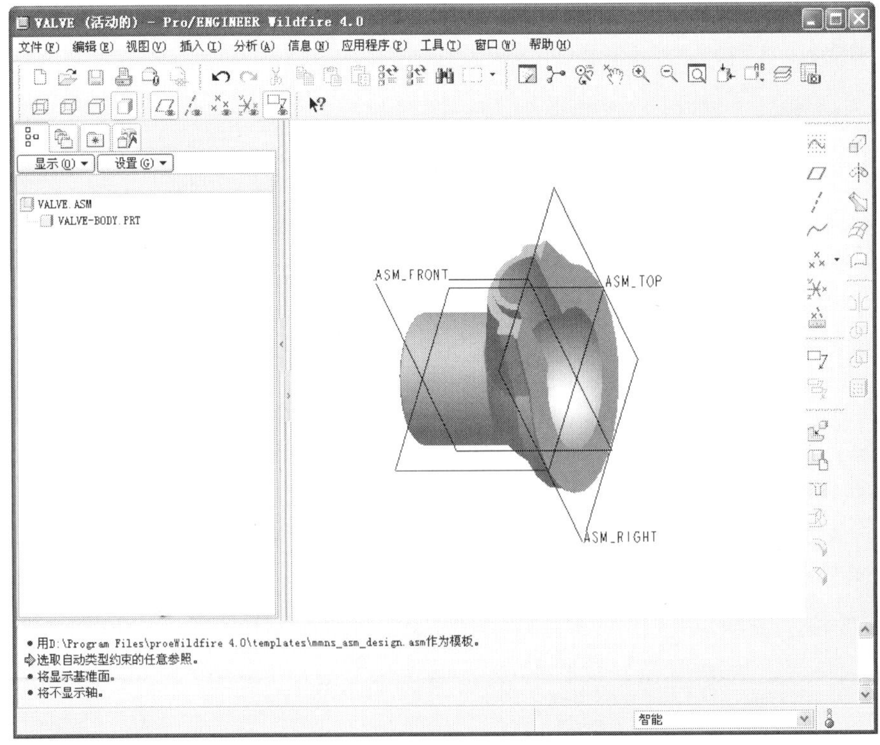

图 8-44

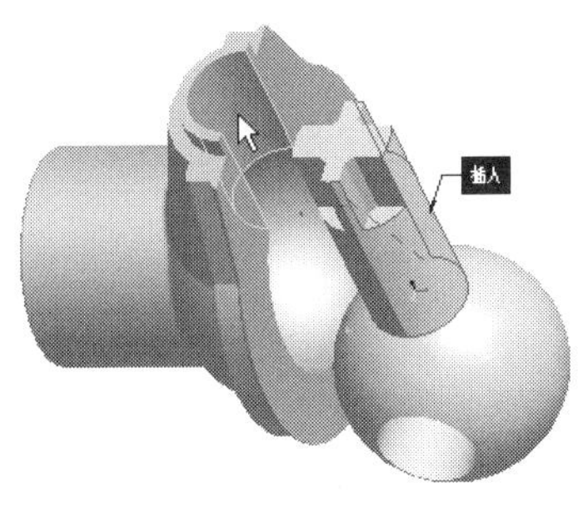

图 8-45

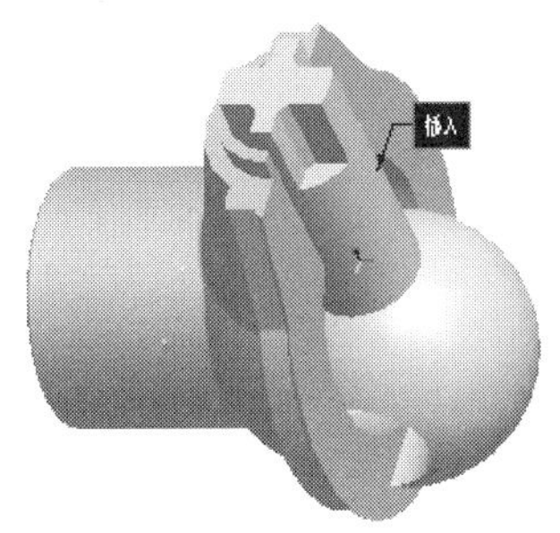

图 8-46

Step 2　在如图 8-47 所示的“放置”上滑面板中单击“新建约束”文字，启动新的“约束参照”收集器。

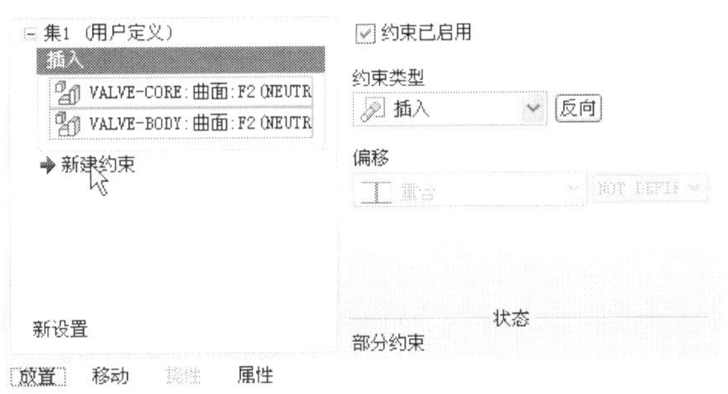

图 8-47

Step 3　选择约束类型为“匹配”，然后选择如图 8-48 所示的两个圆球面进行约束，装配预览如图 8-49 所示。

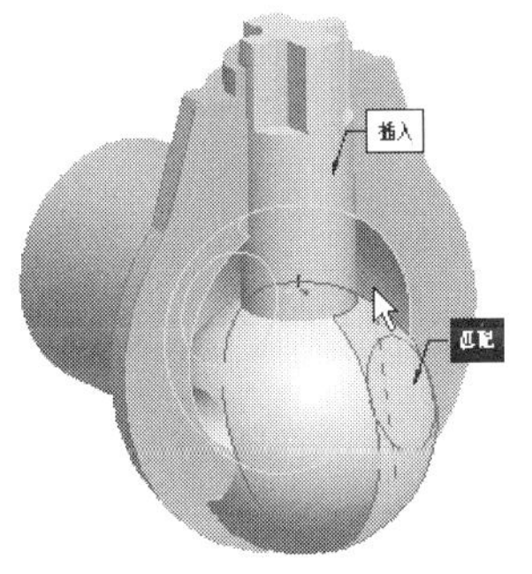

图 8-48

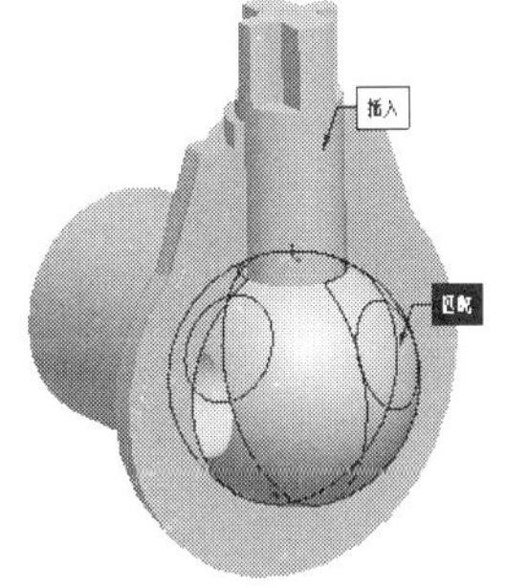

图 8-49

Step 4　在“放置”上滑面板中取消“允许假设”复选框的选取，单击✓按钮完成零件 faxin.prt 的装配，结果如图 8-50 所示。

> 提示：由于阀芯元件装配是一个不完全约束的装配，且在装配完成后要求必须可以转动，因此其装配位置可能会发生变化。如果不取消“允许假设”复选框的选取，则当单击“完成”按钮✓后系统有可能以一种不符合用户意愿的方式完成元件的装配，其效果如图 8-51 所示。

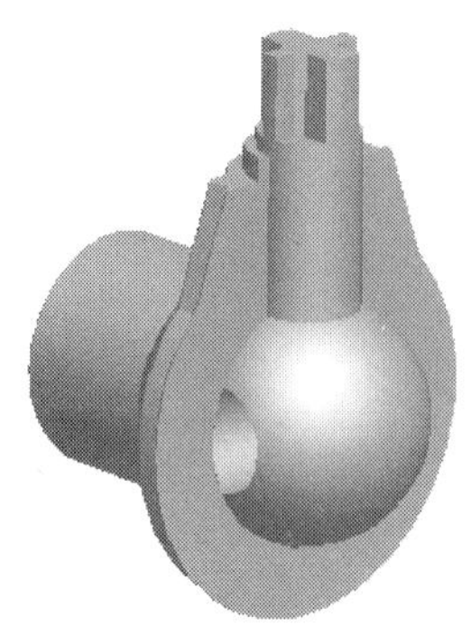
图 8-50

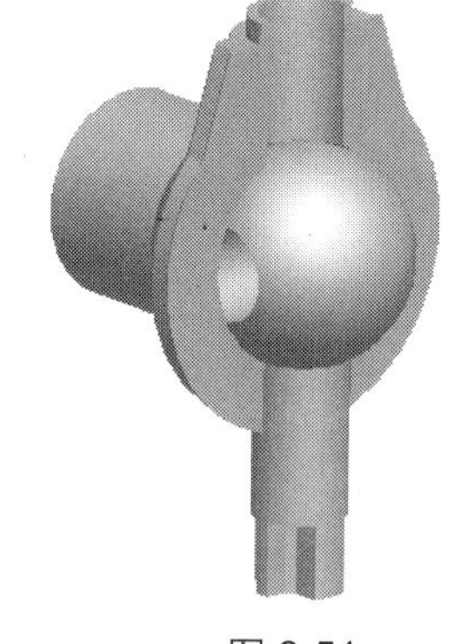
图 8-51

4. 装配第二个阀体元件

Step 1 单击“编辑特征”工具栏中的“装配”按钮，载入范例文件中的 Example\chap08\valve\valve-body.prt，如图 8-52 所示。

Step 2 视图切换到 TOP 视图中，单击“移动”按钮开启“移动”上滑面板，选择运动类型为“旋转”，如图 8-53 所示。

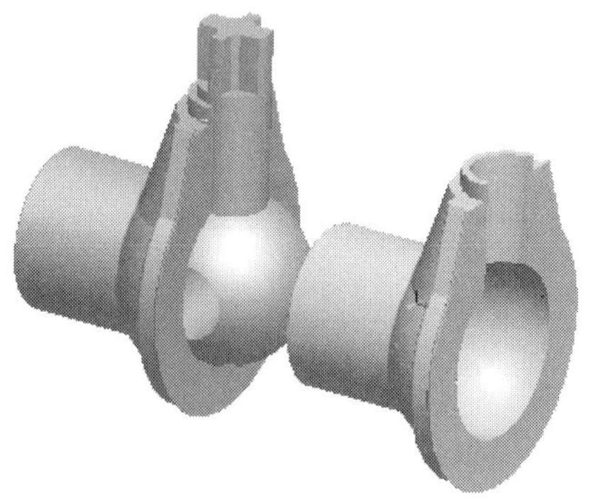
图 8-52

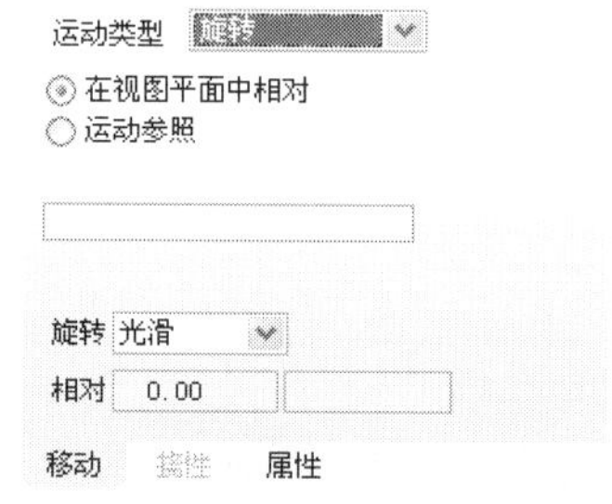

图 8-53

Step 3 在绘图区中单击鼠标右键，在弹出的快捷菜单中执行“移动元件”命令，在如图 8-54 所示的位置单击鼠标左键，确定旋转中点。

Step 4 移动光标将零件旋转到如图 8-55 所示的位置，然后单击鼠标左键完成零件的旋转。

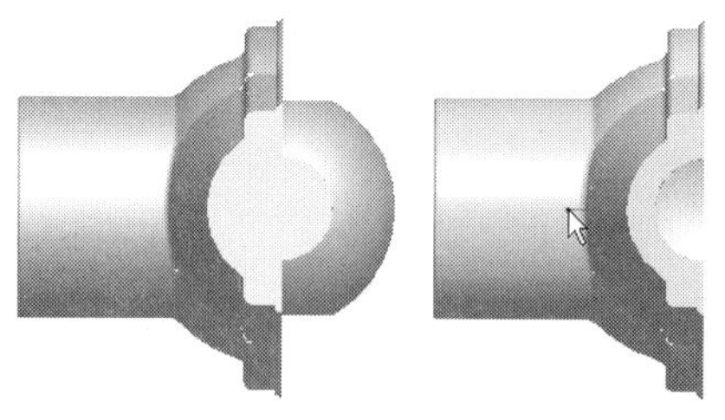
图 8-54

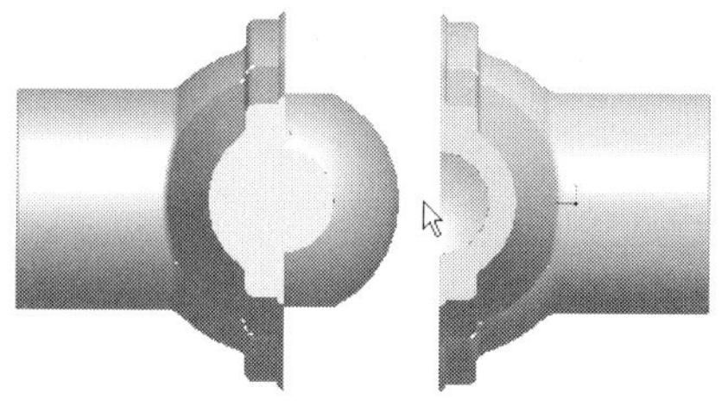
图 8-55

Step 5 在绘图区中单击鼠标右键，在弹出的快捷菜单中执行“两个收集器”命令，重新启动“约束参照”收集器。然后在“装配”命令控制面板中选择约束条件为“对齐”，并选择如图 8-56 所示的模型平面进行约束，装配预览如图 8-57 所示。

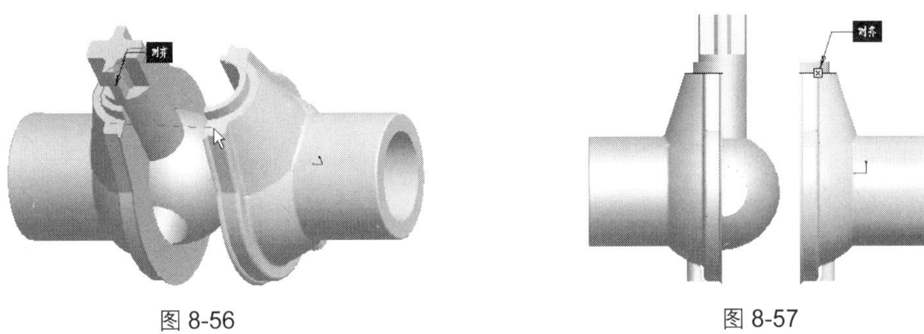

图 8-56　　　　　　图 8-57

Step 6　单击“放置”按钮开启“放置”上滑面板，单击“新建约束”文字启动新的“约束参照”收集器，并选择约束类型为“插入”。然后选择如图 8-58 所示的两个圆柱面进行约束，装配预览如图 8-59 所示。

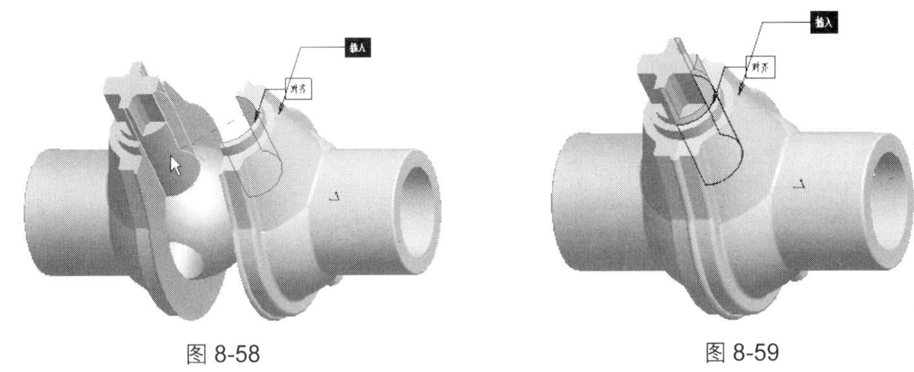

图 8-58　　　　　　图 8-59

Step 7　单击☑按钮完成第二个阀体元件的装配，结果如图 8-60 所示。

5. 装配开关元件

Step 1　单击“编辑特征”工具栏中的“装配”按钮，载入范例文件中的 Example\chap08\valve\valve-body.prt，如图 8-61 所示。

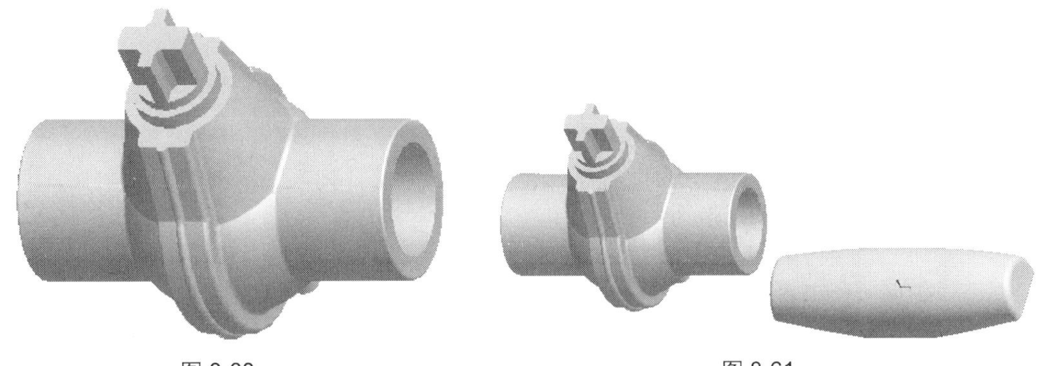

图 8-60　　　　　　图 8-61

Step 2　在“装配”命令控制面板中选择约束条件为“匹配”，然后选择如图 8-62 所示的圆柱面进行约束，装配预览如图 8-63 所示。

Step 3　单击“放置”按钮开启“放置”上滑面板，单击“新建约束”文字启动新的“约束参照”收集器，并选择约束类型为“插入”，然后选择如图 8-64 所示的两个圆柱面进行约束，装配预览如图 8-65 所示。

Step 4　单击“完成”按钮☑完成开关元件的装配，水阀模型最终装配结果如图 8-39 所示。

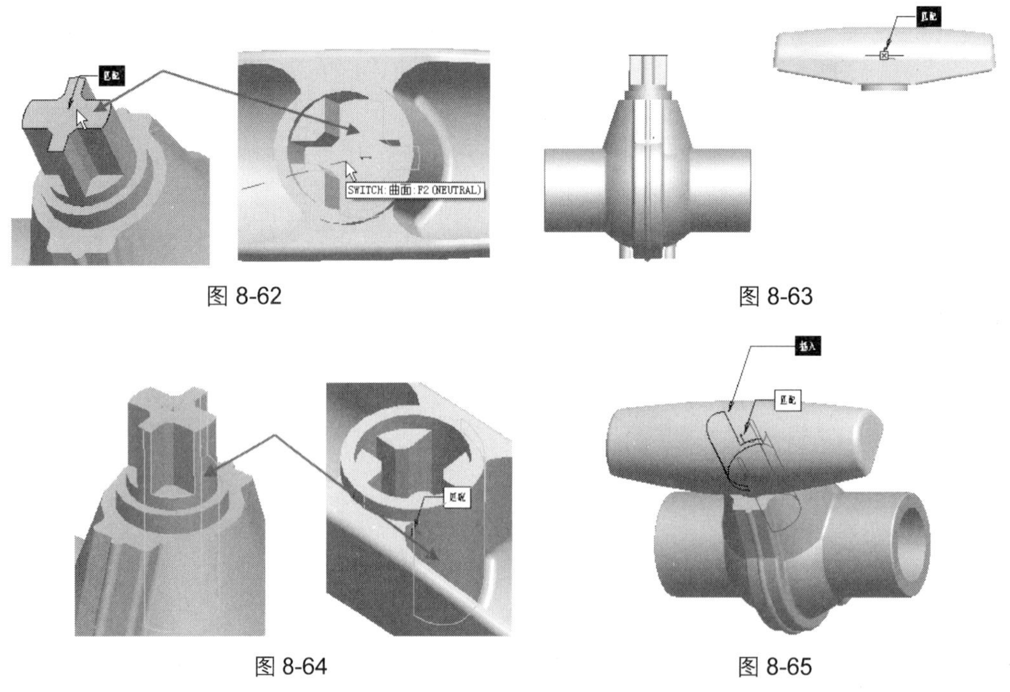

图 8-62　　图 8-63

图 8-64　　图 8-65

归纳总结

在创建装配水阀模型的过程中，主要使读者了解了匹配约束、对齐约束、插入约束以及旋转元件等相关知识在模型装配过程中的运用。从本例中可以看出，装配零件模型其实就是通过各种约束来定义各种元件在模型空间中的相对位置。如何更合理地完成零件的装配，还需要读者在实际的工作中多进行总结。

8.4 自我检测

（1）在 Pro/E 中零件的装配体被称为什么？

（2）在组件模式下，系统会自动创建 3 个基准面，它们分别是什么？

（3）在装配零件时，运动类型分为哪几种？运动参照分为哪几种？

（4）装配完成如图 8-66 所示滑动轴承座，其分解图如图 8-67 所示。

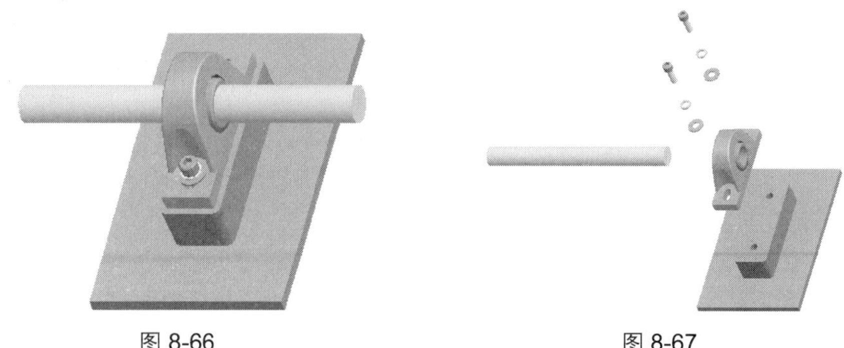

图 8-66　　图 8-67

第 9 章 工程图

📖 本章要点

- 创建工程视图
- 标注尺寸
- 创建表格
- 创建轴承座零件图

工程图是产品造型设计中一个十分重要的部分，它是连接设计者与生产部门的桥梁。设计者可以通过制作工程图将其产品造型更加清晰完整地显示出来。Pro/E 为用户提供了一种工程图设计模块，该模块不仅能够帮助用户更加灵活地绘制设计工程图，而且也为用户添加了注释工程图、修改尺寸等多方面的功能，大大提高了设计者的工作效率。在本章中将主要介绍如何在 Pro/E 中绘制零件的工程图。

9.1 创建工程视图

在 Pro/E 中的工程图和其相对应的三维零件模型之间是相关联的，也就是说，如果在工程图中对零件进行了修改，则三维实体零件模型将会体现出来；同理，如果对三维实体模型进行了修改，那么其相对应的工程图也将会同样产生更新。另外，工程图中各个视图也是相关联的，也就是说，当在一个视图中进行修改后，所有其他视图中相关的部分都将被更新。

一个工程图的基础就是各种用于表达零件形状的视图，包括一般视图、投影视图、辅助视图、详细视图和剖视图等，在本节中将主要介绍各种工程视图的创建方法。

9.1.1 使用模板创建默认三视图

工程图有其专门的工作环境，要创建工程图首先要进入工程图绘制环境，其方法与前面进入零件建模环境、组件装配环境的方法相同，具体操作步骤如下。

Step 1 单击“文件”工具栏中的“新建”按钮，开启“新建”对话框。在“新建”对话框中的“类型”方框中选择“绘图”选项，如图 9-1 所示。

Step 2 在“名称”文本框中输入要创建的工程图的名称，选中“使用缺省模板”复选框，单击“确定”按钮，开启“新制图”对话框，如图 9-2 所示。

Step 3 在“新制图”对话框中单击“浏览”按钮，开启“打开”对话框，选择范例文件 Example\chap06\ support-arm.prt，然后在“模板”方框中选择 a4_drawing 为绘图模板，单击“确定”按钮进入工程图绘制环境，出现如图 9-3 所示的系统默认的模型三视图。

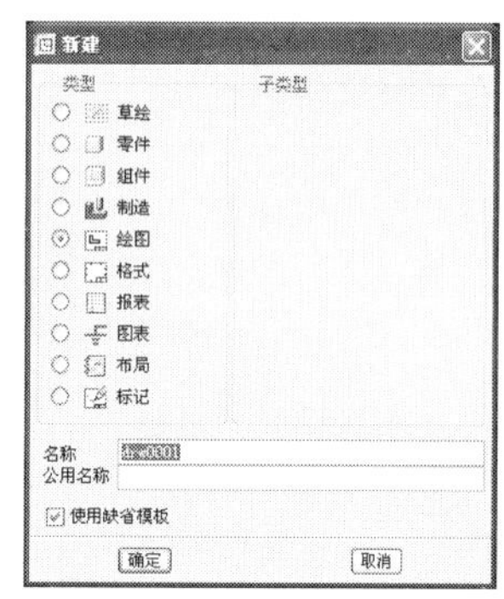

图 9-1

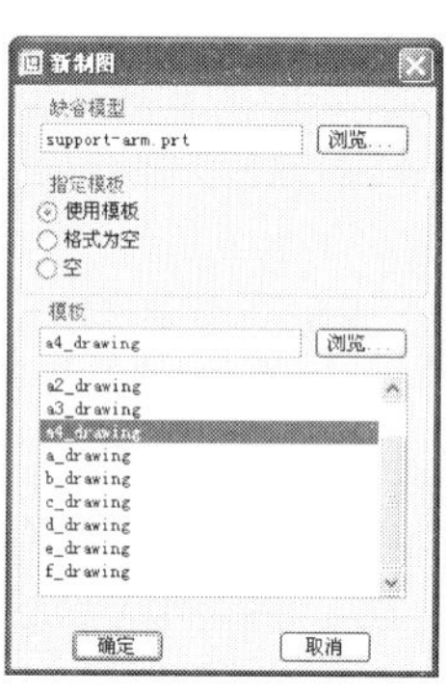

图 9-2

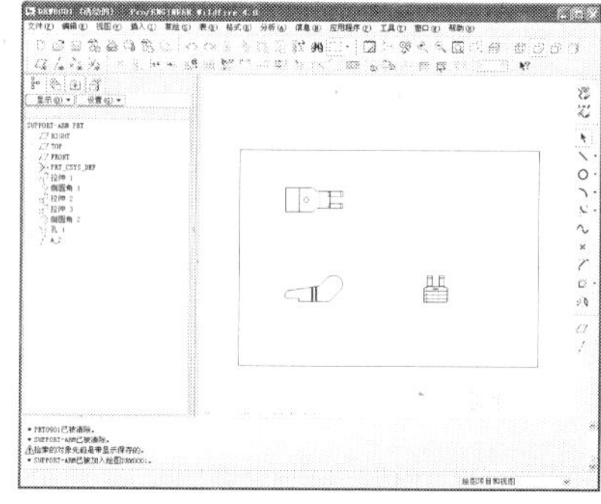

图 9-3

9.1.2 创建一般视图

所谓一般视图就是指不使用模板或空白模板创建的视图，其创建比较容易。一般视图是创建其他视图的前提条件，一般来说都是先创建一个一般视图，然后以一般视图为基础创建投影视图、辅助视图以及详细等其他视图。具体操作步骤如下。

Step 1 单击“文件”工具栏中的“新建”按钮，在开启的“新建”对话框选择“绘图”选项，输入工程图的名称，并取消“使用缺省模板”复选框的选取，如图 9-4 所示。

Step 2 单击“确定”按钮，开启“新制图”对话框，单击“浏览”按钮，开启“打开”对话框。选取一个三维实体零件模型，然后在“指定模板”方框中选择“空”选项，在“标准大小”下拉菜单中选择“A4”选项，如图 9-5 所示。

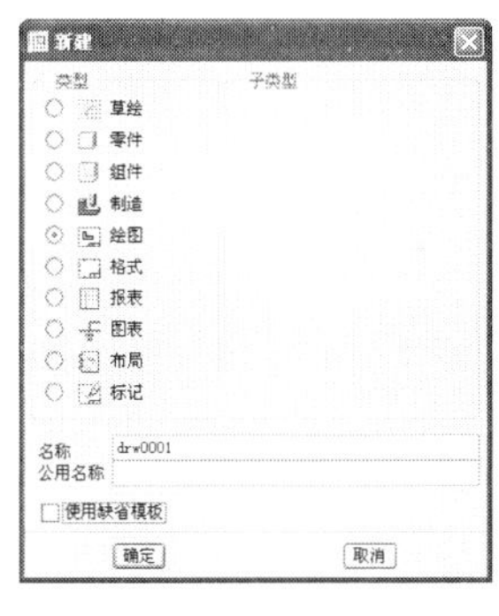

图 9-4

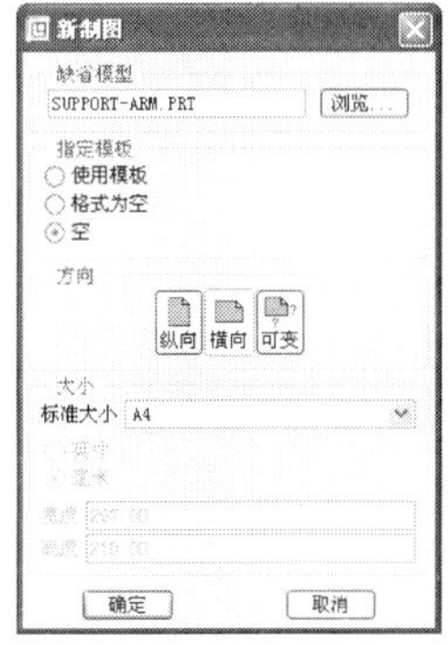

图 9-5

Step 3 单击“确定”按钮进入工程图绘制环境。单击“绘制”工具栏中的“一般”按钮，然后在绘图区中单击鼠标左键确定视图放置位置，结果如图 9-6 所示。同时将开启如图 9-7 所示的“绘图视图”对话框。

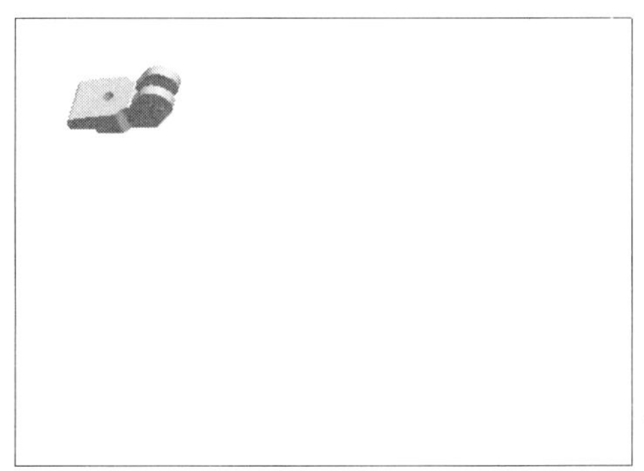

图 9-6

图 9-7

> 提示：也可以通过在绘图区中单击鼠标右键，在弹出的快捷菜单中执行“插入普通视图”命令创建一般视图。

Step 4 在“模型视图名”列表框中选择所使用的绘图方向为 FRONT，在“类别”方框中选择“比例”，然后切换到“比例和透视图选项”方框中，选择“定制比例”选项并设定定制比例为 0.5，如图 9-8 所示。

Step 5 单击“应用”和“关闭”按钮完成一般视图的创建，单击“模型显示”工具栏中的“隐藏线”按钮，以无隐藏线模式显示一般视图，结果如图 9-9 所示。

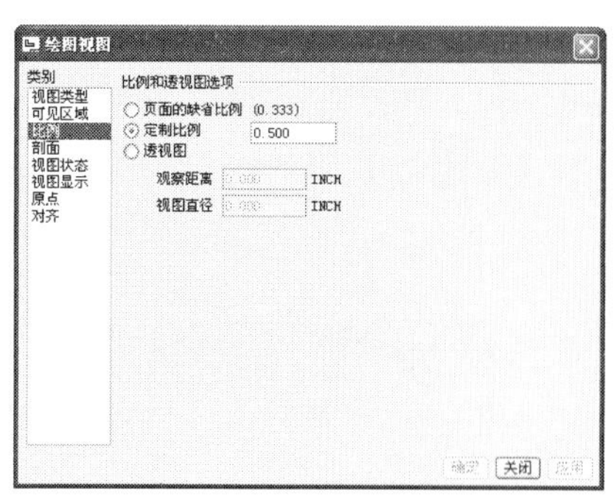

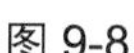
图 9-8

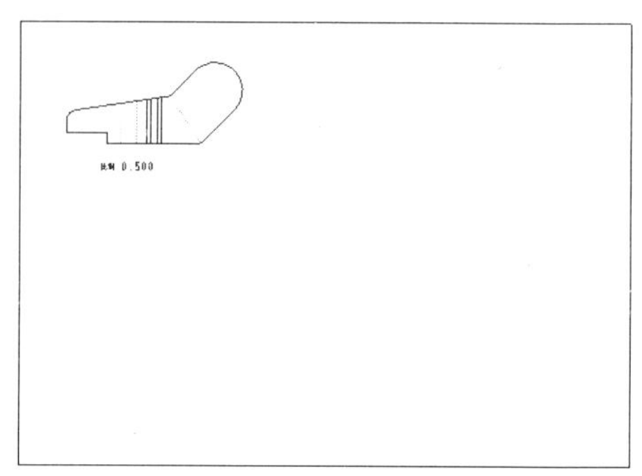
图 9-9

9.1.3 创建投影视图

投影视图是由一般视图或其他视图按照一定的投影规则投影而产生的视图。如果投影视图源自于一般视图，则可以把一般视图看成是父视图，调整它的方向和外观以决定其生成的投影视图的外观。创建投影视图的具体操作步骤如下。

Step 1 选择要创建投影视图的父视图，如图 9-10 所示。

Step 2 执行“插入 | 绘图视图 | 投影”下拉菜单命令，然后向下移动光标，指定投影视图的放置位置，如图 9-11 所示。

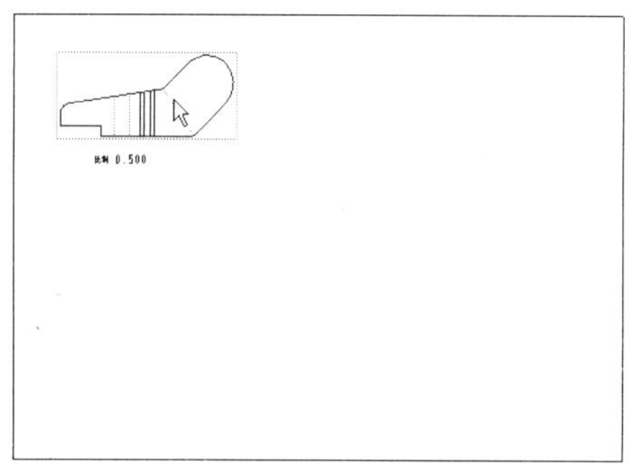
图 9-10

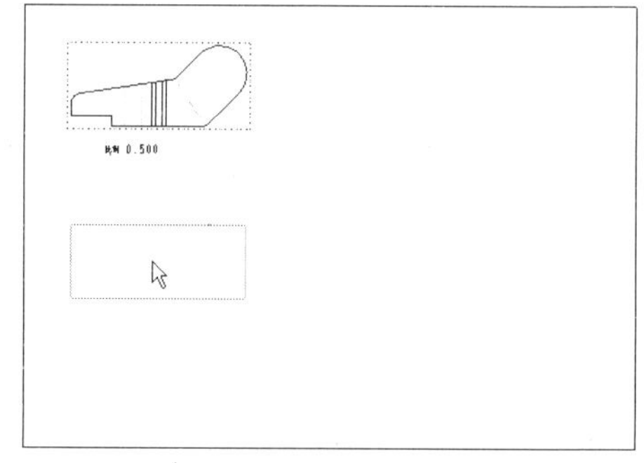
图 9-11

Step 3 单击鼠标左键放置投影视图，结果如图 9-12 所示。

Step 4 使用同样的方法放置另一个投影视图，完成零件模型三视图的创建，结果如图 9-13 所示。

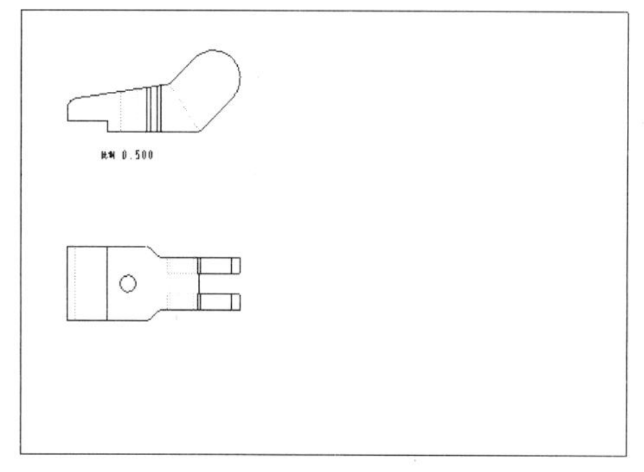
图 9-12

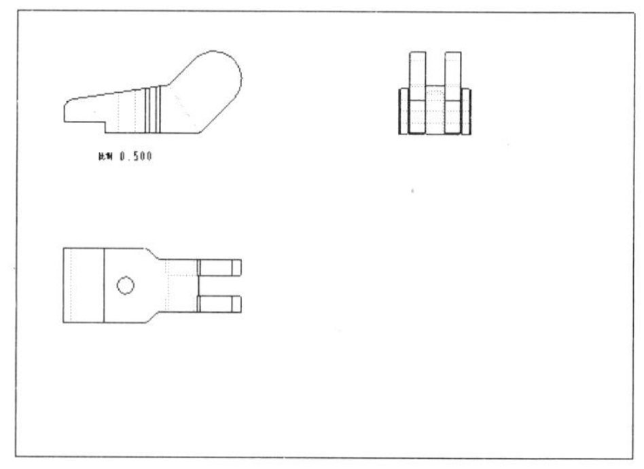
图 9-13

每个投影视图产生于一般视图上下、左右的垂直或水平的投影路径上，投影视图在投影路径上其父视图对齐。在系统默认情况下，新创建的视图是固定的，不能被移动，包括新创建的一般视图。

如果要移动视图，则可以在绘图区中单击鼠标右键，在弹出的快捷菜单中取消“锁定视图移动”命令的勾选，如图 9-14 所示。然后就可以用鼠标左键按住视图进行移动了，如图 9-15 所示。

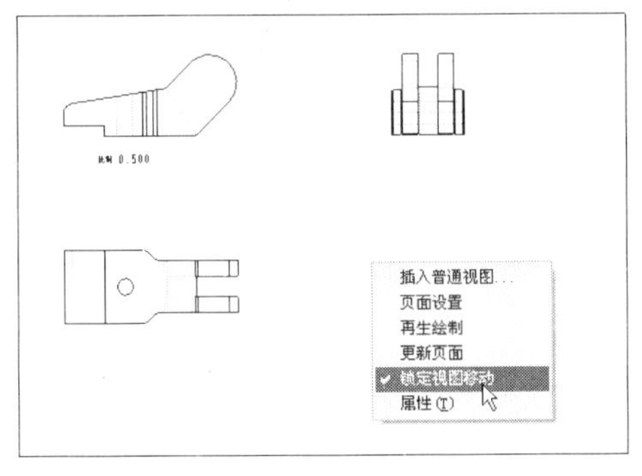

图 9-14

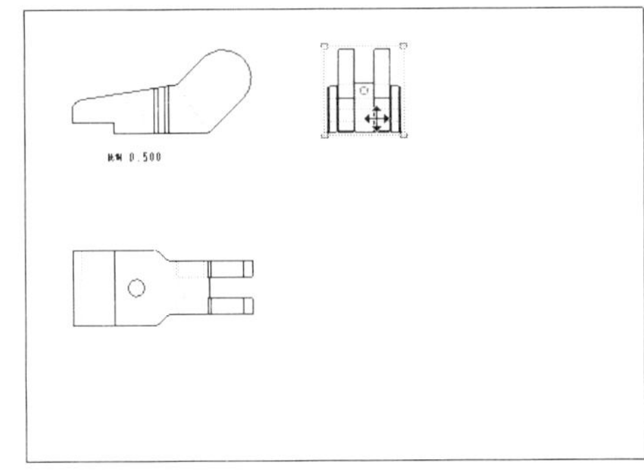

图 9-15

虽然视图可以移动，但是除了一般视图可以任意移动外，投影视图还是只能在投影路径上移动，这就存在一定的局限性。如果要想将投影视图移动到任何位置，可以双击要移动的投影视图，开启“绘图视图”对话框，选择“对齐”类别，取消“将此视图与其他视图对齐”复选框的选取，如图 9-16 所示。单击“确定”按钮完成设置。

设置完成后，选择的投影视图就可以被移动到任意位置了，如图 9-17 所示。

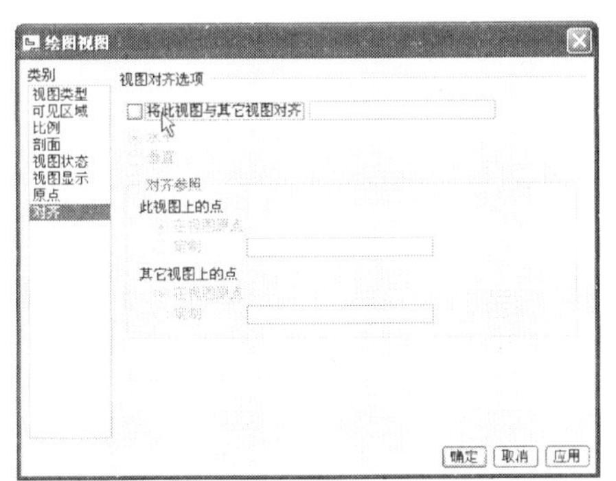

图 9-16

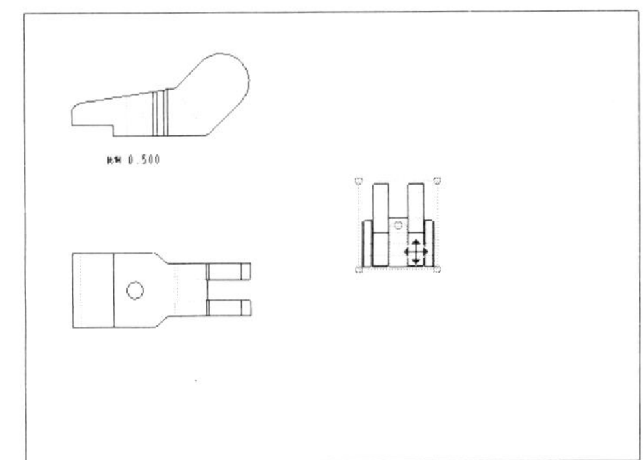

图 9-17

9.1.4　创建辅助视图

在实际工作中有的模型比较复杂，仅通过投影视图无法完全表现模型的某些部分的形状，在这种情况下可以通过创建辅助视图来表现投影视图无法表现的部分。创建辅助视图的具体操作步骤如下。

Step 1　执行“插入 | 绘图视图 | 辅助”下拉菜单命令，选择如图 9-18 所示的模型边线为投影参考。

Step 2　移动光标到适当位置，然后单击鼠标左键放置辅助视图，结果如图 9-19 所示。

Step 3　使用前面学习的方法移动辅助视图，并将其放置到如图 9-20 所示的位置，完成辅助视图的创建。可以说，辅助视图就是一种特殊的投影视图。

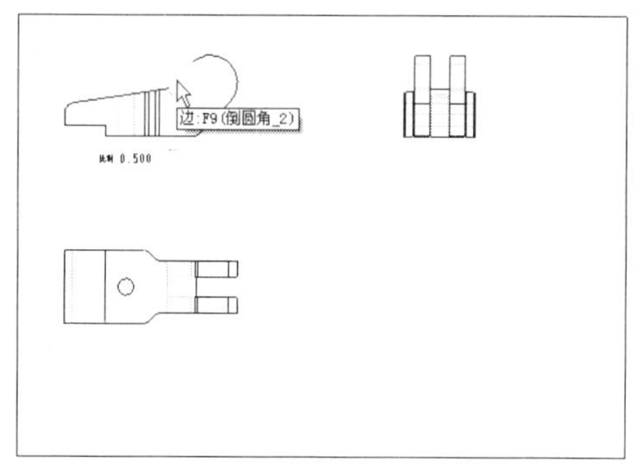

图 9-18

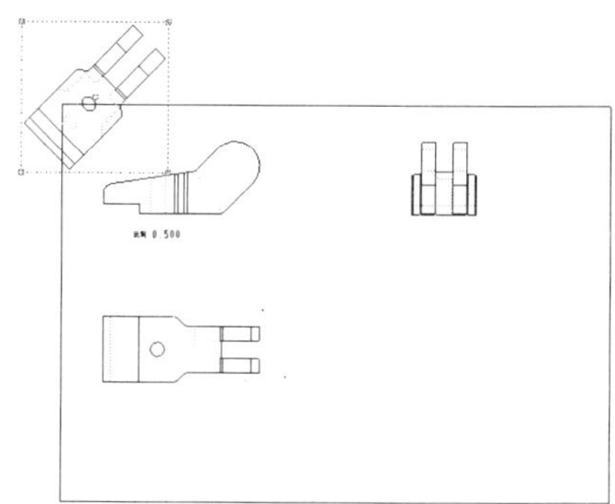

图 9-19

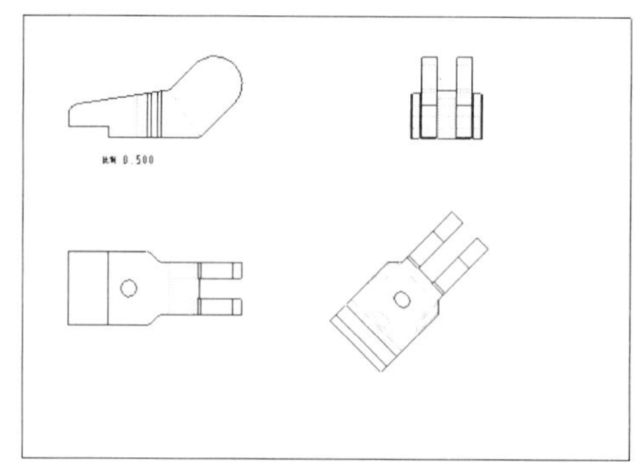

图 9-20

9.1.5　创建剖面视图

如果零件模型的内部结构比较复杂，就需要通过创建零件的剖面视图来表现零件的内部结构。创建零件剖面视图的具体操作步骤如下。

Step 1　单击“文件”工具栏中的“打开”按钮，开启范例文件 Exampl\chap09\ coupling.drw，结果如图 9-21 所示。

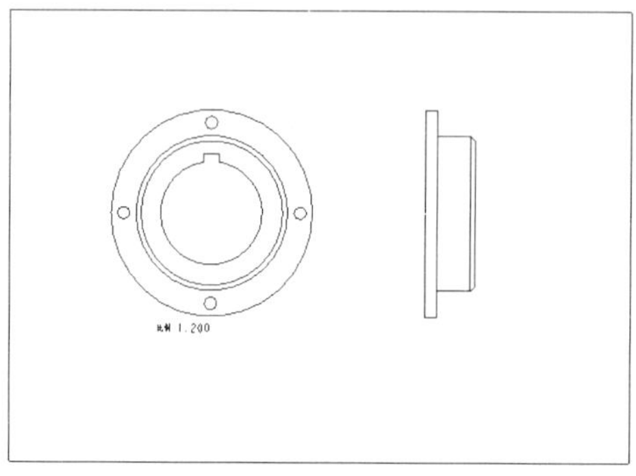

图 9-21

Step 2　双击图 9-21 中的左视图，在其上创建剖面视图。开启“绘图视图”对话框，选择“剖面”类别，然后选择“2D 截面”选项，如图 9-22 所示。

Step 3　单击“新建剖面”按钮 +，弹出如图 9-23 所示的菜单管理器。

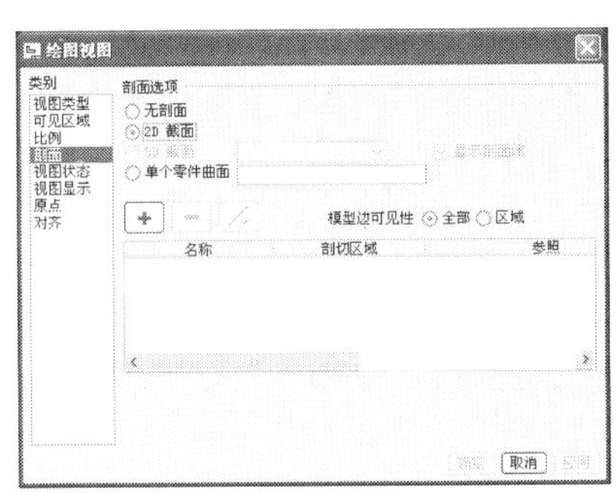

图 9-22

图 9-23

Step 4 接受系统默认的“剖截面创建”选项为“平面”和“单一”，执行“完成”命令，然后在输入框中输入剖面视图的名称为“A”，如图 9-24 所示。

Step 5 按<Enter>键确定，系统弹出如图 9-25 所示的菜单管理器，接受系统默认的“设置平面”选项为“平面”，然后选择 RIGHT 基准平面为剖切平面。

图 9-24

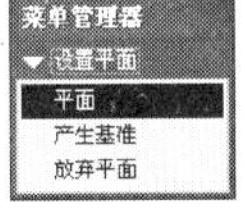

图 9-25

Step 6 在“绘图视图”对话框中接受系统默认的“剖切区域”选项为“完全”，单击“确定”按钮完成剖面视图的创建，结果如图 9-26 所示。

Step 7 执行“插入 | 箭头”下拉菜单命令，然后依次选择已创建的剖面视图和主视图，系统自动在主视图上添加出剖切箭头，如图 9-27 所示。

Step 8 双击剖面视图中的剖面线将开启如图 9-28 所示的菜单管理器。在此菜单管理器中可以对剖面线进行编辑，编辑结果如图 9-21 所示。

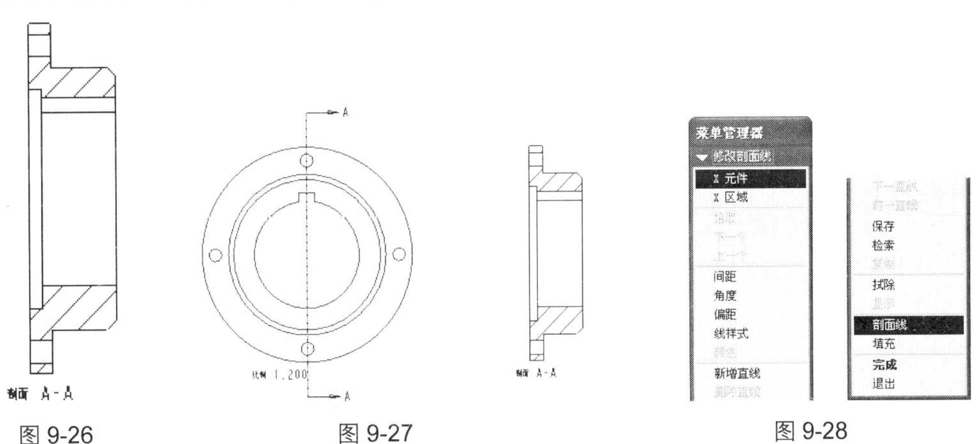

图 9-26　　图 9-27　　图 9-28

> 提示：选择添加完成的剖切箭头，并单击鼠标右键，在弹出的快捷菜单中执行“反向材料切除侧”命令，可以反转剖切箭头的方向。

Step 9 在菜单管理器中选择“修改剖面线”选项为“X 元件”、“间距”和“剖面线”，然后选择“修改模式”选项为“一半”，如图 9-29 所示。

Step 10 执行“完成”命令完成剖面线间距的修改，结果如图 9-30 所示。

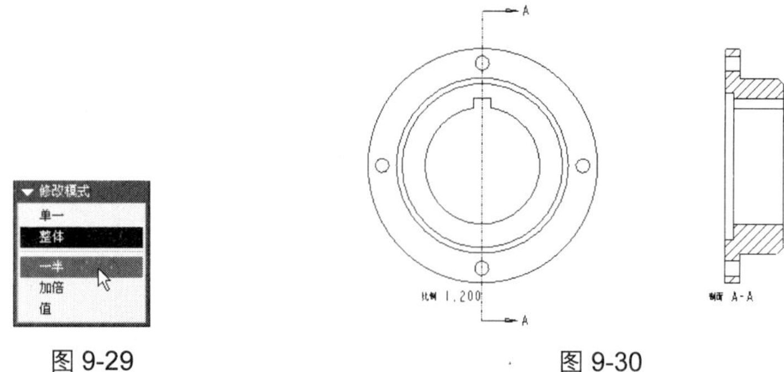

图 9-29　　　　图 9-30

9.1.6 创建详细视图

详细视图又称为局部放大视图，它以较大的比例显示现有视图的某一部分，可以使用户更清楚地查看模型上比较细微的几何形状和尺寸。创建详细视图的具体操作步骤如下。

Step 1 执行“插入 | 绘图视图 | 详细”下拉菜单命令，单击鼠标左键，在现有的视图上指定一点作为要查看细节的中心点，如图 9-31 所示。

Step 2 单击鼠标左键指定几个样条点来绘制样条，以确定要查看细节的内容，如图 9-32 所示。

图 9-31　　　　图 9-32

Step 3 单击鼠标中键结束样条曲线的绘制，然后在适当位置单击鼠标左键放置详细视图，结果如图 9-33 所示。

Step 4 选择如图 9-34 所示的比例文字并单击鼠标右键，然后在弹出的快捷菜单中执行“编辑值”命令。

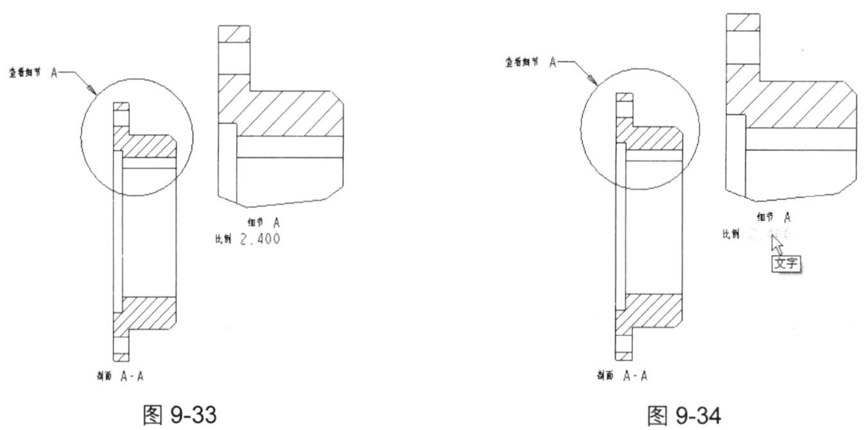

图 9-33　　　　图 9-34

Step 5 在弹出的输入框中设定新的比例值为 2，如图 9-35 所示。

Step 6 按<Enter>键确定，详细视图的比例修改结果如图 9-36 所示。

图 9-35　　图 9-36

9.2 标注尺寸

用户可以在两种情况下为工程图添加尺寸和注释，一是在工程图创建时自动给出尺寸和注释，二是用户可以根据自己的需要创建尺寸和注释。

9.2.1 显示与拭除尺寸

执行“视图 | 显示及拭除”下拉菜单命令或单击“绘制”工具栏中的“显示及拭除”按钮，弹出如图 9-37 所示的“显示/拭除”对话框。单击“拭除”按钮，则该对话框将变为如图 9-38 所示的效果。

用户可以使用图 9-38 所示的对话框中的工具使系统自动显示出零件的尺寸，具体操作步骤如下。

Step 1 在“显示/拭除”对话框的“类型”方框中单击“尺寸”按钮，指定要显示的对象类型为尺寸，然后在“显示方式”方框中选择“零件”选项，如图 9-39 所示。

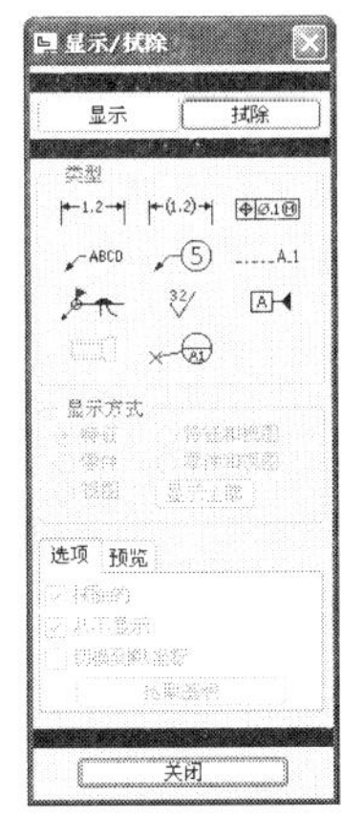

图 9-37

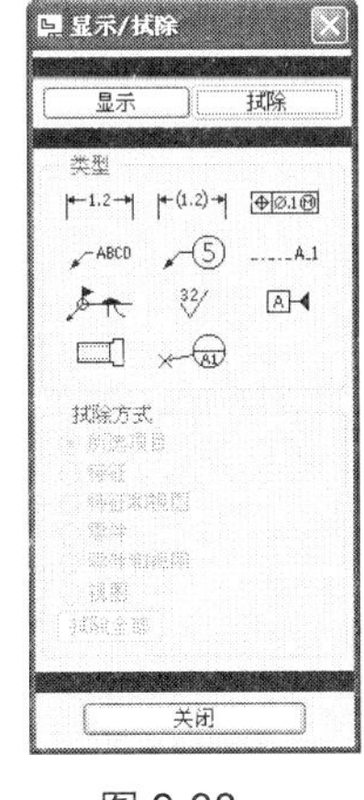

图 9-38

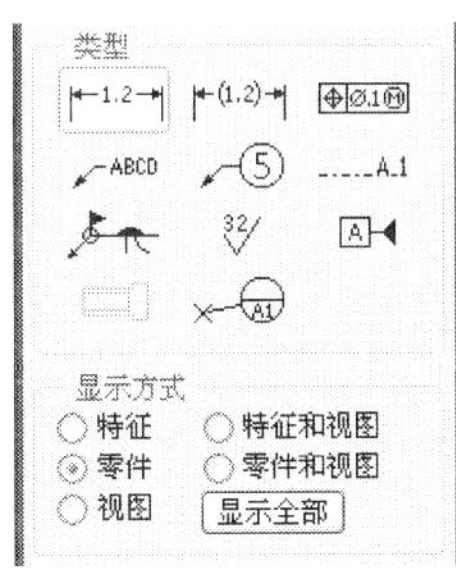

图 9-39

Step 2 在绘图区中选择要显示尺寸的零件，如图 9-40 所示。

> 提示：“类型”方框中的按钮用于指定要显示的对象类型，例如指定要显示的对象类型是尺寸还是几何公差，或者两个都显示；而“显示方式”方框中的选项用于指定对象的显示方式，例如选择“特征”选项，系统将显示选定的特征的尺寸，而不会显示整个零件的尺寸。

Step 3 当选择要显示尺寸的零件后，系统自动在选择零件的各个视图上显示出零件的尺寸，如图 9-41 所示。

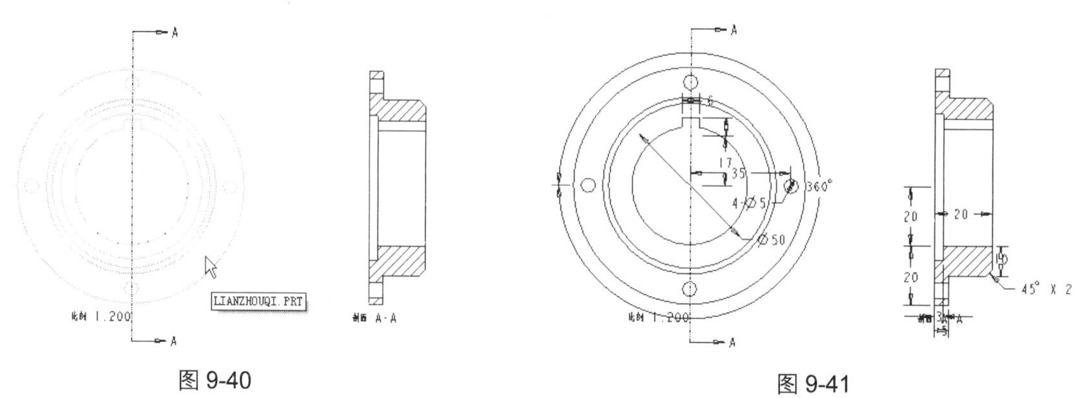

图 9-40　　　　图 9-41

由于系统自动显示的尺寸是杂乱无章的，所以用户还需要对其进行调整。一般情况下都不一次性显示所有尺寸，而且用户无法对系统自动显示的尺寸进行拭除，因此要想拭除已经显示的尺寸，可以执行如下操作。

Step 1 在“显示/拭除”对话框中单击“拭除”按钮，然后单击“尺寸”按钮 ⊢1.2⊣，在“显示方式”方框中选择“视图”选项，如图 9-42 所示。

Step 2 选择图 9-41 中的主视图，系统将自动拭除该视图中的所有尺寸，结果如图 9-43 所示。

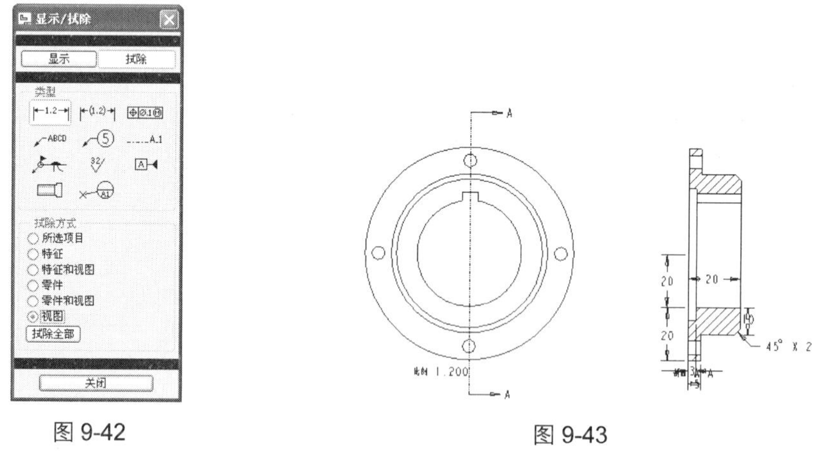

图 9-42　　　　图 9-43

使用“显示/拭除”对话框可以显示或拭除已经存在的尺寸、注释、基准轴和基准平面等局部图元。

用户可以显示或拭除的对象类型按钮介绍如下。

- ：显示或拭除尺寸。
- ：显示或拭除参考尺寸。
- ：显示或拭除几何公差。
- ：显示或拭除注释。
- ：显示或拭除球形注释。
- ：显示或拭除基准轴。
- ：显示或拭除符号。
- ：显示或拭除曲面精加工。
- ：显示或拭除基准平面。
- ：显示或拭除修饰特征。
- ：显示或拭除基准目标。

为了避免一次显示过多的尺寸，同时使尺寸出现在正确的视图中，可以利用“显示方式”方框中的选项指定尺寸的显示位置。

“显示方式”方框中各个选项的意义解释如下。

- 特征：通过选择模型特征来显示尺寸。
- 零件：通过直接选择零件模型来显示尺寸。
- 视图：通过指定特定的视图来显示尺寸。
- 特征和视图：允许用户在特定视图上显示特定的特征尺寸。
- 零件和视图：允许用户在特定视图上显示特定的零件尺寸。
- “显示全部”按钮：可以将所有的尺寸一次全部显示。

“拭除方式”方框中的选项可以用来帮助用户根据需要拭除视图中的尺寸或注释。

- 所选项目：拭除所选尺寸或注释。
- 特征：通过选择模型特征来拭除尺寸。
- 零件：通过直接选择零件模型来拭除尺寸。
- 视图：通过指定特定的视图来拭除尺寸。
- 特征和视图：允许用户在特定视图上拭除特定的特征尺寸。
- 零件和视图：允许用户在特定视图上拭除特定的零件尺寸。
- “拭除全部”按钮：可以将所有的尺寸一次全部拭除。

9.2.2 手动标注尺寸

在 Pro/E 中用户还可以自己手动标注尺寸。下面通过一个小的实例操作介绍手动标注零件尺寸的操作方法。

Step 1 单击“文件”工具栏中的“打开”按钮，开启范例文件 Exampl\chap09\ coupling.drw，结果如图 9-44 所示。

Step 2 执行“插入 | 尺寸 | 新参照”下拉菜单命令，开启如图 9-45 所示的菜单管理器。

Step 3 在菜单管理器中选择“依附类型”选项为“图元上”，然后选择如图 9-46 所示的圆弧。单击鼠标中键放置尺寸，结果如图 9-47 所示。

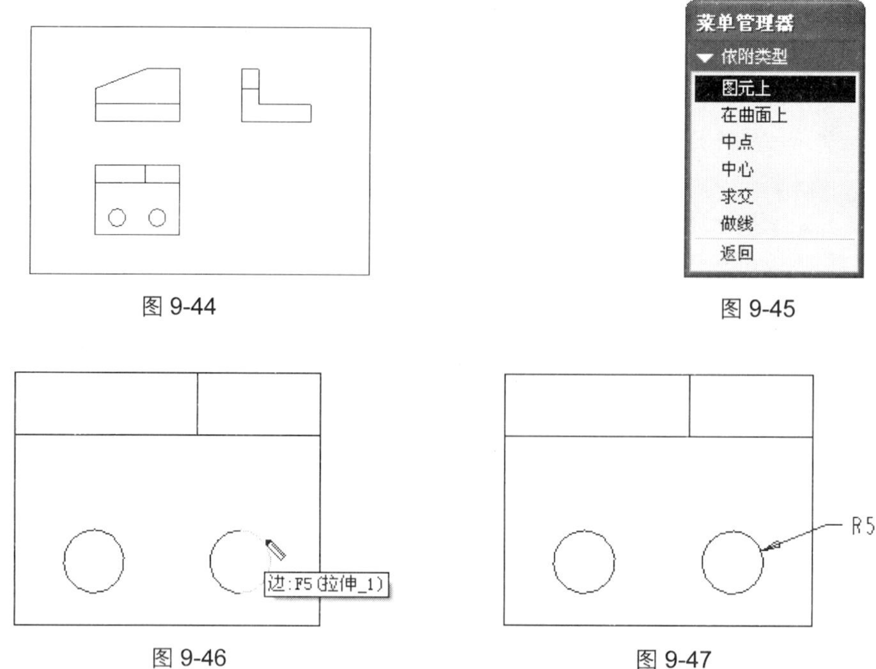

图 9-44

图 9-45

图 9-46

图 9-47

Step 4 在菜单管理器中选择“依附类型”选项为“中心”，然后选择如图 9-48 所示的两个圆弧。单击鼠标中键放置尺寸，在系统开启的菜单管理器中“尺寸方向”选项为“水平”，标注结果如图 9-49 所示。

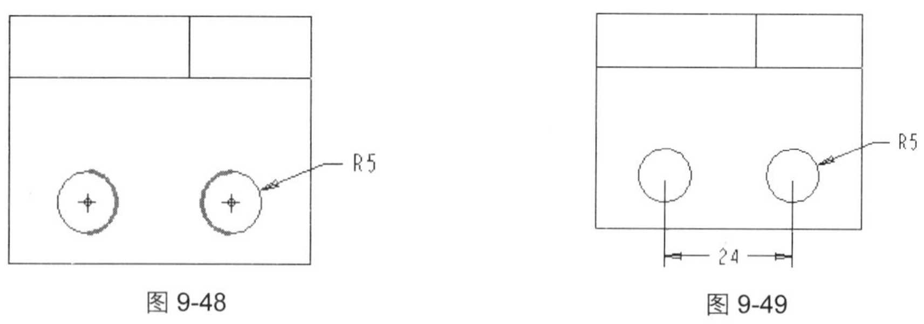

图 9-48

图 9-49

Step 5 选择如图 9-50 所示的直线和圆弧，单击鼠标中键放置尺寸，标注结果如图 9-51 所示。

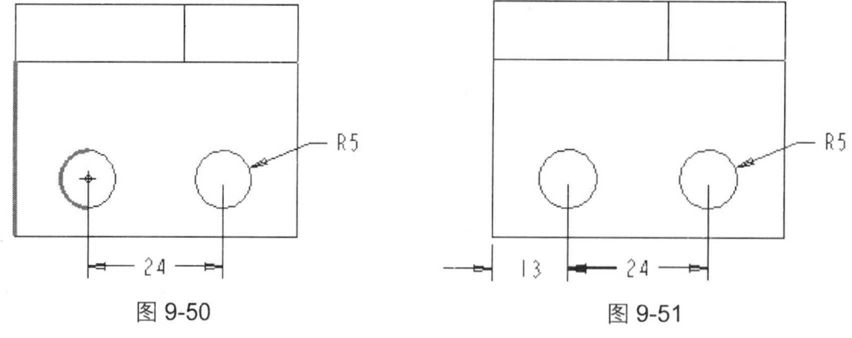

图 9-50

图 9-51

Step 6 选择如图 9-52 所示的直线和圆弧，单击鼠标中键放置尺寸，标注结果如图 9-53 所示。

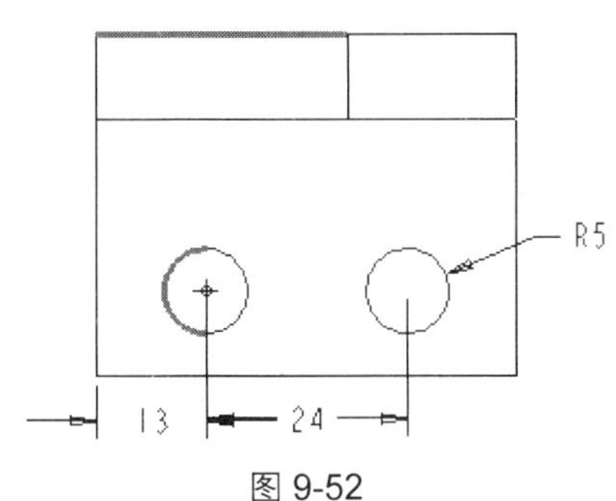

图 9-52

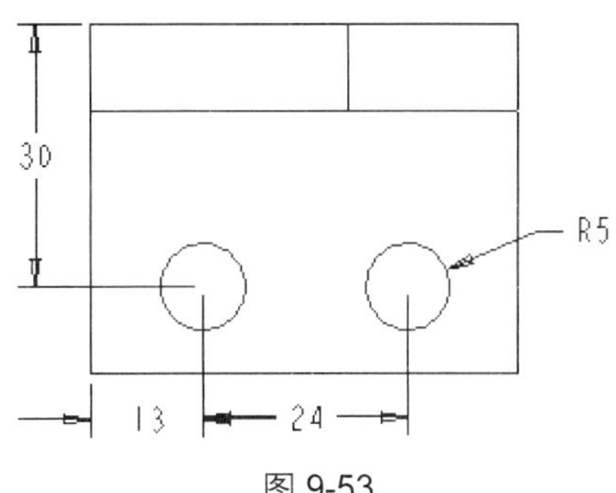

图 9-53

Step 7　使用同样的方法标注其他视图的尺寸，结果如图 9-54 所示。

Step 8　按住<Ctrl>键选择尺寸 20 和 10，然后单击鼠标右键，在弹出的快捷菜单中执行“对齐尺寸”命令，将尺寸 20 和 10 进行对齐，结果如图 9-55 所示。

提示：在对齐尺寸时，先选择的尺寸的位置不变，后选择的尺寸移动。

Step 9　使用同样的方法对齐尺寸 50 和 40，结果如图 9-56 所示。

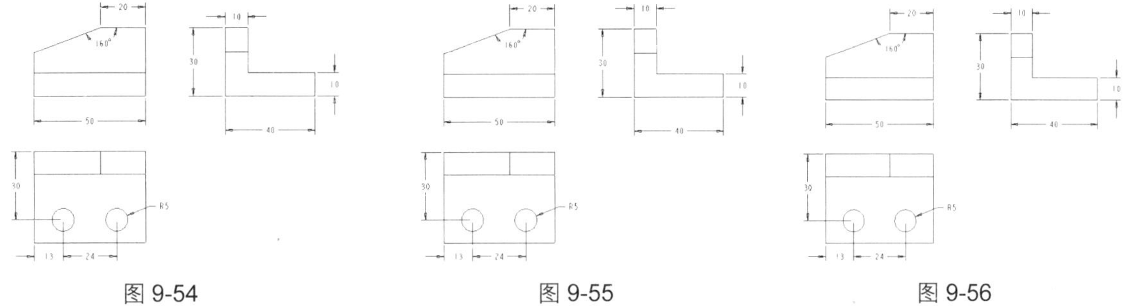

图 9-54　　　　图 9-55　　　　图 9-56

9.2.3　标注几何公差

Pro/E 中的几何公差就是机械制图中所说的形位公差，即形状公差和位置公差。例如，要求零件的两个平面必须平行，那么就要标平行度公差，这时就要将其中一个平面设为基准平面，确定公差标注的参照对象，然后选定另一个平面标注平面度公差即可。具体操作步骤如下。

Step 1　单击“基准”工具栏中的“平面”按钮，开启的“基准”对话框，如图 9-57 所示。

Step 2　输入基准名称为“A”，选择基准类型为 -A- ，并单击“在曲面上”按钮，然后选择如图 9-58 所示的模型曲面为基准放置参照。

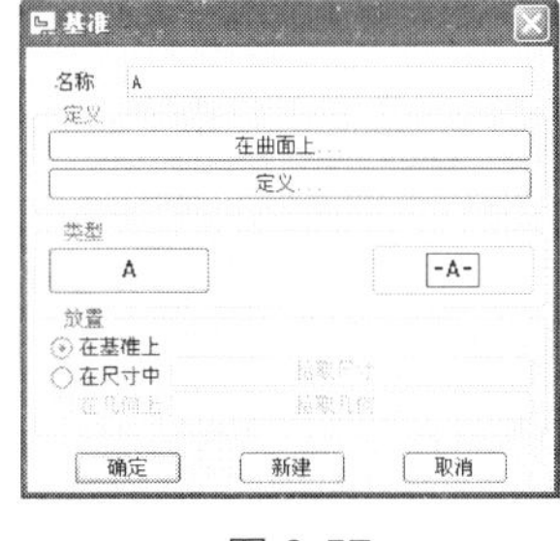

图 9-57

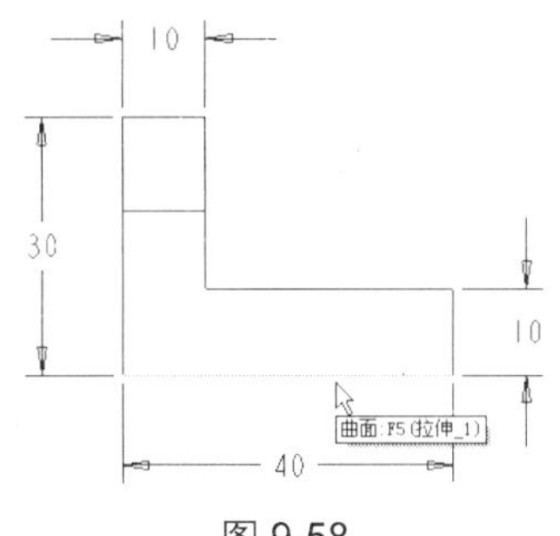

图 9-58

Step 3 单击“确定”按钮完成基准平面标示 A 的放置，结果如图 9-59 所示。

Step 4 选择主视图中的基准平面标示并单击鼠标右键，在弹出的快捷菜单中执行“拭除”命令将其拭除，拖动左视图中的基准平面标示 A 放置到如图 9-60 所示的位置。

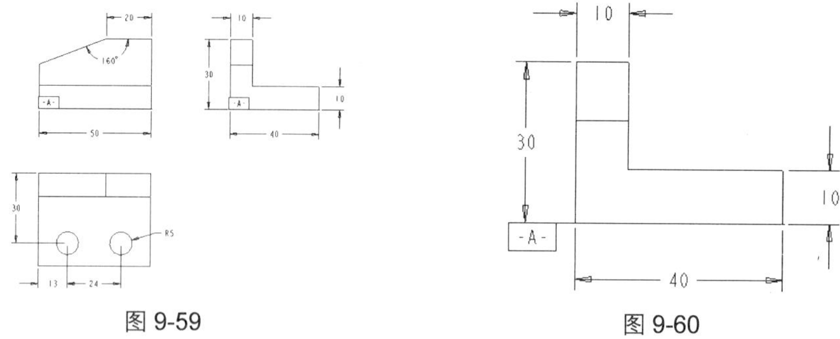

图 9-59　　　　图 9-60

Step 5 单击“绘制”工具栏中的“几何参照”按钮，开启如图 9-61 所示的“几何公差”对话框。

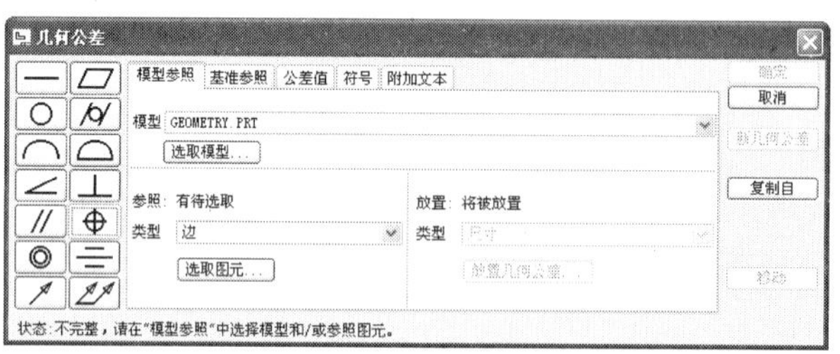

图 9-61

Step 6 单击“平行度”按钮 // ，然后在“基准参照”选项卡中的“基本”下拉菜单中选择“A”，如图 9-62 所示。

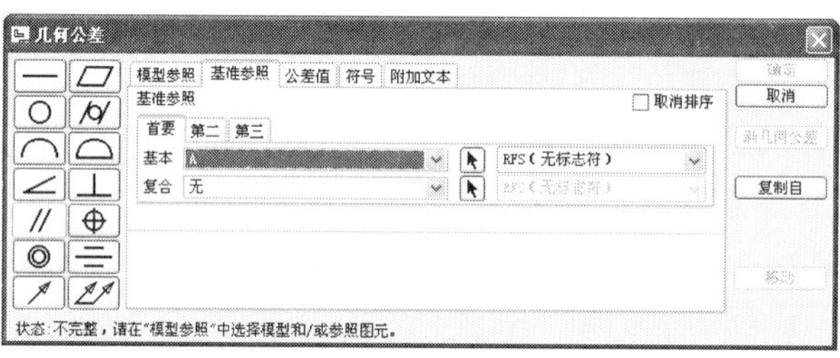

图 9-62

Step 7 切换到“公差值”选项卡中，设置“总公差”为 0.02，如图 9-63 所示。

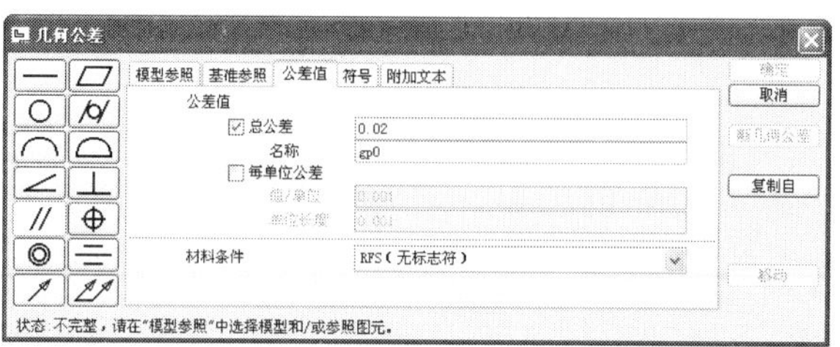

图 9-63

Step 8 切换到“模型参照”选项卡中，选择参照类型为曲面，然后选择如图9-64所示的模型曲面为几何公差标注对象。

Step 9 在“几何公差”对话框中选择放置类型为“带引线”，系统弹出如图9-65所示的菜单管理器。

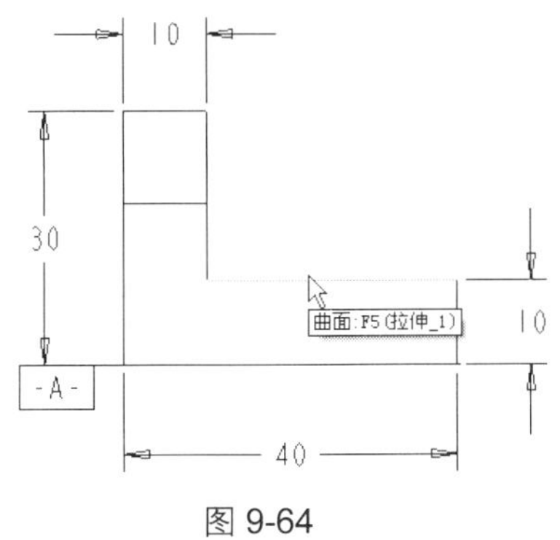

图9-64

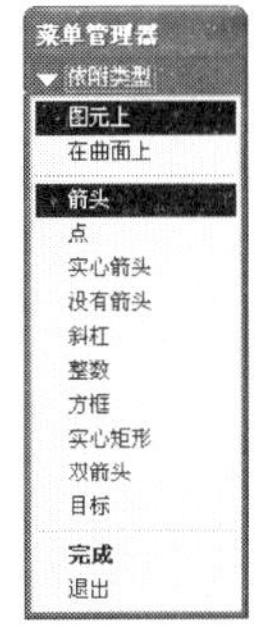

图9-65

Step 10 接受系统“附加类型”选项为“图元上”和“箭头”，再选择如图9-66所示的直线放置平行度公差标注的引线箭头。

Step 11 在菜单管理器中执行“完成”命令，然后在绘图区中的适当位置放置平行度公差，最后单击“确定”按钮完成平行度公差的标注，结果如图9-67所示。

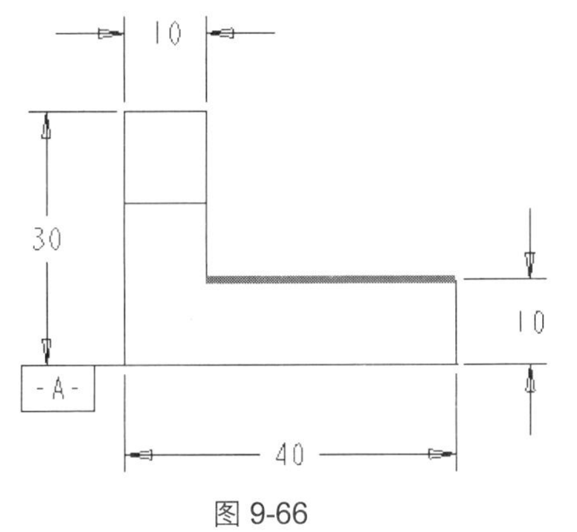

图9-66

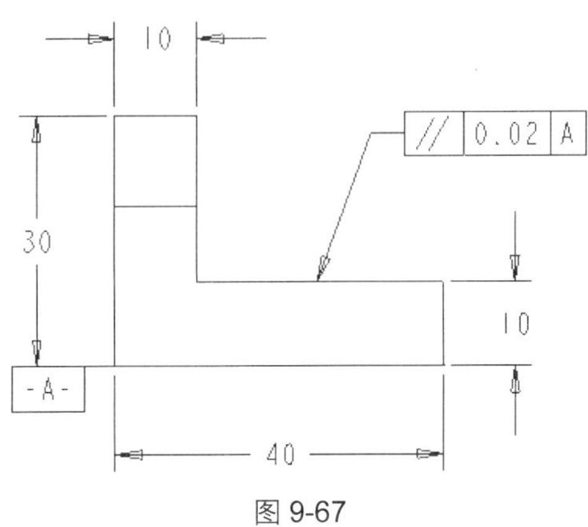

图9-67

9.2.4 添加注释

对于一些复杂的视图来说，仅仅标注尺寸是不够的，还需要添加文字注释来对其进行补充说明，使复杂的视图看起来更容易理解。添加注释的具体操作步骤如下。

Step 1 单击“绘制”工具栏中的“创建注释”按钮，开启如图9-68所示的菜单管理器。

Step 2 在菜单管理器中选择“注释类型”选项为“ISO引线”、“输入”、“水平”、“标准”、“缺省”，然后执行“制作注释”命令，该菜单管理器将变成如图9-69所示的效果。

Step 3 接受系统默认的“依附类型”选项为“图元上”和“箭头”，然后在绘图区中选择依附对象，如图9-70所示。

Step 4 在菜单管理器中执行“完成”命令，系统弹出如图9-71所示的菜单管理器。

图 9-68

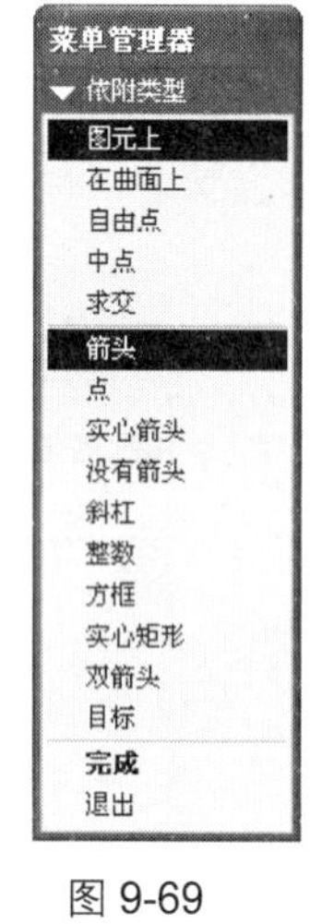

图 9-69

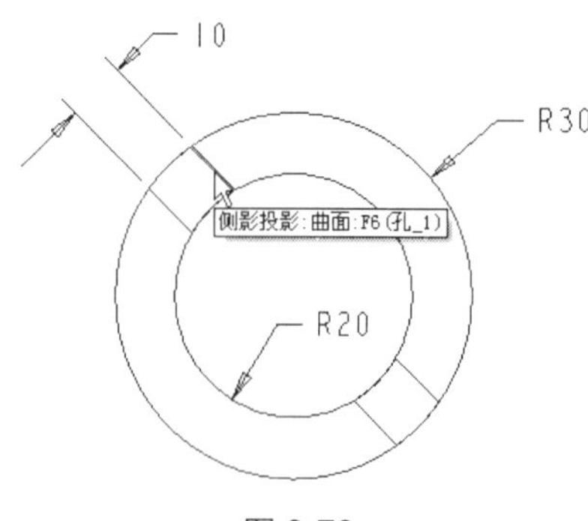

图 9-70

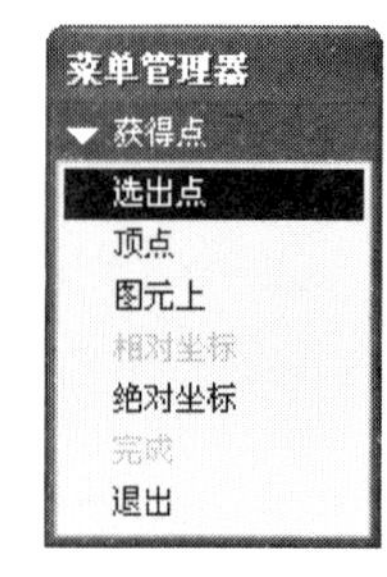

图 9-71

Step 5 接受系统默认的“获得点”选项为“选出点”，然后在绘图区中为单击鼠标左键指定注释的放置位置，此时将开启“文本符号”对话框，如图 9-72 所示。

Step 6 单击“文本符号”对话框中的 ◎ 按钮，将符号添加输入框中，然后在符号后面输入注释文本“孔”，如图 9-73 所示。

图 9-72

输入注释: ◎孔

图 9-73

Step 7 按<Enter>键确定，然后在菜单管理器中执行“完成/返回”命令，完成注释的添加，结果如图 9-74 所示。

如果要对添加的注释进行修改，可以双击注释，将开启“注释属性”对话框，如图 9-75 所示。通过此对话框可以对添加的注释进行适当修改，修改内容主要包括输入注释文本和添加文本符号，这一点和添加注释相同，这里就不再赘述了。

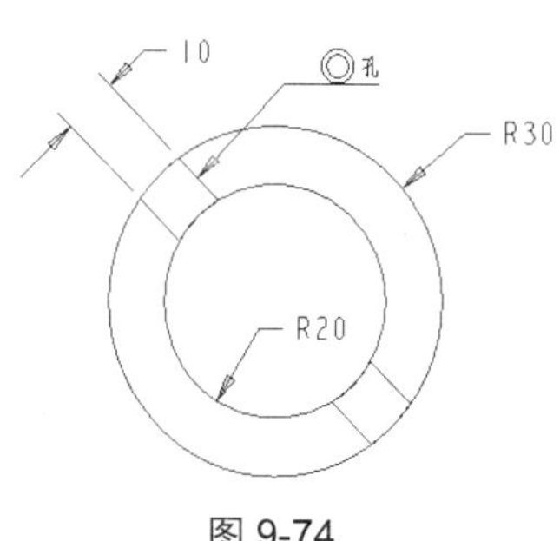

图 9-74

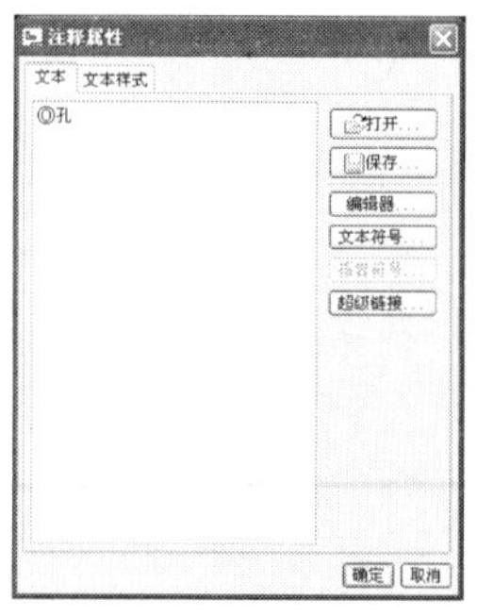

图 9-75

9.3 创建表格

在创建零件工程图时经常需要用到表格，用于创建工程图中的标题栏等。使用表格创建标题栏的具体操作步骤如下。

Step 1 执行“表 | 插入 | 表”下拉菜单命令或单击“绘制”工具栏中的“表”按钮，开启如图 9-76 所示的菜单管理器。

Step 2 接受系统默认的“创建表”选项和“选出点”选项，在图框中的空白处单击鼠标左键指定一点，出现如图 9-77 所示的列宽字符数。

菜单管理器
创建表
降序
升序
右对齐
左对齐
按字符数
按长度
退出
获得点
选出点
顶点
图元上
绝对坐标
退出

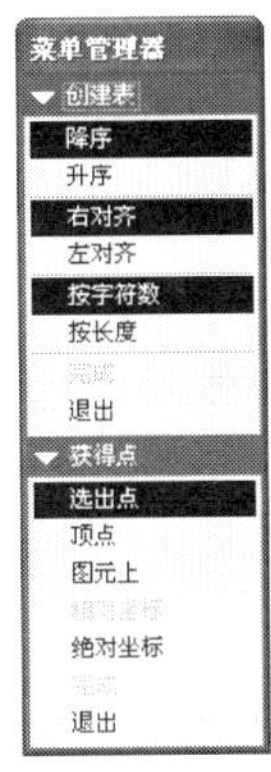

图 9-76

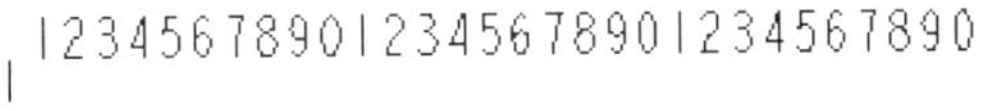

1234567890123456789012345678 90

图 9-77

Step 3 在列宽字符数 1 后面单击鼠标左键 21 次，然后单击鼠标中键确定，出现如图 9-78 所示的行高字符数。

2
3
4
5

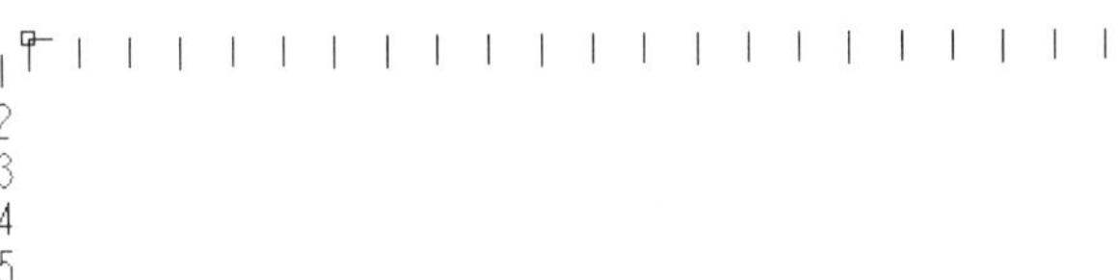

图 9-78

提示：在列宽字符数 1 后面单击鼠标左键就是指定当前表格的列宽为 1 个额定宽度，如果在列宽字符数 2 后面单击鼠标左键则是指定当前表格的列宽为 2 个额定宽度。

Step 4 在行高字符数 1 后面单击鼠标左键 4 次确定表格的行宽，然后单击鼠标中键确定完成表的创建，结果如图 9-79 所示。

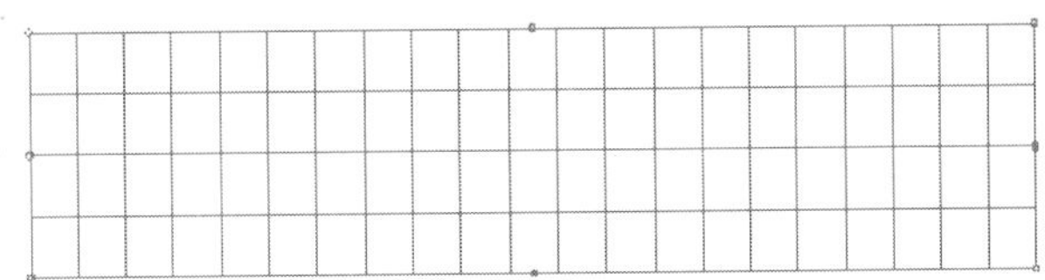

图 9-79

Step 5 选择上一步创建的表，然后执行“表 | 高度和宽度”下拉菜单命令，开启如图 9-80 所示的“高度和宽度”对话框。

Step 6 修改表的行高为 0.3，列宽为 0.25，单击“确定”按钮完成表的编辑，结果如图 9-81 所示。

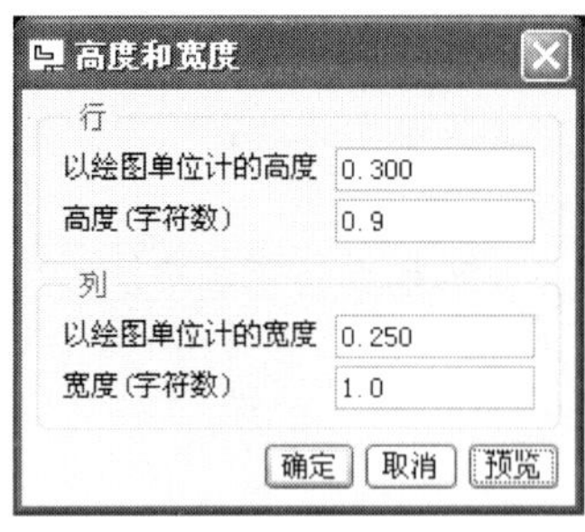

图 9-80

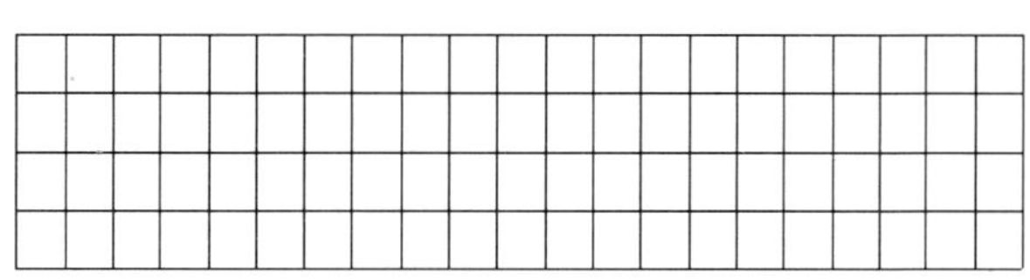
图 9-81

Step 7 按住<Ctrl>键选择图 9-82 中箭头所指的两个单元格，然后执行“表 | 合并单元格”下拉菜单命令，将其合并为一个单元格，结果如图 9-83 所示。

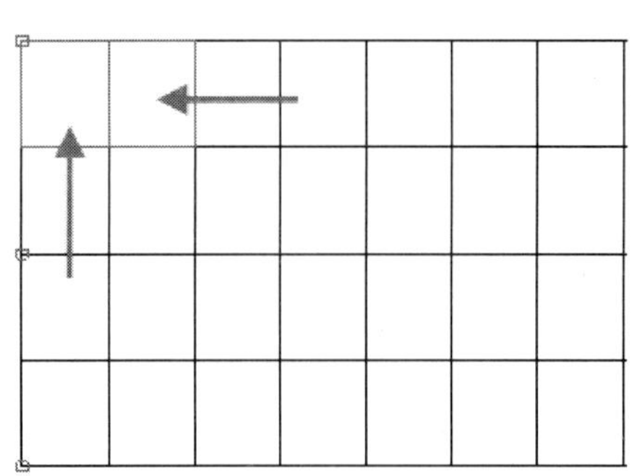
图 9-82

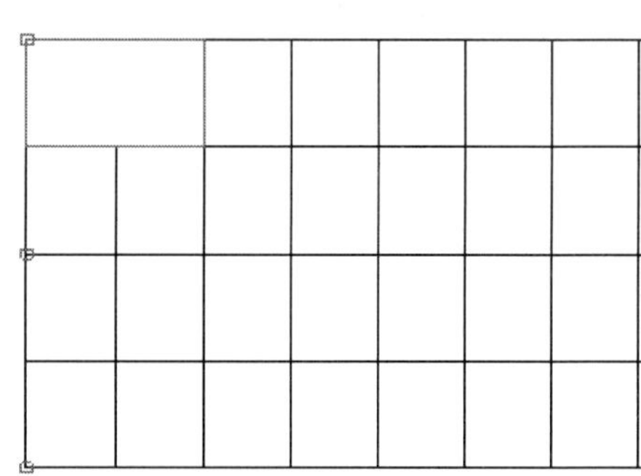
图 9-83

Step 8 使用同样的方法合并其他单元格，最终结果如图 9-84 所示。

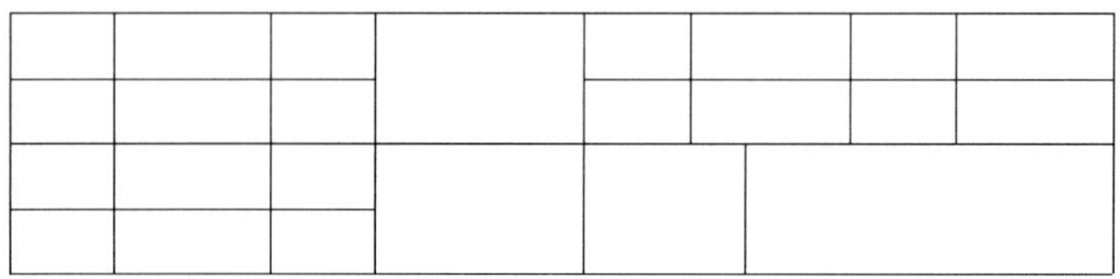
图 9-84

Step 9 双击左上角的单元格开启如图 9-85 所示的“注释属性”对话框，输入文本为“制图”。

Step 10 切换到“文本样式”选项卡中，设定文本样式如图 9-86 所示。

Step 11 单击“确定”按钮完成表单元格中的文本输入，如图 9-87 所示。

Step 12 使用同样的方法完成表格中其他文本的输入，结果如图 9-88 所示。

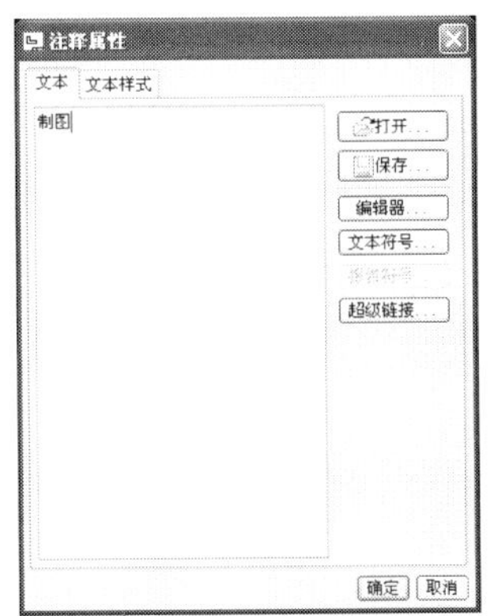

图 9-85

图 9-86

制图							

图 9-87

制图				材料		件数	
设计				重量		比例	
描图				图　号			
审核							

图 9-88

9.4 应用实践——创建轴承座零件图

任务要求

下面将通过绘制轴承座零件图介绍 Pro/E 中的工程图相关知识在实际工程图绘制过程中的应用，绘制完成的结果如图 9-89 所示。

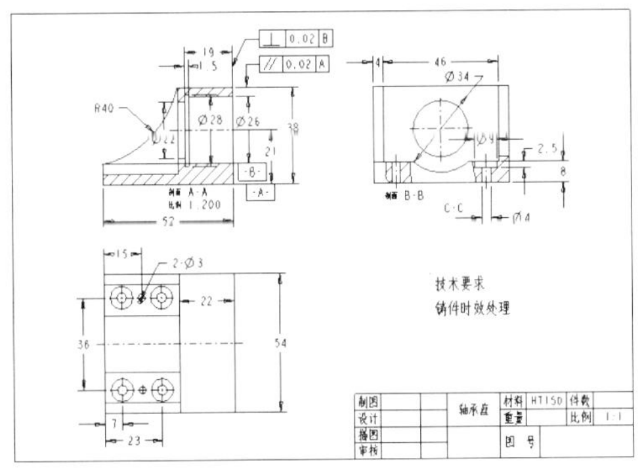

图 9-89

任务分析

从图 9-89 中可以看出，轴承座零件图中包含 3 个视图，其中主视图是全剖视图，左视图中包含有局部剖视图。标注中包含有一般的尺寸标注、几何公差标注以及技术要求，另外还包含有一个标题栏。

任务设计

在创建轴承座零件图时，首先创建轴承座的三视图，然后在三视图的基础上创建全剖视图和局部剖视图，视图创建完成后对轴承座的标注尺寸和几何公差进行标注，最后创建标题栏并编写技术要求。

任务完成

1. 新建零件文件

Step 1 在“文件”工具列中单击“创建新对象”按钮，在开启的“新建”对话框中选择文件类型为“绘图”，输入文件名为 bearing-block，取消“使用缺省模板”复选框的选取，如图 9-90 所示。

Step 2 单击“确定”按钮，开启如图 9-91 所示的“新制图”对话框，单击“浏览”按钮开启“打开”对话框，选择范例文件 Example\chap09\bearing-block.prt，指定模板类型为“空”，选择标准大小为 A4，然后单击“确定”按钮，进入工程图绘制环境。

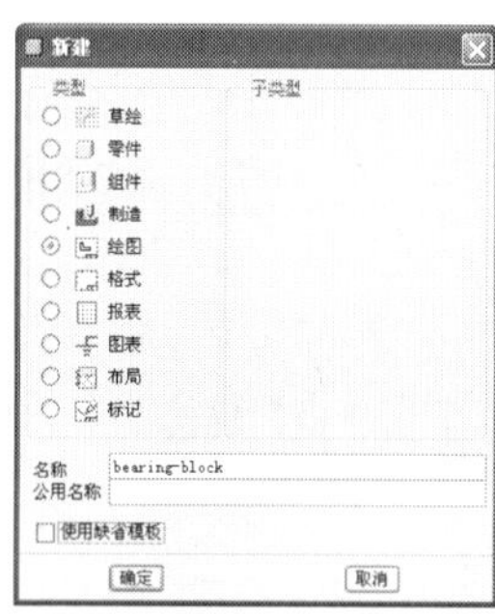

图 9-90

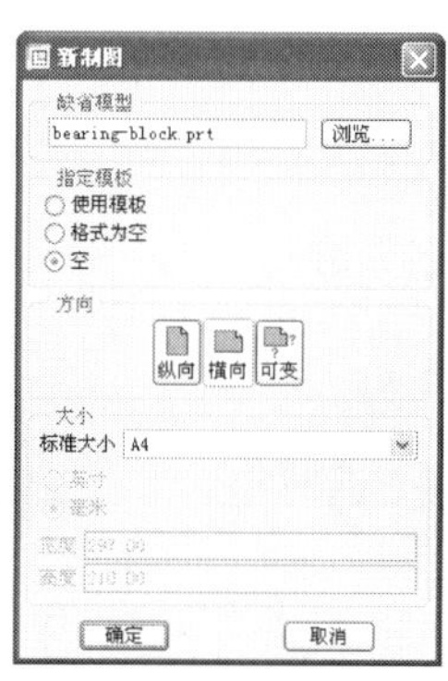

图 9-91

2. 绘制轴承座零件三视图

Step 1 单击“绘制”工具栏中的“一般”按钮，然后在图框中的适当位置单击鼠标左键确定视图放置位置，同时在开启的“绘图视图”对话框中选择“选取定向方法”为“几何参照”选项，然后选择 FRONT 和 TOP 基准面分别为“前面”和“顶”参照，如图 9-92 所示。

Step 2 在“类别”方框中选择“比例”，切换到“比例和透视图选项”方框中，选择“定制比例”选项并设定定制比例为 1.2，如图 9-93 所示。

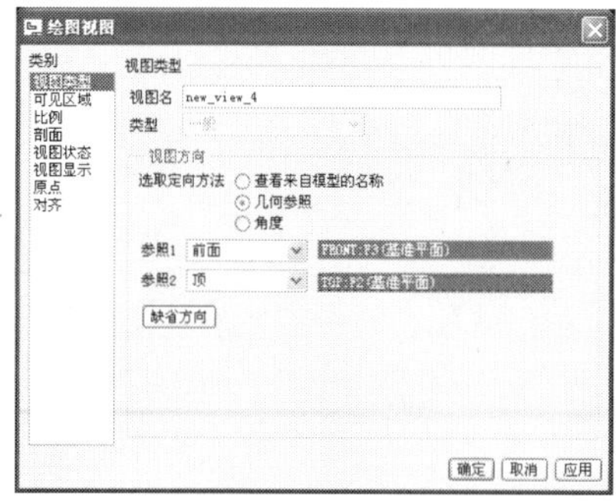

图 9-92

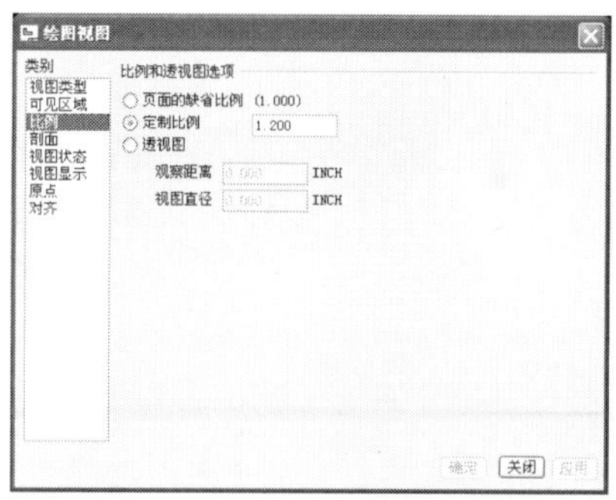

图 9-93

Step 3 单击“应用”和“关闭”按钮完成一般视图的创建，单击上侧工具列中的“无隐藏线”按钮，以无隐藏线模式显示一般视图。主视图创建结果如图 9-94 所示。

Step 4 选择上一步创建的一般视图，执行“插入 | 绘图视图 | 投影”下拉菜单命令，单击鼠标左键放置投影视图，结果如图 9-95 所示。

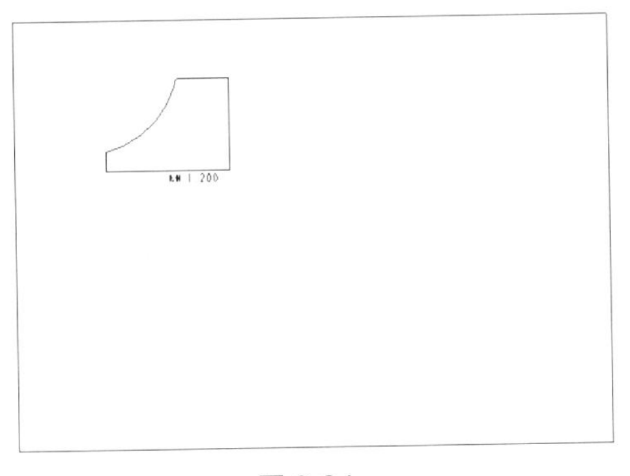

图 9-94

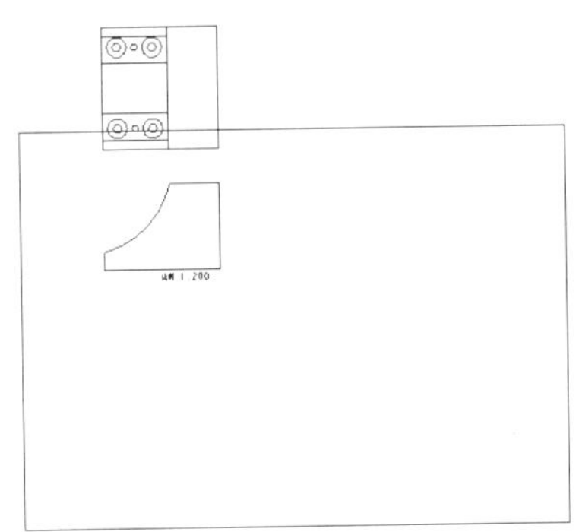

图 9-95

Step 5 在绘图区中单击鼠标右键，在弹出的快捷菜单中取消“锁定视图移动”命令的选取，然后选择上一步创建的投影视图，拖动鼠标将其移动到一般视图的下方作为俯视图，结果如图 9-96 所示。

Step 6 再选择一般视图，执行“插入 | 绘图视图 | 投影”下拉菜单命令，在一般视图左侧单击鼠标左键放置投影视图，然后将投影视图移动到一般视图的右侧作为左视图，结果如图 9-97 所示。

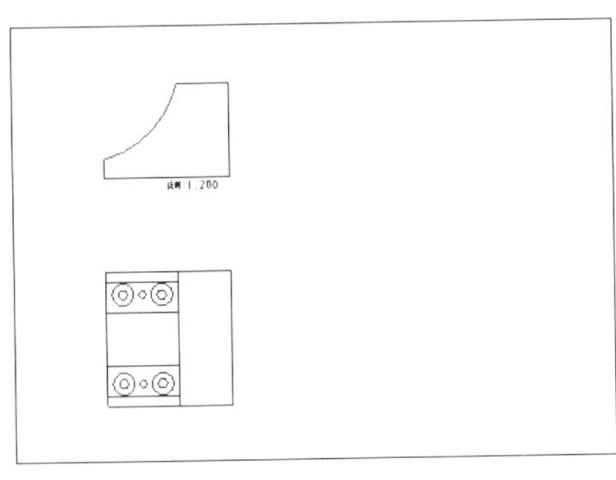

图 9-96

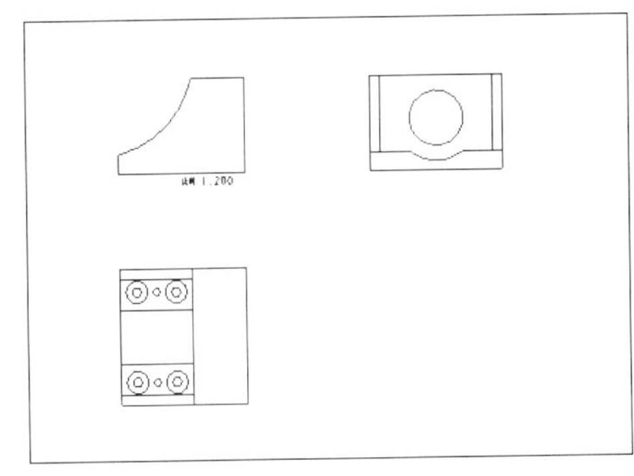

图 9-97

3. 创建主剖视图

Step 1 双击主视图开启“绘图视图”对话框，选择“剖面”类别，然后选择“2D 截面”选项，单击“新建剖面”按钮 + 开启如图 9-98 所示的菜单管理器。

Step 2 接受“剖截面创建”选项为“平面”和“单一”，执行“完成”命令，然后在消息区输入框中输入截面名称为“A”，按<Enter>键确定。

Step 3 选择 FRONT 基准面为剖截面，然后在“绘图视图”对话框中选择剖切区域为“完全”，如图 9-99 所示。

Step 4 单击“应用”和“关闭”按钮完成剖面视图的创建，如图 9-100 所示。

图 9-98

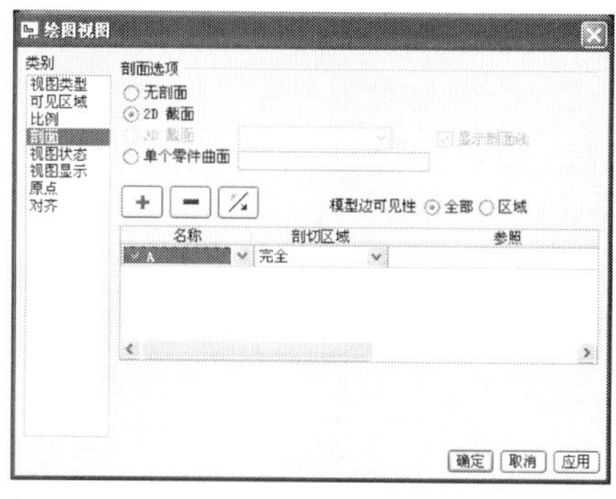

图 9-99

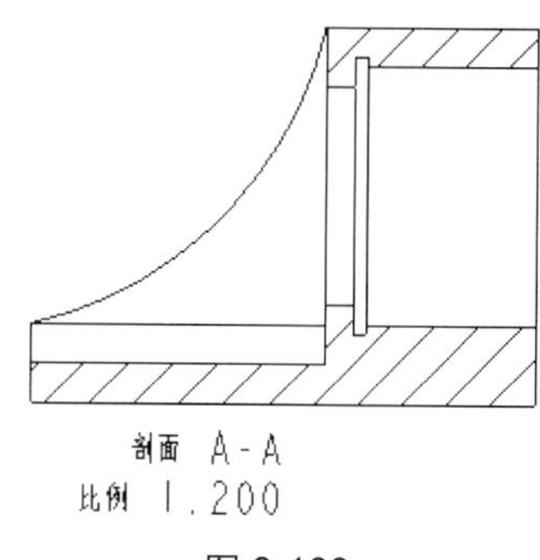

图 9-100

4. 创建局部剖视图

Step 1 单击“基准”工具栏中的“平面”按钮▱，开启如图 9-101 所示的“基准”对话框。

Step 2 在“名称”文本框中输入新建基准平面名称为“DTM1”，单击“定义”按钮开启如图 9-102 所示的菜单管理器。

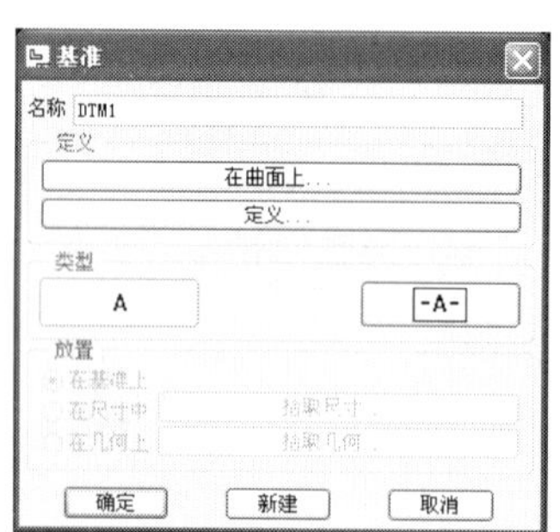

图 9-101

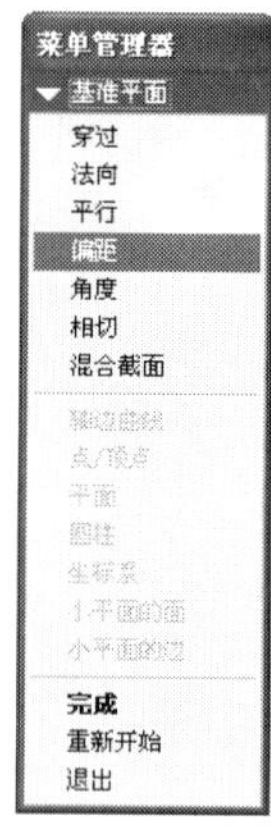

图 9-102

Step 3 在菜单管理器中选择“基准平面”选项为“偏距”，并选择基准平面 RIGHT 为偏移参照，然后在菜单管理器中选择“偏距”选项为“输入值”，如图 9-103 所示。

Step 4 在消息区的文本框中输入偏距为-23（负号用于改变偏移方向），按<Enter>键确定，并在菜单管理器中执行“完成”命令。

Step 5 在“基准”对话框中单击“确定”按钮完成新建基准面 DTM1 的创建，结果如图 9-104 所示。

图 9-103

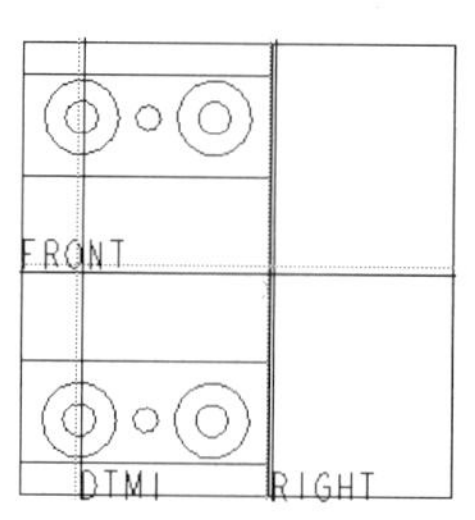

图 9-104

Step 6　双击左视图开启“绘图视图”对话框，选择“剖面”类别，然后选择“2D 截面”选项，单击“新建剖面”按钮 + 开启如图 9-105 所示的菜单管理器。

Step 7　接受“剖截面创建”选项为“平面”和“单一”，执行“完成”命令，然后在消息区输入框中输入截面名称为“B”，按<Enter>键确定。

Step 8　选择新建的 DTM1 基准面为剖截面，然后在“绘图视图”对话框中选择剖切区域为“局部”，如图 9-106 所示。

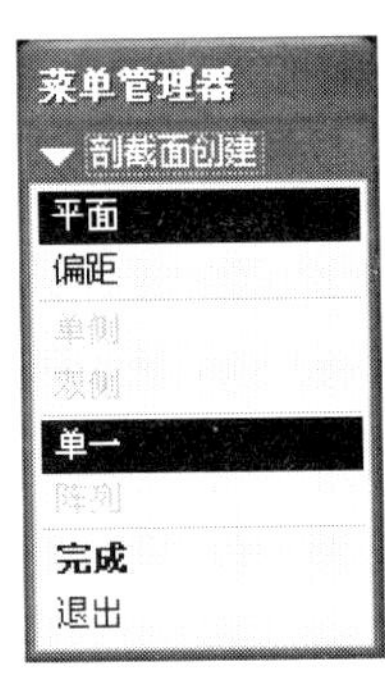

图 9-105

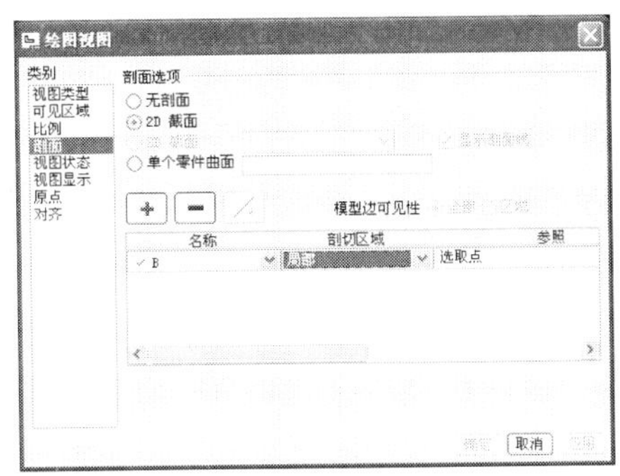

图 9-106

Step 9　在左视图中如图 9-107 所示的位置单击鼠标左键指定一点，然后围绕此点绘制样条曲面定义局部剖切区域，按<Enter>键确定。

Step 10　在“绘图视图”对话框中单击“确定”按钮完成局部剖面视图的创建，如图 9-108 所示。

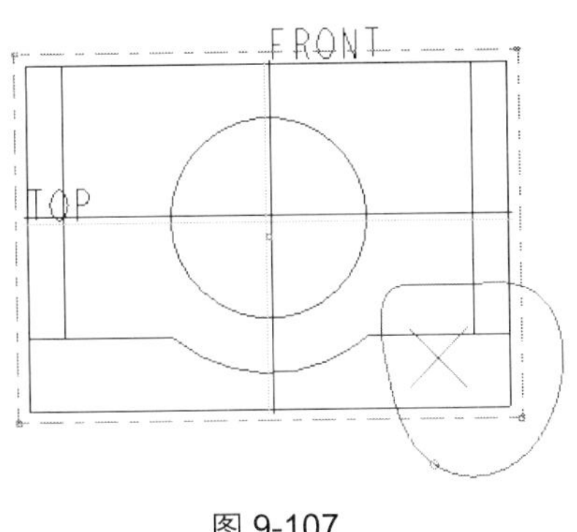

图 9-107

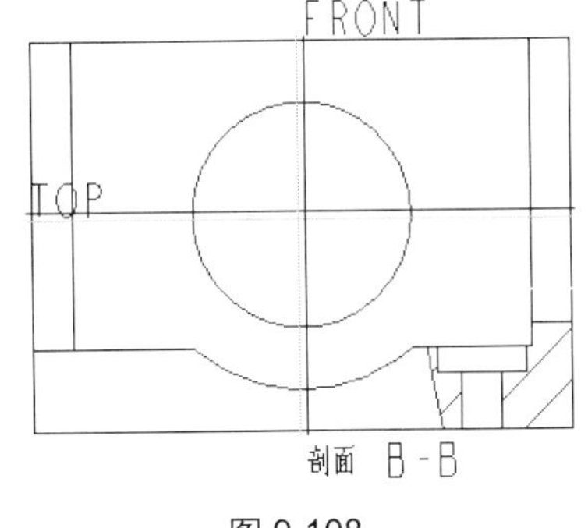

图 9-108

Step 11　单击“基础”工具栏中的“平面”按钮，开启如图 9-109 所示的“基准”对话框。

Step 12　在“名称”文本框中输入新建基准平面名称为“DTM2”，单击“定义”按钮开启如图 9-110 所示的“基准平面”菜单管理器。

Step 13　在菜单管理器中选择“基准平面”选择为“偏距”，并选择基准平面 RIGHT 为偏移参照，然后在菜单管理器中选择“偏距”选项为“输入值”，如图 9-111 所示。

Step 14　在消息区的文本框中输入偏距为-15，按<Enter>键确定，然后在“基准平面”菜单中执行“完成”命令。

图 9-109

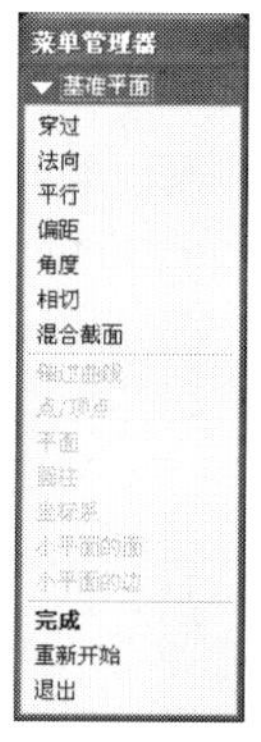
图 9-110

图 9-111

Step 15 在“基准”对话框中单击“确定”按钮完成新建基准面DTM2的创建，结果如图9-112所示。

Step 16 双击左视图开启“绘图视图”对话框，选择“剖面”类别，然后选择“2D截面”选项，单击“新建剖面”按钮[+]开启如图9-113所示的菜单管理器。

Step 17 接受“剖截面创建”选项为“平面”和“单一”，执行“完成”命令，然后在消息区输入框中输入截面名称为“C”，按<Enter>键确定。

Step 18 选择新建的DTM2基准面为剖截面，然后在“绘图视图”对话框中选择剖切区域为“局部”，如图9-114所示。

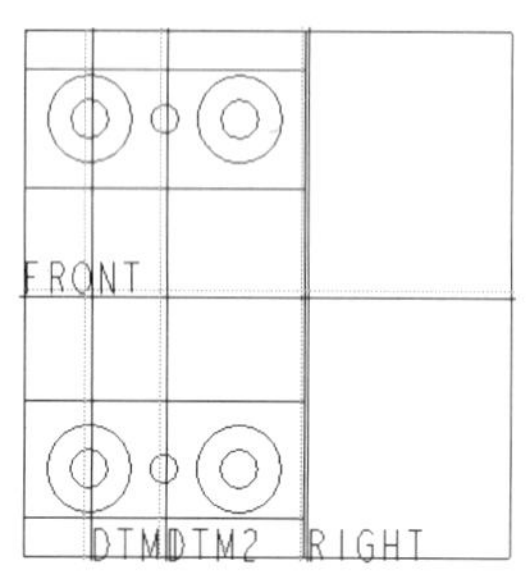

图 9-112

图 9-113

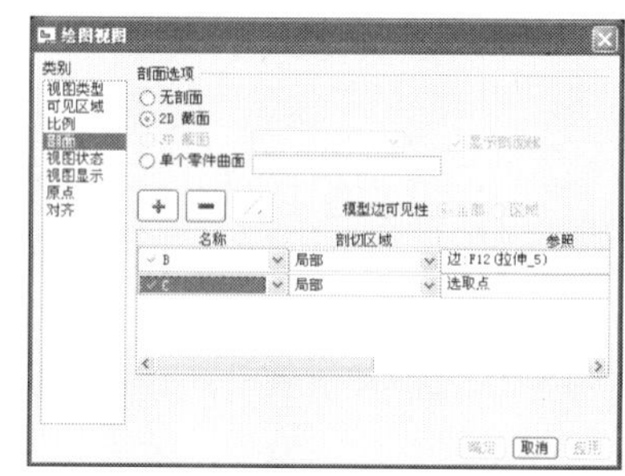
图 9-114

Step 19 在左视图中如图9-115所示的位置单击鼠标左键指定一点，然后围绕此点绘制样条曲面定义局部剖切区域，按<Enter>键确定。

Step 20 在“绘图视图”对话框中单击“确定”按钮完成局部剖面视图的创建，如图9-116所示。

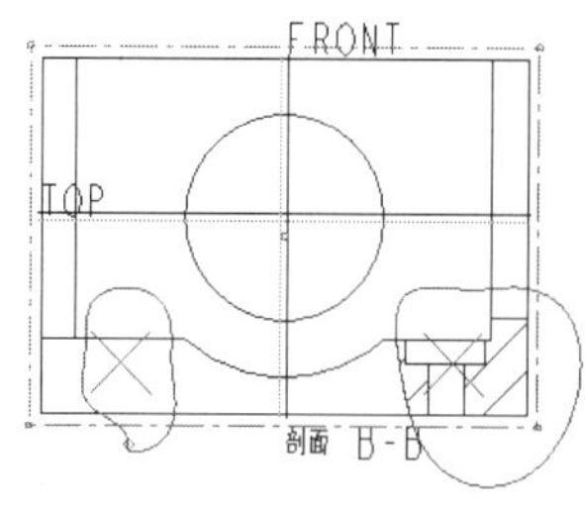

图 9-115

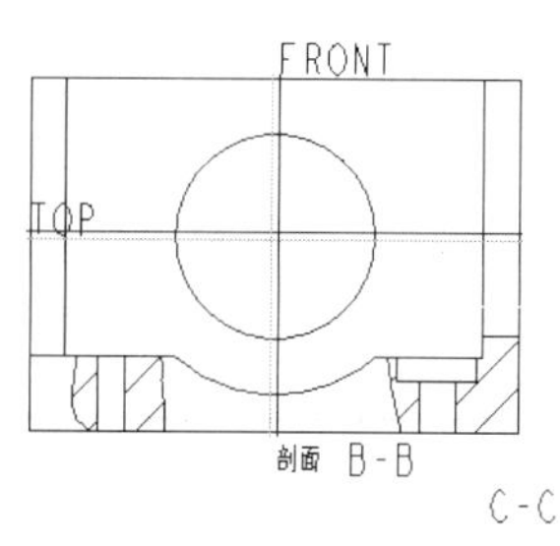

图 9-116

5. 创建中心线和轴线

Step 1 单击“基准”工具栏中的“基准轴”按钮，开启“轴”对话框，单击“定义”按钮，开启如图 9-117 所示的菜单管理器。在该菜单管理器中选择“基准轴”选项为“过柱面”。

Step 2 选择如图 9-118 所示的圆柱面为基准轴创建参照，完成基准轴的创建，结果如图 9-119 所示。

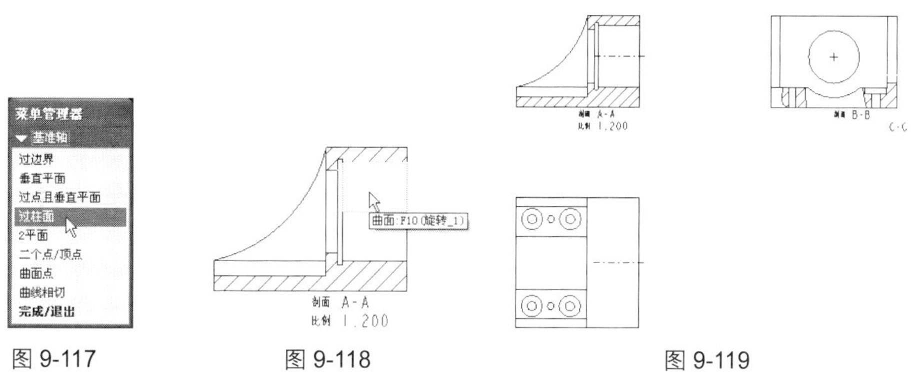

图 9-117 图 9-118 图 9-119

Step 3 选择各个视图中的基准轴，然后拖动基准轴的两个端点对其进行调整，结果如图 9-120 所示。

Step 4 单击“基准”工具栏中的“基准轴”按钮，在开启的“轴”对话框中单击“定义”按钮，开启如图 9-121 所示的菜单管理器。在该菜单管理器中选择“基准轴”选项为“过点且垂直平面”。

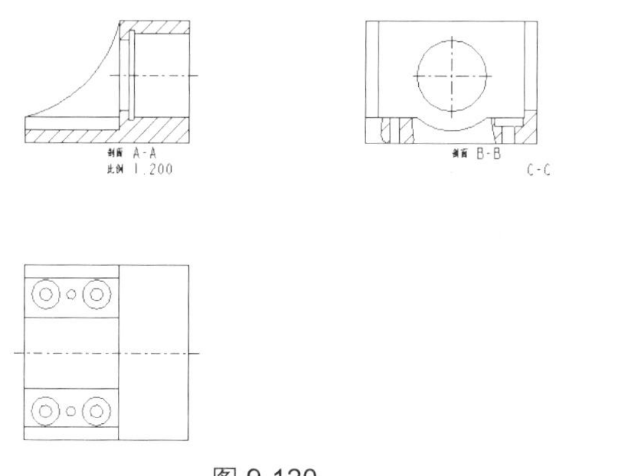

图 9-120

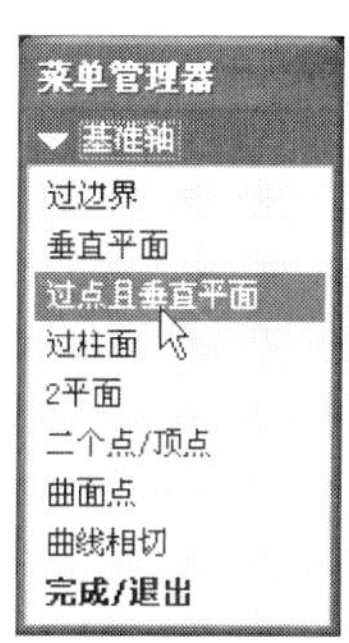

图 9-121

Step 5 选择如图 9-122 所示的平面为点所在平面，然后在菜单管理器中选择“一般点选取”选项为“创建点”，如图 9-123 所示。

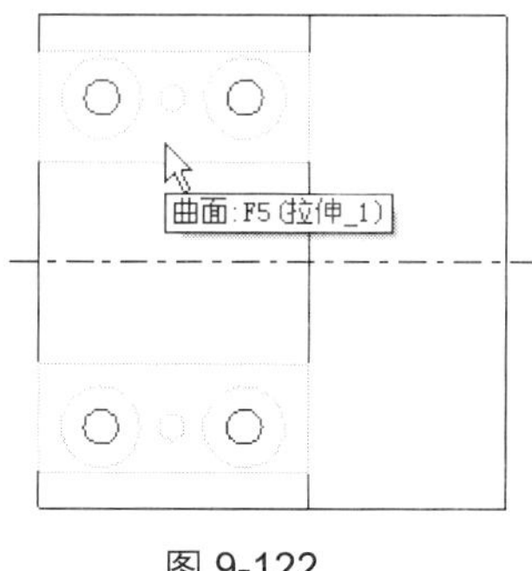

图 9-122

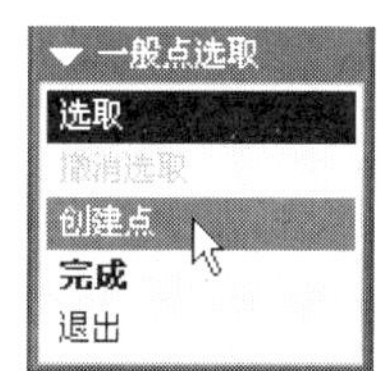

图 9-123

Step 6 选择如图 9-124 所示的圆弧边线基准点放置参照。

Step 7 在“基准点”对话框中选择基准点放置参照类型为“居中”，如图 9-125 所示。

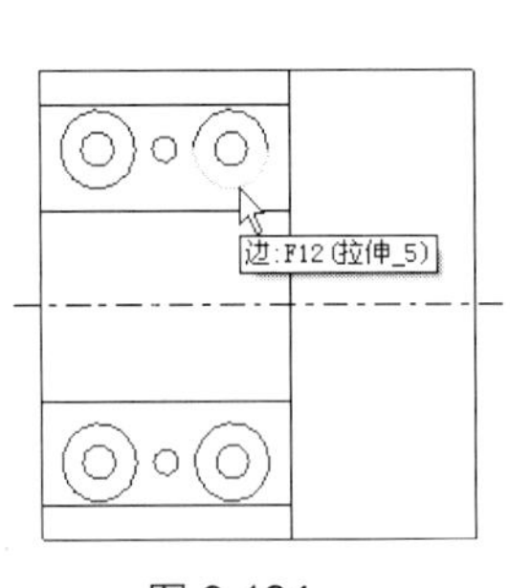

图 9-124

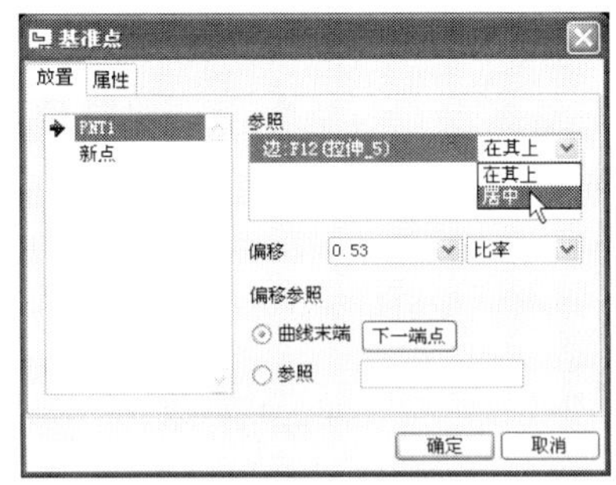

图 9-125

Step 8 单击“确定”按钮关闭“基准点”对话框，然后在菜单管理器中执行“完成”命令，中心线创建结果如图 9-126 所示。

Step 9 使用同样的方法创建其他基准轴，结果如图 9-127 所示。

Step 10 选择多余的基准轴并单击鼠标右键，在弹出的快捷菜单中执行“拭除”命令，然后单击鼠标左键将其拭除，并对剩下的基准轴进行调节，最终结果如图 9-128 所示。

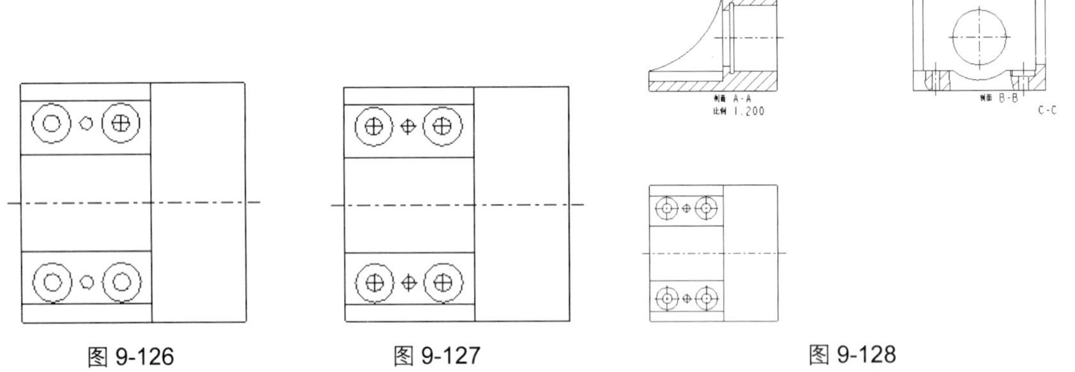

图 9-126　　图 9-127　　图 9-128

6. 标注零件尺寸

Step 1 执行“视图 | 显示及拭除”下拉菜单命令，开启“显示/拭除”对话框，在“类型”方框中单击“尺寸”按钮，选择显示方式为“零件”，如图 9-129 所示。

Step 2 选择一般视图中的轴承座零件，然后单击鼠标中键确定，生成如图 9-130 所示的尺寸。

Step 3 单击“拭除”按钮，然后在“类型”方框中单击“尺寸”按钮，选择拭除方式为“所选项目”，如图 9-131 所示。

Step 4 选择视图中要拭除的尺寸，拭除结果如图 9-132 所示。

Step 5 执行“插入 | 尺寸 | 新参照”下拉菜单命令，对视图中的尺寸进行手动标注，标注结果如图 9-133 所示。

Step 6 双击主视图中的尺寸 26 开启“尺寸属性”对话框，切换到“尺寸文本”选项卡中，在文本“@D”前面单击鼠标左键放置光标，如图 9-134 所示。然后单击“文本符号”按钮开启如图 9-135 所示的“文本符号”对话框。

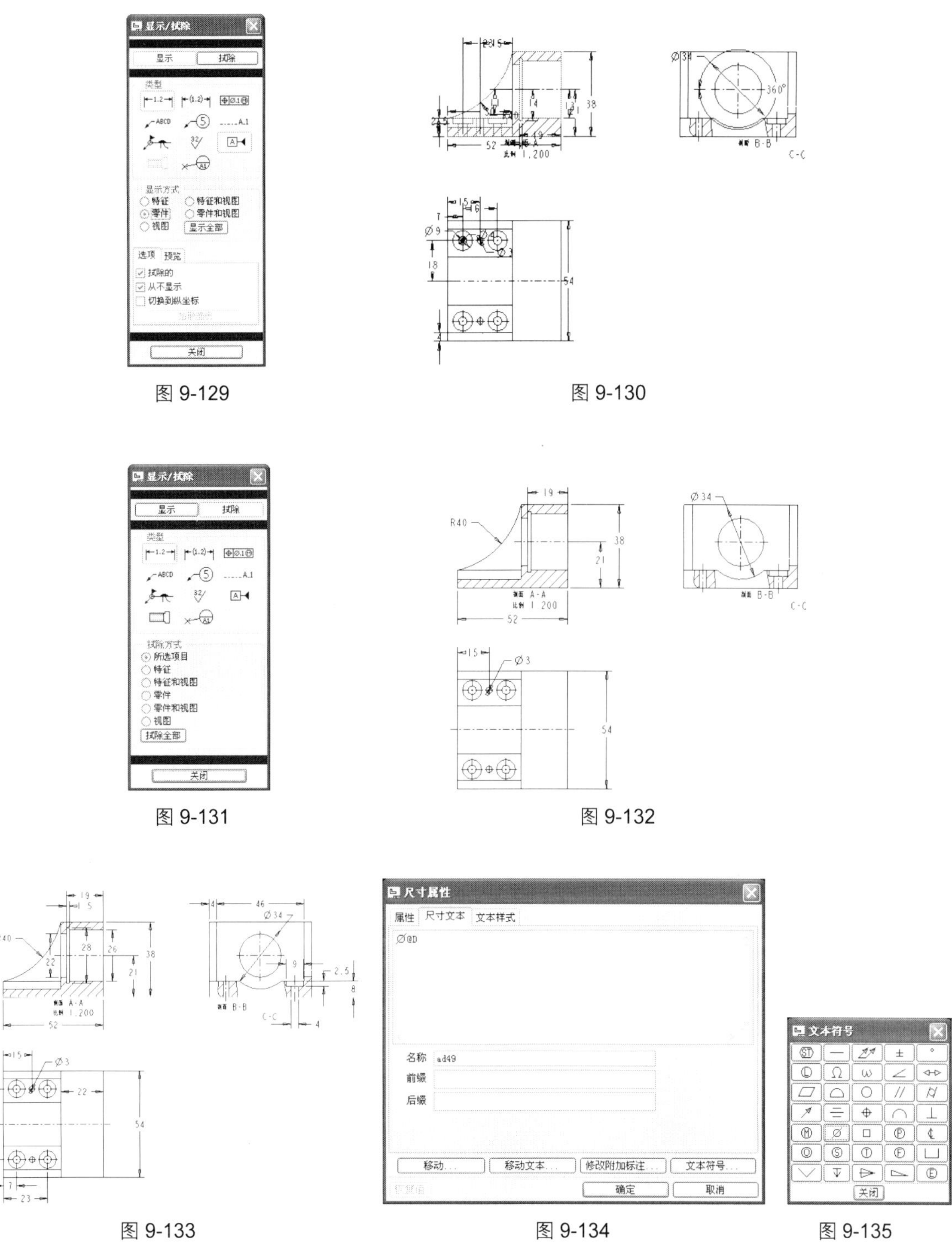

图 9-129

图 9-130

图 9-131

图 9-132

图 9-133

图 9-134

图 9-135

Step 7 单击 Ø 按钮为尺寸文本添加“Ø”符号，然后单击“关闭”按钮关闭“文本符号”对话框。

Step 8 单击“确定”按钮完成尺寸编辑，结果如图 9-136 所示。

Step 9 使用同样的方法对其他直径尺寸进行编辑，结果如图 9-137 所示。

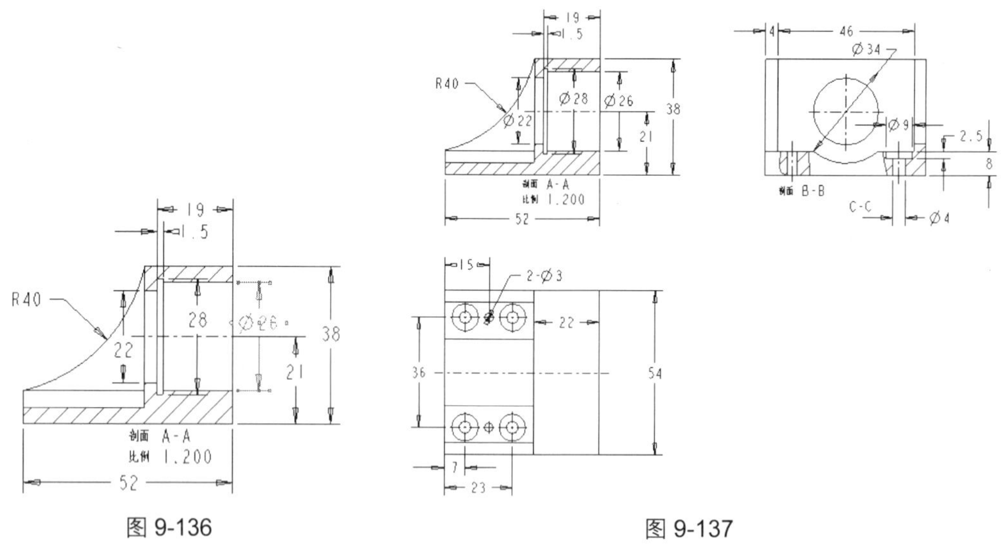

图 9-136　　图 9-137

7. 标注零件几何参照

Step 1 单击“基准”工具栏中的“平面”按钮，在开启的“基准”对话框中输入基准名称为“A”，选择基准类型 -A- 。

Step 2 单击“在曲面上”按钮，选择如图 9-138 所示的模型曲面为基准放置参照，得到如图 9-139 所示的基准面 A。

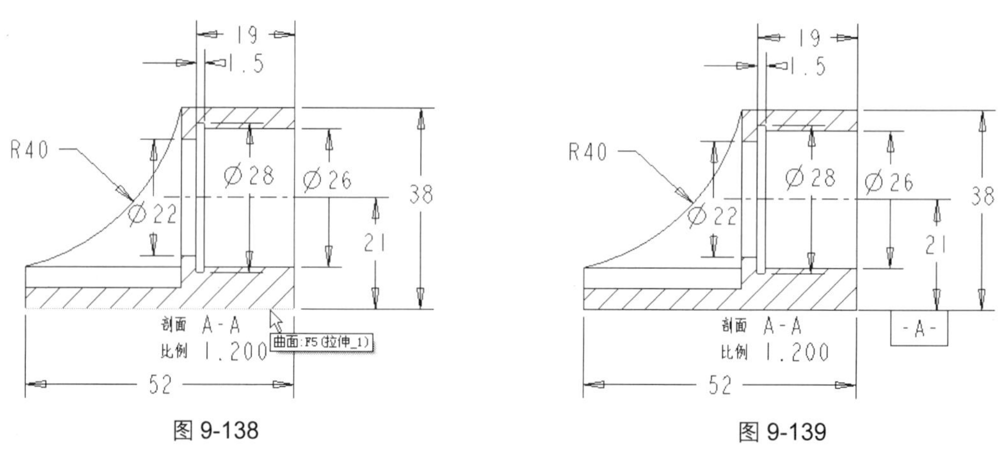

图 9-138　　图 9-139

Step 3 单击“基准”工具栏中的“平面”按钮，在开启的“基准”对话框中输入基准名称为“B”，选择基准类型 -A- 。

Step 4 单击“定义”按钮，在菜单管理器选择“基准平面”选项为“相切”，然后选择如图 9-140 所示的圆柱面为基准参照。

Step 5　在菜单管理器中选择“基准平面”选项为“平行”，然后选择 TOP 基准平面为基准参照，执行“完成”命令，在“基准”对话框中单击“确定”按钮完成新建基准面 B 的创建，结果如图 9-141 所示。

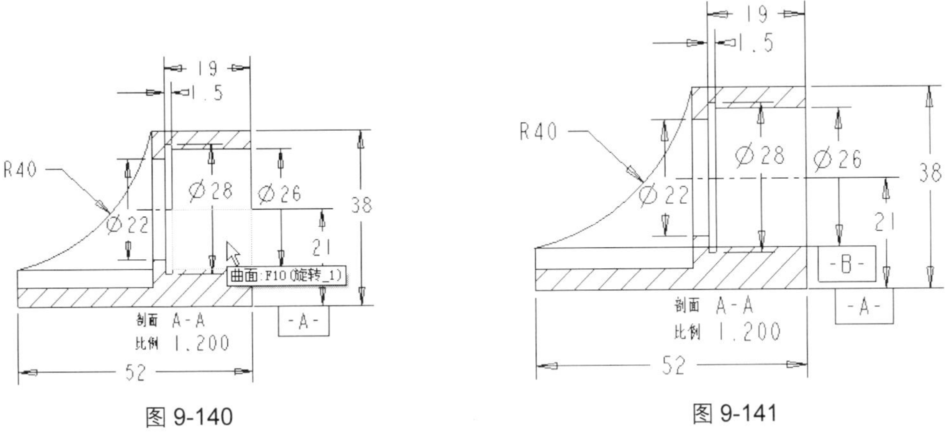

图 9-140　　　　图 9-141

Step 6　执行“插入 | 几何公差”下拉菜单命令，开启如图 9-142 所示的“几何公差”对话框。

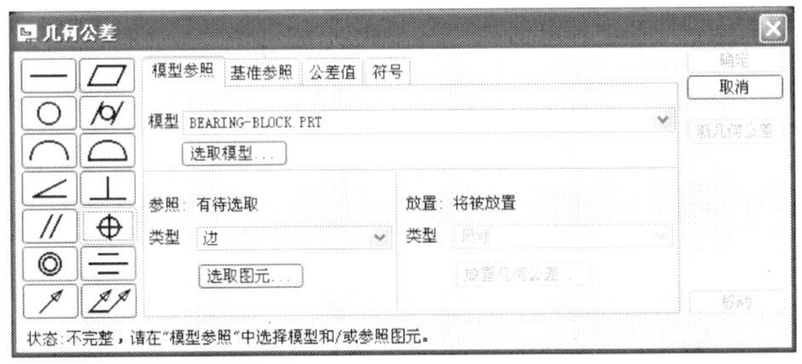

图 9-142

Step 7　单击“平行度”按钮 // ，在“基准参照”选项卡中的“基本”下拉菜单中选择“A”，如图 9-143 所示。

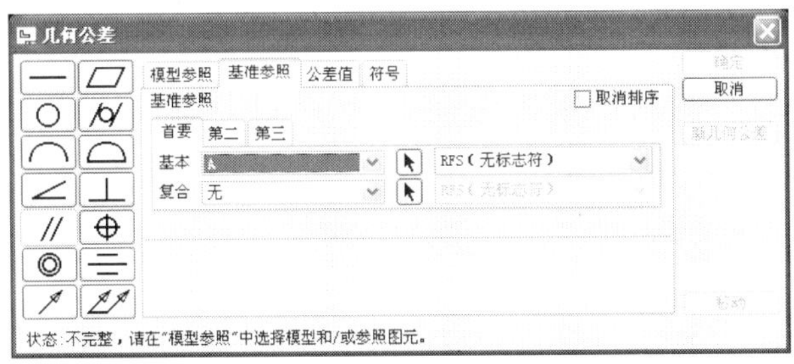

图 9-143

Step 8　切换到“公差值”选项卡中，设置“总公差”为 0.02，如图 9-144 所示。

Step 9　切换到“模型参照”选项卡中，选择参照类型为曲面，选择如图 9-145 所示的模型曲面。

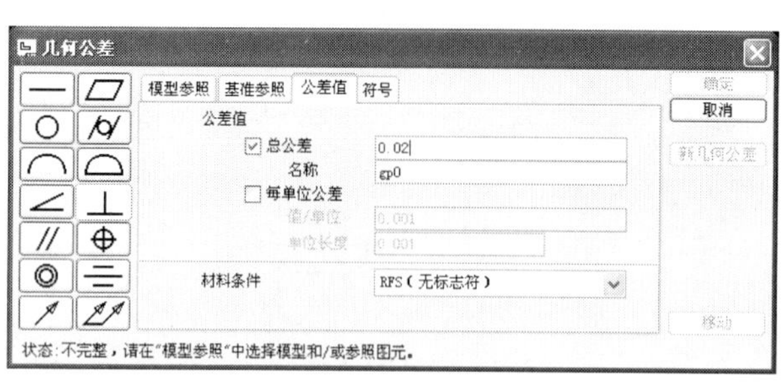

图 9-144

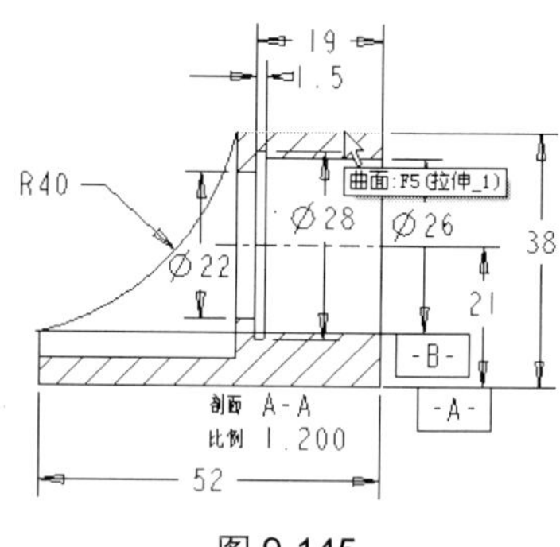

图 9-145

Step 10 在“几何公差”对话框中选择放置类型为“带引线”，并选择如图 9-146 所示的尺寸 38 的尺寸上界线放置平行度公差，单击“确定”按钮完成平行度公差的标注。

Step 11 使用同样的方法标注垂直度公差，如图 9-147 所示。

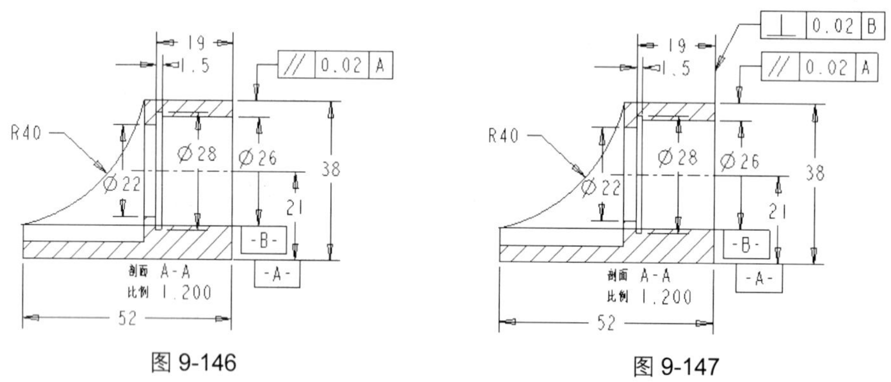

图 9-146　　图 9-147

Step 12 选择左视图中如图 9-148 所示的基准平面，然后单击鼠标右键，在开启的快捷菜单中执行“拭除”命令，将基准平面拭除，结果如图 9-149 所示。

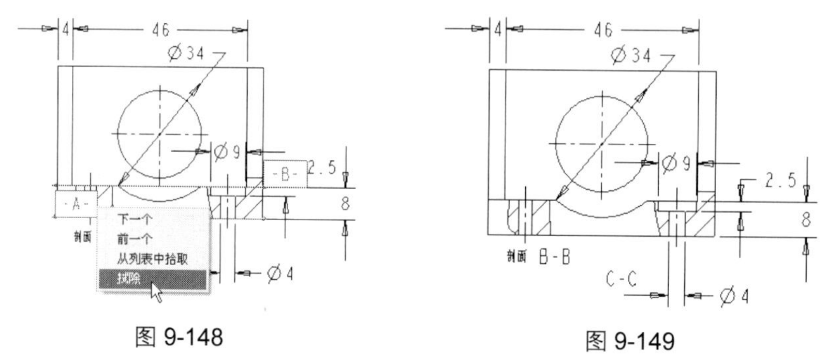

图 9-148　　图 9-149

8. 创建标题栏和技术要求

Step 1 单击“绘制”工具栏中的“表”按钮，使用前面介绍的方法创建轴承座零件图的标题栏，结果如图 9-150 所示。

Step 2 将创建完成的标题栏移动到图框的右下角，如图 9-151 所示。

制图			轴承座	材料	HT150	件数	
设计				重量		比例	1:1
描图				图 号			
审核							

图 9-150

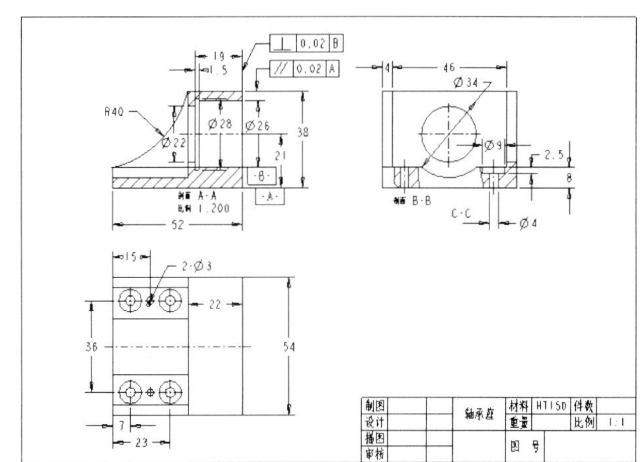

图 9-151

Step 3 执行“插入 | 注释”下拉菜单命令，开启菜单管理器，接受系统默认的“注释类型”选项为“无引线”、“输入”、“水平”、“标准”和“缺省”，然后执行“制作注释”命令。

Step 4 在图框中的空白处单击鼠标左键确定注释文本的放置位置，然后在消息区的框中输入注释文本，单击✓按钮完成注释文本的创建，结果如图 9-152 所示。

Step 5 双击上一步标注的技术要求，然后在开启的“注释属性”对话框中修改文字的高度为 0.3，如图 9-153 所示。

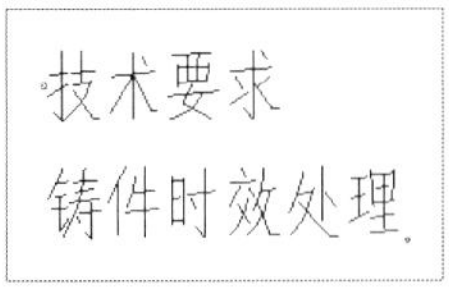

技术要求

铸件时效处理

图 9-152

图 9-153

提示：在输入文本时按<Enter>键可以提行。

Step 6 单击“确定”按钮完成对技术要求文本的编辑。

归纳总结

在创建轴承座零件图的过程中，主要使读者了解了 Pro/E 中各种视图的创建、如何调整视图、如何标注尺寸、编辑尺寸以及如何添加注释等相关知识在实际工作中的运用，通过本章的学习读者应该可以对工程图的绘制方法有了一定的了解。

9.5 自我检测

（1）为了更清楚地表达工程图中细小的部分，通常要用什么视图来辅助说明？

（2）辅助视图、投影视图以及详细视图都是建立在什么视图基础之上的？

（3）如果零件模型比较复杂，仅通过投影视图无法完整表现模型的某些部分的形状，在这种情况下可以用什么视图来表达？

（4）创建如图 9-154 所示的法兰盘的零件图，结果如图 9-155 所示。

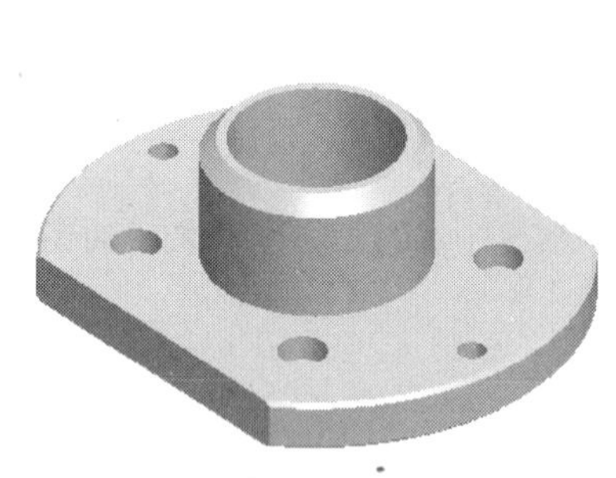

图 9-154

图 9-155